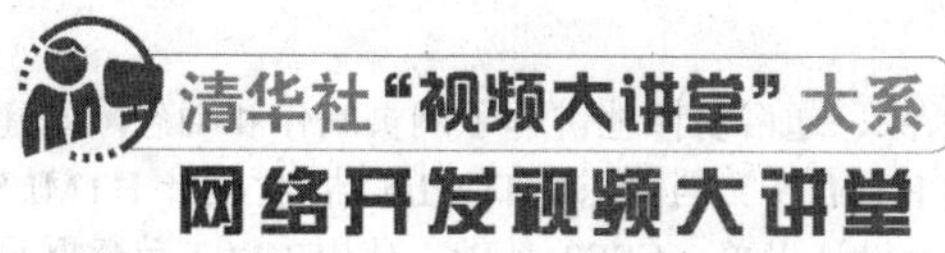

网页设计与网站建设从入门到精通

（微课精编版）

前端科技　编著

清华大学出版社

北　京

内 容 简 介

《网页设计与网站建设从入门到精通（微课精编版）》由浅入深、通俗易懂地讲解了网页制作和动态网站建设的相关技术及实际应用。全书共 23 章，包括 HTML5 基础、创建 HTML5 文档、设计 HTML5 结构、设计 HTML5 文本、设计 HTML5 图像和多媒体、设计列表和链接、设计表格、设计表单、CSS3 基础、使用 CSS3 美化网页文本和图像、使用 CSS3 背景图像和渐变背景、使用 CSS3 美化列表和超链接样式、使用 CSS3 美化表格和表单样式、使用 CSS3 排版网页、安装 PHP 运行环境、PHP 基础、字符串操作、正则表达式、PHP 数组、在网页中使用 PHP、Cookie 和 Session、访问 MySQL 数据库、设计技术论坛等内容。本书在编写过程中，注意理论与实践相结合，通过大量的实例配合讲解各知识要点。各章节注重实例间的联系和各功能间的难易层次，内容讲解以文字描述和图例并重，力求生动易懂，并对软件应用过程中的难点、重点和可能出现的问题给予详细讲解和提示。

除纸质内容外，本书还配备了多样化、全方位的学习资源，主要内容如下：

- ☑ 362 节同步教学微视频
- ☑ 15000 项设计素材资源
- ☑ 18 项拓展知识微阅读
- ☑ 4800 个前端开发案例
- ☑ 446 个实例案例分析
- ☑ 48 本权威参考学习手册
- ☑ 535 个在线微练习
- ☑ 1036 道企业面试真题

本书语言简洁、内容丰富，适合网页设计与制作人员、网站建设与开发人员、大中专院校相关专业师生、网页制作培训班学员和个人网站爱好者阅读。

图书在版编目（CIP）数据

网页设计与网站建设从入门到精通：微课精编版/前端科技编著. —北京：清华大学出版社，2019
（清华社“视频大讲堂”大系 网络开发视频大讲堂）
ISBN 978-7-302-51794-8

Ⅰ. ①网…　Ⅱ. ①前…　Ⅲ. ①网页制作工具　Ⅳ. ①TP393.092

中国版本图书馆 CIP 数据核字（2018）第 269760 号

责任编辑： 贾小红
封面设计： 李志伟
版式设计： 魏　远
责任校对： 马子杰
责任印制： 沈　露

出版发行： 清华大学出版社
网　　址：http://www.tup.com.cn，http://www.wqbook.com
地　　址：北京清华大学学研大厦 A 座　　邮　　编：100084
社 总 机：010-62770175　　邮　　购：010-62786544
投稿与读者服务：010-62776969，c-service@tup.tsinghua.edu.cn
质量反馈：010-62772015，zhiliang@tup.tsinghua.edu.cn
印 装 者： 三河市铭诚印务有限公司
经　　销： 全国新华书店
开　　本： 203mm×260mm　　**印　　张：** 30.75　　**字　　数：** 931 千字
版　　次： 2019 年 3 月第 1 版　　**印　　次：** 2019 年 3 月第 1 次印刷
定　　价： 89.80 元

产品编号：079151-01

如何使用本书

本书提供了多样化、全方位的学习资源，帮助读者轻松掌握网页设计与网站建设技术，从小白快速成长为前端开发高手。

手机端+PC 端，线上线下同步学习

1. 获取学习权限

学习本书前，请先刮开图书封底的二维码涂层，使用手机扫描，即可获取本书资源的学习权限。再扫描正文章节对应的 4 类二维码，可以观看视频讲解，阅读线上资源，查阅权威参考资料和在线练习提升，全程易懂、好学、速查、高效、实用。

2. 观看视频讲解

对于初学者来说，精彩的知识讲解和透彻的实例解析能够引导其快速入门，轻松理解和掌握知识要点。本书中几乎所有案例都录制了视频，可以使用手机在线观看，也可以离线观看，还可以推送到计算机上大屏幕观看。

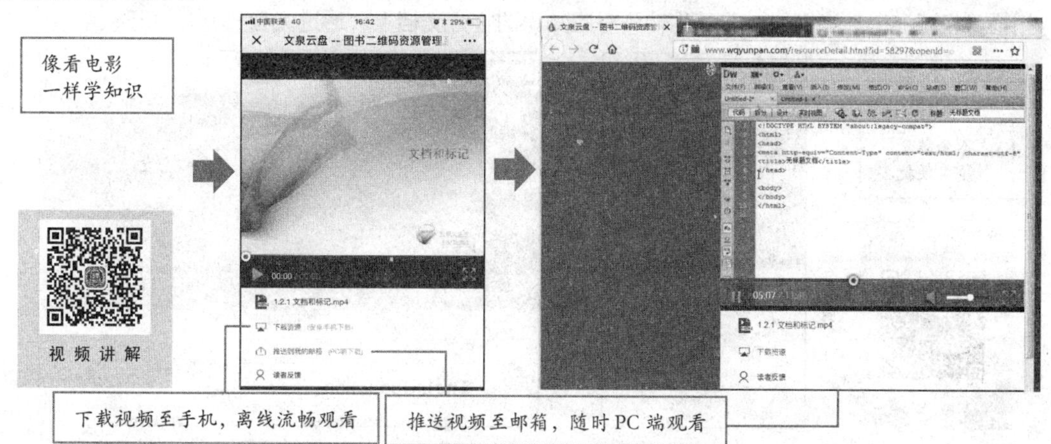

3. 拓展线上阅读

一本书的厚度有限，但掌握一门技术却需要大量的知识积累。本书选择了那些与学习、就业关系紧密的核心知识点印在书中，而将大量的拓展性知识放在云盘上，读者扫描“线上阅读”二维码，即可免费阅读数百页的前端开发学习资料，获取大量的额外知识。

Note

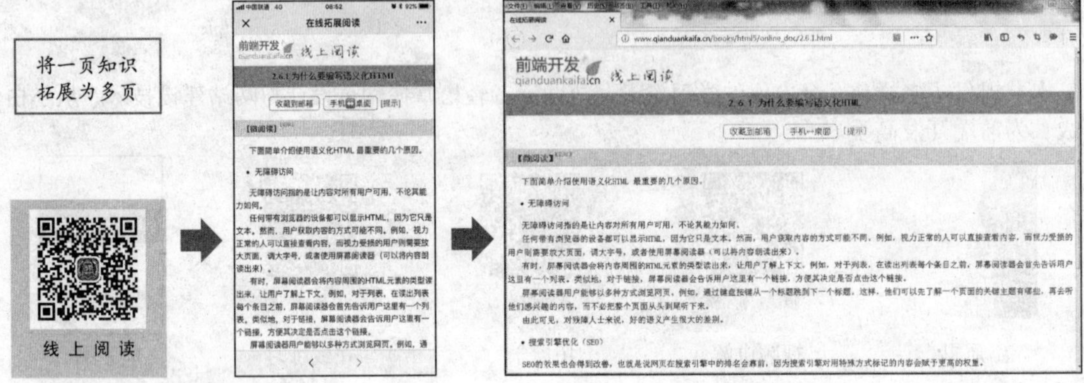

4. 进行线上练习

为方便读者巩固基础知识，提升实战能力，本书附赠了大量的前端练习题目。读者扫描各章最后的“在线练习”二维码，即可通过反复的实操训练加深对知识的领悟程度。

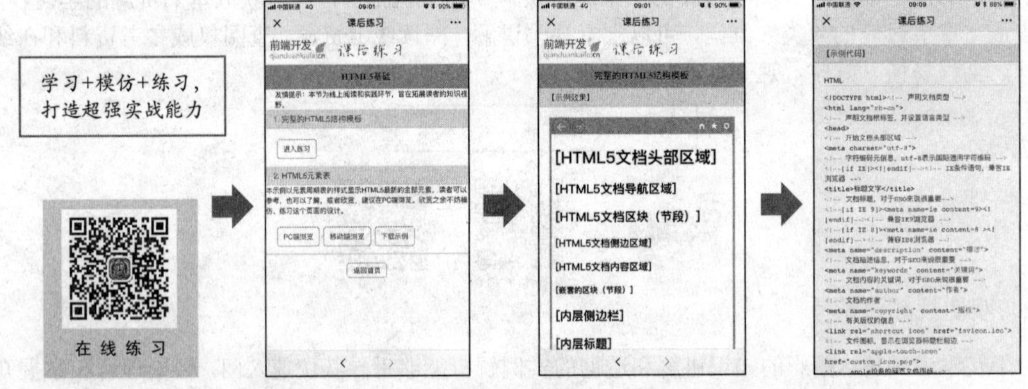

5. 查阅权威参考资料

扫描“权威参考”二维码，即可跳转到对应知识的官方文档上。通过大量查阅，真正领悟技术内涵。

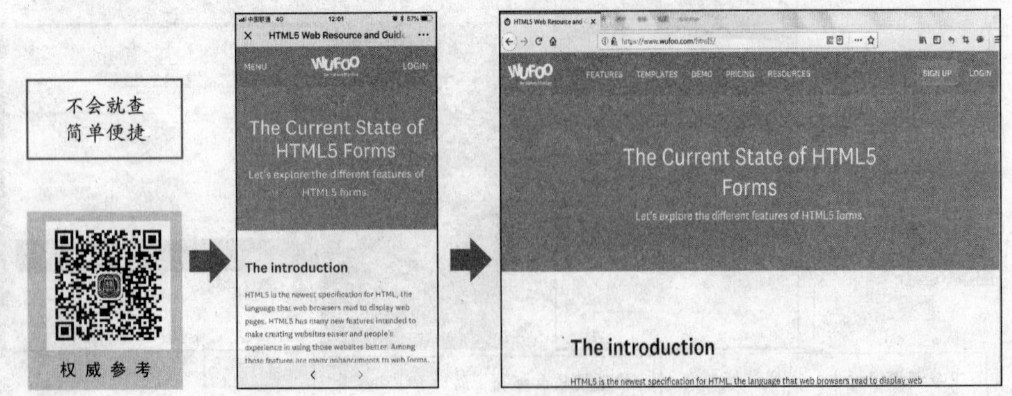

Note

6. 其他 PC 端资源下载方式

除了前面介绍过的可以直接将视频、拓展阅读等资源推送到邮箱之外，还提供了如下几种 PC 端资源获取方式。

☑ 登录清华大学出版社官方网站（www.tup.com.cn），在对应图书页面下查找资源的下载方式。

☑ 申请加入 QQ 群、微信群，获得资源的下载方式。

☑ 扫描图书封底“文泉云盘”二维码，获得资源的下载方式。

小白学习电子书

为方便读者全面提升，本书赠送了小白学习“前端开发百问百答”电子书。内容精挑细选，希望成为您学习路上的好帮手，关键时刻解您所需。

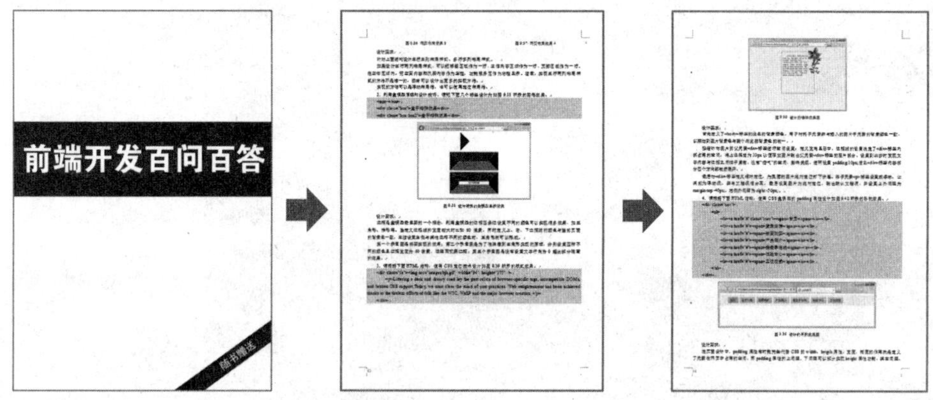

从小白到高手的蜕变

谷歌的创始人拉里·佩奇说过，如果你刻意练习某件事超过 10000 个小时，那么你就可以达到世界级。

因此，不管您现在是怎样的前端开发小白，只要您按着下面的步骤来学习，假以时日，您会成为令自己惊讶的技术大咖。

（1）扎实的基础知识+大量的中小实例训练+有针对性地做一些综合案例。

（2）大量的项目案例观摩、学习、操练，塑造一定的项目思维。

（3）善于借用他山之石，对一些成熟的开源代码、设计素材拿来就用，学会站在巨人的肩膀上。

（4）有工夫多参阅一些官方权威指南，拓展自己对技术的理解和应用能力。

（5）最为重要的是，多与同行交流，在切磋中不断进步。

书本厚度有限，学习空间无限。纸张价格有限，知识价值无限。希望本书能帮您真正收获学习的乐趣和知识。最后，祝您阅读快乐！

前言

Preface

“网络开发视频大讲堂”系列丛书于 2013 年 5 月出版，因其编写细腻、讲解透彻、实用易学、配备全程视频等，备受读者欢迎。丛书累计销售近 20 万册，其中，《HTML5+CSS3 从入门到精通》累计销售 10 万册。同时，系列书被上百所高校选为教学参考用书。

本次改版，在继承前版优点的基础上，进一步对图书内容进行了优化，选择面试、就业最急需的内容，重新录制了视频，同时增加了许多当前流行的前端技术，提供了“入门学习→实例应用→项目开发→能力测试→面试”等各个阶段的海量开发资源库，实战容量更大，以帮助读者快速掌握前端开发所需要的核心精髓内容。

网站开发涉及的知识非常多，要在短时间内完全掌握几乎是不可能的。但是，作为一个合格的前端开发人员，必须对这些所涉及的知识有所了解，掌握其中的重要部分，例如 HTML 语言、CSS 样式表、JavaScript 脚本语言、PHP 后台开发语言等。这些都是网站开发人员的基本功。

学习网页制作，仅靠一个工具和一点语言基础是不够的，实战是巩固网站开发最重要的一环。本书除技术讲解非常基础外，案例实践也非常贴近实际的网站开发。读者通过学习本书中各章节的知识，将会对网站开发所涉及的技术有比较全面的了解，基本上胜任一般的网站开发任务。掌握好本书中的知识，将为今后进一步提高实战水平打下坚实的基础。

本书内容

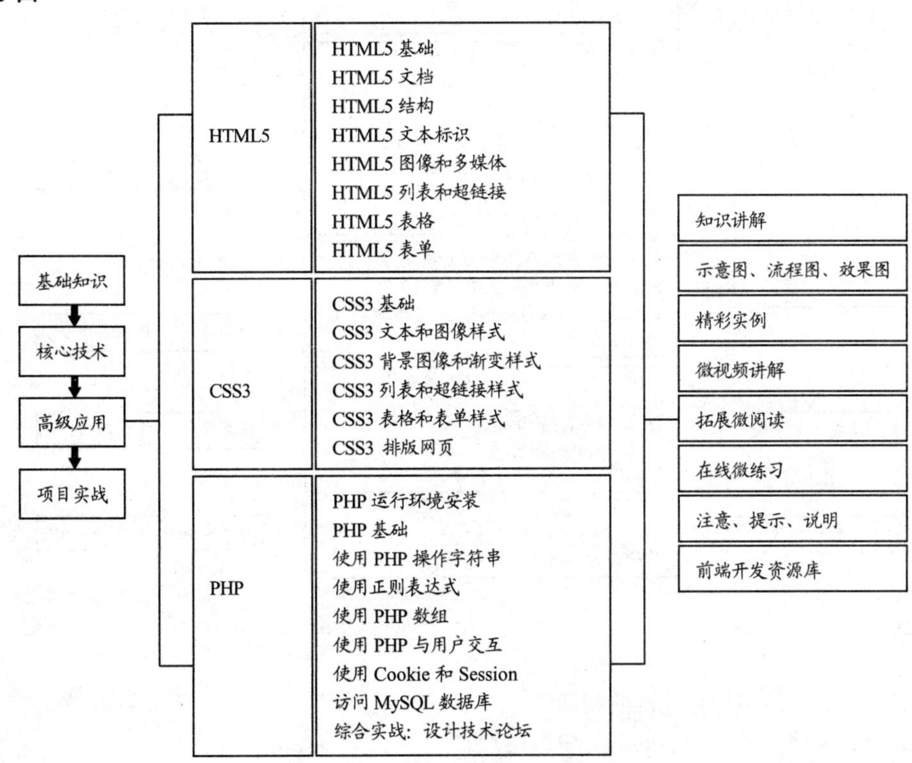

本书特点

Note

1．由浅入深，编排合理，实用易学

本书系统地讲解了HTML5+CSS3+PHP技术在网页设计中各个方面应用的知识，从为什么要用HTML5开始讲解，循序渐进，配合大量实例，帮助读者奠定坚实的理论基础，做到知其所以然。

2．跟着案例和视频学，入门更容易

跟着例子学习，通过训练提升，是初学者最好的学习方式。本书案例丰富详尽，共400多个，且都附有详尽的代码注释及清晰的视频讲解。跟着这些案例边做边学，可以避免学到的知识流于表面、限于理论，尽情感受编程带来的快乐和成就感。

3．4大类线上资源，多元化学习体验

为了传递更多知识，本书力求突破传统纸质书的厚度限制。本书提供了4大类线上微资源，通过手机扫码，读者可随时观看讲解视频，拓展阅读相关知识，在线练习强化提升，还可以查阅官方权威资料，全程便捷、高效，感受不一样的学习体验。

4．精彩栏目，易错点、重点、难点贴心提醒

本书根据初学者特点，在一些易错点、重点、难点位置精心设置了“注意”“提示”等小栏目。通过这些小栏目，读者会更留心相关的知识点和概念，绕过陷阱，掌握很多应用技巧。

本书资源

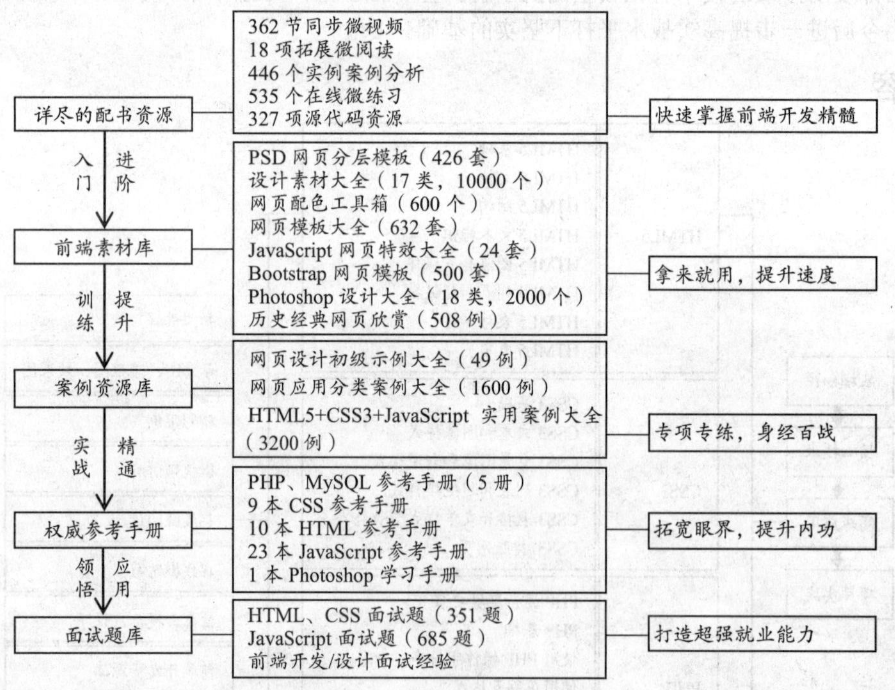

读者对象

☑ 具备一定计算机操作基础的初学者。

☑ 具有一定网站开发经验的初、中级用户。

☑ 立志从事网站开发工作的从业人员。

☑ 自学网页设计或网站开发的大中专学生。

☑ 各类网站站长。

☑ 本书也可以作为各大中专院校相关专业的教学辅导和参考用书，或作为相关培训机构的培训教材。

Note

读前须知

本书从初学者的角度出发，通过大量的案例使学习不再枯燥、教条。因此要求读者边学习边实践操作，避免学习的知识流于表面、限于理论。

作为入门书籍，本书知识点比较庞杂，所以不可能面面俱到。技术学习的关键是方法，本书在很多实例中体现了方法的重要性，读者只要掌握了各种技术的运用方法，在学习更深入的知识中可大大提高自学的效率。

本书提供了大量示例，需要用到 IE、Firefox、Chrome 等主流浏览器的测试和预览，同时还要用到 PHP 测试环境。因此，为了测试示例或代码，读者需要安装最新版本浏览器，各种浏览器在 CSS3 的表现上可能会稍有差异，并根据书中详细介绍安装 PHP 测试环境。

限于篇幅，本书示例没有提供完整的 HTML 代码，读者应该补充完整的 HTML 结构，然后进行测试练习，或者直接参考本书提供的下载源代码，边学边练。

为了给读者提供更多的学习资源，本书提供了很多参考链接，许多本书无法详细介绍的问题都可以通过这些链接找到答案。由于这些链接地址会因时间而有所变动或调整，所以在此说明，这些链接地址仅供参考，本书无法保证所有的这些地址是长期有效的。

读者服务

学习本书时，请先扫描封底的权限二维码（需要刮开涂层）获取学习权限，然后即可免费学习书中的所有线上线下资源。

本书所附赠的超值资源库内容，读者可登录清华大学出版社网站（www.tup.com.cn），在对应图书页面下获取其下载方式。也可扫描图书封底的“文泉云盘”二维码，获取其下载方式。

本书提供 QQ 群（668118468、697651657）、微信公众号（qianduankaifa_cn）、服务网站（www.qianduankaifa.cn）等互动渠道，提供在线技术交流、学习答疑、技术资讯、视频课堂、在线勘误等功能。在这里，您可以结识大量志同道合的朋友，在交流和切磋中不断成长。

读者对本书有什么好的意见和建议，也可以通过邮箱（qianduanjiaoshi@163.com）发邮件给我们。

关于作者

前端科技是由一群热爱 Web 开发的青年骨干教师和一线资深开发人员组成的一个团队，主要从事 Web 开发、教学和培训。参与本书编写的人员包括咸建勋、奚晶、文菁、李静、钟世礼、袁江、甘桂萍、刘燕、杨凡、朱砚、余乐、邹仲、余洪平、谭贞军、谢党华、何子夜、赵美青、牛金鑫、孙玉静、左超红、蒋学军、邓才兵、陈文广、李东博、林友赛、苏震巍、崔鹏飞、李斌、郑伟、邓艳超、胡晓霞、朱印宏、刘望、杨艳、顾克明、郭靖、朱育贵、刘金、吴云、赵德志、张卫其、李德光、刘坤、彭方强、雷海兰、王鑫铭、马林、班琦、蔡霞英、曾德剑等。

尽管已竭尽全力，但由于水平有限，书中疏漏和不足之处在所难免，欢迎各位读者朋友批评、指正。

编　者

2018 年 8 月

目 录

Contents

Note

Note

Note

Note

Note

Note

Note

第1章 HTML5 基础

2014 年 10 月 28 日，W3C 的 HTML 工作组发布了 HTML5 的正式推荐标准。HTML5 是构建开放 Web 平台的核心，是万维网的核心语言：可扩展标记语言的第 5 版。在这一版本中，增加了支持 Web 应用的许多新特性，以及更符合开发者使用习惯的新元素，并重点关注定义清晰的、一致的准则，以确保 Web 应用和内容在不同浏览器中的互操作性。

本章将对 HTML5 进行简单概述，对于继承自 HTML4 的大部分内容就不再赘述，有关 HTML5 API 部分将在后面各章中逐一展开讲解。

权威参考：http://www.w3.org/TR/html5/。

权威参考

【学习重点】

- 了解 HTML 版本和 HTML5 开发历史。
- 了解 HTML5 设计理念。
- 了解 HTML5 API。

Note

1.1 HTML5 概述

从 2010 年开始，HTML5 和 CSS3 就一直是网络世界最受追捧的技术热点。以 HTML5+CSS3 为主的网络时代，使互联网进入一个崭新的发展阶段。

1.1.1 HTML 历史

HTML 从诞生至今，经历了近 30 年的发展，其中经历的版本及发布日期如表 1.1 所示。

表 1.1 HTML 语言的发展过程

版 本	发布日期	说 明
超文本标记语言（第一版）	1993 年 6 月	作为互联网工程工作小组（IETF）工作草案发布，非标准
HTML 2.0	1995 年 11 月	作为 RFC 1866 发布，在 RFC 2854 于 2000 年 6 月发布之后被宣布已经过时
HTML 3.2	1996 年 1 月 14 日	W3C 推荐标准
HTML 4.0	1997 年 12 月 18 日	W3C 推荐标准
HTML 4.01	1999 年 12 月 24 日	微小改进，W3C 推荐标准
ISO HTML	2000 年 5 月 15 日	基于严格的 HTML 4.01 语法，是国际标准化组织和国际电工委员会的标准
XHTML 1.0	2000 年 1 月 26 日	W3C 推荐标准，修订后于 2002 年 8 月 1 日重新发布
XHTML 1.1	2001 年 5 月 31 日	较 1.0 版本有微小改进
XHTML 2.0 草案	没有发布	2009 年，W3C 停止了 XHTML 2.0 工作组的工作
HTML5 草案	2008 年 1 月	HTML5 规范先是以草案发布，经历了漫长的过程
HTML5	2014 年 10 月 28 日	W3C 推荐标准
HTML 5.1	2017 年 10 月 3 日	W3C 发布 HTML5 第 1 个更新版本（http://www.w3.org/TR/html51/）
HTML 5.2	2017 年 12 月 14 日	W3C 发布 HTML5 第 2 个更新版本（http://www.w3.org/TR/html52/）
HTML 5.3	2018 年 3 月 15 日	W3C 发布 HTML5 第 3 个更新版本（http://www.w3.org/TR/html53/）

提示：从上面 HTML 发展列表来看，HTML 没有 1.0 版本，这主要是因为当时有很多不同的版本。有些人认为 Tim Berners-Lee 的版本应该算初版，但他的版本中还没有 img 元素，也就是说，HTML 刚开始时仅能够显示文本信息。

1.1.2 HTML5 特性

下面简单介绍 HTML5 特征和优势，以便提高读者自学 HTML5 的动力和目标。

1．兼容性

考虑到互联网上 HTML 文档已经存在 20 多年了，因此支持所有现存 HTML 文档是非常重要的。HTML5 不是颠覆性的革新，它的核心理念就是要保持与过去技术的兼容和过渡。一旦浏览器不支持 HTML5 的某项功能，针对该功能的备选行为就会悄悄运行。

2．实用性

HTML5 新增加的元素都是对现有网页和用户习惯进行跟踪、分析和概括而推出的。例如，Google 分析了上百万的页面，从中分析出了 DIV 标签的通用 ID 名称，并且发现其重复量很大，如很多开发人员使用<div id="header">来标记页眉区域，为了解决实际问题，HTML5 就直接添加一个<header>标签。也就是说，HTML5 新增的很多元素、属性或者功能都是根据现实互联网中已经存在的各种应用进行技术精炼，而不是在实验室中进行理想化的虚构新功能。

3．效率

HTML5 规范是基于用户优先的原则编写的，其宗旨是用户即上帝，这意味着在遇到无法解决的冲突时，规范会把用户放到第一位，其次是页面制作者，再次是浏览器解析标准，接着是规范制定者（如 W3C、WHATWG），最后才考虑理论的纯粹性。因此，HTML5 的绝大部分是实用的，只是有些情况下还不够完美。例如，下面的几种代码写法在 HTML5 中都能被识别。

```
id="prohtml5"
id=prohtml5
ID="prohtml5"
```

当然，上面几种写法比较混乱，不够严谨，但是从用户开发角度考虑，用户不在乎代码怎么写，根据个人书写习惯反而提高了代码编写效率。

4．安全性

为保证足够安全，HTML5 引入了一种新的基于来源的安全模型，该模型不仅易用，而且对各种不同的 API 都通用。这个安全模型可以不需要借助于任何所谓聪明、有创意却不安全的 hack 就能跨域进行安全对话。

5．分离

在清晰分离表现与内容方面，HTML5 迈出了很大的步伐。HTML5 在所有可能的地方都努力进行了分离，包括 HTML 和 CSS。实际上，HTML5 规范已经不支持老版本 HTML 的大部分表现功能。

6．简化

HTML5 要的就是简单、避免不必要的复杂性。HTML5 的口号是：简单至上，尽可能简化。因此，HTML5 做了以下改进。

☑ 以浏览器原生能力替代复杂的 JavaScript 代码。
☑ 简化的 DOCTYPE。
☑ 简化的字符集声明。
☑ 简单而强大的 HTML5 API。

7．通用性

通用访问的原则可以分成 3 个概念。

☑ 可访问性：出于对残障用户的考虑，HTML5 与 WAI（Web 可访问性倡议）和 ARIA（可访问的富 Internet 应用）做到了紧密结合，WAI-ARIA 中以屏幕阅读器为基础的元素已经被添加到 HTML 中。
☑ 媒体中立：如果可能的话，HTML5 的功能在所有不同的设备和平台上应该都能正常运行。
☑ 支持所有语种：如新的<ruby>元素支持在东亚页面排版中会用到的 Ruby 注释。

Note

8．无插件

在传统 Web 应用中，很多功能只能通过插件或者复杂的 hack 来实现，但在 HTML5 中提供了对这些功能的原生支持。插件的方式存在以下问题。

☑　插件安装可能失败。

☑　插件可以被禁用或屏蔽，如 Flash 插件。

☑　插件自身会成为被攻击的对象。

☑　插件不容易与 HTML 文档的其他部分集成，因为插件边界、剪裁和透明度问题。

以 HTML5 中的 canvas 元素为例，有很多非常底层的事情以前是没办法做到的，如在 HTML4 的页面中就难画出对角线，而有了 canvas 就可以很轻易地实现了。基于 HTML5 的各类 API 的优秀设计，可以轻松地对它们进行组合应用。例如，从 video 元素中抓取的帧可以显示在 canvas 里面，用户点击 canvas 即可播放这帧对应的视频文件。

最后，用万维网联盟创始人 Tim Berners-Lee 的评论来做小结，“今天，我们想做的事情已经不再是通过浏览器观看视频或收听音频，或者在一部手机上运行浏览器。我们希望通过不同的设备，在任何地方，都能够共享照片、网上购物、阅读新闻以及查找信息。虽然大多数用户对 HTML5 和开放 Web 平台（Open Web Platform，OWP）并不熟悉，但是它们正在不断改进用户体验”。

1.1.3　浏览器检测

权威参考 1

权威参考 2

HTML5 发展的速度非常快，因此不用担心浏览器的支持问题。用户可以访问 www.caniuse.com 网站，该网站按照浏览器的版本提供了详尽的 HTML5 功能支持情况。

如果通过浏览器访问 www.html5test.com，该网站会直接显示用户浏览器对 HTML5 规范的支持情况。另外，还可以使用 Modernizr（JavaScript 库）进行特性检测，它提供了非常先进的 HTML5 和 CSS3 检测功能。建议使用 Modernizr 检测当前浏览器是否支持某些特性。

1.2　HTML5 基本语法

HTML5 以 HTML4 为基础，对 HTML4 进行了全面升级改造。与 HTML4 相比，HTML5 在语法上有很大的变化，具体说明如下。

视频讲解

1.2.1　文档和标记

1．内容类型

HTML5 的文件扩展名和内容类型保持不变。例如，扩展名仍然为.html 或.htm，内容类型（ContentType）仍然为 text/html。

2．文档类型

在 HTML4 中，文档类型的声明方法如下。

```
<!DOCTYPE html PUBLIC "-//W3C//DTD XHTML 1.0 Transitional//EN" "http://www.w3.org/TR/xhtml1/DTD/xhtml1-transitional.dtd">
```

在 HTML5 中，文档类型的声明方法如下。

```
<!DOCTYPE html>
```

当使用工具时，也可以在 DOCTYPE 声明中加入 SYSTEM 识别符，声明方法如下。

```
<!DOCTYPE HTML SYSTEM "about:legacy-compat">
```

在 HTML5 中，DOCTYPE 声明方式是不区分大小写的，引号也不区分是单引号还是双引号。

注意： 使用 HTML5 的 DOCTYPE 会触发浏览器以标准模式显示页面。众所周知，网页都有多种显示模式，如怪异模式（Quirks）、标准模式（Standards）。浏览器根据 DOCTYPE 来识别该使用哪种解析模式。

3．字符编码

在 HTML4 中，使用 meta 元素定义文档的字符编码，如下所示。

```
<meta http-equiv="Content-Type" content="text/html;charset=UTF-8">
```

在 HTML5 中，继续沿用 meta 元素定义文档的字符编码，但是简化了 charset 属性的写法，如下所示。

```
<meta charset="UTF-8">
```

对于 HTML5 来说，上述两种方法都有效，用户可以继续使用前面一种方式，即通过 content 元素的属性来指定，但是不能同时混用两种方式。

注意： 在传统网站中，可能会存在下面标记。在 HTML5 中，这种字符编码方式将被认为是错误的。

```
<meta charset="UTF-8" http-equiv="Content-Type" content="text/html;charset=UTF-8">
```

从 HTML5 开始，对于文件的字符编码推荐使用 UTF-8。

1.2.2 宽松的约定

HTML5 语法是为了保证与之前的 HTML4 语法达到最大程度的兼容而设计的。

1．标记省略

在 HTML5 中，元素的标记可以分为 3 种类型：不允许写结束标记、可以省略结束标记、开始标记和结束标记全部可以省略。下面简单介绍这 3 种类型各包括哪些 HTML5 新元素。

（1）不允许写结束标记的元素有：area、base、br、col、command、embed、hr、img、input、keygen、link、meta、param、source、track、wbr。

（2）可以省略结束标记的元素有：li、dt、dd、p、rt、rp、optgroup、option、colgroup、thead、tbody、tfoot、tr、td、th。

（3）可以省略全部标记的元素有：html、head、body、colgroup、tbody。

提示： 不允许写结束标记的元素是指，不允许使用开始标记与结束标记将元素括起来的形式，只允许使用<元素/>的形式进行书写，如下所示。

☑ 错误的书写方式。

Note

```
<br></br>
```

☑ 正确的书写方式。

```
<br/>
```

HTML5 之前的版本中，
这种写法可以继续沿用。

可以省略全部标记的元素是指元素可以完全被省略。注意，该元素还是以隐式的方式存在的。例如，将 body 元素省略时，但它在文档结构中还是存在的，可以使用 document.body 进行访问。

2．布尔值

对于布尔型属性，如 disabled 与 readonly 等，当只写属性而不指定属性值时，表示属性值为 true；如果属性值为 false，可以不使用该属性。另外，要想将属性值设定为 true 时，也可以将属性名设定为属性值，或将空字符串设定为属性值。

【示例 1】下面是几种正确的书写方法。

```
<!--只写属性，不写属性值，代表属性为 true-->
<input type="checkbox" checked>
<!--不写属性，代表属性为 false-->
<input type="checkbox">
<!--属性值=属性名，代表属性为 true-->
<input type="checkbox" checked="checked">
<!--属性值=空字符串，代表属性为 true-->
<input type="checkbox" checked="">
```

3．属性值

属性值可以加双引号，也可以加单引号。HTML5 在此基础上做了一些改进，当属性值不包括空字符串、<、>、=、'（单引号）、"（双引号）等字符时，属性值两边的引号可以省略。

【示例 2】下面写法都是合法的。

```
<input type="text">
<input type='text'>
<input type=text>
```

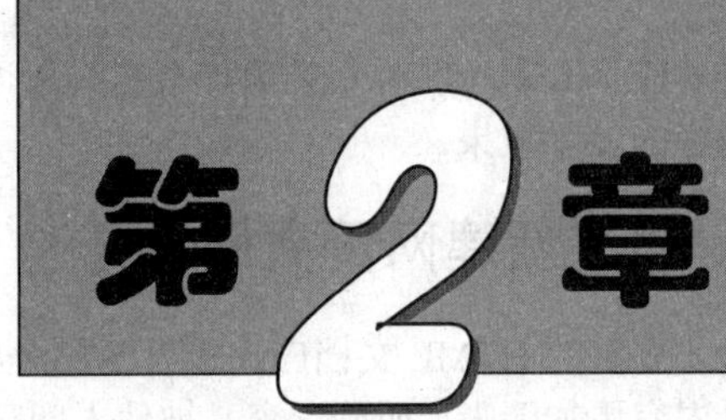

第2章 创建 HTML5 文档

随着互联网技术的推陈出新，网页变得越来越复杂，但是其底层技术相当简单。创建网页离不开 HTML，HTML 是构建网页结构的基础。本章将从零起步，帮助读者轻松跨入 HTML5 的门槛。

【学习重点】

- 熟悉基本的 HTML 页面结构。
- 认识标记、元素、属性和值。
- 了解网页文本内容。
- 了解文件名

2.1 HTML5 基本结构

Note

HTML 是一种标记语言，不是编程语言。标记内容需要由元素定义，元素描述内容是什么，而非内容的显示效果。

2.1.1 新建网页文档

完整的 HTML 文档应该包含两部分结构：头部信息（<head>）和主体内容（<body>）。为了使网页内容更加清晰、明确，容易被他人阅读，或者被浏览器以及各种设备所理解，新建 HTML5 文档之后，需要构建基本的网页结构。

【示例】使用记事本新建一个文本文件，保存为 index.html，然后输入下面多行字符。注意，扩展名为.html，而不是.txt。

```
<!DOCTYPE html>
<html lang="en">
<head>
<meta charset="utf-8" />
<title>网页标题</title>
</head>
<body>
</body>
</html>
```

通过上面代码，可以看到每个网页都由固定的结构开始构建。这个 HTML 相当于一张白纸，因为访问者看到的内容位于主体部分（即<body>和</body>之间的部分），而这一部分现在是空的，如图 2.1 所示。

图 2.1　空白页面

每个网页都包含 DOCTYPE、html、head 和 body 元素，它们是网页的基础。在这个页面中，可以定制的内容包括两项：一是设置 lang 属性的语言代码；二是<title>和</title>之间的文字。HTML 使用“<”和“>”字符包围 HTML 标签。开始标签（如<head>）用于标记元素的开始，结束标签（如</head>）用于标记元素的结束。有的元素没有结束标签，如 meta。

提示：如果使用专业网页编辑器，如 Dreamweaver 等，新建网页文件时，它会自动帮助完成上面代码的输入。

注意：除了基本结构外，一般网页都包括以下 3 部分内容。

- ☑ 文本内容：在页面上让访问者了解页面内容的纯文字，如关于产品、资讯的内容，以及其他任何内容。
- ☑ 外部引用：使用这些引用来加载图像、音频、视频文件，以及样式表（控制页面的显示效果）和 JavaScript 文件（为页面添加行为）。这些引用还可以指向其他的 HTML 页面和资源。
- ☑ 标记：对文本内容进行描述，并确保浏览器能够正确显示。提示，HTML 一词中的字母 M 就代表标记。

每一个 HTML 页面的开头部分，还会包含一些信息，主要用于浏览器和搜索引擎（如百度、Google 等）的解析。浏览器不会将这些信息呈现给访问者。

网页内容都由文本构成，因此网页可以保存为纯文本格式，可以在任何平台上使用任何浏览器查看，无论是台式机、手机、平板电脑，还是其他平台。这个特性也确保了用户很容易创建 HTML 页面。

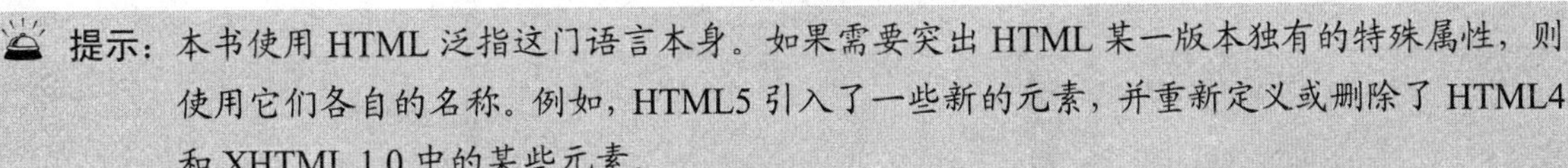

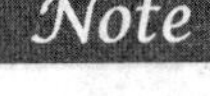

提示：本书使用 HTML 泛指这门语言本身。如果需要突出 HTML 某一版本独有的特殊属性，则使用它们各自的名称。例如，HTML5 引入了一些新的元素，并重新定义或删除了 HTML4 和 XHTML 1.0 中的某些元素。

2.1.2 网页头部信息

完整的 HTML 文档应该包含如下两部分结构。

☑ 头部信息（<head>）。

☑ 主体内容（<body>）。

页面内容位于主体部分，<body>开始标签以上的内容都是为浏览器和搜索引擎准备的。<!DOCTYPE html>部分（简称为 DOCTYPE）告诉浏览器这是一个 HTML5 页面。DOCTYPE 应该始终位于代码的第 1 行，写在 HTML 页面的顶部。

html 元素包着页面的其余部分，即<html>开始标签和</html>结束标签（表示页面的结尾）之间的内容。

<head>和</head>标签之间的区域表示网页文档的头部。头部代码中，有一部分是浏览者可见的，即<title>和</title>之间的文本。这些文本会出现在浏览器标签页中。某些浏览器会在窗口的顶部显示这些文本，作为网页的标题显示。此外，这些文本通常还是浏览器书签的默认名称，它们对搜索引擎来说也是非常重要的信息。

2.1.3 网页主体内容

尝试为页面添加一些主体内容。

```
<!DOCTYPE html>
<html lang="en">
<head>
<meta charset="utf-8" />
<title>从今天开始努力学习 HTML5</title>
</head>
<body>
<article>
    <h1>小白自语</h1>
    <img src="images/xiaobai.jpg" width="50" alt="小白者，我也" />
    <p>我是<em>小白</em>，现在准备学习<a href="https://www.w3.org/TR/html5/" rel="external" title="HTML5
参考手册">HTML5</a></p>
</article>
</body>
</html>
```

在桌面浏览器中呈现这段 HTML 效果，如图 2.2 所示。这是页面在 IE 中显示的效果，在其他浏

Note

览器中的效果也是相似的。使用浏览器查看网页时，不会显示包围文本内容的标记，不过这些标记是非常有用的，我们使用它们来描述内容，如<p>标记用于表示段落的开始。

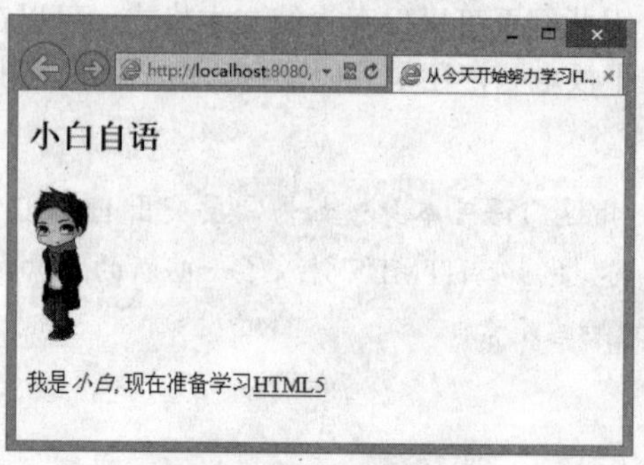

图 2.2　添加主体内容

整个页面包含了 3 部分：文本内容、外部文件的引用（图像的 src 值和链接的 href 值）和标记。HTML 提供了很多元素，上面示例演示了 6 种最为常见的元素：a、article、em、h1、img 和 p。每个元素都有各自的含义，例如，a 是链接，h1 是标题，img 是图像。

> 注意：在代码中行与行之间通过回车符分开，不过它不会影响页面的呈现效果。对 HTML 进行代码缩进显示，与内容在浏览器中的显示效果没有任何关系，但是 pre 元素是一个例外。习惯上，我们会对嵌套结构的代码进行缩进排版，这样会更容易看出元素之间的层级关系。

2.1.4　HTML 标签

一个标签由 3 部分组成：元素、属性和值，简单说明如下。

1．元素

元素就是用来描述网页不同部分的标签名称。

大多数元素既包含文本，也包含其他元素，这些元素由开始标签、内容和结束标签组成。开始标签是放在一对尖括号中的元素的名称，以及可能包含的属性，结束标签是放在一对尖括号中的斜杠加元素的名称，例如：

```
<em>小白</em>
```

- ☑ 开始标签：<em>。
- ☑ 内容文本：小白。
- ☑ 结束标签：</em>。

还有一些元素是空元素，既不包含文本，也不包含其他元素，例如：

```
<img src="images/xiaobai.jpg" width="50" alt="小白者，我也" />
```

img 元素并不包含任何文本内容。alt 属性中的文字是元素的一部分，并非显示在网页中的内容。空元素只有一个标签，同时作为元素的开始标签和结束标签使用。

> 提示：在 HTML5 中，结尾处的空格和斜杠是可选的。不过，最后面的“>”是必需的。元素的名称都用小写字母。不过，HTML5 对此未做要求，也可以使用大写字母。除非特殊需要，否则不推荐使用大写字母。

2．属性和值

属性为元素添加一些必要信息。在 HTML5 中，属性值两边的引号是可选的，但习惯上建议写上。与元素的名称一样，尽量使用小写字母编写属性的名称，例如：

```
<label for="email">电子邮箱</label>
```

这是一个 label 元素（关联文本标签与表单字段）。属性总是位于元素的开始标签内，属性的值通常放在一对括号中。

元素（如 a 和 img）可以有多个属性，每个属性都有各自的值。属性的顺序并不重要。不同的“属性/值”对之间用空格隔开，例如：

```
<a href="https://www.w3.org/TR/html5/" rel="external" title="HTML5 参考手册">HTML5</a>
```

有的属性可以接受任何值，有的属性则有限制。最常见的是那些仅接受预定义值（即枚举值）的属性。此时，用户必须从一个标准列表中选一个值，枚举值一般用小写字母编写，例如：

```
<link rel="stylesheet" media="screen" href="style.css" />
```

用户只能将 link 元素的 media 属性设为 all、screen、print 等值中的一个，不能像 href 属性和 title 属性那样可以输入任意值。

有很多属性的值需要设置为数字，特别是那些描述大小和长度的属性。数字值不需要包含单位，只需输入数字本身。图像和视频的宽度和高度是有单位的，默认为像素。

有的属性（如 href 和 src）用于引用其他文件，它们只能包含 URL 形式的字符串值。

还有一种特殊的属性称为布尔属性，这种属性的值是可选的，因为只要这种属性出现就表示其值为真。如果要包含一个值，可写上属性名本身。布尔属性也是预定义好的，无法自创，例如：

```
<input type="email" name="emailaddr" required />
```

上面代码提供了一个让用户输入电子邮件地址的输入框。布尔属性 required 表示用户必须填写该输入框。布尔属性不需要属性值，如果一定要加上属性值，则可以编写为 required="required"。

2.1.5　保存网页文档

与文本文件一样，网页也是文本文件，只不过扩展名不同，一般为.html 或.htm。保存网页文档时，要注意网页文件命名，这将有助于对文件进行组织，使访问者更容易找到页面，确保浏览器能正确地解析，以及增强搜索引擎优化（SEO）。

1．文件名使用小写字母

文件的名称应全部用小写字母，不要使用中文命名。如果使用小写字母，访问者和创建者就不必在大写字母和小写字母之间转换上浪费时间了。

2．使用正确的扩展名

使用.html 作为扩展名，用户也可以使用.htm 作为网页的扩展名，但常用.html。如果页面使用其他的扩展名（如.txt），浏览器会将其当做文本处理，相当于将网页代码直接呈现给访问者。

3．用短横线或下画线分隔单词

不要在文件名和文件夹名中使用空格分隔单词。应该使用短横线，例如，companyhistory.html 和 my-favorite-movies.html。不推荐使用下画线（_），因为短横线是搜索引擎更容易接受的方式。

SEO 可以让网页在搜索引擎的搜索结果中排名靠前。

2.2 语义化 HTML

语义化 HTML 指的是使用最恰当的 HTML 元素标记网页内容，在标记的过程中不过关心内容的显示效果。

2.2.1 编写语义化的重要性

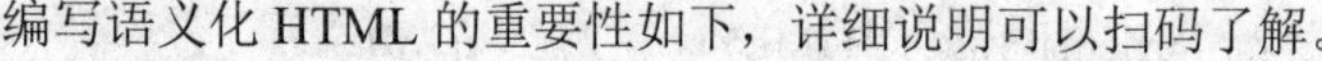

编写语义化 HTML 的重要性如下，详细说明可以扫码了解。

☑ 无障碍访问。

☑ 搜索引擎优化（SEO）。

☑ 更容易维护代码和添加样式。

2.2.2 语义化的基本方法

【示例】下面示例设计一个简单的图文页面。

```
<article>
    <h1>小白自语</h1>
    <img src="images/xiaobai.jpg" width="50" alt="小白者，我也" />
    <p>我是<em>小白</em>, 现在准备学习<a href="https://www.w3.org/TR/html5/" rel="external" title="HTML5
参考手册">HTML5</a></p>
</article>
```

在上面页面的 body 元素中，包含了 article、h1、img、p、em 和 a 元素。所有的内容都包含在 article 元素中。article 定义了一段独立的内容，其他地方可以重用这段内容。

尽管 HTML 元素大约有 100 种，但经常用到的只有少量核心元素，而其余的则较少使用。了解了一些常见元素，就可以初步设计语义化页面。对于初学者来说，做到下面几步要求，基本能够设计出语义化结构。

（1）在基本网页中，使用 article 元素是个不错的选择，但并非每个网页都必须这样编写。

（2）标题是网页重要组成部分。HTML 提供了 6 个标题级别，即 h1～h6。其中，h1 是最重要的一级，h2 是 h1 的子标题，h3 是 h2 的子标题，以此类推。

标题是描述页面信息的重要元素。标题确保了页面对屏幕阅读器用户来说更具可访问性，而搜索引擎是它们确定页面的重点。每个 HTML 都应该有一个 h1，或者多个 h1，这取决于页面的内容。如果页面只有一个标题，应该使用 h1。

（3）img 元素是呈现图像的主要方式。如果图像没有加载成功，或者页面仅显示文本信息，就会显示 alt 属性中的文字。屏幕阅读器可以对 alt 文本进行朗读。

（4）段落使用 p 元素进行标记。一个段落可以包含多个句子。如果页面需要再加一个段落，只需要在第一个 p 元素之后再加一个 p 元素即可。段落中嵌套了两个元素（em 和 a），分别定义其短语内容的含义。这是 HTML5 提供的大量用于提升段落文本语义的短语元素。

（5）em 元素表示“强调”。在示例页面中，它强调了对小白的身份。注意，HTML 描述的是内容的含义，因此 em 代表的是语义上的强调，而非视觉上的显示，不过通常会用斜体表示 em 文本（可以使用 CSS 改变这一样式）。

（6）a 元素定义了一个链接。链接是所有 HTML 元素中最强大的元素，因为有它才得以形成互联互通。互联网的定义就是，将一个页面与另一个页面或资源连接起来，或者将页面的一部分与另一部分连接起来。在这个例子中，文字 HTML5 是一个指向 W3C 官网上的某个页面的链接。

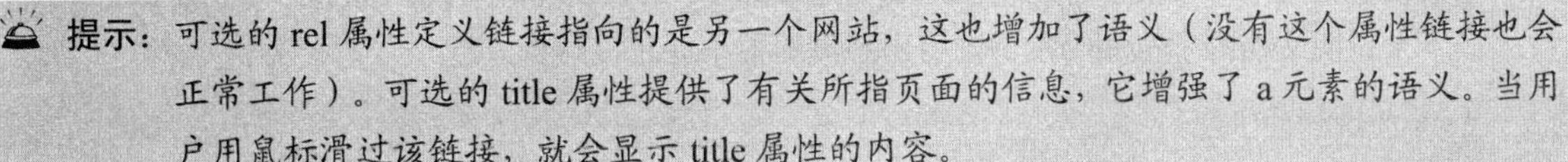

提示： 可选的 rel 属性定义链接指向的是另一个网站，这也增加了语义（没有这个属性链接也会正常工作）。可选的 title 属性提供了有关所指页面的信息，它增强了 a 元素的语义。当用户用鼠标滑过该链接，就会显示 title 属性的内容。

注意： HTML5 并没有为每一种内容类型提供对应的元素，这样会使 HTML 语言变得笨重。相反，HTML5 采取了一种务实的态度，其所定义的元素覆盖了绝大多数情况。

2.3　案例实战

目前最新主流浏览器对 HTML5 都提供了很好的支持，下面结合示例介绍如何正确创建 HTML5 文档。

视频讲解

2.3.1　编写第一个 HTML5 文档

本节示例将遵循 HTML5 语法规范编写一个文档。本例文档省略了<html>、<head>、<body>等标签，使用 HTML5 的 DOCTYPE 声明文档类型，简化<meta>的 charset 属性设置，省略<p>标签的结束标记，使用<元素/>的方式来结束<meta>和
标签等。

```
<!DOCTYPE html>
<meta charset="UTF-8">
<title>HTML5 基本语法</title>
<h1>HTML5 的目标</h1>
<p>HTML5 的目标是为了能够创建更简单的 Web 程序，书写出更简洁的 HTML 代码。
<br/>例如，为了使 Web 应用程序的开发变得更容易，提供了很多 API；为了使 HTML 变得更简洁，开发出了新的属性、新的元素等。总体来说，为下一代 Web 平台提供了许许多多新的功能。
```

这段代码在 IE 浏览器中的运行结果如图 2.3 所示。

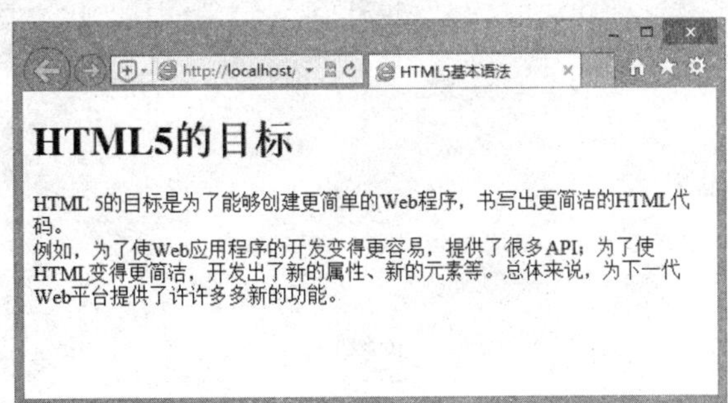

图 2.3　编写 HTML5 文档

通过短短几行代码就完成了一个页面的设计，这充分说明了 HTML5 语法的简洁性。同时，HTML5 不是一种 XML 语言，其语法也很随意，下面从这两方面进行逐句分析。

第一行代码如下。

```
<!DOCTYPE HTML>
```

Note

不需要包括版本号，仅告诉浏览器需要一个 doctype 来触发标准模式，可谓简明扼要。

接下来说明文档的字符编码，否则将出现浏览器不能正确解析。

```
<meta charset="utf-8">
```

同样也很简单，HTML5 不区分大小写，不需要标记结束符，不介意属性值是否加引号，即下列代码是等效的。

```
<meta charset="utf-8">
<META charset="utf-8" />
<META charset=utf-8>
```

在主体中，可以省略主体标记，直接编写需要显示的内容。虽然在编写代码时省略了<html>、<head>和<body>标记，但在浏览器进行解析时，将会自动进行添加。但是，考虑到代码的可维护性，在编写代码时，应该尽量增加这些基本结构标签。

视频讲解

2.3.2 比较 HTML4 与 HTML5 文档结构

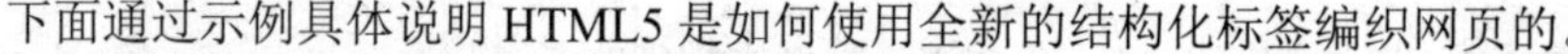

下面通过示例具体说明 HTML5 是如何使用全新的结构化标签编织网页的。

【示例 1】本例设计将页面分成上、中、下 3 部分：上面显示网站标题；中间分两部分，左侧为辅助栏，右侧显示网页正文内容；下面显示版权信息，如图 2.4 所示。使用 HTML4 构建文档基本结构如下。

```
<div id="header">[标题栏]</div>
<div id="aside">[侧边栏]</div>
<div id="article">[正文内容]</div>
<div id="footer">[页脚栏]</div>
```

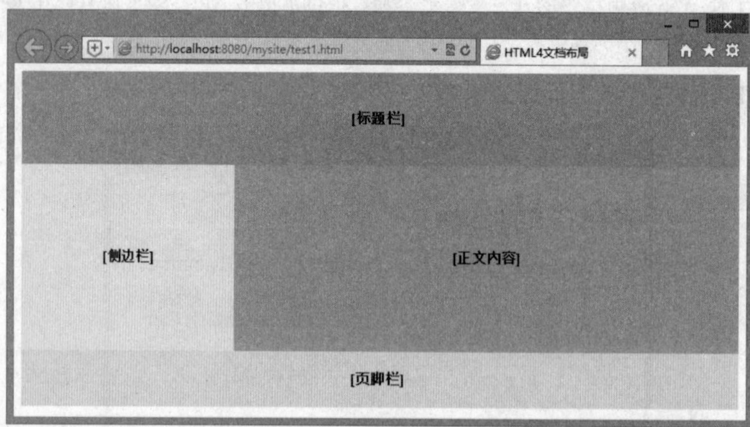

图 2.4　简单的网页布局

尽管上述代码不存在任何语法错误，也可以在 HTML5 中很好地解析，但该页面结构对于浏览器来说是不具有区分度的。对于不同的用户来说，ID 命名可能因人而异，这对浏览器来说，就无法辨

别每个 div 元素在页面中的作用，因此也必然会影响其对页面的语义解析。

【示例 2】下面使用 HTML5 新增元素重新构建页面结构，明确定义每部分在页面中的作用。

```
<header>[标题栏]</header>
<aside>[侧边栏]</aside>
<article>[正文内容]</article>
<footer>[页脚栏]</footer>
```

Note

虽然两段代码不一样，但比较上述两段代码，使用 HTML5 新增元素创建的页面代码更简洁、明晰。可以很容易地看出，使用<div id="header">、<div id="aside">、<div id="article">和<div id="footer">这些标记元素没有任何语义，浏览器也不能根据标记的 ID 名称来推断它的作用，因为 ID 名称是随意变化的。

而 HTML5 新增元素 header，明确地告诉浏览器此处是页头，aside 元素用于构建页面辅助栏，article 元素用于构建页面正文内容，footer 元素定义页脚注释内容。这样极大地提高了开发的便利性和浏览器的解析效率。

2.4　在线练习

本节将通过上机示例，帮助初学者熟悉 HTML 文档结构和 HTML5 基础，感兴趣的同学可以扫码练习。

在线练习

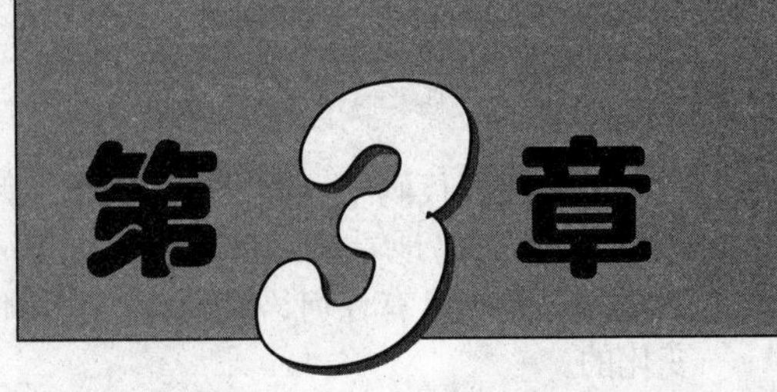

第3章 设计 HTML5 结构

创建清晰、一致的结构不仅可以为页面建立良好的语义化基础，也可以大大降低在文档中应用CSS样式的难度。本章介绍构建HTML5文档结构所需的HTML元素。

【学习重点】

- 创建页面标题。
- 普通页面构成。
- 创建页眉、页脚和标记导航。
- 标记网页主要区域。
- 创建文章，定义区块。

Note

视频讲解

3.1　头部信息

在 HTML 文档的头部区域，存储着各种网页基本信息（也称元信息），这些信息主要被浏览器所采用，不会显示在网页中。另外，搜索引擎也会检索这些信息，因此重视并设置这些头部信息非常重要。

3.1.1　定义网页标题

使用<title>标签可定义网页标题，例如：

```
<html>
<head>
<title>HTML5 标签说明</title>
</head>
<body>
HTML5 标签列表
</body>
</html>
```

浏览器会把它放在窗口的标题栏或状态栏中显示，如图 3.1 所示。当把文档加入用户的链接列表、收藏夹或书签列表时，标题将作为该文档链接的默认名称。

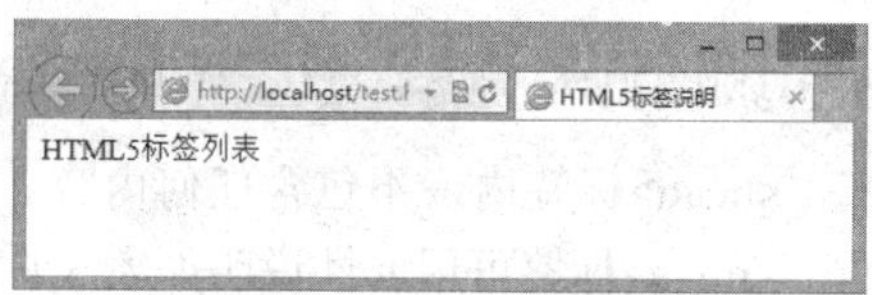

图 3.1　显示网页标题

title 元素必须位于 head 部分。页面标题会被 Google、百度等搜索引擎采用，从而能够大致了解页面内容，并将页面标题作为搜索结果中的链接显示，如图 3.2 所示。它也是判断搜索结果中页面相关度的重要因素。

图 3.2　网页标题在搜索引擎中的作用

总之，让每个页面的 title 是唯一的，从而提升搜索引擎结果排名，并让访问者获得更好的体验。页面标题也出现在访问者的 History 面板、收藏夹列表以及书签列表中。

Note

【补充】

title 元素是必需的，title 中不能包含任何格式、HTML、图像或指向其他页面的链接。一般网页编辑器会预先为页面标题填上默认文字，要确保用自己的标题替换它们。

很多开发人员不太重视 title 文字，仅简单地输入网站名称，并将其复制到全站每一个网页中。如果流量是网站追求的指标之一，这样做会对网站产生很大的损失。不同搜索引擎确定网页排名和内容索引规则的算法是不一样的。不过，title 通常都扮演着重要的角色。搜索引擎会将 title 作为判断页面主要内容的指标，并将页面内容按照与之相关的文字进行索引。

有效的 title 应包含几个与页面内容密切相关的关键字。一种最佳的方法就是选择能简要概括文档内容的文字作为 title 文字。这些文字既要对屏幕阅读器用户友好，又要有利于搜索引擎排名。

将网站名称放入 title，但将页面特有的关键字放在网站名称的前面会更好。建议将 title 的核心内容放在前 60 个字符中，因为搜索引擎通常将超过此数目（作为基准）的字符截断。不同浏览器显示在标题栏中的字符数上限不尽相同。浏览器标签页会将标题截得更短，因为它占的空间较少。

3.1.2　定义网页元信息

视频讲解

使用<meta>标签可以定义网页的元信息，例如，定义针对搜索引擎的描述和关键词，一般网站都必须设置这两条元信息，以方便搜索引擎检索。

☑　定义网页的描述信息如下所示。

```
<meta name="description" content="标准网页设计专业技术资讯" />
```

☑　定义页面的关键词如下所示。

```
<meta name="keywords" content="HTML,DHTML, CSS, XML, XHTML, JavaScript" />
```

<meta>标签位于文档的头部，<head>标签内，不包含任何内容。使用<meta>标签的属性可以定义与文档相关联的“名称/值”对。<meta>标签可用属性说明如表 3.1 所示。

表 3.1　<meta>标签属性列表

属　性	说　明
content	必需的，定义与 http-equiv 或 name 属性相关联的元信息
http-equiv	把 content 属性关联到 HTTP 头部。取值包括 content-type、expires、refresh、set-cookie
name	把 content 属性关联到一个名称。取值包括 author、description、keywords、generator、revised 等
scheme	定义用于翻译 content 属性值的格式
charset	定义文档的字符编码

【示例】下面列举常用元信息的设置代码，更多元信息的设置可以参考 HTML 手册。

使用 http-equiv 等于 content-type，可以设置网页的编码信息。

☑　设置 UTF8 编码如下所示。

```
<meta http-equiv="content-type" content="text/html; charset=UTF-8" />
```

提示：HTML5 简化了字符编码设置方式：<meta charset="utf-8">，其作用是相同的。

☑　设置简体中文 gb2312 编码如下所示。

```
<meta http-equiv="content-type" content="text/html; charset=gb2312" />
```

Note

注意：每个 HTML 文档都需要设置字符编码类型，否则可能会出现乱码，其中 UTF-8 是国家通用编码，独立于任何语言，因此都可以使用。

使用 content-language 属性值定义页面语言的代码。如下所示设置中文版本语言。

```
<meta http-equiv="content-language" content="zh-CN" />
```

使用 refresh 属性值可以设置页面刷新时间或跳转页面，如 5 秒之后刷新页面。

```
<meta http-equiv="refresh" content="5" />
```

5 秒之后跳转到百度首页如下所示。

```
<meta http-equiv="refresh" content="5; url= https://www.baidu.com/" />
```

使用 expires 属性值设置网页缓存时间如下所示。

```
<meta http-equiv="expires" content="Sunday 20 October 2019 01:00 GMT" />
```

也可以使用如下方式设置页面不缓存。

```
<meta http-equiv="pragma" content="no-cache" />
```

类似设置还有如下所示。

```
<meta name="author" content="https://www.baidu.com/" />          <!--设置网页作者-->
<meta name="copyright" content=" https://www.baidu.com/" /> <!--设置网页版权-->
<meta name="date" content="2019-01-12T20:50:30+00:00" />   <!--设置创建时间-->
<meta name="robots" content="none" />                               <!--设置禁止搜索引擎检索-->
```

3.1.3 定义文档视口

视频讲解

在移动 Web 开发中，经常会遇到 viewport（视口）问题，就是浏览器显示页面内容的屏幕区域。一般移动设备的浏览器默认都设置一个<meta name="viewport">标签，定义一个虚拟的布局视口，用于解决早期的页面在手机上显示的问题。

iOS、Android 基本会将这个视口分辨率设置为 980 像素，所以桌面网页基本能够在手机上呈现，只不过看上去很小，用户可以通过手动缩放网页进行阅读。这种方式用户体验很差，建议使用<meta name="viewport">标签设置视图大小。

<meta name="viewport">标签的设置代码如下。

```
<meta id="viewport" name="viewport" content="width=device-width; initial-scale=1.0; maximum-scale=1; user-scalable=no;">
```

各属性说明如表 3.2 所示。

表 3.2 <meta name="viewport">标签的属性说明

属　性	取　值	说　明
width	正整数或 device-width	定义视口的宽度，单位为像素
height	正整数或 device-height	定义视口的高度，单位为像素，一般不用
initial-scale	[0.0-10.0]	定义初始缩放值
minimum-scale	[0.0-10.0]	定义缩小最小比例，它必须小于或等于 maximum-scale 设置

续表

属　性	取　值	说　明
maximum-scale	[0.0-10.0]	定义放大最大比例，它必须大于或等于 minimum-scale 设置
user-scalable	yes/no	定义是否允许用户手动缩放页面，默认值 yes

【示例】下面示例在页面中输入一个标题和两段文本，如果没有设置文档视口，则在移动设备中所呈现效果如图 3.3 所示，而设置了文档视口之后，所呈现效果如图 3.4 所示。

```
<!doctype html>
<html>
<head>
<meta charset="utf-8">
<title>设置文档视口</title>
<meta name="viewport" content="width=device-width, initial-scale=1">
</head>
<body>
<h1>width=device-width, initial-scale=1</h1>
<p>width=device-width 将 layout viewport（布局视口）的宽度设置 ideal viewport（理想视口）的宽度。</p>
<p>initial-scale=1 表示将 layout viewport（布局视口）的宽度设置为 ideal viewport（理想视口）的宽度。</p>
</body>
</html>
```

图 3.3　默认被缩小的页面视图

图 3.4　保持正常的布局视图

提示：ideal viewport（理想视口）通常就是我们说的设备的屏幕分辨率。

3.1.4　最新 head 指南

线上阅读

本节为线上拓展内容，介绍最新的 head 元素使用指南。本节内容适合进阶同学参考，对于初学者来说，可以有选择性的阅读，需要时备查使用。详细内容请扫码阅读。

3.1.5　移动版头信息

线上阅读

本节为线上拓展内容，介绍移动版 HTML5 head 头部信息设置说明。本节内容适合

进阶同学参考，对于初学者来说，可以有选择性的阅读，需要时备查使用。详细内容请扫码阅读。

3.2　构建基本结构

HTML 文档的主体部分包括了要在浏览器中显示的所有信息。这些信息需要在特定的结构中呈现，下面介绍网页通用结构的设计方法。

3.2.1　定义文档结构

线上阅读　视频讲解

HTML5 包含一百多个标签，大部分继承自 HTML4，新增加 30 个标签。这些标签基本上都被放置在主体区域内（<body>），我们将在各章节中逐一进行说明。

正确选用 HTML5 标签可以避免代码冗余。在设计网页时不仅需要使用<div>标签来构建网页通用结构，还要使用下面几类标签完善网页结构。

☑ <h1>、<h2>、<h3>、<h4>、<h5>、<h6>：定义文档标题，1 表示一级标题，6 表示六级标题，常用标题包括一级、二级和三级。

☑ <p>：定义段落文本。

☑ <ul>、<ol>、<li>等：定义信息列表、导航列表、榜单结构等。

☑ <table>、<tr>、<td>等：定义表格结构。

☑ <form>、<input>、<textarea>等：定义表单结构。

☑ <span>：定义行内包含框。

【示例】下面示例是一个简单的 HTML 页面，使用了少量 HTML 标签。它演示了一个简单的文档应该包含的内容，以及主体内容是如何在浏览器中显示的。

（1）新建文本文件，输入下面代码。

```
<html>
    <head>
        <meta charset="utf-8">
        <title>一个简单的文档包含内容</title>
    </head>
    <body>
        <h1>我的第一个网页文档</h1>
        <p>HTML 文档必须包含三个部分：</p>
        <ul>
            <li>html——网页包含框</li>
            <li>head——头部区域</li>
            <li>body——主体内容</li>
        </ul>
    </body>
</html>
```

（2）保存文本文件，命名为 test，设置扩展名为.html。

（3）使用浏览器打开这个文件，则可以看到如图 3.5 所示的预览效果。

Note

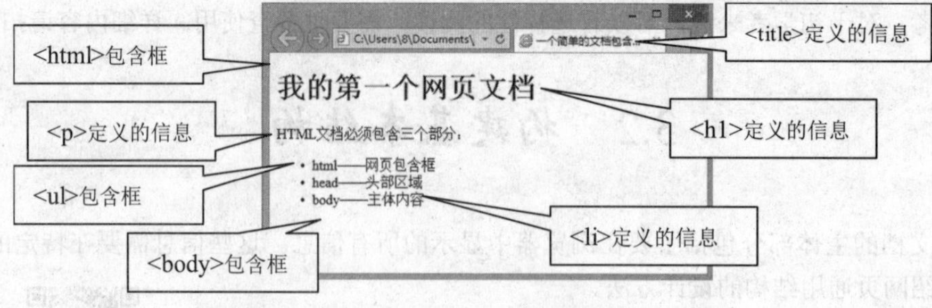

图 3.5　网页文档演示效果

为了更好地选用标签，读者可以参考 w3school 网站的 http://www.w3school.com.cn/tags/index.asp 页面信息。其中 DTD 列描述标签在哪一种 DOCTYPE 文档类型是允许使用的：S=Strict，T=Transitional，F=Frameset。

3.2.2　定义内容标题

HTML 提供了 6 级标题用于创建页面信息的层级关系。使用 h1、h2、h3、h4、h5 或 h6 元素对各级标题进行标记，其中 h1 是最高级别的标题，h2 是 h1 的子标题，h3 是 h2 的子标题，以此类推。

【示例 1】标题代表了文档的大纲。当设计网页内容时，可以根据需要为内容的每个主要部分指定一个标题和任意数量的子标题，以及子子标题等。

```
<h1>唐诗欣赏</h1>
<h2>春晓</h2>
<h3>孟浩然</h3>
<p>春眠不觉晓，处处闻啼鸟。</p>
<p>夜来风雨声，花落知多少。</p>
```

在上面示例中，标记为 h2 的“春晓”是标记为 h1 的顶级标题“唐诗欣赏”的子标题，而“孟浩然”是 h3，它就成了“春晓”的子标题，也是 h1 的子子标题。如果继续编写页面其余部分的代码，相关的内容（段落、图像、视频等）就要紧跟在对应的标题后面。

对任何页面来说，分级标题都可以说是最重要的 HTML 元素。由于标题通常传达的是页面的主题，因此，对搜索引擎而言，如果标题与搜索词匹配，这些标题就会被赋予很高的权重，尤其是等级最高的 h1，当然不是说页面中的 h1 越多越好，搜索引擎能够聪明判断出哪些 h1 是可用的，哪些 h1 是凑数的。

【示例 2】使用标题组织内容。在下面示例中，产品指南有 3 个主要的部分，每个部分都有不同层级的子标题。标题之间的空格和缩进只是为了让层级关系更清楚一些，它们不会影响最终的显示效果。

```
<h1>所有产品分类</h1>
    <h2>进口商品</h2>
    <h2>食品饮料</h2>
        <h3>糖果/巧克力</h3>
            <h4>巧克力 果冻</h4>
            <h4>口香糖 棒棒糖 软糖 奶糖 QQ 糖</h4>
        <h3>饼干糕点</h3>
            <h4>饼干 曲奇</h4>
            <h4>糕点 蛋卷 面包 薯片/膨化</h4>
```

```
<h2>粮油副食</h2>
    <h3>大米面粉</h3>
    <h3>食用油</h3>
```

在默认情况下，浏览器会从 h1 到 h6 逐级减小标题的字号，如图 3.6 所示。在默认情况下，所有的标题都以粗体显示，h1 的字号比 h2 的大，而 h2 的又比 h3 的大，以此类推。每个标题之间的间隔也是由浏览器默认的 CSS 定制的，它们并不代表 HTML 文档中有空行。

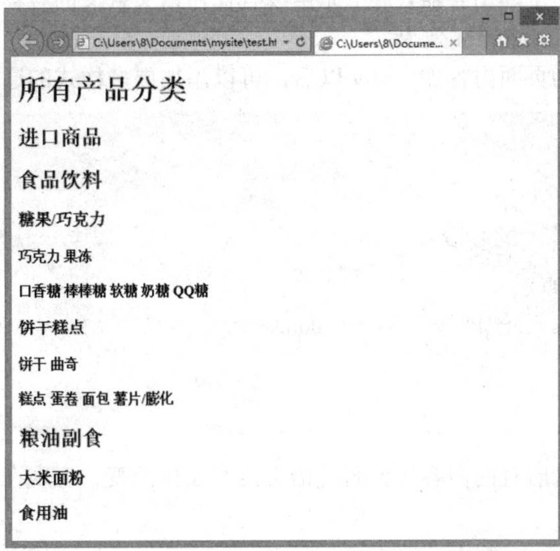

图 3.6　网页内容标题的层级

提示： 在创建分级标题时，要避免跳过某些级别，如从 h3 直接跳到 h5。不过，允许从低级别跳到高级别的标题。例如，在“<h4>糕点 蛋卷 面包 薯片/膨化</h4>”后面紧跟着“<h2>粮油副食</h2>”是没有问题的，因为包含“<h4>糕点 蛋卷 面包 薯片/膨化</h4>”的“<h2>食品饮料</h2>”在这里结束了，而“<h2>粮油副食</h2>”的内容开始了。

不要使用 h1～h6 标记副标题、标语以及无法成为独立标题的子标题。例如，假设有一篇新闻报道，它的主标题后面紧跟着一个副标题，这时，这个副标题就应该使用段落，或其他非标题元素。

```
<h1>天猫超市</h1>
<p>在乎每件生活小事</p>
```

提示： HTML5 包含了一个名为 hgroup 的元素，用于将连续的标题组合在一起，后来 W3C 将这个元素从 HTML 5.1 规范中被移除。

```
<h1>客观地看日本，理性地看中国</h1>
<p class="subhead">日本距离我们并不远，但是如果真的要说它在这十年、二十年有什么样的发展和变化，又好像对它了解的并不多，本文出自一个在日本呆了快 10 年的中国作者，来看看他描述的日本，那个除了老龄化和城市干净这些标签之外的真实国度。</p>
```

上面代码是标记文章副标题的一种方法。可以添加一个 class，从而能够应用相应的 CSS。该 class 可以命名为 subhead 等名称。

提示： 曾有人提议在 HTML5 中引入 subhead 元素，用于对子标题、副标题、标语、署名等内容进行标记，但是未被 W3C 采纳。

视频讲解

Note

3.2.3 使用 div 元素

有时需要在一段内容外围包一个容器，从而可以为其应用 CSS 样式或 JavaScript 效果。如果没有这个容器，页面就会不一样。在评估内容的时候，考虑使用 article、section、aside、nav 等元素，却发现它们从语义上来讲都不合适。

这时，真正需要的是一个通用容器，一个完全没有任何语义含义的容器。这个容器就是 div 元素，用户可以为其添加样式或 JavaScript 效果。

【示例 1】下面示例为页面内容加上 div 以后，可以添加更多样式的通用容器。

```
<div>
    <article>
        <h1>文章标题</h1>
        <p>文章内容</p>
        <footer>
            <p>注释信息</p>
            <address><a href="#">W3C</a></address>
        </footer>
    </article>
</div>
```

现在有一个 div 包含着所有的内容，页面的语义没有发生改变，但现在我们有了一个可以用 CSS 添加样式的通用容器。

与 header、footer、main、article、section、aside、nav、h1～h6、p 等元素一样，在默认情况下，div 元素自身没有任何默认样式，只是其包含的内容从新的一行开始。不过，我们可以对 div 添加样式以实现设计。

div 对使用 JavaScript 实现一些特定的交互行为或效果也是有帮助的。例如，在页面中展示一张照片或一个对话框，同时让背景页面覆盖一个半透明的层（这个层通常是一个 div）。

尽管 HTML 用于对内容的含义进行描述，但 div 并不是唯一没有语义价值的元素。span 是与 div 对应的一个元素：div 是块级内容的无语义容器；而 span 则是短语内容的无语义容器，例如它可以放在段落元素 p 之内。

【示例 2】在下面代码中为段落文本中部分信息进行分隔显示，以便应用不同的类样式。

```
<h1>新闻标题</h1>
<p>新闻内容</p>
<p>...</p>
<p>发布于<span class="date">2016 年 12 月</span>,由<span class="author">张三</span>编辑</p>
```

提示： 在 HTML 结构化元素中，div 是除了 h1～h6 以外唯一早于 HTML5 出现的元素。在 HTML5 之前，div 是包围大块内容（如页眉、页脚、主要内容、插图、附栏等），是用 CSS 为之添加样式的不二选择。之前 div 没有任何语义含义，现在也一样。这就是 HTML5 引入 header、footer、main、article、section、aside 和 nav 的原因。这些类型的构造块在网页中普遍存在，因此它们可以成为具有独立含义的元素。在 HTML5 中，div 并没有消失，只是使用它的场合变少了。

对 article 和 aside 元素分别添加一些 CSS，让它们各自成为一栏。然而，大多数情况下，每一栏都有不止一个区块的内容。例如，主要内容区第一个 article 下面可能还有另一个

article（或 section、aside 等）。又如，也许想在第二栏再放一个 aside 显示指向关于其他网站的链接，或许再加一个其他类型的元素。这时可以将期望在同一栏的内容包在一个 div 内，然后对这个 div 添加相应的样式。但是不可以用 section，因为该元素并不能作为添加样式的通用容器。

div 没有任何语义。大多数时候，使用 header、footer、main（仅使用一次）、article、section、aside 或 nav 代替 div 会更合适。但是，如果语义上不合适，也不必为了刻意避免使用 div，而使用上述元素。div 适合所有页面容器，可以作为 HTML5 的备用容器使用。

Note

视频讲解

3.2.4　使用 id 和 class

HTML 是简单的文档标识语言，而不是界面语言。文档结构大部分使用<div>标签来完成，为了能够识别不同的结构，一般通过定义 id 或 class 给它们赋予额外的语义，给 CSS 样式提供有效的“钩子”。

【示例 1】构建一个简单的列表结构，并给它分配一个 id，自定义导航模块。

```
<ul id="nav">
    <li><a href="#">首页</a></li>
    <li><a href="#">关于</a></li>
    <li><a hzef="#">联系</a></li>
</ul>
```

使用 id 标识页面上的元素时，id 名必须是唯一的。id 可以用来标识持久的结构性元素，例如主导航或内容区域；id 还可以用来标识一次性元素，如某个链接或表单元素。

在整个网站上，id 名应该应用于语义相似的元素以避免混淆。例如，如果联系人表单和联系人详细信息在不同的页面上，那么可以给它们分配同样的 id 名 contact，但是如果在外部样式表中给它们定义样式，就会遇到问题，因此使用不同的 id 名（如 contact_form 和 contact_details）就会简单得多。

与 id 不同，同一个 class 可以应用于页面上任意数量的元素，因此 class 非常适合标识样式相同的对象。例如，设计一个新闻页面，其中包含每条新闻的日期。此时不必给每个日期分配不同的 id，而是可以给所有日期分配类名 date。

提示：id 和 class 的名称一定要保持语义性，并与表现方式无关。例如，可以给导航元素分配 id 名为 right_nav，因为希望它出现在右边。但是，如果以后将它的位置改到左边，那么 CSS 和 HTML 就会发生歧义。所以，将这个元素命名为 sub_nav 或 nav_main 更合适。这种名称解释就不再涉及如何表现它。

class 名称也是如此。例如，如果定义所有错误消息以红色显示，不要使用类名 red，而应该选择更有意义的名称，如 error 或 feedback。

注意：class 和 id 名称需要区分大小写，虽然 CSS 不区分大小写，但是在标签中是否区分大小写取决于 HTML 文档类型。如果使用 XHTML 严谨型文档，那么 class 和 id 名是区分大小写的。最好的方式是保持一致的命名约定，如果在 HTML 中使用驼峰命名法，那么在 CSS 中也采用这种形式。

【示例 2】在实际设计中，class 被广泛使用，这就容易产生滥用现象。例如，很多初学者给所有的元素添加类，以便更方便地控制它们。这种现象被称为“多类症”，在某种程度上，这和使用基于表格的布局一样糟糕，因为它在文档中添加了无意义的代码。

```
<h1 class="newsHead">标题新闻</h1>
<p class="newsText">新闻内容</p>
<p>...</p>
<p class="newsText"><a href="news.php" class="newsLink">更多</a></p>
```

【示例 3】在上面示例中，每个元素都使用一个与新闻相关的类名进行标识。这使新闻标题和正文可以采用与页面其他部分不同的样式。但是，不需要用这么多类来区分每个元素。可以将新闻条目放在一个包含框中，并加上类名 news，从而标识整个新闻条目。然后，可以使用包含框选择器识别新闻标题或文本。

```
<div class="news">
    <h1>标题新闻</h1>
    <p>新闻内容</p>
    <p>...</p>
    <p><a href="news.php">更多</a></p>
</div>
```

以这种方式删除不必要的类有助于简化代码，使页面更简洁。过渡依赖类名是不必要的，我们只需要在不适合使用 id 的情况下对元素应用类，而且尽可能少使用类。实际上，创建大多数文档经常只需要添加几个类。如果初学者发现自己添加了许多类，那么这很可能意味着自己创建的 HTML 文档结构有问题。

3.2.5 使用 title

可以使用 title 属性为文档中任何部分加上提示标签。不过，它们并不只是提示标签，加上它们之后屏幕阅读器可以为用户朗读 title 文本，因此使用 title 可以提升无障碍访问功能。

【示例】可以为任何元素添加 title，不过用的最多的是链接。

```
<ul title="列表提示信息">
    <li><a href="#" title="链接提示信息">列表项目</a></li>
</ul>
```

当访问者将鼠标光标指向加了说明标签的元素时，就会显示 title。如果 img 元素同时包括 title 和 alt 属性，则提示框会采用 title 属性的内容，而不是 alt 属性的内容。

3.2.6 HTML 注释

可以在 HTML 文档中添加注释，标明区块开始和结束的位置，提示某段代码的意图，或者阻止内容显示等。这些注释只会在源代码中可见，访问者在浏览器中是看不到它们的。

【示例】下面代码使用“<!--”和“-->”分隔符定义了 6 处注释。

```
<!-- 开始页面容器 -->
<div class="container">
    <header role="banner"></header>
    <!-- 应用 CSS 后的第一栏 -->
    <main role="main"></main>
    <!-- 结束第一栏 -->
    <!-- 应用 CSS 后的第二栏 -->
    <div class="sidebar"></div>
    <!-- 结束第二栏 -->
```

```
    <footer role="contentinfo"></footer>
</div>
<!-- 结束页面容器 -->
```

在主要区块的开头和结尾处添加注释是一种常见的做法，这样可以让一起合作的开发人员将来修改代码变得更加容易。

在发布网站之前，应该用浏览器查看一下加了注释的页面，这样能帮助用户避免由于弄错注释格式导致注释内容直接暴露给访问者的情况。

Note

3.3 构建语义结构

HTML5 新增多个结构化元素，以方便用户创建更友好的页面主体框架，下面来详细学习。

视频讲解

3.3.1 定义页眉

header 表示页眉，用来标识页面标题栏。header 元素是一种具有引导和导航作用的结构元素，通常用来放置整个页面，或者一个内容块的标题。

header 也可以包含其他内容，如数据表格、表单或相关的 LOGO 信息，一般整个页面的标题应该放在页面的前面。

【示例 1】在一个网页内可以多次使用 header 元素，下面示例显示为每个内容区块添加一个 header。

```
<header>
    <h1>网页标题</h1>
</header>
<article>
    <header>
        <h1>文章标题</h1>
    </header>
    <p>文章正文</p>
</article>
```

在 HTML5 中，header 内部可以包含 h1～h6 元素，也可以包含 hgroup、table、form、nav 等元素，只要应该显示在头部区域的标签，都可以包含在 header 元素中。

【示例 2】下面示例是个人博客首页的头部区域，整个头部内容都放在 header 元素中。

```
<header>
    <hgroup>
        <h1>LOGO</h1>
        <a href="#">[URL]</a> <a href="#">[订阅]</a> <a href="#">[手机订阅]</a> </hgroup>
    <nav>
        <ul>
            <li>首页</li>
            <li><a href="#">目录</a></li>
            <li><a href="#">社区</a></li>
            <li><a href="#">微博我</a></li>
        </ul>
    </nav>
</header>
```

视频讲解

Note

3.3.2 定义导航

nav 表示导航条，用来标识页面导航的链接组。一个页面中可以拥有多个 nav，作为页面整体或不同部分的导航，具体应用场景如下。

- ☑ 主菜单导航。一般网站都设置有不同层级的导航条，其作用是在站内快速切换，如主菜单、置顶导航条、主导航图标等。
- ☑ 侧边栏导航。现在主流博客网站及商品网站上都有侧边栏导航，其作用是将页面从当前文章或当前商品跳转到相关文章或商品页面上去。
- ☑ 页内导航。就是页内锚点链接，其作用是在本页面几个主要的组成部分之间进行跳转。
- ☑ 翻页操作。翻页操作是指在多个页面的前后页或博客网站的前后篇文章滚动。

并不是所有的链接组都要被放入 nav 元素中，只需要将主要的、基本的链接组放入 nav 元素中即可。例如，在页脚中通常会有一组链接，包括服务条款、首页、版权声明等，这时使用 footer 元素是最恰当。

【示例 1】在 HTML5 中，只要是导航性质的链接，我们就可以很方便地将其放入 nav 元素中。该元素可以在一个文档中多次出现，作为页面或部分区域的导航。

```
<nav draggable="true">
    <a href="index.html">首页</a>
    <a href="book.html">图书</a>
    <a href="bbs.html">论坛</a>
</nav>
```

上述代码创建了一个可以拖动的导航区域，nav 元素中包含了 3 个用于导航的超链接，即“首页”“图书”和“论坛”。该导航可用于全局导航，也可放在某个段落，作为区域导航。

【示例 2】下面示例页面由多部分组成，每部分都带有链接，但只将最主要的链接放入了 nav 元素中。

```
<h1>技术资料</h1>
<nav>
    <ul>
        <li><a href="/">主页</a></li>
        <li><a href="/blog">博客</a></li>
    </ul>
</nav>
<article>
    <header>
        <h1>HTML5+CSS3</h1>
        <nav>
            <ul>
                <li><a href="#HTML5">HTML5</a></li>
                <li><a href="#CSS3">CSS3</a></li>
            </ul>
        </nav>
    </header>
    <section id="HTML5">
        <h1>HTML5</h1>
        <p>HTML5 特性说明</p>
```

```
        </section>
        <section id="CSS3">
            <h1>CSS3</h1>
            <p>CSS3 特性说明。</p>
        </section>
        <footer>
            <p> <a href="?edit">编辑</a> | <a href="?delete">删除</a> | <a href="?add">添加</a> </p>
        </footer>
    </article>
    <footer>
        <p><small>版权信息</small></p>
    </footer>
```

在这个例子中，第一个 nav 元素用于页面导航，将页面跳转到其他页面上去，如跳转到网站主页或博客页面；第二个 nav 元素放置在 article 元素中，表示在文章中内进行导航。除此之外，nav 元素也可以用于其他所有你觉得是重要的、基本的导航链接组中。

注意：不要用 menu 元素代替 nav 元素。menu 主要用在一系列交互命令的菜单上，如快捷菜单。

3.3.3　定义主要区域

视频讲解

main 表示主要，用来标识网页中的主要内容。main 内容对于文档来说应当是唯一的，它不应包含在网页中重复出现的内容，如侧栏、导航栏、版权信息、站点标志或搜索表单等。

注意：由于 main 元素不对页面内容进行分区或分块，所以不会对网页大纲产生影响。

【示例】下面页面是一个完整的主体结构。main 元素包围着代表页面主题的内容。

```
<header role="banner">
    <nav role="navigation">[包含多个链接的 ul]</nav>
</header>
<main role="main">
    <article>
        <h1 id="gaudi">主要标题</h1>
        <p>[页面主要区域的其他内容]
    </article>
</main>
<aside role="complementary">
    <h1>侧边标题</h1>
    <p>[附注栏的其他内容]
</aside>
<footer role="info">[版权]</footer>
```

main 元素在一个页面里仅使用一次。在 main 开始标签中加上 role="main"，这样可以帮助屏幕阅读器定位页面的主要区域。

与 p、header、footer 等元素一样，main 元素的内容显示在新的一行，除此之外不会影响页面的任何样式。如果创建的是 Web 应用，应该使用 main 包围其主要的功能。

注意：不能将 main 放置在 article、aside、footer、header 或 nav 元素中。

视频讲解

Note

3.3.4 定义文章块

article 表示文章，用来标识页面中一块完整的、独立的、可以被转发的内容。

【示例 1】下面示例演示了 article 元素的应用。

```
<header role="banner">
    <nav role="navigation">[包含多个链接的 ul]</nav>
</header>
<main role="main">
    <article>
        <h1 id="news">区块链“时代号”列车驶来</h1>
        <p>对于精英们来说，这个春节有点特殊。</p>
        <p>他们身在曹营心在汉，他们被区块链搅动得燥热难耐，在兴奋、焦虑、恐慌、质疑中度过一个漫长春节。</p>
        <h2 id="sub1">1. 三点钟无眠</h2>
        <p><img src="images/0001.jpg" width="200"  />春节期间，一个大佬云集的区块链群建立，因为有蔡文胜、薛蛮子、徐小平等人的参与，群被封上了“市值万亿”。这个名为“三点钟无眠区块链”的群，搅动了一池春水。</p>
        <h2 id="sub2">2. 被碾压的春节</h2>
        <p>...</p>
    </article>
</main>
```

为了精简，本示例对文章内容进行了缩写，略去了 nav 结构代码。尽管在这个例子里只有段落和图像，但 article 可以包含各种类型的内容。

现在，页面有了 header、nav、main 和 article 元素，以及它们各自的内容。在不同的浏览器中，article 中标题的字号可能不同。可以应用 CSS 使它们在不同的浏览器中显示相同的大小。

在 HTML5 中，article 元素表示文档、页面、应用或网站中一个独立的容器，原则上是可独立分配或可再用的。它可以是一篇论坛帖子、一篇杂志或报纸文章、一篇博客条目、一则用户提交的评论、一个交互式的小部件或小工具，或者任何其他独立的内容项。其他 article 的例子包括电影或音乐评论、案例研究、产品描述等。这些确定是独立的、可再分配的内容项。

可以将 article 嵌套在另一个 article 中，只要里面的 article 与外面的 article 是部分与整体的关系。一个页面可以有多个 article 元素。例如，博客的主页通常包括几篇最新的文章，其中每一篇都是其自身的 article。一个 article 可以包含一个或多个 section 元素。在 article 里包含独立的 h1～h6 元素。

【示例 2】上面示例只是使用 article 的一种方式，下面展示其他的用法。下面示例展示了对基本的新闻报道或报告进行标记的方法。注意 footer 和 address 元素的使用。这里，address 只应用于其父元素 article（即这里显示的 article），而非整个页面或任何嵌套在那个 article 里面的 article。

```
<article>
    <h1 id="news">区块链“时代号”列车驶来</h1>
    <p>对精英们来说，这个春节有点特殊。</p>
    <!-- 文章的页脚，并非页面级的页脚 -->
    <footer>
        <p>出处说明</p>
        <address>
        访问网址<a href="https://www.huxiu.com/article/233472.html">虎嗅</a>
        </address>
```

```
	</footer>
</article>
```

【示例 3】下面示例展示了嵌套在父元素 article 内的 article 元素。该例中嵌套的 article 是用户提交的评论，就像在博客或新闻网站上见到的评论部分。该例还显示了 section 元素和 time 元素的用法。这些只是使用 article 及有关元素的几个常见方式。

```
<article>
	<h1 id="news">区块链“时代号”列车驶来</h1>
	<p>对于精英们来说，这个春节有点特殊。</p>
	<section>
		<h2>读者评论</h2>
		<article>
			<footer>发布时间
				<time datetime="2018-02-20">2018-2-20</time>
			</footer>
			<p>评论内容</p>
		</article>
		<article>[下一则评论]</article>
	</section>
</article>
```

每条读者评论都包含在一个 article 内，这些 article 元素则嵌套在主 article 内。

3.3.5　定义区块

视频讲解

section 表示区块，用于标识文档中的节，在页面上多对内容进行分区。例如，章节、页眉、页脚或文档中的其他部分。

【辨析】

div 元素也可以用来对页面进行分区，但 section 元素并非一个普通的容器。当一个容器需要被直接定义样式或通过脚本定义行为时，推荐使用 div，而非 section 元素。

div 元素关注结构的独立性，而 section 元素关注内容的独立性，section 元素包含的内容可以单独存储到数据库中，或输出到 Word 文档中。

【示例 1】一个 section 区块通常由标题和内容组成。下面示例使用 section 元素包裹排行版的内容，作为一个独立的内容块进行定义。

```
<section cite="http://music.baidu.com/">
	<h1>新歌榜</h1>
	<ol>
		<li><a href="#">爸爸去哪儿<p class="ui-li-aside"> 群星</p></a></li>
		<li><a href="#">爱，不解释儿<p class="ui-li-aside"> 张杰</p></a></li>
		<li><a href="#">爱无反顾儿<p class="ui-li-aside"> 姚贝娜</p></a></li>
		<li><a href="#">房间儿<p class="ui-li-aside"> 刘瑞琦</p></a></li>
		<li><a href="#">动人的传说儿<p class="ui-li-aside"> 杭娇</p></a></li>
		<li><a href="#">泼墨儿<p class="ui-li-aside"> 周华健</p></a></li>
		<li><a href="#">一起摇摆儿<p class="ui-li-aside"> 汪峰</p></a></li>
		<li><a href="#">就当是你儿<p class="ui-li-aside"> 许诺</p> </a></li>
		<li><a href="#">Summer 儿<p class="ui-li-aside"> 吉克隽逸</p></a></li>
		<li><a href="#">不值得儿<p class="ui-li-aside"> 曾一鸣</p></a></li>
```

```
    </ol>
</section>
```

section 元素包含 cite 属性，用来定义 section 的 URL。如果 section 摘自 Web 的话，可以设置该属性。

Note

【辨析】

article 和 section 都是 HTML5 新增的元素，它们都是用来区分不同内容，用法也相似，从语义角度分析二者区分很大。

☑ article 代表文档、页面或者应用程序中独立、完整的可以被外部引用的内容。因为 article 是一段独立的内容，所以 article 通常包含 header 和 footer 结构。

☑ section 用于对网站或者应用程序中页面上的内容进行分块。一个 section 通常由内容和标题组成。因此，需要包含一个标题，一般不用包含 header 或者 footer 结构。

通常使用 section 元素为那些有标题的内容进行分段，类似文章分段操作。相邻的 section 内容，应当是相关的，而不像 article 之间各自独立。

【示例 2】下面示例混用 article 和 section 元素，从语义上比较二者不同。article 内容强调独立性、完整性，section 内容强调相关性。

```
<article>
    <header>
        <h1>蝶恋花</h1>
        <h2>晏殊</h2>
    </header>
    <p>槛菊愁烟兰泣露，罗幕轻寒，燕子双飞去。明月不谙离恨苦，斜光到晓穿朱户。</p>
    <p>昨夜西风凋碧树，独上高楼，望尽天涯路。欲寄彩笺兼尺素，山长水阔知何处。</p>
    <section>
        <h2>解析</h2>
        <article>
            <h3>注释</h3>
            <p>槛：栏杆。</p>
            <p>罗幕：丝罗的帷幕，富贵人家所用。</p>
            <p>朱户：犹言朱门，指大户人家。</p>
            <p>尺素：书信的代称。</p>
        </article>
        <article>
            <h3>评析</h3>
            <p>此词经疏澹的笔墨、温婉的格调、谨严的章法，传达出作者的暮秋怀人之情。 </p>
            <p>上片由苑中景物起笔，下片写登楼望远。以无可奈何的怅问作结，给人情也悠悠、恨也悠悠之感。 </p>
        </article>
    </section>
</article>
```

【追问】

既然 article、section 是用来划分区域的，又是 HTML5 的新元素，那么是否可以用 article、section 取代 div 来布局网页呢？

答案是否定的，div 的用处就是用来布局网页，划分大的区域，所以我们习惯性的把 div 当成了一个容器。而 HTML5 改变了这种用法，它让 div 的工作更纯正。div 就是用来布局的，在不同的内容块中，我们按照需求添加 article、section 等内容块，并且显示其中的内容，这样才是合理的使用这些元素。

因此，在使用 section 元素时应该注意如下几个问题。

☑　不要将 section 元素当作设置样式的结构容器，对于此类操作应该使用 div 元素实现。

☑　如果 article、aside 或 nav 元素更符合语义使用条件，不要首选使用 section 元素。

☑　不要为没有标题的内容区块使用 section 元素。

【补充】

使用 HTML5 大纲工具(http://gsnedders.html5.org/outliner/)来检查页面中是否有没标题的 section，如果使用该工具进行检查后，发现某个 section 的说明中有 untitiled section（没有标题的 section）文字，这个 section 就有可能使用不当，但是 nav 元素和 aside 元素没有标题是合理的。

【示例 3】下面示例进一步演示了 article 和 section 混用的情景。

```
<article>
    <h1>W3C</h1>
    <p>万维网联盟（World Wide Web Consortium，W3C)，又称 W3C 理事会。1994 年 10 月在麻省理工学院计算机科学实验室成立。建立者是万维网的发明者蒂姆&middot;伯纳斯-李。</p>
    <section>
        <h2>CSS</h2>
        <p>全称 Cascading Style Sheet，级联样式表，通常又称为"风格样式表（Style Sheet）"，它是用来进行网页风格设计的。</p>
    </section>
    <section>
        <h2>HTML</h2>
        <p>全称 Hypertext Markup Language，超文本标记语言，用于描述网页文档的一种标记语言。</p>
    </section>
</article>
```

在上面示例中，首先可以看到整个版块是一段独立的、完整的内容，因此使用 article 元素标识。该内容是一篇关于 W3C 的简介，该文章分为 3 段，每一段都有一个独立的标题，因此使用了两个 section 元素区分。

【追问】

为什么没有对第一段使用 section 元素呢？

其实是可以使用的，但是由于其结构比较清晰，浏览器能够识别第一段内容在一个 section 内，所以也可以将第一个 section 元素省略，但是如果第一个 section 元素里还要包含子 section 元素或子 article 元素，那么就必须标识 section 元素。

【示例 4】下面是一个包含 article 元素的 section 元素示例。

```
<section>
    <h1>W3C</h1>
    <article>
        <h2>CSS</h2>
        <p>全称 Cascading Style Sheet，级联样式表，通常又称为"风格样式表（Style Sheet）"，它是用来进行网页风格设计的。</p>
    </article>
    <h2>HTML</h2>
    <p>全称 Hypertext Markup Language，超文本标记语言，用于描述网页文档的一种标记语言。</p>
</section>
```

这个示例比第一个示例复杂了一些。首先，它是一篇文章中的一段，因此没有使用 article 元素。但是，在这一段中有几块独立的内容，所以嵌入了几个独立的 article 元素。

在 HTML5 中，article 可以是一种特殊功能的 section 元素，它比 section 元素更强调独立性。即 section 元素强调分段或分块，而 article 强调独立性。具体来说，如果一块内容相对来说比较独立、完整时，应该使用 article 元素，但是如果想将一块内容分成几段时，应该使用 section 元素。

在 HTML5 中，div 变成了一种容器，当应用 CSS 样式时，可以对这个容器进行一个总体的 CSS 样式的套用。因此，可以将页面的所有从属部分，如导航条、菜单、版权说明等，包含在一个统一的页面结构中，以便统一使用 CSS 样式来进行装饰。

Note

视频讲解

3.3.6 定义附栏

aside 表示侧边，用来标识所处内容之外的内容。aside 内容应该与所处的附近内容相关。例如，当前页面或文章的附属信息部分，它可以包含与当前页面或主要内容相关的引用、侧边广告、导航条，以及其他类似的有别于主要内容的部分。

aside 元素主要有如下两种用法。

☑ 作为主体内容的附属信息部分，包含在 article 中，aside 内容可以是与当前内容有关的参考资料、名词解释等。

【示例 1】下面示例设计一篇文章，文章标题放在 header 中，在 header 后面将所有关于文章的部分放在了一个 article 中，将文章正文放在一个 p 元素中。该文章包含一个名词注释的附属部分，因此在正文下面放置了一个 aside 元素，用来存放名词解释的内容。

```
<header>
    <h1>HTML5</h1>
</header>
<article>
    <h1>HTML5 历史</h1>
    <p>HTML5 草案的前身名为 Web Applications 1.0，于 2004 年被 WHATWG 提出，于 2007 年被 W3C 接纳，并成立了新的 HTML 工作团队。HTML5 的第一份正式草案已于 2008 年 1 月 22 日公布。2014 年 10 月 28 日，W3C 的 HTML 工作组正式发布了 HTML5 的官方推荐标准。</p>
    <aside>
        <h1>名词解释</h1>
        <dl>
            <dt>WHATWG</dt>
            <dd>Web Hypertext Application Technology Working Group,HTML 工作开发组的简称，目前与 W3C 组织同时研发 HTML5。</dd>
        </dl>
        <dl>
            <dt>W3C</dt>
            <dd>World Wide Web Consortium，万维网联盟，万维网联盟是国际著名的标准化组织。1994 年成立后，至今已发布近百项相关万维网的标准，对万维网发展做出了杰出的贡献。</dd>
        </dl>
    </aside>
</article>
```

这个 aside 被放置在一个 article 内部，因此引擎将这个 aside 内容理解为与 article 内容相关联。

☑ 作为页面或站点辅助功能部分，在 article 之外使用。最典型的形式是侧边栏，其中的内容可以是友情链接、最新文章列表、最新评论列表、历史存档、日历等。

【示例 2】下面代码使用 aside 元素为个人博客添加一个友情链接辅助版块。

```
<aside>
    <nav>
```

Note

```
            <h2>友情链接</h2>
            <ul>
                <li> <a href="#">网站 1</a></li>
                <li> <a href="#">网站 2</a></li>
                <li> <a href="#">网站 3</a></li>
            </ul>
        </nav>
    </aside>
```

友情链接在博客网站中比较常见，一般放在左右两侧的边栏中，因此可以使用 aside 来实现，但是这个版块又具有导航作用，因此嵌套了一个 nav 元素，该侧边栏的标题是“友情链接”，放在了 h2 元素中，在标题之后使用了一个 ul 列表，用来存放具体的导航链接列表。

3.3.7　定义页脚

视频讲解

footer 表示脚注，用来标识文档或节的页脚。footer 元素表示嵌套它的最近的 article、aside、blockquote、body、details、fieldset、figure、nav、section 或 td 元素的页脚。只有当距它最近的祖先是 body 时，它才是整个页面的页脚。

如果一个 footer 包着它所在区块（如一个 article）的所有内容，它代表的是像附录、索引、版权页、许可协议这样的内容。

页脚通常包含关于它所在区块的信息，如指向相关文档的链接、版权信息、作者及其他类似条目。页脚并不一定要位于所在元素的末尾，不过通常是这样的。

【示例 1】在下面示例中，这个 footer 代表页面的页脚，因为距它最近的祖先是 body 元素。

```
<header role="banner">
    <nav role="navigation">链接列表</nav>
</header>
<main role="main">
    <article>
        <h1 id="gaudi">主要标题</h1>
        <h2>次标题</h2>
    </article>
</main>
<aside role="complementary">
    <h1>次标题</h1>
</aside>
<footer>
    <p><small>版权信息</small></p>
</footer>
```

页面有了 header、nav、main、article、aside 和 footer 元素，当然并非每个页面都需要以上所有元素，但它们代表了 HTML 中的主要页面构成要素。

footer 元素本身不会为文本添加任何默认样式。这里，版权信息的字号比普通文本的小，这是因为它嵌套在 small 元素里。像其他内容一样，可以通过 CSS 修改 footer 元素所含内容的字号。

> 提示：不能在 footer 里嵌套 header 或另一个 footer。同时，也不能将 footer 嵌套在 header 或 address 元素里。

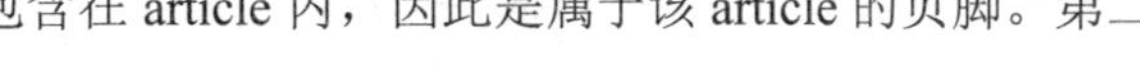

【示例 2】在下面示例中，第一个 footer 包含在 article 内，因此是属于该 article 的页脚。第二个

footer 是页面级的。只能对页面级的 footer 使用 role="contentinfo"，且一个页面只能使用一次。

```
<article>
    <h1>文章标题</h1>
    <p>文章内容</p>
    <footer>
        <p>注释信息</p>
        <address><a href="#">W3C</a></address>
    </footer>
</article>
<footer role="contentinfo">版权信息</footer>
```

3.3.8 使用 role

role 是 HTML5 新增属性，其作用是告诉 Accessibility 类应用（如屏幕阅读器等）当前元素所扮演的角色，主要是供残疾人使用。使用 role 可以增强文本的可读性和语义化。

在 HTML5 元素内，标签本身就是有语义的，因此 role 作为可选属性使用，但是在很多流行的框架（如 Bootstrap）中都很重视类似的属性和声明，目的是为了兼容老版本的浏览器（用户代理）。

role 属性主要应用于文档结构和表单中。例如，设置输入密码框，对于正常人可以用 placacholder 提示输入密码，但是这对于残障人士是无效的，这时就需要 role。另外，在老版本的浏览器中，由于不支持 HTML5 标签，所以有必要使用 role 属性。

例如，下面代码告诉屏幕阅读器，此处有一个复选框，且已经被选中。

```
<div role="checkbox" aria-checked="checked"> <input type="checkbox" checked></div>
```

下面是常用的 role 角色值。

1．role="banner"（横幅）

面向全站的内容，通常包含网站标志、网站赞助者标志、全站搜索工具等。横幅通常显示在页面的顶端，而且通常横跨整个页面的宽度。

使用方法：将其添加到页面级的 header 元素，每个页面只用一次。

2．role="navigation"（导航）

文档内不同部分或相关文档的导航性元素（通常为链接）的集合。

使用方法：与 nav 元素是对应关系。应将其添加到每个 nav 元素，或其他包含导航性链接的容器。这个角色可在每个页面上使用多次，但是同 nav 一样，不要过度使用该属性。

3．role="main"（主体）

文档的主要内容。

使用方法：与 main 元素是对应关系。最好将其添加到 main 元素，也可以添加到其他表示主体内容的元素（可能是 div）。在每个页面仅使用一次。

4．role="complementary"（补充性内容）

文档中作为主体内容补充的支撑部分。它对区分主体内容是有意义的。

使用方法：与 aside 元素是对应关系。应将其添加到 aside 或 div 元素（前提是该 div 仅包含补充性内容）。可以在一个页面里包含多个 complementary 角色，但不要过度使用。

5．role="contentinfo"（内容信息）

包含关于文档的信息的大块、可感知区域。这类信息的例子包括版权声明和指向隐私权声明的链

接等。

使用方法：将其添加至整个页面的页脚（通常为 footer 元素）。每个页面仅使用一次。

【示例】下面代码演示了文档结构中如何应用 role。

```
<!-- 开始页面容器 -->
<div class="container">
    <header role="banner">
        <nav role="navigation">[包含多个链接的列表]</nav>
    </header>
    <!-- 应用 CSS 后的第一栏 -->
    <main role="main">
        <article></article>
        <article></article>
        [其他区块]
    </main>
    <!-- 结束第一栏 -->
    <!-- 应用 CSS 后的第二栏 -->
    <div class="sidebar">
        <aside role="complementary"></aside>
        <aside role="complementary"></aside>
        [其他区块]
    </div>
    <!-- 结束第二栏 -->
    <footer role="contentinfo"></footer>
</div>
<!-- 结束页面容器 -->
```

注意：即便不使用 role 角色，页面看起来也没有任何差别，但是使用它们可以提升使用辅助设备的用户的体验。出于这个理由，推荐使用它们。

对表单元素来说，form 角色是多余的；search 用于标记搜索表单；application 则属于高级用法。当然，不要在页面上过多地使用地标角色。过多的 role 角色会让屏幕阅读器用户感到累赘，从而降低 role 的作用，影响整体体验。

3.4 案例实战

本节将借助 HTML5 新元素设计一个博客首页。

【操作步骤】

（1）新建 HTML5 文档，保存为 test1.html。

（2）根据上面各节介绍的知识，开始构建个人博客首页的框架结构。在设计结构时，最大限度地选用 HTML5 新结构元素，所设计的模板页面基本结构如下所示。

```
<header>
    <h1>[网页标题]</h1>
    <h2>[次级标题]</h2>
    <h4>[标题提示]</h4>
</header>
<main>
```

```
    <nav>
        <h3>[导航栏]</h3>
        <a href="#">链接 1</a> <a href="#">链接 2</a> <a href="#">链接 3</a>
    </nav>
    <section>
        <h2>[文章块]</h2>
        <article>
            <header>
                <h1>[文章标题]</h1>
            </header>
            <p>[文章内容]</p>
            <footer>
                <h2>[文章脚注]</h2>
            </footer>
        </article>
    </section>
    <aside>
        <h3>[辅助信息]</h3>
    </aside>
    <footer>
        <h2>[网页脚注]</h2>
    </footer>
</main>
```

整个页面包括两部分：标题部分和主要内容部分。标题部分又包括网页标题、次级标题和标题提示信息。主要内容部分包括 3 部分：文章导航、辅助信息、网页脚注。文章块包括 3 部分：文章标题、文章内容和文章脚注。

（3）在模板页面基础上，开始细化本示例博客首页。下面仅给出本例首页的静态页面结构，如果用户需要后台动态生成内容，则可以考虑在模板结构基础上另外设计。把 test1.html 另存为 test2.html，细化后的静态首页效果如图 3.7 所示。

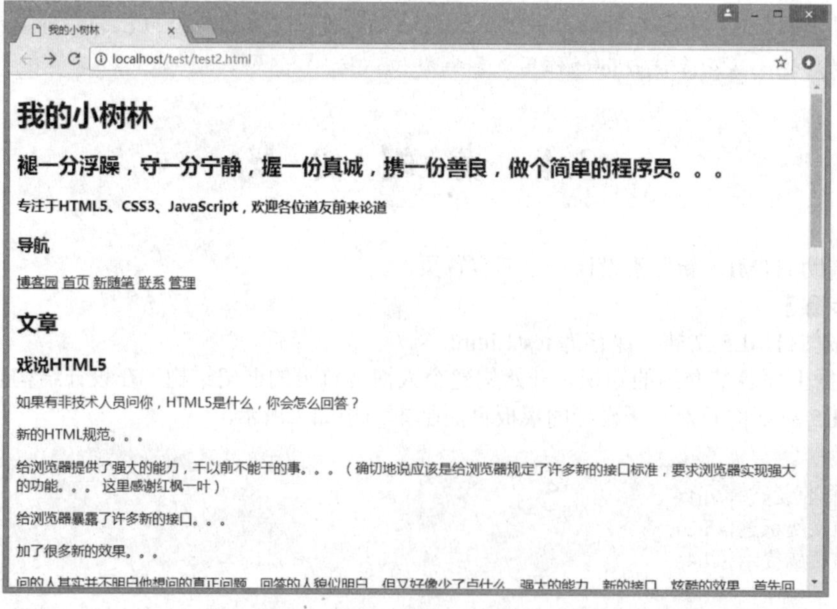

图 3.7　细化后的首页页面效果

> 提示：限于篇幅，本节没有展示完整的页面代码，读者可以通过本节示例源代码了解完整的页面结构。

（4）设计页面样式部分代码。这里主要使用了CSS3的一些新特性，如圆角（border-radius）和旋转变换等，通过CSS设计的页面显示效果如图3.8所示。相关CSS3技术介绍请参阅下面章节内容。

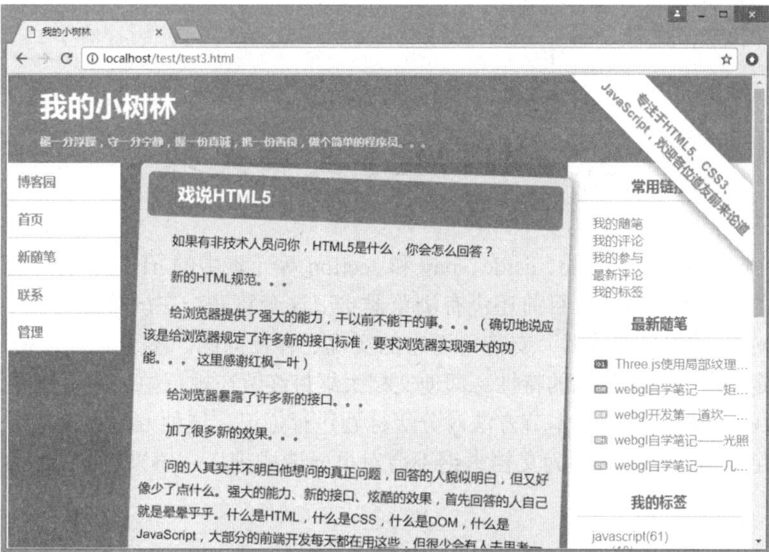

图3.8 博客首页的页面完成效果

> 提示：考虑到本章重点学习HTML5新元素的应用，所以本节示例不再深入讲解CSS样式代码的设计过程，感兴趣的读者可以参考本节示例源代码中的test3.html文档。

（5）对于早期版本浏览器，或者不支持HTML5的浏览器，需要添加一个CSS样式，因为未知元素默认为行内显示（display:inline），对于HTML5结构元素来说，我们需要让它们默认为块状显示。

```
article, section, nav, aside, main, header, hgroup, footer {
    display: block;
}
```

（6）一些浏览器不允许样式化不支持的元素。这种情形出现在IE8及以前的浏览器中，因此还需要使用下面JavaScript脚本进行兼容。

```
<!--[if lt IE 9]>
  <script>
    document.createElement("article");
    document.createElement("section");
    document.createElement("nav");
    document.createElement("aside");
    document.createElement("main");
    document.createElement("header");
    document.createElement("hgroup");
    document.createElement("footer");
  </script>
<![endif]-->
```

（7）如果浏览器禁用了脚本，则不会显示，可能会出问题。因为这些元素定义整个页面的结构。为了预防这种情况，可以加上<noscript>标签进行提示。

Note

```
<noscript>
    <h1>警告</h1>
    <p>因为你的浏览器不支持 HTML5，一些元素是模拟使用 JavaScript。不幸的是，您的浏览器已禁用脚本。请启用它以显示此页。</p>
</noscript>
```

3.5 HTML5 文档大纲

HTML5 对如何处理位于 article、aside、nav 和 section 等元素中的 h1～h6 有一套算法。该算法通常称为 HTML5 文档大纲。不过，目前还没有浏览器实现这套算法，在屏幕阅读器中只有 JAWS（一款运行于 Windows 下的屏幕阅读器）支持，而它的实现还存在问题。鉴于此，W3C 已经将文档大纲列入可能从最终定稿的规范中移除的特性。即便文档大纲最终留在规范中，或者浏览器将其实现了，我们还是可以按照本节方法对分级标题进行标记。这种方法不仅适用于当前环境，还足以应对未来，因为文档大纲不会对页面造成破坏。感兴趣的读者可以扫码深度阅读。

线上阅读

3.6 在线练习

本节将通过大量的上机示例，帮助初学者练习使用 HTML 结构标签设计各种网页模块。感兴趣的同学可以扫码练习。

在线练习

第4章 设计 HTML5 文本

网页文本内容丰富，形式多样，通过不同的版式显示在页面中，为用户提供了丰富的信息。HTML5 新增了很多新的文本标签，它们都有特殊的语义，正确使用这些标签，可以让网页文本严谨、科学。本章将介绍各种 HTML5 文本标签的使用，帮助读者有效设计正文信息。

【学习重点】

- ⏭ 段落文本。
- ⏭ 强调文本、引述文本、引用或参考文本。
- ⏭ 时间文本、解释缩写词。
- ⏭ 术语、上标和下标。
- ⏭ 联系信息、标注文本。
- ⏭ 标记代码、预格式化文本。
- ⏭ 突出显示文本。

4.1 通 用 文 本

Note

在网页中，通用文本主要包括标题和正文，下面分别进行介绍。

4.1.1 标题文本

视频讲解

<h1>、<h2>、<h3>、<h4>、<h5>、<h6>标签可以定义标题文本，按级别高低从大到小分别为 h1、h2、h3、h4、h5、h6，它们包含的信息依据重要性逐渐递减。其中，h1 表示最重要的信息，而 h6 表示最次要的信息。

【示例】下面示例根据文档结构层次，定义了不同级别的标题文本。

```
<div id="wrapper">
    <h1>网页标题</h1>
    <div id="box2">
        <h2>栏目标题</h2>
        <div id="sub_box1">
            <h3>子栏目标题</h3>
            <p>正文</p>
        </div>
    </div>
</div>
```

h1、h2 和 h3 比较常用，h4、h5 和 h6 不是很常用，除非在结构层级比较深的文档中才会考虑选用，因为一般文档的标题层次在三级左右。对于标题元素的位置，应该出现在正文内容的顶部，一般处于容器的第 1 行。

4.1.2 段落文本

视频讲解

在网页中输入段落文本，应该使用 p 元素，它是最常用的 HTML 元素之一。在默认情况下，浏览器会在标题和段落之间，以及不同的段落之间添加垂直间距。

【示例】下面正文使用 p 元素设计了两段诗句。

```
<article>
    <h1>枫桥夜泊</h1>
    <h2>唐代：张继</h2>
    <p>月落乌啼霜满天，江枫渔火对愁眠。</p>
    <p>姑苏城外寒山寺，夜半钟声到客船。</p>
</article>
```

可以为段落添加样式，包括字体、字号、颜色等，也可以通过 CSS 改变段落文本的对齐方式，包括左对齐、右对齐和居中对齐。

4.2 描 述 文 本

HTML5 淡化了标签的修饰功能，强调其固有的语义性，极个别的过时的、纯样式标签不建议再

Note

使用，如<font>、<center>、<s>、<strike>。

4.2.1 强调文本

strong 元素表示内容的重要性，而 em 则表示内容的着重点。根据内容需要，这两个元素既可以单独使用，也可以一起使用。

【示例 1】在下面代码中既有 strong，又有 em。浏览器通常将 strong 文本以粗体显示，而将 em 文本以斜体显示。如果 em 是 strong 的子元素，将同时以斜体和粗体显示文本。

```
<p><strong>警告：不要接近展品<em>在任何情况下</em></strong></p>
```

不要使用 b 元素代替 strong，也不要使用 i 元素代替 em。尽管它们在浏览器中显示的样式是一样的，但它们的含义却很不一样。

em 在句子中的位置会影响句子的含义。例如，“<p><em>你</em>看着我</p>”和“<p>你看着<em>我</em></p>”表达的意思是不一样的。

【示例 2】可以在标记为 strong 的短语中再嵌套 strong 文本。如果这样做，作为另一个 strong 的子元素的 strong 文本的重要程度会递增。这种规则对嵌套在另一个 em 内的 em 文本也适用。

```
<p><strong>记住密码是<strong>111222333</strong></strong></p>
```

其中 111222333 文本要比其他 strong 文本更为重要。

可以用 CSS 将任何文本变为粗体或斜体，也可以覆盖 strong 和 em 等元素的浏览器默认显示样式。

注意：在旧版本的 HTML 中，strong 所表示文本的强调程度比 em 表示的文本要高。不过，在 HTML5 中，em 是表示强调的唯一元素，而 strong 表示的则是重要程度。

4.2.2 标记细则

HTML5 使用 small 元素表示细则一类的旁注，例如，免责声明、注意事项、法律限制、版权信息等。有时我们还可以用它来表示署名，或者满足许可要求。

【示例 1】small 通常是行内文本中的一小块，而不是包含多个段落或其他元素的大块文本。

```
<dl>
    <dt>单人间</dt>
    <dd>399 元 <small>含早餐，不含税</small></dd>
    <dt>双人间</dt>
    <dd>599 元 <small>含早餐，不含税</small></dd>
</dl>
```

一些浏览器会将 small 包含的文本显示为小字号。不过，一定要在符合内容语义的情况下使用该元素，而不是为了减小字号而使用。

【示例 2】在下面示例中，第一个 small 元素表示简短的提示声明，第二个 small 元素表示包含在页面级 footer 里的版权声明，这是一种常见的用法。

```
<p>现在订购免费送货。<small>（仅限于五环以内）</small></p>
<footer role="contentinfo">
    <p><small>&copy; 2018 Baidu 使用百度前必读</small></p>
</footer>
```

small 只适用于短语，因此不要用它标记长的法律声明，如“使用条款”和“隐私政策”页面。根据需要，应该用段落或其他语义标签标记这些内容。

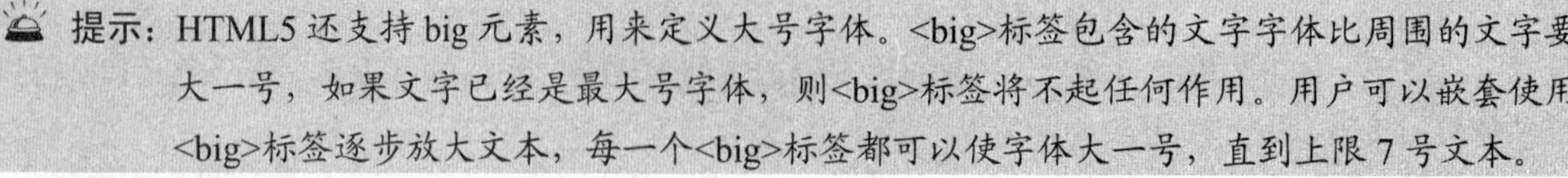

提示：HTML5 还支持 big 元素，用来定义大号字体。<big>标签包含的文字字体比周围的文字要大一号，如果文字已经是最大号字体，则<big>标签将不起任何作用。用户可以嵌套使用<big>标签逐步放大文本，每一个<big>标签都可以使字体大一号，直到上限 7 号文本。

视频讲解

4.2.3 特殊格式

b 和 i 是 HTML4 遗弃的两个元素，分别表示粗体和斜体。HTML5 重新启用这两个元素，作为其他语义元素都不适应的场景，即作为最后备选项使用。

- ☑ b：表示出于实用目的提醒注意的文字，不传达任何额外的重要性，也不表示其他的语态和语气，用于如文档摘要里的关键词、评论中的产品名、基于文本的交互式软件中指示操作的文字、文章导语等。
- ☑ i：表示不同于其他文字的文字，具有不同的语态或语气，或其他不同于常规之处，用于如分类名称、技术术语、外语里的惯用词、翻译的散文、西方文字中的船舶名称等。

【示例】下面示例简单演示了 b 和 i 应用场景。

```
<p>这是一个<b>红</b>盒子，那是一个<b>蓝</b>盒子</p>
<p>这块<i class="taxonomy">玛瑙</i>来自西亚</p>
<p>这篇<i>散文</i>已经发表.</p>
<p>There is a certain <i lang="fr">je ne sais quoi</i> in the air.</p>
```

b 文本默认显示为粗体，i 文本默认显示为斜体，可以使用 CSS 重置它们的样式。

提示：b 和 i 不包含任何明显的语义，但浏览者能够区分它们与周围的文字。在传统印刷中某些排版规则在现有的 HTML 语义中还没有对应的语义标签。例如，以斜体表示植物学名、具体的交通工具名称及外来语。这些词语不是为了强调而加上斜体的，只是排版惯例。为此，HTML5 启用了早被废弃的 b 和 i。

4.2.4 定义上标和下标

在传统印刷中，上标和下标是很重要的排版格式。HTML5 使用 sup 和 sub 来定义上标文本和下标文本。上标和下标文本比主体文本稍高或稍低。常见的上标包括商标符号、指数和脚注编号等；常见的下标包括化学符号等。

【示例 1】sup 元素的一种用法就是表示脚注编号。根据从属关系，将脚注放在 article 的 footer 里，而不是整个页面的 footer 里。

```
<article>
    <h1>王维</h1>
    <p>王维参禅悟理，学庄信道，精通诗、书、画、音乐等，以诗名盛于开元、天宝间，尤长五言，多咏山水田园，与孟浩然合称“王孟”，有“诗佛”之称<a href="#footnote-1" title="参考注释"><sup>[1]</sup></a> 。</p>
    <footer>
        <h2>参考资料</h2>
        <p id="footnote-1"><sup>[1]</sup>孙昌武•《佛教与中国文学》第二章：“王维的诗歌受佛教影响是
```

```
很显著的。因此早在生前，就得到‘当代诗匠，又精禅理’的赞誉。后来，更得到‘诗佛’的称号。”</p>
        </footer>
    </article>
```

为文章中每个脚注编号创建了链接，指向 footer 内对应的脚注，从而让访问者更容易找到它们。同时，注意链接中的 title 属性也提供了一些提示。

上标是对某些外语缩写词进行格式化的理想方式，例如，法语中用 Mlle 表示 Mademoiselle（小姐），西班牙语中用 3a 表示 tercera（第三）。此外，一些数字形式也要用到上标，如 2nd、5th。下标适用于化学分子式，如 H_2O。

提示： sub 和 sup 元素会轻微地增大行高。不过使用 CSS 可以修复这个问题，修复样式代码如下。

```
<style type="text/css">
sub, sup {
    font-size: 75%;
    line-height: 0;
    position: relative;
    vertical-align: baseline;
}
sup { top: -0.5em; }
sub { bottom: -0.25em; }
</style>
```

用户还可以根据内容的字号对这个 CSS 做一些调整，使各行行高保持一致。

【示例 2】对于下面这个数学解题演示的段落文本，使用格式化语义结构能够很好地解决数学公式中各种特殊格式的要求。对于机器来说，也能够很好地理解它们的用途，效果如图 4.1 所示。

```
<div id="maths">
    <h1>解一元二次方程</h1>
    <p>一元二次方程求解有四种方法：</p>
    <ul>
        <li>直接开平方法 </li>
        <li>配方法 </li>
        <li>公式法 </li>
        <li>分解因式法</li>
    </ul>
    <p>例如，针对下面这个一元二次方程：</p>
    <p><i>x</i><sup>2</sup>-<b>5</b><i>x</i>+<b>4</b>=0</p>
    <p>我们使用<big><b>分解因式法</b></big>来演示解题思路如下：</p>
    <p><small>由：</small>(<i>x</i>-1)(<i>x</i>-4)=0</p>
    <p><small>得：</small><br />
        <i>x</i><sub>1</sub>=1<br />
        <i>x</i><sub>2</sub>=4</p>
</div>
```

在上面代码中，使用 i 元素定义变量 x 以斜体显示；使用 sup 元素定义二元一次方程中二次方；使用 b 元素加粗显示常量值；使用 big 元素和 b 元素加大加粗显示“分解因式法”这个短语；使用 small 元素缩写操作谓词“由”和“得”的字体大小；使用 sub 元素定义方程的两个解的下标。

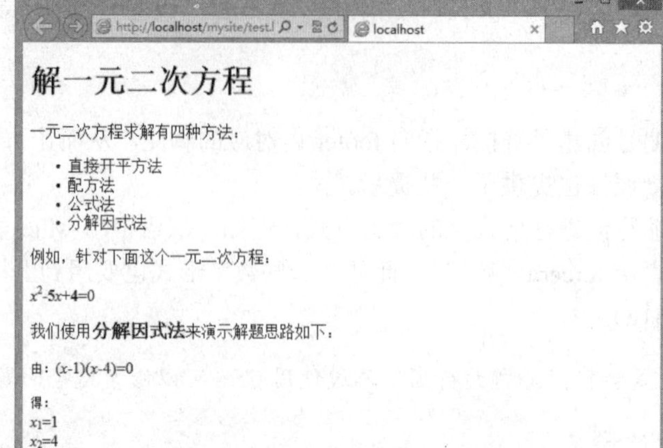

图 4.1　格式化文本的语义结构效果

4.2.5　定义术语

在 HTML 中定义术语时，可以使用 dfn 元素对其做语义上的区分，例如：

```
<p><dfn id="def-internet">Internet</dfn>是一个全球互联网络系统，使用因特网协议套件（TCP/IP）为全球数十亿用户提供服务。</p>
```

通常，dfn 元素默认以斜体显示。由 dfn 标记的术语与其定义的距离远近相当重要。如 HTML5 规范所述：“如果一个段落、描述列表或区块是距某 dfn 元素最近的祖先，那么该段落、描述列表或区块必须包含该术语的定义。”简而言之，dfn 元素及其定义必须挨在一起，否则便是错误的用法。

【示例】还可以在描述列表（dl 元素）中使用 dfn。

```
<p><dfn id="def-internet">Internet</dfn>是一个全球互联网络系统，使用因特网协议套件（TCP/IP）为全球数十亿用户提供服务。</p>
<dl>
    <!-- 定义“万维网”和“因特网”的参考定义 -->
    <dt> <dfn> <abbr title="World-Wide Web">WWW</abbr> </dfn> </dt>
    <dd>万维网（WWW）是一个互连的超文本文档访问系统，它建立在<a href="#def-internet">Internet</a>之上。</dd>
</dl>
```

仅在定义术语时使用 dfn，而不能为了让文字以斜体显示就使用该元素。使用 CSS 可以将任何文字变为斜体。

dfn 可以在适当的情况下包住其他的短语元素，如 abbr，例如：

```
<p><dfn><abbr title="Junior">Jr.</abbr></dfn>他儿子的名字和他父亲的名字一样吗？</p>
```

如果在 dfn 中添加可选的 title 属性，其值应与 dfn 术语一致。如果只在 dfn 里嵌套一个单独的 abbr，dfn 本身没有文本，那么可选的 title 只能出现在 abbr 里。

视频讲解

4.2.6　标记代码

使用 code 元素可以标记代码或文件名。如果代码中包含“<”或“>”字符，应使用“<”和“>”表示。如果直接使用“<”或“>”字符，将被视为 HTML 源代码处理。

【示例】本例使用 code 显示一块代码，为了格式化显示，这里同时使用 pre 元素包裹 code 文本。

```
<pre>
<code>
code{
    margin:2em;
}
</code>
</pre>
```

Note

提示：除了 code 外，其他与计算机相关的元素简要说明如下。

☑ kbd：户输入指示，例如：

```
<ol>
    <li>使用<kbd>TAB</kbd>键，切换到提交按钮</li>
    <li>点按<kbd>RETURN</kbd>或<kbd>ENTER</kbd>键</li>
</ol>
```

与 code 一样，kbd 默认以等宽字体显示。

☑ samp：程序或系统的示例输出，例如：

```
<p>一旦在浏览器中预览，则显示<samp>Hello,World</samp></p>
```

samp 默认以等宽字体显示。

☑ var：变量或占位符的值，例如：

```
<p>爱因斯坦称为是最好的 <var>E</var>=<var>m</var><var>c</var><sup>2</sup>.</p>
```

也可以作为占位符的值，例如，在填词游戏的答题纸上可以这样定义：<var>adjective</var>, <var>verb</var>。

var 默认以斜体显示。

注意：可以在 HTML5 页面中使用 math 等 MathML 元素表示高级的数学相关的标记。

4.2.7 预定义格式

预定义文本就是可以保持文本固有的换行和空格。使用 pre 元素可以定义预定义文本。

【示例】下面使用 pre 显示 CSS 样式代码，显示效果如图 4.2 所示。

```
<pre>
pre {
    margin: 20px auto;
    padding: 20px;
    background-color: #aea8a8;          /* 根据自己需要修改背景底色颜色 */
    white-space: pre-wrap;
    word-wrap: break-word;
    letter-spacing: 0;
    font: 14px/26px 'courier new';
    position: relative;
    border-radius: 4px;
}
</pre>
```

Note

```
pre {
    margin: 20px auto;
    padding: 20px;
    background-color: #aea8a8;/*根据自己需要修改背景底色颜色*/
    white-space: pre-wrap;
    word-wrap: break-word;
    letter-spacing: 0;
    font: 14px/26px 'courier new';
    position: relative;
    border-radius: 4px;
}
```

图 4.2　定制 pre 预定义格式效果

预定义文本默认以等宽字体显示，可以使用 CSS 改变字体样式。如果要显示包含 HTML 元素的内容，应将包围元素名称的“<”和“>”分别改为其对应的字符实体“<”和“>”。

pre 默认为块显示，即从新一行开始显示，浏览器通常会对 pre 文本关闭自动换行，因此，如果包含很长的单词，就会影响页面的布局，或产生横向滚动条。使用下面 CSS 样式可以对 pre 包含内容打开自动换行。

```
pre { white-space: pre-wrap;}
```

注意：不要使用 CSS 的 white-space: pre 代替 pre 的效果，这样会破坏预定义格式文本的语义性。

视频讲解

4.2.8　定义缩写词

使用 abbr 元素可以标记缩写词并解释其含义，还可以使用 abbr 的 title 属性提供缩写词的全称。提示，也可以将全称放在缩写词后面的括号里，或混用这两种方式。如果使用复数形式的缩写词，全称也要使用复数形式。

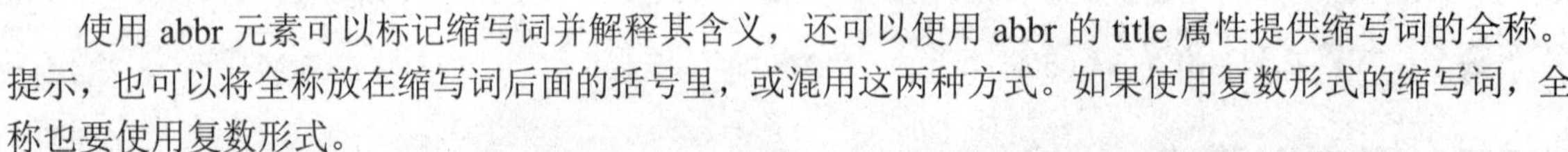

【示例】部分浏览器对于设置了 title 的 abbr 文本会显示为下画虚线样式，如果看不到，可以为 abbr 的包含框添加 line-height 样式。本例使用 CSS 主要设计下画虚线样式，以便兼容所有浏览器。

```
<style>
abbr[title] { border-bottom: 1px dotted #000; }
</style>
<p><abbr title=" HyperText Markup Language">HTML</abbr>是一门标识语言。</p>
```

当访问者将鼠标移至 abbr 上，浏览器都会以提示框的形式显示 title 文本，类似于 a 的 title。

abbr 使用场景：仅在缩写词第一次在视图中出现时使用。使用括号提供缩写词的全称是解释缩写词最直接的方式，能够让访问者更直观地看到这些内容。例如，使用智能手机和平板电脑等触摸屏设备的用户可能无法移到 abbr 元素上查看 title 的提示框。因此，如果要提供缩写词的全称，应该尽量将它放在括号里。

提示：在 HTML5 之前有 acronym（首字母缩写词）元素，但设计和开发人员常常分不清楚缩写词和首字母缩写词，因此 HTML5 废除了 acronym 元素，让 abbr 适用于所有的场合。

Note

4.2.9　标注编辑或不用文本

HTML5 使用下面两个元素来标记内容编辑的操作。

☑　ins：已添加的内容。

☑　del：已删除的内容。

这两个元素可以单独使用，也可以搭配使用。

【示例 1】在下面列表中，上一次发布之后，又增加了一个条目，同时根据 del 元素的标注，移除了一些条目。使用 ins 时不一定要使用 del，反之亦然。浏览器通常会让它们看起来与普通文本不一样。同时，s 元素用以标注不再准确或不再相关的内容（一般不用于标注编辑内容）。

```
<ul>
    <li><del>删除项目</del></li>
    <li>列表项目</li>
    <li><del>删除项目</del></li>
    <li><ins>插入项目</ins></li>
</ul>
```

浏览器通常对已删除的文本加上删除线，对插入的文本加上下画线，可以用 CSS 修改这些样式。

【示例 2】del 和 ins 是少有的既可以包围短语内容（行内元素），又可以包围块级内容的元素。

```
<ins>
    <p>文本 1</p>
</ins>
<del>
    <ul>
        <li><del>删除项目</del></li>
        <li>列表项目</li>
        <li><del>删除项目</del></li>
        <li><ins>插入项目</ins></li>
    </ul>
</del>
```

del 和 ins 都支持两个属性：cite 和 datetime。cite 属性（区别于 cite 元素）用于提供一个 URL，指向说明编辑原因的页面。

【示例 3】下面示例演示了两个元素的显示效果，如图 4.3 所示。

```
<p> <cite>因为懂得，所以慈悲</cite>。<ins cite="http://news.sanwen8.cn/a/2014-07-13/9518.html" datetime="2018-8-1">这是张爱玲对胡兰成说的话</ins>。</p>
<p> <cite>笑，全世界便与你同笑；哭，你便独自哭</cite>。<del datetime="2018-8-8">出自冰心的《遥寄印度哲人泰戈尔》</del>，<ins cite="http://news.sanwen8.cn/a/2014-07-13/9518.html" datetime="2018-8-1">出自张爱玲的小说《花凋》</ins> </p>
```

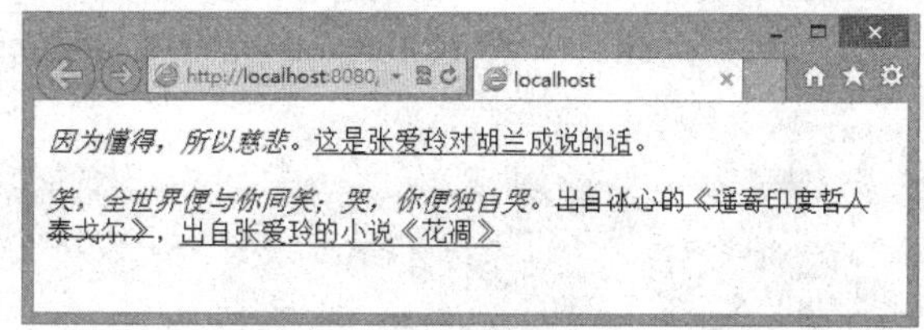

图 4.3　插入和删除信息的语义结构效果

datetime 属性提供编辑的时间。浏览器不会将这两个属性的值显示出来，因此它们的使用并不广泛。不过，应该尽量包含它们，从而为内容提供一些背景信息。它们的值可以通过 JavaScript 或分析页面的程序提取出来。

提示：HTML5 指出：s 元素不适用于指示文档的编辑，要标记文档中一块已移除的文本，应使用 del 元素。有时，这之间的差异是很微妙的，只能由个人决定哪种选择更符合内容的语义。仅在有语义价值时使用 del、ins 和 s。如果只是出于装饰的原因要给文字添加下画线或删除线，可以用 CSS 实现这些效果。

4.2.10 指明引用或参考

使用 cite 元素可以标识引用或参考的对象，如图书、歌曲、电影、演唱会或音乐会、规范、报纸或法律文件等名称。

【示例】在下面示例中，使用 cite 元素标记图书名称。

```
<p>他正在看<cite>红楼梦</cite></p>
```

注意：要引述源中内容，应该使用 blockquote 或 q 元素，cite 只用于参考源本身，而不是源的内容。

HTML4 允许使用 cite 引用人名，HTML5 不再建议使用。例如，很多网站常用 cite 在博客或文章中引用作者或评论者的名字。

```
<p><cite>鲁迅</cite>说过：<q>地上本没有路，走的人多了就成了路。</q></p>
```

视频讲解

4.2.11 引述文本

blockquote 元素表示单独存在的引述（通常很长），它默认显示在新的一行。而 q 元素则用于短的引述，如句子里面的引述，例如：

```
<p>毛泽东说过：
    <blockquote>帝国主义都是纸老虎 ... </blockquote>
</p>
<p>世界自然基金会的目标是：<q cite="http://www.wwf.org"> 建设一个与自然和谐相处的未来 </q>我们希望他们成功。</p>
```

如果要添加署名，署名应该放在 blockquote 外面。可以把署名放在 p 里面，不过使用 figure 和 figcaption 可以更好地将引述文本与其来源关联起来。如果 blockquote 中仅包含一个单独的段落或短语，可以不必将其包在 p 中再放入 blockquote。

浏览器应对 q 元素中的文本自动加上特定语言的引号，对 blockquote 文本进行缩进，cite 属性的值则不会显示出来。不过，所有的浏览器都支持 cite 元素，通常对其中的文本以斜体显示。

【示例】下面这个结构综合展示了 cite、q 和 blockquote 元素以及 cite 引文属性的用法，演示效果如图 4.4 所示。

```
<div id="article">
    <h1>智慧到底是什么呢？</h1>
    <h2>《卖拐》智慧摘录</h2>
    <blockquote cite="http://www.szbf.net/Article_Show.asp?ArticleID=1249">
```

```
        <p>有人把它说成是知识，以为知识越多，就越有智慧。我们今天无时无处不在受到信息的包围和信息的轰炸，似乎所有的信息都是真理，仿佛离开了这些信息，就不能生存下去了。但是你掌握的信息越多，只能说明你知识的丰富，并不等于你掌握了智慧。有的人，知识丰富，智慧不足，难有大用；有的人，知识不多，但却无所不能，成为奇才。</p>
    </blockquote>
    <p>下面让我们看看<cite>大忽悠</cite>赵本山的这段台词，从中可以体会到语言的智慧。</p>
    <div id="dialog">
        <p>赵本山：<q>对头，就是你的腿有病，一条腿短！</q></p>
        <p>范　伟：<q>没那个事儿！我要一条腿长，一条腿短的话，那卖裤子人就告诉我了！</q> </p>
        <p>赵本山：<q>卖裤子的告诉你你还买裤子么，谁像我心眼这么好哇？这老余，我给你调调。信不信，你的腿随着我的手往高抬，能抬多高抬多高，往下使劲落，好不好？信不信？腿指定有病，右腿短！来，起来！</q> </p>
        <p class="action">（范伟配合做动作）</p>
        <p>赵本山：<q>停！麻没？</q> </p>
        <p>范　伟：<q>麻了 </q> </p>
        <p>高秀敏：<q>哎，他咋麻了呢？</q> </p>
        <p>赵本山：<q>你跺，你也麻！</q> </p>
    </div>
</div>
```

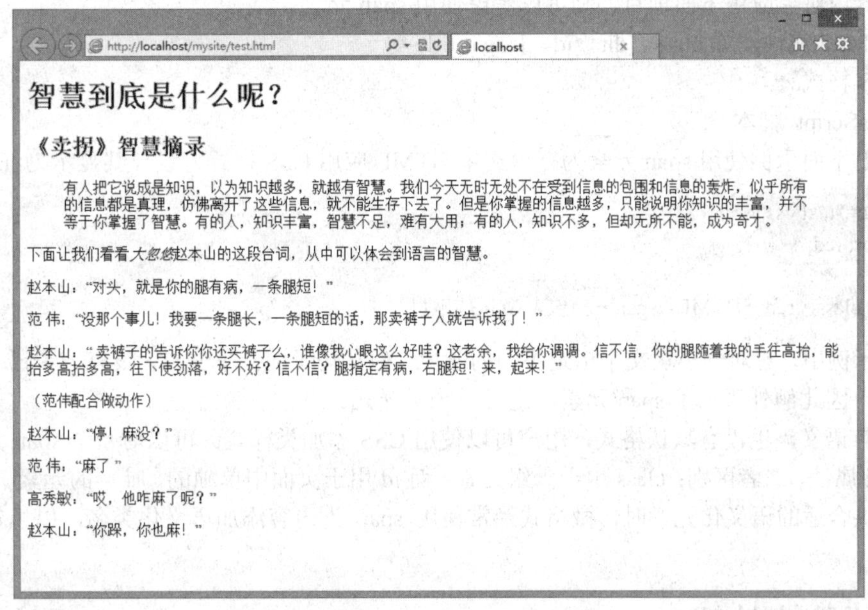

图 4.4　引用信息的语义结构效果

提示： blockquote 和 q 都有一个可选的 cite 属性，提供引述内容来源的 URL。该属性对搜索引擎或其他收集引述文本及其引用的脚本来说是有用的。默认 cite 属性值不会显示出来，如果要让访问者看到这个 URL，可以在内容中使用链接（a）重复这个 URL。也可以使用 JavaScript 将 cite 的值暴露出来，但这样做的效果稍差一些。

blockquote 和 q 元素可以嵌套。嵌套的 q 元素应该自动加上正确的引号。由于内外引号在不同语言中的处理方式不一样，因此要根据需要在 q 元素中加上 lang 属性，不过浏览器对嵌套 q 元素的支持程度并不相同，其实浏览器对非嵌套 q 元素的支持也不同。

Note

4.2.12 换行显示

使用 br 元素可以实现文本换行显示。要确保使用 br 是最后的选择，因为该元素将表现样式带入了 HTML，而不是让所有的呈现样式都交由 CSS 控制。例如，不要使用 br 模拟段落之间的距离。相反，应该用 p 标记两个段落并通过 CSS 的 margin 属性规定两段之间的距离。

【示例】对于诗歌、街道地址等应该紧挨着出现的短行，都适合用 br 元素。

```
<p>北京市<br />
海淀区<br />
北京大学<br />
32 号楼</p>
```

每个 br 元素强制让接下来的内容在新的一行显示。如果没有 br 元素，整个地址都会显示在同一行。可以使用 CSS 控制段落中的行间距以及段落之间的距离。

4.2.13 修饰文本

span 是没有任何语义的行内元素，适合包裹短语、流动对象等内容，而 div 适合包含块级内容。如果希望为行内对象应用下面项目，则可以考虑使用 span 元素。

☑ HTML5 属性，如 class、dir、id、lang、title 等。

☑ CSS 样式。

☑ JavaScript 脚本。

【示例】下面示例使用 span 元素为行内文本 HTML 应用 CSS 样式，设计其显示为红色。

```
<style type="text/css">
.red { color: red; }
</style>
<p><span class="red">HTML</span>是通向 Web 技术世界的钥匙。</p>
```

在上面示例中，想对一小块文字指定不同的颜色，但从句子的上下文看，没有一个语义上适合的 HTML 元素，因此额外添加了 span 元素，定义一个类样式。

span 没有语义，也没有默认格式，用户可以使用 CSS 添加类样式。可以对一个 span 元素同时添加 class 和 id 属性，二者区别：class 用于一组元素，而 id 用于页面中单独的、唯一的元素。在 HTML5 中，没有提供合适的语义化元素时，微格式经常使用 span 为内容添加语义化类名，以填补语义上的空白。

4.2.14 非文本注解

在 HTML4 中，u 为纯样式元素，用来为文本添加下画线。在 HTML5 中，u 元素为一块文字添加明显的非文本注解，如在中文中将文本标为专有名词（即中文的专名号①），或者标明文本拼写有误。

【示例】下面示例演示了 u 的应用。

```
<p>When they <u class="spelling"> recieved</u> the package, they put it with <u class="spelling">there</u></p>
```

class 是可选的，u 文本默认仍以下画线显示，通过 title 属性可以为该元素包含的内容添加注释。

只有当 cite、em、mark 等其他语义元素不适用的情况下使用 u 元素。同时，建议重置 u 文本的样式，以免与同样默认添加下画线的链接文本混淆。

4.3 特 殊 文 本

HTML5 为标识特定功能的信息，新增很多文本标签，具体说明如下。

4.3.1 标记高亮显示

HTML5 使用新的 mark 元素实现突出显示文本。可以使用 CSS 对 mark 元素中的文字应用样式（不应用样式也可以），但应仅在合适的情况下使用该元素。无论何时使用 mark，该元素总是用于提起浏览者对特定文本的注意。

最能体现 mark 元素作用的应用：在网页中检索某个关键词时，呈现的检索结果，现在许多搜索引擎都用其他方法实现了 mark 元素的功能。

【示例 1】下面示例使用 mark 元素高亮显示对 HTML5 这个关键词的搜索结果，演示效果如图 4.5 所示。

```
<article>
    <h2><mark>HTML5</mark>中国:中国最大的<mark>HTML5</mark>中文门户 - Powered by Discuz!官网</h2>
    <p><mark>HTML5</mark> 中 国 , 是 中 国 最 大 的 <mark>HTML5</mark> 中 文 门 户 。 为 广 大 <mark>html5</mark>开发者提供<mark>html5</mark>教程、<mark>html5</mark>开发工具、<mark>html5</mark>网站示例、<mark>html5</mark>视频、js 教程等多种<mark>html5</mark>在线学习资源。</p>
    <p>www.html5cn.org/ - 百度快照 - 86%好评</p>
</article>
```

mark 元素还可以用于标识引用原文，为了某种特殊目的而把原文作者没有重点强调的内容标示出来。

【示例 2】下面示例使用 mark 元素唐诗中韵脚特意高亮显示出来，效果如图 4.6 所示。

```
<article>
    <h2>静夜思 </h2>
    <h3>李白</h3>
    <p>床前明月<mark>光</mark>，疑是地上<mark>霜</mark>。</p>
    <p>举头望明月，低头思故<mark>乡</mark>。</p>
</article>
```

图 4.5　使用 mark 元素高亮显示关键字

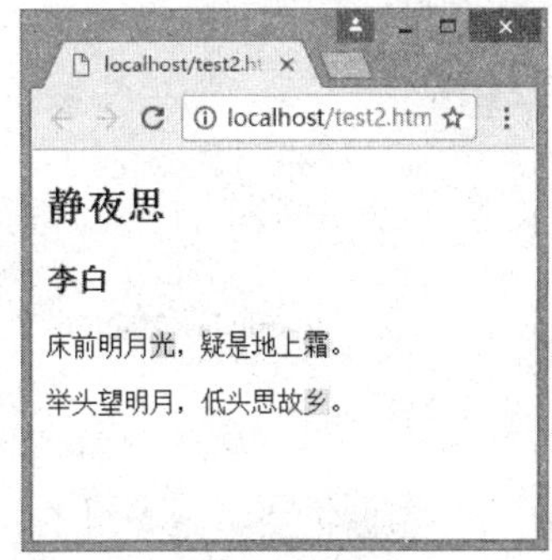

图 4.6　使用 mark 元素高亮显示韵脚

注意：在 HTML4 中，用户习惯使用 em 或 strong 元素来突出显示文字，但是 mark 元素的作用与这两个元素的作用是有区别的，不能混用。

mark 元素的标示目的与原文作者无关，或者说它不是被原文作者用来标示文字的，而是后来被引用时添加上去的，它的目的是吸引当前用户的注意力，供用户参考，希望能够对用户有帮助。而 strong 是原文作者用来强调一段文字的重要性的，如错误信息等，em 元素是作者为了突出文章重点文字而使用的。

Note

提示：目前，所有最新版本的浏览器都支持该元素。IE8 以及更早的版本不支持 mark 元素。

视频讲解

4.3.2 标记进度信息

progress 是 HTML5 的新元素，它指示某项任务的完成进度。可以用它表示一个进度条，就像在 Web 应用中看到的指示保存或加载大量数据操作进度的那种组件。

支持 progress 的浏览器会根据属性值自动显示一个进度条，并根据属性值对其进行着色。<progress>和</progress>之间的文本不会显示出来，例如：

```
<p>安装进度: <progress max="100" value="35">35%</progress></p>
```

一般只能通过 JavaScript 动态地更新 value 属性值和元素里面的文本以指示任务进程。通过 JavaScript（或直接在 HTML 中）将 value 属性设为 35（假定 max="100"）。

progress 元素支持 3 个属性：max、value 和 form。它们都是可选的，max 属性指定任务的总工作量，其值必须大于 0。value 是任务已完成的量，值必须大于 0、小于或等于 max 属性值。如果 progress 没有嵌套在 form 元素里面，又需要将它们联系起来，可以添加 form 属性并将其值设为该 form 的 id。

目前，Firefox 8+、Opera11+、IE 10+、Chrome 6+、Safari 5.2+版本的浏览器都以不同的表现形式对 progress 元素提供了支持。

【示例】下面示例简单演示了如何使用 progress 元素，演示效果如图 4.7 所示。

```
<section>
    <p>百分比进度: <progress id="progress" max="100"><span>0</span>%</progress></p>
    <input type="button" onclick="click1()"  value="显示进度"/>
</section>
<script>
function click1(){
    var progress = document.getElementById('progress');
    progress.getElementsByTagName('span')[0].textContent ="0";
    for(var i=0;i<=100;i++)
        updateProgress(i);
}
function updateProgress(newValue){
    var progress = document.getElementById('progress');
    progress.value = newValue;
    progress.getElementsByTagName('span')[0].textContent = newValue;
}
</script>
```

注意：progress 元素不适合用来表示度量衡，例如，磁盘空间使用情况或查询结果。如需表示度量衡，应使用 meter 元素。

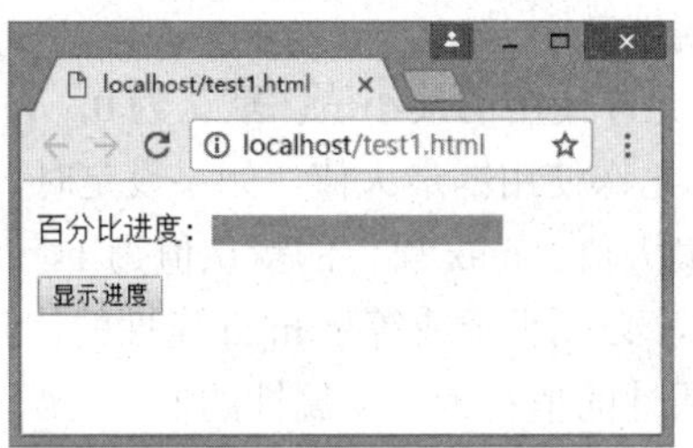

图 4.7　使用 progress 元素

视频讲解

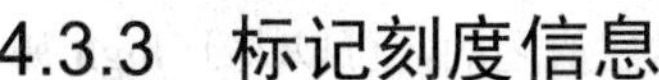

4.3.3　标记刻度信息

meter 也是 HTML5 的新元素，它很像 progress 元素。可以用 meter 元素表示分数的值或已知范围的测量结果。简单地说，它代表的是投票结果。例如，已售票数（共 850 张，已售 811 张）、考试分数（百分制的 90 分）、磁盘使用量（如 256 GB 中的 74 GB）等测量数据。

HTML5 建议（并非强制）浏览器在呈现 meter 时，在旁边显示一个类似温度计的图形，即一个表示测量值的横条，测量值的颜色与最大值的颜色有所区别（相等除外）。作为当前少数几个支持 meter 的浏览器，Firefox 正是这样显示的。对于不支持 meter 的浏览器，可以通过 CSS 对 meter 添加一些额外的样式，或用 JavaScript 进行改进。

【示例】下面示例简单演示了如何使用 meter 元素，演示效果如图 4.8 所示。

```
<p>项目的完成状态: <meter value="0.80">80%完成</meter></p>
<p>汽车损耗程度: <meter low="0.25" high="0.75" optimum="0" value="0.21">21%</meter></p>
<p>十公里竞走里程:<meter min="0" max="13.1" value="5.5" title="Miles">4.5</meter></p>
```

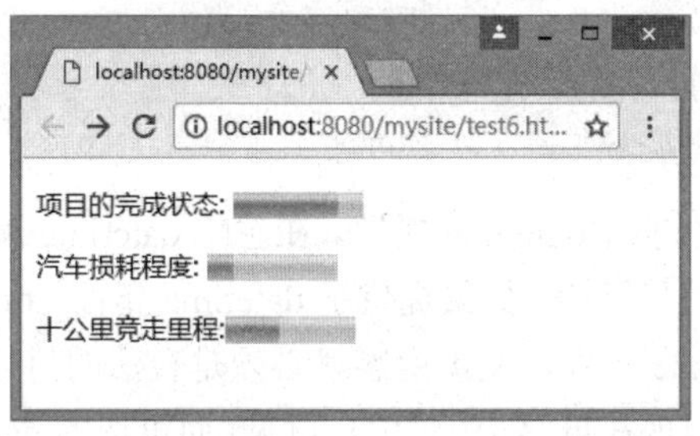

图 4.8　刻度值

支持 meter 的浏览器（如 Firefox）会自动显示测量值，并根据属性值进行着色。<meter>和</meter>之间的文字不会显示出来。如最后一个示例所示，如果包含 title 文本，就会在鼠标悬停在横条上时显示出来。虽然并非必需，但最好在 meter 里包含一些反映当前测量值的文本，供不支持 meter 的浏览器显示。

IE 不支持 meter，它会将 meter 元素里的文本内容显示出来，而不是显示一个彩色的横条。可以通过 CSS 改变其外观。

meter 不提供定义好的单位，但可以使用 title 属性指定单位，如最后一个例子所示。通常，浏览器会以提示框的形式显示 title 文本。meter 并不用于标记没有范围的普通测量值，如高度、宽度、距离、周长等。

meter 元素包含 7 个属性，简单说明如下。

☑　value：在元素中特别标示出来的实际值。该属性值默认为 0，可以为该属性指定一个浮点小

数值。唯一必须包含的属性。

☑ min：设置规定范围时，允许使用的最小值，默认为0，设定的值不能小于0。

☑ max：设置规定范围时，允许使用的最大值。如果设定时，该属性值小于min属性的值，那么把min属性的值视为最大值。max属性的默认值为1。

☑ low：设置范围的下限值，必须小于或等于high属性的值。同样，如果low属性值小于min属性的值，那么把min属性的值视为low属性的值。

Note

☑ high：设置范围的上限值。如果该属性值小于low属性的值，那么把low属性的值视为high属性的值，同样，如果该属性值大于max属性的值，那么把max属性的值视为high属性的值。

☑ optimum：设置最佳值，该属性值必须在min属性值与max属性值之间，可以大于high属性值。

☑ form：设置meter元素所属的一个或多个表单。

> 提示：目前，Safari 5.2+、Chrome 6+、Opera 11+、Firefox 16+版本的浏览器支持meter元素。浏览器对meter的支持情况还在变化，关于最新的浏览器支持情况，参见http://caniuse.com/#feat=progressmeter。

网上有人试过针对支持meter的浏览器和不支持的浏览器统一编写meter的CSS。在网上搜索“style HTML5 meter with CSS”就可以找到一些解决方案，其中的一些用到了JavaScript。

4.3.4 标记时间信息

视频讲解

使用time元素标记时间、日期或时间段，这是HTML5新增的元素。呈现这些信息的方式有多种，例如：

```
<p>我们在每天早上 <time>9:00</time> 开始营业。</p>
<p>我在 <time datetime="2018-02-14">情人节</time> 有个约会。</p>
```

time元素最简单的用法是不包含datetime属性。在忽略datetime属性的情况下，它们的确提供了具备有效的机器可读格式的时间和日期。如果提供了datetime属性，time标签中的文本可以不严格使用有效的格式；如果忽略datetime属性，文本内容就必须是合法的日期或时间格式。

time中包含的文本内容会出现在屏幕上，对用户可见，而可选的datetime属性则是为机器准备的。该属性需要遵循特定的格式。浏览器只显示time元素的文本内容，而不会显示datetime的值。

datetime属性不会单独产生任何效果，但可以用于在Web应用（如日历应用）之间同步日期和时间。这就是必须使用标准的机器可读格式的原因，这样程序之间就可以使用相同的“语言”来共享信息。

> 提示：不能在time元素中嵌套另一个time元素，也不能在没有datetime属性的time元素中包含其他元素（只能包含文本）。

在早期的HTML5说明中，time元素可以包含一个名为pubdate的可选属性。不过，后来pubdate已不再是HTML5的一部分。读者可能在早期的HTML5示例中碰到该属性。

【拓展】

datetime属性（或者没有datetime属性的time元素）必须提供特定的机器可读格式的日期和时间，

这可以简化为下面的形式。

```
YYYY-MM-DDThh:mm:ss
```

例如（当地时间）：

```
2018-11-03T17:19:10
```

表示“当地时间 2018 年 11 月 3 日下午 5 时 19 分 10 秒”。小时部分使用 24 小时制，因此表示下午 5 点应使用 17，而非 05。如果包含时间，秒是可选的。也可以使用 hh:mm.sss 格式提供时间的毫秒数。注意，毫秒数之前的符号是一个点。

如果要表示时间段，则格式稍有不同。有几种语法，不过最简单的形式如下所示。

```
nh nm ns
```

其中，3 个 n 分别表示小时数、分钟数和秒数。

也可以将日期和时间表示为世界时。在末尾加上字母 Z，就成了 UTC（Coordinated Universal Time，全球标准时间）。UTC 是主要的全球时间标准。例如（使用 UTC 的世界时）：

```
2018-11-03T17:19:10Z
```

也可以通过相对 UTC 时差的方式表示时间。这时不写字母 Z，写上 -（减）或+（加）及时差即可。例如，含相对 UTC 时差的世界时。

```
2018-11-03T17:19:10-03:30
```

表示“纽芬兰标准时（NST）2018 年 11 月 3 日下午 5 时 19 分 10 秒”（NST 比 UTC 晚 3.5 小时）。

提示：如果确实要包含 datetime，不必提供时间的完整信息。

4.3.5　标记联系信息

HTML 没有专门用于标记通讯地址的元素，address 元素是用以定义与 HTML 页面或页面一部分（如一篇报告或新文章）有关的作者、相关人士或组织的联系信息，通常位于页面底部或相关部分内容。至于 address 具体表示的是哪一种信息，取决于该元素出现的位置。

【示例】下面是一个简单的联系信息演示示例。

```
<main role="main">
    <article>
        <h1>文章标题</h1>
        <p>文章正文</p>
        <footer>
            <p>说明文本</p>
            <address>
            <a href="mailto:zhangsan@163.com">zhangsan@163.com</a>.
            </address>
        </footer>
    </article>
</main>
<footer role="contentinfo">
    <p><small>&copy; 2018 baidu, Inc.</small></p>
    <address>
```

```
        北京 8 号<a href="index.html">首页</a>
    </address>
</footer>
```

Note

大多数时候，联系信息的形式是作者的电子邮件地址或指向联系信息页的链接。联系信息也有可能是作者的通讯地址，这时将地址用 address 标记就是有效的。但是用 address 标记公司网站“联系我们”页面中的办公地点，则是错误的用法。

在上面示例中，页面有两个 address 元素：一个用于 article 的作者；另一个位于页面级的 footer 里，用于整个页面的维护者。注意，article 的 address 只包含联系信息。尽管 article 的 footer 里也有关于作者的背景信息，但这些信息是位于 address 元素外面。

address 元素中的文字默认以斜体显示。如果 address 嵌套在 article 里，则属于其所在的最近的 article 元素；否则属于页面的 body。说明整个页面的作者的联系信息时，通常将 address 放在 footer 元素里。article 里的 address 提供的是该 article 作者的联系信息，而不是嵌套在该 article 里的其他任何 article（如用户评论）的作者的联系信息。

address 只能包含作者的联系信息，不能包括其他内容，如文档或文章的最后修改时间。此外，HTML5 禁止在 address 里包含以下元素：h1～h6、article、address、aside、footer、header、hgroup、nav 和 section。

视频讲解

4.3.6 标记显示方向

如果在 HTML 页面中混合了从左到右书写的字符（如大多数语言所用的拉丁字符）和从右到左书写的字符（如阿拉伯语或希伯来语字符），就可能要用到 bdi 和 bdo 元素。

要使用 bdo，必须包含 dir 属性，取值包括 ltr（由左至右）或 rtl（由右至左），指定希望呈现的显示方向。

bdo 适用于段落里的短语或句子，不能用它包围多个段落。bdi 元素是 HTML5 中新加的元素，用于内容的方向未知的情况，不必包含 dir 属性，因为默认已设为自动判断。

【示例】下面示例设置用户名根据语言不同自动调整显示顺序。

```
<ul>
    <li><bdi>jcranmer</bdi></li>
    <li><bdi>hober</bdi></li>
    <li><bdi> نايا </bdi></li>
</ul>
```

目前，只有 Firefox 和 Chrome 浏览器支持 bdi 元素。

视频讲解

4.3.7 标记换行断点

HTML5 为 br 引入了一个相近的元素 wbr。它代表“一个可换行处”，可以在一个较长的无间断短语（如 URL）中使用该元素，表示此处可以在必要时进行换行，从而让文本在有限的空间内更具可读性。因此，与 br 不同，wbr 不会强制换行，而是让浏览器知道哪里可以根据需要进行换行。

【示例】下面示例为 URL 字符串添加换行符标签，这样当窗口宽度变化时，浏览器会自动根据断点确定换行位置，效果如图 4.9 所示。

```
<p>本站旧地址为：https:<wbr>//<wbr>www.old_site.com/，新地址为：https:<wbr>//<wbr>www.new_site.com/。</p>
```

（a）IE 中换行断点无效

（b）Chrome 中换行断点有效

图 4.9　定义换行断点

视 频 讲 解

4.3.8　旁注标记

旁注标记是东亚语言（如中文和日文）中一种惯用符号，通常用于表示生僻字的发音。这些小的注解字符出现在它们标注的字符的上方或右方。它们常简称为旁注（ruby 或 rubi）。日语中的旁注字符称为振假名。

ruby 元素以及它们的子元素 rt 和 rp 是 HTML5 中为内容添加旁注标记的机制。rt 指明对基准字符进行注解的旁注字符。可选的 rp 元素用于在不支持 ruby 的浏览器中的旁注文本周围显示括号。

【示例】下面示例演示如何使用<ruby>和<rt>标签为词语旁注，效果如图 4.10 所示。

```
<ruby>
北 <rp>(</rp><rt>ㄅㄟˇ</rt><rp>)</rp>
京 <rp>(</rp><rt>ㄐㄧㄥ</rt><rp>)</rp>
</ruby>
```

图 4.10　旁注标记

可以看到在不支持 ruby 的浏览器中括号的重要性。没有它们，基准字符和旁注文本就会显示在一起，让内容变得混乱。

支持旁注标记的浏览器会将旁注文本显示在基准字符的上方（也可能在旁边），不显示括号。不支持旁注标记的浏览器会将旁注文本显示在括号里，就像普通的文本一样。

目前，IE 9+、Firefox、Opera、Chrome 和 Safari 都支持这 3 个标签。

4.4　HTML5 全局属性

HTML5 除了支持 HTML4 原有的全局属性之外，还添加了 8 个新的全局属性。所谓全局属性是指可以用于任何 HTML 元素的属性。

视频讲解

4.4.1 可编辑内容

contentEditable 属性的主要功能是允许用户可以在线编辑元素中的内容。contentEditable 是一个布尔值属性，可以被指定为 true 或 false。

Note

注意：该属性还有个隐藏的 inherit（继承）状态，属性为 true 时，元素被指定为允许编辑；属性为 false 时，元素被指定为不允许编辑；未指定 true 或 false 时，则由 inherit 状态来决定，如果元素的父元素是可编辑的，则该元素就是可编辑的。

【示例】在下面示例中为正文文本包含框<div>标签加上 contentEditable 属性后，该包含框包含的文本就变成可编辑的了，浏览者可自行在浏览器中修改内容，执行结果如图 4.11 所示。

```
<div contentEditable="true">
    <p>旧有全局属性：id、class、style、title、accesskey、tabindex、lang、dir</p>
    <p>新增全局属性：contenteditable、contextmenu、data-*、draggable、dropzone、hidden、spellcheck、translate</p>
</div>
```

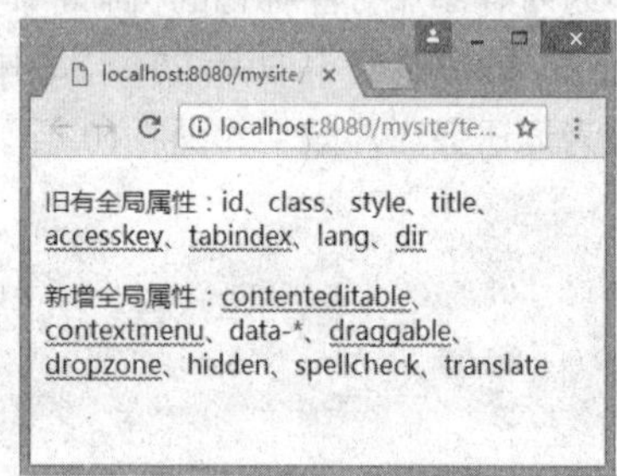

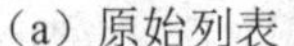
（a）原始列表

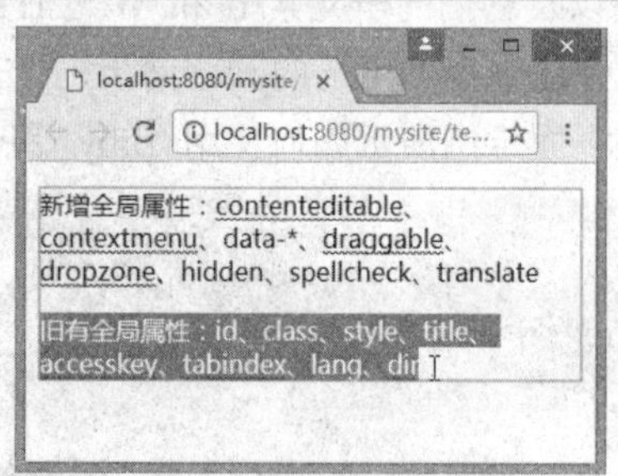

（b）编辑列表项项目

图 4.11　可编辑文本

在编辑完元素中的内容后，如果想要保存其中内容，只能使用 JavaScript 脚本把该元素的 innerHTML 发送到服务器端进行保存，因为改变元素内容后该元素的 innerHTML 内容也会随之改变，目前还没有特别的 API 来保存编辑后元素中的内容。

提示：在 JavaScript 脚本中，元素还具有一个 isContentEditable 属性，当元素可编辑时，该属性值为 true；当元素不可编辑时，该属性值为 false。利用这个属性，可以实现对编辑数据的后期操作。

视频讲解

4.4.2 快捷菜单

contextmenu 属性用于定义元素的上下文菜单。所谓上下文菜单，就是会在用户右击元素时出现。

【示例】下面示例使用 contextmenu 属性定义<div>元素的上下文菜单，其中 contextmenu 属性的值是要打开的<menu>元素的 id 属性值。

```
<div contextmenu="mymenu">上下文菜单
    <menu type="context" id="mymenu">
        <menuitem label="微信分享"></menuitem>
        <menuitem label="微博分享"></menuitem>
```

```
    </menu>
</div>
```

当用户右击元素时，会弹出一个上下文菜单，从中可以选择指定的快捷菜单项目，如图 4.12 所示。

图 4.12　打开上下文菜单

Note

提示： 目前只有 Firefox 支持 contextmenu 属性。

4.4.3　自定义属性

视频讲解

使用 data-*属性可以自定义用户数据。具体应用包括如下。

☑　data-*属性用于存储页面或元素的私有数据。

☑　data-*属性赋予所有 HTML 元素嵌入自定义属性的能力。

存储的自定义数据能够被页面的 JavaScript 脚本利用，以创建更好的用户体验，方便 Ajax 调用或服务器端数据库查询。

data-*属性包括下面两部分。

☑　属性名：不应该包含任何大写字母，并且在前缀"data-"之后必须有至少一个字符。

☑　属性值：可以是任意字符串。

当浏览器解析时，会忽略前缀"data-"，取用其后的自定义属性。

【示例 1】 下面示例使用 data-*属性为每个列表项目定义一个自定义属性 type，这样在 JavaScript 脚本中可以判断每个列表项目包含信息的类型。

```
<ul>
    <li data-animal-type="bird">猫头鹰</li>
    <li data-animal-type="fish">鲤鱼</li>
    <li data-animal-type="spider">蜘蛛</li>
</ul>
```

【示例 2】 以示例 1 为基础，下面示例使用 JavaScript 脚本访问每个列表项目的 type 属性值，演示效果如图 4.13 所示。

```
<ul>
    <li data-animal-type="bird">猫头鹰</li>
    <li data-animal-type="fish">鲤鱼</li>
```

```
        <li data-animal-type="spider">蜘蛛</li>
    </ul>
    <script>
    var lis = document.getElementsByTagName("li");
    for(var i=0; i<lis.length; i++){
        console.log(lis[i].dataset.animalType);
    }
    </script>
```

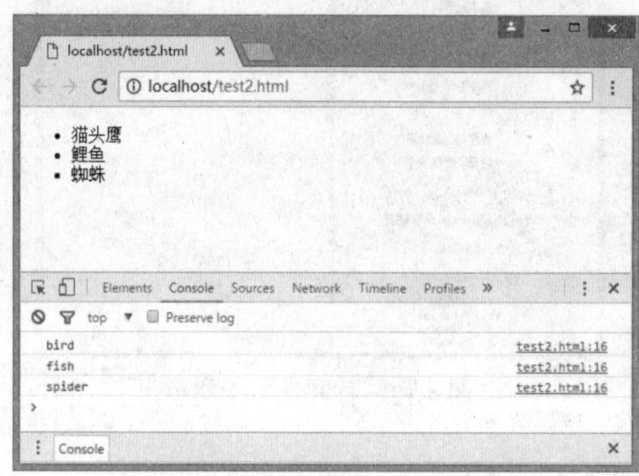

图 4.13　访问列表项目的 type 属性值

访问元素的自定义属性，可以通过元素的 dataset.对象获取，该对象存储了元素所有自定义属性的值。访问规则与 CSS 脚本化访问相同。对于复合属性名，通过驼峰命名法访问，如 animal-type，访问时使用 animalType，避免连字符在脚本中引发的歧义。

注意：目前 IE 暂不支持这种访问方式。

4.4.4　定义可拖动操作

draggable 属性可以定义元素是否可以被拖动。属性取值说明如下。

☑　true：定义元素可拖动。

☑　false：定义元素不可拖。

☑　auto：定义使用浏览器的默认行为。

draggable 属性常用在拖放操作中，详细说明请参考后面章节的“拖放 API”。

4.4.5　拖动数据

dropzone 属性定义在元素上拖动数据时，是否复制、移动或链接被拖动数据。属性取值说明如下。

☑　copy：拖动数据会产生被拖动数据的副本。

☑　move：拖动数据会导致被拖动数据被移动到新位置。

☑　link：拖动数据会产生指向原始数据的链接。

例如：

```
<div dropzone="copy"></div>
```

提示：目前所有主流浏览器都不支持 dropzone 属性。

4.4.6　隐藏元素

在 HTML5 中，所有元素都包含一个 hidden 属性。该属性设置元素的可见状态，取值为一个布尔值，当设为 true 时，元素处于不可见状态；当设为 false 时，元素处于可见状态。

【示例】下面使用 hidden 属性定义段落文本隐藏显示。

```
<p hidden><img src="images/1.jpg" width="200" /></p>
```

hidden 属性可用于防止用户查看元素，直到匹配某些条件，如选中了某个复选框。然后，在页面加载之后，可以使用 JavaScript 脚本删除该属性，删除之后该元素变为可见状态，同时元素中的内容也即时显示出来。

提示：除了 IE 浏览器，所有主流浏览器都支持 hidden 属性。

4.4.7　语法检查

spellcheck 属性定义是否对元素进行拼写和语法检查。可以对以下内容进行拼写检查。

- ☑ input 元素中的文本值（非密码）。
- ☑ <textarea>元素中的文本。
- ☑ 可编辑元素中的文本。

spellcheck 属性是一个布尔值的属性，取值包括 true 和 false，为 true 时表示对元素进行拼写和语法检查，为 false 时则不检查元素，用法如下所示。

```
<!--以下两种书写方法正确-->
<textarea spellcheck="true" >
<input type=text spellcheck=false>
<!--以下书写方法为错误-->
<textarea spellcheck >
```

注意：如果元素的 readOnly 属性或 disabled 属性设为 true，则不执行拼写检查。

【示例】下面示例设计两段文本，第一段文本可编辑、可语法检查；第二段文本可编辑，但不允许语法检查。当编辑文本时，第一段文本显示检查状态，而第二段忽略，如图 4.14 所示。

```
<div contentEditable="true">
    <p spellcheck="true">旧有全局属性：id、class、style、title、accesskey、tabindex、lang、dir</p>
    <p spellcheck="false">新增全局属性：contenteditable、contextmenu、data-*、draggable、dropzone、hidden、spellcheck、translate</p>
</div>
```

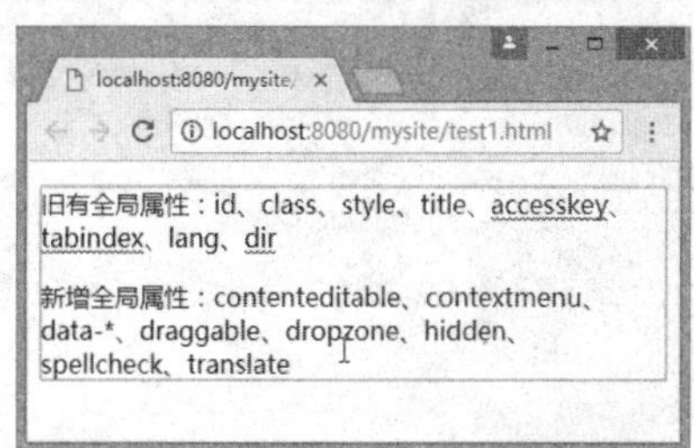

图 4.14　段落文本检查状态比较

4.4.8 翻译内容

translate 属性定义是否应该翻译元素内容。取值说明如下。

☑ yes：定义应该翻译元素内容。

☑ no：定义不应翻译元素内容。

【示例】下面示例演示了如何使用 translate 属性。

```
<p translate="no">请勿翻译本段。</p>
<p>本段可被译为任意语言。</p>
```

提示：目前，所有主流浏览器都无法正确地支持 translate 属性。

4.5 在线练习

本节将通过大量的上机示例，帮助初学者练习使用 HTML5 语义标签灵活定义网页文本样式和版式。感兴趣的同学可以扫码强化练习。

在线练习 1

在线练习 2

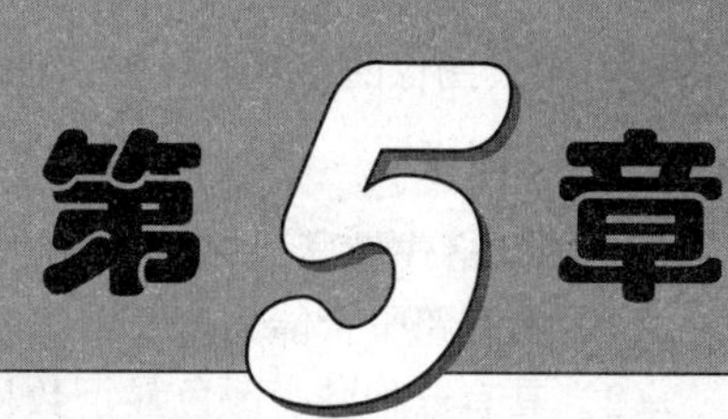

设计 HTML5 图像和多媒体

在网页中恰当应用多媒体技术，不仅能够传递丰富的信息，还可以美化页面，提升浏览者的审美体验。在 HTML5 之前，为网页添加多媒体的唯一方法就是使用插件，如 Adobe Flash Player 和苹果的 QuickTime 等。HTML5 引入原生的多媒体技术，改变了这一状况，但是不同浏览器支持不同格式的视频和音频。本章将详细讲解不同类型的多媒体对象在网页中的使用。

【学习重点】

- 认识网页图像。
- 在页面中插入图像。
- 设置图像替代文本、图像尺寸等属性。
- 在网页中添加音频和视频。
- 设置视频自动播放、循环播放和海报图像等属性。
- 使用多种来源的视频和备用文本。

5.1 认识HTML5图像

Note

常用网页图像的格式有3种：GIF、JPEG和PNG。下面简单比较这3种图像格式的特点。

1. GIF图像

GIF图像格式最早于1987年开发，经过多年改进，其特性如下。

（1）具有跨平台能力，不用担心兼容性问题。

（2）具有一种减少颜色显示数目而极度压缩文件的能力。它压缩的原理是不降低图像的品质，而是减少显示色，最多可以显示的颜色是256色，所以它是一种无损压缩。

（3）支持背景透明的功能，便于图像更好地融合到其他背景色中。

（4）可以存储多张图像，并能动态显示这些图像，GIF动画目前在网上广泛运用。

2. JPEG图像

JPEG格式使用全彩模式来表现图像，具体特性如下。

（1）与GIF格式不同，JPEG格式的压缩是一种有损压缩，即在压缩处理过程中，图像的某些细节将被忽略，因此，图像将有可能会变得模糊一些，但一般浏览者是看不出来的。

（2）与GIF格式相同，它也具有跨平台的能力。

（3）支持1670万种颜色，可以很好地再现摄影图像，尤其是色彩丰富的大自然。

（4）不支持GIF格式的背景透明和交错显示功能。

3. PNG图像

PNG图像格式于1995年开发，是一种网络专用图像，它具有GIF格式图像和JPEG格式图像的双重优点。一方面它是一种新的无损压缩文件格式，压缩技术比GIF好；另一方面它支持的颜色数量达到了1670万种，同时还包括对索引色、灰度、真彩色图像以及Alpha通道透明的支持。PNG是Adobe Fireworks固有的文件格式。

PNG包括多个子类：PNG-8、PNG-24和PNG-32。一般来说，对于PNG和GIF，应优先选择PNG，因为它对透明度的支持更好，压缩算法也更好，产生的文件更小。

☑ PNG-8适用于标识、重复的图案以及其他颜色较少的图像或具有连续颜色的图像，支持256色，支持索引色（基本）透明和alpha透明。

☑ PNG-24与PNG-8相似，不过支持颜色更多的图像。适用于颜色丰富且质量要求高的照片，支持1600万以上颜色数，仅支持索引色（基本）透明。

☑ PNG-32与PNG-24相似，不过支持具有alpha透明的图像，以及1600万以上的颜色。

GIF和PNG-8图像只有256种颜色，对标志和图标来说通常这已经足够了。JPEG、PNG-24和PNG-32均支持超过1600万种的颜色，因此照片和复杂的插图应选择这些格式。不过对于这些图像，大多数情况下应使用JPEG。

在网页设计中，如果图像颜色少于256色时，建议使用GIF格式，如Logo等；而颜色较丰富时，应使用JPEG格式，如在网页中显示的自然画面的图像。

提示：使用SVG图像语言创建的图像，无论放大还是缩小都不会影响其质量。目前，几乎所有的现代浏览器都提供基本的SVG支持，因此用户可以在网页中使用SVG。

视频讲解

5.2　使用图像

可以在网页中插入各种类型的图像，从标志到照片都可以。当访问者浏览网页时，浏览器会自动加载 HTML 文档中标记的图像。不过，图像加载时间与访问者的网络连接强度、图像尺寸，以及页面中包含的图像个数相关。

5.2.1　使用 img 元素

在 HTML5 中，使用<img>标签可以把图像插入网页中，具体用法如下。

```
<img src="URL" alt="替代文本" />
```

img 元素向网页中嵌入一幅图像，从技术上分析，<img>标签并不会在网页中插入图像，而是从网页上链接图像，<img>标签创建的是被引用图像的占位空间。

提示：<img>标签有两个必需的属性：src 属性和 alt 属性，具体说明如下。

☑ alt：设置图像的替代文本。使用 alt 属性可以为图像添加一段描述性文本，当图像出于某种原因不显示的时候，就将这段文字显示出来。屏幕阅读器可以朗读这些文本，帮助视障访问者理解图像的内容。

☑ src：定义显示图像的 URL。

【示例】在下面示例中，在页面中插入一幅照片，在浏览器中预览效果如图 5.1 所示。

```
<img src="images/1.jpg" width="400" alt="读书女生"/>
```

图 5.1　在网页中插入图像

HTML5 为<img>标签定义了多个可选属性，简单说明如下。

☑ height：定义图像的高度。取值单位可以是像素或者百分比。

☑ width：定义图像的宽度。取值单位可以是像素或者百分比。

☑ ismap：将图像定义为服务器端图像映射。

☑ usemap：将图像定义为客户器端图像映射。

☑ longdesc：指向包含长的图像描述文档的 URL。

其中不再推荐使用HTML4中部分属性，如align（水平对齐方式）、border（边框粗细）、hspace（左右空白）、vspace（上下空白），对于这些属性，HTML5建议使用CSS属性代替使用。

5.2.2 定义流内容

Note

视频讲解

流内容是由页面上的文本引述出来的。在HTML5出现之前，没有专门实现这个目的的元素，因此一些开发人员使用没有语义的div元素来表示。通过引入figure和figcaption，HTML5改变了这种情况。

流内容可以是图表、照片、图形、插图、代码片段，以及其他类似的独立内容，可以由页面上的其他内容引出figure。figcaption是figure的标题，是可选的，出现在figure内容的开头或结尾处，例如：

```
<figure>
    <p>思索</p>
    <img src="images/1.jpg" width="350" />
</figure>
```

这个figure只有一个照片，不过放置多个图像或其他类型的内容（如数据表格、视频等）也是允许的。figcaption元素并不是必需的，但如果包含它，它就必须是figure元素内嵌的第一个或最后一个元素。除了在现代浏览器中从新的一行开始显示，figure没有默认样式。

> 注意：figure元素并不一定要包含在article里，但在大多数情况下这样做比较合适。

通常，figure是引用它的内容的一部分，但它也可以位于页面的其他部分，或位于其他页面（如附录）。

【示例】在下面示例中，包含图表及其标题的figure出现在article文本中间。图以缩进的形式显示，这是浏览器的默认样式，如图5.2所示。

```
<article>
    <h1>2017年12月，全球PC浏览器市场份额排行榜</h1>
    <p>第1名：Google的Chrome浏览器，其全球市场份额为64.72%； </p>
    <p>第2名：Mozilla Firefox，其市场份额为12.21%； </p>
    <p>第3名：微软的IE浏览器，其市场份额为7.71%； </p>
    <p>第4名：苹果的Safari浏览器，其市场份额为6.29%； </p>
    <p>第5名：微软的Edge浏览器，其市场份额为4.18%； </p>
    <p>第6名：Opera浏览器，其市场份额为2.31%； </p>
    <p>其他浏览器的市场份额合计为2.58%。 </p>
    <figure>
        <figcaption><b>12月份</b>全球浏览器市场份额</figcaption>
        <img src="images/111.png" width="300" /> </figure>
    <p>数据来源：StatCounter-Desktop Browsers</p>
</article>
```

figure元素可以包含多个内容块。不过要记住，不管figure里有多少内容，只允许有一个figcaption。

> 注意：不要简单地将figure作为在文本中嵌入独立内容实例的方法。这种情况下，通常更适合用aside元素。要了解如何结合使用blockquote和figure元素。

可选的figcaption必须与其他内容一起包含在figure里面，不能单独出现在其他位置。figcaption

中的文本是对内容的一句简短描述即可，就像照片的描述文本。

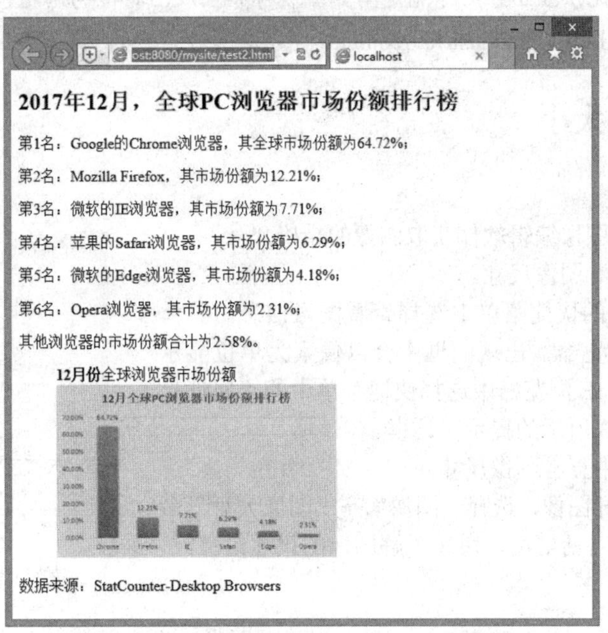

图 5.2　流内容显示效果

现代浏览器在默认情况下会为 figure 添加 40 像素宽的左右外边距。可以使用 CSS 的 margin-left 和 margin-right 属性修改这一样式。例如，使用“margin-left:0;”让图直接移到页面左边缘。还可以使用 figure {float: left;}让包含 figure 的文本环绕在它周围，这样文本就会围在图的右侧。可能还需要为 figure 设置 width，使之不至于占据太大的水平空间。

5.2.3　插入图标

网站图标一般显示在浏览器选项卡、历史记录、书签、收藏夹或地址栏中。图标大小一般为 16 像素×16 像素，透明背景。移动设备图标大小：iPhone 图标大小为 57 像素×57 像素或 114 像素×114 像素（Retina 屏），iPad 图标大小为 72 像素×72 像素或 144 像素×144 像素（Retina 屏）。Android 系统支持该尺寸的图标。

【操作步骤】

（1）创建大小为 16 像素×16 像素的图像，保存为 favicon.ico，注意扩展名为.ico。为 Retina 屏创建一个 32 像素×32 像素的图像。

提示：ico 文件允许在同一个文件中包含多个不同尺寸的同名文件。

（2）为触屏设备至少创建一个图像，并保存为 PNG 格式。如果只创建了一个，将其命名为 apple-touchicon.png。如有需要，还可以创建其他的触屏图标。

（3）将图标图像放在网站根目录。

（4）新建 HTML5 文档，在网页头部位置输入下面代码。

```
<link rel="icon" href="/favicon.ico" type="image/x-icon" />
<link rel="shortcut icon" href="/favicon.ico" type="image/x-icon" />
```

（5）浏览网页，浏览器会自动在根目录寻找这些特定的文件名，找到后就将图标显示出来。

> 提示：如果浏览器无法显示，则可能是浏览器缓存和生成图标慢的问题，尝试清除缓存，或者先访问图标：http://localhost/favicon.ico，然后再访问网站，就正常显示了。

Note

5.2.4 定义图像大小

1．查看图像大小

可以通过浏览器或图像编辑软件获取图像的精确尺寸。

☑ 在浏览器中查看图像尺寸。

右击图像，在弹出的快捷菜单中选择查看图像信息，具体选项取决于所使用的浏览器，出现的框中会以像素为单位显示图像的尺寸。例如，在 IE 浏览器中选择快捷菜单中的“属性”命令，可以看到如图 5.3 所示的提示对话框。

☑ 在 Photoshop 中查看图像尺寸。

在 Photoshop 中打开图像，选择“图像”→“图像大小”命令，打开“图像大小”对话框可以快速了解图像的尺寸信息。

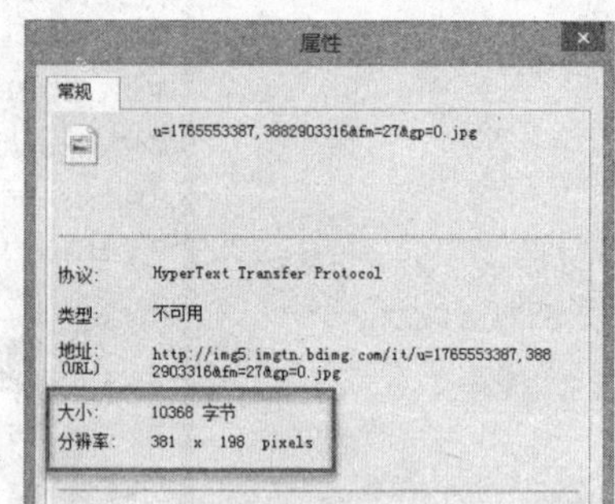

图 5.3 查看图像大小信息

2．设置图像大小

在 img 标签中，使用 width 和 height 属性可以设置图像大小，以像素为单位。例如：

```
<img src="pic.gif" width="400" height="266" alt=" " />
```

width 和 height 属性不一定要反映图像的实际尺寸。在 Retina 显示屏中可以设置 height 和 width 均为图像原来大小的一半，由于图像的高度和宽度比例保持不变，图像就不会失真。

> 提示：在相同的空间里，Retina 显示屏拥有的像素数量是普通显示屏的像素数量的 4 倍，因此图像会更锐利。

在默认情况下，图像显示的尺寸是 HTML 中指定的 width 和 height 属性值。如果不指定这些属性值，图像就会自动按照其原始尺寸显示。此外，可以通过 CSS 以像素为单位设置 width 和 height。当屏幕宽度有限的时候，使用可伸缩图像技术，可以让图像在可用空间内缩放，但不会超过其本来的宽度。例如，为图像添加如下类样式：

```
.post-photo,.post-photo-full {
    max-width: 100%;
}
```

一定要使用 max-width: 100%，而不是 width: 100%。width: 100%会让图像尽可能地填充容器，如果容器的宽度比图像宽，图像就会放大到超过其本来尺寸，显得较为难看。上面样式对已经为 Retina 显示屏扩大到双倍大小的图像也适用。

视频讲解

5.2.5 案例：图文混排

在网页中经常会看到图文混排的版式，不管是单图或者是多图，也不管是简单的文字介绍或者是大段正文，图文版式的处理方式也很简单。在本节示例中所展示的图文混排效果，主要是文字围绕在图片的旁边进行显示。

【操作步骤】

（1）启动 Dreamweaver，新建网页，保存为 test.html，在<body>标签内输入以下代码。

```
<div class="pic_news">
    <h1>雨巷</h1>
    <h2>戴望舒</h2>
    <p><img src="images/1.jpg" alt="" /></p>
    <p> 撑着油纸伞，独自
        彷徨在悠长、悠长
        又寂寥的雨巷，
        我希望逢着
        一个丁香一样的
        结着愁怨的姑娘。 </p>
    <p>她是有
        丁香一样的颜色，
        丁香一样的芬芳，
        丁香一样的忧愁，
        在雨中哀怨，
        哀怨又彷徨； </p>
        …
        <!--省略部分结构雷同的文本，请参考示例源代码-->
</div>
```

（2）在<head>标签内添加<style type="text/css">标签，定义一个内部样式表，然后输入下面样式，设置图片的属性，将其控制到内容区域的左上角。

```
.pic_news { width: 800px;                /* 控制内容区域的宽度，根据实际情况考虑，也可以不需要 */
}
.pic_news h2 {                           /* 定义标题样式 */
    font-family: "隶书"; font-size: 24px; /* 字体样式：隶书、大小为 24 像素 */
    text-align: right;                   /* 标题二居右显示 */
}
.pic_news img {                          /* 定义图片样式 */
    float: left;                         /* 使图片旁边的文字产生浮动效果 */
    margin-right: 5px;                   /* 增加图片与文字的间距 */
    height: 250px;                       /* 控制图片大小 */
}
```

（3）在浏览器中预览效果如图 5.4 所示。简单几行 CSS 样式代码就能实现图文混排的页面效果，其中重点内容就是将图片设置浮动，float: left 就是将图片向左浮动。

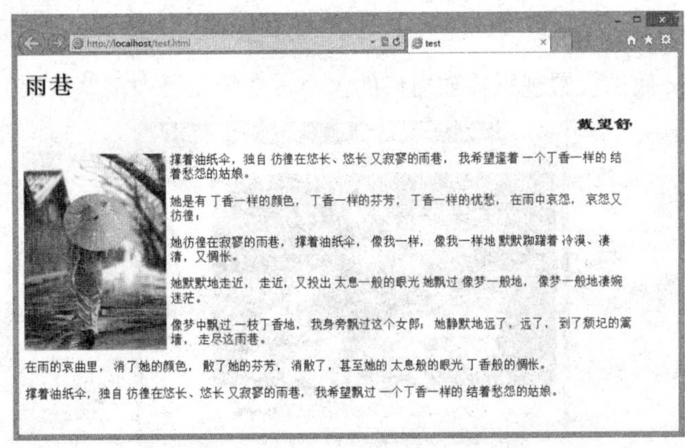

图 5.4　图文混排的页面效果

5.3 使用多媒体插件

Note

在 HTML5 之前，可以通过第三方插件为网页添加音频和视频，但这样做有一些问题：在某个浏览器中嵌入 Flash 视频的代码在另一个浏览器中可能不起作用，也没有优雅的兼容方式。同时，像 Flash 这样的插件会占用大量的计算资源，使浏览器会变慢，影响用户体验。

视频讲解

5.3.1 使用 embed 元素

<embed>标签可以定义嵌入插件，以便播放多媒体信息，用法如下。

```
<embed src="helloworld.swf" />
```

src 属性必须设置，用来指定媒体源。<embed>标签包含的属性说明如表 5.1 所示。

表 5.1　<embed>标签属性

属　性	值	描　述
height	pixels（像素）	设置嵌入内容的高度
src	url	嵌入内容的 URL
type	type	定义嵌入内容的类型
width	pixels（像素）	设置嵌入内容的宽度

【示例 1】设计背景音乐。打开本小节备用练习文档 test1.html，另存为 test2.html。在<body>标签内输入下面代码。

```
<embed src="images/bg.mp3" width="307" height="32" hidden="true" autostart="true" loop="infinite"></embed>
```

指定背景音乐为"images/bg.mp3"，通过 hidden="true"属性隐藏插件显示，使用 autostart="true"设置背景音乐自动播放，使用 loop="infinite"设置背景音乐循环播放。设置完毕属性，在浏览器中浏览，这时就可以边浏览网页，边听着背景音乐播放的小夜曲。

提示：要正确使用，需要浏览器支持对应的插件。

【示例 2】也可以播放视频。新建 test3.html，在<body>标签内输入下面代码。

```
<embed src="images/vid2.avi" width="413" height="292"></embed>
```

使用 width 和 height 属性设置视频播放窗口的大小，在浏览器中浏览效果如图 5.5 所示。

图 5.5　插入视频

5.3.2　使用 object 元素

使用<object>标签可以定义一个嵌入对象，主要用于在网页中插入多媒体信息，如图像、音频、视频、Java applets、ActiveX、PDF 和 Flash。

<object>标签包含大量属性，说明如表 5.2 所示。

表 5.2　<object>标签属性

属　　性	值	描　　述
data	URL	定义引用对象数据的 URL。如果有需要对象处理的数据文件，要用 data 属性来指定这些数据文件
form	form_id	规定对象所属的一个或多个表单
height	pixels	定义对象的高度
name	unique_name	为对象定义唯一的名称（以便在脚本中使用）
type	MIME_type	定义被规定在 data 属性中指定的文件中出现的数据的 MIME 类型
usemap	URL	规定与对象一同使用的客户端图像映射的 URL
width	pixels	定义对象的宽度

【示例 1】下面代码使用<object>标签在页面中嵌入一幅图片，效果如图 5.6 所示。

```
<object width="100%" type="image/jpeg" data="images/1.jpg"></object>
```

图 5.6　嵌入图片

【示例 2】下面代码使用<object>标签在页面中嵌入网页，效果如图 5.7 所示。

```
<object type="text/html" height="100%" width="100%" data="https://www.baidu.com/"></object>
```

图 5.7　嵌入网页

【示例 3】下面代码使用<object>标签在页面中嵌入音频，效果如图 5.8 所示。

```
<object width="100%" classid="clsid:22D6F312-B0F6-11D0-94AB-0080C74C7E95">
    <param name="AutoStart" value="1" />
    <param name="FileName" value="images/bg.mp3" />
</object>
```

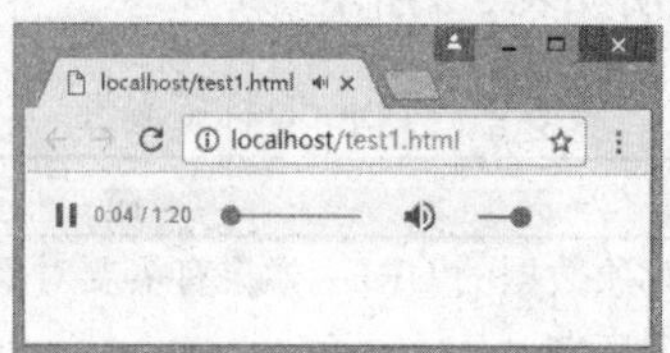

图 5.8　播放音频

提示：<param>标签必须包含在<object>标签内，用来定义嵌入对象的配置参数，通过“名/值”对属性来设置，name 属性设置配置项目，value 属性设置项目值。

object 功能很强大，初衷是取代 img 和 applet 元素。不过由于漏洞以及缺乏浏览器支持，并未完全实现，同时主流浏览器都使用不同的代码来加载相同的对象。如果浏览器不能够显示 object 元素，就会执行位于<object>和</object>之间的代码，通过这种方式，我们针对不同的浏览器嵌套多个 object 元素，或者嵌套 embed、img 等元素。

5.4　使用 HTML5 多媒体

HTML5 添加了原生的多媒体。这样做有很多好处：速度更快（任何浏览器原生的功能势必比插件要快一些），媒体播放按钮和其他控件内置到浏览器，对插件的依赖极大地降低。

现代浏览器都支持 HTML5 的 audio 元素和 video 元素，如 IE 9.0+、Firefox 3.5+、Opera 10.5+、Chrome 3.0+、Safari 3.2+等。

视频讲解

5.4.1　使用 audio 元素

<audio>标签可以播放声音文件或音频流，支持 Ogg Vorbis、MP3、Wav 等音频格式，其用法如下。

```
<audio src="samplesong.mp3" controls="controls"></audio>
```

其中，src 属性用于指定要播放的声音文件，controls 属性用于设置是否显示工具条。<audio>标签可用的属性如表 5.3 所示。

表 5.3　<audio>标签支持属性

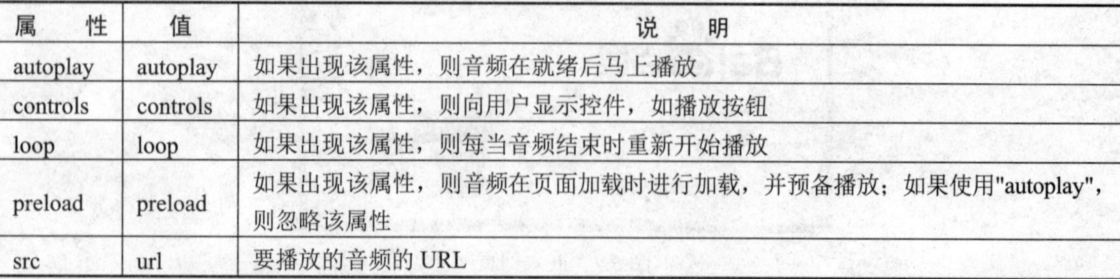

属　性	值	说　明
autoplay	autoplay	如果出现该属性，则音频在就绪后马上播放
controls	controls	如果出现该属性，则向用户显示控件，如播放按钮
loop	loop	如果出现该属性，则每当音频结束时重新开始播放
preload	preload	如果出现该属性，则音频在页面加载时进行加载，并预备播放；如果使用"autoplay"，则忽略该属性
src	url	要播放的音频的 URL

提示：如果浏览器不支持<audio>标签，可以在<audio>与</audio>标识符之间嵌入替换的 HTML 字符串，这样旧的浏览器就可以显示这些信息，例如：

```
<audio src=" test.mp3" controls="controls">
您的浏览器不支持 audio 标签。
</audio>
```

替换内容可以是简单的提示信息，也可以是一些备用音频插件，或者是音频文件的链接等。

【示例 1】<audio>标签可以包裹多个<source>标签，用来导入不同的音频文件，浏览器会自动选择第一个可以识别的格式进行播放。

```
<audio controls>
    <source src="medias/test.ogg" type="audio/ogg">
    <source src="medias/test.mp3" type="audio/mpeg">
    <p>你的浏览器不支持 HTML5 audio，你可以 <a href="piano.mp3">下载音频文件</a> (MP3, 1.3 MB)</p>
</audio>
```

以上代码在 Chrome 浏览器中的运行结果如图 5.9 所示，这个 audio 元素（含默认控件集）定义了两个音频源文件，一个编码为 Ogg，另一个为 MP3。完整的过程同指定多个视频源文件的过程是一样的。浏览器会忽略它不能播放的，仅播放它能播放的。

支持 Ogg 的浏览器（如 Firefox）会加载 piano.ogg。Chrome 同时理解 Ogg 和 MP3，但是会加载 Ogg 文件，因为在 audio 元素的代码中，Ogg 文件位于 MP3 文件之前。不支持 Ogg 格式，但支持 MP3 格式的浏览器（IE10）会加载 test.mp3，旧浏览器（如 IE8）会显示备用信息。

【补充】

<source>标签可以为<video>和<audio>标签定义多媒体资源，它必须包裹在<video>或<audio>标识符内。<source>标签包含 3 个可用属性。

☑ media：定义媒体资源的类型。

☑ src：定义媒体文件的 URL。

☑ type：定义媒体资源的 MIME 类型。如果媒体类型与源文件不匹配，浏览器可能会拒绝播放。可以省略 type 属性，让浏览器自动检测编码方式。

为了兼容不同浏览器，一般使用多个<source>标签包含多种媒体资源。对于数据源，浏览器会按照声明顺序进行选择，如果支持的不止一种，那么浏览器会优先播放位置靠前的媒体资源。数据源列表的排放顺序应按照用户体验由高到低，或者服务器消耗由低到高列出。

【示例 2】下面示例演示了如何在页面中插入背景音乐：在<audio>标签中设置 autoplay 和 loop 属性，详细代码如下所示。

```
<audio autoplay loop>
    <source src="medias/test.ogg" type="audio/ogg">
    <source src="medias/test.mp3" type="audio/mpeg">
您的浏览器不支持 audio 标签。
</audio>
```

5.4.2　使用 video 元素

视频讲解

<video>标签可以播放视频文件或视频流，支持 Ogg、MPEG4、WebM 等视频格式，其用法如下。

```
<video src="samplemovie.mp4" controls="controls"></video>
```

其中，src 属性用于指定要播放的视频文件，controls 属性用于提供播放、暂停和音量控件。<video>标签可用的属性如表 5.4 所示。

Note

表 5.4　<video>标签支持属性

属　性	值	描　述
autoplay	autoplay	如果出现该属性，则视频在就绪后马上播放
controls	controls	如果出现该属性，则向用户显示控件，如播放按钮
height	pixels	设置视频播放器的高度
loop	loop	如果出现该属性，则当媒介文件完成播放后再次开始播放
muted	muted	设置视频的音频输出应该被静音
poster	URL	设置视频下载时显示的图像，或者在用户单击播放按钮前显示的图像
preload	preload	如果出现该属性，则视频在页面加载时进行加载，并预备播放。如果使用"autoplay"，则忽略该属性
src	url	要播放的视频的 URL
width	pixels	设置视频播放器的宽度

【补充】

HTML5 的<video>标签支持 3 种常用的视频格式，简单说明如下。浏览器支持情况：Safari 3+、Firefox 4+、Opera 10+、Chrome 3+、IE 9+等。

- ☑ Ogg：带有 Theora 视频编码和 Vorbis 音频编码的 Ogg 文件。
- ☑ MPEG4：带有 H.264 视频编码和 AAC 音频编码的 MPEG 4 文件。
- ☑ WebM：带有 VP8 视频编码和 Vorbis 音频编码的 WebM 文件。

提示：如果浏览器不支持<video>标签，可以在<video>与</video>标识符之间嵌入替换的 HTML 字符串，这样旧的浏览器就可以显示这些信息，例如：

```
<video src=" test.mp4" controls="controls">
您的浏览器不支持 video 标签。
</video>
```

【示例 1】下面示例使用<video>标签在页面中嵌入一段视频，然后使用<source>标签链接不同的视频文件，浏览器会自己选择第一个可以识别的格式。

```
<video controls>
    <source src="medias/trailer.ogg" type="video/ogg">
    <source src="medias/trailer.mp4" type="video/mp4">
您的浏览器不支持 video 标签。
</video >
```

一个 video 元素中可以包含任意数量的 source 元素，因此为视频定义两种不同的格式是相当容易的。浏览器会加载第一个它支持的 source 元素引用的文件格式，并忽略其他来源。

以上代码在 Chrome 浏览器中运行，当鼠标指针经过播放画面时，可以看到出现一个比较简单的视频播放控制条，包含了播放、暂停、位置、时间显示、音量控制等控件，如图 5.9 所示。

为<video>标签设置 controls 属性，可以在页面上以默认方式进行播放控制。如果不设置 controls 属性，那么在播放时就不会显示控制条界面。

【示例 2】通过设置 autoplay 属性，不需要播放控制条，音频或视频文件就会在加载完成后自动播放。

```
<video autoplay>
    <source src="medias/trailer.ogg" type="video/ogg">
    <source src="medias/trailer.mp4" type="video/mp4">
您的浏览器不支持 video 标签。
</video >
```

图 5.9　播放视频

也可以使用 JavaScript 脚本控制媒体播放，简单说明如下。

☑　load()：可以加载音频或者视频文件。

☑　play()：可以加载并播放音频或视频文件，除非已经暂停，否则默认从开头播放。

☑　pause()：暂停处于播放状态的音频或视频文件。

☑　canPlayType(type)：检测 video 元素是否支持给定 MIME 类型的文件。

【示例 3】下面示例演示如何通过移动鼠标指针来触发视频的 play 和 pause 功能。设计当用户移动鼠标指针到视频界面上时，播放视频，如果移出鼠标指针，则暂停视频播放。

```
<video id="movies" onmouseover="this.play()" onmouseout="this.pause()" autobuffer="true"
    width="400px" height="300px">
    <source src="medias/trailer.ogv" type='video/ogg; codecs="theora, vorbis"'>
    <source src="medias/trailer.mp4" type='video/mp4'>
</video>
```

上面代码在浏览器中预览，显示效果如图 5.10 所示。

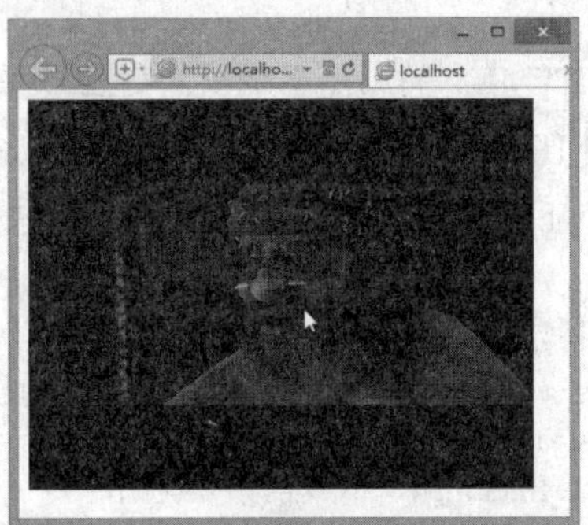

图 5.10　使用鼠标控制视频播放

提示：要实现循环播放，只需要使用 autoplay 和 loop 属性。如果不设置 autoplay 属性，通常浏览器会在视频加载时显示视频的第一帧，用户可能想对此做出修改，指定自己的图像。这可以通过海报图像实现。

例如，下面代码设置自动播放和循环播放的单个 WebM 视频。如果这里不设置 controls，访问者就无法停止视频。因此，如果将视频指定为循环，最好包含 controls。

```
<video src="paddle-steamer.webm" width="369" height="208" autoplay loop></video>
```

下面代码指定了海报图像（当页面加载并显示视频时显示该图像）的单个 WebM 视频（含控件）。

```
<video src="paddle-steamer.webm" width="369" height="208" poster="paddle-steamer-poster.jpg" controls></video>
```

其中，paddle-steamer.webm 指向你的视频文件，paddle-steamer-poster.jpg 是想用作海报图像的图像。

如果用户观看视频的可能性较低（如该视频并不是页面的主要内容），那么可以告诉浏览器不要预先加载该视频。对于设置了 preload="none"的视频，在初始化视频之前，浏览器显示视频的方式并不一样。

```
<video src="paddle-steamer.webm" preload="none" controls></video>
```

上面代码在页面完全加载时也不会加载单个 WebM 视频。仅在用户试着播放该视频时才会加载它。注意这里省略了 width 和 height 属性。

在 Firefox 浏览器中将 preload 设为 none 的视频，什么也不会显示，因为浏览器没有得到关于该视频的任何信息（连尺寸都不知道），也没有指定海报图像。如果用户播放视频，浏览器会获取视频的尺寸，并调整视频大小。

Chrome 在控制组件上面显示一个空白的矩形。这时，控制组件的大小比访问者播放视频时显示的组件要窄一些。

preload 的默认值是 auto。这会让浏览器具有用户将要播放该视频的预期，从而做好准备，让视频可以很快进入播放状态。浏览器会预先加载大部分视频甚至整个视频。因此，在视频播放的过程中对其进行多次开始、暂停的操作会变得更不容易，因为浏览器总是试着下载较多的数据让访问者观看。

在 none 和 auto 之间有一个不错的中间值，即 preload="metadata"。这样做会让浏览器仅获取视频的基本信息，如尺寸、时长甚至一些关键的帧。在开始播放之前，浏览器不会显示白色的矩形，而且视频的尺寸也会与实际尺寸一致。

使用 metadata 会告诉浏览器，用户的连接速度并不快，因此需要在不妨碍播放的情况下尽可能地保留带宽资源。

注意：如果要获得所有兼容 HTML5 的浏览器的支持，至少需要提供两种格式的视频：MP4 和 WebM。这时就要用到 HTML5 的 source 元素。通常，source 元素用于定义一个以上的媒体元素的来源。例如，下面代码为视频定义了两个源文件：一个 MP4 文件和一个 WebM 文件。

```
<video width="369" height="208" controls>
    <source src="paddle-steamer.mp4" type="video/mp4">
    <source src="paddle-steamer.webm" type="video/webm">
    <p><a href="paddle-steamer.mp4">下载视频</a></p>
</video>
```

可以在 www.bigbuckbunny.org/index.php/download/网站上找到一些免费的视频，用于试验 video 和 source 元素。该网站没有 WebM 格式的视频，不过可以通过在线工具进行格式转换。

【补充】

Note

利用现代浏览器提供的原生可访问性支持，原生多媒体可以更好地使用键盘进行控制，这是原生多媒体的另一个好处。HTML5 视频和音频的键盘可访问性支持在 Firefox、Internet Explorer 和 Opera 浏览器中表现良好。不过对于 Chrome 和 Safari 浏览器，实现键盘可访问性的唯一办法是自制播放控件。为此，需要使用 JavaScript Media API（这也是 HTML5 的一部分）。

HTML5 还指定了一种新的文件格式 WebVTT（Web Video Text Track，Web 视频文本轨道）用于包含文本字幕、标题、描述、篇章等视频内容。更多信息可以参见 www.iandevlin.com/blog/2011/05/html5/webvtt-and-video-subtitles，其中包括为了对接规范修改在 2012 年进行的更新。

5.5 案例实战

本节将通过多个案例练习如何使用图像标签，如何灵活使用 JavaScript 脚本控制 HTML5 多媒体播放。注意，在学习之前，读者应该有一定的 CSS 和 JavaScript 基础。

5.5.1 设计音乐播放器

视频讲解

如果需要在页面上播放一段音频，同时又不想被默认的控制界面影响显示效果，则可创建一个隐藏的 audio 元素，即不设置 controls 属性，或将其设置为 false，然后用自定义控制界面控制音频的播放。本例主要代码如下，演示效果如图 5.11 所示。

```
<style type="text/css">
body { background:url(images/bg.jpg) no-repeat;}
#toggle { position: absolute; left: 93px; top: 396px;}
</style>
<audio id="music">
    <source src="medias/wlh.ogg">
    <source src="medias/wlh.mp3">
</audio>
<button id="toggle" onclick="toggleSound()">播放</button>
<script type="text/javascript">
function toggleSound() {
    var music = document.getElementById("music");
    var toggle = document.getElementById("toggle");
    if (music.paused) {
        music.play();
        toggle.innerHTML = "暂停";
    }else {
        music.pause();
        toggle.innerHTML ="播放";
    }
}
</script>
```

Note

图 5.11　用脚本控制音乐播放

在上面示例中，先隐藏了用户控制界面，也没有将其设置为加载后自动播放，而是创建了一个具有切换功能的按钮，以脚本的方式控制音频播放。

```
<button id="toggle" onclick="toggleSound()">播放</button>
```

按钮在初始化时会提示用户单击它以播放音频。每次单击时，都会触发 toggieSound()函数。在 toggleSound()函数中，首先访问 DOM 中的 audio 元素和 button 元素。

```
function toggleSound() {
    var music = document.getElementById("music");
    var toggle = document.getElementById("toggle");
    if (music.paused) {
        music.play();
        toggle.innerHTML = "暂停";
    }
}
```

通过访问 audio 元素的 paused 属性，可以检测到用户是否已经暂停播放。如果音频还没开始播放，那么 paused 属性默认值为 true，这种情况在用户第一次单击按钮时遇到。此时，需要调用 play()函数播放音频，同时修改按钮上的文字，提示再次单击就会暂停。

```
else {
    music.pause();
    toggle.innerHTML ="播放";
}
```

相反，如果音频没有暂停，则会使用 pause()函数将它暂停，然后更新按钮上的文字为“播放”，让用户知道下次单击时音频将继续播放。

视频讲解

5.5.2　设计视频播放器

本例将设计一个视频播放器，用到 HTML5 提供的 video 元素，以及 HTML5 提供的多媒体 API 的扩展，示例演示效果如图 5.12 所示。

图 5.12　设计视频播放器

使用 JavaScript 控制播放控件的行为（自定义播放控件），实现如下功能。

☑　利用 HTML+CSS 制作一个自己的播放控件条，然后定位到视频最下方。

☑　视频加载 loading 效果。

☑　播放、暂停。

☑　总时长和当前播放时长显示。

☑　播放进度条。

☑　全屏显示。

【操作步骤】

（1）设计播放控件。

```
<figure>
    <figcaption>视频播放器</figcaption>
    <div class="player">
        <video src="./video/mv.mp4"></video>
        <div class="controls">
            <!-- 播放/暂停 -->
            <a href="javascript:;" class="switch fa fa-play"></a>
            <!-- 全屏 -->
            <a href="javascript:;" class="expand fa fa-expand"></a>
            <!-- 进度条 -->
            <div class="progress">
                <div class="loaded"></div>
                <div class="line"></div>
                <div class="bar"></div>
            </div>
            <!-- 时间 -->
            <div class="timer">
                <span class="current">00:00:00</span> /
                <span class="total">00:00:00</span>
            </div>
            <!-- 声音 -->
        </div>
```

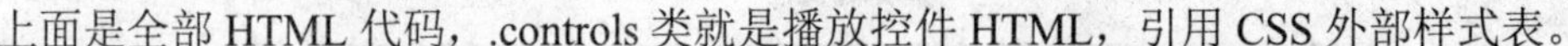

```
    </div>
</figure>
```

上面是全部 HTML 代码，.controls 类就是播放控件 HTML，引用 CSS 外部样式表。

Note

```
<link rel="stylesheet" href="css/font-awesome.css">
<link rel="stylesheet" href="css/player.css">
```

为了显示播放按钮等图标，本例使用了字体图标。

（2）设计视频加载 loading 效果。先隐藏视频，用一个背景图片替代，等视频加载完毕之后，再显示并播放视频。

```
.player {
    width: 720px; height: 360px;
    margin: 0 auto; position: relative;
    background: #000 url(images/loading.gif) center/300px no-repeat;
}
video {
    display: none; margin: 0 auto;
    height: 100%;
}
```

（3）设计播放功能。在 JavaScript 脚本中，先获取要用到的 DOM 元素。

```
var video = document.querySelector("video");
var isPlay = document.querySelector(".switch");
var expand = document.querySelector(".expand");
var progress = document.querySelector(".progress");
var loaded = document.querySelector(".progress > .loaded");
var currPlayTime = document.querySelector(".timer > .current");
var totalTime = document.querySelector(".timer > .total");
```

当视频可以播放时，显示视频。

```
// 当视频可播放时
video.oncanplay = function(){
      // 显示视频
      this.style.display = "block";
      // 显示视频总时长
      totalTime.innerHTML = getFormatTime(this.duration);
};
```

（4）设计播放、暂停按钮。当单击播放按钮时，显示暂停图标，在播放和暂停状态之间切换图标。

```
// 播放按钮控制
isPlay.onclick = function(){
        if(video.paused) {
            video.play();
        } else {
            video.pause();
        }
        this.classList.toggle("fa-pause");
};
```

（5）获取并显示总时长和当前播放时长。前面代码中其实已经设置了相关代码，此时只需要把获取到的毫秒数转换成需要的时间格式即可。先定义 getFormatTime()函数，用于转换时间格式。

```
function getFormatTime(time) {
        var time = time 0;
        var h = parseInt(time/3600),
               m = parseInt(time%3600/60),
               s = parseInt(time%60);
        h = h < 10 ? "0"+h : h;
        m = m < 10 ? "0"+m : m;
        s = s < 10 ? "0"+s : s;
        return h+":"+m+":"+s;
}
```

（6）设计播放进度条。

```
video.ontimeupdate = function(){
       var currTime = this.currentTime,                    // 当前播放时间
       duration = this.duration;                           // 视频总时长
       // 百分比
       var pre = currTime / duration * 100 + "%";
       // 显示进度条
       loaded.style.width = pre;
       // 显示当前播放进度时间
       currPlayTime.innerHTML = getFormatTime(currTime);
};
```

这样即可实时显示进度条，此时，还需要单击进度条进行跳跃播放，即单击任意时间点视频跳转到当前时间点播放。

```
// 跳跃播放
progress.onclick = function(e){
       var event = e window.event;
       video.currentTime = (event.offsetX / this.offsetWidth) * video.duration;
};
```

（7）设计全屏显示。这个功能可以使用 HTML5 提供的全局 API：webkitRequestFullScreen 实现，与 video 元素无关，经测试在 Firefox、IE 浏览器下全屏功能不可用，仅针对 webkit 内核浏览器可用。

```
// 全屏
expand.onclick = function(){
        video.webkitRequestFullScreen();
};
```

5.6　HTML5 多媒体 API

使用 HTML5 原生多媒体的好处是可以利用很多来自 HTML5 或与 HTML5 相关的新特性和新功能。前提是读者需要有一定的 JavaScript 基础。本节为线上拓展内容，介绍 HTML5 多媒体 API 的基础知识和应用，感兴趣的读者请扫码阅读。

Note

5.6.1 设置属性

线上阅读

audio 和 video 元素拥有相同的脚本属性，关于这些属性的简单介绍，感兴趣的同学可以扫码学习。

5.6.2 设置方法

线上阅读　视频讲解

audio 和 video 元素拥有相同的脚本方法，关于这些方法的简单介绍，感兴趣的同学可以扫码学习。

5.6.3 设置事件

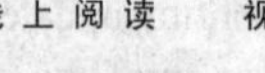

线上阅读　视频讲解

audio 和 video 元素支持 HTML5 的媒体事件，使用 JavaScript 脚本可以捕捉这些事件并对其进行处理。处理这些事件一般有两种方式，感兴趣的同学可以扫码学习。

5.6.4 综合案例

线上阅读　视频讲解

本节通过一个综合示例整合 HTML5 多媒体 API 中各种属性、方法和事件，演示如何在一个视频中实现对这些信息进行访问和操控，示例效果如图 5.13 所示。

图 5.13　HTML5 多媒体 API 接口访问

【操作步骤】

（1）设计文档结构。整个结构包含 3 部分：<video id='video'>视频播放界面、<div id='buttons'>视频控制方法集、<div id="info">接口访问信息汇总。

```
<h1>HTML5 Web Video API</h1>
<div>
    <video id='video' controls preload='none' poster="video/trailer.png">
```

```
        <source id='mp4' src="video/trailer.mp4" type='video/mp4'>
        <source id='webm' src="video/trailer.webm" type='video/webm'>
        <source id='ogv' src="video/trailer.ogv" type='video/ogg'>
        <p>你的浏览器不支持 HTML5 video 元素。</p>
    </video>
    <div id='buttons'>
        <button onclick="getVideo().load()">load()</button>
        ......
    </div>
    <div id="info">
        <table>
            <caption>媒体事件</caption>
            <tbody id='events'> </tbody>
        </table>
        <table>
            <caption>媒体属性</caption>
            <tbody id='properties'></tbody>
        </table>
        <table id='canPlayType'>
            <caption>播放类型</caption>
            <tbody id='m_video'></tbody>
        </table>
        <table id='tracks'>
            <caption>轨道</caption>
            <tbody>
                <tr><th>Audio</th><th>Video</th><th>Text</th></tr>
                <tr><td id='m_audiotracks' class='false'>?</td><td id='m_videotracks' class='false'>?</td> <td
id='m_texttracks' class='false'>?</td></tr>
            </tbody>
        </table>
    </div>
</div>
```

（2）初始化多媒体事件和属性数据。

```
//初始化事件类型
var media_events = new Array();
media_events["loadstart"] = 0;
media_events["progress"] = 0;
media_events["suspend"] = 0;
media_events["abort"] = 0;
media_events["error"] = 0;
media_events["emptied"] = 0;
media_events["stalled"] = 0;
media_events["loadedmetadata"] = 0;
media_events["loadeddata"] = 0;
media_events["canplay"] = 0;
media_events["canplaythrough"] = 0;
media_events["playing"] = 0;
media_events["waiting"] = 0;
media_events["seeking"] = 0;
```

Note

```
media_events["seeked"] = 0;
media_events["ended"] = 0;
media_events["durationchange"] = 0;
media_events["timeupdate"] = 0;
media_events["play"] = 0;
media_events["pause"] = 0;
media_events["ratechange"] = 0;
media_events["resize"] = 0;
media_events["volumechange"] = 0;
//在数组中汇集多媒体属性
var media_properties = [ "error", "src", "srcObject", "currentSrc", "crossOrigin", "networkState", "preload",
"buffered", "readyState", "seeking", "currentTime", "duration","paused", "defaultPlaybackRate", "playbackRate",
"played", "seekable", "ended", "autoplay", "loop", "controls", "volume","muted", "defaultMuted", "audioTracks",
"videoTracks", "textTracks", "width", "height", "videoWidth", "videoHeight", "poster" ];
```

（3）初始化事件函数，在该函数中根据初始化的多媒体事件数组 media_events，逐一读取每一个元素所存储的事件类型，然后为播放的视频对象绑定事件。同时使用 for 语句把每个事件的当前状态值汇集并显示在页面表格中，如图 5.13 所示。

```
function init_events(id, arrayEventDef) {
    var f;
    for (key in arrayEventDef) {
        document._video.addEventListener(key, capture, false);
    }
    var tbody = document.getElementById(id);
    var i = 1;
    var tr = null;
    for (key in arrayEventDef) {
        if (tr == null) tr    = document.createElement("tr");
        var th = document.createElement("th");
        th.textContent = key;
        var td = document.createElement("td");
        td.setAttribute("id", "e_" + key);
        td.textContent = "0";
        td.className = "false";
        tr.appendChild(th);
        tr.appendChild(td);
         if ((i++ % 5) == 0) {
            tbody.appendChild(tr);
            tr = null;
        }
    }
    if (tr != null) tbody.appendChild(tr);
}
```

（4）初始化属性函数，在该函数中根据初始化的多媒体属性数组 media_properties，逐一读取每一个元素所存储的属性，然后使用 do 语句把每一个属性值显示在页面表格中，如图 5.13 所示。

```
function init_properties(id, arrayPropDef, arrayProp) {
    var tbody = document.getElementById(id);
    var i = 0;
```

```
        var tr = null;
        do {
            if (tr == null) tr     = document.createElement("tr");
            var th = document.createElement("th");
            th.textContent = arrayPropDef[i];
            var td = document.createElement("td");
            var r;
            td.setAttribute("id", "p_" + arrayPropDef[i]);
            r = eval("document._video." + arrayPropDef[i]);
            td.textContent = r;
            if (typeof(r) != "undefined") {
                td.className = "true";
            } else {
                td.className = "false";
            }
            tr.appendChild(th);
            tr.appendChild(td);
            arrayProp[i] = td;
            if ((++i % 3) == 0) {
                tbody.appendChild(tr);
                tr = null;
            }
        } while (i < arrayPropDef.length);
        if (tr != null) tbody.appendChild(tr);
    }
```

（5）定义页面初始化函数，在该函数 init()中，获取页面中的视频播放控件，然后调用 init_events()和 init_properties()函数，同时使用定时器，定义每隔 250 毫秒，将调用一次 update_properties()，该函数将不断刷新多媒体属性值，并动态显示出来。

```
function init() {
    document._video = document.getElementById("video");
    webm = document.getElementById("webm");
    media_properties_elts = new Array(media_properties.length);
    init_events("events", media_events);
    init_properties("properties", media_properties, media_properties_elts);
    init_mediatypes();
    setInterval(update_properties, 250);
}
```

5.7　在 线 练 习

多媒体已成为网站的必备元素，使用多媒体可以丰富网站的效果，丰富网站的内容，给人充实的视觉体验，体现网站的个性化服务，吸引用户的回流，突出网站的重点。本节将通过大量的上机示例，帮助初学者练习使用 HTML5 多媒体 API 丰富页面信息，感兴趣的同学可以扫码强化学习。

在 线 练 习

第6章 设计列表和链接

在网页中，大部分信息都需要列表结构来进行管理，如菜单栏、图文列表、分类导航、列表页、栏目列表等。HTML5 定义了一套列表标签，通过列表结构实现对网页信息的合理排版。另外，网页中还会包含大量链接，通过它实现页面或位置跳转，最终把整个网站、整个互联网连在一起。列表结构与链接关系紧密，因此本章将对这两类对象进行详细讲解。

【学习重点】

- ⏭ 创建有序列表和无序列表。
- ⏭ 设置列表编号。
- ⏭ 定义列表样式。
- ⏭ 定义网页链接。
- ⏭ 定义锚链接。
- ⏭ 定义其他类型链接。

6.1 定义列表

HTML5 支持创建普通列表、编号列表，以及描述列表等，可以在一个列表中嵌套另一个或多个列表，下面将详细介绍。

6.1.1 无序列表

无序列表是一种不分排序的列表结构，使用<ul>标签定义，在<ul>标签中可以包含多个<li>标签定义的列表项目。

【示例 1】下面示例使用无序列表定义一元二次方程的求解方法，预览效果如图 6.1 所示。

```
<h1>解一元二次方程</h1>
<p>一元二次方程求解有四种方法：</p>
<ul>
    <li>直接开平方法 </li>
    <li>配方法 </li>
    <li>公式法 </li>
    <li>分解因式法</li>
</ul>
```

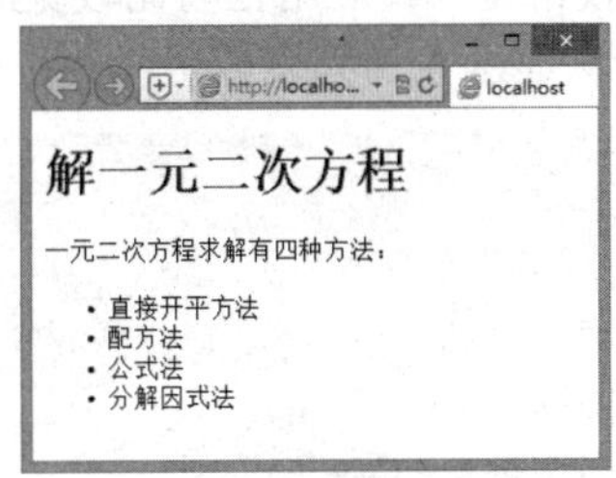

图 6.1　定义无序列表

无序列表可以分为一级无序列表和多级无序列表，一级无序列表在浏览器中解析后，会在每个列表项目前面添加一个小黑点的修饰符，而多级无序列表则会根据级数调整列表项目修饰符。

【示例 2】下面示例在页面中设计了三层嵌套的多级列表结构，浏览器默认解析时显示效果如图 6.2 所示。

```
<ul>
    <li>一级列表项目 1
        <ul>
            <li>二级列表项目 1</li>
            <li>二级列表项目 2
                <ul>
                    <li>三级列表项目 1</li>
                    <li>三级列表项目 2</li>
                </ul>
            </li>
        </ul>
    </li>
```

Note

```
    <li>一级列表项目 2</li>
</ul>
```

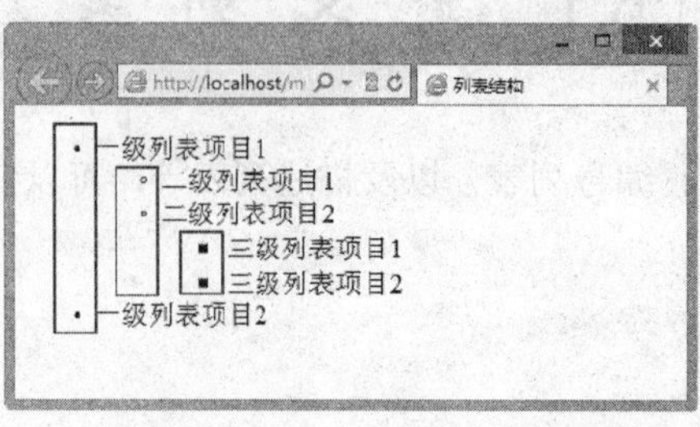

图 6.2　多级无序列表的默认解析效果

通过观察图 6.2，可以发现无序列表在嵌套结构中随着其所包含的列表级数的增加而逐渐缩进，并且随着列表级数的增加而改变不同的修饰符。合理使用列表结构能让页面的结构更加清晰。

6.1.2　有序列表

有序列表是一种在意排序位置的列表结构，使用<ol>标签定义，其中包含多个<li>列表项目标签构成。

一般网页设计中，列表结构可以互用有序或无序列表标签。但是，在强调项目排序的栏目中，选用有序列表会更科学，如新闻列表（根据新闻时间排序）、排行榜（强调项目的名次）等。

【示例 1】 列表结构在网页中比较常见，其应用范畴比较宽泛，可以是新闻列表、产品列表，也可以是导航、菜单、图表等。下面示例显示 3 种列表应用样式，效果如图 6.3 所示。

```
<h1>列表应用</h1>
<h2>百度互联网新闻分类列表</h2>
<ol>
    <li>网友热论网络文学：渐入主流还是刹那流星？</li>
    <li>电信封杀路由器？消费者质疑：强迫交易</li>
    <li>大学生创业俱乐部为大学生自主创业助力</li>
</ol>
<h2>焊机产品型号列表</h2>
<ul>
    <li>直流氩弧焊机系列 </li>
    <li>空气等离子切割机系列</li>
    <li>氩焊/手弧/切割三用机系列</li>
</ul>
<h2>站点导航菜单列表</h2>
<ul>
    <li>微博</li>
    <li>社区</li>
    <li>新闻</li>
</ul>
```

【示例 2】 有序列表也可分为一级有序列表和多级有序列表，浏览器默认解析时都是将有序列表以阿拉伯数字表示，并增加缩进，如图 6.4 所示。

```
<ol>
    <li>一级列表项目 1
```

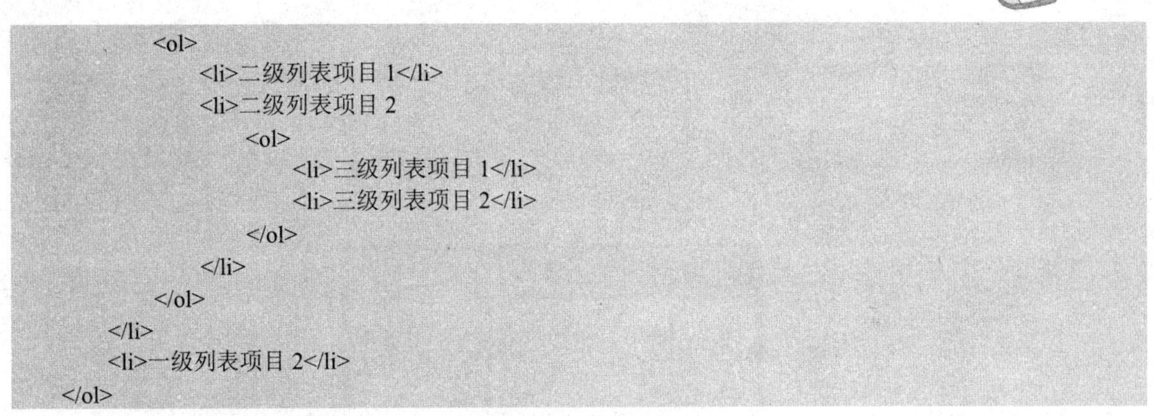

```
        <ol>
            <li>二级列表项目 1</li>
            <li>二级列表项目 2
                <ol>
                    <li>三级列表项目 1</li>
                    <li>三级列表项目 2</li>
                </ol>
            </li>
        </ol>
    </li>
    <li>一级列表项目 2</li>
</ol>
```

Note

图 6.3　列表的应用形式

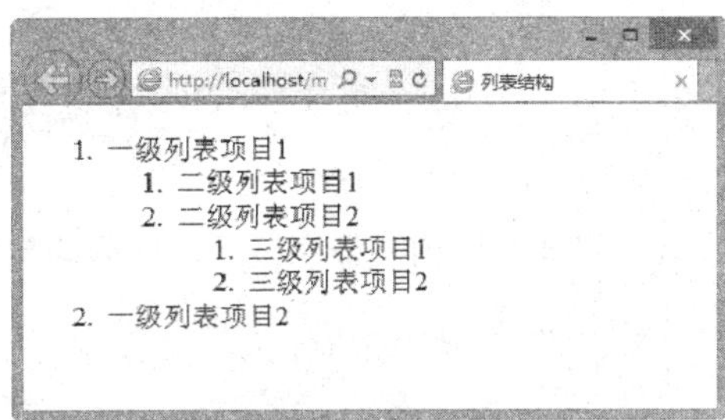

图 6.4　多级有序列表默认解析效果

6.1.3　项目编号

<ol>标签包含 3 个比较实用的属性，这些属性同时获得 HTML5 支持，且其中 reversed 为新增属性。具体说明如表 6.1 所示。<li>标签也包含 type 和 value 两个实用属性，其中 value 可以设置项目编号的值。

表 6.1　<ol>标签属性

属　　性	取　　值	说　　明
reversed	reversed	定义列表顺序为降序，如 9、8、7……
start	number	定义有序列表的起始值
type	1、A、a、I、i	定义在列表中使用的标记类型

【示例】新建 HTML5 文档，输入下面代码，设计一个有序列表结构。

使用 value 属性可以对某个列表项目的编号进行修改，后续的列表项目会相应地重新编号。因此，可以使用 value 在有序列表中指定两个或两个以上位置相同的编号。例如，在分数排名的列表中，通常该列表会显示为 1、2、3、4、5，但如果存在两个并列第二名，则可以将第 3 个项目设置为<li value="2">，将第 4 个项目设置为<li value="4">，这时列表将显示为 1、2、2、4、5，效果如图 6.5 所示。

```
<h1>排行榜</h1>
<ol>
```

```
    <li>张三<span>100</span> </li>
    <li>李四<span>98</span> </li>
    <li value="2">王五<span>98</span> </li>
    <li value="4">赵六<span>96.5</span> </li>
    <li>侯七<span>94</span> </li>
</ol>
```

Note

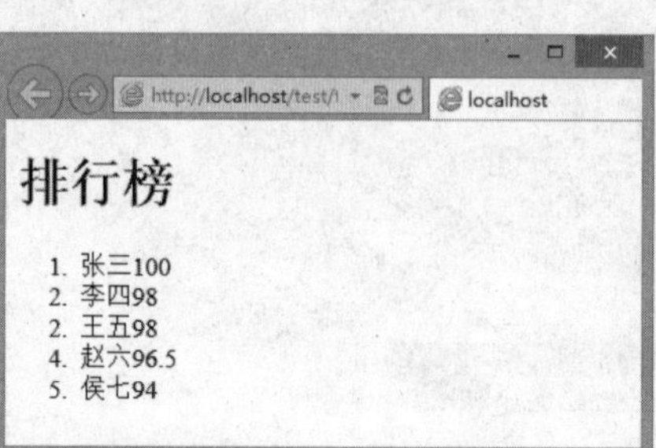

图 6.5　排名列表中并列排名的效果

> 提示：start 和 type 是两个重要的属性，建议始终使用数字。即便使用字母或罗马数字对列表进行编号，也应使用数字，因为这对于用户和搜索引擎都比较友好。页面呈现效果可以通过 CSS 设计预期的标记样式。

下面代码设计有序列表降序显示，序列的起始值为 5，类型为大写罗马数字。

```
<ol type="I" start="5" reversed >
    <li>…</li>
</ol>
```

6.1.4　设计 CSS 样式

用户也可以使用 CSS 设计列表样式，通过背景图像创建自定义的项目符号类型。

【操作步骤】

（1）在目标列表或列表项的样式规则中，输入下面样式取消默认的项目符号。

```
list-style: none;
```

（2）在目标列表的样式中，设置 margin-left 或 padding-left 属性，指定列表项目缩进的大小。为了在不同的浏览器上实现相似的效果，通常需要同时设置这两个属性。

> 注意：如果为内容设置了 dir="rtl"，那么就应该设置 margin-right 和 padding-right 属性。

（3）在目标列表的 li 元素的样式中定义背景图像，使用背景图像模拟项目符号。

```
background: url(image.gif ) repeattypehorizontal vertical;
```

其中，image.gif 是要作为定制标记的图像的路径和文件名；repeat-type 是 no-repeat、repeat-x 和 repeat-y 中的一种，通常设为 no-repeat；horizontal 和 vertical 值表示列表项目中背景图像的位置。

（4）输入“padding-left:value;”，这里的 value 应不小于背景图像的宽度，以防列表项目的内容覆盖到定制标记的上面。

完整样式代码如下。

```
ul {                                          /* 取消默认标记 */
    list-style: none;
    /* 删除列表项的缩进 */
    margin-left: 0;
    padding-left: 0;
}
li {                                          /* 显示定制的标记 */
    background: url(images/checkmark.png)  no-repeat 0 0;
}
```

如果想删除列表项目的缩进，应该将 margin-left 和 padding-left 都设为 0。

提示：也可以使用 list-style-image 设计项目符号，例如：

```
li { list-style-image:url(image.png); }
```

因为不同浏览器的显示效果并不一致。并且相比前面展示的背景图像方法，开发者更难控制图像标记的位置。

6.1.5　嵌套列表

嵌套列表比较常用。所谓嵌套列表，就是在一个列表中可以插入另一个列表。

有序列表和无序列表都可以创建嵌套列表。例如，使用有序列表结构进行嵌套，创建分级大纲（如目录页）；使用无序列表结构创建带子菜单的导航（如多级菜单）。

注意：每个嵌套的 ul 都包含在其父元素的开始标签<li>和结束标签</li>之间。

【示例】新建 HTML5 文档，使用无序列表构建导航菜单（<nav role="navigation">），同时使用两个嵌套的无序列表构建子菜单（<ul class="subnav">）。

```
<nav role="navigation">
    <ul class="nav">
        <li><a href="#">首页</a></li>
        <li><a href="#">产品</a>
            <ul class="subnav">
                <li><a href="#">手机</a></li>
                <li><a href="#">配件</a></li>
            </ul>
        </li>
        <li><a href="#">支持</a>
            <ul class="subnav">
                <li><a href="#">社区</a></li>
                <li><a href="#">联系</a></li>
            </ul>
        </li>
        <li><a href="#">关于</a></li>
    </ul>
</nav>
```

最后可以通过 CSS 让导航水平排列，同时让子菜单在默认情况下隐藏起来，并在访问者激活它们时显示出来。

视频讲解

Note

6.1.6 描述列表

HTML 提供了专门用于描述成组的名称或术语，及其值之间关联的列表类型。这种类型在 HTML5 中称为描述列表，在 HTML4 中称为定义列表。

描述列表是一种特殊的列表结构，它可以是术语和定义、元数据主题和值、问题和答案，以及任何其他的“名/值”对。每个描述列表都包含在<dl>中，其中每个“名/值”对都有一个或多个<dt>标签（名称或术语），以及一个或多个<dd>标签（值）。

【示例 1】下面示例定义了一个中药词条列表。

```
<h2>中药词条列表</h2>
<dl>
    <dt>丹皮</dt>
    <dd>为毛茛科多年生落叶小灌木植物牡丹的根皮。产于安徽、山东等地。秋季采收，晒干。生用或炒用。</dd>
</dl>
```

在上面结构中，“丹皮”是词条，而“为毛茛科多年生落叶小灌木植物牡丹的根皮。产于安徽、山东等地。秋季采收，晒干。生用或炒用。”是对词条进行的描述（或解释）。

【示例 2】下面示例使用描述列表显示两个成语的解释。

```
<h1>成语词条列表</h1>
<dl>
    <dt>知无不言，言无不尽</dt>
    <dd>知道的就说，要说就毫无保留。</dd>
    <dt>智者千虑，必有一失</dt>
    <dd>不管多聪明的人，在很多次的考虑中，也一定会出现个别错误。</dd>
</dl>
```

提示：描述列表与无序列表和有序列表存在着结构上的差异性，相同点就是，HTML 结构必须是如下形式。

```
<dl>
    <dt>描述列表标题</dt>
    <dd>描述列表内容</dd>
</dl>
```

或者：

```
<dl>
    <dt>描述列表标题 1</dt>
    <dd>描述列表内容 1.1</dd>
    <dd>描述列表内容 1.2</dd>
</dl>
```

也可以是如下多个组合形式。

```
<dl>
    <dt>描述列表标题 1</dt>
    <dd>描述列表内容 1</dd>
    <dt>描述列表标题 2</dt>
    <dd>描述列表内容 2</dd>
</dl>
```

【示例 3】可以对描述列表进行嵌套，并通过 CSS 对它们添加所需的样式。在默认情况下，如果一个 dl 嵌套在另一个 dl 中，它会自动进行缩进，当然也可以通过 CSS 对此进行修改。

```
<h1>标题说明</h1>
<dl>
    <dt>名词 1</dt>
    <dd>解释 1</dd>
    <dd>
        <!-- 开始嵌套列表 -->
        <dl>
            <dt>子名词 1</dt>
            <dd>子解释 1</dd>
        </dl>
        <!-- 结束嵌套列表 -->
    </dd>
</dl>
```

输入下面 CSS 控制样式。

```
<style type="text/css">
body { font-family: Verdana, Geneva, sans-serif; }
h1 { font-size: 1.75em; }
dt {
    font-weight: bold;
    text-transform: uppercase;
}
/* 为位于另一个 dl 中的任意 dl 的 dt 设置样式 */
dl dl dt { text-transform: none; }
dd + dt { margin-top: 1em; }
</style>
```

对主要列表中的术语和嵌套列表中的术语进行区分，对 dt 元素使用了大写字母样式，再将位于嵌套 dl 中的 dt 元素重新设为常规样式（使用“text-transform: none;”声明）。不过，注意所有的术语均以粗体显示，这是因为第一条样式规则中的声明适用于所有的 dt 元素，同时并未在嵌套列表的样式中清除这一样式，演示效果如图 6.6 所示。

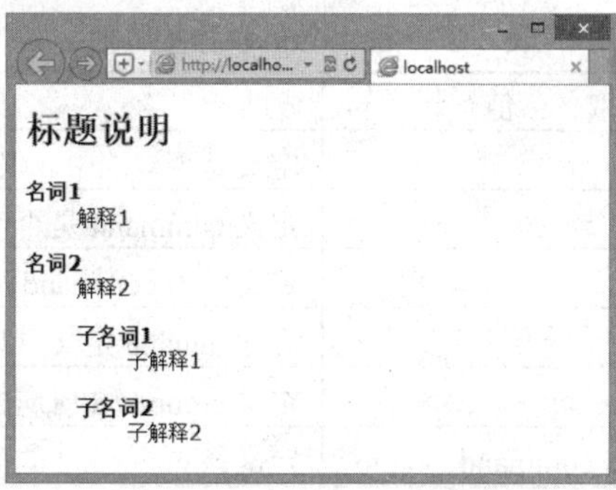

图 6.6　设计嵌套描述列表

在默认情况下，当一个 dl 嵌套在另一个 dl 中时，嵌套的列表会自动进行缩进。第一级 dt 元素使用大写字母，而嵌套列表中的 dt 元素则使用常规样式。所有的 dt 元素均以粗体显示。

对于描述（值），浏览器通常会在其术语（名称）下面新的一行对其进行缩进。可以通过自定义

dd 元素的 margin-left 值改变缩进。如 dd { margin-left: 0; }会将描述和术语左对齐。

注意：不应使用 p 元素对 dd 元素中的单个文本段落进行标记。不过，如果单个描述是由一个以上的段落构成的，就应该在一个 dd 元素中使用多个 p 元素对其进行标记，而不是将每个段落（不使用 p 元素）放入单独的 dd。

Note

6.1.7 菜单列表

视频讲解

HTML5 重新定义了被 HTML4 弃用的<menu>标签。使用<menu>标签可以定义命令的列表或菜单，如上下文菜单、工具栏，以及列出表单控件和命令。<menu>标签中可以包含<command>和<menuitem>标签，用于定义命令和项目。

【示例 1】下面示例配合使用<menu>和<command>标签，定义一个命令，当选择该命令时，将弹出提示对话框，如图 6.7 所示。

```
<menu>
    <command onclick="alert('Hello World')">命令</command>
</menu>
```

图 6.7 定义菜单命令

<command>标签可以定义命令按钮，如单选按钮、复选框或按钮。只有当 command 元素位于 menu 元素内时，该元素才是可见的；否则不会显示这个元素，但是可以用它定义键盘快捷键。

目前，只有 IE9（更早或更晚的版本都不支持）和最新版本的 Firefox 支持<command>标签。

<command>标签包含很多属性，专门用来定制命令的显示样式和行为，说明如表 6.2 所示。

表 6.2 <command>标签属性

属　性	取　值	说　明
checked	checked	定义是否被选中。仅用于 radio 或 checkbox 类型
disabled	disabled	定义 command 是否可用
icon	url	定义作为 command 来显示的图像的 url
label	text	为 command 定义可见的 label
radiogroup	groupname	定义 command 所属的组名。仅在类型为 radio 时使用
type	checkbox、command、radio	定义该 command 的类型。默认值为"command"

【示例 2】下面示例使用<command>标签各种属性定义一组单选按钮命令组，演示效果如图 6.8 所示。目前还没有浏览器完全支持这些属性。

```
<menu>
    <command icon="images/1.png" onclick="alert('男士')" type="radio" radiogroup="group1" label="男士">男
```

```
士</command>
        <command icon="images/2.png" onclick="alert('女士')" type="radio" radiogroup="group1" label="女士">女
士</command>
        <command icon="images/3.png" onclick="alert('未知')" type="radio" radiogroup="group1" label="未知">未
知</command>
    </menu>
```

<menu>标签也包含两个专用属性，简单说明如下。

☑ label：定义菜单的可见标签。

☑ type：定义要显示哪种菜单类型，取值说明如下。

- list：默认值，定义列表菜单。一个用户可执行或激活的命令列表（li 元素）。
- context：定义上下文菜单。该菜单必须在用户能够与命令进行交互之前被激活。
- toolbar：定义工具栏菜单。活动式命令，允许用户立即与命令进行交互。

【示例 3】下面示例使用 type 属性定义了两组工具条按钮，演示效果如图 6.9 所示。

```
<menu type="toolbar">
    <li>
        <menu label="File" type="toolbar">
            <button type="button" onclick="file_new()">新建...</button>
            <button type="button" onclick="file_open()">打开...</button>
            <button type="button" onclick="file_save()">保存</button>
        </menu>
    </li>
    <li>
        <menu label="Edit" type="toolbar">
            <button type="button" onclick="edit_cut()">剪切</button>
            <button type="button" onclick="edit_copy()">复制</button>
            <button type="button" onclick="edit_paste()">粘贴</button>
        </menu>
    </li>
</menu>
```

图 6.8　定义单选按钮命令组

图 6.9　定义工具条按钮

6.1.8　快捷菜单

<menuitem>标签用来定义菜单项目，这些菜单项目仅用作弹出菜单的命令，方便用户快捷调用。目前，仅有 Firefox 8.0+版本浏览器支持<menuitem>标签。

【示例 1】menu 和 menuitem 元素一起使用，将把新的菜单合并到本地的上下文菜单中。例如，给 body 添加一个 Hello World 的菜单。

Note

```
<style type="text/css">
html, body{ height:100%;}
</style>

<body contextmenu="new-context-menu">
<menu id="new-context-menu" type="context">
    <menuitem>Hello World</menuitem>
</menu>
```

在上面示例代码中，包含的基本属性有 id、type 和 contextmenu，指定了菜单类型是 context，同时也指定了新的菜单项应该被显示的区域。在本示例中，当右击时，新的菜单项将出现在文档的任何地方，效果如图 6.10 所示。

【示例 2】也可以通过在特定的元素上给 contextmenu 属性赋值，来限制新菜单项的作用区域。下面示例将为<h1>标签绑定一个上下文菜单。

```
<h1 contextmenu="new-context-menu">使用&lt;menuitem&gt;标签设计弹出菜单</h1>
<menu id="new-context-menu" type="context">
    <menuitem>Hello World</menuitem>
</menu>
```

当在 Firefox 中查看时，会发现新添加的菜单项被添加到右键快捷菜单最顶部。

【示例 3】为快捷菜单添加子菜单和图标。子菜单由一组相似或相互的菜单项组成。下面示例演示如何使用 menu 添加 4 个子菜单，演示效果如图 6.11 所示。

```
<img src="images/1.png" width="500" contextmenu="demo-image" />
<menu id="demo-image" type="context">
    <menu label="旋转图像">
        <menuitem>旋转 90 度</menuitem>
        <menuitem>旋转 180 度</menuitem>
        <menuitem>水平翻转</menuitem>
        <menuitem>垂直翻转</menuitem>
    </menu>
</menu>
```

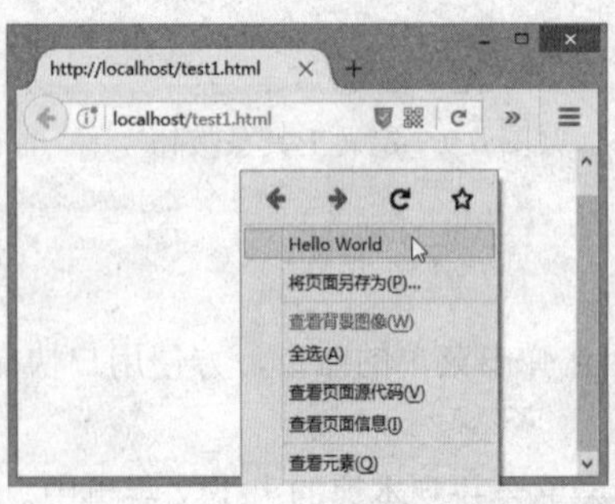

图 6.10　为 body 添加上下文菜单

图 6.11　为图片添加子菜单项目

<menuitem>标签包含很多属性，具体说明如表 6.3 所示。

表 6.3　<menuitem>标签属性

属　性	值	描　述
checked	checked	定义在页面加载后选中命令/菜单项目。仅适用于 type="radio"或 type="checkbox"
default	default	把命令/菜单项设置为默认命令
disabled	disabled	定义命令/菜单项应该被禁用
icon	URL	定义命令/菜单项的图标
open	open	定义 details 是否可见
label	text	必需。定义命令/菜单项的名称，以向用户显示
radiogroup	groupname	定义命令组的名称，命令组会在命令/菜单项本身被切换时进行切换。仅适用于 type="radio"
type	checkbox、command、radio	定义命令/菜单项的类型

【示例 4】下面示例使用 icon 属性在菜单的旁边添加图标，演示效果如图 6.12 所示。

```
<img src="images/1.png" width="500" contextmenu="demo-image" />
<menu id="demo-image" type="context">
    <menu label="旋转图像">
        <menuitem icon="images/icon1.png">旋转 90 度</menuitem>
        <menuitem icon="images/icon2.png">旋转 180 度</menuitem>
        <menuitem icon="images/icon4.png">水平翻转</menuitem>
        <menuitem icon="images/icon3.png">垂直翻转</menuitem>
    </menu>
</menu>
```

图 6.12　为菜单项目添加图标

注意：icon 属性只能在 menuitem 元素中使用。

6.2　定义链接

每个网页都只能独立存在，通过链接可以把所有网页连接在一起。链接包括两部分：链接目标和

链接标签。目标通过 URL 定义，指定访问者单击链接时会发生什么，可以创建链接进入另一个页面，在页面内跳转，显示图像，下载文件等。标签就是访问者在浏览器中看到或在屏幕阅读器中听到的部分，激活标签就可以到达链接的目标。

Note

视频讲解

6.2.1 普通链接

创建指向另一个网页的链接的方法如下。

```
<a href="page.html ">标签文本</a>
```

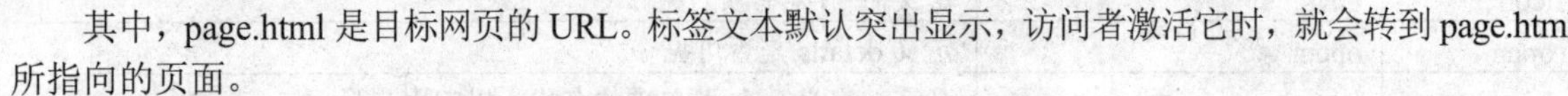

其中，page.html 是目标网页的 URL。标签文本默认突出显示，访问者激活它时，就会转到 page.html 所指向的页面。

也可以添加一个 img 元素替代文本（或同文本一起）作为标签，例如：

```
<a href="page.html "><img src="images/1.jpg" /></a>
```

可以创建指向另一个网站的页面的链接，例如：

```
<a href="http://www.w3school.com.cn" rel="external"> W3School</a>
```

<a>标签包含众多属性，其中被 HTML5 支持的属性如表 6.4 所示。

表 6.4 <a>标签属性

属　性	取　值	说　明
download	filename	规定被下载的链接目标
href	URL	规定链接指向的页面的 URL
hreflang	language_code	规定被链接文档的语言
media	media_query	规定被链接文档是为何种媒介/设备优化的
rel	text	规定当前文档与被链接文档之间的关系
target	_blank、_parent、_self、_top、framename	规定在何处打开链接文档
type	MIME type	规定被链接文档的的 MIME 类型

href 指 hypertext reference（超文本引用）。通常，对指向站内网页的链接使用相对 URL，对指向其他网站页面的链接使用绝对 URL。

仅指定路径，省略文件名，就可以创建指向对应目录下默认文件（常为 index.html）的链接，例如：

```
www.site.com/directory/
```

如果连路径也省略，就指向网站的默认（首）页，例如：

```
www.site.com
```

rel 属性是可选的，即便没有它，链接也能照常工作。但对于指向另一网站的链接，推荐包含这个值。它描述包含链接的页面和链接指向的页面之间的关系。它也是另一种提升 HTML 语义化程度的方式。搜索引擎也会利用这些信息。此外，还可以对带有 rel="external"的链接添加不同的样式，从而告知访问者这是一个指向外部网站的链接。

访问者将鼠标光标移到指向其他网站的链接上时，目标 URL 会出现在状态栏里，title 文字（如果指定了的话）也会显示在链接旁边。

使用 target 属性可以设置打开目标页面的窗口，如 target="window"，其中 window 是应该显示相

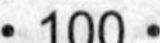

应页面的窗口的名称，例如：

```
<a href="page.html" target="doodad">打开新页面</a>
```

上面代码会在名为 doodad 的新窗口或标签页中打开 page.html。

如果让多个链接指向同一个窗口（即使用同一个名称），链接将都在同一个窗口打开。或者，如果希望链接总是在不同的窗口或标签页打开（即使多次激活同一个链接），就使用 HTML 预定义的名称_blank（target="_blank"），例如：

```
<a href="page.html" target="_blank">打开新页面</a>
```

不过不推荐这样做，尽量避免。

target 还有一种用法，就是在 iframe 中打开链接。可以用同样的方法编写 target，只是其值应与 iframe 的 id 值对应。

6.2.2 块链接

HTML5 允许在链接内包含任何类型的元素或元素组，如段落、列表、整篇文章和区块。任何元素都行，但其他链接、音频、视频、表单元素、iframe 等交互式内容除外，这些元素大部分为块级元素。使用 HTML 验证器对页面进行测试可以防止链接中出现不允许包含的元素。

【示例】下面示例以文章的一小段内容为链接，指向完整的文章。如果想让这一小段内容和提示都形成指向完整文章页面的链接，就应使用块链接。可以通过 CSS 让部分文字显示下画线，或者所有的文字都不会显示下画线。

```
<a href="pages.html">
    <h1>标题文本</h1>
    <p>段落文本</p>
    <p>更多信息</p>
</a>
```

块链接是 HTML5 同 HTML 早期版本有巨大差异的地方。在以前的 HTML 中，链接中只能包含图像、文本短语，以及标记文本短语的元素（如 em、strong、cite 等）。

尽管在以前的 HTML 规范中块链接是不允许的，但浏览器都支持。这意味着现在就可以使用它们，而且它们在旧的浏览器和现代浏览器中均能正常工作。不过，使用它们时也要小心。有一些可访问性方面的注意事项，特别是涉及不同的屏幕阅读器如何处理块链接的问题。

一般建议将最相关的内容放在链接的开头，而且不要在一个链接中放入过多内容。随着屏幕阅读器和浏览器逐渐开始官方支持块链接，可访问性问题可能只是暂时的。

```
<a href="pioneer-valley.html">
    <h1>标题文本</h1>
    <img src="images/1.jpg" width="143" height="131" alt="1" />
    <img src=" images/2.jpg" width="202" height="131" alt="2" />
    <p>段落文本</p>
</a>
```

注意： 不要过度使用块链接。应该避免这里演示的情况，将一大段内容使用一个链接包起来。尽管这样的链接是有效的，但屏幕阅读器有可能将所有这些内容多朗读一次，多读的这些内容可能比访问者本希望听到的链接信息要多得多。因此，最好仅将与链接的含义密切相关的内容放在链接里。

一般来说，用得最多的还是第一个示例那样简单、传统的链接样式，不过也要知道，使用这种方式可以制作精巧的块链接。

Note

视频讲解

6.2.3 锚点链接

锚点链接是指定向同一页面或者其他页面中的特定位置的链接。例如，在一个很长的页面，在页面的底部设置一个锚点，单击后可以跳转到页面顶部，这样避免了上下滚动的麻烦。

例如，在页面内容的标题上设置锚点，然后在页面顶部设置锚点的链接，这样就可以通过链接快速地浏览具体内容。

创建锚点链接的方法如下。

（1）创建用于链接的锚点。任何被定义了 ID 值的元素都可以作为锚点标记，即可定义指向该位置点的锚点链接。注意，给页面标签的 ID 锚点命名时不要含有空格，同时不要置于绝对定位元素内。

（2）在当前页面或者其他页面不同位置定义链接，为<a>标签设置 href 属性，属性值为“#+锚点名称”，如输入#p4。如果链接到不同的页面，如 test.html，则输入 test.html#p4，可以使用绝对路径，也可以使用相对路径。注意，锚点名称是区分大小写的。

【示例】下面示例定义一个锚点链接，链接到同一个页面的不同位置，效果如图 6.13 所示。当单击网页顶部的文本链接后，会跳转到页面底部的图片 4 所在位置。

```
<!doctype html>
<body>
<p><a href="#p4">查看图片 4</a> </p>
<h2>图片 1</h2>
<p><img src="images/1.jpg" /></p>
<h2>图片 2</h2>
<p><img src="images/2.jpg" /></p>
<h2>图片 3</h2>
<p><img src="images/3.jpg" /></p>
<h2 id="p4">图片 4</h2>
<p><img src="images/4.jpg" /></p>
<h2>图片 5</h2>
<p><img src="images/5.jpg" /></p>
<h2>图片 6</h2>
<p><img src="images/6.jpg" /></p>
</body>
```

（a）跳转前

（b）跳转后

图 6.13　定义锚链接

6.2.4 目标链接

链接指向的目标对象可以是不同的网页，也可以是相同网页内的不同位置，还可以是一个图片、一个电子邮件地址、一个文件、FTP 服务器，甚至是一个应用程序，也可以是一段 JavaScript 脚本。

【示例 1】<a>标签的 href 属性指向链接的目标可以是各种类型的文件。如果是浏览器能够识别的类型，会直接在浏览器中显示；如果是浏览器不能识别的类型，会弹出"文件下载"对话框，允许用户下载到本地，演示效果如图 6.14 所示。

```
<p><a href="images/1.jpg">链接到图片</a> </p>
<p><a href="demo.html">链接到网页</a> </p>
<p><a href="demo.docx">链接到 Word 文档</a> </p>
```

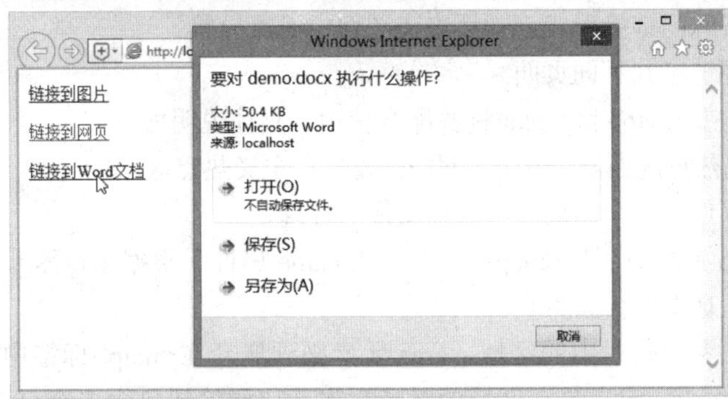

图 6.14 下载 Word 文档

定义链接地址为邮箱地址即为 E-Mail 链接。通过 E-Mail 链接可以为用户提供方便的反馈与交流机会。当浏览者单击邮件链接时，会自动打开客户端浏览器默认的电子邮件处理程序（如 Outlook Express），收件人邮件地址被电子邮件链接中指定的地址自动更新，浏览者不用手工输入。

创建 E-Mail 链接方法如下：为<a>标签设置 href 属性，属性值为"mailto:+电子邮件地址+?+subject=+邮件主题"，其中 subject 表示邮件主题，为可选项目，例如，mailto:name@mysite. cn?subject=意见和建议。

【示例 2】下面示例使用<a>标签创建电子邮件链接。

```
<a href="mailto:name@mysite.cn">name@mysite.cn</a>
```

注意：如果为 href 属性设置"#"，则表示一个空链接，单击空链接，页面不会发生变化。

```
<a href="#">空链接</a>
```

如果为 href 属性设置 JavaScript 脚本，单击脚本链接，将会执行脚本。

```
<a href="javascript:alert(&quot;谢谢关注，投票已结束。&quot;);">我要投票</a>
```

6.2.5 下载链接

当被链接的文件不被浏览器解析时，如二进制文件、压缩文件等，便被浏览器直接下载到本地计算机中，这种链接形式就是下载链接。

对于能够被浏览器解析的目标对象，用户可以使用 HTML5 新增属性 download 强制浏览器执行下载操作。

【示例】下面示例比较了链接使用 download 和不使用 download 的区别。

```
<p><a href="images/1.jpg" download >下载图片</a></p>
<p><a href="images/1.jpg" >浏览图片</a></p>
```

提示：目前，只有 Firefox 和 Chrome 浏览器支持 download 属性。

Note

视频讲解

6.2.6　图像热点

图像热点就是为图像的局部区域定义链接，当单击该热点区域时，会触发链接，并跳转到其他网页或网页的某个位置。

图像热点是一种特殊的链接形式，常用来在图像中设置导航。当在一幅图上定义多个热点区域，以实现单击不同的热区链接到不同页面。

定义图像热点，需要<map>和<area>标签配合使用，具体说明如下。

☑　<map>：定义热点区域。包含必需的 id 属性，定义热点区域的 ID，或者定义可选的 name 属性，也可以作为一个句柄，与热点图像进行绑定。

<img>中的 usemap 属性可引用<map>中的 id 或 name 属性（根据浏览器），所以应同时向<map>添加 id 和 name 属性，且设置相同的值。

☑　<area>：定义图像映射中的区域，area 元素必须嵌套在<map>标签中。该标签包含一个必须设置的属性 alt，定义热点区域的替换文本。该标签还包含多个可选属性，说明如表 6.5 所示。

表 6.5　<area>标签属性

属　性	取　值	说　明
coords	坐标值	定义可单击区域（对鼠标敏感的区域）的坐标
href	URL	定义此区域的目标 URL
nohref	nohref	从图像映射排除某个区域
shape	default、rect（矩形）、circ（圆形）、poly（多边形）	定义区域的形状
target	_blank、_parent、_self、_top	规定在何处打开 href 属性指定的目标 URL

【示例】下面示例具体演示了如何为一幅图片定义多个热点区域。

```
<img src="images/china.jpg" width="618" height="499" border="0" usemap="#Map">
<map name="Map">
    <area shape="circle" coords="221,261,40" href="show.php?name=青海">
    <area shape="poly" coords="411,251,394,267,375,280,395,295,407,299,431,307,436,303,429,284,431,271,426,255" href="show.php?name=河南">
    <area shape="poly" coords="385,336,371,346,370,375,376,385,394,395,403,403,410,397,419,393,426,385,425,359,418,343,399,337" href="show.php?name=湖南">
</map>
```

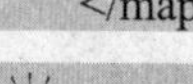

提示：定义图像热点，建议用户借助 Dreamweaver 可视化设计视图快速实现，因为设置坐标是一件费力不讨好的烦琐工作。

视频讲解

Note

6.2.7　框架链接

HTML5 已经不支持 frameset 框架，但是它仍然支持 iframe 浮动框架的使用。浮动框架可以自由控制窗口大小，可以配合网页布局在任何位置插入窗口，实际上就是在窗口中再创建一个窗口。

使用 iframe 创建浮动框架的用法如下。

```
<iframe src="URL">
```

src 表示浮动框架中显示网页的路径，可以是绝对路径，也可以是相对路径。

【示例】 下面示例是在浮动框架中链接到百度首页，显示效果如图 6.15 所示。

```
<iframe src="http://www.baidu.com"></iframe>
```

图 6.15　使用浮动框架

从图 6.15 可以看到，浮动框架在页面中又创建了一个窗口。在默认情况下，浮动框架的宽度和高度为 220×120。如果需要调整浮动框架的尺寸，应该使用 CSS 样式。

<iframe>标签包含多个属性，其中被 HTML5 支持或新增的属性如表 6.6 所示。

表 6.6　<iframe>标签属性

属　性	取　值	说　明
frameborder	1、0	规定是否显示框架周围的边框
height	pixels、%	规定 iframe 的高度
longdesc	URL	规定一个页面，该页面包含了有关 iframe 的较长描述
marginheight	pixels	定义 iframe 的顶部和底部的边距
marginwidth	pixels	定义 iframe 的左侧和右侧的边距
name	frame_name	规定 iframe 的名称
sandbox	"" allow-forms allow-same-origin allow-scripts allow-top-navigation	启用一系列对<iframe>中内容的额外限制
scrolling	yes、no、auto	规定是否在 iframe 中显示滚动条
seamless	seamless	规定<iframe>看上去像是包含文档的一部分
src	URL	规定在 iframe 中显示的文档的 URL
srcdoc	HTML_code	规定在<iframe>中显示的页面的 HTML 内容
width	pixels、%	定义 iframe 的宽度

Note

视频讲解

6.3 案例实战

下面通过几个案例演示如何在页面中应用列表结构和链接。

6.3.1 为快捷菜单添加命令

在 6.1.8 节中，构建了弹出菜单的示例，但是没有任何功能，本节将介绍如何使用 JavaScript 实现这些功能。

【示例】针对 6.2 节示例的 HTML 代码，为它添加一个当单击时旋转图像的功能。本例将使用 CSS3 的 transform 和 transition 功能，可以在浏览器中实现旋转功能。

```
<script>
function imageRotation(name) {
    document.getElementById('image').className = name;
}
</script>
<style>
.rotate-90 { transform: rotate(90deg)}
.rotate-180 { transform: rotate(180deg)}
.flip-horizontal { transform: scaleX(-1)}
.flip-vertical { transform: scaleY(-1)}
</style>
<img src="images/1.png" width="500" contextmenu="demo-image" id="image" />
<menu id="demo-image" type="context">
    <menu label="旋转图像">
        <menuitem icon="images/icon1.png" onclick="imageRotation('rotate-90')" >旋转 90 度</menuitem>
        <menuitem icon="images/icon2.png" onclick="imageRotation('rotate-180')">旋转 180 度</menuitem>
        <menuitem icon="images/icon4.png" onclick="imageRotation('flip-horizontal')">水平翻转</menuitem>
        <menuitem icon="images/icon3.png" onclick="imageRotation('flip-vertical')">垂直翻转</menuitem>
    </menu>
</menu>
```

在示例中，定义了 4 个类样式，分别设计将图像旋转指定度数。例如，“旋转 90 度”的类样式如下。

```
.rotate-90 { transform: rotate(90deg);}
```

为了使用这个样式，需要写一个函数将它应用到图像。

```
function imageRotation(name) {
    document.getElementById('image').className = name;
}
```

把这个函数和每一个 menuitem 的 onclick 事件处理函数捆绑在一起，并且传递一个参数：'rotate-90'。

```
<menuitem icon="images/icon1.png" onclick="imageRotation('rotate-90')" >旋转 90 度</menuitem>
```

完成这个之后，再创建将图片“旋转 180 度”和翻转图片的样式，将每一个函数添加到独立的 menuitem 中，必须要传递参数。最后，在 Firefox 浏览器中预览，显示效果如图 6.16 所示。

（a）“旋转 90 度”样式

（b）“垂直翻转”样式

图 6.16　为图片添加快捷旋转功能

6.3.2　设计快捷分享命令

视频讲解

本节示例设计一个更实用的分享功能，设计效果如图 6.17 所示。右击页面中的文本，在弹出的快捷菜单中选择“下载文件”命令，可以下载与本词相关作者画像；选择“查看源文件”命令，可以在新窗口中直接浏览作者画像；选择“我要分享”→“反馈”命令，可以询问是否向指定网址反馈信息；选择“我要分享”→Email 命令，可以在地址栏中发送信息，也可以向指定邮箱发送信息。

本例主要代码如下所示。

```
<script>
var post = {
        "source": "images/liuyong.rar",
        "demo": "images/liuyong.jpg",
        "feed": "http://www.weibo.com/"
};
function downloadSource() {
        window.open(post.source, '_self');
}
function viewDemo() {
        window.open(post.demo, '_blank');
}
function getFeed() {
       window.prompt('发送地址:', post.feed);
}
function sendEmail() {
        var url = document.URL;
        var body = '分享地址: ' + url +'';
       window.location.href = 'mailto:?subject='+ document.title +'&body='+ body +'';
}
</script>

<section id="on-a-blog" contextmenu="download">
       <header class="section-header">
```

```
            <h3>雨霖铃</h3>
        </header>
        <p>寒蝉凄切，对长亭晚，骤雨初歇。都门帐饮无绪，留恋处，兰舟催发。执手相看泪眼，竟无语凝噎。念去去，千里烟波，暮霭沉沉楚天阔。多情自古伤离别，更那堪，冷落清秋节。今宵酒醒何处？杨柳岸，晓风残月。此去经年，应是良辰好景虚设。便纵有千种风情，更与何人说？</p>
    </section>
    <menu id="download" type="context">
        <menuitem onclick="downloadSource()" icon="images/icon1.png">下载文件</menuitem>
        <menuitem onclick="viewDemo()" icon="images/icon2.png">查看源文件</menuitem>
        <menu label="我要分享...">
            <menuitem onclick="getFeed()" icon="images/icon3.png">反馈</menuitem>
            <menuitem onclick="sendEmail()" icon="images/icon4.png">Email</menuitem>
        </menu>
    </menu>
```

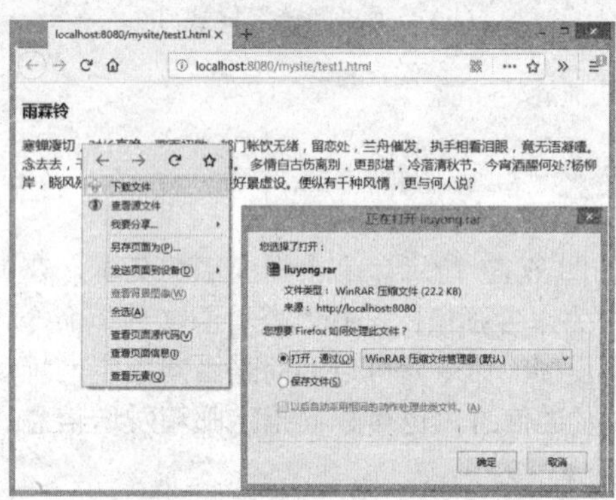

（a）下载文件

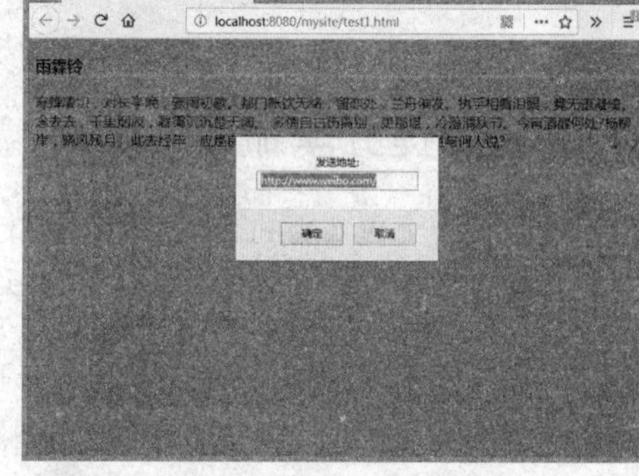

（b）分享信息

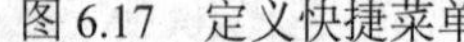

图 6.17　定义快捷菜单

6.3.3　设计任务列表命令

视频讲解

本节示例设计一个动态添加列表任务的功能，设计效果如图 6.18 所示。右击“任务列表”文本，在弹出的快捷菜单中选择“添加新任务”命令，可以快速为当前列表添加新的列表任务。

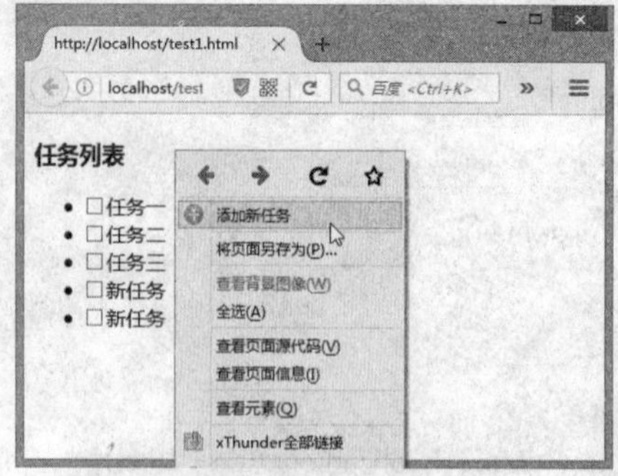

图 6.18　添加新的列表任务

本例主要代码如下所示。

```
<script>
function addNewTask() {
```

Note

```
        var list = document.createElement('li');
        list.className = 'task-item';
        list.innerHTML = '<input type="checkbox" name="" value="done">新任务';
        var taskList = document.getElementById('task');
        taskList.appendChild(list);
}
</script>
<section id="on-web-app" contextmenu="add_task">
    <header>
        <h3>任务列表</h3>
    </header>
    <ul id="task">
        <li class="task-item"><input type="checkbox" name="" value="done">任务一</li>
        <li class="task-item"><input type="checkbox" name="" value="done">任务二</li>
        <li class="task-item"><input type="checkbox" name="" value="done">任务三</li>
    </ul>
</section>
<menu id="add_task" type="context">
    <menuitem onclick="addNewTask()" icon="images/add.png">添加新任务</menuitem>
</menu>
```

6.4　在线练习

本节将通过大量的上机示例，帮助初学者练习使用 HTML5 设计超链接样式和列表样式。感兴趣的同学可以扫码强化练习。

在线练习 1　　在线练习 2

第7章 设计表格

在日常生活中，表格式数据有多种形式，如财务表格、调查数据、日历表、时刻表、节目表等。在大多数情况下，这类信息都由列标题或行标题加上数据构成。本章将介绍HTML5的table元素及其子元素，重点是基本的table结构和样式。

【学习重点】

- ⏭ 结构化表格。
- ⏭ 设置表格属性。
- ⏭ 设置单元格属性。

权威参考1

权威参考2

7.1 认识表格结构

从基本结构分析，table 元素是由行组成的，行又是由单元格组成的。每行（tr）都包含标题单元格（th）或数据单元格（td），或者同时包含这两种单元格。

为整个表格添加一个标题（caption）有助于访问者理解该表格。在浏览器中，标题通常显示在表格上方。使用 scope 属性可以告诉屏幕阅读器和其他辅助设备当前的 th 是列的标题单元格（scope="col"），还是行的标题单元格（scope="row"），或是用于其他目的的单元格。

在默认情况下，表格在浏览器中呈现的宽度是其中的信息在页面可用空间里所需要的最小宽度。可以通过 CSS 改变表格的格式。

如果每行也有标题单元格，就很容易理解。添加这些单元格只需要在每行开头添加一个 th 元素即可。列标题应设置 scope="col"，而每个行的 th（位于 td 之前）则应设置 scope="row"。

【示例 1】下面示例使用各种表格标签设计一个符合标准的表格结构。

```
<table>
    <caption> 符合标准的表格结构</caption>
    <tr>
        <th>标题 1</th>
        <th>标题 2</th>
    </tr>
    <tr>
        <td>数据 1</td>
        <td>数据 2</td>
    </tr>
</table>
```

这是个很简单的表格，它只有一个包含标题单元格（th 元素）的行和 3 个包含数据单元格（td 元素）的行。每行都是由 tr 元素标记。在本例中也包含了 caption 元素，不过它是可选的。

【示例 2】下面示例通过指定 thead、tbody 和 tfoot 显式定义表格的不同部分。在每行的开头添加 th 元素。tbody 和 tfoot 中的 th 设置 scope="row"，表明它们是行标题。

```
<style type="text/css">
table { width: 100%; }
caption { font-size: 24px; margin: 12px; color: blue; }
th, td { border: solid 1px blue; padding: 8px; }
tfoot td { text-align: right; color: red; }
</style>
<table>
    <caption>结构化表格标签</caption>
    <thead>
        <tr>
            <th>标签</th>
            <th>说明</th>
        </tr>
    </thead>
    <tfoot>
```

```
            <tr>
                <td colspan="2">* 在表格中，上述标签属于可选标签。</td>
            </tr>
        </tfoot>
        <tbody>
            <tr>
                <td>&lt;thead&gt;</td>
                <td>定义表头结构。</td>
            </tr>
            <tr>
                <td>&lt;tbody&gt;</td>
                <td>定义表格主体结构。</td>
            </tr>
            <tr>
                <td>&lt;tfoot&gt;</td>
                <td>定义表格的页脚结构。</td>
            </tr>
        </tbody>
    </table>
    </body>
    </html>
```

在示例 2 代码中，可以看到<tfoot>是放在<thead>和<tbody>之间，而最终在浏览器中会发现<tfoot>中的内容显示在表格底部。在<tfoot>标签中有一个 colspan 属性，该属性主要功能是横向合并单元格，将表格底部的两个单元格合并为一个单元格，示例效果如图 7.1 所示。

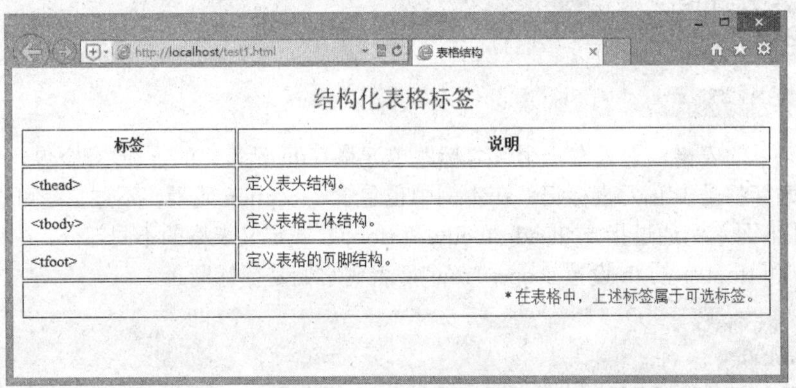

图 7.1　表格结构效果图

如果 table 是嵌套在 figure 元素内，可以省略 caption，使用 figcaption 对表格进行描述。注意，不要在 table 中嵌套 figcaption，而应将 figcaption 放在 figure 中。可以通过 scope 属性指定 th 为一组列的标题（scope="colgroup"），或者为一组行的标题（scope="rowgroup"）。

7.2　新 建 表 格

表格有多种形式，如简单的表格、带标题的表格、结构化的表格、列分组的表格等，本节将介绍这些不同形式的表格的设计方法。

7.2.1　定义普通表格

使用 table 元素可以定义 HTML 表格。简单的 HTML 表格由一个 table 元素，以及一个或多个 tr 和 td 元素组成，其中 tr 元素定义表格行，td 元素定义表格的单元格。

【示例】下面示例设计一个简单的 HTML 表格，包含两行两列，演示效果如图 7.2 所示。

```
<table>
    <tr>
        <td>月落乌啼霜满天，</td>
        <td>江枫渔火对愁眠。</td>
    </tr>
    <tr>
        <td>姑苏城外寒山寺，</td>
        <td>夜半钟声到客船。</td>
    </tr>
</table>
```

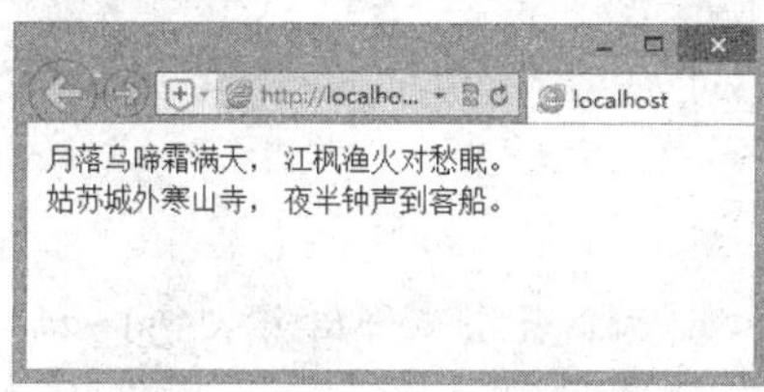

图 7.2　设计简单的表格

7.2.2　定义列标题

在数据表格中，每列可以包含一个标题，这在数据库中被称为字段，在 HTML 中被称为表头单元格。使用 th 元素定义表头单元格。

提示： HTML 表格中有两种类型的单元格如下。

- ☑ 表头单元格：包含表头信息，由 th 元素创建。
- ☑ 标准单元格：包含数据，由 td 元素创建。

在默认状态下，th 元素内部的文本呈现为居中、粗体显示，而 td 元素内通常是左对齐的普通文本。

【示例 1】下面示例设计一个含有表头信息的 HTML 表格，包含两行两列，演示效果如图 7.3 所示。

```
<table>
    <tr>
        <th>用户名</th><th>电子邮箱</th>
    </tr>
    <tr>
        <td>张三</td><td>zhangsan@163.com</td>
    </tr>
</table>
```

表头单元格一般位于表格的第一行，当然用户可以根据需要把表头单元格放在表格中任意位置，例如，第一行或最后一行，第一列或最后一列等。也可以定义多重表头。

【示例 2】下面示例设计了一个简单的课程表，表格中包含行标题和列标题，即表格被定义了两类表头单元格，演示效果如图 7.4 所示。

```
<table>
    <tr>
        <th> </th>
        <th>星期一</th><th>星期二</th><th>星期三</th><th>星期四</th><th>星期五</th>
    </tr>
    <tr>
        <th>第 1 节</th>
        <td>语文</td><td>物理</td> <td>数学</td><td>语文</td> <td>美术</td>
    </tr>
    <tr>
        <th>第 2 节</th>
        <td>数学</td><td>语文</td> <td>体育</td> <td>英语</td><td>音乐</td>
    </tr>
    <tr>
        <th>第 3 节</th>
        <td>语文</td><td>体育</td><td>数学</td><td>英语</td><td>地理</td>
    </tr>
    <tr>
        <th>第 4 节</th>
        <td>地理</td><td>化学</td> <td>语文</td><td>语文</td><td>美术</td>
    </tr>
</table>
```

图 7.3 设计带有表头的表格

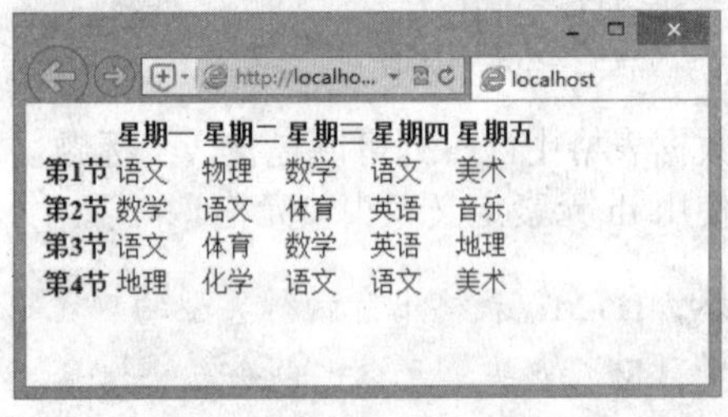

图 7.4 设计双表头的表格

7.2.3 定义表格标题

有时为了方便浏览，用户需要为表格添加一个标题。使用 caption 元素可以定义表格标题。

注意：须紧随 table 元素之后，只能对每个表格定义一个标题。

【示例】以 7.2.2 节示例 1 为基础，为表格添加一个标题，演示效果如图 7.5 所示。

```
<table>
    <caption>通讯录</caption>
    <tr>
        <th>用户名</th>
        <th>电子邮箱</th>
    </tr>
    <tr>
```

```
        <td>张三</td>
        <td>zhangsan@163.com</td>
    </tr>
</table>
```

图 7.5　设计带有标题的表格

从图 7.5 可以看到，在默认状态下这个标题位于表格上面居中显示。

提示：在 HTML4 中，可以使用 align 属性设置标题的对齐方式，取值包括 left、right、top、bottom。在 HTML5 中已不赞成使用，建议使用 CSS 样式取而代之。

7.2.4　表格行分组

视频讲解

thead、tfoot 和 tbody 元素可以对表格中的行进行分组。当创建表格时，如果希望拥有一个标题行、一些带有数据的行，以及位于底部的一个总计行，这样可以设计独立于表格标题和页脚的表格正文滚动。当长的表格被打印时，表格的表头和页脚可被打印在包含表格数据的每张页面上。

使用 thead 元素可以定义表格的表头，该标签用于组合 HTML 表格的表头内容，一般与 tbody 和 tfoot 元素结合起来使用。其中 tbody 元素用于对 HTML 表格中的主体内容进行分组，而 tfoot 元素用于对 HTML 表格中的表注（页脚）内容进行分组。

【示例】下面示例使用上述各种表格标签对象，设计一个符合标准的表格结构，代码如下所示。

```
<style type="text/css">
table { width: 100%; }
caption { font-size: 24px; margin: 12px; color: blue; }
th, td { border: solid 1px blue; padding: 8px; }
tfoot td { text-align: right; color: red; }
</style>
<table>
    <caption>结构化表格标签</caption>
    <thead>
        <tr><th>标签</th><th>说明</th></tr>
    </thead>
    <tfoot>
        <tr><td colspan="2">* 在表格中，上述标签属于可选标签。</td></tr>
    </tfoot>
    <tbody>
        <tr><td>&lt;thead&gt;</td> <td>定义表头结构。</td></tr>
        <tr><td>&lt;tbody&gt;</td><td>定义表格主体结构。</td></tr>
        <tr><td>&lt;tfoot&gt;</td><td>定义表格的页脚结构。</td></tr>
    </tbody>
</table>
```

在上面示例代码中，可以看到<tfoot>是放在<thead>和<tbody>之间，而最终在浏览器中会发现

<tfoot>中的内容显示在表格底部。在<tfoot>标签中有一个 colspan 属性，该属性主要功能是横向合并单元格，将表格底部的两个单元格合并为一个单元格，示例效果如图 7.6 所示。

Note

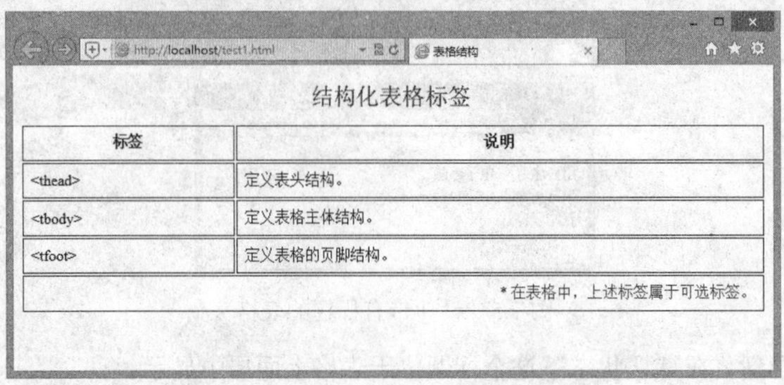

结构化表格标签

标签	说明
<thead>	定义表头结构。
<tbody>	定义表格主体结构。
<tfoot>	定义表格的页脚结构。
* 在表格中，上述标签属于可选标签。	

图 7.6　表格结构效果图

注意：当使用 thead、tfoot 和 tbody 元素时，必须使用全部的元素，排列次序是：thead、tfoot、tbody，这样浏览器就可以在收到所有数据前呈现页脚，且这些元素必须在 table 元素内部使用。

在默认情况下，这些元素不会影响到表格的布局。不过，用户可以使用 CSS 使这些元素改变表格的外观。在<thead>标签内部必须包含<tr>标签。

视频讲解

7.2.5　表格列分组

ccol 和 colgroup 元素可以对表格中的列进行分组。

其中，使用<col>标签可以为表格中一个或多个列定义属性值。如果需要对全部列应用样式，<col>标签很有用，这样就不需要对各个单元格和各行重复应用样式。

【示例 1】下面示例使用 col 元素为表格中的 3 列设置不同的对齐方式，效果如图 7.7 所示。

```
<table width="100%" border="1">
    <col align="left" />
    <col align="center" />
    <col align="right" />
    <tr><td>慈母手中线，</td><td>游子身上衣。</td><td>临行密密缝，</td></tr>
    <tr><td>意恐迟迟归。</td><td>谁言寸草心，</td><td>报得三春晖。</td></tr>
</table>
```

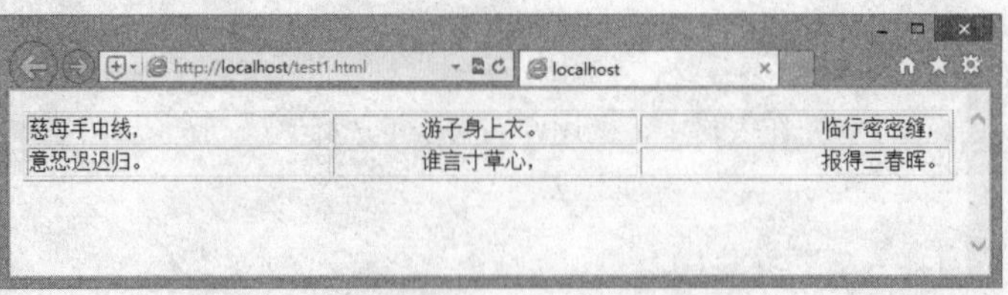

慈母手中线，	游子身上衣。	临行密密缝，
意恐迟迟归。	谁言寸草心，	报得三春晖。

图 7.7　表格列分组样式

在上面示例 1 中，使用 3 个 col 元素为表格中 3 列分别定义不同的对齐方式。这里使用 HTML 标签属性 align 设置对齐方式，取值包括 right（右对齐）、left（左对齐）、center（居中对齐）、justify（两端对齐）和 char（对准指定字符）。由于浏览器支持不统一，不建议使用 align 属性。

提示：只能在 table 或 colgroup 元素中使用 col 元素。col 元素是仅包含属性的空元素，不能够包含任何信息。如要创建列，就必须在 tr 元素内嵌入 td 元素。

使用<colgroup>标签也可以对表格中的列进行组合，以便对其进行格式化。如果需要对全部列应用样式，<colgroup>标签很有用，这样就不需要对各个单元格和各行重复应用样式。

【示例 2】下面示例使用 colgroup 元素为表格中每列定义不同的宽度，效果如图 7.8 所示。

```
<style type="text/css">
.col1 { width: 25%; color: red; font-size: 16px; }
.col2 { width: 50%; color: blue; }
</style>
<table width="100%" border="1">
    <colgroup span="2" class="col1"></colgroup>
    <colgroup class="col2"></colgroup>
    <tr><td>慈母手中线，</td><td>游子身上衣。</td><td>临行密密缝，</td></tr>
    <tr><td>意恐迟迟归。</td><td>谁言寸草心，</td><td>报得三春晖。</td></tr>
</table>
```

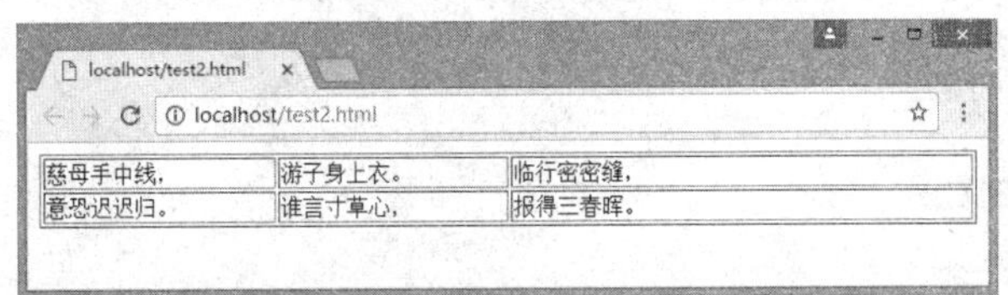

图 7.8　定义表格列分组样式

<colgroup>标签只能在 table 元素中使用。

为列分组定义样式时，建议为<colgroup>或<col>标签添加 class 属性，然后使用 CSS 类样式定义列的对齐方式、宽度和背景色等样式。

【示例 3】从上面两个示例可以看到，<colgroup>和<col>标签具有相同的功能，同时也可以把<col>标签嵌入<colgroup>标签中使用。

```
<table width="100%" border="1">
    <colgroup>
        <col span="2" class="col1" />
        <col class="col2" />
    </colgroup>
    <tr><td>慈母手中线，</td><td>游子身上衣。</td><td>临行密密缝，</td></tr>
    <tr><td>意恐迟迟归。</td><td>谁言寸草心，</td><td>报得三春晖。</td></tr>
</table>
```

如果没有对应的 col 元素，列会从 colgroup 元素那里继承所有的属性值。

提示：span 是<colgroup>和<col>标签专用属性，规定列组应该横跨的列数，取值为正整数。例如，在一个包含 6 列的表格中，第一组有 4 列，第二组有两列，这样的表格在列上进行分组如下所示。

```
<colgroup span="4"></colgroup>
<colgroup span="2"></colgroup>
```

浏览器将表格的单元格合成列时，会将每行前 4 个单元格合成第一个列组，将接下来的两个单元格合成第二个列组。这样，<colgroup>标签的其他属性就可以用于该列组包含的列中。

如果没有设置 span 属性，则每个<colgroup>或<col>标签代表一列，按顺序排列。

Note

注意：现代浏览器都支持<colgroup>和<col>标签，但是 Firefox、Chrome 和 Safari 浏览器仅支持 col 和 colgroup 元素的 span 和 width 属性。也就是说，用户只能够通过列分组为表格的列定义统一的宽度，另外也可以定义背景色，但是其他 CSS 样式不支持。虽然 IE 浏览器支持，但是不建议用户去应用。通过上面示例 2，用户也能够看到 CSS 类样式中的“color: red;”和“font-size:16px;”都没有发挥作用。

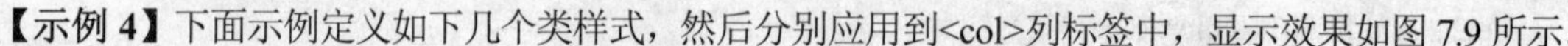

【示例 4】下面示例定义如下几个类样式，然后分别应用到<col>列标签中，显示效果如图 7.9 所示。

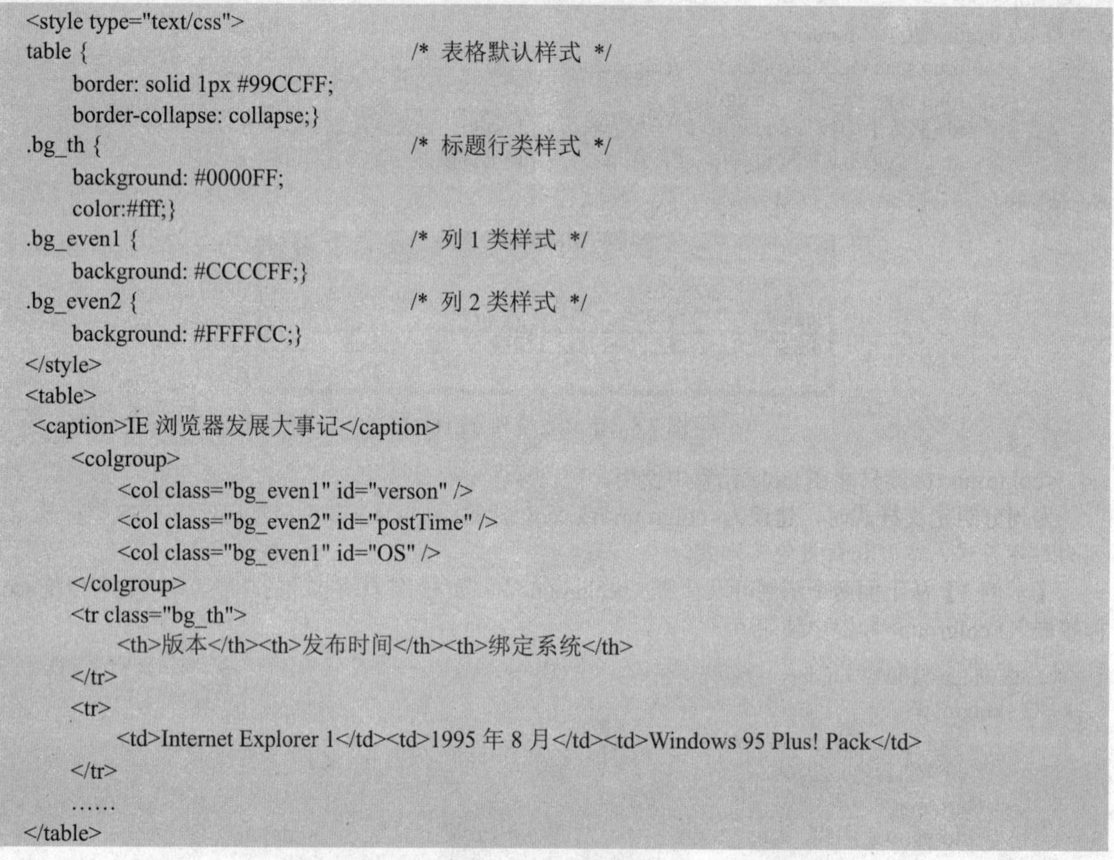

```
<style type="text/css">
table {                                 /* 表格默认样式 */
    border: solid 1px #99CCFF;
    border-collapse: collapse;}
.bg_th {                                /* 标题行类样式 */
    background: #0000FF;
    color:#fff;}
.bg_even1 {                             /* 列 1 类样式 */
    background: #CCCCFF;}
.bg_even2 {                             /* 列 2 类样式 */
    background: #FFFFCC;}
</style>
<table>
 <caption>IE 浏览器发展大事记</caption>
    <colgroup>
        <col class="bg_even1" id="verson" />
        <col class="bg_even2" id="postTime" />
        <col class="bg_even1" id="OS" />
    </colgroup>
    <tr class="bg_th">
        <th>版本</th><th>发布时间</th><th>绑定系统</th>
    </tr>
    <tr>
        <td>Internet Explorer 1</td><td>1995 年 8 月</td><td>Windows 95 Plus! Pack</td>
    </tr>
    ……
</table>
```

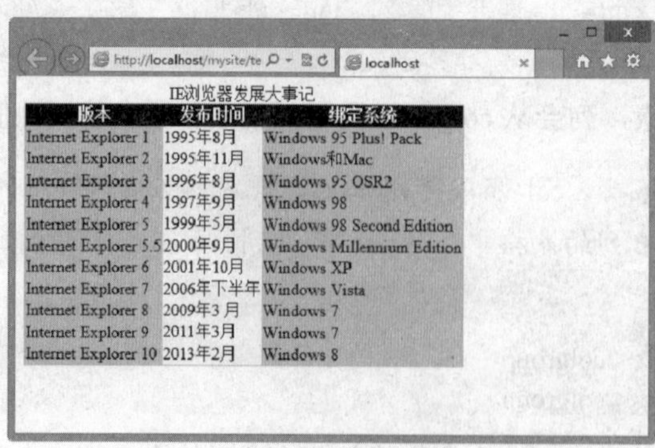

IE浏览器发展大事记

版本	发布时间	绑定系统
Internet Explorer 1	1995年8月	Windows 95 Plus! Pack
Internet Explorer 2	1995年11月	Windows和Mac
Internet Explorer 3	1996年8月	Windows 95 OSR2
Internet Explorer 4	1997年9月	Windows 98
Internet Explorer 5	1999年5月	Windows 98 Second Edition
Internet Explorer 5.5	2000年9月	Windows Millennium Edition
Internet Explorer 6	2001年10月	Windows XP
Internet Explorer 7	2006年下半年	Windows Vista
Internet Explorer 8	2009年3月	Windows 7
Internet Explorer 9	2011年3月	Windows 7
Internet Explorer 10	2013年2月	Windows 8

图 7.9　设计隔列变色的样式效果

7.3 设置<table>属性

表格标签包含大量属性，其中大部分属性都可以使用 CSS 属性代替使用，也有几个专用属性无法使用 CSS 实现。HTML5 支持的<table>标签属性说明如表 7.1 所示。

表 7.1 HTML5 支持的<table>标签属性

属　性	说　明
border	定义表格边框，值为整数，单位为像素。当值为 0 时，表示隐藏表格边框线。功能类似 CSS 中的 border 属性，但是没有 CSS 提供的边框属性强大
cellpadding	定义数据表单元格的补白。功能类似 CSS 中的 padding 属性，但是功能比较弱
cellspacing	定义数据表单元格的边界。功能类似 CSS 中的 margin 属性，但是功能比较弱
width	定义数据表的宽度。功能类似 CSS 中的 width 属性
frame	设置数据表的外边框线显示，实际上它是对 border 属性的功能扩展。 取值包括 void（不显示任一边框线）、above（顶端边框线）、below（底部边框线）、hsides（顶部和底部边框线）、lhs（左边框线）、rhs（右边框线）、vsides（左和右边的框线）、box（所有四周的边框线）、border（所有四周的边框线）
rules	设置数据表的内边线显示，实际上它是对 border 属性的功能扩展。 取值包括 none（禁止显示内边线）、groups（仅显示分组内边线）、rows（显示每行的水平线）、cols（显示每列的垂直线）、all（显示所有行和列的内边线）
summary	定义表格的摘要，没有 CSS 对应属性

7.3.1 定义单线表格

视频讲解

rules 和 frame 是两个特殊的表格样式属性，用于定义表格的各个内、外边框线是否显示。由于使用 CSS 的 border 属性可以实现相同的效果，所以不建议用户选用。这两个属性的取值可以参考表 7.1 说明。

【示例】在下面示例中，借助表格标签的 frame 和 rules 属性定义表格以单行线的形式进行显示。

```
<table border="1" frame="hsides"   rules="rows" width="100%">
    <caption>frame 属性取值说明</caption>
    <tr><th>值</th><th>说明</th></tr>
    <tr><td>void</td><td>不显示外侧边框。</td></tr>
    <tr><td>above</td><td>显示上部的外侧边框。</td></tr>
    <tr><td>below</td><td>显示下部的外侧边框。</td> </tr>
    <tr><td>hsides</td><td>显示上部和下部的外侧边框。</td></tr>
    <tr><td>vsides</td><td>显示左边和右边的外侧边框。</td></tr>
    <tr><td>lhs</td><td>显示左边的外侧边框。</td></tr>
    <tr><td>rhs</td><td>显示右边的外侧边框。</td></tr>
    <tr><td>box</td> <td>在所有四个边上显示外侧边框。</td></tr>
    <tr><td>border</td><td>在所有四个边上显示外侧边框。</td></tr>
</table>
```

上面示例通过 frame 属性定义表格仅显示上下框线，使用 rules 属性定义表格仅显示水平内边线，

Note

从而设计出单行线数据表格效果。在使用 frame 和 rules 属性时，同时定义 border 属性，指定数据表显示边框线。在浏览器中预览，显示效果如图 7.10 所示。

localhost/test1.html

frame属性取值说明

值	说明
void	不显示外侧边框。
above	显示上部的外侧边框。
below	显示下部的外侧边框。
hsides	显示上部和下部的外侧边框。
vsides	显示左边和右边的外侧边框。
lhs	显示左边的外侧边框。
rhs	显示右边的外侧边框。
box	在所有四个边上显示外侧边框。
border	在所有四个边上显示外侧边框。

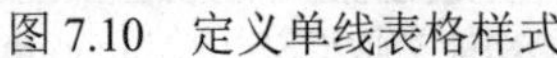

图 7.10　定义单线表格样式

视频讲解

7.3.2　定义分离单元格

cellpadding 属性用于定义单元格边沿与其内容之间的空白，cellspacing 属性定义单元格之间的空间。这两个属性的取值单位为像素或者百分比。

【示例】下面示例设计“井”字形状的表格。

```
<table border="1" frame="void" cellpadding="6" cellspacing="16">
    <caption>rules 属性取值说明</caption>
    <tr><th>值</th><th>说明</th></tr>
    <tr><td>none</td><td>没有线条。</td></tr>
    <tr><td>groups</td><td>位于行组和列组之间的线条。</td></tr>
    <tr><td>rows</td><td>位于行之间的线条。</td></tr>
    <tr><td>cols</td><td>位于列之间的线条。</td></tr>
    <tr><td>all</td><td>位于行和列之间的线条。</td></tr>
</table>
```

上面示例通过 frame 属性隐藏表格外框，然后使用 cellpadding 属性定义单元格内容的边距为 6 像素，单元格之间的间距为 16 像素，在浏览器中的预览效果如图 7.11 所示。

图 7.11　定义分离单元格样式

视频讲解

提示：cellpadding 属性定义的效果，可以使用 CSS 的 padding 样式属性代替，建议不要直接使用 cellpadding 属性。

7.3.3　定义细线边框

使用<table>标签的 border 属性可以定义表格的边框粗细，取值单位为像素，当值为 0 时表示隐藏表格边框线。

【示例】如果直接为<table>标签设置 border="1"，则表格呈现的边框线效果如图 7.12 所示。下面示例配合使用 border 和 rules 属性，可以设计细线表格。

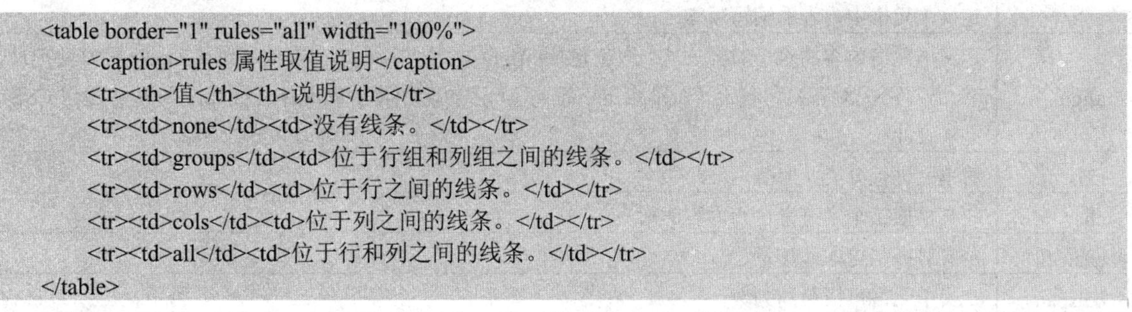

```
<table border="1" rules="all" width="100%">
    <caption>rules 属性取值说明</caption>
    <tr><th>值</th><th>说明</th></tr>
    <tr><td>none</td><td>没有线条。</td></tr>
    <tr><td>groups</td><td>位于行组和列组之间的线条。</td></tr>
    <tr><td>rows</td><td>位于行之间的线条。</td></tr>
    <tr><td>cols</td><td>位于列之间的线条。</td></tr>
    <tr><td>all</td><td>位于行和列之间的线条。</td></tr>
</table>
```

上面示例定义<table>标签的 border 属性值为 1，同时设置 rules 属性值为"all"，则显示效果如图 7.13 所示。

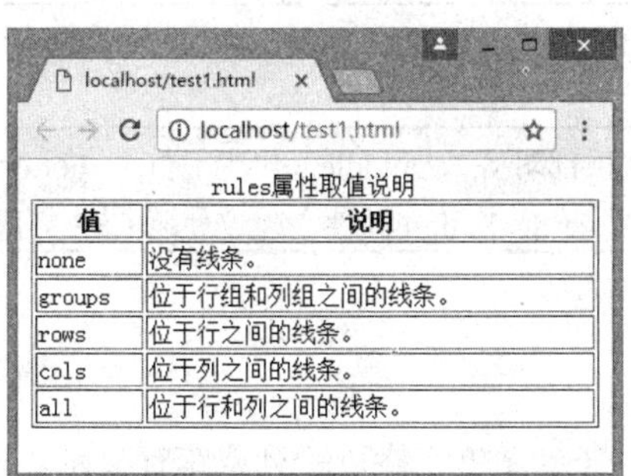

图 7.12　表格默认边框样式

图 7.13　设计细线边框效果

7.3.4　添加表格说明

视频讲解

使用<table>标签的 summary 属性可以设置表格内容的摘要，该属性的值不会显示，但是屏幕阅读器可以利用该属性，也方便机器进行表格内容检索。

【示例】下面示例使用 summary 属性为表格添加一个简单的内容说明，以方便搜索引擎检索。

```
<table border="1"   rules="all" width="100%" summary="rules 属性取值说明">
    <tr><th>值</th><th>说明</th></tr>
    <tr><td>none</td><td>没有线条。</td></tr>
    <tr><td>groups</td><td>位于行组和列组之间的线条。</td></tr>
    <tr><td>rows</td><td>位于行之间的线条。</td></tr>
    <tr><td>cols</td><td>位于列之间的线条。</td></tr>
    <tr><td>all</td><td>位于行和列之间的线条。</td></tr>
</table>
```

7.4 设置<td>和<th>属性

Note

单元格标签（<td>和<th>）也包含大量属性，其中大部分属性都可以使用 CSS 属性代替使用，也有几个专用属性无法使用 CSS 实现。HTML5 支持的<td>和<th>标签属性说明如表 7.2 所示。

表 7.2 HTML5 支持的<td>和<th>标签属性

属　性	说　明
abbr	定义单元格中内容的缩写版本
align	定义单元格内容的水平对齐方式。取值包括：right（右对齐）、left（左对齐）、center（居中对齐）、justify（两端对齐）和 char（对准指定字符）。功能类似 CSS 中的 text-align 属性，建议使用 CSS 完成设计
axis	对单元进行分类。取值为一个类名
char	定义根据哪个字符来进行内容的对齐
charoff	定义对齐字符的偏移量
colspan	定义单元格可横跨的列数
headers	定义与单元格相关的表头
rowspan	定义单元格可横跨的行数
scope	定义将表头数据与单元格数据相关联的方法。取值包括：col（列的表头）、colgroup（列组的表头）、row（行的表头）、rowgroup（行组的表头）
valign	定义单元格内容的垂直排列方式。取值包括：top（顶部对齐）、middle（居中对齐）、bottom（底部对齐）、baseline（基线对齐）。功能类似 CSS 中的 vertical-align 属性，建议使用 CSS 完成设计

视频讲解

7.4.1 定义跨单元格显示

colspan 和 rowspan 是两个重要的单元格属性，分别用来定义单元格可跨列或跨行显示。取值为正整数，如果取值为 0 时，则表示浏览器横跨到列组的最后一列，或者行组的最后一行。

【示例】下面示例使用 colspan=5 属性，定义单元格跨列显示，效果如图 7.14 所示。

```
<table border=1>
    <tr>
        <th align=center colspan=5>课程表</th>
    </tr>
    <tr>
        <th>星期一</th><th>星期二</th> <th>星期三</th><th>星期四</th><th>星期五</th>
    </tr>
    <tr>
        <td align=center colspan=5>上午</td>
    </tr>
    <tr>
        <td>语文</td><td>物理</td> <td>数学</td> <td>语文</td><td>美术</td>
    </tr>
    <tr>
```

```
        <td>数学</td><td>语文</td><td>体育</td> <td>英语</td><td>音乐</td>
    </tr>
    <tr>
        <td>语文</td> <td>体育</td><td>数学</td><td>英语</td><td>地理</td>
    </tr>
    <tr>
        <td>地理</td><td>化学</td><td>语文</td> <td>语文</td><td>美术</td>
    </tr>
    <tr>
        <td align=center colspan=5>下午</td>
    </tr>
    <tr>
        <td>作文</td><td>语文</td><td>数学</td><td>体育</td><td>化学</td>
    </tr>
    <tr>
        <td>生物</td><td>语文</td><td>物理</td><td>自修</td><td>自修</td>
    </tr>
</table>
```

课程表				
星期一	星期二	星期三	星期四	星期五
上午				
语文	物理	数学	语文	美术
数学	语文	体育	英语	音乐
语文	体育	数学	英语	地理
地理	化学	语文	语文	美术
下午				
作文	语文	数学	体育	化学
生物	语文	物理	自修	自修

图 7.14　定义单元格跨列显示

7.4.2　定义表头单元格

视频讲解

使用 scope 属性，可以将单元格与表头单元格联系起来。其中属性值 row，表示将当前行的所有单元格和表头单元格绑定起来；属性值 col，表示将当前列的所有单元格和表头单元格绑定起来；属性值 rowgroup，表示将单元格所在的行组（由<thead>、<tbody>或<tfoot>标签定义）和表头单元格绑定起来；属性值 colgroup，表示将单元格所在的列组（由<col>或<colgroup>标签定义）和表头单元格绑定起来。

【示例】下面示例将两个 th 元素标识为列的表头，将两个 td 元素标识为行的表头。

```
<table border="1">
    <tr>
        <th></th>
        <th scope="col">月份</th>
        <th scope="col">金额</th>
    </tr>
    <tr>
        <td scope="row">1</td>
        <td>9</td>
        <td>$100.00</td>
```

```
        </tr>
        <tr>
            <td scope="row">2</td>
            <td>4/td>
            <td>$10.00</td>
        </tr>
    </table>
```

Note

提示：由于 scope 属性不会在普通浏览器中产生任何视觉效果，很难判断浏览器是否支持它。

视频讲解

7.4.3　为单元格指定表头

使用 headers 属性可以为单元格指定表头，该属性的值是一个表头名称的字符串，这些名称是用 id 属性定义的不同表头单元格的名称。

headers 属性对非可视化的浏览器，也就是那些在显示出相关数据单元格内容之前就显示表头单元格内容的浏览器非常有用。

【示例】下面示例分别为表格中不同的数据单元格绑定表头，演示效果如图 7.15 所示。

```
<table border="1" width="100%">
    <tr>
        <th id="name">姓名</th>
        <th id="Email">电子邮</th>
        <th id="Phone">电话</th>
        <th id="Address">地址</th>
    </tr>
    <tr>
        <td headers="name">张三</td>
        <td headers="Email">zhangsan@163.com</td>
        <td headers="Phone">13522228888</td>
        <td headers="Address">北京长安街 38 号</td>
    </tr>
</table>
```

图 7.15　为数据单元格定义表头

视频讲解

7.4.4　定义信息缩写

使用 abbr 属性可以为单元格中的内容的定义缩写版本。abbr 属性不会在 Web 浏览器中产生任何视觉效果方面的变化，主要为机器检索服务。

【示例】下面示例演示了如何在 HTML 中使用 abbr 属性。

```
<table border="1">
    <tr>
```

```
            <th>名称</th>
            <th>说明</th>
        </tr>
        <tr>
            <td abbr="HTML">HyperText Markup Language</td>
            <td>超级文本标记语言</td>
        </tr>
        <tr>
            <td abbr="CSS">Cascading Style Sheets</td>
            <td>层叠样式表</td>
        </tr>
    </table>
```

视频讲解

7.4.5 单元格分类

使用 axis 属性可以对单元格进行分类，用于对相关的信息列进行组合。在一个大型数据表格中，表格里通常塞满了数据，通过分类属性 axis，浏览器可以快速检索特定信息。

axis 属性的值是引号包括的一列类型的名称，这些名称可以用来形成一个查询。例如，如果在一个食物购物的单元格中使用 axis=meals，浏览器能够找到那些单元格，获取它们的值，并且计算出总数。

目前，还没有浏览器支持该属性。

【示例】下面示例使用 axis 属性为表格中每列数据进行分类。

```
<table border="1" width="100%">
    <tr>
        <th axis="name">姓名</th>
        <th axis="Email">电子邮</th>
        <th axis="Phone">电话</th>
        <th axis="Address">地址</th>
    </tr>
    <tr>
        <td axis="name">张三</td>
        <td axis="Email">zhangsan@163.com</td>
        <td axis="Phone">13522228888</td>
        <td axis="Address">北京长安街 38 号</td>
    </tr>
</table>
```

7.5 案例实战：设计 CSS 禅意花园

本节将通过拆解、分析 CSS 禅意花园网站的结构，帮助读者进一步实践 HTML5 网页设计的基本方法。本例没有涉及表格技术，主要针对前面几章的基础知识做一次阶段性集训。

7.5.1 网站预览

权威参考

视频讲解

CSS Zen Garden（http://www.csszengarden.com/）是 Dave Shea 于 2003 年创建的 CSS 标准推广小站，但就是这么一个小站却闻名全球，获得众多

奖项。站长 Dave Shea 是一位图像设计师，致力于推广标准 Web 设计。

该站被台湾设计师薛良斌和李士杰汉化为中文繁体版之后，于是就有人把它称为 CSS 禅意花园，从此禅意花园就成了 CSS Zen Garden 网站的代名词。CSS 禅意花园早期设计效果如图 7.16 所示。整个页面通过左上、右下对顶角定义背景图像，这些荷花、梅花以及汉字形体修饰配合右上顶角的宗教建筑，完全把人带入禅意的后花园之中。

Note

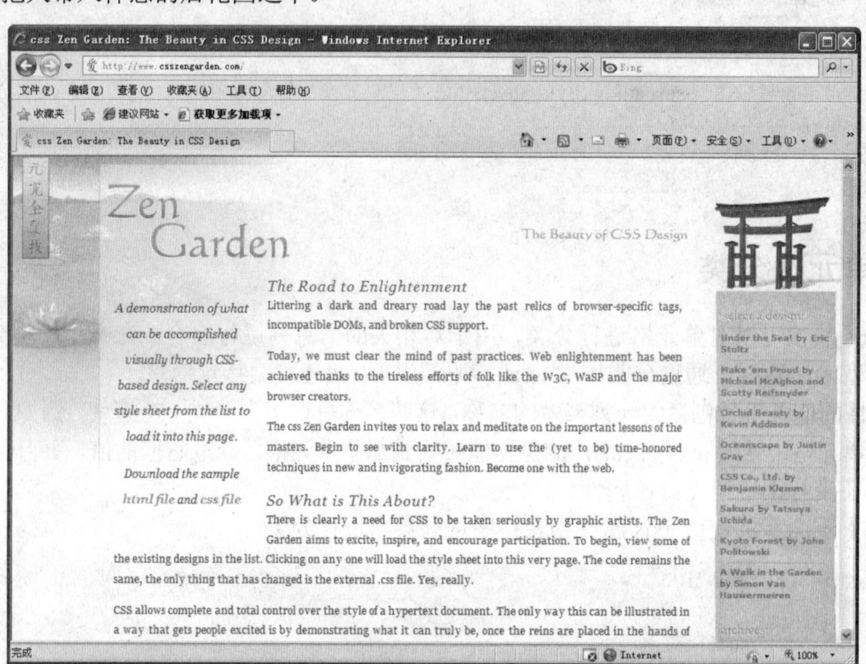

图 7.16　CSS Zen Garden 早期首页设计效果

新版 CSS 禅意花园去除了中国禅意元素，完全融入响应式网页设计风格之中，界面趋于简洁，如图 7.17 所示。

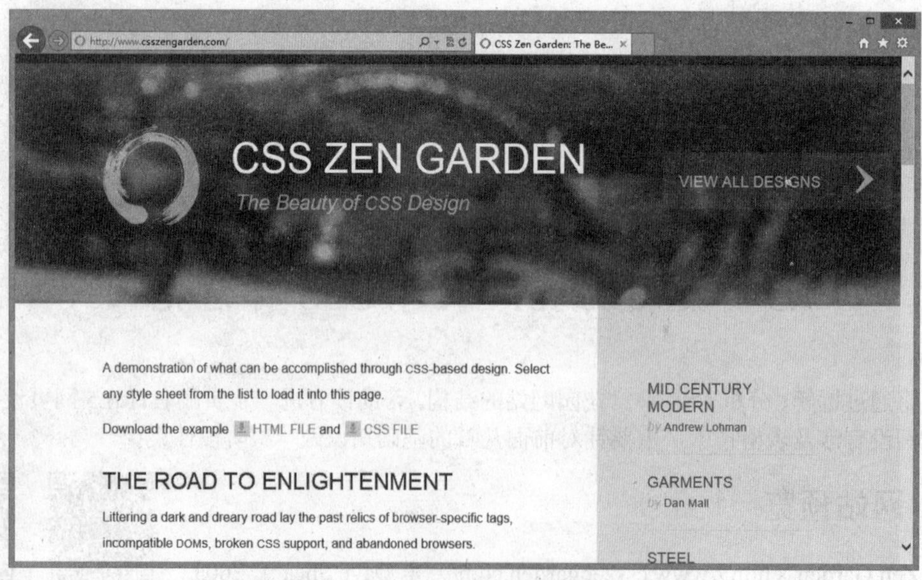

图 7.17　CSS Zen Garden 新版首页设计效果

Note

整个页面内容简单、结构单纯、样式也很朴实。仔细查看它的结构，会发现整个页面的信息一目了然，结构层次清晰明了。信息从上到下，按着网页标题、网页菜单、主体栏目信息、次要导航和页脚信息有顺序地排列在一起，页面的结构如图 7.18 所示。

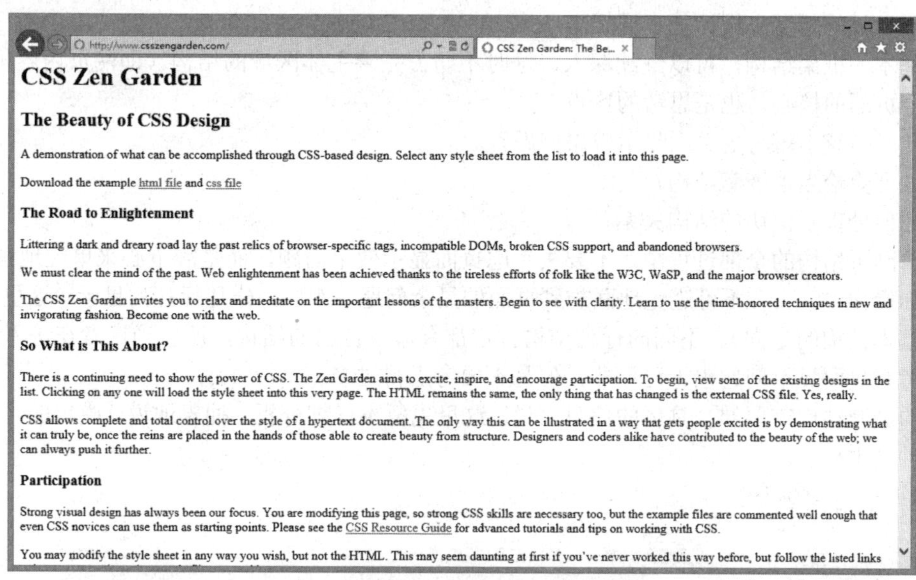

图 7.18　禁用全部 CSS 样式后的首页结构

整个页面没有一幅图片，这是完美结构的基础。CSS 禅意花园的标题层级明晰，从网页标题（一级标题）、网页副标题（二级标题）到栏目标题（三级标题）都一目了然。另外，段落信息（P）和列表信息（ul）占据了整个页面信息结构。从 SEO 设计的角度来考察，我们可以看到 Dave 把所有导航菜单等功能信息全部放在结构的后面，很值得学习。

7.5.2　设计方法

视频讲解

对于普通网站来说，一般页面都会存在很多共同的信息模块，例如，标题（Logo）、广告（Banner）、导航（Mneu）、功能（Serve）、内容（Content）和版权（Copyright）等信息。而不同类型的网站有不同页面需求，对于各种公共信息模块的取舍会略有不同，这时就应该具体情况具体分析。在设计网页基本结构时，不妨根据信息需求的简单分析和信息的重要性来对页面各个模块进行适当排序，然后设计出基本的框架，例如：

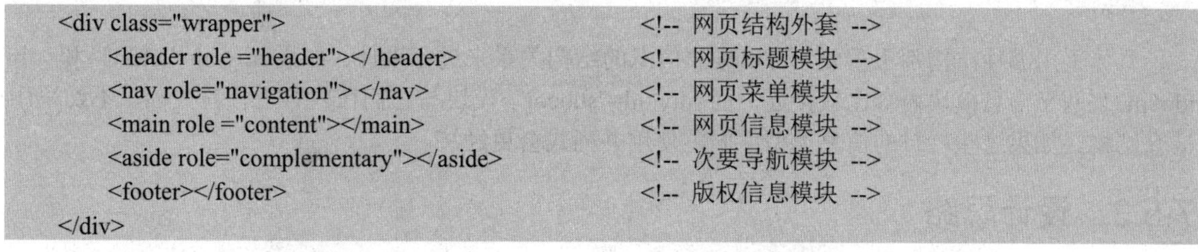

```
<div class="wrapper">                              <!-- 网页结构外套 -->
    <header role ="header"></ header>              <!-- 网页标题模块 -->
    <nav role="navigation"> </nav>                 <!-- 网页菜单模块 -->
    <main role ="content"></main>                  <!-- 网页信息模块 -->
    <aside role="complementary"></aside>           <!-- 次要导航模块 -->
    <footer></footer>                              <!-- 版权信息模块 -->
</div>
```

构建基本结构应该注意以下几个问题。

☑　在设计基本框架时，应优先考虑 HTML5 新结构标签，把 div 元素作为最后的备选。

☑　使用 role（HTML5 新增属性）增强标签的语义性，告诉辅助设备（如屏幕阅读器）当前元素所扮演的角色，以增强用户体验。

Note

☑ 根据需要为基本结构设置 id 和 class 属性，作为钩子，以便后期 CSS 和 JavaScript 控制。
☑ 可以考虑为整个页面结构设计一个外套，以便统一样式。
☑ 在设计结构时，不要考虑后期呈现，也不要顾虑结构的顺序是不是会影响页面的显示，从纯语义化的角度来设计基本框架。

有了基本的框架结构，可以继续深入，这时不妨去完善主体区域的结构（即网页内容模块），这部分是整个页面的核心，也是思考的重点。

☑ 此时，该不该考虑页面显示效果问题？
☑ 如何更恰当地嵌套结构？
☑ 如何处理子模块的结构关系？

在编辑网页结构的全部过程中，不要去考虑页面显示效果问题，而是静下心来单纯地考虑结构。但是在实际操作中，又会不可避免地联想到页面的显示问题，例如，分几行几列显示（这里的行和列是指网页基本结构的走向）。不同的行列结构肯定都有适合自己的结构，所以当读者在进入到这一步时，适当考虑页面显示问题也无可厚非，但是不要考虑得过多。

恰当的嵌套结构需要结合具体的信息来说，这里先暂不详细分析。抽象地说，模块的结构关系可以分为 3 种基本模型。

1．平行结构

```
<div id="A"></div>
<div id="B"></div>
<div id="C"></div>
```

2．包含结构

```
<div id="A">
    <div id="B"></div>
    <div id="C"></div>
</div>
```

3．嵌套结构

```
<div id="A"></div>
<div>
    <div id="B"></div>
    <div id="C"></div>
</div>
```

具体采用哪种结构都不重要，可以根据信息的结构关系来进行设计。如果<div id="latest">和<div id="m2">两个信息模块内容比较接近，而<div id="subcol">模块与它们在内容上相差很远，不妨采用嵌套结构。如果这些栏目的信息类型雷同，使用并列式会更经济。

视频讲解

7.5.3 设计思路

禅意花园犹如一篇散文，整个页面包含以下 3 部分。

1．站点介绍

站点介绍部分犹如抒情散文，召唤你赶紧来加入 CSS 标准设计中，该部分包含 3 块。

Note

☑　标题，包括网站主副标题。

☑　概述，呼唤网友赶紧加入进来。

☑　序言，回忆和总结当前标准之路的艰巨性和紧迫性。

2．支持文本

支持文本部分犹如叙事散文，娓娓道来，详细介绍活动的内容，用户参与的条件、支持、好处等。

☑　这是什么？

☑　邀您参与。

☑　参与好处。

☑　参与要求。

另外末尾还包含了各种技术参考网站。

3．链接信息

链接信息部分很简洁地列出了所有超链接信息。该部分也包含 3 块链接信息。

7.5.4　构建基本框架

视频讲解

根据信息进行分类，然后根据分类进行分块，下面就可以来建立禅意花园的基本框架：网页包含框下面包含了 3 个平行的结构。

```
<div class="page-wrapper">                                              <!-- 网页结构外套 -->
 <section class="intro" id="zen-intro"></section>                       <!-- 站点介绍 -->
 <div class="main supporting" id="zen-supporting" role="main"></div>    <!-- 支持文本 -->
 <aside class="sidebar" role="complementary"></aside>                   <!-- 链接列表 -->
</div>
```

继续拓展结构，完成三级基本结构的设计。

```
<div class="page-wrapper">
 <section class="intro" id="zen-intro">
         <!-- 网页标题信息块 -->
      <header role="banner"></header>
         <!-- 概述 -->
      <div class="summary" id="zen-summary" role="article"></div>
         <!-- 序言 -->
      <div class="preamble" id="zen-preamble" role="article"></div>
 </section>
 <div class="main supporting" id="zen-supporting" role="main">
         <!-- 这是什么？ -->
      <div class="explanation" id="zen-explanation" role="article"></div>
         <!-- 邀您参与 -->
      <div class="participation" id="zen-participation" role="article"></div>
         <!-- 参与好处 -->
      <div class="benefits" id="zen-benefits" role="article"></div>
         <!-- 参与要求 -->
      <div class="requirements" id="zen-requirements" role="article"></div>
         <!-- 各种技术参考网站 -->
      <footer></footer>
 </div>
```

Note

```
<aside class="sidebar" role="complementary">
        <!-- 内嵌包含框 -->
    <div class="wrapper">
            <!-- 优秀作品列表 -->
        <div class="design-selection" id="design-selection"></div>
            <!-- 存档列表 -->
        <div class="design-archives" id="design-archives"></div>
            <!-- 资源链接信息 -->
        <div class="zen-resources" id="zen-resources"></div>
    </div>
</aside>
</div>
```

在构建基本结构时，应该考虑 SEO 设计，把重要信息放在前面，而对于功能性信息放在结构的末尾。

7.5.5 完善网页结构

视频讲解

禅意花园的结构非常简洁，主要使用了 section、header、footer、nav、h1、h2、h3、p、ul、li、a、abbr、span 元素，语义明晰，没有冗余的标签和无用的嵌套结构。具体分析如下。

（1）首先看一下标题信息：标题使用恰当，层次清晰。例如，在标题栏 header 中，使用 h1 和 h2 定义网站标题，以及描述信息。

```
<header role="banner">
    <h1>CSS Zen Garden</h1>
    <h2>The Beauty of <abbr title="Cascading Style Sheets">CSS</abbr> Design</h2>
</header>
```

然后，在下面各个子栏目中，使用 h3 定义子栏目标题，例如：

```
<div class="preamble" id="zen-preamble" role="article">
    <h3>The Road to Enlightenment</h3>
      <p>…</p>
      <p>…</p>
      <p>…</p>
</div>
```

上面是“序言”子栏目的标题，下面跟随 3 段文本，设计了一个子文章块。后面的各个子栏目设计都遵循这样的结构和思路。

一般网页只能够有一个一级标题，用于网页题目，然后根据结构的层次关系有序使用不同级别标题，这一点很多设计师都忽略了。从 SEO 的角度来考虑，合理使用标题是非常重要的，因为搜索引擎对于不同级别标题的敏感性是不同的，级别越大，检索的机会就越大。

（2）再来看一下 footer 信息，代码如下。

```
<footer>
    <a href="http://validator.w3.org/check/referer" title="Check the validity of this site&#8217;s HTML"
class="zen-validate-html">HTML</a>
    <a href="http://jigsaw.w3.org/css-validator/check/referer" title="Check the validity of this site&#8217;s CSS"
class="zen-validate-css">CSS</a>
    <a href="http://creativecommons.org/licenses/by-nc-sa/3.0/" title="View the Creative Commons license of this
```

```
site: Attribution-NonCommercial-ShareAlike." class="zen-license">CC</a>
            <a href="http://mezzoblue.com/zengarden/faq/#aaa" title="Read about the accessibility of this site" class="zen-accessibility">A11y</a>
            <a href="https://github.com/mezzoblue/csszengarden.com" title="Fork this site on Github" class="zen-github">GH</a>
    </footer>
```

整个版面除了必要的链接文本外，没有任何多余的标签，每个超链接包含必要的 href、title 和 class 属性，比较简洁。用户可以根据页面风格来设计 footer 信息的样式和位置，默认效果如图 7.19 所示。

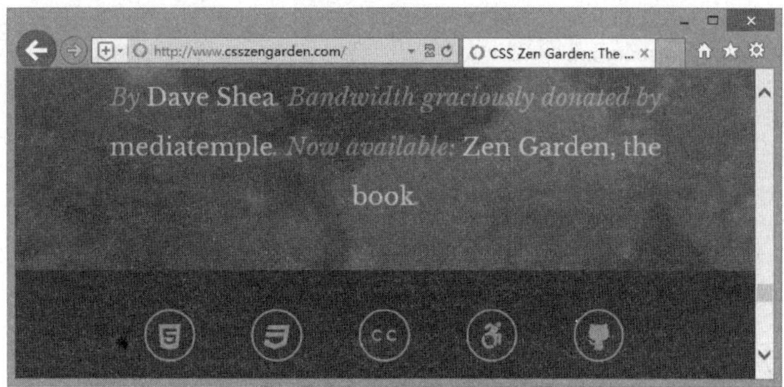

图 7.19　版权信息图标

（3）导航列表信息使用 nav 定义，包含在 ul 列表中，例如：

```
<div class="design-archives" id="design-archives">
    <h3 class="archives">Archives:</h3>
    <nav role="navigation">
        <ul>
            <li class="next">
                <a href="/214/page1">Next Designs <span class="indicator">&rsaquo;</span></a>
            </li>
            <li class="viewall">
                <a href="http://www.mezzoblue.com/zengarden/alldesigns/" title="View every submission to the Zen Garden."> View All Designs</a>
            </li>
        </ul>
    </nav>
</div>
```

页面中还有多处类似结构，不再一一列举。

（4）禅意花园把正文版式设计得精简至极，总共使用了 a、span 和 abbr 3 个行内元素。其中使用 a 来定义文本内超链接信息，在超链接中添加了提示文本，例如：

```
<a href="/examples/index" title="This page's source HTML code, not to be modified.">html file</a>
```

使用 span 为部分文本定义样式类，例如：

```
<a href="/214/page1">Next Designs <span class="indicator">&rsaquo;</span></a>
```

使用 abbr 截取首字母缩写，例如：

```
<abbr title="Cascading Style Sheets">CSS</abbr>
```

由于页面结构主要提供基本文字信息，因此作者没有使用 img 元素在结构中嵌入图像，如果用户需要图像来装饰页面，仅使用 CSS 即可，不必破坏文档结构。

在设计版式结构中，标准设计的一般原则如下。

☑ 包含信息的图像应该使用 img 元素插入，如新闻图片、欣赏性质的图像，传递某种信息的图案、图示等。

☑ 不包含任何有用的信息，仅负责页面版式或功能的修饰，则应该以背景图像的方式显示。

（5）网站为了方便设计师艺术设计，特意在文档尾部预留了 6 个 div 结构接口。

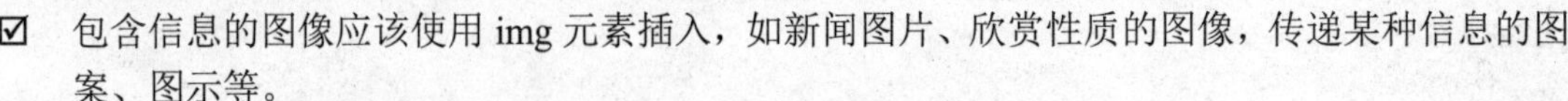

```
<div class="extra1" role="presentation"></div>
<div class="extra2" role="presentation"></div>
<div class="extra3" role="presentation"></div>
<div class="extra4" role="presentation"></div>
<div class="extra5" role="presentation"></div>
<div class="extra6" role="presentation"></div>
```

这些多余的 div 作为备用结构标签，最初提供的目的是：方便设计师增加额外信息，它们相当于程序的接口，如果不用可以隐藏。

但是随着 CSS3 功能的完善，我们完全可以使用::before 和::after 伪对象进行支持，因此不再建议使用这些代替。这些只保留历史设计的兼容性，未来会被作者删除。

7.6 在线练习

本节将通过大量的上机示例，帮助初学者练习使用 HTML5 设计表格结构和样式。感兴趣的同学可以扫码强化练习。

在线练习 1　　在线练习 2

第8章 设计表单

表单为访问者提供了与网站进行交流的途径。表单有两个基本组成部分：访问者在页面上可以看见并填写的控件、标签和按钮，以及用于获取表单信息的处理脚本。本章主要介绍如何创建表单。

【学习重点】

- 创建表单。
- 创建文本框、密码框、电子邮件框、文本区域等各种输入框。
- 创建单选按钮、复选框、提交按钮、选择框等各种交互控件。
- 对表单元素进行组织。

8.1 认识 HTML5 表单

HTML5 Web Forms 2.0（http://www.w3.org/Submission/web-forms2/）对 HTML4 表单进行全面升级，在保持原有简便易用的特性基础上，增加了许多内置控件、属性，以满足用户的设计需求。通过访问 https://caniuse.com/可以了解浏览器对 HTML5 Web Forms 2.0 的支持情况。

HTML5 新增输入型表单控件如下。

权威参考 1

权威参考 2

- ☑ 电子邮件框：<input type="email">。
- ☑ 搜索框：<input type="search">。
- ☑ 电话框：<input type="tel">。
- ☑ URL 框：<input type="url">。

以下控件得到了部分浏览器的支持，更多信息参见 www.wufoo.com/html5。

- ☑ 日期：<input type="date">，浏览器支持：https://caniuse.com/#feat=input-datetime。
- ☑ 数字：<input type="number">，浏览器支持：https://caniuse.com/#feat=input-number。
- ☑ 范围：<input type="range">，浏览器支持：https://caniuse.com/#feat=input-range。
- ☑ 数据列表：

```
<input type="text" name="favfruit" list="fruit" />
<datalist id="fruit">
    <option>备选列表项目 1</option>
    <option>备选列表项目 2</option>
    <option>备选列表项目 3</option>
</datalist>
```

下面控件或者元素在最终规范出来之前争议较大，浏览器厂商对其支持也不统一，W3C 曾经指出它们在 2014 年定案之时很可能不会列入 HTML5，但是最终还是相互妥协，保留了下来。

- ☑ 颜色：<input type="color" />。
- ☑ 全局日期和时间：<input type="datetime" />。
- ☑ 局部日期和时间：<input type="datetime-local" />。
- ☑ 月：<input type="month" />。
- ☑ 时间：<input type="time" />。
- ☑ 周：<input type="week" />。
- ☑ 输出：<output></output>。

HTML5 新增的表单属性如下。

- ☑ accept：限制用户可上传文件的类型。
- ☑ autocomplete：如果对 form 元素或特定的字段添加 autocomplete="off"，就会关闭浏览器对该表单或该字段的自动填写功能，默认值为 on。
- ☑ autofocus：页面加载后将焦点放到该字段。
- ☑ multiple：允许输入多个电子邮件地址，或者上传多个文件。
- ☑ list：将 datalist 与 input 联系起来。
- ☑ maxlength：指定 textarea 的最大字符数，在 HTML5 之前的文本框就支持该特性。
- ☑ pattern：定义一个用户所输入的文本在提交之前必须遵循的模式。

- ☑ placeholder：指定一个出现在文本框中的提示文本，用户开始输入后该文本消失。
- ☑ required：需要访问者在提交表单之前必须完成该字段。
- ☑ formnovalidate：关闭 HTML5 的自动验证功能。应用于提交按钮。
- ☑ novalidate：关闭 HTML5 的自动验证功能。应用于表单元素。

Note

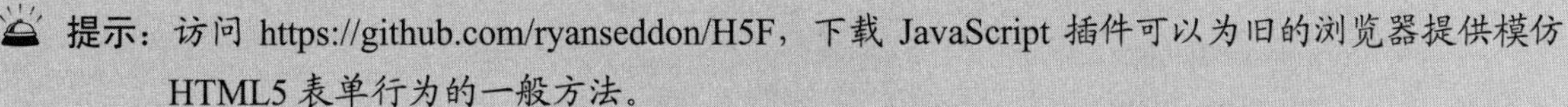

提示：访问 https://github.com/ryanseddon/H5F，下载 JavaScript 插件可以为旧的浏览器提供模仿 HTML5 表单行为的一般方法。

视频讲解

8.2　定义表单

表单结构一般都以<form>开始，以</form>结束。两个标签之间是组成表单的标签、控件和按钮。访问者通过提交按钮提交表单，填写的信息就会发送给服务器。

【示例 1】 新建 HTML5 文档，保存为 test.html，在<body>内使用<form>标签包含两个<input>标签和一个提交按钮，并使用<p>标签将按钮和文本框分行显示。

```
<h2>会员登录</h2>
<form action="#" method="get" id="form1" name="form1">
    <p>会员：<input name="user" id="user" type="text" /></p>
    <p>密码：<input name="password" id="password" type="text" /></p>
    <p><input type="submit" value="登录"/></p>
</form>
```

form 开始标签可以有一些属性，其中最重要的就是 action 和 method。将 action 属性的值设为访问者提交表单时服务器上对数据进行处理的脚本的 URL。例如，action="save-info.php"。

method 属性的值要么是 get，要么是 post。大多数情况下都可以使用 post，不过每种方法都有其用途，了解其用途有助于理解它们。在 IE 浏览器中预览，演示效果如图 8.1 所示。

图 8.1　表单的基本效果

<form>标签包含很多属性，其中 HTML5 支持的属性如表 8.1 所示。

表 8.1　HTML5 支持的<form>标签属性

属　　性	值	说　　明
accept-charset	charset_list	规定服务器可处理的表单数据字符集
action	URL	规定当提交表单时向何处发送表单数据
autocomplete	on、off	规定是否启用表单的自动完成功能
enctype	参考下面说明	规定在发送表单数据之前如何对其进行编码
method	get、post	规定用于发送 form-data 的 HTTP 方法
name	form_name	规定表单的名称
novalidate	novalidate	如果使用该属性，则提交表单时不进行验证
target	_blank、_self、_parent_top、framename	规定在何处打开 action URL

Note

【示例 2】下面是一个简单的用户登录表单。

```
<form method="post" action="show-data.php">
    <!-- 各种表单元素 -->
    <fieldset>
        <h2 class="hdr-account">登录</h2>
        <div class="fields">
            <p class="row">
                <label for="first-name">用户名:</label>
                <input type="text" id="first-name" name="first_name" class="field-large" />
            </p>
            <p class="row">
                <label for="last-name">昵称:</label>
                <input type="text" id="last-name" name="last_name" class="field-large" />
            </p>
        </div>
    </fieldset>
    <!-- 提交按钮 -->
    <input type="submit" value="提 交" class="btn" />
</form>
```

提示：如果对表单使用 method="get"，那么表单提交后，表单中的数据会显示在浏览器的地址栏里。通常，如果希望表单提交后从服务器得到信息，就使用 get。例如，大多数搜索引擎都会在搜索表单中使用 get 提交表单，搜索引擎会得到搜索结果。由于数据出现在 URL 中，因此用户可以保存搜索查询，或者将查询发给朋友。

如果对表单使用 method="post"，那么提交表单后，表单中的数据不会显示在浏览器的地址栏里，这样更为安全。同时，比起 get，使用 post 可以向服务器发送更多的数据。通常，post 用于向服务器存入数据，而非获取数据。因此，如果需要在数据库中保存、添加和删除数据，就应选择 post。例如，电子商务网站使用 post 保存密码、邮件地址以及其他用户输入的信息。通常，如果不确定使用哪一种，就使用 post，这样数据不会暴露在 URL 中。

8.3 提交表单

表单从访问者那里收集信息，最终还需要把收集的信息发送给服务器，这个操作过程就是提交表单，涉及两个技术：表单验证和数据处理。

表单验证指的是提交表单时，对用户输入的每个字段的内容进行检查，看是否符合预期的格式。例如，对于电子邮件字段，检查输入是否为正确的电子邮件地址格式。

表单验证的任务可以归纳下面几种类型。

☑ 必填检查。

☑ 范围校验。

☑ 比较验证。

☑　格式验证。

☑　特殊验证。

必填检查是最基本的任务。常规设计中包括 3 种状态：输入框获取焦点提示；输入框失去焦点验证错误提示；输入框失去焦点验证正确提示。首先确定输入框是否是必填项，然后就是提示消息的显示位置。

Note

范围校验稍微复杂一些，在校验中需要做如下区分：输入的数据类型为字符串、数字和时间。如果是字符串，则比较字符串的长短；对数字和时间，则比较值的大小。

比较验证相对简单，无须考虑输入内容，只需要引入一个正则表达式即可。

格式验证和特殊验证都必须通过正则表达式才能够完成。

有的 HTML5 表单元素有内置的验证功能，表单验证一般在客户端使用 JavaScript 脚本完成，出于安全性考虑，特殊值验证需要在服务器端执行，如注册的用户名是否存在，用户输入密码是否正确等。

数据处理主要在服务器端完成，服务器端脚本可以将信息记录到服务器上的数据库里，通过电子邮件发送信息，或者执行很多其他的功能。

对于刚起步的读者来说，PHP 是一个不错的选择，因为用它处理一些常见任务很简单。除了 PHP，还可以选择其他语言，如 Django、Ruby、ASP.NET、JSP 等。

8.4　组织表单

视频讲解

使用<fieldset>标签可以组织表单结构，为表单对象进行分组，这样表单会更容易理解。在默认状态下，分组的表单对象外面会显示一个包围框。

使用<legend>标签可以定义每组的标题，描述每个分组的目的，有时这些描述还可以使用 h1～h6 标题。默认显示在<fieldset>包含框的左上角。

对于一组单选按钮或复选框，建议使用<fieldset>把它们包裹起来，为其添加一个明确的上下文，让表单结构显得更清晰。

【示例】本例编写一个复杂的表单结构，设计一个网站调查页面。在表单结构中为 2 个表单部分分别使用 fieldset，同时为其添加了一个 legend 元素，用于描述分组的内容。效果如图 8.2 所示。

```
<h1>网站小调查</h1>
<form action="#" class="form1">
    <fieldset class="fld1">
        <legend>个人信息</legend>
        <p><label for="name">姓名</label><input id="name"></p>
        <p><label for="address">地址</label><input id="address"></p>
        <p><label for="sex">性别</label>
            <select id="sex">
                <option value="female">女</option>
                <option value="male">男</option>
            </select>
        </p>
    </fieldset>
    <hr>
    <fieldset class="fld2">
```

Note

```
            <legend>其他信息</legend>
            <p><fieldset>
                <legend>你喜欢什么运动?</legend>
                <label for="football">
                    <input id="football" name=“yundong” type="checkbox">足球</label>
                <label for="basketball">
                    <input id="basketball" name=“yundong” type="checkbox">篮球</label>
                <label for="ping">
                    <input id="ping" name=“yundong” type="checkbox">乒乓球</label>
            </fieldset></p>
            <p><fieldset>
                <legend>请写下你的建议? </legend>
                <label for="comments">
                    <textarea id="comments" rows="7" cols="25"></textarea></label>
            </fieldset></p>
        </fieldset>
        <input value="提交个人信息" type="submit">
    </form>
```

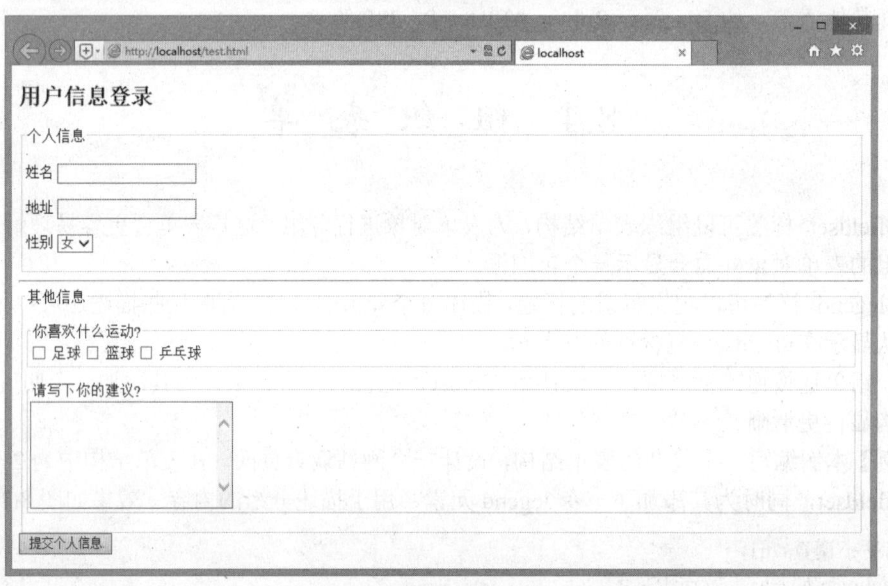

图 8.2　设计表单结构分组

legend 可以提高表单的可访问性。对于每个表单字段，屏幕阅读器都会将与之关联的 legend 文本念出来，从而让访问者了解字段的上下文。这种行为在不同的屏幕阅读器和浏览器上并不完全一样，不同的模式下也不一样。因此可以使用 h1～h6 标题代替 legend 来识别一些 fieldset。但是对于单选按钮，建议使用 fieldset 和 legend。

视频讲解

8.5　定义文本框

非标准化的短信息，应该建议用户输入，而不是让用户选择，如姓名、地址、电话等。使用输入

框收集会比使用选择的方式收集更加简便、宽容。

文本框是用户提交信息最主要的控件，定义方法如下。

```
第一种方式：<input />
第二种方式：<input type="" />
第三种方式：<input type="text" />
```

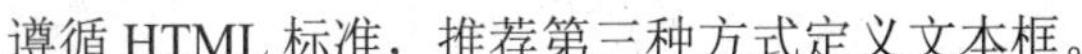

遵循 HTML 标准，推荐第三种方式定义文本框。

【示例】下面示例使用 HTML5 新增的 13 种类型文本框，定义了一个表单页面，比较不同类型文本框的显示效果，如图 8.3 所示，表单结构代码如下。

```
<form  action="#">
    <fieldset>
        <legend>输入型文本框</legend>
        <label for="email">email</label>
        <input  type="email"  name="email"  id="email"  />
        <label for="url">url</label>
        <input  type="url"  name="url"  id="url"  />
        <label for="number">number</label>
        <input  type="number"  name="number" id="number"  step="3" />
        <label for="tel">tel</label>
        <input  type="tel"  name="tel"  id="tel"  />
        <label for="search">search</label>
        <input  type="search"  name="search"  id="search"  />
        <label for="range">range</label>
        <input  type="range"  name="range" id="range"  value="100" min="0" max="300"  />
        <label for="color">color</label>
        <input  type="color"  name="color"  id="color"  />
    </fieldset>
    <fieldset>
        <legend>日期时间型文本框</legend>
        <label for="time">time</label>
        <input  type="time"  name="time"  id="time"  />
        <label for="date">date</label>
        <input  type="date"  name="date"  id="date"  />
        <label for="month">month</label>
        <input  type="month"  name="month"  id="month"  />
        <label for="week">week</label>
        <input  type="week"  name="week"  id="week"  />
        <label for="datetime">datetime</label>
        <input  type="datetime"  name="datetime"  id="datetime"  />
        <label for="datetime-local">datetime-local</label>
        <input  type="datetime-local"  name="datetime-local"  id="datetime-local"  />
    </fieldset>
    <input  type="submit"  value="提 交" />
</form>
```

在上面代码中，为每个文本框设置 name 和 id 属性，name 是提交数据的句柄，id 是 JavaScript 和 CSS 控制句柄，或者作为 for 的绑定目标。只有在希望为文本框添加默认值的情况下才需要设置 value 属性。

Note

图 8.3　比较不同类型的输入文本框

8.6　定 义 标 签

视频讲解

使用<label>标签可以定义表单对象的提示信息。通过 for 属性，可将提示信息与表单对象绑定在一起。设计方法：设置 for 属性值与一个表单对象的 id 的值相同，这样 label 就与该对象显式地关联起来。当用户单击提示信息时，将会激活对应的表单对象。这对提升表单的可用性和可访问性都有帮助。

提示：如果不使用 for 属性，通过<label>标签包含表单对象，也可以实现相同的设计目的。

【示例】本例针对 8.2 节示例使用 label 定义提示标签，提升用户体验。新优化后的表单结构如下。

```
<h1>会员登录</h1>
<form action="#" method="get" id="form1" name="form1">
    <p class="row">
        <label for="name">会员<span class="required">*</span></label>
        <input type="text" id="name" name="name" required="required" aria-required="true" />
    </p>
    <p class="row">
        <label for="password">密码<span class="required">*</span></label>
        <input type="password" id="password" name="password"   required="required" aria-required="true" />
    </p>
    <p class="row center"><input type="submit" value="登  录"/> </p>
</form>
```

然后使用 CSS 为标签添加样式，让表单变得更方便使用和更好看。

```
label {/*  标签样式  */
    cursor: pointer;
    display: inline-block;
    padding: 3px 6px;
    text-align: right;
    width: 80px;
```

```
        vertical-align: top;
}
```

定义“cursor: pointer;”，当访问者指向标签时，显示为手形就能提示用户这是一个可以操作的元素。使用“vertical-align: top;”让标签与相关的表单字段对齐，设计效果如图 8.4 所示。

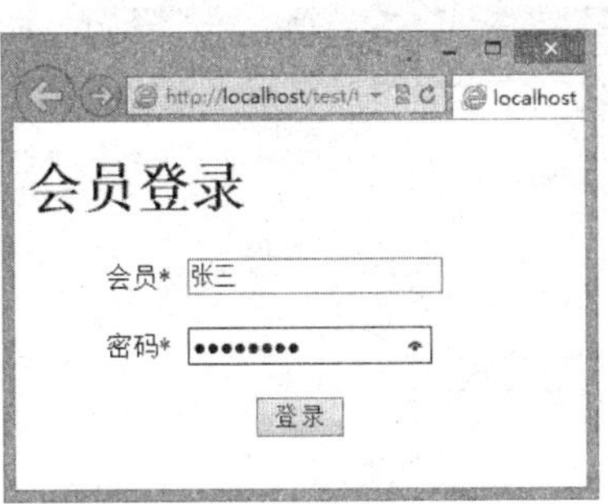

图 8.4　添加提示文本

for 属性关联还可以让屏幕阅读器将文本标签与相应的字段一起念出来。这对不了解表单字段含义的视障用户来说是多么重要。出于这些原因，建议用户在 label 元素中包含 for 属性。

8.7　使用常用控件

前面介绍了文本输入框控件的基本使用，它也是最常用的表单对象，下面再介绍另外几个常用的表单控件。

8.7.1　密码框

密码框是一种特殊用途的文本框，专门输入密码，通过 type="password"定义，输入的字符串以圆点或星号显示，避免信息被身边的人看到，用户输入的真实值会被发送到服务器，且在发送过程中没有加密。

【示例】下面示例设计一个简单的用户注册表单页面，使用密码框设计密码输入框和重置密码输入框两个对象，演示效果如图 8.5 所示。

```
<form>
    <fieldset>
        <legend>快速注册</legend>
        <p class="row"><label for="name">用户名</label>
            <input type="text" id="name" name="name"    />
        </p>
        <p class="row"><label for="email">Email</label>
            <input type="email" id="email" name="email" placeholder="name@163.com" />
        </p>
        <p class="row"><label for="password">密码</label>
            <input type="password" id="password" name="password" />
        </p>
        <p class="row"><label for="password2">重置密码</label>
            <input type="password" id="password2" name="password2" />
```

Note

```
        </p>
    </fieldset>
    <input type="submit" value="提 交" />
</form>
```

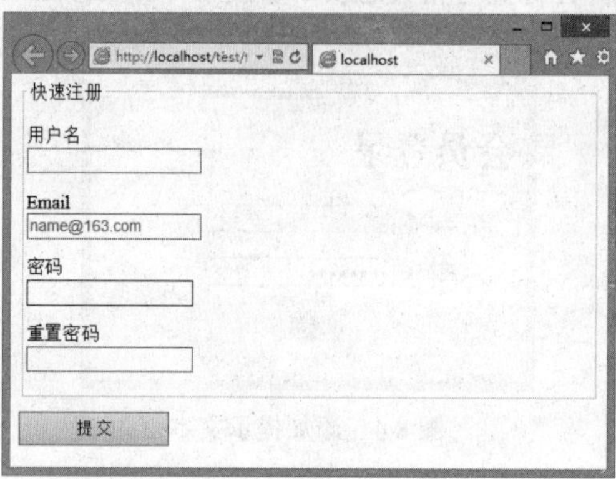

图 8.5　设计用户注册表单页面

视频讲解

8.7.2　单选按钮

使用<input type="radio">可以定义单选按钮，多个 name 属性值相同的单选按钮可以合并为一组，称为单选按钮组。在单选按钮组中，只能选择一个，不能够空选或多选。

在设计单选按钮组时，应该设置单选按钮组的默认值，即为其中一个单选按钮设置 checked 属性。如果不设置默认值，用户可能会漏选，引发歧义。

【示例】下面示例设计一个性别选项组。

```
<fieldset class="radios">
    <legend>姓名</legend>
    <p class="row">
        <input type="radio" id="gender-male" name="gender" value="male" />
        <label for="gender-male">男士</label>
    </p>
    <p class="row">
        <input type="radio" id="gender-female" name="gender" value="female" />
        <label for="gender-female">女士</label>
    </p>
</fieldset>
```

value 属性对于单选按钮来说很重要，因为访问者无法输入值。推荐使用 fieldset 嵌套每组单选按钮，并用 legend 进行描述。

视频讲解

8.7.3　复选框

使用<input type="checkbox">可以定义复选框，多个 name 属性值相同的复选框可以合并为一组，称为复选框组。在复选框组中，允许用户不选或者多选。也可以使用 checked 属性设置默认选项项目。

【示例】下面示例演示了如何创建复选框。

```
<div class="fields checkboxes">
    <p class="row">
```

```
            <input type="checkbox" id="email" name="email[]" value="电子邮箱" />
            <label for="email">电子邮件</label>
        </p>
        <p class="row">
            <input type="checkbox" id="phone" name="email[]" value="电话" />
            <label for="phone">电话</label>
        </p>
    </div>
```

标签文本不需要与 value 属性一致。这是因为标签文本用于在浏览器中显示，而 value 则是发送给服务器。空的方括号是为 PHP 脚本的 name 准备的。使用 name="boxset"识别发送至服务器的数据，同时用于将多个复选框联系在一起（对于所有复选框使用同一个 name 值）。使用 id="idlabel"对应于 label 元素中的 for 属性值。

value="data"里的 data 是该复选框被选中时要发送给服务器的文本。使用 checked 或 checked="checked"可以让该复选框在页面打开时默认处于选中状态。

8.7.4　文本区域

视频讲解

如果希望用户输入大段字符串（多行文本），则应该使用<textarea>标签定义文本区域控件。<input type="text" />只能够接收单行文本。<textarea>标签包含 3 个专用属性，简单说明如下。

☑ cols：设置文本区域内可见字符宽度。可以使用 CSS 的 width 属性代替设计。

☑ rows：设置文本区域内可见行数。可以使用 CSS 的 height 属性代替设计。

☑ wrap：定义输入内容大于文本区域宽度时显示的方式。

☑ soft：默认值，提交表单时，被提交的值不包含不换行。

☑ hard：提交表单时，被提交的值包含不换行。当使用 hard 时，必须设置 cols 属性。

【示例】下面示例设计一个简单的反馈表，主要使用表单域<fieldset>标签、表单域标题<legend>标签、文件上传控件 input（type="file"）和文本域<textarea>标签，显示效果如图 8.6 所示。

```
<div class="feedback">
    <h1>反馈表</h1>
    <div class="content">
        <form method="post" action="">
            <fieldset class="base_info">
                <legend>用户信息</legend>
                <label for="userName">用户名</label>
                <input type="text" value="" id="userName" />
                <label for="email">电子邮件</label>
                <input type="text" value="" id="email" />
            </fieldset>
            <fieldset class="feedback_content">
                <legend>反馈信息</legend>
                <label for="msg">具体内容</label>
                <textarea rows="8" cols="50" id="msg" placeholder="请填写详实的反馈意见。"></textarea>
                <label for="up_file">附件</label>
                <input type="file" id="up_file" />
                <p class="tips">附件仅支持.jpg、.gif、.png 图片。</p>
            </fieldset>
            <button type="submit">提交</button>
```

```
            <button type="reset">重置</button>
        </form>
    </div>
</div>
```

Note

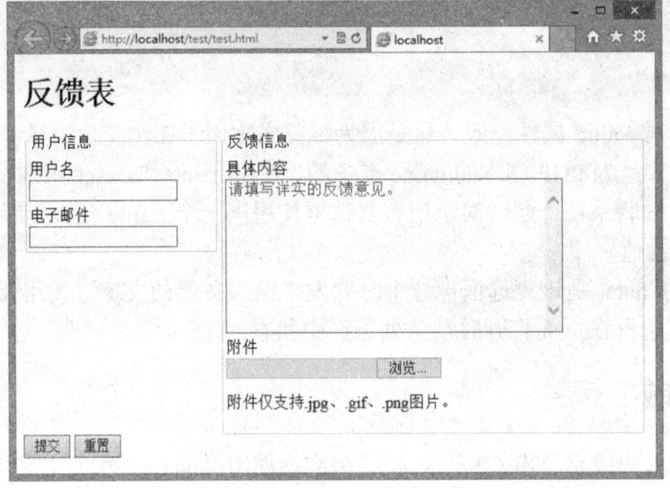

图 8.6　设计反馈表页面

如果没有设置 maxlength 属性，用户最多可以输入 32700 个字符。与文本框不同，textarea 没有 value 属性，默认值可以包含在<textarea>和</textarea>之间，也可以设置 placeholder 属性定义占位文本。

提示：默认情况下 textarea 不会继承 font 属性，因此在 CSS 样式表中需要显式设置该属性。

```
textarea {
    font: inherit;
    padding: 2px;
}
```

视频讲解

8.7.5　选择框

选择框非常适合向访问者提供一组选项，从而允许他们从中选取。它们通常呈现为下拉菜单的样式，如果允许用户选择多个选项，选择框就会呈现为一个带滚动条的列表框。

选择框由两种 HTML 元素构成：select 和 option。通常，在 select 元素里设置 name 属性，在每个 option 元素里设置 value 属性。

【示例 1】下面示例创建一个简单的城市下拉菜单。

```
<label for="state">省市</label>
<select id="state" name="state">
    <option value="BJ">北京</option>
    <option value="SH">上海</option>
    ...
</select>
```

可以为 select 和 option 元素添加样式，但有一定的限制。

```
select {
```

```
    font-size: inherit;
}
```

CSS 规则要求菜单文本和其父元素字号大小相同，否则默认情况下它看上去会小很多。可以使用 CSS 对 width、color 和其他的属性进行调整，不过，不同的浏览器呈现下拉菜单列表的方式略有差异。

Note

默认的选择是菜单中的第一个选项，或者是在 HTML 中指定了 selected 的选项（需要注意的一点是，除非设置了 size 属性，否则访问者就必须选择菜单中的某个选项）。

使用 size="n"设置选择框的高度（以行为单位）。使用 multiple 或者 multiple="multiple"（两种方法在 HTML5 中均可），允许访问者选择一个以上的菜单选项，选择时须按住 Control 键或 Command 键。

每个选项的 value="optiondata"属性是选项选中后要发送给服务器的数据（如果省略 value，则包含的文本就是选项的值。使用 selected 或者 selected="selected"（在 HTML5 中两种方式均可），指定该选项被默认选中。

使用<optgroup>标签可以对选择项目进行分组，一个<optgroup>标签包含多个<option>标签，然后使用 label 属性设置分类标题，分类标题是一个不可选的伪标题。

【示例 2】下面示例使用 optgroup 元素对下拉菜单项目进行分组。

```
<select name="选择城市">
    <optgroup label="山东省">
    <option value="潍坊">潍坊</option>
    <option value="青岛" selected="selected">青岛</option>
    </optgroup>
    <optgroup label="山西省">
    <option value="太原">太原</option>
    <option value="榆次">榆次</option>
    </optgroup>
</select>
```

每个子菜单都有一个标题（在 optgroup 开始标签的 label 属性中指定）和一系列选项（使用 option 元素和常规文本定义）。浏览器通常会对 optgroup 中的 option 缩进，从而将它们和 optgrouplabel 属性文本区别开。

如果添加了 size 属性，那么选择框看起来会更像一个列表，且没有自动选中的选项，除非设置了 selected。

如果 size 大于选项的数量，访问者就可以通过单击空白区域让所有的选项处于未选中状态。

可以对 option 元素添加 label 属性，该属性用于指定需要显示在菜单中的文本（替代了 option 标签之间的文本），不过 Firefox 浏览器并不支持这一属性，因此最好不要用它。

由于设置了 size 属性，菜单显示为一个有滚动条的列表，默认情况下没有选中任何选项。为<select id="state" name="state" size="3">，可以让菜单的高度为 3 行。

8.7.6　上传文件

有时需要让网站的用户向服务器上传文件（如照片、简历等）。要让访问者能够上传文件，必须正确地设置 enctype 属性，创建 input type="file"元素。

【示例】下面示例演示了如何创建上传控件。

```
<form method="post" action="show-data.php" enctype="multipart/form-data">
    <label for="picture">图片:</label>
```

```
        <input type="file" id="picture" name="picture" />
        <p class="instructions">最大 700KB，JPG、GIF 或 PNG</p>
    </form>
```

Note

对 input 使用 multiple 属性可以允许上传多个文件（这里并没有包含该属性）。这是 HTML5 中新增的内容，它也得到了浏览器的广泛支持，不过，移动端浏览器和 IE 浏览器会直接忽略它（IE10+开始支持）。

处理文件上传需要一些特殊的代码。可以在网上搜索文件上传脚本查看相关的资源。同时，服务器需要配置正确才能存储文件。

文件域为用户提供了从其系统中选择文件的方式。对于 type="file"的 input 元素，浏览器会自动创建浏览按钮。Chrome 和 Safari 不会创建框，它们只显示按钮。

浏览器通常不允许像对其他表单元素那样对此类 input 设置样式，对于允许上传的表单，不能使用 get 方法。

8.7.7 隐藏字段

隐藏字段可以用于存储表单中的数据，但它不会显示给访问者。可以认为它们是不可见的文本框。它们通常用于存储先前的表单收集的信息，以便将这些信息同当前表单的数据一起交给脚本进行处理。

【示例】下面示例演示了如何定义隐藏域。

```
<form method="post" action="your-script.php">
    <input type="hidden" name="step" value="6" />
    <input type="submit" value="提交" />
</form>
```

访问者不会看到这个输入框，但他们提交表单时，名“step”和值“6”会随着表单中从访问者输入获取的数据一起传送给服务器。创建隐藏字段时，可以使用脚本中的变量将字段的值设置为访问者原来输入的值。

什么时候使用隐藏字段？

假设有一个表单，希望让访问者在提交表单之前有机会检查他们输入的内容。处理表单的脚本可以向访问者显示提交的数据，同时创建一个表单，其中有包含同样数据的隐藏字段。如果访问者希望编辑数据，他们只需后退即可。如果他们想提交表单，由于隐藏字段已经将数据填好了，因此他们就不需要再次输入数据。

隐藏字段出现在表单标记中的位置并不重要，因为它们在浏览器中是不可见的。不要将密码、信用卡号等敏感信息放到隐藏字段中。即便它们不会显示到网页中，访问者也可以通过查看 HTML 源代码看到它。

提示：要创建访问者可见但不可修改的表单元素，有两种方法：一种是使用 disabled（禁用）属性；另一种是使用 readonly（只读）属性。与禁用字段不同，只读字段可以获得焦点，访问者可以选择和复制里面的文本，但不能修改这些文本。它只能应用于文本输入框和文本区域，例如：

```
<input type="text" id="coupon" name="coupon" value="FREE" readonly />
```

还可以使用 readonly="readonly" 这样的形式，结果是一样的。

Note

8.7.8　提交按钮

HTML5 按钮分为 3 种类型。

☑　普通按钮：不包含任何操作。如果要执行特定操作，需要使用 JavaScript 脚本定义。

```
<input type="button" value="按钮名称">
<button type="button">按钮名称</button>
```

☑　提交按钮：单击按钮可以提交表单。

```
<input type="submit" value="按钮名称">
<button type="submit">按钮名称</button>
<input type="image" src="按钮图像源">
```

☑　重置按钮：单击按钮可以重置表单，恢复默认值。

```
<input type="reset" value="按钮名称">
<button type="reset">按钮名称</button>
```

注意：如果在 HTML 表单中使用 button 元素，不同的浏览器会提交不同的值。IE 将提交<button>与</button>之间的文本，而其他浏览器将提交 value 属性值。因此，一般在 HTML 表单中使用 input 元素来创建按钮。

对于 button 元素来说，IE 默认类型是"button"，而其他浏览器默认值是"submit"。因此使用 button 元素时，应该明确定义 type 属性。

【示例】下面实例比较 3 种不同类型的提交按钮，显示效果如图 8.7 所示。

```
<form method="get" action="#">
    <input type="text" name="uname" value="张三" /></br></br>
    <input type="password" name="pwd" value="123" /></br></br>
    <input type="image" src="images/button.png" name="image_btn" value="注册 1" />
    <input type="submit" name="input_btn" value="注册 2" />
    <button type="submit" name="button_btn" value="注册 3"><img src="images/button.png" ></button>
</form>
```

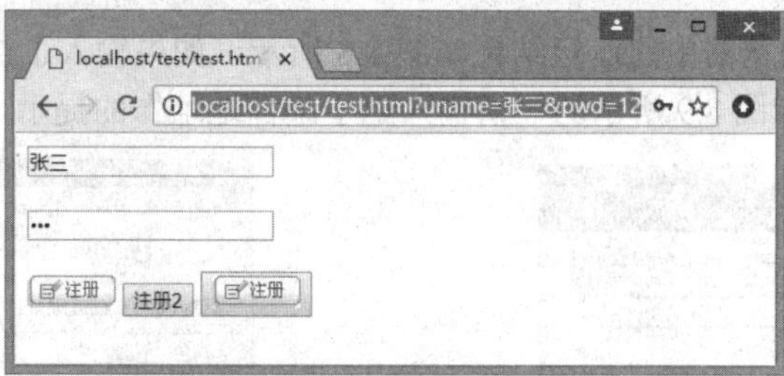

图 8.7　提交按钮比较效果

从功能上比较，<input type="image">、<input type="submit">和<button type="submit">都可以提交表单，不过，<input type="image">会把按钮单击位置的偏移坐标 x、y 也提交给服务器。例如，如果单击图像按钮提交表单后，则 URL 信息如下.

http://localhost/test/test.html?uname=%E5%BC%A0%E4%B8%89&pwd=123&image_btn.x=35&image_btn.y=13&image_btn=%E6%B3%A8%E5%86%8C1#

Note

提示：对于一般表单应用来说，在服务器中都是按照指定的 name 名称来接收、处理参数，所以即使多了两个参数也不会有任何问题。但是在做支付接口时（如支付宝接口），多出两个隐藏参数就会带来很麻烦的问题，因为在提交表单之后，接收端会对参数名称进行 MD5 校验，多两个参数会直接导致表单校验不通过，然后支付失败的问题，所以在网站开发中不建议使用<input type="image">作为表单的提交按钮。

<input type="image">创建的图像提交按钮，可以使用可选的 width 和 height 属性定义按钮大小。如果不填写 name 属性，则提交按钮的“名/值”对就不会传递给服务器，由于一般不需要这一信息，因此可以不为按钮设置 name 属性。

如果省略 value 属性，那么根据不同的浏览器，提交按钮就会显示默认的“提交”文本，如果有多个提交按钮，可以为每个按钮设置 name 属性和 value 属性，从而让脚本知道用户按下的是哪个按钮。否则，最好省略 name 属性。

8.8 HTML5 新型输入框

HTML5 新增了多个输入型表单控件，通过使用这些新增的表单输入类型，可以实现更好的输入体验。

8.8.1 定义 Email 框

email 类型的 input 元素是一种专门用于输入 Email 地址的文本框，在提交表单时，会自动验证 Email 输入框的值。如果不是一个有效的电子邮件地址，则该输入框不允许提交该表单。

【示例】下面是 email 类型的一个应用示例。

```
<form action="demo_form.php" method="get">
请输入您的 Email 地址：<input type="email" name="user_email" /><br />
<input type="submit" />
</form>
```

以上代码在 Chrome 浏览器中的运行结果如图 8.8 所示。如果输入了错误的 Email 地址格式，单击“提交”按钮时会出现如图 8.9 所示的“请输入电子邮件地址”的提示。

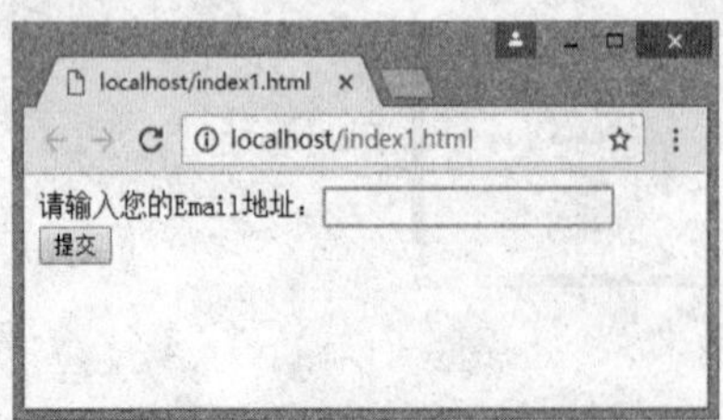

图 8.8　email 类型的 input 元素示例

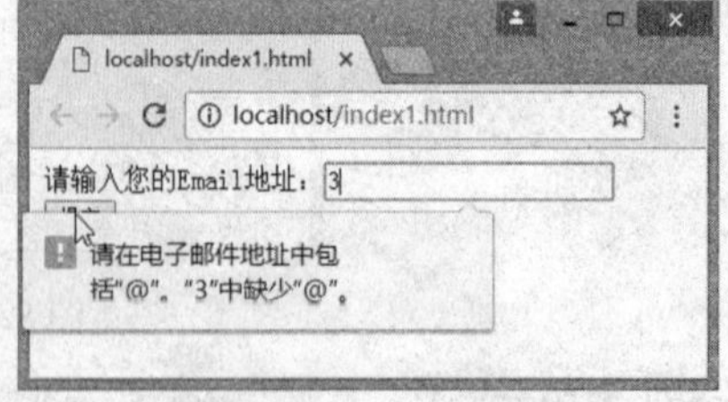

图 8.9　检测到不是有效的 Email 地址

对于不支持 type="email"的浏览器来说，将会以 type="text"来处理，所以并不妨碍旧版浏览器浏览采用 HTML5 中 type="email"输入框的网页。

8.8.2　定义 URL 框

url 类型的 input 元素提供用于输入 url 地址的文本框。当提交表单时，如果所输入的是 url 地址格式的字符串，则会提交服务器，如果不是，则不允许提交。

【示例】下面是 url 类型的一个应用示例。

```
<form action="demo_form.php" method="get">
请输入网址：<input type="url" name="user_url" /><br/>
<input type="submit" />
</form>
```

以上代码在 Chrome 浏览器中的运行结果如图 8.10 所示。如果输入了错误的 url 地址格式，单击“提交”按钮时会出现如图 8.11 所示的“请输入网址”的提示。

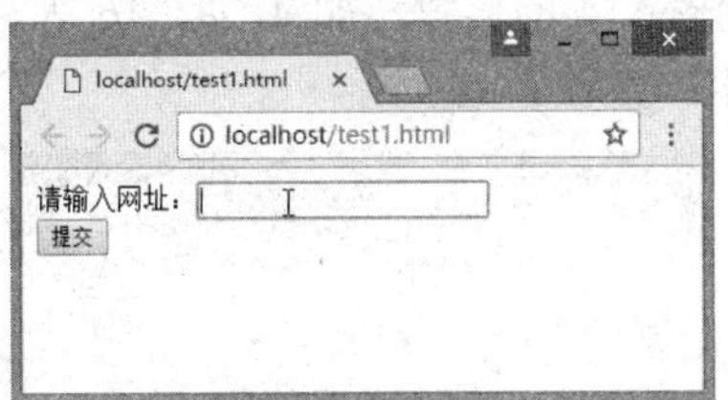

图 8.10　url 类型的 input 元素示例

图 8.11　检测到不是有效的 url 地址

注意：www.baidu.com 并不是有效的 URL，因为 URL 必须以 http://或 https://开头。这里最好使用占位符提示访问者。另外，还可以在该字段下面的解释文本中指出合法的格式。

对于不支持 type="url"的浏览器，将会以 type="text"来处理。

8.8.3　定义数字框

number 类型的 input 元素提供用于输入数值的文本框。用户还可以设定对所接受的数字的限制，包括允许的最大值和最小值、合法的数字间隔或默认值等。如果所输入的数字不在限定范围之内，则会提示错误信息。

number 类型使用下面的属性来规定对数字类型的限定，说明如表 8.2 所示。

表 8.2　number 类型的属性

属　性	值	描　述
max	number	规定允许的最大值
min	number	规定允许的最小值
step	number	规定合法的数字间隔（如果 step="4"，则合法的数是-4,0,4,8 等）
value	number	规定默认值

【示例】下面是 number 类型的一个应用示例。

```
<form action="demo_form.php" method="get">
请输入数值：<input type="number" name="number1" min="1" max="20" step="4">
<input type="submit" />
</form>
```

以上代码在 Chrome 浏览器中的运行结果如图 8.12 所示。如果输入了不在限定范围之内的数字，单击“提交”按钮时会出现如图 8.13 所示的提示。

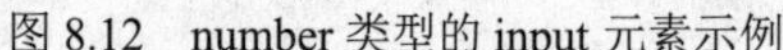

图 8.12　number 类型的 input 元素示例

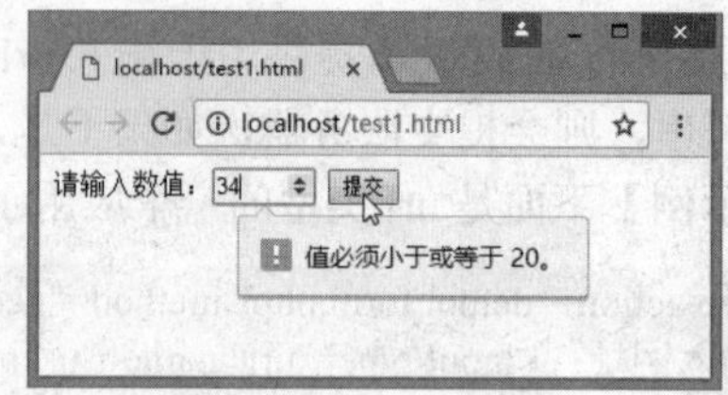

图 8.13　检测到输入了不在限定范围之内的数字

图 8.13 所示为输入了大于规定的最大值时所出现的提示。同样的，如果违反了其他限定，也会出现相关提示。例如，如果输入数值 15，则单击“提交”按钮时会出现“值无效”的提示，如图 8.14 所示。这是因为限定了合法的数字间隔为 4，在输入时只能输入 4 的倍数，如 4、8、16 等。又如，如果输入数值-12，则会提示“值必须大于或等于 1”，如图 8.15 所示。

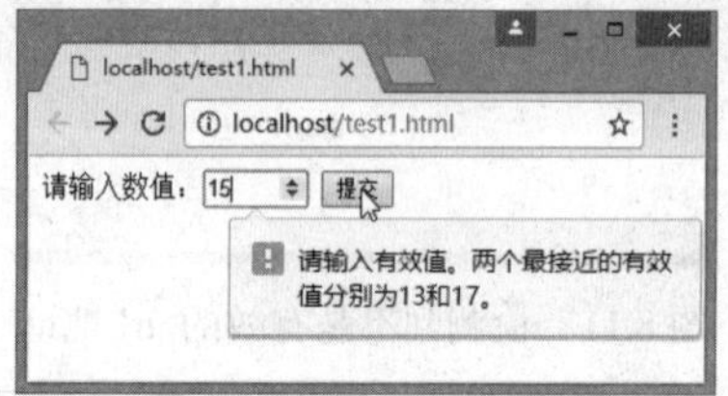

图 8.14　出现“值无效”的提示

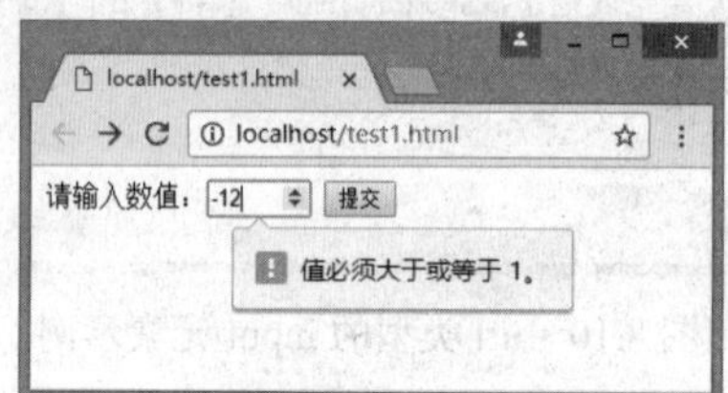

图 8.15　提示“值必须大于或等于 1”

8.8.4　定义范围框

range 类型的 input 元素提供用于输入包含一定范围内数字值的文本框，在网页中显示为滑动条。用户可以设定对所接受的数字的限制，包括规定允许的最大值和最小值、合法的数字间隔或默认值等。如果所输入的数字不在限定范围之内，则会出现错误提示。

range 类型使用下面的属性来规定对数字类型的限定，说明如表 8.3 所示。

表 8.3　range 类型的属性

属　性	值	描　述
max	number	规定允许的最大值
min	number	规定允许的最小值
step	number	规定合法的数字间隔（如果 step="4"，则合法的数是-4,0,4,8 等）
value	number	规定默认值

从表 8.3 可以看出，range 类型的属性与 number 类型的属性相同，这两种类型的不同在于外观表现上，支持 range 类型的浏览器都会将其显示为滑块的形式，而不支持 range 类型的浏览器则会将其显示为普通的文本框，即以 type="text"来处理。

【示例】下面是 range 类型的一个应用示例。

```
<form action="demo_form.php" method="get">
请输入数值：  <input type="range" name="range1" min="1" max="30" />
<input type="submit" />
</form>
```

以上代码在 Chrome 浏览器中的运行结果如图 8.16 所示。range 类型的 input 元素在不同浏览器中的外观也不同，例如在 Opera 浏览器中的外观如图 8.17 所示，会在滑块下方显示出额外的数字间隔短线。

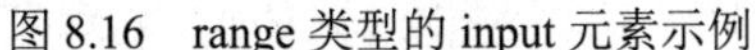

图 8.16　range 类型的 input 元素示例

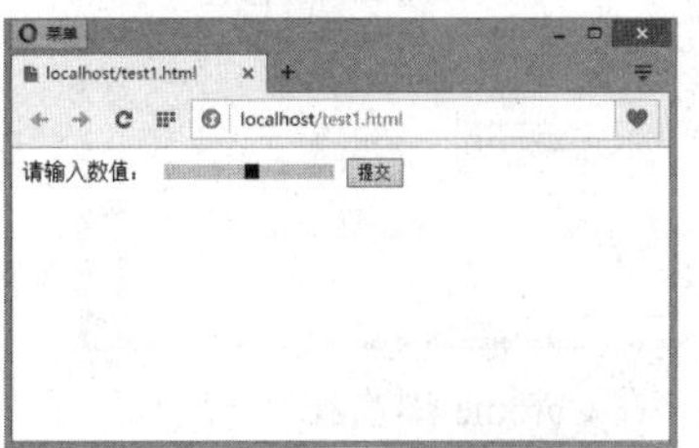

图 8.17　range 类型的 input 元素在 Opera 浏览器的外观

8.8.5　定义日期选择器

日期选择器（Date Pickers）是网页中经常要用到的一种控件，在 HTML5 之前版本中，并没有提供任何形式的日期选择器控件，多采用一些 JavaScript 框架来实现日期选择器控件的功能，如 jQuery UI、YUI 等，在具体使用时会比较麻烦。

HTML5 提供了多个可用于选取日期和时间的输入类型，即 6 种日期选择器控件，分别用于选择以下日期格式：日期、月、星期、时间、日期+时间、日期+时间+时区，如表 8.4 所示。

表 8.4　日期选择器类型

输 入 类 型	HTML 代码	功能与说明
date	<input type="date">	选取日、月、年
month	<input type="month">	选取月、年
week	<input type="week">	选取周和年
time	<input type="time">	选取时间（小时和分钟）
datetime	<input type="datetime">	选取时间、日、月、年（UTC 时间）
datetime-local	<input type="datetime-local">	选取时间、日、月、年（本地时间）

提示： UTC 时间就是 0 时区的时间，而本地时间就是本地时区的时间。例如，如果北京时间为早上 8 点，则 UTC 时间为 0 点，也就是说 UTC 时间比北京时间晚 8 小时。

1．date 类型

date 类型的日期选择器用于选取日、月、年，即选择一个具体的日期，例如 2018 年 12 月 14 日，选择后会以 2018/12/14 的形式显示。

【示例 1】下面是 date 类型的一个应用示例。

```
<form action="demo_form.php" method="get">
请输入日期：  <input type="date" name=" date1" />
<input type="submit" />
</form>
```

以上代码在 Chrome 浏览器中的运行结果如图 8.18 所示，在 Opera 浏览器中的运行结果如图 8.19 所示。Chrome 浏览器中显示为右侧带有微调按钮的数字输入框，可见该浏览器并不支持日期选择器控件。而 Opera 浏览器中单击右侧小箭头时会显示出日期控件，用户可以使用控件来选择具体日期。

Note

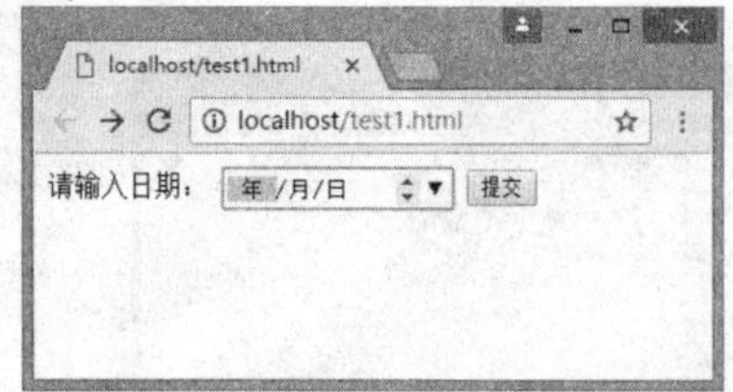

图 8.18　在 Chrome 浏览器中的运行结果

图 8.19　在 Opera 浏览器中的运行结果

2．month 类型

month 类型的日期选择器用于选取月、年，即选择一个具体的月份，例如 2018 年 12 月，选择后会以 2018/12 的形式显示。

【示例 2】下面是 month 类型的一个应用示例。

```
<form action="demo_form.php" method="get">
请输入月份：  <input type="month" name=" month1" />
<input type="submit" />
</form>
```

以上代码在 Chrome 浏览器中的运行结果如图 8.20 所示，在 Opera 浏览器中的运行结果如图 8.21 所示。Chrome 浏览器中显示为右侧带有微调按钮的数字输入框，输入或微调时会只显示到月份，而不会显示日期。Opera 浏览器中单击右侧小箭头时会显示出日期控件，用户可以使用控件来选择具体月份，但不能选择具体日期。可以看到，整个月份中的日期都会以深灰色显示，单击该区域可以选择整个月份。

图 8.20　在 Chrome 浏览器中的运行结果

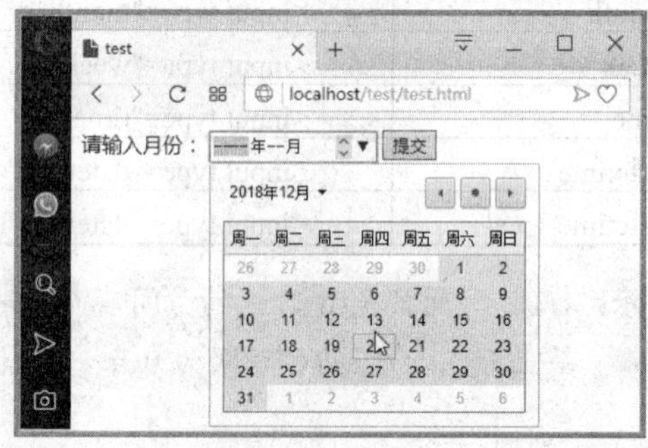

图 8.21　在 Opera 浏览器中的运行结果

3．week 类型

week 类型的日期选择器用于选取周和年，即选择一个具体的哪一周，例如 2018 年 12 月第 51 周，选择后会以"2018 年第 51 周"的形式显示。

【示例 3】下面是 week 类型的一个应用示例。

```
<form action="demo_form.php" method="get">
请选择年份和周数：  <input type="week" name="week1" />
<input type="submit" />
</form>
```

以上代码在 Chrome 浏览器中的运行结果如图 8.22 所示，在 Opera 浏览器中的运行结果如图 8.23

所示。Chrome 浏览器中显示为右侧带有微调按钮的数字输入框，输入或微调时会显示年份和周数，而不会显示日期。Opera 浏览器中单击右侧小箭头时会显示出日期控件，用户可以使用控件来选择具体的年份和周数，但不能选择具体日期。可以看到，整个月份中的日期都会以深灰色显示按周数显示，单击该区域可以选择某一周。

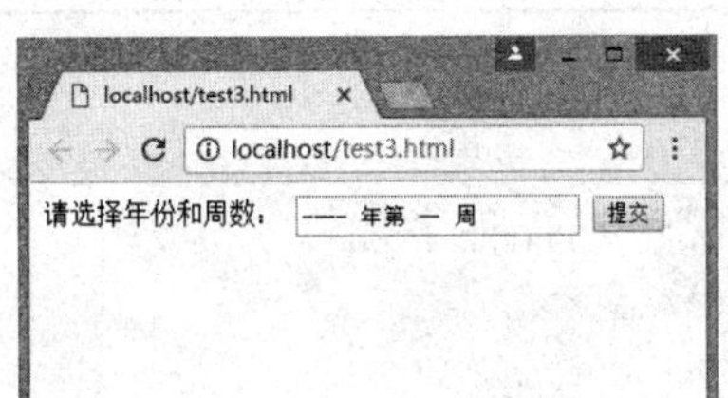

图 8.22　在 Chrome 浏览器中的运行结果

图 8.23　在 Opera 浏览器中的运行结果

4．time 类型

time 类型的日期选择器用于选取时间，具体到小时和分钟，例如，选择后会以 22:59 的形式显示。

【示例 4】下面是 time 类型的一个应用示例。

```
<form action="demo_form.php" method="get">
请选择或输入时间：  <input type="time" name="time1" />
<input type="submit" />
</form>
```

以上代码在 Chrome 浏览器中的运行结果如图 8.24 所示，在 Opera 浏览器中的运行结果如图 8.25 所示。

图 8.24　在 Chrome 浏览器中的运行结果

图 8.25　在 Opera 浏览器中的运行结果

除了可以使用微调按钮之外，还可以直接输入时间值。如果输入了错误的时间格式并单击"提交"按钮，则在 Chrome 浏览器中会自动更正为最接近的合法值，而在 IE10 浏览器中则以普通的文本框显示，如图 8.26 所示。

图 8.26　IE10 不支持该类型输入框

time 类型支持使用一些属性来限定时间的大小范围或合法的时间间隔，如表 8.5 所示。

Note

表 8.5　time 类型的属性

属　　性	值	描　　述
max	time	规定允许的最大值
min	time	规定允许的最小值
step	number	规定合法的时间间隔
value	time	规定默认值

【示例 5】可以使用下列代码来限定时间。

```
<form action="demo_form.php" method="get">
请选择或输入时间：<input type="time" name="time1" step="5" value="09:00">
<input type="submit" />
</form>
```

以上代码在 Chrome 浏览器中的运行结果如图 8.27 所示，可以看到，在输入框中出现设置的默认值“09:00”，并且当单击微调按钮时，会以 5 秒钟为单位递增或递减。当然，用户还可以使用 min 和 max 属性指定时间的范围。

在 date 类型、month 类型、week 类型中也支持使用上述属性值。

5．datetime 类型

datetime 类型的日期选择器用于选取时间、日、月、年，其中时间为 UTC 时间。

【示例 6】下面是 datetime 类型的一个应用示例。

```
<form action="demo_form.php" method="get">
请选择或输入时间：<input type="datetime" name="datetime1" />
<input type="submit" />
</form>
```

以上代码在 Safari 浏览器中的运行结果如图 8.28 所示。

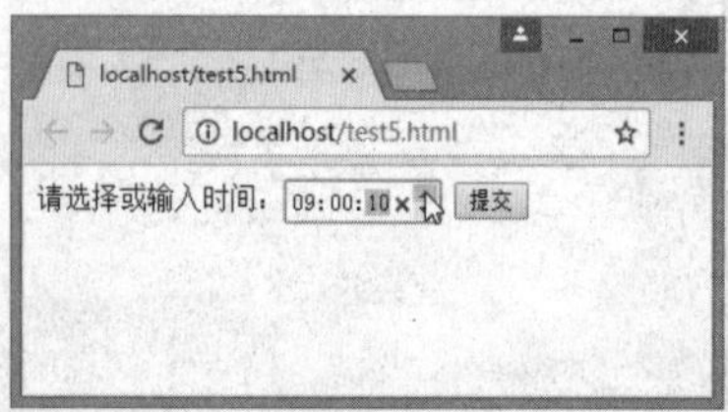

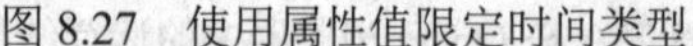

图 8.27　使用属性值限定时间类型

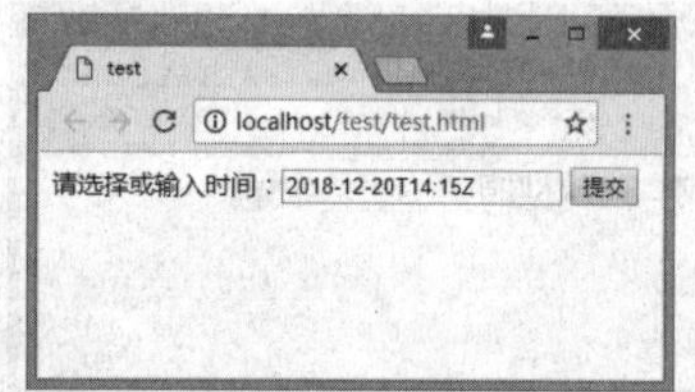

图 8.28　在 Safari 浏览器中的运行结果

注意：IE、Firefox 和 Chrome 最新版本不再支持<input type="datetime">元素，Chrome 和 Safari 部分版本支持。Opera 12 以及更早的版本中完全支持。

6．datetime-local 类型

datetime-local 类型的日期选择器用于选取时间、日、月、年，其中时间为本地时间。

【示例 7】下面是 datetime-local 类型的一个应用示例。

```
<form action="demo_form.php" method="get">
请选择或输入时间：<input type="datetime-local" name="datetime-local1" />
<input type="submit" />
</form>
```

以上代码在 Chrome 浏览器中的运行结果如图 8.29 所示，在 Opera 浏览器中的运行结果如图 8.30 所示。

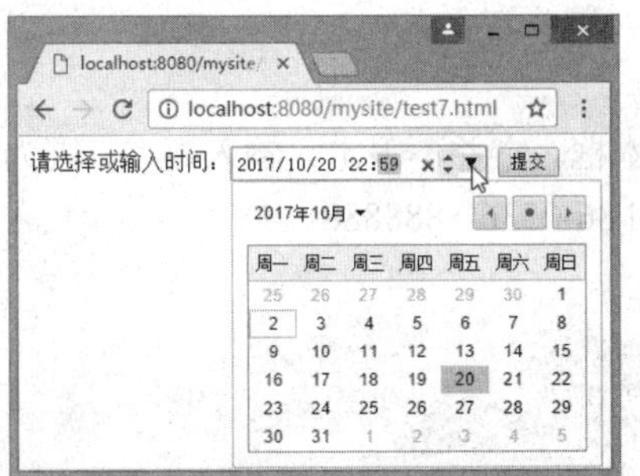

图 8.29　在 Chrome 浏览器中的运行结果

图 8.30　在 Opera 浏览器中的运行结果

8.8.6　定义搜索框

search 类型的 input 元素提供用于输入搜索关键词的文本框。在外观上看起来，search 类型的 input 元素与普通的 text 类型的区别：当输入内容时，右侧会出现一个“×”图标，单击即可清除搜索框。

【示例】搜索框是应用 placeholder 的最佳控件。同时，注意这里的 form 用的是 method="get"，而不是 method="post"。这是搜索字段的常规做法（无论是 type="search"，还是 type="text"）。

```
<form method="get" action="search-results.php" role="search">
    <label for="search">请输入搜索关键词：</label>
    <input type="search" id="search" name="search" size="30" placeholder="输入的关键字" />
    <input type="submit" value=" Go " />
</form>
```

以上代码在 Chrome 浏览器中的运行结果如图 8.31 所示。如果在搜索框中输入要搜索的关键词，在搜索框右侧就会出现一个“×”按钮。单击该按钮可以清除已经输入的内容。

OS X 上的 Chrome、Safari 以及 iOS 上的 Mobile Safari 会让搜索框显示为圆角边框，当用户开始输入，字段右侧会出现一个“×”按钮，用于清除输入的内容。新版的 IE、Chrome、Opera 浏览器支持“×”按钮这一功能，Firefox 浏览器则不支持，显示为常规文本框的样子，如图 8.32 所示。

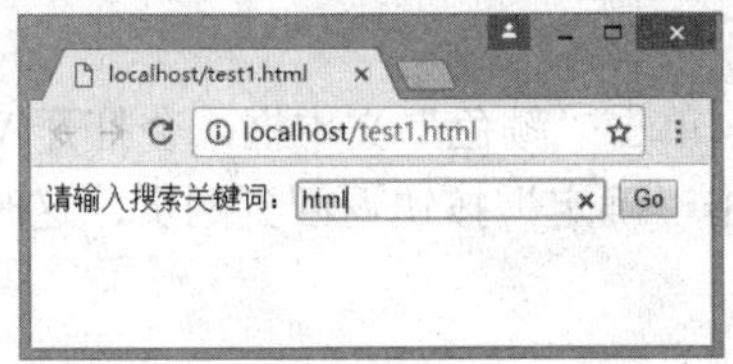

图 8.31　search 类型的应用

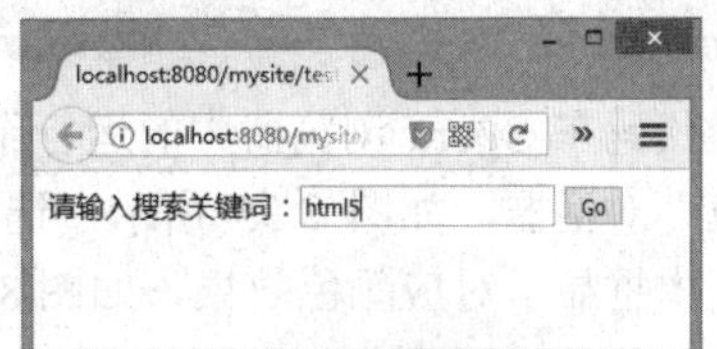

图 8.32　Firefox 没有“×”按钮

提示：在默认情况下，为 Chrome、Safari 和 Mobile Safari 等浏览器中的搜索框设置样式是受到限制的。如果要消除这一约束，重新获得 CSS 的控制权，可以使用专有的-webkit-appearance: none; 声明，例如：

```
input[type="search"] {
   -webkitappearance: none;
}
```

注意：appearance 属性并不是官方的 CSS，因此不同浏览器的行为有可能不一样。

Note

8.8.7 定义电话号码框

tel 类型的 input 元素提供专门用于输入电话号码的文本框。它并不限定只输入数字，因为很多的电话号码还包括其他字符，如“+”“-”“(”“)”等，例如 86-0536-8888888。

【示例】下面是 tel 类型的一个应用示例。

```
<form action="demo_form.php" method="get">
请输入电话号码：<input type="tel" name="tel1" />
<input type="submit" value="提交"/>
</form>
```

以上代码在 Chrome 浏览器中的运行结果如图 8.33 所示。从某种程度上来说，所有的浏览器都支持 tel 类型的 input 元素，因为它们都会将其作为一个普通的文本框来显示。HTML5 规则并不需要浏览器执行任何特定的电话号码语法或以任何特别的方式来显示电话号码。

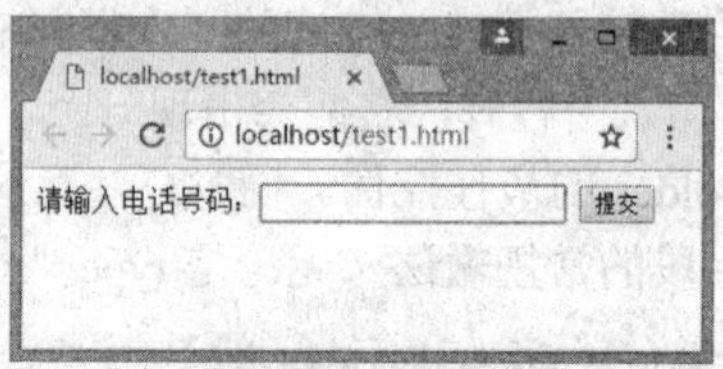

图 8.33　tel 类型的应用

8.8.8 定义拾色器

color 类型的 input 元素提供专门用于选择颜色的文本框。当 color 类型文本框获取焦点后，会自动调用系统的颜色窗口，包括苹果系统也能弹出相应的系统色盘。

【示例】下面是 color 类型的一个应用示例。

```
<form action="demo_form.php" method="get">
请选择一种颜色：<input type="color" name="color1" />
<input type="submit" value="提交"/>
</form>
```

以上代码在 Opera 浏览器中的运行结果如图 8.34 所示，单击“颜色”文本框，会打开 Windows 的“颜色”对话框，如图 8.35 所示，选择一种颜色后，单击“确定”按钮返回到网页，这时可以看到颜色文本框显示对应颜色效果，如图 8.36 所示。

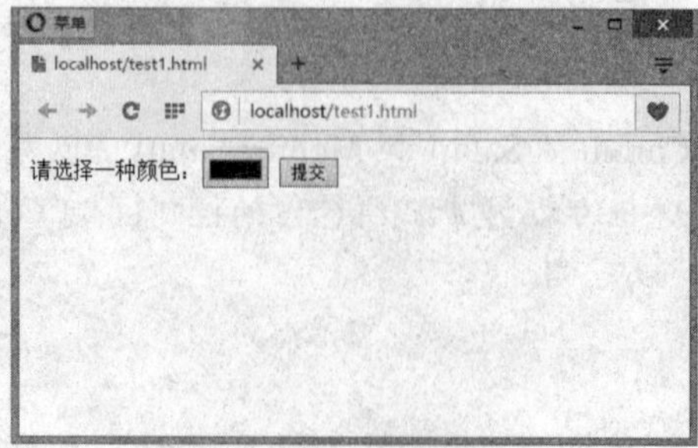

图 8.34　color 类型的应用

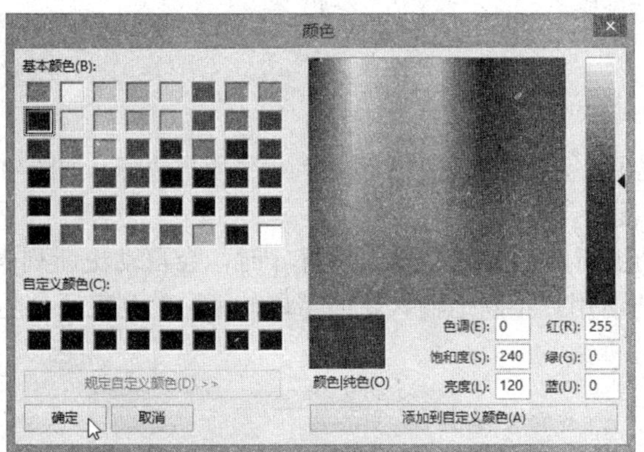

图 8.35　Windows 系统中的“颜色”对话框

图 8.36　设置颜色后效果

提示：IE 和 Safari 浏览器暂不支持。

8.9　HTML5 输入属性

HTML5 为 input 元素新增了多个属性，用于限制输入行为或格式。

8.9.1　定义自动完成

autocomplete 属性可以帮助用户在输入框中实现自动完成输入。取值包括 on 和 off，用法如下所示。

```
<input type="email" name="email" autocomplete="off" />
```

提示：autocomplete 属性适用 input 类型，包括 text、search、url、telephone、email、password、datepickers、range 和 color。

autocomplete 属性也适用于 form 元素，在默认状态下表单的 autocomplete 属性处于打开状态，其包含的输入域会自动继承 autocomplete 状态，也可以为某个输入域单独设置 autocomplete 状态。

注意：在某些浏览器中需要先启用浏览器本身的自动完成功能，才能使 autocomplete 属性起作用。

【示例】设置 autocomplete 为 on 时，可以使用 HTML5 新增的 datalist 元素和 list 属性提供一个数据列表供用户进行选择。下面示例演示如何应用 autocomplete 属性、datalist 元素和 list 属性实现自动完成。

```
<h2>输入你最喜欢的城市名称</h2>
<form autocompelete="on">
    <input type="text" id="city" list="cityList">
    <datalist id="cityList" style="display:none;">
        <option value="BeiJing">BeiJing</option>
        <option value="QingDao">QingDao</option>
        <option value="QingZhou">QingZhou</option>
```

```
        <option value="QingHai">QingHai</option>
    </datalist>
</form>
```

Note

在浏览器中预览，当用户将焦点定位到文本框中，会自动出现一个城市列表供用户选择，如图 8.37 所示。而当用户单击页面的其他位置时，这个列表就会消失。

当用户输入时，该列表会随用户的输入自动更新，例如，当输入字母 q 时，会自动更新列表，只列出以 q 开头的城市名称，如图 8.38 所示。随着用户不断地输入新的字母，下面的列表还会随之变化。

图 8.37　自动完成数据列表

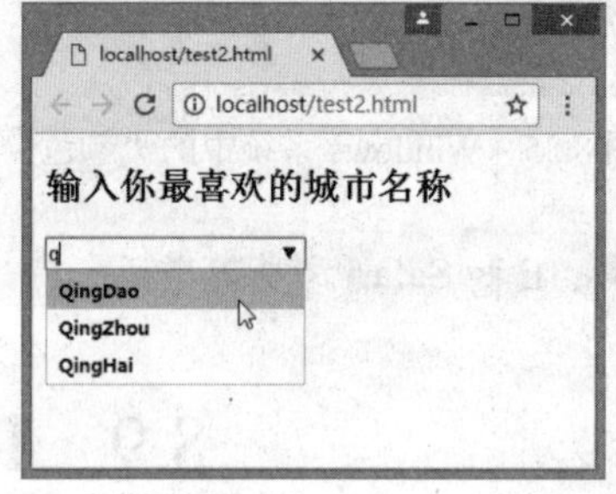

图 8.38　数据列表随用户输入而更新

提示：多数浏览器都带有辅助用户完成输入的自动完成功能，只要开启了该功能，浏览器会自动记录用户所输入的信息，当再次输入相同的内容时，浏览器就会自动完成内容的输入。从安全性和隐私的角度考虑，这个功能存在较大的隐患，如果不希望浏览器自动记录这些信息，则可以为 form 或 form 中的 input 元素设置 autocomplete 属性，关闭该功能。

视频讲解

8.9.2　定义自动获取焦点

autofocus 属性可以实现在页面加载时，让表单控件自动获得焦点，用法如下所示。

```
<input type="text" name="fname" autofocus="autofocus" />
```

autocomplete 属性适用所有<input>标签的类型，如文本框、复选框、单选按钮、普通按钮等。

注意：在同一页面中只能指定一个 autofocus 对象，当页面中的表单控件比较多时，建议为最需要聚焦的那个控件设置 autofocus 属性值，如页面中搜索文本框，或者许可协议的“同意”按钮等。

【示例 1】下面示例演示如何应用 autofocus 属性。

```
<form>
    <p>请仔细阅读许可协议：</p>
    <p>
        <label for="textarea1"></label>
        <textarea name="textarea1" id="textarea1" cols="45" rows="5">许可协议具体内容......</textarea>
    </p>
    <p>
        <input type="submit" value="同意" autofocus>
        <input type="submit" value="拒绝">
```

```
    </p>
</form>
```

以上代码在 Chrome 浏览器中的运行结果如图 8.39 所示。页面载入后，“同意”按钮自动获得焦点，因为通常希望用户直接单击该按钮。如果将“拒绝”按钮的 autofocus 属性值设置为 on，则页面载入后焦点就会落在“拒绝”按钮上，如图 8.40 所示，但从页面功用的角度来说却并不合适。

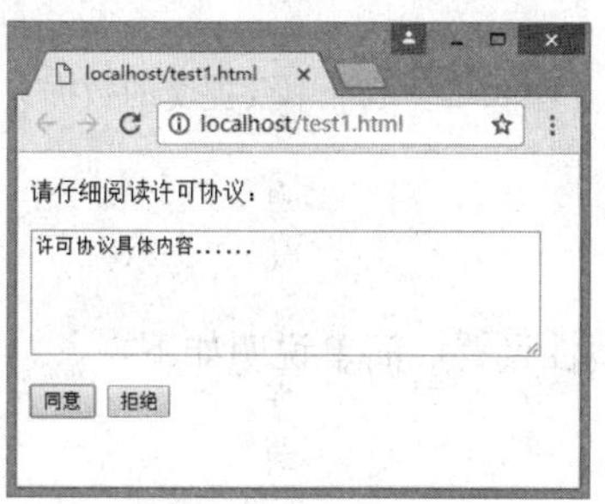

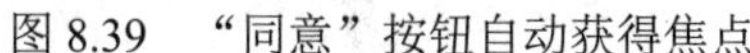

图 8.39　“同意”按钮自动获得焦点

图 8.40　“拒绝”按钮自动获得焦点

【示例 2】如果浏览器不支持 autofocus 属性，可以使用 JavaScript 实现相同的功能。在下面脚本中，先检测浏览器是否支持 autofocus 属性，如果不支持则获取指定的表单域，为其调用 focus()方法，强迫其获取焦点。

```
<script>
if (!("autofocus" in document.createElement("input"))) {
    document.getElementById("ok").focus();
}
</script>
```

8.9.3　定义所属表单

视频讲解

form 属性可以设置表单控件归属的表单，适用于所有<input>标签的类型。

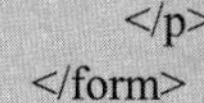

提示： 在 HTML4 中，用户必须把相关的控件放在表单内部，即<form>和</form>之间。在提交表单时，在<form>和</form>之外的控件将被忽略。

【示例】form 属性必须引用所属表单的 id，如果一个 form 属性要引用两个或两个以上的表单，则需要使用空格将表单的 id 值分隔开。下面是一个 form 属性应用。

```
<form action="" method="get" id="form1">
请输入姓名：<input type="text" name="name1" autofocus/>
<input type="submit"    value="提交"/>
</form>
请输入住址：<input type="text" name="address1" form="form1" />
```

以上代码在 Chrome 浏览器中的运行结果如图 8.41 所示。如果填写姓名和住址并单击“提交”按钮，则 name1 和 address1 分别会被赋值为所填写的值。例如，如果在姓名处填写“zhangsan”，住址处填写“北京”，则单击“提交”按钮后，服务器端会接收到 name1=zhangsan 和“address1=北京”。用户也可以在提交后观察浏览器的地址栏，可以看到有“name1=zhangsan&address1=北京”字样，如图 8.42 所示。

图 8.41　form 属性的应用

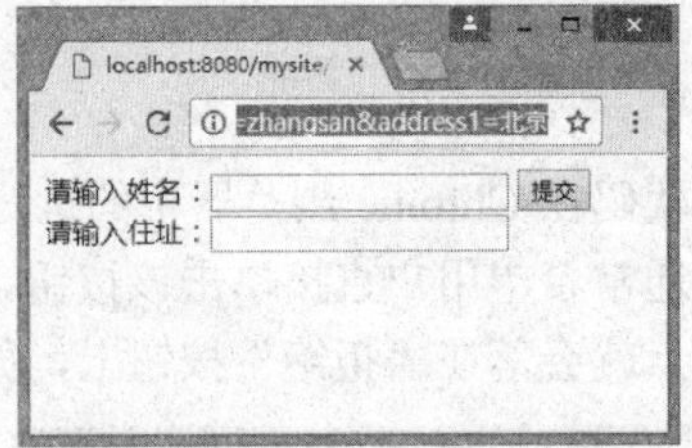

图 8.42　地址中要提交的数据

视频讲解

8.9.4　定义表单重写

HTML5 新增 5 个表单重写属性，用于重写<form>标签属性设置，简单说明如下。

☑　formaction：重写<form>标签的 action 属性。
☑　formenctype：重写<form>标签的 enctype 属性。
☑　formmethod：重写<form>标签的 method 属性。
☑　formnovalidate：重写<form>标签的 novalidate 属性。
☑　formtarget：重写<form>标签的 target 属性。

注意：表单重写属性仅适用于 submit 和 image 类型的 input 元素。

【示例】下面示例设计通过 formaction 属性，实现将表单提交到不同的服务器页面。

```
<form action="1.asp" id="testform">
请输入电子邮件地址：<input type="email" name="userid" /><br />
    <input type="submit" value="提交到页面 1" formaction="1.asp" />
    <input type="submit" value="提交到页面 2" formaction="2.asp" />
    <input type="submit" value="提交到页面 3" formaction="3.asp" />
</form>
```

视频讲解

8.9.5　定义高和宽

height 和 width 属性仅用于设置<input type="image">标签的图像高度和宽度。

【示例】下面示例演示了 height 与 width 属性的应用。

```
<form action="testform.asp" method="get">
请输入用户名：<input type="text" name="user_name" /><br />
<input type="image" src="images/submit.png" width="72" height="26" />
</form>
```

源图像的大小为 288 像素×104 像素，使用以上代码将其大小限制为 72 像素×26 像素，在 Chrome 浏览器中的运行结果如图 8.43 所示。

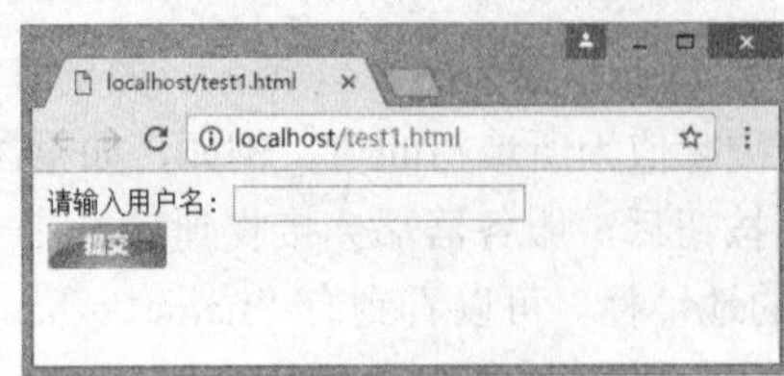

图 8.43　form 属性的应用

8.9.6　定义列表选项

list 属性用于设置输入域的 datalist。datalist 是输入域的选项列表。该属性适用于以下类型的<input>标签：text、search、url、telephone、email、date pickers、number、range 和 color。

注意：目前最新的主流浏览器都已支持 list 属性，不过呈现形式略有不同。

8.9.7　定义最小值、最大值和步长

min、max 和 step 属性用于为包含数字或日期的 input 输入类型设置限值，适用于 date pickers、number 和 range 类型的<input>标签，具体说明如下。

☑　max 属性：设置输入框所允许的最大值。

☑　min 属性：设置输入框所允许的最小值。

☑　step 属性：为输入框设置合法的数字间隔（步长）。例如，step="4"，则合法值包括-4、0、4 等。

【示例】下面示例设计一个数字输入框，并规定该输入框接受介于 0～12 的值，且数字间隔为 4。

```
<form action="testform.asp" method="get">
    请输入数值：<input type="number" name="number1" min="0" max="12" step="4" />
    <input type="submit" value="提交" />
</form>
```

在 Chrome 浏览器中的运行，如果单击数字输入框右侧的微调按钮，则可以看到数字以 4 为步进值递增，如图 8.44 所示；如果输入不合法的数值，如 5，单击“提交”按钮时会显示错误提示，如图 8.45 所示。

图 8.44　list 属性应用

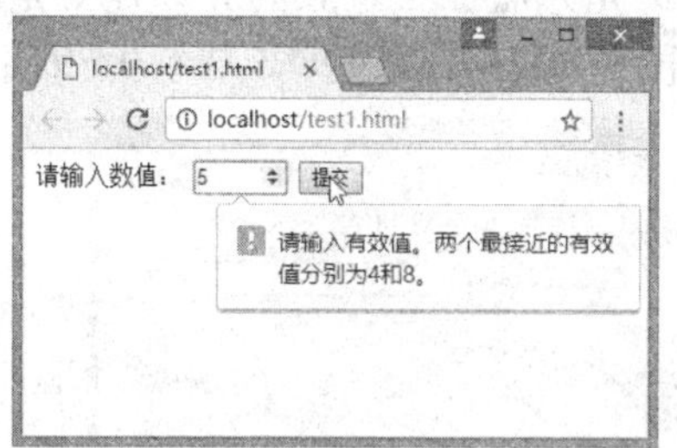

图 8.45　显示错误提示

8.9.8　定义多选

multiple 属性可以设置输入域一次选择多个值。适用于 email 和 file 类型的<input>标签。

【示例】下面在页面中插入了一个文件域，使用 multiple 属性允许用户一次可提交多个文件。

```
<form action="testform.asp" method="get">
    请选择要上传的多个文件：<input type="file" name="img" multiple />
    <input type="submit" value="提交" />
</form>
```

在 Chrome 浏览器中的运行结果如图 8.46 所示。如果单击“选择文件”按钮，则会允许在打开的

对话框中选择多个文件。选择文件并单击“提交”按钮后会关闭对话框，同时在页面中会显示选中文件的个数，如图 8.47 所示。

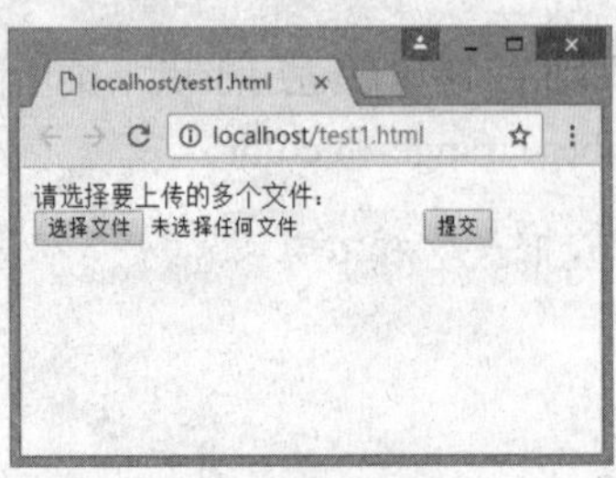

图 8.46　multiple 属性的应用

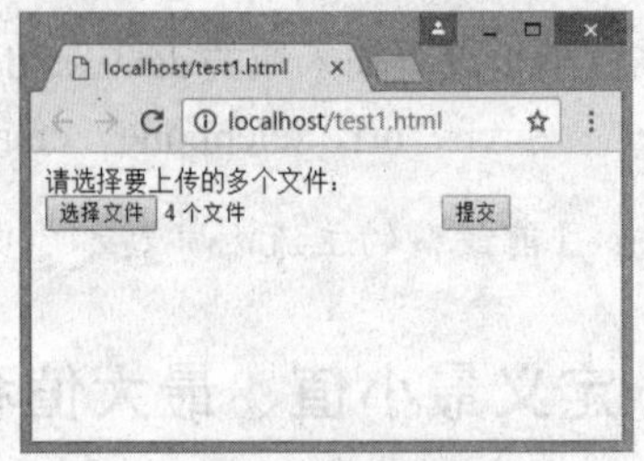

图 8.47　显示被选中文件的个数

视 频 讲 解

8.9.9　定义匹配模式

pattern 属性规定用于验证 input 域的模式（pattern）。模式就是 JavaScript 正则表达式，通过自定义的正则表达式匹配用户输入的内容，以便进行验证。该属性适用于 text、search、url、telephone、email 和 password 类型的<input>标签。

【示例】下面示例使用 pattern 属性设置文本框必须输入 6 位数的邮政编码。

```
<form action="/testform.asp" method="get">
    请输入邮政编码: <input type="text" name="zip_code" pattern="[0-9]{6}"
    title="请输入 6 位数的邮政编码" />
    <input type="submit" value="提交" />
</form>
```

在 Chrome 浏览器中的运行结果如图 8.48 所示。如果输入的数字不是 6 位，则会出现错误提示，如图 8.49 所示。如果输入的并非是规定的数字，而是字母，也会出现这样的错误提示，因为 pattern="[0-9]{6}"中规定了必须输入 0～9 这样的阿拉伯数字，并且必须为 6 位数。

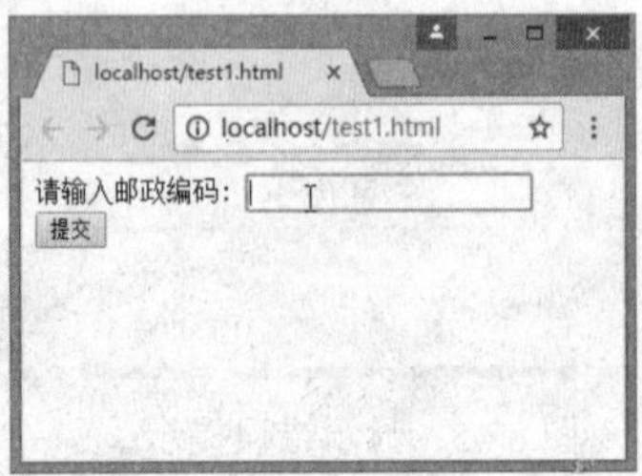

图 8.48　pattern 属性的应用

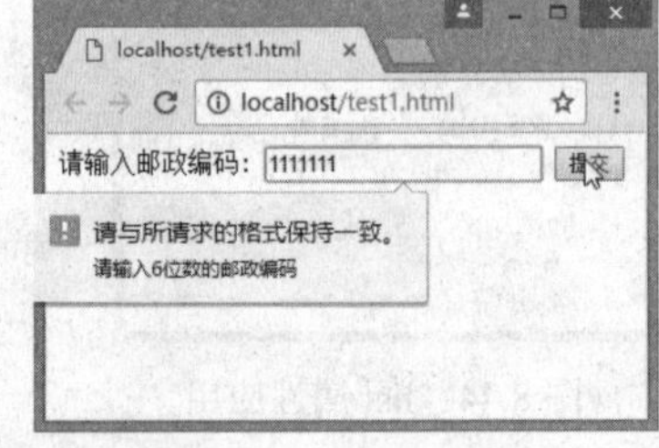

图 8.49　出现错误提示

提示：读者可以在 http://html5pattern.com 上面找到一些常用的正则表达式，并将它们复制粘贴到自己的 pattern 属性中进行应用。

视 频 讲 解

8.9.10　定义替换文本

placeholder 属性用于为 input 类型的输入框提供一种文本提示，这些提示可以描述输入框期待用户输入的内容，在输入框为空时显示，而当输入框获取焦点时自动消失。placeholder 属性适用于 text、search、url、telephone、email 和 password 类型的<input>标签。

【示例】下面是 placeholder 属性的一个应用示例。请注意比较本例与上例提示方法的不同。

```
<form action="/testform.asp" method="get">
    请输入邮政编码:
    <input type="text" name="zip_code" pattern="[0-9]{6}"
placeholder="请输入 6 位数的邮政编码" />
    <input type="submit" value="提交" />
</form>
```

以上代码在 Chrome 浏览器中的运行结果如图 8.50 所示。当输入框获得焦点并输入字符时，提示文字消失，如图 8.51 所示。

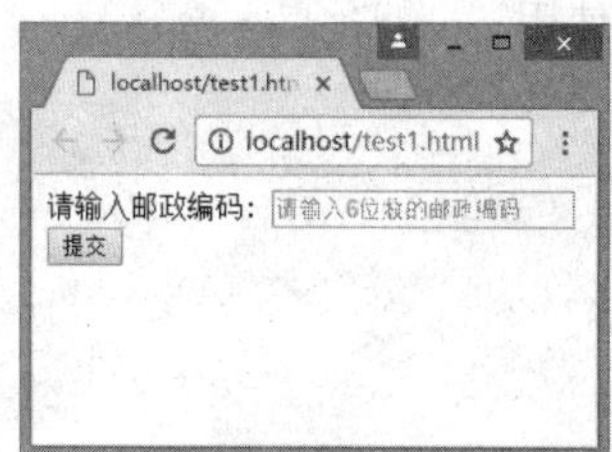

图 8.50　placeholder 属性的应用

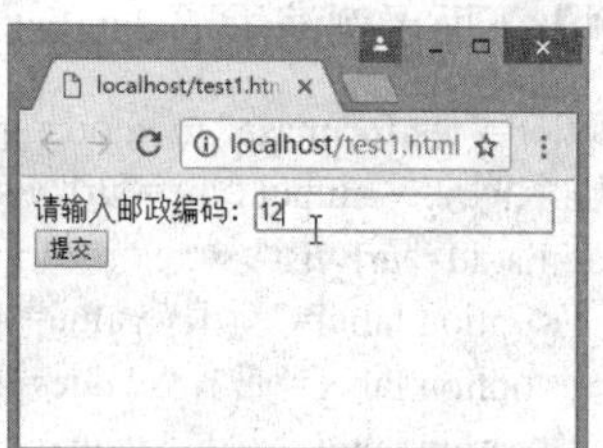

图 8.51　提示消失

8.9.11　定义必填

视频讲解

required 属性用于定义输入框填写的内容不能为空，否则不允许提交表单。该属性适用于 text、search、url、telephone、email、password、date pickers、number、checkbox、radio 和 file 类型的<input>标签。

【示例】下面示例使用 required 属性规定文本框必须输入内容。

```
<form action="/testform.asp" method="get">
    请输入姓名: <input type="text" name="usr_name" required="required" />
    <input type="submit" value="提交" />
</form>
```

在 Chrome 浏览器中的运行结果如图 8.52 所示。当输入框内容为空并单击“提交”按钮时，会出现“请填写此字段。”的提示，只有输入内容之后才允许提交表单。

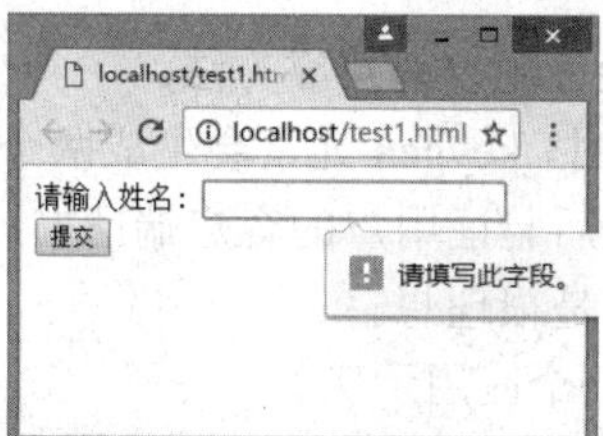

图 8.52　提示“请填写此字段。”

8.10　HTML5 新表单元素

HTML5 新增 3 个表单元素：datalist、keygen 和 output，下面分别进行说明。

Note

8.10.1　定义数据列表

datalist 元素用于为输入框提供一个可选的列表，供用户输入匹配或直接选择。如果不想从列表中选择，也可以自行输入内容。

datalist 元素需要与 option 元素配合使用，每一个 option 选项都必须设置 value 属性值。其中<datalist>标签用于定义列表框，<option>标签用于定义列表项。如果要把 datalist 提供的列表绑定到某输入框上，还需要使用输入框的 list 属性来引用 datalist 元素的 id。

【示例】下面示例演示了 datalist 元素和 list 属性如何配合使用。

```
<form action="testform.asp" method="get">
    请输入网址：<input type="url" list="url_list" name="weblink" />
    <datalist id="url_list">
        <option label="新浪" value="http://www.sina.com.cn" />
        <option label="搜狐" value="http://www.sohu.com" />
        <option label="网易" value="http://www.163.com" />
    </datalist>
    <input type="submit" value="提交" />
</form>
```

在 Chrome 浏览器中的运行，当用户单击“请输入网址”文本框之后，就会弹出一个下拉网址列表，供用户选择，效果如图 8.53 所示。

图 8.53　list 属性应用

8.10.2　定义密钥对生成器

keygen 元素的作用是提供一种验证用户的可靠方法。

作为密钥对生成器，当提交表单时，keygen 元素会生成两个键：私钥和公钥。私钥存储于客户端；公钥被发送到服务器，公钥可用于之后验证用户的客户端证书。

目前，浏览器对该元素的支持不是很理想。

【示例】下面是 keygen 属性的一个应用示例。

```
<form action="/testform.asp" method="get">
    请输入用户名: <input type="text" name="usr_name" /><br>
    请选择加密强度: <keygen name="security" /><br>
    <input type="submit" value="提交" />
</form>
```

以上代码在 Chrome 浏览器中的运行结果如图 8.54 所示。在“请选择加密强度”右侧的 keygen 元素中可以选择一种密钥强度，有 2048（高强度）和 1024（中等强度）两种，在 Firefox 浏览器也提供两种选项，如图 8.55 所示。

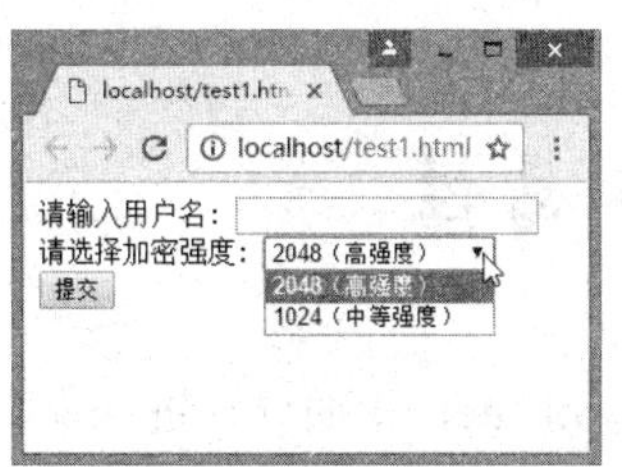

图 8.54　Chrome 浏览器提供的密钥等级

图 8.55　Firefox 浏览器提供的密钥等级

8.10.3　定义输出结果

output 元素用于在浏览器中显示计算结果或脚本输出，其语法如下。

```
<output name="">Text</output>
```

【示例】下面是 output 元素的一个应用示例。该示例计算用户输入的两个数字的乘积。

```
<script type="text/javascript">
 function multi(){
     a=parseInt(prompt("请输入第 1 个数字。",0));
     b=parseInt(prompt("请输入第 2 个数字。",0));
     document.forms["form"]["result"].value=a*b;
 }
</script>

<body onload="multi()">
<form action="testform.asp" method="get" name="form">
     两数的乘积为: <output name="result"></output>
</form>
</body>
```

以上代码在 Chrome 浏览器中的运行结果如图 8.56 和图 8.57 所示。当页面载入时，会首先提示“请输入第 1 个数字”，输入并单击“确定”按扭后再根据提示“请输入第 2 个数字”。再次单击“确定”按钮后，显示计算结果，如图 8.58 所示。

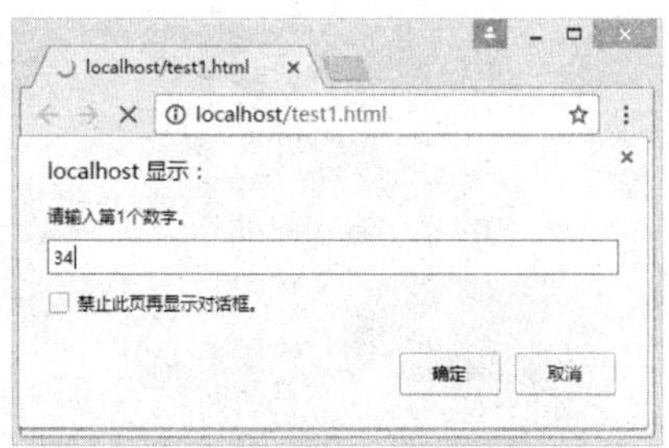

图 8.56　提示输入第 1 个数字

图 8.57　提示输入第 2 个数字

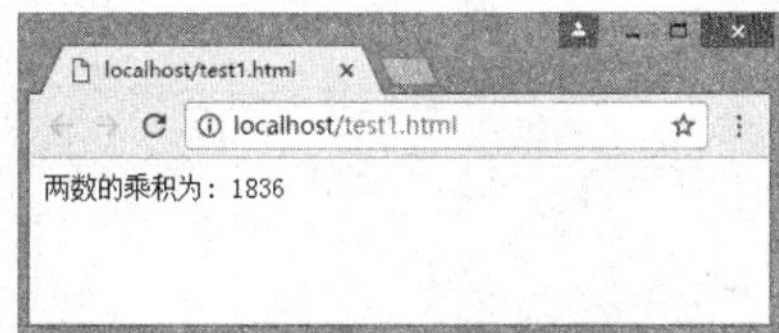

图 8.58　显示计算结果

8.11 HTML5 表单属性

Note

HTML5 为 form 元素新增了两个属性：autocomplete 和 novalidate，下面分别进行说明。

8.11.1 定义自动完成

autocomplete 属性用于规定 form 中所有元素都拥有自动完成功能。该属性在介绍 input 属性时已经介绍过，用法与之相同。

但是当 autocomplete 属性用于整个 form 时，所有从属于该 form 的控件都具备自动完成功能。如果要关闭部分控件的自动完成功能，则需要单独设置 autocomplete="off"，具体示例可参考 autocomplete 属性的介绍。

8.11.2 定义禁止验证

视频讲解

novalidate 属性规定在提交表单时不应该验证 form 或 input 域。适用于<form>标签，以及 text、search、url、telephone、email、password、date pickers、range 和 color 类型的<input>标签。

【示例 1】下面示例使用 novalidate 属性取消了整个表单的验证。

```
<form action="testform.asp" method="get" novalidate>
    请输入电子邮件地址: <input type="email" name="user_email" />
    <input type="submit" value="提交" />
</form>
```

【补充】

HTML5 为 form、input、select 和 textarea 元素定义了一个 checkValidity()方法。调用该方法，可以显式地对表单内所有元素内容或单个元素内容进行有效性验证。checkValidity()方法将返回布尔值，以提示是否通过验证。

【示例 2】下面示例使用 checkValidity()方法，主动验证用户输入的 Email 地址是否有效。

```
<script>
function check(){
    var email = document.getElementById("email");
    if(email.value==""){
        alert("请输入 Email 地址");
        return false;
    }
    else if(!email.checkValidity()){
        alert("请输入正确的 Email 地址");
        return false;
    }
    else
        alert("您输入的 Email 地址有效");
}
</script>
```

```
<form id=testform onsubmit="return check();" novalidate>
    <label for=email>Email</label>
    <input name=email id=email type=email /><br/>
    <input type=submit>
</form>
```

 提示：在 HTML5 中，form 和 input 元素都有一个 validity 属性，该属性返回一个 ValidityState 对象。该对象具有很多属性，其中最简单、最重要的属性为 valid 属性，它表示表单内所有元素内容是否有效或单个 input 元素内容是否有效。

8.12 在线练习

本节将通过大量的上机示例，帮助初学者练习使用 HTML5 设计表单结构和样式。感兴趣的同学可以扫码强化练习。

在线练习 1　　在线练习 2

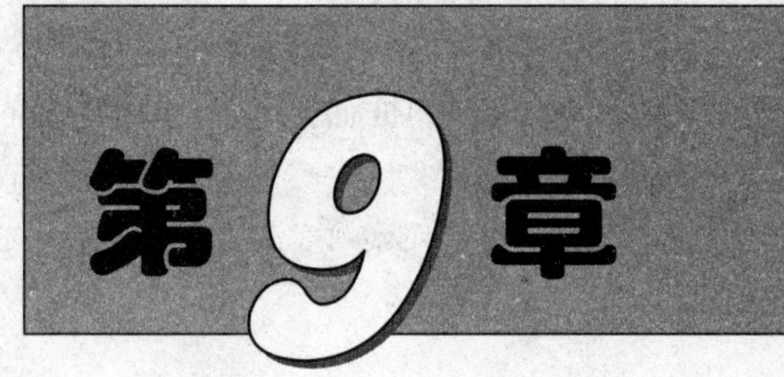

第9章 CSS3 基础

CSS（Cascading Style Sheet）表示层叠样式表，定义如何渲染 HTML 标签，设计网页显示效果。使用 CSS 可以实现网页内容与表现的分离，以便提升网页执行效率，方便后期管理和代码维护。

【学习重点】

- 了解 CSS 发展历史。
- 熟悉 CSS 基本语法和用法。
- 灵活使用 CSS 选择器。
- 了解 CSS 基本特性。

9.1　CSS 历史

Note

早期的 HTML 结构和样式是混在一起的，这就造成了网页代码混乱不堪，代码维护也变得不堪重负。1996 年 12 月，CSS 的第一版本被正式出版（http://www.w3.org/TR/CSS1/）；1998 年 5 月，CSS 2 版本正式出版（http://www.w3.org/TR/CSS2/）。

CSS3 的开发工作在 2000 年之前就已经开始，但各方博弈时间太久，2002 年 W3C 启动了 CSS 2.1 的开发，这是 CSS 2.0 的修订版，它纠正了 CSS 2.0 版本中的一些缺陷，更精确地描述 CSS 的浏览器实现，2004 年 CSS 2.1 正式发布，到 2006 年年底得到完善，它成为浏览器支持最完整的版本。为了方便各主流浏览器根据需要渐进式支持，CSS3 按模块化进行全新设计，这些模块可以独立发布和实现，这也为日后 CSS 的扩展奠定了基础。

权威参考 1

权威参考 2

到目前为止，CSS3 还没有推出正式的完整版，但是已经陆续推出了不同的模块，这些模块已经被大部分浏览器支持或部分实现。

权威参考 3

CSS3 属性支持情况请访问 http://fmbip.com/litmus/详细了解。可以看出，完全支持 CSS3 属性的浏览器包括 Chrome 和 Safari，其他主流浏览器也基本支持。

CSS3 选择器支持情况请访问 http://fmbip.com/litmus/详细了解。除了 IE 早期版本和 Firefox 3，其他主流浏览器几乎全部支持，如 Chrome、Safari、Firefox、Opera。

提示： 部分浏览器允许使用私有属性支持 CSS3 的新特性，简单说明如下。

- ☑ Webkit 类型浏览器的（如 Safari、Chrome）的私有属性是以-webkit-前缀开始。
- ☑ Gecko 类型的浏览器（如 Firefox）的私有属性是以-moz-前缀开始。
- ☑ Konqueror 类型的浏览器的私有属性是以-khtml-前缀开始。
- ☑ Opera 浏览器的私有属性是以-o-前缀开始。
- ☑ Internet Explorer 浏览器的私有属性是以-ms-前缀开始，IE 8+支持-ms-前缀。

9.2　CSS 基本用法

CSS 也是一种标识语言，可以在任何文本编辑器中编辑。下面简单介绍 CSS 的基本用法。

9.2.1　CSS 样式

视 频 讲 解

CSS 的语法单元是样式，每个样式包含两部分内容：选择器和声明（或称为规则），如图 9.1 所示。

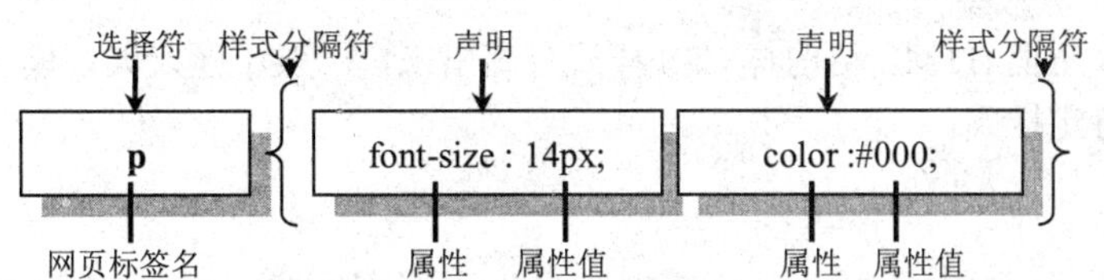

图 9.1　CSS 样式基本格式

☑ 选择器（Selector）：指定样式作用于哪些对象，这些对象可以是某个标签、指定 Class 或 ID 值的元素等。浏览器在解析这个样式时，根据选择器来渲染对象的显示效果。

☑ 声明（Declaration）：指定浏览器如何渲染选择器匹配的对象。声明包括两部分：属性和属性值，并用分号来标识一个声明的结束，在一个样式中最后一个声明可以省略分号。所有声明被放置在一对大括号内，然后位于选择器的后面。

Note

☑ 属性（Property）：CSS 预设的样式选项。属性名是一个单词或多个单词组成，多个单词之间通过连字符相连。这样能够很直观地了解属性所要设置样式的类型。

☑ 属性值（Value）：定义显示效果的值，包括值和单位，或者仅定义一个关键字。

【示例】下面示例简单演示了如何在网页中设计 CSS 样式。

（1）启动 Dreamweaver，新建一个网页，保存为 test.html。

（2）在<head>标签内添加<style type="text/css">标签，定义一个内部样式表。

（3）在<style>标签内输入下面样式代码，定义网页字体大小为 24 像素，字体颜色为白色。

```
body{font-size: 24px; color: #fff;}
```

（4）输入下面样式代码，定义段落文本的背景色为蓝色。

```
p { background-color: #00F; }
```

（5）在<body>标签内输入下面一段话，然后在浏览器中预览，则效果如图 9.2 所示。

```
<body>
<p>莫等闲、白了少年头，空悲切。 </p>
</body>
```

图 9.2　使用 CSS 定义段落文本样式

视频讲解

9.2.2　引入 CSS 样式

在网页中，有 3 种方法可以正确引入 CSS 样式，让浏览器能够识别和解析。

1．行内样式

把 CSS 样式代码置于标签的 style 属性中，例如：

```
<span style="color:red;">红色字体</span>
<div style="border:solid 1px blue; width:200px; height:200px;"></div>
```

这种用法没有真正把 HTML 结构与 CSS 样式分离出来，一般不建议大规模使用。除非为页面中某个元素临时设置特定样式。

2．内部样式

```
<style type="text/css">
body {                              /*页面基本属性*/
    font-size: 12px;
```

```
    color: #CCCCCC;
}
/*段落文本基础属性*/
p { background-color: #FF00FF; }
</style>
```

把 CSS 样式代码放在<style>标签内。这种用法也称为网页内部样式。该方法适合为单页面定义 CSS 样式，不适合为一个网站，或多个页面定义样式。

内部样式一般位于网页的头部区域，目的是让 CSS 源代码早于页面源代码下载并被解析，避免当网页下载之后，还无法正常显示。

3．外部样式

把样式放在独立的文件中，然后使用<link>标签或者@import 关键字导入。一般网站都采用这种方法来设计样式，真正实现 HTML 结构和 CSS 样式的分离，以便统筹规划、设计、编辑和管理 CSS 样式。

9.2.3 CSS 样式表

视频讲解

样式表是一个或多个 CSS 样式组成的样式代码段。样式表包括内部样式表和外部样式表，它们没有本质不同，只是存放位置不同。

内部样式表包含在<style>标签内，一个<style>标签就表示一个内部样式表。而通过标签的 style 属性定义的样式属性就不是样式表。如果一个网页文档中包含多个<style>标签，就表示该文档包含了多个内部样式表。

如果 CSS 样式被放置在网页文档外部的文件中，则称为外部样式表，一个 CSS 样式表文档就表示一个外部样式表。实际上，外部样式表也就是一个文本文件，其扩展名为.css。当把不同的样式复制到一个文本文件中后，另存为.css 文件，则它就是一个外部样式表。

在外部样式表文件顶部可以定义 CSS 源代码的字符编码。例如，下面代码定义样式表文件的字符编码为中文简体。

```
@charset "gb2312";
```

如果不设置 CSS 文件的字符编码，可以保留默认设置，则浏览器会根据 HTML 文件的字符编码来解析 CSS 代码。

9.2.4 导入外部样式表

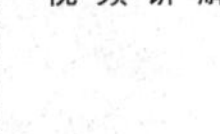

视频讲解

外部样式表文件可以通过两种方法导入 HTML 文档中。

1．使用<link>标签

使用<link>标签导入外部样式表文件的代码如下。

```
<link href="001.css" rel="stylesheet" type="text/css" />
```

该标签必须设置的属性说明如下。

☑ href：定义样式表文件 URL。

☑ type：定义导入文件类型，同 style 元素一样。

☑ rel：用于定义文档关联，这里表示关联样式表。

2．使用@import 命令

在<style>标签内使用@import 关键字导入外部样式表文件的方法如下。

```
<style type="text/css">
@import url("001.css");
</style>
```

Note

在@import 关键字后面，利用 url()函数包含具体的外部样式表文件的地址。

视频讲解

9.2.5 CSS 格式化

在 CSS 中增加注释很简单，所有被放在/*和*/分隔符之间的文本信息都被称为注释，例如：

```
/* 注释 */
```

或

```
/*
注释
*/
```

在 CSS 中，各种空格是不被解析的，因此用户可以利用 Tab 键、空格键对样式表和样式代码进行格式化排版，以方便阅读和管理。

视频讲解

9.2.6 CSS 属性

CSS 属性众多，在 W3C 的 CSS 2.0 版本中共有 122 个标准属性（http://www.w3.org/TR/CSS2/propidx.html），在 W3C 的 CSS 2.1 版本中共有 115 个标准属性（http://www.w3.org/TR/CSS21/propidx.html），其中删除了 CSS 2.0 版本中 7 个属性：font-size-adjust、font-stretch、marker-offset、marks、page、size 和 text-shadow。在 W3C 的 CSS 3.0 版本中又新增加了 20 多个属性（http://www.w3.org/Style/CSS/current-work#CSS3）。

本节不再逐个介绍每个属性的用法，我们将在后面各章节中详细说明，用户也可以参考 CSS3 参考手册具体了解。

视频讲解

9.2.7 CSS 属性值

CSS 属性取值比较多，具体类型包括长度、角度、时间、频率、布局、分辨率、颜色、文本、函数、生成内容、图像和数字。常用的是长度值，其他类型值将在相应属性中具体说明。

下面重点介绍一下长度值，长度值包括两类。

1．绝对值

绝对值在网页中很少使用，一般用在特殊的场合。常见绝对单位包括如下。

- ☑ 英寸（in）：使用最广泛的长度单位。
- ☑ 厘米（cm）：最常用的长度单位。
- ☑ 毫米（mm）：在研究领域使用广泛。
- ☑ 磅（pt）：也称点，在印刷领域使用广泛。
- ☑ pica（pc）：在印刷领域使用。

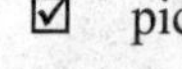

2．相对值

根据屏幕分辨率、可视区域、浏览器设置以及相关元素的大小等因素确定值的大小。常见相对单位包括如下。

☑ em：em 表示字体高度，它能够根据字体的 font-size 值来确定大小，例如：

```
p{                                /* 设置段落文本属性 */
    font-size:12px;
    line-height:2em;              /* 行高为 24 像素 */
}
```

从上面样式代码中可以看出：一个 em 等于 font-size 的属性值，如果设置 font-size:12px，则 line-height:2em 就会等于 24 像素。如果设置 font-size 属性的单位为 em，则 em 的值将根据父元素的 font-size 属性值来确定。例如，定义如下 HTML 局部结构。

```
<div id="main">
    <p>em 相对长度单位使用</p>
</div>
```

再定义如下样式。

```
#main {    font-size:12px;}
p {font-size:2em;}                /* 字体大小将显示为 24 像素 */
```

同理，如果父对象的 font-size 属性的单位也为 em，则将依次向上级元素寻找参考的 font-size 属性值，如果都没有定义，则会根据浏览器默认字体进行换算，默认字体一般为 16 像素。

☑ ex：ex 表示字母 x 的高度。

☑ px：px 根据屏幕像素点来确定大小。这样不同的显示分辨率就会使相同取值的 px 单位所显示出来的效果截然不同。

☑ %：百分比也是一个相对单位值。百分比值总是通过另一个值来确定当前值，一般参考父对象中相同属性的值。例如，如果父元素宽度为 500px，子元素的宽度为 50%，则子元素的实际宽度为 250 像素。

9.3　元素选择器

元素选择器包括标签选择器、类选择器、ID 选择器和通配选择器。

9.3.1　标签选择器

视频讲解

标签选择器也称为类型选择器，它直接引用 HTML 标签名称，用来匹配同名的所有标签。

☑ 优点：使用简单，直接引用，不需要为标签添加属性。

☑ 缺点：匹配的范围过大，精度不够。

因此，一般常用标签选择器重置各个标签的默认样式。

【示例】下面示例统一定义网页中段落文本的样式为：段落内文本字体大小为 12 像素，字体颜色为红色。实现该效果，可以考虑选用标签选择器定义如下样式。

```
p {
    font-size:12px;                   /* 字体大小为 12 像素 */
```

```
    color: red;                                       /* 字体颜色为红色 */
}
```

9.3.2 类选择器

Note

视频讲解

类选择器以点号（.）为前缀，后面是一个类名。应用方法：在标签中定义 class 属性，然后设置属性值为类选择器的名称。

☑ 优点：能够为不同标签定义相同样式；使用灵活，可以为同一个标签定义多个类样式。

☑ 缺点：需要为标签定义 class 属性，影响文档结构，操作相对麻烦。

【示例】下面示例演示如何在对象中应用多个样式类。

（1）新建 HTML5 文档，保存为 test.html。

（2）在<head>标签内添加<style type="text/css">标签，定义一个内部样式表。

（3）在<style>标签内输入下面样式代码，定义 3 个类样式：red、underline 和 italic。

```
/* 颜色类 */
.red { color: red; }                                  /* 红色 */
/* 下画线类 */
.underline { text-decoration: underline; }            /* 下画线 */
/* 斜体类 */
.italic { font-style: italic; }
```

（4）在段落文本中分别引用这些类，其中第二段文本标签引用了 3 个类，则演示效果如图 9.3 所示。

```
<p class="underline">问君能有几多愁，恰似一江春水向东流。</p>
<p class="red italic underline">剪不断，理还乱，是离愁。别是一般滋味在心头。</p>
<p class="italic">独自莫凭栏，无限江山，别时容易见时难。流水落花春去也，天上人间。</p>
```

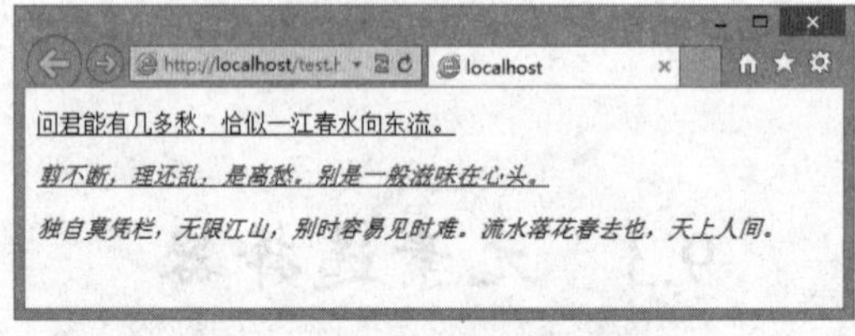

图 9.3　多类应用效果

视频讲解

9.3.3 ID 选择器

ID 选择器以井号（#）为前缀，后面是一个 ID 名。应用方法：在标签中定义 id 属性，然后设置属性值为 ID 选择器的名称。

☑ 优点：精准匹配。

☑ 缺点：需要为标签定义 id 属性，影响文档结构，相对于类选择器，缺乏灵活性。

【示例】下面示例演示如何在文档中应用 ID 选择器。

（1）启动 Dreamweaver，新建一个网页，在<body>标签内输入<div>标签。

```
<div id="box">问君能有几多愁，恰似一江春水向东流。</div>
```

（2）在<head>标签内添加<style type="text/css">标签，定义一个内部样式表。

（3）输入下面样式代码，为该盒子定义固定宽和高，并设置背景图像，以及边框和内边距大小。

```
#box {/* ID 样式  */
    background:url(images/1.png) center bottom;    /* 定义背景图像并居中，底部对齐 */
    height:200px;                                  /* 固定盒子的高度 */
    width:400px;                                   /* 固定盒子的宽度 */
    border:solid 2px red;                          /* 边框样式 */
    padding:100px;                                 /* 增加内边距 */
}
```

（4）在浏览器中预览，效果如图 9.4 所示。

图 9.4　ID 选择器的应用

提示：不管是类选择器，还是 ID 选择器，都可以指定一个限定标签名，用于限定它们的应用范围。例如，针对上面示例，在 ID 选择器前面增加一个 div 标签，这样 div#box 选择器的优先级会大于#box 选择器的优先级。在同等条件下，浏览器会优先解析 div#box 选择器定义的样式。对于类选择器，也可以使用这种方式限制类选择器的应用范围，并增加其优先级。

9.3.4　通配选择器

通配选择器使用星号（*）表示，用来匹配文档中所有标签。

【示例】使用下面样式可以清除所有标签的边距。

```
* { margin: 0; padding: 0; }
```

9.4　关系选择器

当把两个简单的选择器组合在一起，就形成了一个复杂的关系选择器，通过关系选择器可以精确匹配 HTML 结构中特定范围的元素。

9.4.1　包含选择器

包含选择器通过空格连接两个简单的选择器，前面选择器表示包含的对象，后面选择器表示被包

含的对象。

☑ 优点：可以缩小匹配范围。

☑ 缺点：匹配范围相对较大，影响的层级不受限制。

【示例】启动 Dreamweaver，新建一个网页，在<body>标签内输入如下结构。

```
<div id="wrap">
    <div id="header">
        <p>头部区域段落文本</p>
    </div>
    <div id="main">
        <p>主体区域段落文本</p>
    </div>
</div>
```

在<head>标签内添加<style type="text/css">标签，定义一个内部样式表，然后定义样式，希望实现如下设计目标。

☑ 定义<div id="header">包含框内的段落文本字体大小为 14 像素。

☑ 定义<div id="main">包含框内的段落文本字体大小为 12 像素。

这时可以利用包含选择器来快速定义样式，代码如下。

```
#header p { font-size: 14px;}
#main p {font-size: 12px;}
```

视频讲解

9.4.2 子选择器

子选择器使用尖角号（>）连接两个简单的选择器，前面选择器表示包含的父对象，后面选择器表示被包含的子对象。

☑ 优点：相对于包含选择器，匹配的范围更小，从层级结构上看，匹配目标更明确。

☑ 缺点：相对于包含选择器，匹配范围有限，需要熟悉文档结构。

【示例】新建网页，在<body>标签内输入如下结构。

```
<h2><span>虞美人·春花秋月何时了</span></h2>
<div><span>春花秋月何时了？往事知多少。小楼昨夜又东风，故国不堪回首月明中。雕栏玉砌应犹在，只是朱颜改。问君能有几多愁？恰似一江春水向东流。 </span></div>
```

在<head>标签内添加<style type="text/css">标签，在内部样式表中定义所有 span 元素的字体大小为 18 像素，再用子选择器定义 h2 元素包含的 span 子元素的字体大小为 28 像素。

```
span { font-size: 18px; }
h2 > span { font-size: 28px; }
```

在浏览器中预览，显示效果如图 9.5 所示。

图 9.5　子选择器应用

视频讲解

Note

9.4.3 相邻选择器

相邻选择器使用加号（+）连接两个简单的选择器，前面选择器指定相邻的前面一个元素，后面选择器指定相邻的后面一个元素。

☑ 优点：在结构中能够快速、准确地找到同级、相邻元素。

☑ 缺点：使用前需要熟悉文档结构。

【示例】下面示例通过相邻选择器快速匹配出标题下面相邻的 p 元素，并设计其包含的文本居中显示，效果如图 9.6 所示。

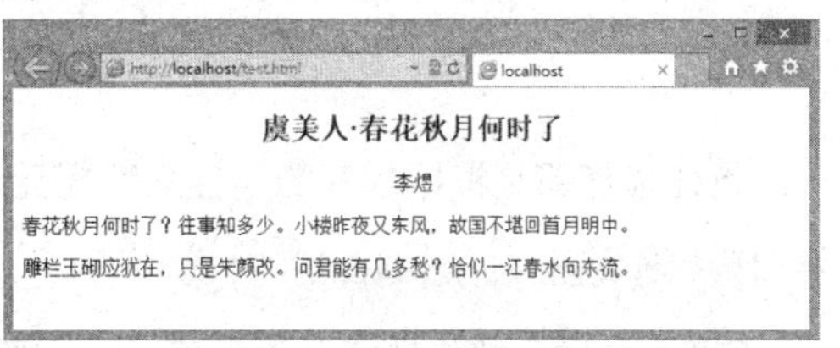

图 9.6　相邻选择器的应用

```
<style type="text/css">
h2, h2 + p { text-align: center; }
</style>
<h2>虞美人・春花秋月何时了</h2>
<p>李煜 </p>
<p>春花秋月何时了？往事知多少。小楼昨夜又东风，故国不堪回首月明中。 </p>
<p>雕栏玉砌应犹在，只是朱颜改。问君能有几多愁？恰似一江春水向东流。 </p>
```

如果不使用相邻选择器，用户需要使用类选择器来设计，这样就相对麻烦很多。

9.4.4 兄弟选择器

视频讲解

兄弟选择器使用波浪符号（~）连接两个简单的选择器，前面选择器指定同级的前置元素，后面选择器指定其后同级所有匹配的元素。

☑ 优点：在结构中能够快速、准确地找到同级靠后的元素。

☑ 缺点：使用前需要熟悉文档结构，匹配精度没有相邻选择器具体。

【示例】以 9.4.3 节示例为基础，添加如下样式，定义标题后面所有段落文本的字体大小为 14 像素，字体颜色为红色。

```
h2 ~ p { font-size: 14px; color: red; }
```

在浏览器中预览，页面效果如图 9.7 所示。可以看到兄弟选择器匹配的范围包含了相邻选择器匹配的元素。

图 9.7　兄弟选择器的应用

9.4.5 分组选择器

视频讲解

分组选择器使用逗号（,）连接两个简单的选择器，前面选择器匹配的元素与后面选择器匹配的元素混合在一起作为分组选择器的结果集。

☑ 优点：可以合并相同样式，减少代码冗余。

☑ 缺点：不方便个性管理和编辑。

【示例】下面示例使用分组将所有标题元素统一样式。

```
h1, h2, h3, h4, h5, h5, h6 {
    margin: 0;                          /* 清除标题的默认外边距 */
```

```
    margin-bottom: 10px;                    /* 使用下边距拉开标题距离 */
}
```

视频讲解

9.5 属性选择器

属性选择器是根据标签的属性来匹配元素，使用中括号进行标识。

```
[属性表达式]
```

CSS3 包括 7 种属性选择器形式，下面结合示例具体说明如下。

【示例】下面示例设计一个简单的图片灯箱导航，其中 HTML 结构如下。

```
<div class="pic_box">
    <img src="images/bg1.jpg" />
    <div class="nav">
        <a href="#1" class="links item first" title="w3cplus" target="_blank" id="first" >1</a>
        <a href="#2" class="links active item" title="test website" target="_blank" lang="zh">2</a>
        <a href="#3" class="links item" title="this is a link" lang="zh-cn">3</a>
        <a href="#4" class="links item" target="_balnk" lang="zh-tw">4</a>
        <a href="#5" class="links item" title="zh-cn">5</a>
        <a href="#6" class="links item" title="website link" lang="zh">6</a>
        <a href="#7" class="links item" title="open the website" lang="cn">7</a>
        <a href="#8" class="links item" title="close the website" lang="en-zh">8</a>
        <a href="#9" class="links item" title="http://www.baidu.com">9</a>
        <a href="#10" class="links item last" id="last">10</a>
    </div>
</div>
```

使用 CSS 适当美化，具体样式代码请参考本节示例源代码，初始预览效果如图 9.8 所示。

1．E[attr]

选择具有 attr 属性的 E 元素，例如：

```
.nav a[id] {background: blue; color: yellow; font-weight: bold;}
```

上面代码表示：选择 div.nav 下所有带有 id 属性的 a 元素，并在这个元素上使用背景色为蓝色，前景色为黄色，字体加粗的样式。对照上面的 HTML 结构，不难发现，只有第一个和最后一个链接使用了 id 属性，所以选中了这两个 a 元素，效果如图 9.9 所示。

也可以指定多属性如下。

```
.nav a[href][title] {background: yellow; color: green;}
```

上面代码表示的是选择 div.nav 下元素的同时具有 href 和 title 两个属性的 a 元素，效果如图 9.10 所示。

2．E [attr="value"]

选择具有 attr 属性，且属性值等于 value 的 E 元素，例如：

```
.nav a[id="first"] {background: blue; color: yellow; font-weight: bold;}
```

选中 div.nav 中的 a 元素，且这个元素有一个 id="first"属性值，则预览效果如图 9.11 所示。

E[attr="value"]属性选择器也可以多个属性并写，进一步缩小选择范围，用法如下所示，则预览效果如图 9.12 所示。

```
.nav a[href="#1"][title] {background: yellow; color: green;}
```

图 9.8　设计的灯箱导航效果图

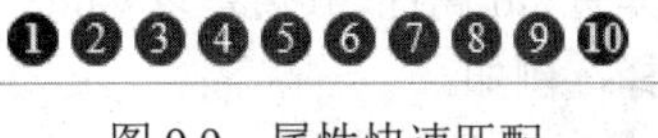

图 9.9　属性快速匹配

图 9.10　多属性快速匹配

图 9.11　属性值快速匹配

图 9.12　多属性值快速匹配

3．E[attr~="value"]

选择具有 attr 属性，且属性值为一用空格分隔的字词列表，其中一个等于 value 的 E 元素。包含只有一个值，且该值等于 val 的情况，例如：

```
.nav a[title~="website"]{background: orange; color: green;}
```

在 div.nav 下的 a 元素的 title 属性中，只要其属性值中含有"website"这个词就会被选择，结果 a 元素中 2、6、7、8 这 4 个 a 元素的 title 中都含有这个词，所以被选中，如图 9.13 所示。

4．E[attr^="value"]

选择具有 attr 属性，且属性值为以 value 开头的字符串的 E 元素，例如：

```
.nav a[title^="http://"]{background: orange; color: green;}
.nav a[title^="mailto:"]{background: green; color: orange;}
```

上面代码表示的是选择了以 title 属性，并且以"http://"和"mailto:"开头的属性值的所有 a 元素，匹配效果如图 9.14 所示。

图 9.13　属性值局部词匹配

图 9.14　匹配属性值开头字符串的元素

5．E[attr$="value"]

选择具有 attr 属性，且属性值为以 value 结尾的字符串的 E 元素，例如：

```
.nav a[href$="png"]{background: orange; color: green;}
```

上面代码表示选择 div.nav 中元素有 href 属性，并以为 png 结尾的 a 元素。

6．E[attr*="value"]

选择具有 attr 属性，且属性值为包含 value 的字符串的 E 元素，例如：

```
.nav a[title*="site"]{background:black;color:white;}
```

上面代码表示选择 div.nav 中 a 元素的 title 属性中只要有"site"字符串就可以。上面样式的预览效果如图 9.15 所示。

7．E[attr|="value"]

选择具有 attr 属性，其值是以 value 开头，并用连接符"-"分隔的字符串的 E 元素；如果值仅为 value，也将被选择，例如：

```
.nav a[lang|="zh"]{background: gray; color: yellow;}
```

上面代码会选中 div.nav 中 lang 属性等于 zh 或以 zh-开头的所有 a 元素，如图 9.16 所示。

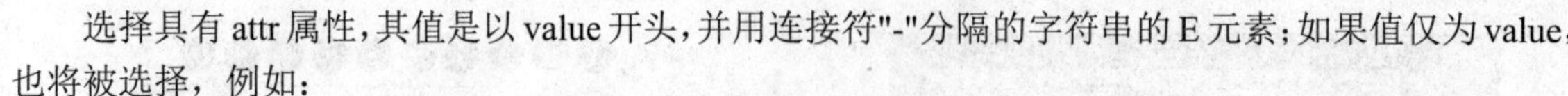

图 9.15　匹配属性值中的特定子串　　　图 9.16　匹配属性值开头字符串的元素

9.6 伪选择器

伪选择器包括伪类选择器和伪对象选择器，伪选择器能够根据元素或对象的特征、状态、行为进行匹配。

伪选择器以冒号（:）作为前缀标识符。冒号前可以添加限定选择符，限定伪类应用的范围，冒号后为伪类和伪对象名，冒号前后没有空格。

CSS 伪类选择器有两种用法方式。

1．单纯式

```
E:pseudo-class { property:value}
```

其中，E 为元素，pseudo-class 为伪类名称，property 是 CSS 的属性，value 为 CSS 的属性值，例如：

```
a:link {color:red;}
```

2．混用式

```
E.class:pseudo-class{property:value}
```

其中，.class 表示类选择符。把类选择符与伪类选择符组成一个混合式的选择器，能够设计更复杂的样式，以精准匹配元素，例如：

```
a.selected:hover {color: blue;}
```

CSS3 支持的伪类选择器具体说明如表 9.1 所示，CSS3 支持的伪对象选择器具体说明如表 9.2 所示。

表 9.1　伪类选择器列表

选择器	说明
E:link	设置超链接 a 在未被访问前的样式
E:visited	设置超链接 a 在其链接地址已被访问过时的样式
E:hover	设置元素在其鼠标悬停时的样式
E:active	设置元素在被用户激活（在鼠标单击与释放之间发生的事件）时的样式

续表

选　择　器	说　　明
E:focus	设置对象在成为输入焦点时的样式
E:lang(fr)	匹配使用特殊语言的 E 元素
E:not(s)	匹配不含有 s 选择符的元素 E。CSS3 新增
E:root	匹配 E 元素在文档的根元素。在 HTML 中，根元素永远是 HTML。CSS3 新增
E:first-child	匹配父元素的第一个子元素 E。CSS3 新增
E:last-child	匹配父元素的最后一个子元素 E。CSS3 新增
E:only-child	匹配父元素仅有的一个子元素 E。CSS3 新增
E:nth-child(n)	匹配父元素的第 n 个子元素 E，假设该子元素不是 E，则选择符无效。CSS3 新增
E:nth-last-child(n)	匹配父元素的倒数第 n 个子元素 E，假设该子元素不是 E，则选择符无效。CSS3 新增
E:first-of-type	匹配同类型中的第一个同级兄弟元素 E。CSS3 新增
E:last-of-type	匹配同类型中的最后一个同级兄弟元素 E。CSS3 新增
E:only-of-type	匹配同类型中的唯一的一个同级兄弟元素 E。CSS3 新增
E:nth-of-type(n)	匹配同类型中的第 n 个同级兄弟元素 E。CSS3 新增
E:nth-last-of-type(n)	匹配同类型中的倒数第 n 个同级兄弟元素 E。CSS3 新增
E:empty	匹配没有任何子元素（包括 text 节点）的元素 E。CSS3 新增
E:checked	匹配用户界面处于选中状态的元素 E。注意，用于 input 的 type 为 radio 与 checkbox 时。CSS3 新增
E:enabled	匹配用户界面上处于可用状态的元素 E。CSS3 新增
E:disabled	匹配用户界面上处于禁用状态的元素 E。CSS3 新增
E:target	匹配相关 URL 指向的 E 元素。CSS3 新增
@page :first	设置在打印时页面容器第一页使用的样式。注意，仅用于@page 规则
@page :left	设置页面容器位于装订线左边的所有页面使用的样式。注意，仅用于@page 规则
@page :right	设置页面容器位于装订线右边的所有页面使用的样式。注意，仅用于@page 规则

表 9.2　伪对象选择器列表

选　择　器	说　　明
E:first-letter/E::first-letter	设置对象内的第一个字符的样式。注意，仅作用于块对象。CSS3 完善
E:first-line/E::first-line	设置对象内的第一行的样式。注意，仅作用于块对象。CSS3 完善
E:before/E::before	设置在对象前发生的内容。与 content 属性一起使用，且必须定义 content 属性。CSS3 完善
E:after/E::after	设置在对象后发生的内容。与 content 属性一起使用，且必须定义 content 属性。CSS3 完善
E::placeholder	设置对象文字占位符的样式。CSS3 新增
E::selection	设置对象被选择时的样式。CSS3 新增

由于 CSS3 伪选择器众多，请读者参考 CSS3 参考手册详细了解。限于篇幅，下面仅结合示例，介绍两种伪类选择器的使用。

【示例 1】:not()表示否定伪类选择器，即过滤掉 not()函数匹配的特定元素。下面示例为页面中所有段落文本设置字体大小为 24 像素，然后使用:not(.author)排出第一段文本，设置其他段落文本的字体大小为 14 像素，显示效果如图 9.17 所示。

```
<style type="text/css">
p { font-size: 24px; }
p:not(.author){ font-size: 14px; }
</style>
<h2>虞美人・春花秋月何时了</h2>
<p class="author">李煜  </p>
<p>春花秋月何时了？往事知多少。小楼昨夜又东风，故国不堪回首月明中。</p>
<p>雕栏玉砌应犹在，只是朱颜改。问君能有几多愁？恰似一江春水向东流。</p>
```

目标伪类选择器类型形式如 E:target，它表示选择匹配 E 的所有元素，且匹配元素被相关 URL 指向。该选择器是动态选择器，只有当存在 URL 指向该匹配元素时，样式效果才有效。

【示例 2】下面示例设计当单击页面中的锚点链接，跳转到指定标题位置时，该标题会自动高亮显示，以提醒用户，当前跳转的位置，效果如图 9.18 所示。

```
<style type="text/css">
/*  设计导航条固定在窗口右上角位置显示  */
h1{ position:fixed; right:12px; top:24px;}
/*  让锚点链接堆叠显示  */
h1 a{ display:block;}
/*  设计锚点链接的目标高亮显示  */
h2:target { background:hsla(93,96%,62%,1.00); }
</style>
<h1><a href="#p1">图片 1</a> <a href="#p2">图片 2</a> <a href="#p3">图片 3</a> <a href="#p4">图片 4</a> </h1>
<h2 id="p1">图片 1</h2>
<p><img src="images/1.jpg" /></p>
<h2 id="p2">图片 2</h2>
<p><img src="images/2.jpg" /></p>
<h2 id="p3">图片 3</h2>
<p><img src="images/3.jpg" /></p>
<h2 id="p4">图片 4</h2>
<p><img src="images/4.jpg" /></p>
```

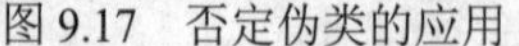

图 9.17　否定伪类的应用

图 9.18　目标伪类样式应用效果

【示例 3】下面示例使用:before 伪对象选择器在段落文本前面添加 3 个字符“柳永：”，然后使用:first-letter 伪对象选择器设置段落文本第一个字符放大显示，定义字体大小为 24 像素，则效果如图 9.19 所示。

```
<style type="text/css">
p:before { content: '柳永：';}
p:first-letter { font-size: 24px;}
</style>
<p>衣带渐宽终不悔，为伊消得人憔悴。</p>
```

图 9.19　定义第一个字符放大显示

【示例 4】下面示例使用:first-letter 伪对象选择器设置段落文本第一个字符放大下沉显示，并使用:first-line 伪对象选择器设置段落文本第一行字符放大带有阴影显示，效果如图 9.20 所示。

```
<style type="text/css">
p{ font-size:18px; line-height:1.6em;}
p:first-letter {                              /* 段落文本中第一个字符样式 */
    float: left;
    font-size: 60px;
    font-weight: bold;
    margin: 26px 6px;
}
p:first-line {                                /* 段落文本中第一行字符样式 */
    color: red;
    font-size: 24px;
    text-shadow: 2px 2px 2px rgba(147,251,64,1);
}
</style>
<p>我在朦胧中，眼前展开一片海边碧绿的沙地来，上面深蓝的天空中挂着一轮金黄的圆月。我想：希望本是无所谓有，无所谓无的。这正如地上的路；其实地上本没有路，走的人多了，也便成了路。</p>
```

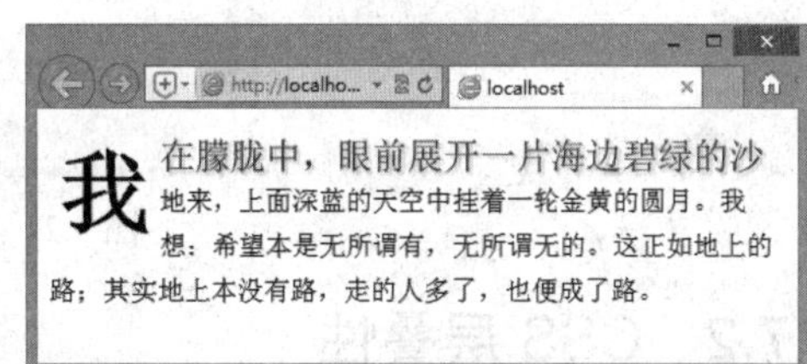

图 9.20　定义第一个字符和第一行字符特殊显示

9.7　CSS 特性

CSS 样式具有两个特性：继承性和层叠性，下面分别进行说明。

9.7.1　CSS 继承性

CSS 继承性是指后代元素可以继承祖先元素的样式。继承样式主要包括字体、文本等基本属性，

如字体、字号、颜色、行距等，对于下面类型属性是不允许继续的：边框、边界、补白、背景、定位、布局、尺寸等。

Note

提示：灵活应用 CSS 继承性，可以优化 CSS 代码，但是继续的样式的优先级是最低的。

【示例】下面示例在 body 元素中定义整个页面的字体大小、字体颜色等基本页面属性，这样包含在 body 元素内的其他元素都将继承该基本属性，以实现页面显示效果的统一。

新建网页，保存为 test.html，在<body>标签内输入如下代码，设计一个多级嵌套结构。

```
<div id="wrap">
    <div id="header">
        <div id="menu">
            <ul>
                <li><span>首页</span></li>
                <li>菜单项</li>
            </ul>
        </div>
    </div>
    <div id="main">
        <p>主体内容</p>
    </div>
</div>
```

在<head>标签内添加<style type="text/css">标签，定义内部样式表，然后为 body 定义字体大小为 12 像素，通过继承性，则包含在 body 元素的所有其他元素都将继承该属性，并显示包含的字体大小为 12 像素。在浏览器中预览，显示效果如图 9.21 所示。

```
body {font-size:12px;}
```

图 9.21　CSS 继承性演示效果

视频讲解

9.7.2　CSS 层叠性

CSS 层叠性是指 CSS 能够对同一个对象应用多个样式的能力。

【示例 1】新建一个网页，保存为 test.html，在<body>标签内输入如下代码。

```
<div id="wrap">看看我的样式效果</div>
```

在<head>标签内添加<style type="text/css">标签，定义一个内部样式表，分别添加两个样式。

```
div {font-size:12px;}
div {font-size:14px;}
```

两个样式中都声明相同的属性，并应用于同一个元素上。在浏览器中测试，则会发现最后字体显示为 14 像素，也就是说 14 像素字体大小覆盖了 12 像素的字体大小，这就是样式层叠。

当多个样式作用于同一个对象，则根据选择器的优先级，确定对象最终应用的样式。

☑ 标签选择器：权重值为 1。
☑ 伪元素或伪对象选择器：权重值为 1。
☑ 类选择器：权重值为 10。
☑ 属性选择器：权重值为 10。
☑ ID 选择器：权重值为 100。
☑ 其他选择器：权重值为 0，如通配选择器等。

然后，以上面权值数为起点来计算每个样式中选择器的总权值数。其计算规则如下。

☑ 统计选择器中 ID 选择器的个数，然后乘以 100。
☑ 统计选择器中类选择器的个数，然后乘以 10。
☑ 统计选择器中的标签选择器的个数，然后乘以 1。

以此类推，最后把所有权重值数相加，即可得到当前选择器的总权重值，最后根据权重值来决定哪个样式的优先级大。

【示例 2】新建一个网页，保存为 test.html，在<body>标签内输入如下代码。

```
<div id="box" class="red">CSS 选择器的优先级</div>
```

在<head>标签内添加<style type="text/css">标签，定义一个内部样式表，添加如下样式。

```
body div#box { border:solid 2px red;}
#box {border:dashed 2px blue;}
div.red {border:double 3px red;}
```

对于上面的样式表，可以这样计算它们的权重值。

```
body div#box = 1 + 1 + 100 = 102;
#box = 100;
di.red = 1 + 10 = 11;
```

因此，最后的优先级为 body div#box 大于#box，#box 大于 di.red。所以可以看到显示效果为 2 像素宽的红色实线，在浏览器中预览，显示效果如图 9.22 所示。

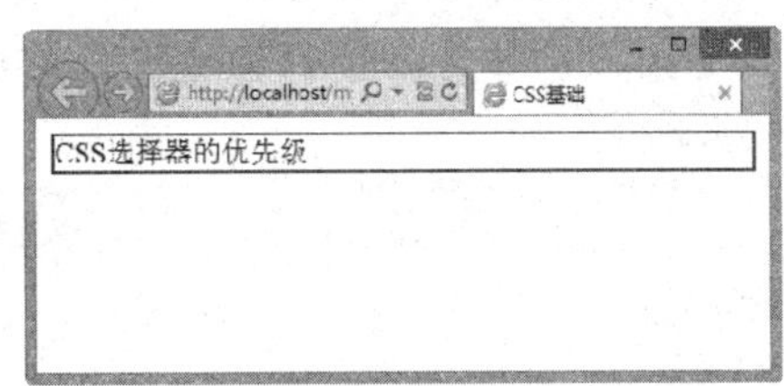

图 9.22　CSS 优先级的样式演示效果

提示：与样式表中样式相比，行内样式优先级最高；相同权重值时，样式最近的优先级最高；使用 !important 命令定义的样式优先级绝对高；!important 命令必须位于属性值和分号之间，如#header{color:Red!important;}，否则无效。

9.8　在线练习

本节为同学们提供了多个课外练习，以便灵活使用 CSS，强化基本功训练。感兴趣的同学可以扫码强化练习。

在线练习 1　　在线练习 2

第10章 使用 CSS3 美化网页文本和图像

人靠衣装，网页也需要修饰，CSS3 为字体和文本提供大量的属性，如字体的类型、大小和颜色等，文本的对齐、间距、缩进和行高等，本章将重点讲解 CSS3 字体和文本样式。由于文本与图片在网页中紧密排版在一起，本章还介绍图片的常用样式设计。

【学习重点】

- 定义字体类型、大小、颜色等基本样式。
- 设计文本基本版式，如对齐、行高、间距等。
- 设计图像的基本样式。
- 能够灵活设计美观、实用的图文版式。

10.1　设计字体样式

Note

视频讲解

字体样式包括类型、大小、颜色、粗细、下画线、斜体、大小写等。下面分别进行介绍。

10.1.1　定义字体类型

使用 font-family 属性可以定义字体类型，用法如下。

```
font-family: name
```

name 表示字体名称，可以设置字体列表，多个字体按优先顺序排列，以逗号分隔。

如果字体名称包含空格，则应使用引号括起。第二种声明方式使用所列出的字体序列名称，如果使用 fantasy 序列，将提供默认字体序列。

【示例】启动 Dreamweaver，新建一个网页，保存为 test1.html，在<body>标签内输入两行段落文本。

```
<p>月落乌啼霜满天，江枫渔火对愁眠。</p>
<p>姑苏城外寒山寺，夜半钟声到客船。</p>
```

在<head>标签内添加<style type="text/css">标签，定义一个内部样式表，然后输入下面样式，用来定义网页字体的类型。

```
p {                                     /* 段落样式 */
    font-family: "隶书";                /* 隶书字体 */
}
```

在浏览器中预览效果如图 10.1 所示。

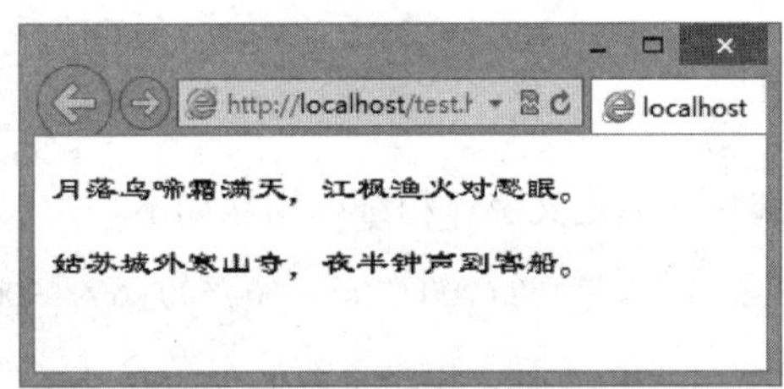

图 10.1　设计隶书字体效果

10.1.2　定义字体大小

视频讲解

使用 CSS3 的 font-size 属性可以定义字体大小，用法如下。

```
font-size: xx-small | x-small | small | medium | large | x-large | xx-large | larger | smaller | length
```

其中，xx-small（最小）、x-small（较小）、small（小）、medium（正常）、large（大）、x-large（较大）、xx-large（最大）表示绝对字体尺寸，这些特殊值将根据对象字体进行调整。

larger（增大）和 smaller（减少）这对特殊值能够根据父对象中字体尺寸进行相对增大或者缩小处理，使用成比例的 em 单位进行计算。

length 可以是百分数，或者浮点数字和单位标识符组成的长度值，但不可为负值。其百分比取值是基于父对象中字体的尺寸来计算，与 em 单位计算相同。

【示例】下面示例演示如何为网页定义字体大小。

启动 Dreamweaver，新建一个网页，保存为 test.html，在<head>标签内添加<style type="text/css">标签，定义一个内部样式表。

Note

然后输入下面样式，分别设置网页字体默认大小，正文字体大小，以及栏目中字体大小。

```
body {font-size:12px;}                            /* 以像素为单位设置字体大小 */
p {font-size:0.75em;}                             /* 以父辈字体大小为参考设置大小 */
div {font:9pt Arial, Helvetica, sans-serif;}      /* 以点为单位设置字体大小 */
```

视频讲解

10.1.3 定义字体颜色

使用 CSS3 的 color 属性可以定义字体颜色，用法如下。

```
color: color
```

参数 color 表示颜色值，取值包括颜色名、十六进制值、RGB 等颜色函数，详细说明请参考 CSS3 参考手册。

【示例】下面示例演示了在文档中定义字体颜色。

启动 Dreamweaver，新建一个网页，保存为 test.html，在<head>标签内添加<style type="text/css">标签，定义一个内部样式表。

然后输入下面样式，分别定义页面、段落文本、<div>标签、<span>标签包含字体颜色。

```
body { color: gray;}                      /* 使用颜色名 */
p { color: #666666;}                      /* 使用十六进制 */
div { color: rgb(120,120,120);}           /* 使用 RGB */
span { color: rgb(50%,50%,50%);}          /* 使用 RGB */
```

视频讲解

10.1.4 定义字体粗细

使用 CSS3 的 font-weight 属性可以定义字体粗细，用法如下。

```
font-weight : normal | bold | bolder | lighter | 100 | 200 | 300 | 400 | 500 | 600 | 700 | 800 | 900
```

其中，normal 为默认值，表示正常的字体，相当于取值为 400。bold 表示粗体，相当于取值为 700，或者使用<b >标签定义的字体效果。

bolder（较粗）和 lighter（较细）相对于 normal 字体粗细而言。

另外，也可以设置值为 100、200、300、400、500、600、700、800、900，它们分别表示字体的粗细，是对字体粗细的一种量化方式，值越大就表示越粗，相反就表示越细。

【示例】新建 test.html 文档，定义一个内部样式表，然后输入下面样式，分别定义段落文本、一级标题、<div>标签包含字体的粗细效果，同时定义一个粗体样式类。

```
p { font-weight: normal }                 /* 等于 400 */
h1 { font-weight: 700 }                   /* 等于 bold */
div{ font-weight: bolder }                /* 可能为 500 */
.bold {font-weight:bold;}                 /* 粗体样式类 */
```

注意：设置字体粗细也可以称为定义字体的重量。对于中文网页设计来说，一般仅用到 bold（加粗）、normal（普通）两个属性值。

10.1.5　定义艺术字体

视 频 讲 解

使用 CSS3 的 font-style 属性可以定义字体倾斜效果，用法如下。

```
font-style: normal | italic | oblique
```

其中，normal 为默认值，表示正常的字体，italic 表示斜体，oblique 表示倾斜的字体。italic 和 oblique 两个取值只能在英文等西方文字中有效。

【示例】新建 test.html 文档，输入下面样式，定义一个斜体样式类。

```
.italic {                    /* 斜体样式类 */
    font-style: italic;
}
```

在<body>标签中输入两段文本，并把斜体样式类应用到其中一段文本中。

```
<p>知我者，谓我心忧，不知我者，谓我何求。</p>
<p class="italic">君子坦荡荡，小人长戚戚。</p>
```

最后在浏览器中预览，比较效果如图 10.2 所示。

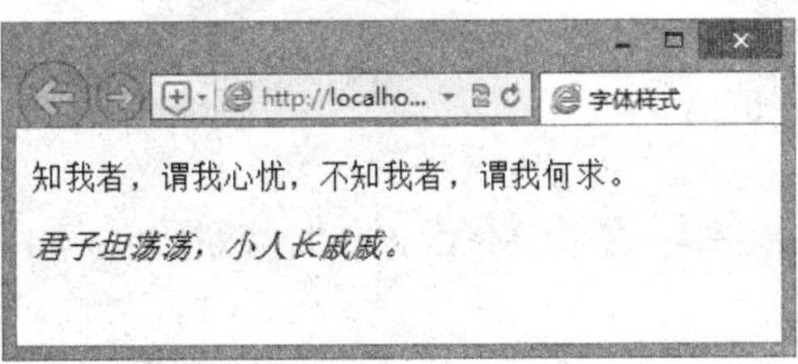

图 10.2　比较正常字体和斜体效果

10.1.6　定义修饰线

视 频 讲 解

使用 CSS3 的 text-decoration 属性可以定义字体修饰线效果，用法如下。

```
text-decoration : none || underline || blink || overline || line-through
```

其中，normal 为默认值，表示无装饰线；blink 表示闪烁效果；underline 表示下画线效果；line-through 表示贯穿线效果；overline 表示上画线效果。

【操作步骤】

（1）新建 test.html 文档，在<head>标签内添加<style type="text/css">标签，定义一个内部样式表。

（2）输入下面样式，定义 3 个装饰字体样式类。

```
.underline {text-decoration: underline;}                /*下画线样式类 */
.overline {text-decoration: overline;}                  /*上画线样式类 */
.line-through {text-decoration: line-through;}          /* 删除线样式类 */
```

（3）在<body>标签中输入 3 行段落文本，并分别应用上面的装饰类样式。

```
<p class="underline">昨夜西风凋碧树，独上高楼，望尽天涯路</p>
<p class="overline">衣带渐宽终不悔，为伊消得人憔悴</p>
<p class="line-through">众里寻他千百度，蓦然回首，那人却在灯火阑珊处</p>
```

（4）再定义一个样式，在该样式中，同时声明多个装饰值，定义的样式如下。

```
.line { text-decoration: line-through overline underline; }
```

Note

（5）在正文中输入一行段落文本，并把这个 line 样式类应该到该行文本中。

```
<p class="line">古今之成大事业、大学问者，必经过三种之境界。</p>
```

（6）在浏览器中预览，多种修饰线比较效果如图 10.3 所示。

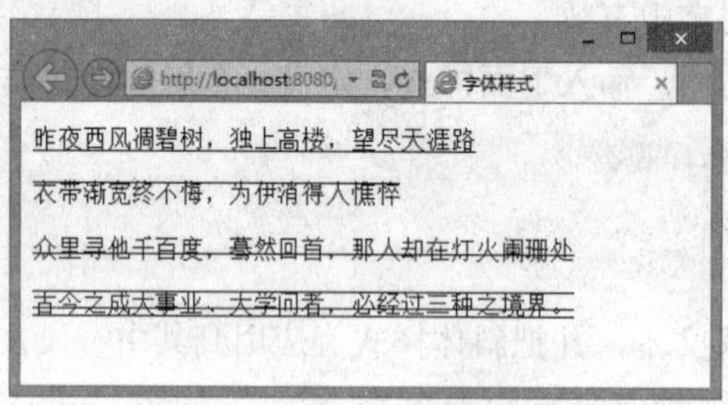

图 10.3　多种下画线的应用效果

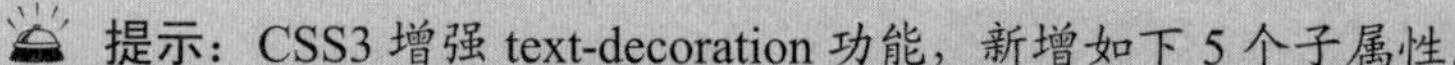

提示：CSS3 增强 text-decoration 功能，新增如下 5 个子属性。

- ☑ text-decoration-line：设置装饰线的位置，取值包括 none（无）、underline、overline、line-through、blink。
- ☑ text-decoration-color：设置装饰线的颜色。
- ☑ text-decoration-style：设置装饰线的形状，取值包括 solid、double、dotted、dashed、wavy（波浪线）。
- ☑ text-decoration-skip：设置文本装饰线条必须略过内容中的哪些部分。
- ☑ text-underline-position：设置对象中的下画线的位置。

关于这些子属性的详细取值说明和用法，请参考 CSS3 参考手册。由于目前大部分浏览器暂不支持这些子属性，可以暂时忽略。

视频讲解

10.1.7　定义字体的变体

使用 CSS3 的 font-variant 属性可以定义字体的变体效果，用法如下。

```
font-variant: normal | small-caps
```

其中，normal 为默认值，表示正常的字体；small-caps 表示小型的大写字母字体。

【示例】新建 test.html 文档，在内部样式表中定义一个类样式。

```
.small-caps {                    /* 小型大写字母样式类 */
    font-variant:small-caps;}
```

然后在<body>标签中输入一行段落文本，并应用上面定义的类样式。

```
<p class="small-caps">font-variant </p>
```

注意：font-variant 仅支持拉丁字体，中文字体没有大小写效果区分。如果设置了小型大写字体，但是该字体没有找到原始小型大写字体，则浏览器会模拟一个。例如，可通过使用一个常规字体，并将其小写字母替换为缩小过的大写字母。

Note

视频讲解

10.1.8　定义大小字体

使用 CSS3 的 text-transform 属性可以定义字体大小写效果，用法如下。

```
text-transform : none | capitalize | uppercase | lowercase
```

其中，none 为默认值，表示无转换发生；capitalize 表示将每个单词的第一个字母转换成大写，其余无转换发生；uppercase 表示把所有字母都转换成大写；lowercase 表示把所有字母都转换成小写。

【示例】新建 test.html 文档，在内部样式表中定义 3 个类样式。

```
.capitalize {text-transform: capitalize;}          /* 首字母大小样式类 */
.uppercase {text-transform: uppercase;}            /* 大写样式类 */
.lowercase {text-transform: lowercase;}            /* 小写样式类 */
```

然后在<body>标签中输入 3 行段落文本，并分别应用上面定义的类样式。

```
<p class="capitalize">text-transform:capitalize;</p>
<p class="uppercase">text-transform:uppercase;</p>
<p class="lowercase">text-transform:lowercase;</p>
```

分别在 IE 和 Firefox 浏览器中预览，则比较效果如图 10.4 和图 10.5 所示。

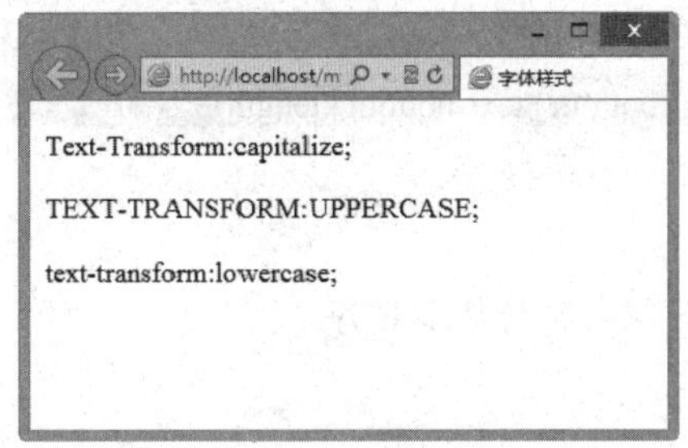

图 10.4　IE 浏览器中解析的大小效果

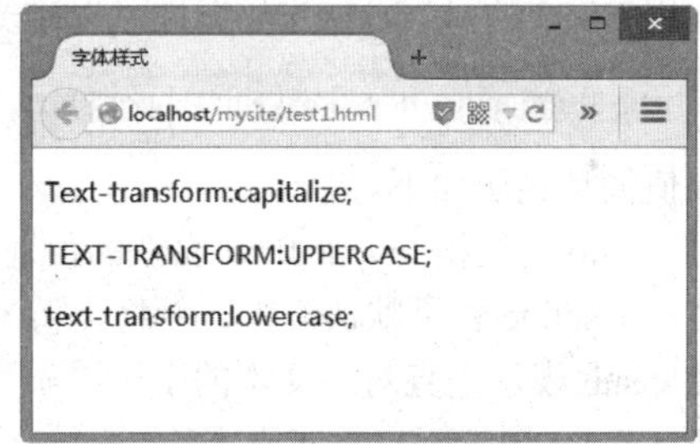

图 10.5　Firefox 浏览器中解析的大小效果

比较发现：IE 浏览器认为只要是单词就把首字母转换为大写，而 Firefox 浏览器认为只有单词通过空格间隔之后，才能够成为独立意义上的单词，所以几个单词连在一起时就算作一个词。

10.2　设计文本样式

文本样式主要设计正文的排版效果，属性名以 text 为前缀进行命名，下面分别进行介绍。

10.2.1　定义文本对齐

视频讲解

使用 CSS3 的 text-align 属性可以定义文本的水平对齐方式，用法如下。

```
text-align: left | right | center | justify
```

其中，left 为默认值，表示左对齐；right 为右对齐；center 为居中对齐；justify 为两端对齐。

【示例】新建 test.html 文档，在内部样式表中定义 3 个对齐类样式。

Note

```
.left {text-align: left;}
.center {text-align: center;}
.right {text-align: right;}
```

然后在<body>标签中输入 3 段文本，并分别应用这 3 个类样式。

```
<p align="left">昨夜西风凋碧树，独上高楼，望尽天涯路</p>
<p class="center">衣带渐宽终不悔，为伊消得人憔悴</p>
<p class="right">众里寻他千百度，蓦然回首，那人却在灯火阑珊处</p>
```

在浏览器中预览，比较效果如图 10.6 所示。

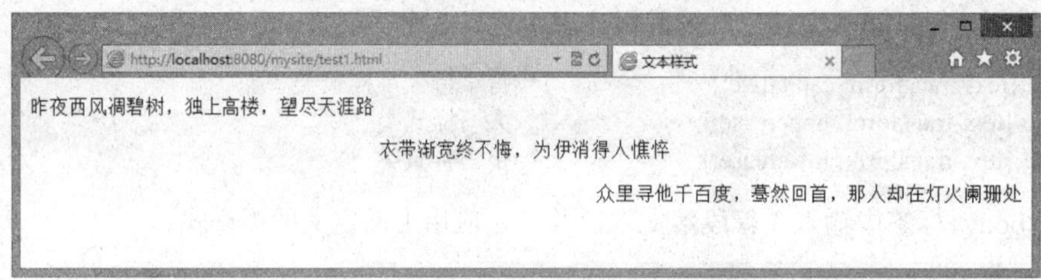

图 10.6　比较 3 种文本对齐效果

视频讲解

10.2.2　定义垂直对齐

使用 CSS3 的 vertical-align 属性可以定义文本垂直对齐，用法如下。

```
vertical-align: auto | baseline | sub | super | top | text-top | middle | bottom | text-bottom | length
```

取值简单说明如下。

- ☑ auto 将根据 layout-flow 属性的值对齐对象内容。
- ☑ baseline 表示默认值，表示将支持 valign 特性的对象内容与基线对齐。
- ☑ sub 表示垂直对齐文本的下标。
- ☑ super 表示垂直对齐文本的上标。
- ☑ top 表示将支持 valign 特性的对象的内容与对象顶端对齐。
- ☑ text-top 表示将支持 valign 特性的对象的文本与对象顶端对齐。
- ☑ middle 表示将支持 valign 特性的对象的内容与对象中部对齐。
- ☑ bottom 表示将支持 valign 特性的对象的内容与对象底端对齐。
- ☑ text-bottom 表示将支持 valign 特性的对象的文本与对象顶端对齐。
- ☑ length 表示由浮点数字和单位标识符组成的长度值或者百分数，可为负数，定义由基线算起的偏移量，基线对于数值来说为 0，对于百分数来说就是 0%。

【示例】新建 test1.html 文档，在<head>标签内添加<style type="text/css">标签，定义一个内部样式表，然后输入下面样式，定义上标类样式。

```
.super {vertical-align: super;}
```

然后在<body>标签中输入一行段落文本，并应用该上标类样式。

```
<p>vertical-align 表示垂直<span class=" super ">对齐</span>属性</p>
```

在浏览器中预览，则显示效果如图 10.7 所示。

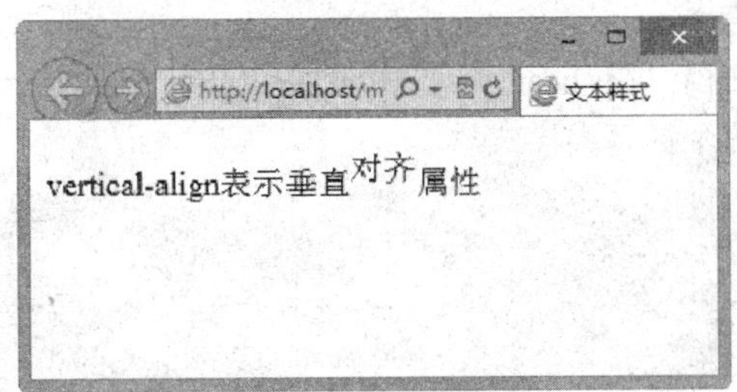

图 10.7　文本上标样式效果

10.2.3　定义文本间距

视频讲解

使用 CSS3 的 letter-spacing 属性可以定义字距，使用 CSS3 的 word-spacing 属性可以定义词距。这两个属性的取值都是长度值，由浮点数字和单位标识符组成，默认值为 normal，表示默认间隔。

定义词距时，以空格为基准进行调节，如果多个单词被连在一起，则被 word-spacing 视为一个单词；如果汉字被空格分隔，则分隔的多个汉字就被视为不同的单词，word-spacing 属性此时有效。

【示例】下面示例演示如何定义字距和词距样式。新建一个网页，保存为 test.html，在<head>标签内添加<style type="text/css">标签，定义一个内部样式表，然后输入下面样式，定义两个类样式。

```
.lspacing {letter-spacing:1em;}                /* 字距样式类 */
.wspacing {word-spacing:1em;}                  /* 词距样式类 */
```

然后在<body>标签中输入两行段落文本，并应用上面两个类样式。

```
<p class="lspacing">letter spacing word spacing（字间距）</p>
<p class="wspacing">letter spacing word spacing（词间距）</p>
```

在浏览器中预览，显示效果如图 10.8 所示。从图中可以直观地看到，所谓字距就是定义字母之间的间距，而词距就是定义西文单词的距离。

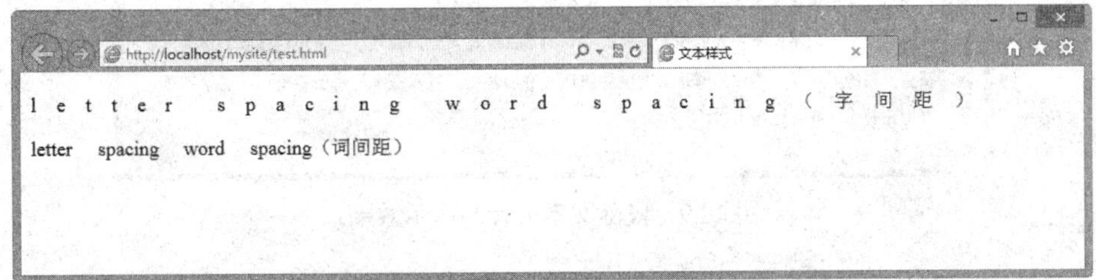

图 10.8　字距和词距演示效果比较

注意：字距和词距一般很少使用，使用时应慎重考虑用户的阅读体验和感受。对于中文用户来说，letter-spacing 属性有效，而 word-spacing 属性无效。

10.2.4　定义行高

视频讲解

使用 CSS3 的 line-height 属性可以定义行高，用法如下。

```
line-height: normal | length
```

Note

其中，normal 表示默认值，一般为 1.2em；length 表示百分比数字，或者由浮点数字和单位标识符组成的长度值，允许为负值。

【示例】新建 test.html 文档，在<head>标签内添加<style type="text/css">标签，定义一个内部样式表，输入下面样式，定义两个行高类样式。

```
.p1 {/* 行高样式类 1 */
    line-height:1em;                          /* 行高为一个字大小 */}
.p2 {/* 行高样式类 2 */
    line-height:2em;                          /* 行高为两个字大小 */}
```

然后在<body>标签中输入两行段落文本，并应用上面两个类样式。

```
<h1>人生三境界</h1>
<h2>出自王国维《人间词话》</h2>
<p class="p1">古今之成大事业、大学问者，必经过三种之境界："昨夜西风凋碧树。独上高楼，望断天涯路。"此第一境也。"衣带渐宽终不悔，为伊消得人憔悴。"此第二境也。"众里寻他千百度，蓦然回首，那人却在灯火阑珊处。"此第三境也。此等语皆非大词人不能道。然遽以此意解释诸词，恐为晏欧诸公所不许也。</p>
<p class="p2">笔者认为，凡人都可以从容地做到第二境界，但要想逾越它却不是那么简单。成功人士果敢坚忍，不屈不挠，造就了他们不同于凡人的成功。他们逾越的不仅仅是人生的境界，更是他们自我的极限。成功后回望来路的人，才会明白另解这三重境界的话：看山是山，看水是水；看山不是山，看水不是水；看山还是山，看水还是水。</p>
```

在浏览器中预览，显示效果如图 10.9 所示。

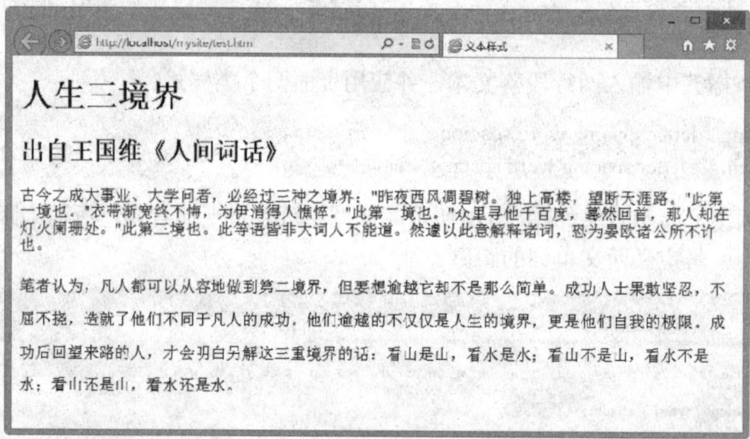

图 10.9　段落文本的行高演示效果

视频讲解

10.2.5　定义首行缩进

使用 CSS3 的 text-indent 属性可以定义文本首行缩进，用法如下。

```
text-indent: length
```

其中，length 表示百分比数字，或者由浮点数字和单位标识符组成的长度值，允许为负值。建议在设置缩进单位时，以 em 为设置单位，它表示一个字距，这样可以比较精确地确定首行缩进效果。

【示例 1】新建 test.html 文档，在<head>标签内添加<style type="text/css">标签，定义一个内部样式表，输入下面样式，定义段落文本首行缩进两个字符。

```
p { text-indent:2em;}                          /* 首行缩进两个字距 */
```

然后在<body>标签中输入如下标题和段落文本。

```
<h1>人生三境界</h1>
<h2>出自王国维《人间词话》</h2>
<p>古今之成大事业、大学问者，必经过三种之境界："昨夜西风凋碧树。独上高楼，望断天涯路。"此第一境也。"衣带渐宽终不悔，为伊消得人憔悴。"此第二境也。"众里寻他千百度，蓦然回首，那人却在灯火阑珊处。"此第三境也。此等语皆非大词人不能道。然遽以此意解释诸词，恐为晏欧诸公所不许也。</p>
<p>笔者认为，凡人都可以从容地做到第二境界，但要想逾越它却不是那么简单。成功人士果敢坚忍，不屈不挠，造就了他们不同于凡人的成功。他们逾越的不仅仅是人生的境界，更是他们自我的极限。成功后回望来路的人，才会明白另解这三重境界的话：看山是山，看水是水；看山不是山，看水不是水；看山还是山，看水还是水。</p>
```

在浏览器中预览，则可以看到文本缩进效果，如图 10.10 所示。

【**示例 2**】使用 text-indent 属性可以设计悬垂缩进效果。

新建一个网页，保存为 test1.html，在<head>标签内添加<style type="text/css">标签，定义一个内部样式表。

输入下面样式，定义段落文本首行缩进负的两个字符，并定义左侧内部补白为两个字符。

```
p {/*  悬垂缩进两个字距  */
    text-indent:-2em;                    /*  首行缩进  */
    padding-left:2em;                    /*  左侧补白  */}
```

text-indent 属性可以取负值，定义左侧补白，防止取负值缩进导致首行文本伸到段落的边界外边。

然后在<body>标签中输入如下标题和段落文本。

```
<h1>《人间词话》节选</h1>
<h2>王国维</h2>
<p>古今之成大事业、大学问者，必经过三种之境界："昨夜西风凋碧树。独上高楼，望断天涯路。"此第一境也。"衣带渐宽终不悔，为伊消得人憔悴。"此第二境也。"众里寻他千百度，蓦然回首，那人却在灯火阑珊处。"此第三境也。此等语皆非大词人不能道。然遽以此意解释诸词，恐为晏欧诸公所不许也。</p>
```

在浏览器中预览，则可以看到文本悬垂缩进效果，如图 10.11 所示。

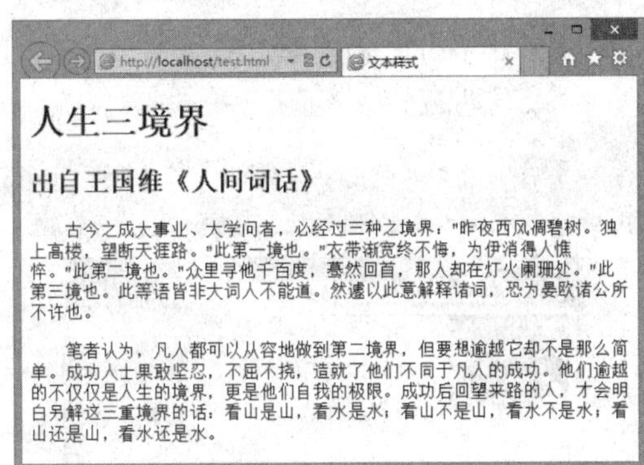

图 10.10　首行缩进效果

图 10.11　悬垂缩进效果

10.3　设计图像样式

在 CSS 没有普及前，主要使用<img>标签的属性来控制图像样式，如大小、边框、位置等。使用 CSS 可以更方便地控制图像显示，设计各种特殊效果，这种用法也符合 W3C 标准，是现在推荐的用法。

视频讲解

Note

10.3.1 定义图像大小

<img>标签包含 width 和 height 属性，使用它们可以控制图像的大小。不过 CSS 提供了更符合标准的 width 和 height 属性，使用这两个属性可以更灵活地设计图像大小。

【示例 1】下面是一个简单地使用 CSS 控制图像大小的案例。

启动 Dreamweaver，新建网页，保存为 test1.html，在<body>标签内输入以下代码。

```
<img class="w200" src="images/1.jpg" />
<img class="w200" src="images/2.jpg" />
<img class="w200" src="images/3.jpg" />
<img src="images/4.jpg" />
```

在<head>标签内添加<style type="text/css">标签，定义一个内部样式表，然后输入下面样式，以类样式的方式控制网页中图像的显示大小。

```
.w200 { /* 定义控制图像高度的类样式 */
    height:200px;
}
```

显示效果如图 10.12 所示，可以看到使用 CSS 更方便控制图像大小，提升了网页设计的灵活性。当图像大小取值为百分比时，浏览器将根据图像包含框的宽和高进行计算。

【示例 2】在下面这个示例中，统一定义图像大小缩小 50%，然后分别放在网页中和一个固定大小的盒子中，则显示效果截然不同，比较效果如图 10.13 所示。

```
<style type="text/css">
div { /* 定义固定大小的包含框 */
    height: 200px;                          /* 固定高度 */
     width: 50%;                            /* 设计弹性宽度 */
    border: solid 1px red;                  /* 定义一个边框 */}
img { /* 定义图像大小 */
    width: 50%;                             /* 百分比宽度 */
    height: 50%;                            /* 百分比高度 */}
</style>
<div> <img src="images/4.png" /> </div>
<img src="images/4.png" />
```

图 10.12 固定缩放图像

图 10.13 百分比缩放图像

提示：当为图像仅定义宽度或高度，则浏览器能够自动调整纵横比，使宽和高能够协调缩放，避免图像变形。但是一旦同时为图像定义宽和高，就要注意宽高比，否则会失真。

视频讲解

10.3.2　定义图像边框

图像在默认状态是不会显示边框，但在为图像定义超链接时会自动显示 2 像素～3 像素宽的蓝色粗边框。使用 border 属性可以清除这个边框，代码如下所示。

```
<a href="#"><img src="images/login.gif" alt="登录" border="0" /></a>
```

不推荐上述用法，建议使用 CSS 的 border 属性定义。CSS 的 border 属性不仅可以为图像定义边框，且提供了丰富的边框样式，支持定义边框的粗细、颜色和样式。

【示例 1】针对上面的清除图像边框效果，则使用 CSS 定义则代码如下。

```
img { /* 清除图像边框 */
    border:none;
}
```

使用 CSS 为<img>标签定义无边框显示，这样就不再需要为每个图像定义 0 边框的属性。下面分别讲解图像边框的样式、颜色和粗细的详细用法。

1．边框样式

CSS 为了元素边框定义了众多样式，边框样式可以使用 border-style 属性来定义。边框样式包括两种：虚线框和实线框。

（1）虚线框包括 dotted（点）和 dashed（虚线）。

【示例 2】在下面示例中，分别定义两个不同的点线和虚线类样式，然后分别应用到两幅图像上，则效果如图 10.14 所示，通过比较可以看到点线和虚线的细微差异。

```
<style type="text/css">
img {width:250px; margin:12px;}  /* 固定图像显示大小 */
.dotted { /* 点线框样式类 */
    border-style:dotted;}
.dashed { /* 虚线框样式类 */
    border-style: dashed;
}
</style>
<img class="dotted" src="images/1.png" alt="点线边框" />
<img class="dashed" src="images/1.png" alt="虚线边框" />
```

图 10.14　IE 浏览器中的点线和虚线比较效果

（2）实线框包括实线框（solid）、双线框（double）、立体凹槽（groove）、立体凸槽（ridge）、立体凹边（inset）、立体凸边（outset）。其中，实线框（solid）是应用最广的一种边框样式。

Note

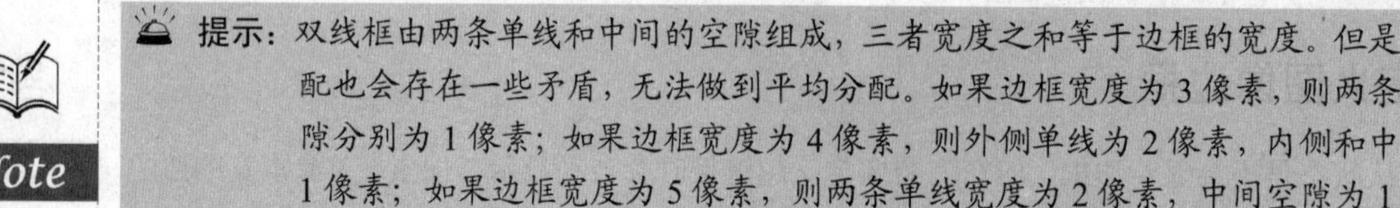

提示：双线框由两条单线和中间的空隙组成，三者宽度之和等于边框的宽度。但是双线框的值分配也会存在一些矛盾，无法做到平均分配。如果边框宽度为 3 像素，则两条单线与其间空隙分别为 1 像素；如果边框宽度为 4 像素，则外侧单线为 2 像素，内侧和中间空隙分别为 1 像素；如果边框宽度为 5 像素，则两条单线宽度为 2 像素，中间空隙为 1 像素。其他取值依此类推。

2．边框颜色和宽度

使用 CSS 的 border-color 属性可以定义边框的颜色；使用 border-width 可以定义边框的粗细。当元素的边框样式为 none 时，所定义的边框颜色和边框宽度都会同时无效。在默认状态下，元素的边框样式为 none，而元素的边框宽度默认为 2 像素~3 像素。

【示例 3】在下面示例中快速定义图像各边的边框，显示效果如图 10.15 所示。

```
<style type="text/css">
img {/* 图像的边框样式 */
    width:100px;                                                    /* 宽度 */
    border:solid red 150px;  /* 统一定义各边样式：实线框、红色、150 像素宽度 */
    border-color:red blue green yellow; /* 顶边红色、右边蓝色、底边绿色、左边黄色 */
}
</style>
<img src="images/1.png" />
```

【示例 4】也可以配合使用不同复合属性自定义各边样式，例如，下面示例分别用 border-style、border-color 和 border-width 属性自定义图像各边边框样式，效果如图 10.16 所示。

```
<style type="text/css">
img {/* 图像的边框样式 */
    width:300px;                                    /* 宽度 */
    border-style:solid dashed dotted double; /* 顶边实线、右边虚线、底边点线、左边双线 */
    border-width:10px 20px 30px 40px; /* 顶边 10 像素、右边 20 像素、底边 30 像素、左边 40 像素 */
    border-color:red blue green yellow; /* 顶边红色、右边蓝色、底边绿色、左边黄色 */
}
</style>
<img src="images/1.png" />
```

图 10.15　定义各边边框的样式效果

图 10.16　自定义各边边框的样式效果

如果各边样式相同，使用 border 会更方便设计。例如，在下面示例中，定义各边样式为红色实线框，宽度为 20px，则代码如下所示。

```
div {
    width:400px;                          /* 宽度 */
    height:200px;                         /* 高度 */
    border:solid 20px red;                /* 边框样式 */
}
```

在上面代码中，border 属性中的 3 个值分别表示边框样式、边框颜色和边框宽度，它们没有先后顺序，可以任意调整顺序。

10.3.3　定义不透明度

视频讲解

在 CSS3 中，使用 opacity 可以设计图像的不透明度，该属性的基本用法如下。

```
opacity:0~1;
```

取值范围为 0～1，数值越低透明度也就越高，0 为完全透明，而 1 表示完全不透明。

提示： 早期 IE 浏览器使用 CSS 滤镜定义透明度，基本用法如下。

```
filter:alpha(opacity=0~100);
```

取值范围为 0～100，数值越低透明度也就越高，0 为完全透明，100 表示完全不透明。

【示例】 在下面这个示例中，先定义一个透明样式类，然后把它应用到一个图像中，并与原图进行比较，演示效果如图 10.17 所示。

```
<style type="text/css">
img { width: 300px;}
.opacity {/* 透明度样式类 */
    opacity: 0.3;                         /* 标准用法 */
    filter:alpha(opacity=30);             /* 兼容 IE 早期版本浏览器 */
    -moz-opacity:0.3;                     /* 兼容 Firefox 浏览器 */
}
</style>
<img src="images/1.png" title="图像不透明度" />
<img class="opacity" src="images/1.png" title="图像透明度为 0.3" />
```

图 10.17　图像透明度演示效果

视频讲解

Note

10.3.4 定义圆角特效

CSS3 新增了 border-radius 属性，使用它可以设计圆角样式，该属性用法如下。

```
border-radius:none | <length>{1,4} [ / <length>{1,4} ]?;
```

border-radius 属性初始值为 none，适用于所有元素，除了 border-collapse 属性值为 collapse 的 table 元素。取值简单说明如下。

☑ none：默认值，表示元素没有圆角。

☑ <length>：由浮点数字和单位标识符组成的长度值，不可为负值。

为了方便定义元素的 4 个顶角圆角，border-radius 属性派生了 4 个子属性。

☑ border-top-right-radius：定义右上角的圆角。

☑ border-bottom-right-radius：定义右下角的圆角。

☑ border-bottom-left-radius：定义左下角的圆角。

☑ border-top-left-radius：定义左上角的圆角。

提示：border-radius 属性可包含两个参数值：第一个值表示圆角的水平半径；第二个值表示圆角的垂直半径；两个参数值通过斜线分隔。如果仅包含一个参数值，则第二个值与第一个值相同，它表示这个角就是一个四分之一圆角。如果参数值包含 0，则就是矩形，不会显示为圆角。

【示例】下面示例分别设计两个圆角类样式：第一个类 r1 为固定 12 像素的圆角；第二个类 r2 为弹性取值 50%的椭圆圆角，然后分别应用到不同的图像上，则演示效果如图 10.18 所示。

```
<style type="text/css">
img {width:300px; border:solid 1px #eee;}
.r1 {border-radius: 12px;}
.r2 {border-radius: 50%;}
</style>
<img class="r1" src="images/1.png" title="圆角图像" />
<img class="r2" src="images/1.png" title="椭圆图像" />
```

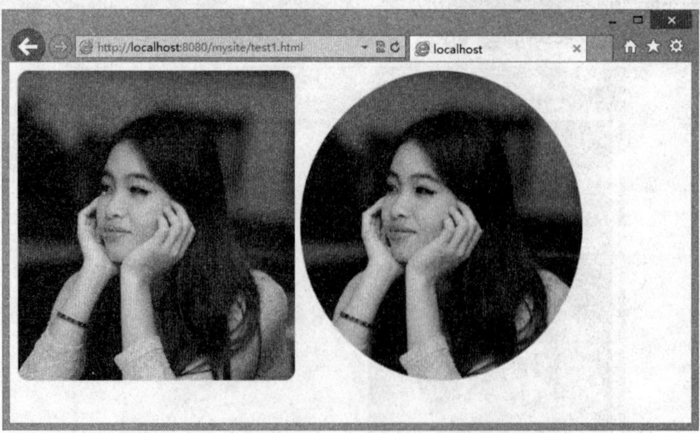

图 10.18 圆角图像演示效果

Note

10.3.5　定义阴影特效

CSS3 新增了 box-shadow 属性，该属性可以定义阴影效果，该属性用法如下所示。

```
box-shadow:none | <shadow> [ , <shadow> ]*;
```

box-shadow 属性的初始值是 none，该属性适用于所有元素，取值简单说明。

- ☑ none：默认值，表示元素没有阴影。
- ☑ <shadow>：该属性值可以使用公式表示为 inset && [<length>{2,4} && <color>?]，其中，inset 表示设置阴影的类型为内阴影，默认为外阴影；<length>是由浮点数字和单位标识符组成的长度值，可取正负值，用来定义阴影水平偏移、垂直偏移，以及阴影大小（即阴影模糊度）、阴影扩展；<color>表示阴影颜色。

提示：如果不设置阴影类型时，默认为投影效果，当设置为 inset 时，则阴影效果为内阴影。X 轴偏移和 Y 轴偏移定义阴影的偏移距离。阴影大小、阴影扩展和阴影颜色是可选值，默认为黑色实影。box-shadow 属性值必须设置阴影的偏移值，否则没有效果。如果需要定义阴影，不需要偏移，此时可以定义阴影偏移为 0，这样才可以看到阴影效果。

【示例 1】在下面这个示例中，设计一个阴影类样式，定义圆角、阴影显示，设置圆角大小为 8 像素，阴影显示在右下角，模糊半径为 14 像素，然后分别应用第二幅图像上，演示如图 10.19 所示。

```
<style type="text/css">
img { width: 300px; margin: 6px;}
.r1 {
    border-radius: 8px;
    -moz-box-shadow: 8px 8px 14px #06C;          /* 兼容 Gecko 引擎 */
    -webkit-box-shadow: 8px 8px 14px #06C;       /* 兼容 Webkit 引擎 */
    box-shadow: 8px 8px 14px #06C;               /* 标准用法 */
}
</style>
<img src="images/1.png" title="无阴影图像" />
<img class="r1" src="images/1.png" title="阴影图像" />
```

图 10.19　阴影图像演示效果

【示例 2】box-shadow 属性用法比较灵活，可以设计叠加阴影特效。例如，在上面示例 1 中，修

改类样式 r1 的代码如下，通过多组参数值定义渐变阴影效果如图 10.20 所示。

Note

```
img { width: 300px; margin: 6px;}
.r1 {
    border-radius: 12px;
    box-shadow: -10px 0 12px red,
        10px 0 12px blue,
        0 -10px 12px yellow,
        0 10px 12px green;
}
```

图 10.20　设计图像多层阴影效果

提示：当设计多个阴影时，需要注意书写顺序，最先写的阴影将显示在最顶层。如上面示例 2 这段代码中，先定义一个 10px 的红色阴影，再定义一个 10px 大小、10px 扩展的阴影。显示结果就是红色阴影层覆盖在黄色阴影层之上，此时如果顶层的阴影太大，就会遮盖底部的阴影。

10.4 案例实战

CSS3 优化和增强了 CSS 2.1 的字体和文本属性，使网页文字更具表现力和感染力，丰富了网页文本的样式和版式。

视频讲解

10.4.1 设计文本阴影

在 CSS3 中，可以使用 text-shadow 属性为文字添加阴影效果，用法如下所示。

```
text-shadow：none | <shadow> [ , <shadow> ]*
<shadow> = <length>{2,3} && <color>?
```

text-shadow 属性的初始值为无，适用于所有元素，取值简单说明如下。

☑ none：无阴影。

☑ <length>①：第一个长度值用来设置对象的阴影水平偏移值，可以为负值。

☑ <length>②：第二个长度值用来设置对象的阴影垂直偏移值，可以为负值。

☑　<length>③：如果提供了第三个长度值则用来设置对象的阴影模糊值，不允许负值。

☑　<color>：设置对象的阴影的颜色。

【示例】下面为段落文本定义一个简单的阴影效果，演示效果如图 10.21 所示。

```
<style type="text/css">
p {
    text-align: center;
    font: bold 60px helvetica, arial, sans-serif;
    color: #999;
    text-shadow: 0.1em 0.1em #333;}
</style>
<p>文本阴影：text-shadow</p>
```

图 10.21　定义文本阴影

“text-shadow: 0.1em 0.1em #333;”声明了右下角文本阴影效果，如果把投影设置到右上角，则可以这样声明，效果如图 10.22 所示。

```
p {text-shadow: -0.1em -0.1em #333;}
```

同理，如果设置阴影在文本的左下角，则可以设置如下样式，演示效果如图 10.23 所示。

```
p {text-shadow: -0.1em 0.1em #333;}
```

图 10.22　定义左上角阴影

图 10.23　定义左下角阴影

也可以增加模糊效果的阴影，效果如图 10.24 所示。

```
p{ text-shadow: 0.1em 0.1em 0.3em #333; }
```

或者定义如下模糊阴影效果，效果如图 10.25 所示。

```
text-shadow: 0.1em 0.1em 0.2em black;
```

text-shadow 属性的第一个值表示水平位移；第二个值表示垂直位移，正值偏右或偏下，负值偏左或偏上；第三个值表示模糊半径，该值可选；第四个值表示阴影的颜色，该值可选。

图 10.24　定义模糊阴影

图 10.25　定义模糊阴影

在阴影偏移之后，可以指定一个模糊半径。模糊半径是个长度值，指出模糊效果的范围。如何计算模糊效果的具体算法没有指定。在阴影效果的长度值之前或之后还可以选择指定一个颜色值。如果没有指定颜色，那么将使用 color 属性值来替代。

10.4.2　设计动态内容

视频讲解

content 属性属于内容生成和替换模块，可以为匹配的元素动态生成内容，这样就能够满足在 CSS 样式设计中临时添加非结构性的样式服务标签，或者添加补充说明性内容等。

content 属性的简明语法如下所示。

```
content: normal | string | attr() | url() | counter() | none;
```

取值简单说明如下。

- ☑ normal：默认值。表现与 none 值相同。
- ☑ string：插入文本内容。
- ☑ attr()：插入元素的属性值。
- ☑ url()：插入一个外部资源，如图像、音频、视频或浏览器支持的其他任何资源。
- ☑ counter()：计数器，用于插入排序标识。
- ☑ none：无任何内容。

> 提示：content 属性早在 CSS 2.1 中就被引入，可以使用:before 和:after 伪元素生成内容。此特性目前已被大部分的浏览器支持，另外 Opera 9.5+和 Safari 4 已经支持所有元素的 content 属性，而不仅仅是:before 和:after 伪元素。

在 CSS3 Generated Content 工作草案中，content 属性添加了更多的特征，例如，插入以及移除文档内容的能力，可以创建脚注、结语和段落注释。但是目前还没有浏览器支持 content 的扩展功能。

【示例】下面示例使用 content 属性，配合 CSS 计数器设计多层嵌套有序列表序号设计，效果如图 10.26 所示。

```
<style type="text/css">
ol { list-style: none;}                                  /* 清除默认的序号 */
li:before {color: #f00; font-family: Times New Roman;}   /* 设计层级目录序号的字体样式 */
li{counter-increment:a 1;}                               /* 设计递增函数 a，递增起始值为 1 */
li:before{content:counter(a)". ";}                       /* 把递增值添加到列表项前面 */
li li{counter-increment:b 1;}                            /* 设计递增函数 b，递增起始值为 1 */
li li:before{content: counter(a)"."counter(b)". ";}     /* 把递增值添加到二级列表项前面 */
```

```
li li li{counter-increment: c 1;}                              /* 设计递增函数 c，递增起始值为 1 */
li li li:before{content: counter(a)"."counter(b)"."counter(c)". ";} /* 把递增值添加到三级列表项前面 */
</style>
<ol>
    <li>一级列表项目 1
        <ol>
            <li>二级列表项目 1</li>
            <li>二级列表项目 2
                <ol>
                    <li>三级列表项目 1</li>
                    <li>三级列表项目 2</li>
                </ol>
            </li>
        </ol>
    </li>
    <li>一级列表项目 2</li>
</ol>
```

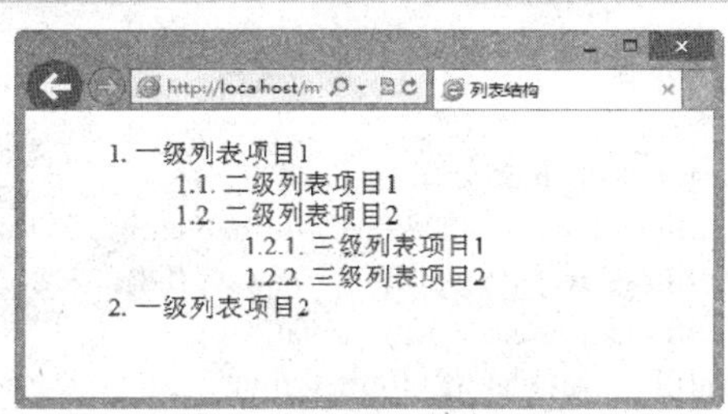

图 10.26　使用 CSS 技巧设计多级层级目录序号

10.4.3　自定义字体

CSS3 允许用户通过@font-face 规则，加载网络字体文件，实现自动以字体类型的功能。@font-face 规则在 CSS3 规范中属于字体模块。

@font-face 规则的语法格式如下。

```
@font-face { <font-description> }
```

@font-face 规则的选择符是固定的，用来引用网络字体文件。<font-description>是一个属性名值对，格式类似如下样式。

```
descriptor: value;
descriptor: value;
descriptor: value;
descriptor: value;
[...]
descriptor: value;
```

属性及其取值说明如下。

☑　font-family：设置文本的字体名称。

☑　font-style：设置文本样式。

☑　font-variant：设置文本的大小写。

☑　font-weight：设置文本的粗细。

☑ font-stretch：设置文本是否横向的拉伸变形。

☑ font-size：设置文本字体大小。

☑ src：设置自定义字体的相对路径或者绝对路径。注意，该属性只能在@font-face 规则里使用。

Note

【示例】下面示例通过@font-face 规则引入外部字体文件 glyphicons-halflings-regular.eot，然后定义几个字体图标，嵌入在导航菜单项目中，效果如图 10.27 所示。

图 10.27　设计包含字体图标的导航菜单

示例主要代码如下所示。

```
<style type="text/css">
/* 引入外部字体文件 */
@font-face {
    font-family: 'Glyphicons Halflings';                /* 选择默认的字体类型 */
    /* 外部字体文件列表 */
    src: url('fonts/glyphicons-halflings-regular.eot');
    src: url('fonts/glyphicons-halflings-regular.eot?#iefix') format('embedded-opentype'),
        url('fonts/glyphicons-halflings-regular.woff2') format('woff2'),
        url('fonts/glyphicons-halflings-regular.woff') format('woff'),
        url('fonts/glyphicons-halflings-regular.ttf') format('truetype'),
        url('fonts/glyphicons-halflings-regular.svg#glyphicons_halflingsregular') format('svg');
}
/* 定义字体图标样式 */
.glyphicon {
    position: relative;                                 /* 相对定位 */
    top: 1px;                                           /* 相对向上偏移 1 个像素 */
    display: inline-block;                              /* 行内块显示 */
    font-family: 'Glyphicons Halflings';                /* 定义字体类型 */
    font-style: normal;                                 /* 字体样式 */
    font-weight: normal;                                /* 字体粗细 */
    line-height: 1;                                     /* 定义行高，清除文本行对图标的影响 */
    -webkit-font-smoothing: antialiased;                /* 兼容谷歌浏览器解析 */
    -moz-osx-font-smoothing: grayscale;                 /* 兼容 Firefox 浏览器解析 */
}
.glyphicon-home:before { content: "\e021"; }
.glyphicon-user:before { content: "\e008"; }
.glyphicon-search:before { content: "\e003"; }
.glyphicon-plus:before { content: "\e081"; }
span {/* 定义字体图标标签样式 */
    font-size: 16px;
    color: red;
}
ul {/* 定义导航列表框样式，清除默认样式 */
    margin: 0;
    padding: 0;
```

```
    list-style: none;
}
li {/* 定义列表项目样式，水平并列显示 */
    float: left;
    padding: 6px 12px;
    margin: 3px;
    border: solid 1px hsla(359,93%,69%,0.6);
    border-radius: 6px;
}
li a {/* 定义超链接文本样式 */
    font-size: 16px;
    color: red;
    text-decoration: none;
}
</style>
<ul>
    <li><span class="glyphicon glyphicon-home"></span> <a href="#">主页</a></li>
    <li><span class="glyphicon glyphicon-user"></span> <a href="#">登录</a></li>
    <li><span class="glyphicon glyphicon-search"></span> <a href="#">搜索</a></li>
    <li><span class="glyphicon glyphicon-plus"></span> <a href="#">添加</a></li>
</ul>
```

10.4.4　设计正文版式

视频讲解

中文版式与西文版式存在很多不同。例如，中文段落文本缩进，而西文悬垂列表；中文段落一般没有段距，而西文习惯设置一行的段距等。中文报刊文章习惯以块的适度变化来营造灵活的设计版式，中文版式中，标题习惯居中显示，正文之前喜欢设计一个题引，题引为左右缩进的段落文本显示效果，正文以首字下沉效果显示。

本案例将展示一个简单的中文版式，把一级标题、二级标题、三级标题和段落文本的样式分别设计，从而使信息的轻重分明，更有利于用户阅读，演示效果如图 10.28 所示。

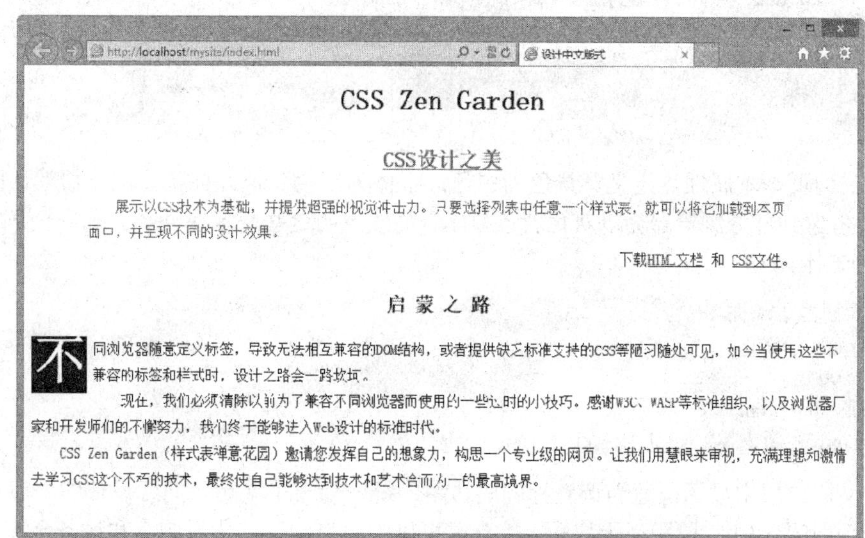

图 10.28　报刊式中文格式效果

【操作步骤】

（1）设计网页结构。本示例的 HTML 文档结构依然采用禅意花园的结构，截取第一部分的结构和内容，并把英文全部译为中文。

Note

```
<div id="intro">
    <div id="pageHeader">
        <h1><span>CSS Zen Garden</span></h1>
        <h2><span><acronym title="cascading style sheets">CSS</acronym>设计之美</span></h2>
    </div>
    <div id="quickSummary">
        <p class="p1"><span>展示以<acronym
title="cascading style sheets">CSS</acronym>技术为基础，并提供超强的视觉冲击力。只要选择列表中任意一个样式表，就可以将它加载到本页面中，并呈现不同的设计效果。</span></p>
        <p class="p2"><span>下载<a title="这个页面的 HTML 源代码不能够被改动。"
href="http://www.csszengarden.com/zengarden-sample.html">HTML 文档</a> 和 <a
title="这个页面的 CSS 样式表文件，你可以更改它。"
href="http://www.csszengarden.com/zengarden-sample.css">CSS 文件</a>。</span></p>
    </div>
    <div id="preamble">
        <h3><span>启蒙之路</span></h3>
        <p class="p1"><span>不同浏览器随意定义标签，导致无法相互兼容的<acronym
title="document object model">DOM</acronym>结构，或者提供缺乏标准支持的<acronym
title="cascading style sheets">CSS</acronym>等陋习随处可见，如今当使用这些不兼容的标签和样式时，设计之路会很坎坷。</span></p>
        <p class="p2"><span>现在，我们必须清除以前为了兼容不同浏览器而使用的一些过时的小技巧。感谢<acronym
title="world wide web consortium">W3C</acronym>、<acronym
title="web standards project">WASP</acronym>等标准组织，以及浏览器厂家和开发师们的不懈努力，我们终于能够进入 Web 设计的标准时代。</span></p>
        <p class="p3"><span>CSS Zen
            Garden（样式表禅意花园）邀请你发挥自己的想象力，构思一个专业级的网页。让我们用慧眼来审视，充满理想和激情去学习 CSS 这个不朽的技术，最终使自己能够达到技术和艺术合而为一的最高境界。</span></p>
    </div>
</div>
```

（2）定义网页基本属性。定义背景色为白色，字体为黑色。也许你认为浏览器默认网页就是这个样式，但是考虑到部分浏览器会以灰色背景显示，显式声明这些基本属性会更加安全。字体大小为 14px，字体为宋体。

```
body {/* 页面基本属性 */
    background: #fff;                                   /* 背景色 */
    color: #000;                                        /* 前景色 */
    font-size: 0.875em;                                 /* 网页字体大小 */
    font-family: "新宋体", Arial, Helvetica, sans-serif;  /* 网页字体默认类型 */}
```

（3）定义标题居中显示，适当调整标题底边距，统一为一个字距。间距设计的一般规律：字距小于行距，行距小于段距，段距小于块距。检查时可以尝试将网站的背景图案和线条全部去掉，看是否还能保持想要的区块感。

```
h1, h2, h3 {/* 标题样式 */
    text-align: center;                          /* 居中对齐 */
    margin-bottom: 1em;                          /* 定义底边界 */}
```

（4）为二级标题定义一个下画线，并调暗字体颜色，目的是使一级标题、二级标题和三级标题在同一个中轴线显示时产生一个变化，避免单调。由于三级标题字数少（4 个汉字），可以通过适当调节字距来设计一种平衡感，避免因为字数太少而使标题看起来很单调。

```
h2 {/* 个性化二级标题样式 */
    color: #999;                                 /* 字体颜色 */
    text-decoration: underline;                  /* 下画线 */}
h3 {/* 个性化三级标题样式 */
    letter-spacing: 0.4em;                       /* 字距 */
    font-size: 1.4em;                            /* 字体大小 */}
```

（5）定义段落文本的样式。统一清除段落间距为 0，定义行高为 1.8 倍字体大小。

```
p {/* 统一段落文本样式 */
    margin: 0;                                   /* 清除段距 */
    line-height: 1.8em;                          /* 定义行高 */}
```

（6）定义第一文本块中的第一段文本字体为深灰色，定义第一文本块中的第二段文本右对齐，定义第一文本块中的第一段和第二段文本首行缩进两个字距，同时定义第二文本块的第一段、第二段和第三段文本首行缩进两个字距。

```
#quickSummary .p1 {/* 第一文本块的第一段样式 */
    color: #444;                                 /* 字体颜色 */}
#quickSummary .p2 {/* 第一文本块的第二段样式 */
    text-align: right;                           /* 右对齐 */}
#quickSummary .p1, .p2, .p3 {/* 除了首字下沉段以外的段样式 */
    text-indent: 2em;                            /* 首行缩进 */}
```

（7）为第一个文本块定义左右缩进样式，设计引题的效果。

```
#quickSummary {/* 第一文本块样式 */
    margin-left: 4em;                            /* 左缩进 */
    margin-right: 4em;                           /* 右缩进 */}
```

（8）定义首字下沉效果。CSS 提供了一个首字下沉的属性：first-letter，这是一个伪对象。什么是伪、伪类和伪对象，我们将在第 12 章中进行详细讲解。但是 first-letter 属性所设计的首字下沉效果存在很多问题，所以还需要进一步设计。例如，设置段落首字浮动显示（什么是浮动请参阅 CSS 布局章节讲解），同时定义字体大小很大，以实现下沉效果。为了使首字下沉效果更明显，这里设计首字加粗、反白显示。

```
.first:first-letter {/* 首字下沉样式类 */
    font-size: 50px;                             /* 字体大小 */
    float:left;                                  /* 向左浮动显示 */
    margin-right:6px;                            /* 增加右侧边距 */
    padding: 2px;                                /* 增加首字四周的补白 */
    font-weight: bold;                           /* 加粗字体 */
    line-height: 1em; /* 定义行距为一个字体大小，避免行高影响段落版式 */
    background: #000;                            /* 背景色 */
    color: #fff;                                 /* 前景色 */}
```

注意：由于 IE 早期版本浏览器存在 bug，无法通过:first-letter 选择器来定义首字下沉效果，故这里重新定义了一个首字下沉的样式类（first），然后手动把这个样式类加入到 HTML 文档结构对应的段落中。

<p class="p1 first"><span>不同浏览器随意定义标签，导致无法相互兼容的<acronym title="document object model">DOM</acronym>结构，或者提供缺乏标准支持的<acronym title="cascading style sheets">CSS</acronym>等陋习随处可见，如今当使用这些不兼容的标签和样式时，设计之路会很坎坷。</span></p>

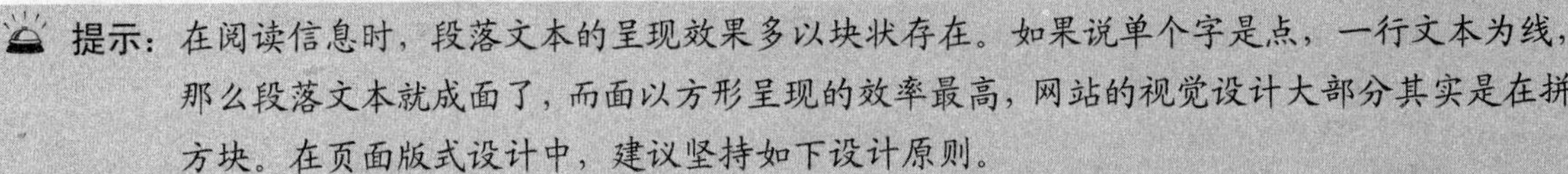

提示：在阅读信息时，段落文本的呈现效果多以块状存在。如果说单个字是点，一行文本为线，那么段落文本就成面了，而面以方形呈现的效率最高，网站的视觉设计大部分其实是在拼方块。在页面版式设计中，建议坚持如下设计原则。

☑ 方块感越强，越能给用户方向感。

☑ 方块越少，越容易阅读。

☑ 方块之间以空白的形式进行分隔，从而组合为一个更大的方块。

10.5 在线练习

使用 CSS 设计各种文本效果，以及各种网页版式和文本特效，感兴趣的同学们扫码强化练习。

在线练习 1

在线练习 2

使用 CSS3 背景图像和渐变背景

在前面章节中，我们介绍了如何在网页中插入图像，但是在网页设计中，用户更喜欢使用 CSS3 的 background 属性来显示网页图像，这样可以避免破坏 HTML 文档结构，美化网页更灵活。如果利用 CSS3 渐变技术还可以设计各种背景图案，这样能够降低网页设计的难度。

【学习重点】

- 正确使用 CSS 设计背景图像。
- 灵活使用多重背景图像设计网页版面。
- 正确使用线性渐变和径向渐变。
- 熟练使用渐变函数设计背景图案。

11.1 设计背景图像

Note

下面来介绍如何使用 CSS 设计背景图像的显示样式。

11.1.1 设置背景图像

视频讲解

在 CSS 中可以使用 background-image 属性来定义背景图像，具体用法如下。

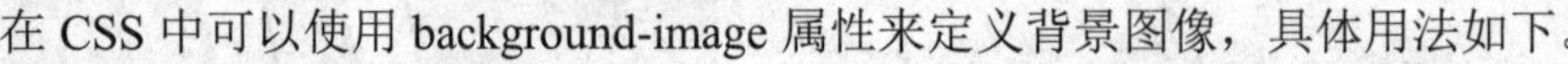

```
background-image：none | <url>
```

默认值为 none，表示无背景图；<url>表示使用绝对或相对地址指定背景图像。

> 提示：GIF 格式图像可以设计动画、透明背景，具有图像小巧等优点；JPG 格式图像具有更丰富的颜色数，图像品质相对要好；PNG 类型综合了 GIF 和 JPG 两种图像的优点。

【示例】如果背景包含透明区域的 GIF 或 PNG 格式图像，则被设置为背景图像时，这些透明区域依然被保留。在下面这个示例中，先为网页定义背景图像，然后再为段落文本定义透明的 GIF 背景图像，则显示效果如图 11.1 所示。

```
<style type="text/css">
html, body, p{ height:100%;}
body {background-image:url(images/bg.jpg);}
p { background-image:url(images/ren.png);}
</style>
<p></p>
```

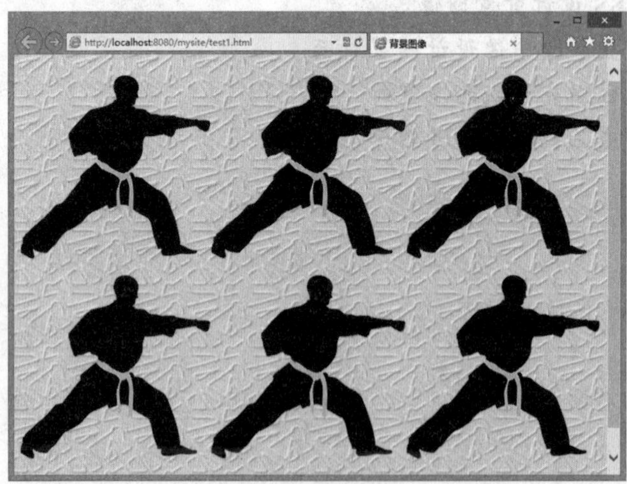

图 11.1　透明背景图像的显示效果

11.1.2 设置显示方式

视频讲解

CSS 使用 background-repeat 属性控制背景图像的显示方式，具体用法如下所示。

```
background-repeat：repeat-x | repeat-y | [repeat | space | round | no-repeat]{1,2}
```

取值说明如下。

☑　repeat-x：背景图像在横向上平铺。

☑　repeat-y：背景图像在纵向上平铺。

☑　repeat：背景图像在横向和纵向平铺。

☑　no-repeat：背景图像不平铺。

☑　round：背景图像自动缩放直到适应且填充满整个容器，仅 CSS3 支持。

☑　space：背景图像以相同的间距平铺且填充满整个容器或某个方向，仅 CSS3 支持。

【示例】下面示例设计一个公司公告栏，其中宽度是固定的，但是其高度可能会根据正文内容进行动态调整，为了适应这种设计需要，不妨利用垂直平铺来进行设计。

（1）把“公司公告”栏目分隔为上、中、小三块，设计上和下为固定宽度，而中间块为可以随时调整高度，设计的结构如下。

```
<div id="call">
    <div id="call_tit">公司公告</div >
    <div id="call_mid"></div >
    <div id="call_btm"></div >
</div>
```

（2）所实现的样式表如下，最后经过调整中间块元素的高度以形成不同的高度的公告牌，演示效果如图 11.2 所示。

```
<style type="text/css">
#call {
    width: 218px;                                   /* 固定宽度 */
    font-size: 14px;                                /* 字体大小 */
}
#call_tit {
    background: url(images/call_top.gif);           /* 头部背景图像 */
    background-repeat:no-repeat;                    /* 不平铺显示 */
    height: 43px;                                   /* 固定高度，与背景图像高度一致 */
    color: #fff;                                    /* 白色标题 */
    font-weight: bold;                              /* 粗体 */
    text-align: center;                             /* 居中显示 */
    line-height: 43px;                              /* 标题垂直居中 */
}
#call_mid {
    background-image: url(images/call_mid.gif);     /* 背景图像 */
    background-repeat: repeat-y;                    /* 垂直平铺 */
    height: 160px;                                  /* 可自由设置的高度 */
}
#call_btm {
    background-image: url(images/call_btm.gif);     /* 底部背景图像 */
    background-repeat: no-repeat;                   /* 不平铺显示 */
    height: 11px;                                   /* 固定高度，与背景图像高度一致 */
}
```

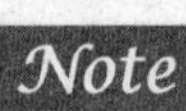

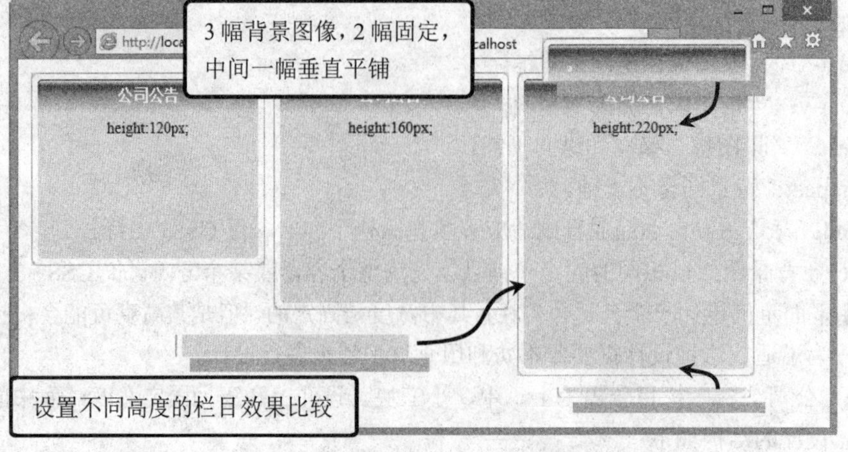

图 11.2　背景图像垂直平铺示例模拟效果

视频讲解

11.1.3　设置显示位置

在默认情况下，背景图像显示在元素的左上角，并根据不同方式执行不同显示效果。为了更好地控制背景图像的显示位置，CSS 定义了 background-position 属性来精确定位背景图像。

background-position 属性取值包括两个值，它们分别用来定位背景图像的 x 轴、y 轴坐标，取值单位没有限制，具体用法如下所示。

```
background-position：[ left | center | right | top | bottom | <percentage> | <length> ] | [ left | center | right | <percentage> | <length> ] [ top | center | bottom | <percentage> | <length> ] | [ center | [ left | right ] [ <percentage> | <length> ]? ] && [ center | [ top | bottom ] [ <percentage> | <length> ]? ]
```

默认值为（0% 0%），等效于 left top。

【示例】下面示例利用 4 个背景图像拼接起来一个栏目板块。这些背景图像分别被定位到栏目的 4 个边上，形成一个圆角的矩形，并富有立体感，效果如图 11.3 所示。

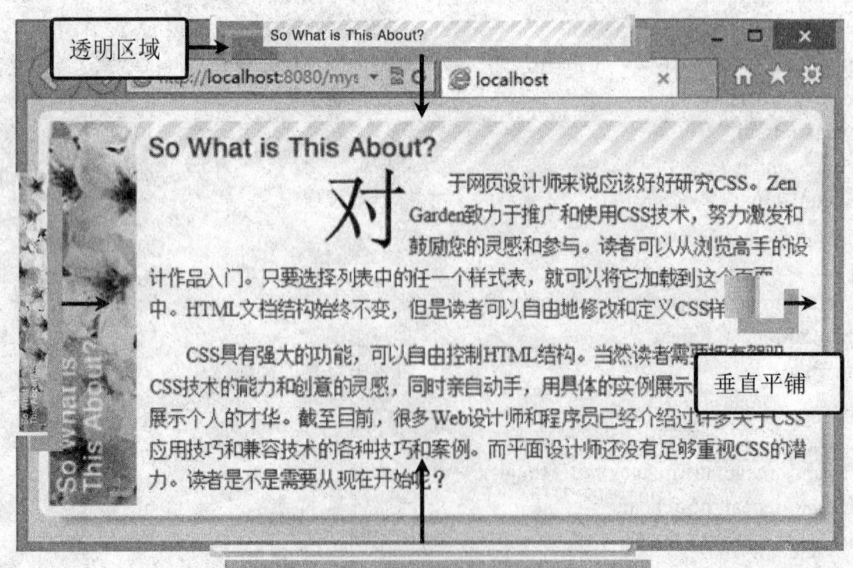

图 11.3　背景图像定位综合应用

实例所用到的 HTML 结构代码如下。

```
<div id="explanation">
    <h3><span>这是什么？</span></h3>
    <p class="p1"><span><span class="first">对</span>于网页设计师来说应该好好研究<acronym title="cascading style sheets">CSS</acronym>。Zen Garden 致力于推广和使用 CSS 技术，努力激发和鼓励您的灵感和参与。读者可以从浏览高手的设计作品入门。只要选择列表中的任一个样式表，就可以将它加载到这个页面中。<acronym title="hypertext markup language">HTML</acronym>文档结构始终不变，但是读者可以自由地修改和定义<acronym title="cascading style sheets">CSS</acronym>样式表。</span></p>
    <p class="p2"><span><acronym title="cascading style sheets">CSS</acronym>具有强大的功能，可以自由控制 HTML 结构。当然读者需要拥有驾驭 CSS 技术的能力和创意的灵感，同时亲自动手，用具体的实例展示 CSS 的魅力，展示个人的才华。截至目前，很多 Web 设计师和程序员已经介绍过许多关于 CSS 应用技巧和兼容技术的各种技巧和案例。而平面设计师还没有足够重视 CSS 的潜力。读者是不是需要从现在开始呢？</span></p>
</div>
```

根据这个 HTML 结构所设计的 CSS 样式表如下，请注意背景图像的定位方法。

```
<STYLE type="text/css">
body { /* 定义网页背景色、居中显示、字体颜色 */
    background: #DFDFDF; text-align:center; color: #454545;
}
p, h3 { margin: 0; padding: 0; }                          /* 清除段落和标题的默认边距 */
#explanation {
    background-color: #ffffff;                            /* 白色背景，填充所有区域 */
    background-image: url(images/img_explanation.jpg);    /* 指定背景图像 */
    background-position: left bottom;                     /* 定位背景图像位于左下角 */
    background-repeat: repeat-y;                          /* 在垂直方向上平铺背景图像 */
    width: 546px;                                         /* 固定栏目宽度 */
    margin: 0 auto;                                       /* 栏目居中显示 */
    font-size: 13px; line-height:1.6em; text-indent: 2em; /* 定义栏目内字体属性 */
}
#explanation h3 {
    background: url(images/title_explanation.gif) no-repeat; /* 顶部背景图像，不平铺 */
    height: 39px;                                         /* 固定标题栏高度 */
}
#explanation h3 span { display: none; }                   /* 隐藏标题栏内信息 */
#explanation p {                                          /* 定义右侧背景图像，垂直平铺 */
   background: url(images/right_bg.gif) right repeat-y;}
#explanation .p2 span {                                   /* 底部背景图像，不平铺 */
    padding-bottom: 20px;                                 /* 增加第二段底部内边距，显示背景图像 */
    background: url(images/right_bottom.gif) bottom no-repeat;
}
#explanation p span {/* 定义段落文本左侧的内边距，以便显示左侧背景图像 */
    padding: 0 15px 10px 77px;
    display: block;                                       /* 定义块状显示，内边距才有效 */
    text-align: left;                                     /* 文本左对齐 */
}
#explanation p .first {                                   /* 定义首字下沉特效 */
    font-size: 60px; color: #820015; line-height: 1em;    /* 字体显示属性 */
    float: left;                                          /* 向左浮动 */
    padding: 0;                                           /* 清除上面样式为段落定义的内边距 */
```

Note

```
}
</STYLE>
```

在上面的样式表中，通过分别为不同元素定义背景图像，然后通过定位技术把背景图像定位到对应的 4 个边上，并根据需要运用平铺技术实现圆角区域效果。

注意：百分比是最灵活的定位方式，同时也是最难把握的定位单位。

在默认状态下，定位的位置为（0% 0%），定位点是背景图像的左上顶点，定位距离是该点到包含框左上角顶点的距离，即两点重合。

如果定位背景图像为（100% 100%），定位点是背景图像的右下顶点，定位距离是该点到包含框左上角顶点的距离，这个距离等于包含框的宽度和高度。

百分比也可以取负值，负值的定位点是包含框的左上顶点，而定位距离则以图像自身的宽和高来决定。

CSS 还提供了 5 个关键字：left、right、center、top 和 bottom。这些关键字实际上就是百分比特殊值的一种固定用法，详细列表说明如下。

```
/* 普通用法 */
top left、left top                          = 0% 0%
right top、top right                        = 100% 0%
bottom left、left bottom                    = 0% 100%
bottom right、right bottom                  = 100% 100%
/* 居中用法 */
center、center center                       = 50% 50%
/* 特殊用法 */
top、top center、center top                 = 50% 0%
left、left center、center left              = 0% 50%
right、right center、center right           =100% 50%
bottom、bottom center、center bottom        = 50% 100%
```

视频讲解

11.1.4 设置固定背景

在默认情况下，背景图像能够跟随网页内容上下滚动。可以使用 background-attachment 属性定义背景图像在窗口内固定显示，具体用法如下。

```
background-attachment：fixed | local | scroll
```

默认值为 scroll，具体取值说明如下。

☑ fixed：背景图像相对于浏览器窗体固定。

☑ scroll：背景图像相对于元素固定，也就是说当元素内容滚动时背景图像不会跟着滚动，因为背景图像总是要跟着元素本身。

☑ local：背景图像相对于元素内容固定，也就是说当元素内容滚动时背景图像也会跟着滚动，此时不管元素本身是否滚动，当元素显示滚动条时才会看到效果。该属性值仅 CSS3 支持。

【示例】在下面的示例中，为<body>标签设置背景图片，且不平铺、固定，这时通过拖动浏览器滚动条，可以看到网页内容在滚动，而背景图片静止显示，页面演示效果如图 11.4 所示。

```
<style type="text/css">
body {
    background-image: url(images/bg.jpg);           /* 设置背景图片 */
```

```
        background-repeat: no-repeat;                /* 背景图片不平铺 */
        background-position: left center;            /* 背景图片的位置 */
        background-attachment: fixed;                /* 背景图片固定，不随滚动条滚动而滚动 */
        height: 1200px;                              /* 高度，出现浏览器的滚动条 */
}
#box {float: right; width: 400px;}
</style>
<div id="box">
        <h1> 雨巷</h1>
        <h2>戴望舒</h2>
        <pre>
撑着油纸伞，独自
彷徨在悠长、悠长
又寂寥的雨巷，
我希望逢着
一个丁香一样的
结着愁怨的姑娘。
…
        </pre>
</div>
```

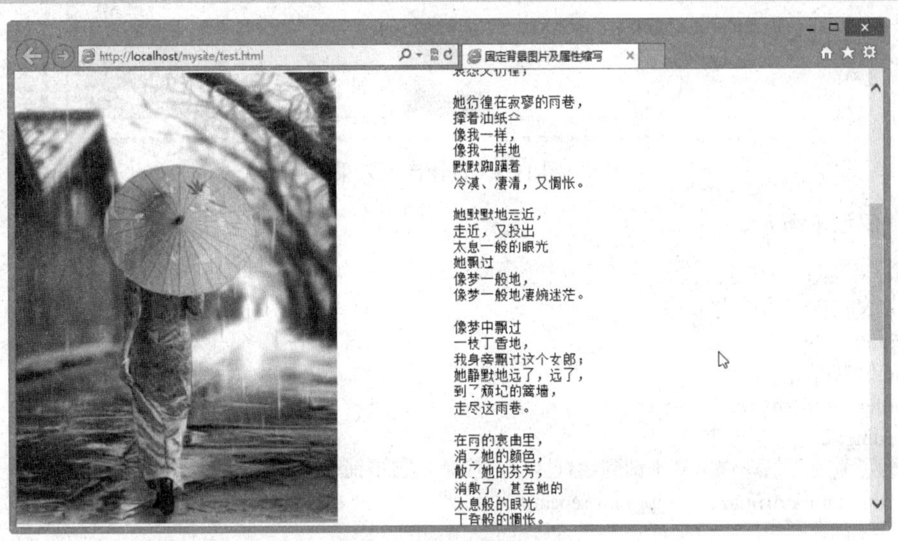

图 11.4　背景图片固定

11.1.5　设置定位原点

视 频 讲 解

background-origin 属性定义 background-position 属性的定位原点。在默认情况下，background-position 属性总是根据元素左上角为坐标原点进行定位背景图像。使用 background-origin 属性可以改变这种定位方式。该属性的基本语法如下所示。

```
background-origin: border-box | padding-box | content-box;
```

取值简单说明如下。

- ☑　border-box：从边框区域开始显示背景。
- ☑　padding-box：从补白区域开始显示背景，为默认值。

☑ content-box：仅在内容区域显示背景。

【示例】background-origin 属性改善了背景图像定位的方式，更灵活地决定背景图像应该显示的位置。下面示例利用 background-origin 属性重设背景图像的定位坐标，以便更好地控制背景图像的显示，演示效果如图 11.5 所示。

Note

图 11.5　设计诗词效果

示例代码如下所示。

```
<style type="text/css">
div {/*定义包含框的样式*/
    height: 322px;
    width: 780px;
    border: solid 1px red;
    padding: 250px 4em 0;
    /*为了避免背景图像重复平铺到边框区域，应禁止它平铺*/
    background: url(images/p3.jpg) no-repeat;
    /*设计背景图像的定位坐标点为元素边框的左上角*/
    background-origin: border-box;
    /*将背景图像等比缩放到完全覆盖包含框，背景图像有可能超出包含框*/
    background-size: cover;
    overflow: hidden;                        /*隐藏超出包含框的内容*/
}
div h1, div h2{/*定义标题样式*/
    font-size: 18px; font-family: "幼圆";
    text-align: center;                      /*水平居中显示*/
}
div p {/*定义正文样式*/
    text-indent: 2em;                        /*首行缩进两个字符*/
    line-height: 2em;                        /*增大行高，让正文看起来更疏朗*/
    margin-bottom: 2em;                      /*调整底部边界，增大段落文本距离*/
```

```
}
</style>
<div>
    <h1>念奴娇&#8226;赤壁怀古</h1>
    <h2>苏轼</h2>
    <p>大江东去，浪淘尽，千古风流人物。故垒西边，人道是，三国周郎赤壁。乱石穿空，惊涛拍岸，卷起千堆雪。江山如画，一时多少豪杰。</p>
    <p>遥想公瑾当年，小乔初嫁了，雄姿英发。羽扇纶巾，谈笑间，樯橹灰飞烟灭。故国神游，多情应笑我，早生华发。人生如梦，一尊还酹江月。</p>
</div>
```

Note

11.1.6　设置裁剪区域

视频讲解

background-clip 属性定义背景图像的裁剪区域。该属性的基本语法如下所示。

```
background-clip: border-box | padding-box | content-box | text;
```

取值简单说明如下。

☑ border-box：从边框区域向外裁剪背景，为默认值。

☑ padding-box：从补白区域向外裁剪背景。

☑ content-box：从内容区域向外裁剪背景。

☑ text：从前景内容（如文字）区域向外裁剪背景。

提示：如果取值为 padding-box，则 background-image 将忽略补白边缘，此时边框区域显示为透明。

如果取值为 border-box，则 background-image 将包括边框区域。

如果取值为 content-box，则 background-image 将只包含内容区域。

如果 background-image 属性定义了多重背景，则 background-clip 属性值可以设置多个值，并用逗号分隔。

如果 background-clip 属性值为 padding-box，background-origin 属性取值为 border-box，且 background-position 属性值为"top left"（默认初始值），则背景图左上角将会被截取掉部分。

【示例】下面示例演示如何设计背景图像仅在内容区域内显示，演示效果如图 11.6 所示。

```
<style type="text/css">
div {
    height: 150px;
    width: 300px;
    border: solid 50px gray;
    padding: 50px;
    background: url(images/bg.jpg) no-repeat;
    /* 将背景图像等比缩放到完全覆盖包含框，背景图像有可能超出包含框 */
    background-size: cover;
    /* 将背景图像从 content 区域开始向外裁剪背景 */
    background-clip: content-box;
}
</style>
<div></div>
```

Note

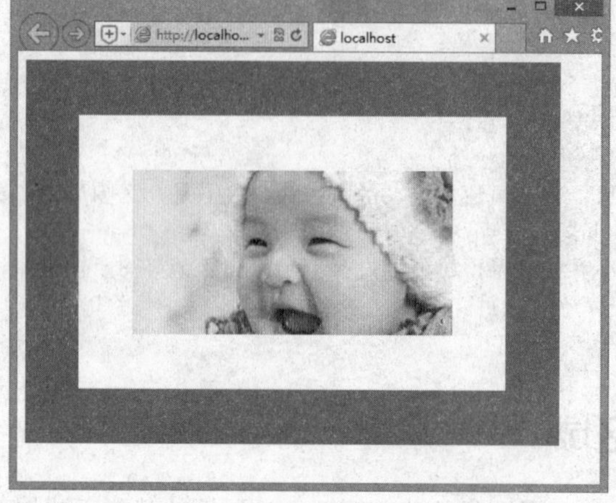

图 11.6　以内容边缘裁切背景图像效果

视频讲解

11.1.7　设置背景图像大小

background-size 属性可以控制背景图像的显示大小，该属性的基本语法如下所示。

```
background-size: [ <length> | <percentage> | auto ]{1,2} | cover | contain;
```

取值简单说明如下。

☑　<length>：由浮点数字和单位标识符组成的长度值，不可为负值。

☑　<percentage>：取值为 0%～100%的值，不可为负值。

☑　cover：保持背景图像本身的宽高比例，将图片缩放到正好完全覆盖所定义背景的区域。

☑　contain：保持图像本身的宽高比例，将图片缩放到宽度或高度正好适应所定义背景区域。

初始值为 auto。background-size 属性可以设置一个或两个值，一个为必填，一个为可选。其中，第一个值用于指定背景图像的 width，第二个值用于指定背景图像的 height，如果只设置一个值，则第二个值默认为 auto。

【示例】下面示例使用 image-size 属性自由定制背景图像的大小，让背景图像自适应盒子的大小，从而可以设计与模块大小完全适应的背景图像，本示例效果如图 11.7 所示，只要背景图像长宽比与元素长宽比相同，就不用担心背景图像变形显示。

图 11.7　设计背景图像自适应显示

示例代码如下所示。

```
<style type="text/css">
div {
    margin: 2px;
    float: left;
    border: solid 1px red;
    background: url(images/img2.jpg) no-repeat center;
    /* 设计背景图像完全覆盖元素区域 */
    background-size:cover;}
/* 设计元素大小 */
.h1 { height: 80px; width: 110px; }
.h2 { height: 400px; width: 550px; }
</style>
<div class="h1"></div>
<div class="h2"></div>
```

视频讲解

11.1.8　设置多重背景图像

CSS3 支持在同一个元素内定义多个背景图像，还可以将多个背景图像进行叠加显示，从而使得设计多图背景栏目变得更加容易。

【示例】本例使用 CSS3 多背景设计花边框，使用 background-origin 定义仅在内容区域显示背景，使用 background-clip 属性定义背景从边框区域向外裁剪，如图 11.8 所示。

图 11.8　设计花边框效果

示例代码如下所示。

```
<style type="text/css">
.demo {
    /* 设计元素大小、补白、边框样式，边框为 20px，颜色与背景图像色相同 */
    width: 400px; padding: 30px 30px; border: 20px solid rgba(104, 104, 142,0.5);
    /* 定义圆角显示 */
    border-radius: 10px;
    /* 定义字体显示样式 */
    color: #f36; font-size: 80px; font-family:"隶书";line-height: 1.5; text-align: center;
}
.multipleBg {
    /* 定义 5 个背景图分别定位到 4 个顶角，其中前 4 个禁止平铺，最后一个可以平铺 */
    background: url("images/bg-tl.png") no-repeat left top,
```

Note

```
                url("images/bg-tr.png") no-repeat right top,
                url("images/bg-bl.png") no-repeat left bottom,
                url("images/bg-br.png") no-repeat right bottom,
                url("images/bg-repeat.png") repeat left top;
    /* 改变背景图像的 position 原点，4 朵花都是 border 原点；平铺背景是 paddin 原点 */
    background-origin: border-box, border-box, border-box, border-box, padding-box;
    /* 控制背景图像的显示区域，所有背景图像超过 border 外边缘都将被剪切掉 */
    background-clip: border-box;
}
</style>
<div class="demo multipleBg">恭喜发财</div>
```

11.2 设计渐变背景

W3C 于 2010 年 11 月正式支持渐变背景样式，该草案作为图像值和图像替换内容模块的一部分进行发布。主要包括 linear-gradient()、radial-gradient()、repeating-linear-gradient()、repeating-radial-gradient() 4 个渐变函数。

视频讲解

11.2.1 定义线性渐变

创建一个线性渐变，至少需要两个颜色，也可以选择设置一个起点或一个方向。简明语法格式如下。

```
linear-gradient(angle, color-stop1, color-stop2, …)
```

参数简单说明如下。

- ☑ angle：用来指定渐变的方向，可以使用角度或者关键字来设置。关键字包括 4 个，说明如下。
  - ➢ to left：设置渐变从右到左，相当于 270deg。
  - ➢ to right：设置渐变从左到右，相当于 90deg
  - ➢ to top：设置渐变从下到上，相当于 0deg
  - ➢ to bottom：设置渐变从上到下，相当于 180deg，该值为默认值。

提示：如果创建对角线渐变，可以使用 to top left（从右下到左上）类似组合来实现。

- ☑ color-stop：用于指定渐变的色点。包括一个颜色值和一个起点位置，颜色值和起点位置以空格分隔。起点位置可以为一个具体的长度值（不可为负值）；也可以是一个百分比值，如果是百分比值则参考应用渐变对象的尺寸，最终会被转换为具体的长度值。

【示例 1】下面示例为<div id="demo">对象应用了一个简单的线性渐变背景，方向从上到下，颜色由白色到浅灰显示，效果如图 11.9 所示。

```
<style type="text/css">
#demo {
    width: 300px;
    height: 200px;
    background: linear-gradient(#fff, #333);
}
</style>
<div id="demo"></div>
```

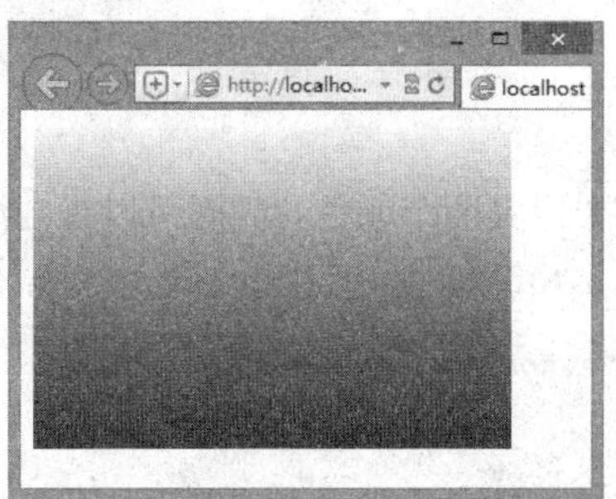

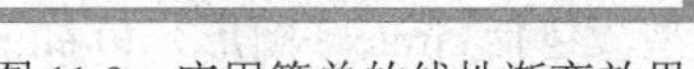

图 11.9　应用简单的线性渐变效果

提示：针对示例 1，用户可以继续尝试做下面练习，实现不同的设置，得到相同的设计效果。

☑　设置一个方向：从上到下，覆盖默认值。

```
linear-gradient(to bottom, #fff, #333);
```

☑　设置反向渐变：从下到上，同时调整起止颜色位置。

```
linear-gradient(to top, #333, #fff);
```

☑　使用角度值设置方向。

```
linear-gradient(180deg, #fff, #333);
```

☑　明确起止颜色的具体位置，覆盖默认值。

```
linear-gradient(to bottom, #fff 0%, #333 100%);
```

【示例 2】下面示例针对示例 1，兼容早期 Webkit 引擎的线性渐变实现方法。

```
#demo {
    width:300px; height:200px;
    background: -webkit-gradient(linear, left top, left bottom, from(#fff), to(#333));
    background: linear-gradient(#fff, #333);
}
```

上面示例定义线性渐变背景色，从顶部到底部，从白色向浅灰色渐变显示，在谷歌的 Chrome 浏览器中所见效果与图 11.9 相同。

另外，Webkit 引擎也支持使用-webkit-linear-gradient()私有函数来设计线性渐变。该函数用法与标准函数 linear-gradient()的语法格式基本相同。

Firefox 浏览器从 3.6 版本开始支持渐变，Gecko 引擎定义了-moz-linear-gradient()私有函数来设计线性渐变。该函数用法与标准函数 linear-gradient()的语法格式基本相同。唯一区别就是，当使用关键字设置渐变方向时，不带 to 关键字前缀，关键字语义取反。例如，从上到下应用渐变，标准关键字为 to bottom，Firefox 私有属性可以为 top。

【示例 3】下面示例针对示例 1，兼容早期 Gecko 引擎的线性渐变实现方法。

```
#demo {
    width: 300px; height: 200px;
    background: -webkit-gradient(linear, left top, left bottom, from(#fff), to(#333));
    background: -moz-linear-gradient(top, #fff, #333);
    background: linear-gradient(#fff, #333);
}
```

视频讲解

Note

11.2.2 定义径向渐变

创建一个径向渐变，也至少需要定义两个颜色，同时可以指定渐变的中心点位置、形状类型（圆形或椭圆形）和半径大小，简明语法格式如下。

```
radial-gradient(shape size at position, color-stop1, color-stop2, …);
```

参数简单说明如下。

☑ shape：用来指定渐变的类型，包括 circle（圆形）和 ellipse（椭圆）两种。

☑ size：如果类型为 circle，指定一个值设置圆的半径；如果类型为 ellipse，指定两个值分别设置椭圆的 x 轴和 y 轴半径。取值包括长度值、百分比、关键字，关键字说明如下。

- closest-side：指定径向渐变的半径长度为从中心点到最近的边。
- closest-corner：指定径向渐变的半径长度为从中心点到最近的角。
- farthest-side：指定径向渐变的半径长度为从中心点到最远的边。
- farthest-corner：指定径向渐变的半径长度为从中心点到最远的角。

☑ position：用来指定中心点的位置。如果提供两个参数，第一个表示 x 轴坐标，第二个表示 y 轴坐标；如果只提供一个值，第二值默认为 50%，即 center。取值可以是长度值、百分比或者关键字，关键字包括 left（左侧）、center（中心）、right（右侧）、top（顶部）、center（中心）、bottom（底部）。

注意：position 值位于 shape 和 size 值后面。

☑ color-stop：用于指定渐变的色点。包括一个颜色值和一个起点位置，颜色值和起点位置以空格分隔。起点位置可以为一个具体的长度值（不可为负值），也可以是一个百分比值，如果是百分比值则参考应用渐变对象的尺寸，最终会被转换为具体的长度值。

【示例 1】在默认情况下，渐变的中心是 center（对象中心点），渐变的形状是 ellipse（椭圆形），渐变的大小是 farthest-corner（表示到最远的角落）。下面示例仅为 radial-gradient()函数设置 3 个颜色值，则它将按默认值绘制径向渐变效果，如图 11.10 所示。

```
<style type="text/css">
#demo {
    height: 200px;
    background: -webkit-radial-gradient(red, green, blue);        /* Safari 5.1 - 6.0 */
    background: -o-radial-gradient(red, green, blue);             /* Opera 11.6 - 12.0 */
    background: -moz-radial-gradient(red, green, blue);           /* Firefox 3.6 - 15 */
    background: radial-gradient(red, green, blue);                /*  标准语法  */
}
</style>
<div id="demo"></div>
```

提示：针对示例 1，用户可以继续尝试做下面的练习，实现不同的设置，得到相同的设计效果。

☑ 设置径向渐变形状类型，默认值为 ellipse。

```
background: radial-gradient(ellipse, red, green, blue);
```

☑ 设置径向渐变中心点坐标，默认为对象中心点。

```
background: radial-gradient(ellipse at center 50%, red, green, blue);
```

☑ 设置径向渐变大小，这里定义填充整个对象。

```
background: radial-gradient(farthest-corner, red, green, blue);
```

【示例 2】下面示例设计一个红色圆球，并逐步径向渐变为绿色背景，兼容早期 Webkit 引擎的线性渐变实现方法。代码如下所示，演示效果如图 11.11 所示。

```
<style type="text/css">
#demo {
    height:200px;
    /* Webkit 引擎私有用法 */
    background: -webkit-gradient(radial, center center, 0, center center, 100, from(red), to(green));
    background: radial-gradient(circle 100px, red, green);    /* 标准的用法 */
}
</style>
<div id="demo"></div>
```

图 11.10　设计简单的径向渐变效果

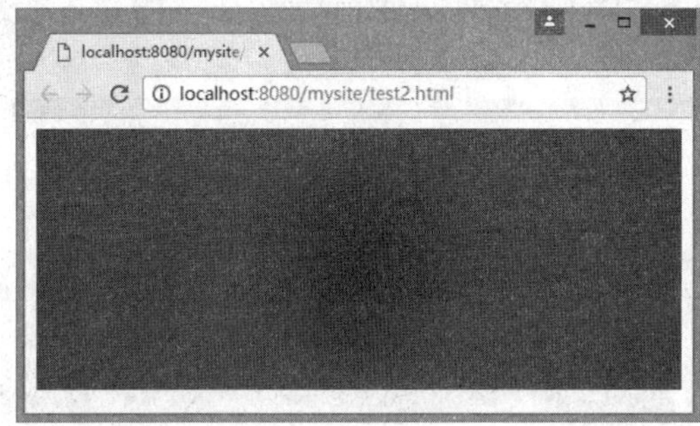

图 11.11　设计径向圆球效果

另外，Webkit 引擎也支持-webkit-radial-gradient()私有函数来设计径向渐变。该函数用法与标准函数 radial-gradient()的语法格式类似，简明语法格式如下。

```
-webkit-radial-gradient(position, shape size, color-stop1, color-stop2, ...);
```

Gecko 引擎定义了-moz-radial-gradient()私有函数来设计径向渐变。该函数用法与标准函数 radial-gradient()的语法格式也类似，简明语法格式如下。

```
-moz-radial-gradient(position, shape size, color-stop1, color-stop2, ...);
```

提示：上面两个私有函数的 size 参数值仅可设置关键字：closest-side、closest-corner、farthest-side、farthest-corner、contain 或 cover。

11.3　案例实战

本节将通过多个较复杂案例练习背景样式的实际应用。

11.3.1　设计条纹背景

如果多个色点设置相同的起点位置，它们将产生一个从一种颜色到另一种颜色的急剧的转换。从效果来看，就是从一种颜色突然改变到另一种颜色，这样可以设计条纹背景效果。

Note

【示例 1】定义一个简单的条纹背景，效果如图 11.12 所示。

```
<style type="text/css">
#demo {
    height: 200px;
    background: linear-gradient(#cd6600 50%, #0067cd 50%);
}
</style>
<div id="demo"></div>
```

【示例 2】利用背景的重复机制，可以创造出更多的条纹。示例代码如下所示，效果如图 11.13 所示。这样就可以将整个背景划分为 10 个条纹，每个条纹的高度一样。

```
#demo {
    height: 200px;
    background: linear-gradient(#cd6600 50%, #0067cd 50%);
    background-size: 100% 20%; /* 定义单个条纹仅显示高度的五分之一 */
}
```

图 11.12　设计简单的条纹效果

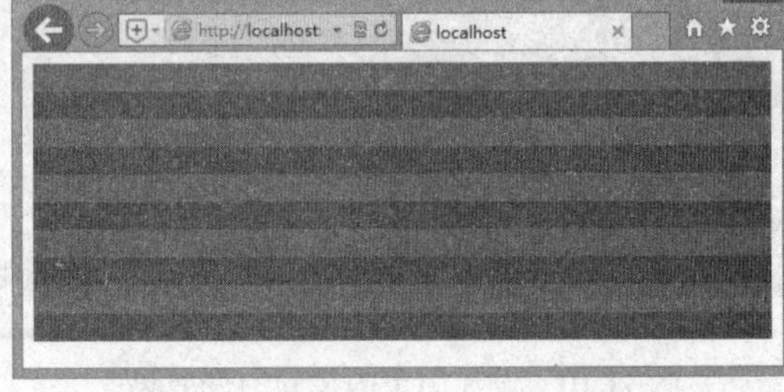

图 11.13　设计重复显示的条纹效果

【示例 3】如果设计每个条纹高度不同，只要改变比例即可，示例代码如下所示，效果如图 11.14 所示。

```
#demo {
    height: 200px;
    background: linear-gradient(#cd6600 80%, #0067cd 0%);/*定义每个条纹位置占比不同 */
    background-size: 100% 20%; /* 定义单个条纹仅显示高度的五分之一 */
}
```

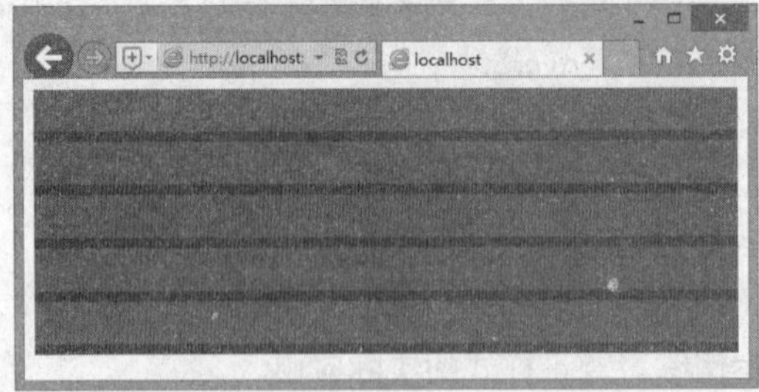

图 11.14　设计不同高度的条纹效果

【示例 4】设计多色条纹背景，代码如下所示，效果如图 11.15 所示。

```
#demo {
    height: 200px;
```

```
    /* 定义三色同宽背景 */
    background: linear-gradient(#cd6600 33.3%, #0067cd 0, #0067cd 66.6%, #00cd66 0);
    background-size: 100% 30px;
}
```

【示例 5】设计密集条纹格效果，代码如下所示，效果如图 11.16 所示。

```
#demo {
    height: 200px;
    background: linear-gradient(rgba(0,0,0,.5) 1px, #fff 1px);
    background-size: 100% 3px;
}
```

图 11.15　设计多色条纹效果

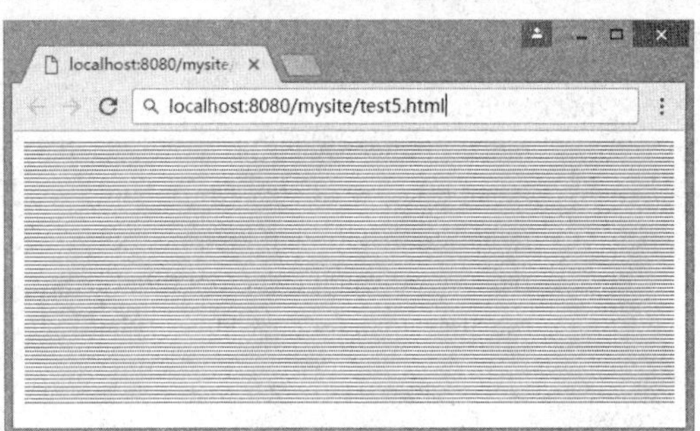

图 11.16　设计密集条纹效果

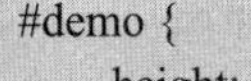

注意：IE 浏览器不支持这种设计效果。

【示例 6】设计垂直条纹背景，只需要转换一下宽和高的设置方式，具体代码如下所示，效果如图 11.17 所示。

```
#demo {
    height: 200px;
    background: linear-gradient(to right, #cd6600 50%, #0067cd 0);
    background-size: 20% 100%;
}
```

【示例 7】设计简单的纹理背景，代码如下所示，效果如图 11.18 所示。

```
#demo {
    height: 200px;
    background: linear-gradient(45deg, RGBA(0,103,205,0.2) 50%, RGBA(0,103,205,0.1)    50%);
    background-size: 50px 50px;
}
```

图 11.17　设计垂直条纹效果

图 11.18　设计简单的纹理效果

提示：在实际应用中，不建议使用太多的背景颜色，一般可以考虑使用一种背景色，并在这个颜色的深浅上设计变化。

11.3.2 设计网页背景色

Note

视频讲解

【示例 1】为页面叠加多个径向渐变背景，可以营造虚幻的页面氛围。本节示例代码如下所示，预览效果如图 11.19 所示。

```
<style type="text/css">
html, body{ height:100%;}
body {
    background-color: #4B770A;
    background-image:
        radial-gradient(rgba(255, 255, 255, 0.3), rgba(255, 255, 255, 0)),
        radial-gradient(at 10% 5%, rgba(255, 255, 255, 0.1), rgba(255, 255, 255, 0) 20%),
        radial-gradient(at left bottom , rgba(255, 255, 255, 0.2), rgba(255, 255, 255, 0) 20%),
        radial-gradient(at right top, rgba(255, 255, 255, 0.2), rgba(255, 255, 255, 0) 20%),
        radial-gradient(at 85% 90% , rgba(255, 255, 255, 0.1), rgba(255, 255, 255, 0) 20%);
}
</style>
```

在上面示例 1 代码中，首先设计 body 高度满屏显示，避免无内容时看不到效果；然后为页面定义一个基本色#4B770A；再设计 5 个径向渐变，分别散布于页面 4 个顶角，以及中央位置，同时定义径向渐变的第一个颜色为半透明的白色，第二个颜色为透明色，从而在页面不同位置蒙上轻重不一的白粉效果，以此来模拟虚幻莫测的背景效果。

【示例 2】为页面叠加 4 个径向渐变背景，设计密密麻麻的针脚纹理效果。本节示例代码如下所示，预览效果如图 11.20 所示。

```
<style type="text/css">
html, body{ height:100%;}
body {
    background-color: #282828;
    background-image:
        -webkit-radial-gradient(black 15%, transparent 16%),
        -webkit-radial-gradient(black 15%, transparent 16%),
        -webkit-radial-gradient(rgba(255, 255, 255, 0.1) 15%, transparent 20%),
        -webkit-radial-gradient(rgba(255, 255, 255, 0.1) 15%, transparent 20%);
    background-image:
        radial-gradient(black 15%, transparent 16%),
        radial-gradient(black 15%, transparent 16%),
        radial-gradient(rgba(255, 255, 255, 0.1) 15%, transparent 20%),
        radial-gradient(rgba(255, 255, 255, 0.1) 15%, transparent 20%);
    background-position:
        0 0px,
        8px 8px,
        0 1px,
        8px 9px;
    background-size: 16px 16px;
}
</style>
```

图 11.19 设计多个径向渐变背景效果

图 11.20 设计针脚纹理背景效果

在上面示例中，首先使用“background-size: 16px 16px;”定义背景图大小为16像素×16像素；在这块小图上设计4个径向渐变，包括两个深色径向渐变和两个浅色径向渐变；使用“background-position: 0 0px, 8px 8px, 0 1px, 8px 9px;”设计一深一浅径向渐变错位叠加，在y轴上错位一个像素，从而在16像素×16像素大小的浅色背景图上设计了两个深色凹陷效果；最后，借助背景图平铺，为网页设计上述纹理特效。

11.3.3 设计图标

视频讲解

本例通过CSS3径向渐变制作圆形图标特效，设计效果如图11.21所示。在内部样式表中，使用radial-gradient()函数为图标标签定义径向渐变背景，设计立体效果；使用“border-radius: 50%;”声明定义图标显示为圆形；使用box-shadow属性为图标添加投影；使用text-shadow属性为图标文本定义润边效果；使用radial-gradient设计环形径向渐变效果，为图标添加高亮特效。

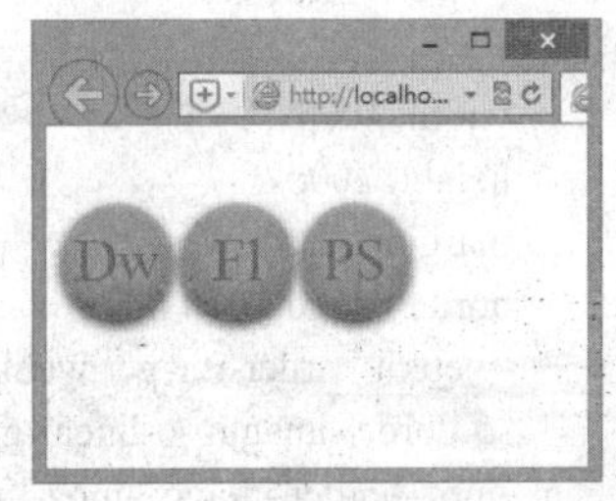

图 11.21 设计径向渐变图标效果

示例主要代码如下。

```
<style type="text/css">
.icon {
    /* 固定大小，可根据实际需要酌情调整，调整时应同步调整“line-height:60px;” */
    width: 60px; height: 60px;
    /* 行内块显示，统一图标显示属性 */
    display:inline-block;
    /* 清除边框，避免边框对整体特效的破坏 */
    border: none;
    /* 设计圆形效果 */
    border-radius: 50%;
    /* 定义图标阴影，第一个外阴影设计立体效果，第二个内阴影设计高亮特效 */
    box-shadow: 0 1px 5px rgba(255,255,255,.5) inset,
                0 -2px 5px rgba(0,0,0,.3) inset, 0 3px 8px rgba(0,0,0,.8);
    /* 定义径向渐变，模拟明暗变化的表面效果 */
    background: -webkit-radial-gradient( circle at top center, #f28fb8, #e982ad, #ec568c);
    background: radial-gradient(circle at top center, #f28fb8, #e982ad, #ec568c);
    /* 定义图标字体样式 */
    font-size: 32px;
    color: #dd5183;
```

```
        text-align: center;       /* 文本水平居中显示 */
        line-height: 60px;     /* 文本垂直居中显示，必须与“height: 60px;”保持一致 */
        /* 为文本添加阴影，第一个阴影设计立体效果，第二个阴影定义高亮特效 */
        text-shadow: 0 3px 10px #f1a2c1,
                    0 -3px 10px #f1a2c1;
}
</style>
<div class="icon">Dw</div>
<span class="icon">Fl</span>
<p class="icon">PS</p>
```

Note

视频讲解

11.3.4 特殊渐变应用场景

渐变可以用在包括 border-image-source、background-image、list-style-image、cursor 等属性上，用来取代 url 属性值。前面各节主要针对 background-image 属性进行介绍，下面结合示例介绍其他属性的应用情形。

1．定义渐变效果的边框

【示例 1】本例通过 CSS3 渐变，为 border-image 属性定义渐变边框，效果如图 11.22 所示。

```
<style type="text/css">
div {
        width: 400px;
        height: 200px;
        margin: 20px;
        border: solid #000 50px;
        -webkit-border-image:-webkit-linear-gradient(yellow, blue 20%, #0f0) 50; /* Safari 5.1- 6.0 */
        -o-border-image: -o-linear-gradient(yellow, blue 20%, #0f0) 50;              /* Opera 11.1 - 12.0 */
        -moz-border-image: -moz-linear-gradient(yellow, blue 20%, #0f0) 50;          /* Firefox 3.6 - 15 */
        border-image: linear-gradient(yellow, blue 20%, #0f0) 50;                    /* 标准语法 */
}
</style>
<div></div>
```

2．定义填充内容效果

【示例 2】本示例通过 content 属性，为<div class="div1">标签嵌入一个通过渐变设计的圆球，同时为这个包含框设计一个渐变背景，从而产生一种透视框的效果，如图 11.23 所示（test1.html）。

```
<style type="text/css">
.div1 { /* 设计包含框的外形和大小 */
        width: 400px; height: 200px;
        border: 20px solid #A7D30C;
}
.div1:before {
        /* 在 div 元素前插入内容对象，在该对象中绘制一个背景图形并定义显示边框效果 */
        /* Safari 5.1 - 6.0 */
        content: -webkit-radial-gradient(left bottom, farthest-side, #f00, #f99 60px, #005);
        /* Opera 11.6 - 12.0 */
        content: -o-radial-gradient(left bottom, farthest-side, #f00, #f99 60px, #005);
        /* Firefox 3.6 - 15 */
```

```
        content: -moz-radial-gradient(left bottom, farthest-side, #f00, #f99 60px, #005);
        /* 标准语法 */
        content: radial-gradient(farthest-side at left bottom, #f00, #f99 60px, #005);
}
</style>
<div class="div1"></div>
```

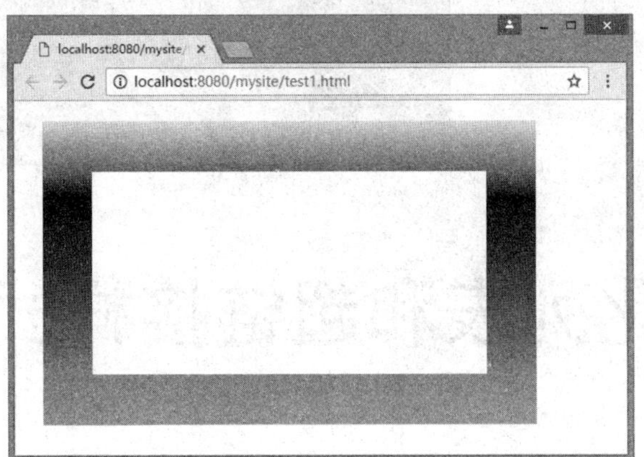

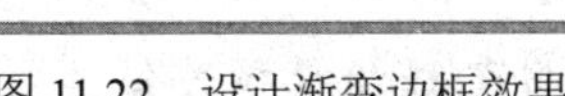

图 11.22　设计渐变边框效果

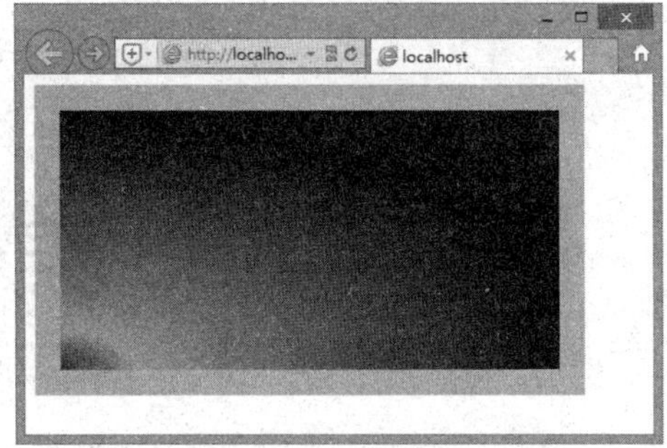

图 11.23　插入球形内容填充物，并显示边框效果

3．定义列表图标

【**示例 3**】本示例通过 list-style-image 属性，为 ul 元素定义自定义图标，该图标通过渐变特效进行绘制，从而产生一种精致的两色效果，演示如图 11.24 所示。

```
<style type="text/css">
ul { list-style-image: linear-gradient(red 50%, blue 50%);}
</style>
<ul>
    <li>HTML5</li>
    <li>CSS3</li>
    <li>JavaScript</li>
</ul>
```

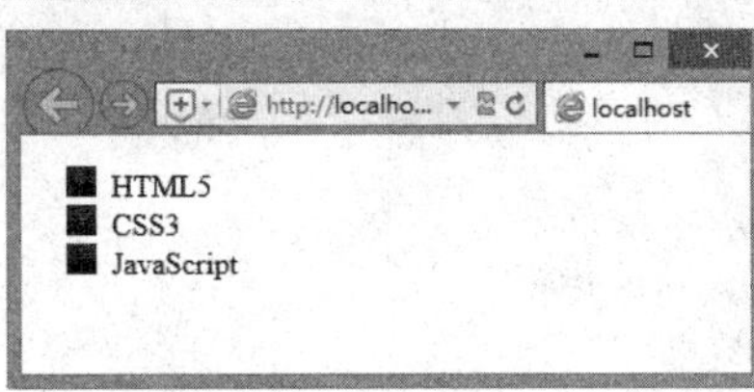

图 11.24　设计项目符号效果

11.4　在 线 练 习

使用 CSS3 设计各种网页图像效果，以及各种网页背景图像特效，感兴趣的同学可以扫码强化练习。

在线练习

第12章

使用CSS3美化列表和超链接样式

在默认状态下，超链接文本显示为蓝色、下画线，当鼠标指针移过链接对象时显示为手形，访问过的超链接文本显示为紫色；列表项目缩进显示，并在左侧显示项目符号。在网页设计过程中，一般都会根据个人喜好和实际需要重新定义超链接和列表样式。

【学习重点】

- 正确使用动态伪类。
- 能够灵活设计符合页面风格的链接样式。
- 定义列表样式。
- 能够根据页面风格设计列表菜单样式。

12.1　设计超链接样式

下面介绍如何使用 CSS3 设计超链接的基本样式。

12.1.1　使用动态伪类

在网页设计中，用户可以使用 CSS3 的动态伪类选择器定义超链接的 4 种状态样式。

- ☑ a:link：定义超链接的默认样式。
- ☑ a:visited：定义超链接被访问后的样式。
- ☑ a:hover：定义鼠标指针移过超链接时的样式。
- ☑ a:active：定义超链接被激活时的样式。

【示例】在下面示例中，定义页面所有超链接默认为红色下画线效果，当鼠标指针经过时显示为绿色下画线效果，而当单击超链接时则显示为黄色下画线效果，超链接被访问过之后显示为蓝色下画线效果，演示效果如图 12.1 所示。

```
<style type="text/css">
a:link {color: #FF0000;/* 红色 */}               /* 超链接默认样式 */
a:visited {color: #0000FF; /* 蓝色 */}           /* 超链接被访问后的样式 */
a:hover {color: #00FF00; /* 绿色 */}             /* 鼠标指针经过超链接的样式 */
a:active {color: #FFFF00; /* 黄色 */}            /* 超链接被激活时的样式 */
</style>
<ul class="p1">
    <li><a href="#" class="a1">首页</a></li>
    <li><a href="#" class="a2">新闻</a></li>
    <li><a href="#" class="a3">微博</a></li>
</ul>
<ul class="p2">
    <li><a href="#" class="a1">关于</a></li>
    <li><a href="#" class="a2">版权</a></li>
    <li><a href="#" class="a3">友情链接</a></li>
</ul>
```

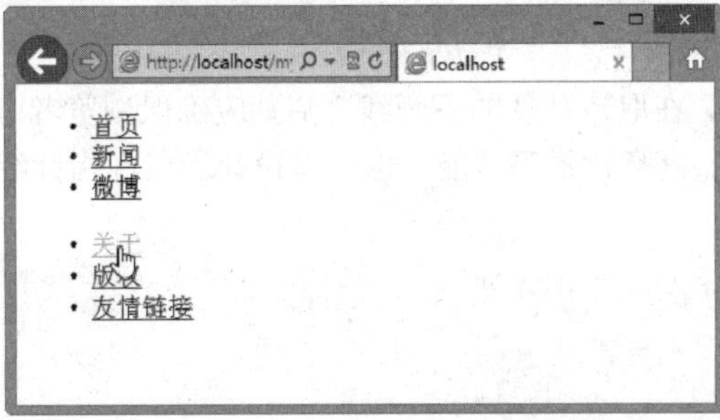

图 12.1　定义超链接样式

提示：超链接的 4 种状态样式的排列顺序是固定的，一般不能随意调换。正确顺序是：link、visited、hover 和 active。

在下面样式中，当鼠标指针经过超链接时，会先执行第一行声明，但是紧接着第三行的声明会覆盖掉第一行和第二行声明的样式，所以就无法看到鼠标指针经过和被激活时的效果。

Note

```
a.a1:hover {color: #00FF00;}
a.a1:active {color: #FFFF00;}
a.a1:link {color: #FF0000;}
a.a1:visited {color: #0000FF; }
```

在上面代码中，通过指定类型选择器，限定上面 4 个样式仅作用于包含 al 类的超链接中。

当然，用户可以根据需要仅定义部分状态样式。例如，当要把未访问的和已经访问的链接定义成相同的样式，则可以定义 link、hover 和 active 3 种状态。

```
a.a1:link {color: #FF0000;}
a.a1:hover {color: #00FF00;}
a.a1:active {color: #FFFF00;}
```

如果仅希望超链接显示两种状态样式，可以使用 a 和 hover 来定义。其中，a 标签选择器定义 a 元素的默认显示样式，然后定义鼠标指针经过时的样式。

```
a {color: #FF0000;}
a:hover {color: #00FF00;}
```

但是如果页面中包含锚记对象，将会影响锚记的样式。如果定义如下样式，则仅影响超链接未访问时的样式和鼠标指针经过时的样式。

```
a:link {color: #FF0000;}
a:hover {color: #00FF00;}
```

视频讲解

12.1.2 定义下画线样式

在设计超链接样式时，下画线一直是一个重要效果，巧妙结合下画线、边框和背景图像，可以设计出很多富有个性的样式。例如，定义下画线的色彩、下画线距离、下画线长度和对齐方式、定制双下画线等。

如果用户不喜欢超链接文本的下画线样式，可以使用 CSS3 的 text-decoration 属性进行清除。

```
a {/* 完全清除超链接的下画线效果 */
    text-decoration: none;
}
```

从用户体验的角度考虑，在取消默认的下画线之后，应确保浏览者可以识别所有超链接，如可以使用加粗显示、变色、缩放、高亮背景等功能。也可以设计当鼠标指针经过时增加下画线，因为下画线具有很好的提示作用。

```
a:hover {/* 鼠标指针经过时显示下画线效果 */
    text-decoration:underline;
}
```

下画线样式不仅仅可以是一条实线，还可以根据需要自定义设计，主要设计思路如下。

☑ 借助<a>标签的底边框线来实现。

☑ 利用背景图像来实现，背景图像可以设计出更多精巧的下画线样式。

【示例 1】下面示例设计当鼠标指针经过超链接文本时，显示为下画虚线、字体加粗、色彩高亮

的效果，如图 12.2 所示。

```
<style type="text/css">
a {/* 超链接的默认样式 */
    text-decoration: none;                    /* 清除超链接下画线 */
    color: #999;                              /* 浅灰色文字效果 */}
a:hover {/* 鼠标指针经过时样式 */
    border-bottom: dashed 1px red;            /* 鼠标指针经过时显示虚下画线效果 */
    color: #000;                              /* 加重颜色显示 */
    font-weight: bold;                        /* 加粗字体显示 */
    zoom: 1;                                  /* 解决 IE 浏览器无法显示问题 */
}
</style>
<ul class="p1">
    <li><a href="#" class="a1">首页</a></li>
    <li><a href="#" class="a2">新闻</a></li>
    <li><a href="#" class="a3">微博</a></li>
</ul>
```

【示例 2】也可以使用 CSS3 的 border-bottom 属性定义超链接文本的下画线样式。下面示例定义超链接始终显示为下画线效果，并通过颜色变化来提示鼠标指针经过时的状态变化，效果如图 12.3 所示。

```
<style type="text/css">
a {/* 超链接的默认样式 */
    text-decoration: none;                    /* 清除超链接下画线 */
    border-bottom: dashed 1px red;            /* 红色虚下画线效果 */
    color: #666;                              /* 灰色字体效果 */
    zoom: 1;                                  /* 解决 IE 浏览器无法显示问题 */
}
a:hover {/* 鼠标指针经过时样式 */
    color: #000;                              /* 加重颜色显示 */
    border-bottom: dashed 1px #000;           /* 改变虚下画线的颜色 */
}
</style>
```

图 12.2　定义下画线样式

图 12.3　定义下画线样式

【示例 3】使用 CSS3 的 background 属性可以借助背景图定义更精致、个性的下画线样式。

（1）使用 Photoshop 设计一个虚线（images/dashed.psd），设计图像高度为 1 像素，宽度为 4 像素、6 像素或 8 像素。具体宽度可根据虚线的疏密确定。

（2）在 Photoshop 中，选择颜色以跳格方式进行填充，最后保存为 GIF 格式图像。

（3）把示例 2 另存为 test3.html，使用背景图代替“border-bottom:dashed 1px red;”声明，主要样式代码如下。

```
<style type="text/css">
a {/* 超链接的默认样式 */
    text-decoration: none;                                /* 清除超链接下画线 */
    color: #666;                                          /* 灰色字体效果 */
}
a:hover {/* 鼠标指针经过时样式 */
    color: #000;                                          /* 加重颜色显示 */
    /* 定义背景图像，定位到超链接元素的底部，并沿 x 轴水平平铺 */
    background:url(images/dashed1.gif) left bottom repeat-x;
}
</style>
```

Note

（4）在浏览器中预览，效果如图 12.4 所示。

图 12.4　背景图像设计的下画线样式

12.1.3　定义特效样式

视频讲解

本节通过示例介绍如何为超链接文本设计立体视觉效果。其方式主要是借助边框颜色的深浅错落，模拟一种凸凹变化的立体效果。

设计技巧如下。

☑ 设置右边框和底边框同色，同时设置顶边框和左边框同色，利用明暗色彩的搭配来设计立体效果。

☑ 设置超链接文本的背景色为深色效果，营造凸起效果，当鼠标指针移过时，再定义浅色背景来营造凹下效果。

☑ 为网页设计浅色背景，再定义字体颜色来烘托立体样式。

【示例】在这个示例中定义超链接在默认状态下显示灰色右边和底边框线效果、白色顶边和左边框线效果。而当鼠标指针移过时，则清除右侧和底部边框线，并定义左侧和顶部边框效果，演示效果如图 12.5 所示。

```
<style type="text/css">
body { background:#fcc; }                                 /* 浅色网页背景 */
ul {list-style-type: none; }                              /* 清除项目符号 */
li { margin: 0 2px; float: left;}                         /* 并列显示 */
a {/* 超链接的默认样式 */
    text-decoration: none;                                /* 清除超链接下画线 */
    border: solid 1px;                                    /* 定义 1 像素实线边框 */
    padding: 0.4em 0.8em;                                 /* 增加超链接补白 */
    color: #444;                                          /* 定义灰色字体 */
    background: #f99;                                     /* 超链接背景色 */
    border-color: #fff #aaab9c #aaab9c #fff;              /* 分配边框颜色 */
    zoom:1;                                               /* 解决 IE 浏览器无法显示问题*/
}
```

```
a:hover {/*  鼠标指针经过时样式  */
    color: #800000;                          /*  超链接字体颜色  */
    background: transparent;                 /*  清除超链接背景色  */
    border-color: #aaab9c #fff #fff #aaab9c; /*  分配边框颜色  */
}
</style>
```

图 12.5　定义立体样式

12.1.4　定义光标样式

视频讲解

在默认状态下，鼠标指针经过超链接时显示为手形。使用 CSS 的 cursor 属性可以改变这种默认效果，cursor 属性定义鼠标移过对象时的指针样式，取值说明如表 12.1 所示。

表 12.1　cursor 属性取值说明

取　值	说　明
auto	基于上下文决定应该显示什么光标
crosshair	十字线光标（+）
default	基于平台的默认光标。通常渲染为一个箭头
pointer	指针光标，表示一个超链接
move	十字箭头光标，用于标示对象可被移动
e-resize、ne-resize、nw-resize、n-resize、se-resize、sw-resize、s-resize、w-resize	表示正在移动某个边，如 se-resize 光标用来表示框的移动开始于东南角
text	表示可以选择文本。通常渲染为 I 形光标
wait	表示程序正忙，需要用户等待，通常渲染为手表或沙漏
help	光标下的对象包含有帮助内容，通常渲染为一个问号或一个气球
<uri>URL	自定义光标类型的图标路径

如果自定义光标样式。使用绝对或相对 URL 指定光标文件（后缀为.cur 或者.ani）。

【示例】下面示例在内部样式表中定义多个鼠标指针类样式，然后为表格单元格应用不同的类样式，完整代码可以参考本节示例源代码，示例演示效果如图 12.6 所示。

```
<style>
.auto { cursor: auto; }
.default { cursor: default; }
.none { cursor: none; }
.context-menu { cursor: context-menu; }
.help { cursor: help; }
.pointer { cursor: pointer; }
.progress { cursor: progress; }
.wait { cursor: wait; }
.cell { cursor: cell; }
.crosshair { cursor: crosshair; }
```

```
.text { cursor: text; }
.vertical-text { cursor: vertical-text; }
.alias { cursor: alias; }
.copy { cursor: copy; }
.move { cursor: move; }
.no-drop { cursor: no-drop; }
.not-allowed { cursor: not-allowed; }
.e-resize { cursor: e-resize; }
.n-resize { cursor: n-resize; }
.ne-resize { cursor: ne-resize; }
.nw-resize { cursor: nw-resize; }
.s-resize { cursor: s-resize; }
.se-resize { cursor: se-resize; }
.sw-resize { cursor: sw-resize; }
.w-resize { cursor: w-resize; }
.ew-resize { cursor: ew-resize; }
.ns-resize { cursor: ns-resize; }
.nesw-resize { cursor: nesw-resize; }
.nwse-resize { cursor: nwse-resize; }
.col-resize { cursor: col-resize; }
.row-resize { cursor: row-resize; }
.all-scroll { cursor: all-scroll; }
.zoom-in { cursor: zoom-in; }
.zoom-out { cursor: zoom-out; }
.url { cursor: url(skin/cursor.gif), url(skin/cursor.png), url(skin/cursor.jpg), pointer; }
</style>
```

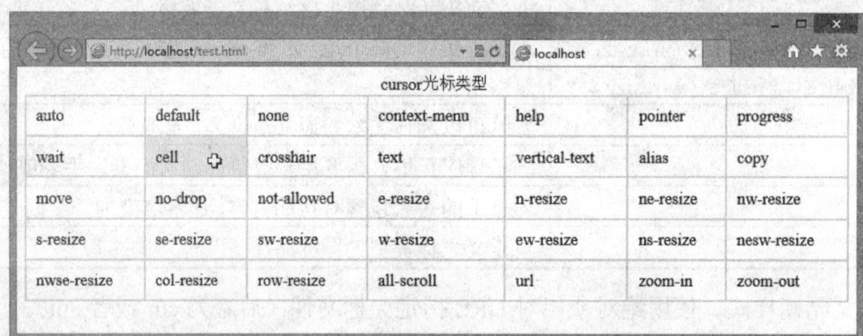

cursor光标类型

auto	default	none	context-menu	help	pointer	progress
wait	cell	crosshair	text	vertical-text	alias	copy
move	no-drop	not-allowed	e-resize	n-resize	ne-resize	nw-resize
s-resize	se-resize	sw-resize	w-resize	ew-resize	ns-resize	nesw-resize
nwse-resize	col-resize	row-resize	all-scroll	url	zoom-in	zoom-out

图 12.6　比较不同光标样式效果

提示：使用自定义图像作为光标类型，IE 和 Opera 等浏览器只支持*.cur 等特定的图片格式；而 Firefox、Chrome 和 Safari 等浏览器既支持特定图片类型，也支持常见的*.jpg、*.gif、*.jpg 等图片格式。

cursor 属性值可以是一个序列，当用户端无法处理第一个图标时，它会尝试处理第二个、第三个等，如果用户端无法处理任何定义的光标，它必须使用列表最后的通用光标。例如，下面样式中就定义了 3 个自定义动画光标文件，最后定义了一个通用光标类型。

```
a:hover { cursor:url('images/1.ani'), url('images/1. cur'), url('images/1.gif'), pointer;}
```

视频讲解

12.2 设计列表样式

下面介绍如何使用 CSS3 设计列表的基本样式。

12.2.1 定义项目符号类型

使用 CSS3 的 list-style-type 属性可以定义列表项目符号的类型，也可以取消项目符号，该属性取值说明如表 12.2 所示。

表 12.2 list-style-type 属性值

属性值	说明	属性值	说明
disc	实心圆，默认值	upper-roman	大写罗马数字
circle	空心圆	lower-alpha	小写英文字母
square	实心方块	upper-alpha	大写英文字母
decimal	阿拉伯数字	none	不使用项目符号
lower-roman	小写罗马数字	armenian	传统的亚美尼亚数字
cjk-ideographic	浅白的表意数字	georgian	传统的乔治数字
lower-greek	基本的希腊小写字母	hebrew	传统的希伯莱数字
hiragana	日文平假名字符	hiragana-iroha	日文平假名序号
katakana	日文片假名字符	katakana-iroha	日文片假名序号
lower-latin	小写拉丁字母	upper-latin	大写拉丁字母

使用 CSS3 的 list-style-position 属性可以定义项目符号的显示位置。该属性取值包括 outside 和 inside，其中 outside 表示把项目符号显示在列表项的文本行以外，列表符号默认显示为 outside；inside 表示把项目符号显示在列表项文本行以内。

注意：如果要清除列表项目的缩进显示样式，可以使用下面样式实现。

```
ul, ol {
    padding: 0;
    margin: 0;
}
```

【示例】下面示例定义项目符号显示为空心圆，并位于列表行内部显示，如图 12.7 所示。

```
<style type="text/css">
body {/* 清除页边距 */
    margin: 0;                                  /* 清除边界 */
    padding: 0;                                 /* 清除补白 */
}
ul {/* 列表基本样式 */
    list-style-type: circle;                    /* 空心圆符号*/
    list-style-position: inside;                /* 显示在里面 */
}
</style>
<ul>
```

```
        <li><a href="#">关于我们</a></li>
        <li><a href="#">版权信息</a></li>
        <li><a href="#">友情链接</a></li>
</ul>
```

Note

图 12.7　定义列表项目符号

提示：在定义列表项目符号样式时，应注意下面两点。

第一，不同浏览器对于项目符号的解析效果，以及其显示位置略有不同。如果要兼容不同浏览器的显示效果，应关注这些差异。

第二，项目符号显示在里面和外面会影响项目符号与列表文本之间的距离，同时影响列表项的缩进效果。不同浏览器在解析时会存在差异。

视频讲解

12.2.2　定义项目符号图像

使用 CSS3 的 list-style-image 属性可以自定义项目符号。该属性允许指定一个外部图标文件，以此满足个性化设计需求，用法如下所示。

```
list-style-image:none | <url>
```

默认值为 none。

【示例】以 12.2.1 节示例为基础，重新设计内部样式表，增加自定义项目符号，设计项目符号为外部图标 bullet_main_02.gif，效果如图 12.8 所示。

```
<style type="text/css">
ul {/* 列表基本样式 */
    list-style-type: circle;                             /* 空心圆符号*/
    list-style-position: inside;                         /* 显示在里面 */
    list-style-image: url(images/bullet_main_02.gif);    /* 自定义列表项目符号 */
}
</style>
```

图 12.8　自定义列表项目符号

提示：当同时定义项目符号类型和自定义项目符号时，自定义项目符号将覆盖默认的符号类型。但是如果 list-style-type 属性值为 none 或指定外部的图标文件不存在时，则 list-style-type 属性值有效。

Note

12.2.3 模拟项目符号

使用 CSS3 的 background 属性也可以模拟列表项目的符号，设计技巧如下。

（1）使用 list-style-type:none 隐藏列表的默认项目符号。

（2）使用 background 属性为列表项目定义背景图像，精确定位其显示位置。

（3）同时使用 padding-left 属性为列表项目定义左侧空白，避免背景图被项目文本遮盖。

【示例】在下面这个示例中，先清除列表的默认项目符号，然后为项目列表定义背景图像，并定位到左侧垂直居中的位置，为了避免列表文本覆盖背景图像，定义左侧补白为一个字符宽度，这样就可以把列表信息向右方向缩进显示，显示效果如图 12.9 所示。

```
<style type="text/css">
ul {/* 清除列默认样式 */
    list-style-type: none;
    padding: 0;
    margin: 0;
}
li {/* 定义列表项目的样式 */
    background-image: url(images/bullet_sarrow.gif);      /* 定义背景图像 */
    background-position: left center;                     /* 精确定位背景图像的位置 */
    background-repeat: no-repeat;                         /* 禁止背景图像平铺显示 */
    padding-left: 1em;                                    /* 为背景图像挤出空白区域 */
}
</style>
```

图 12.9 使用背景图模拟项目符号

12.3 案 例 实 战

下面通过多个案例演示如何在具体页面中设计超链接和列表的样式。

12.3.1 设计图形按钮链接

超链接可以显示为多种样式，如动画、按钮、图像、特效等，本节介绍如何设计图形化按钮样式。设计方法：使用 CSS 的 background-image 属性实现。

【示例 1】下面示例通过背景图像替换超链接文本，设计图形按钮效果，如图 12.10 所示。

```
<style type="text/css">
a.reg { /* 超链接样式 */
    background: transparent url('images/btn2.gif') no-repeat top left; /* 背景图像 */
    display: block;                                       /* 块状显示，方便定义宽度和高度 */
```

```
        width:74px;                              /* 宽度，与背景图像同宽 */
        height: 25px;                            /* 高度，与背景图像同高 */
        text-indent:-999px;                      /* 隐藏超链接中的文本 */
    }
    </style>

    <a class="reg"  href="#">注册</a>
```

Note

在上面代码中，使用 background-repeat 属性防止背景图重复平铺；定义<a>标签以块状或者行内块状显示，以方便为超链接定义高和宽；在定义超链接的显示大小时，其宽和高最好与背景图像保持一致，也可以使用 padding 属性撑开<a>标签，以代替 width 和 height 属性声明；使用 text-indent 属性隐藏超链接中的文本。

注意：如果超链接区域比背景图大，可以使用 background-position 属性定位背景图像在超链接中的显示位置。

【示例 2】下面示例为超链接不同状态定义不同背景图像：当在正常状态下，超链接左侧显示一个箭头式的背景图像；当鼠标指针移过超链接时，背景图像被替换为另一个动态 GIF 图像，使整个超链接动态效果立即显示出来，演示效果如图 12.11 所示。

```
<style type="text/css">
a.reg {/* 定义超链接正常样式：定位左侧背景图像 */
    background: url("images/arrow2.gif") no-repeat left center;
    padding-left:14px;
}
a.reg:hover {/* 定义鼠标指针经过时超链接样式：定位左侧背景图像 */
    background: url("images/arrow1.gif") no-repeat left center;
    padding-left:14px;
}
</style>
<a class="reg"  href="#">注册</a>
```

图 12.10　图形化按钮样式

图 12.11　动态背景样式

在上面代码中，通过 padding-left 属性定义超链接左侧空隙，这样就可以使定义的背景图像显示出来，避免被链接文本所遮盖。实战中，经常需要使用 padding 属性来为超链接增加空余的空间，以便背景图像能够很好地显示出来。

视频讲解

12.3.2　设计背景滑动样式

使用 CSS 滑动门技术可以设计宽度可伸缩的超链接样式。所谓滑动门，就是通过两个背景图像的叠加，以创造一些可自由伸缩的背景效果。

【操作步骤】

（1）使用 Photoshop 设计好按钮图形的效果图，然后分切为两截，其中一截应尽可能的窄，只

包括一条椭圆边，另一截可以尽可能大，这样设计的图按钮就可以容纳更多的字符，如图 12.12 所示。

图 12.12 绘制并裁切滑动门背景图

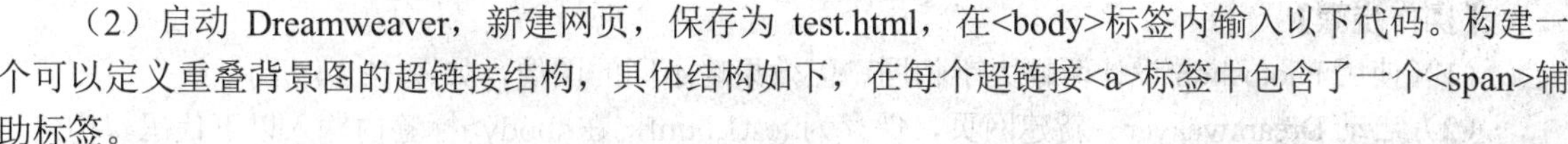

（2）启动 Dreamweaver，新建网页，保存为 test.html，在<body>标签内输入以下代码。构建一个可以定义重叠背景图的超链接结构，具体结构如下，在每个超链接<a>标签中包含了一个<span>辅助标签。

```
<a  href="#"><span>按钮</span></a>
<a  href="#"><span>超链接</span></a>
<a  href="#"><span>图像按钮</span></a>
<a  href="#"><span>扩展性按钮</span></a>
<a  href="#"><span>能够定义很多字数的文本链接</span></a>
```

（3）在<head>标签内添加<style type="text/css">标签，定义一个内部样式表，然后输入下面样式。使用 CSS 把短的背景图（left1.gif）固定在<a>标签的左侧。

```
a {/* 定义超链接样式*/
    background: url('images/left1.gif') no-repeat top left;       /* 把短截背景图像固定在左侧*/
    display: block;                    /* 以块状显示，这样能够定义大小 */
    float:left;                        /* 浮动显示，这样 a 元素能够自动收缩宽度，以正好包容文本 */
    padding-left: 8px;                 /* 增加左侧内边距，该宽度正好与上面定义的背景图像同宽 */
    font: bold 13px Arial;             /* 超链接文本字体属性 */
    line-height: 22px;                 /* 定义行高 */
    height: 30px;                      /* 定义按钮高度 */
    color: white;                      /* 字体颜色 */
    margin-left:6px;                   /* 左侧外边框 */
    text-decoration:none;              /* 清除默认的下画线样式 */
}
```

（4）把长的背景图（right1.gif）固定在<span>标签的右侧。

```
a span {
    background: url('images/right1.gif') no-repeat top right;     /* 定义长截背景图像 */
    display: block;                    /* 块状显示 */
    padding: 4px 10px 4px 2px;         /* 增加内边距 */
}
```

（5）在浏览器中预览，显示效果如图 12.13 所示。如果希望鼠标指针经过时让背景图像的色彩稍有变化，增加按钮的动态感，不妨给鼠标指针经过时增加一个下画线效果。

```
a:hover { text-decoration: underline;}
```

图 12.13 设计滑动门链接效果

视频讲解

Note

12.3.3　设计背景交换样式

本例设计两幅大小相同、效果不同的背景图像，然后使用 CSS 进行轮换显示，设计一种简单的鼠标动画效果。

【操作步骤】

（1）使用 Photoshop 设计两幅大小相同，但效果略不同的图像，如图 12.14 所示。

（2）启动 Dreamweaver，新建网页，保存为 test1.html，在<body>标签内输入以下代码。构建一个列表结构。

```
<ul>
    <li><a href="#">首页</a></li>
    <li><a href="#">新闻</a></li>
    <li><a href="#">微博</a></li>
</ul>
```

（3）在<head>标签内添加<style type="text/css">标签，定义一个内部样式表，然后输入下面样式。

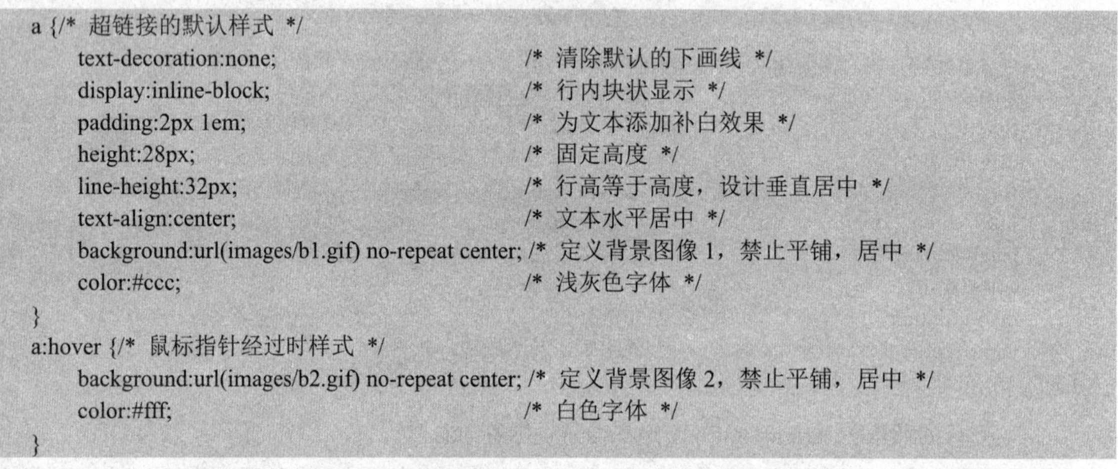

```
a {/* 超链接的默认样式 */
    text-decoration:none;                              /* 清除默认的下画线 */
    display:inline-block;                              /* 行内块状显示 */
    padding:2px 1em;                                   /* 为文本添加补白效果 */
    height:28px;                                       /* 固定高度 */
    line-height:32px;                                  /* 行高等于高度，设计垂直居中 */
    text-align:center;                                 /* 文本水平居中 */
    background:url(images/b1.gif) no-repeat center; /* 定义背景图像 1，禁止平铺，居中 */
    color:#ccc;                                        /* 浅灰色字体 */
}
a:hover {/* 鼠标指针经过时样式 */
    background:url(images/b2.gif) no-repeat center; /* 定义背景图像 2，禁止平铺，居中 */
    color:#fff;                                        /* 白色字体 */
}
```

在上面样式代码中，先定义超链接以行内块状显示，这样便于控制它的宽和高，然后根据背景图像大小定义 a 元素的大小，并分别为默认状态和鼠标指针经过状态下定义背景图像。

对于背景图来说，超链接的宽度可以不必等于背景图的宽度，只要小于背景图的宽度即可。但是高度必须保持与背景图像的高度一致。在设计中可以结合背景图像的效果定义字体颜色。

（4）在浏览器中预览，所得的超链接效果如图 12.15 所示。

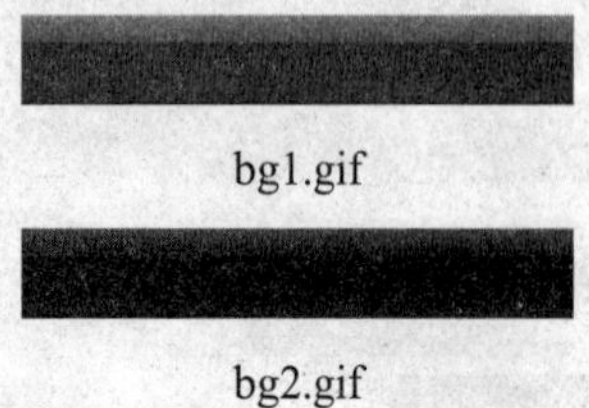

图 12.14　设计背景图像

图 12.15　背景图交换链接效果

提示：为了减少两幅背景图像的 HTTP 请求次数，避免占用不必要的带宽。可以把交换的两幅图像合并为一幅图像，然后利用 CSS 定位技术控制背景图的显示区域。

视频讲解

Note

12.3.4　设计垂直滑动菜单

本节介绍背景图像的垂直交换样式，但是单纯的垂直滑动存在一个弱点：如果菜单项字数不同（菜单项宽度不同），那么就需要考虑为不同宽度的菜单项设计背景图，这样就比较麻烦。解决方法：将水平和垂直滑动融合在一起，设计菜单项能自由适应高度和宽度的变化效果。

【操作步骤】

（1）设计背景图，如图 12.16 所示。然后两幅背景图拼合在一起，形成滑动的门，如图 12.17 所示。

图 12.16　设计滑动背景图

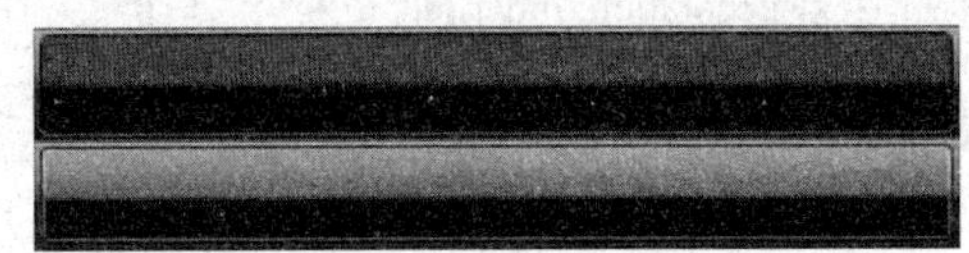

图 12.17　拼合滑动背景图

（2）完善 HTML 结构，在超连接（<a>）内再包裹一层标签（<span>）。启动 Dreamweaver，新建网页，保存为 test.html，在<body>标签内编写如下列表结构。

```
<h1>滑动门</h1>
<ul id="menu">
    <li><a href="#" title=""><span>首页</span></a></li>
    <li><a href="#" title=""><span>微博圈</span></a></li>
    <li><a href="#" title=""><span>移动开发</span></a></li>
    <li><a href="#" title=""><span>编程与设计</span></a></li>
    <li><a href="#" title=""><span>程序员与语言</span></a></li>
    <li><a href="#" title=""><span>编程语言排行榜</span></a></li>
</ul>
```

（3）在<head>标签内添加<style type="text/css">标签，定义内部样式表，准备编写样式。

（4）设计 CSS 样式代码，可根据 12.3.3 节示例样式代码，把<li>标签的的背景样式转给<span>标签即可，详细代码如下。

```
#menu {/* 定义列表样式 */
    background: url(images/bg1.gif) #fff;                /* 定义导航菜单的背景图像 */
    padding-left: 32px;                                  /* 定义左侧的补白 */
    margin: 0px;                                         /* 清除边界 */
    list-style-type: none;                               /* 清除项目符号 */
    height:35px;                                         /* 固定高度，否则会自动收缩为 0 */
}
#menu li {/* 定义列表项样式 */
    float: left;                                         /* 向左浮动 */
    margin:0 4px;                                        /* 增加菜单项之间的距离 */
}
#menu span {/* 定义超链接内包含元素 span 的样式 */
     float:left;                                         /* 向左浮动 */
    padding-left:18px;                                   /* 定义左补白，避免左侧被覆盖 */
    background:url(images/menu4.gif) left center repeat-x;  /* 定义背景图，并左对齐 */
}
#menu li a {/* 定义超链接默认样式 */
```

Note

```
        padding-right: 18px;                                    /* 定义右补白，与左侧形成对称 */
        float: left;                                            /* 向左浮动 */
        height: 35px;                                           /* 固定高度 */
        color: #bbb;                                            /* 定义百分比宽度，实现与 li 同宽 */
        line-height: 35px;                                      /* 定义行高，间接实现垂直对齐 */
        text-align: center;                                     /* 定义文本水平居中 */
        text-decoration: none;                                  /* 清除下画线效果 */
        background:url(images/menu4.gif) right center repeat-x; /* 定义背景图像 */
    }
    #menu li a:hover {/* 定义鼠标指针经过超链接的样式 */
        text-decoration:underline;                              /* 定义下画线 */
        color: #fff                                             /* 白色字体 */
    }
```

（5）步骤（4）的样式代码仅完成了水平滑动效果，下面需要修改部分样式，设计当鼠标指针经过时的滑动效果，把如下样式：

```
    #menu li a:hover {/* 定义鼠标指针经过超链接的样式 */
        text-decoration:underline;                              /* 定义下画线 */
        color: #fff                                             /* 白色字体 */
    }
```

修改为如下的样式。

```
    #menu a:hover {/* 定义鼠标指针经过超链接的样式 */
        color: #fff;                                            /* 白色字体 */
        background:url(images/menu5.gif) right center repeat-x; /* 定义滑动后的背景图像 */
    }
    #menu a:hover span {/* 定义鼠标指针经过超链接的样式 */
        background:url(images/menu5.gif) left center repeat-x;  /* 定义滑动后的背景图像 */
        cursor:pointer;                                         /* 定义鼠标指针经过时显示手形指针 */
        cursor:hand;                                            /* 早期 IE 版本下显示为手形指针 */
    }
```

（6）保存页面之后，在浏览器中预览，演示效果如图 12.18 所示。

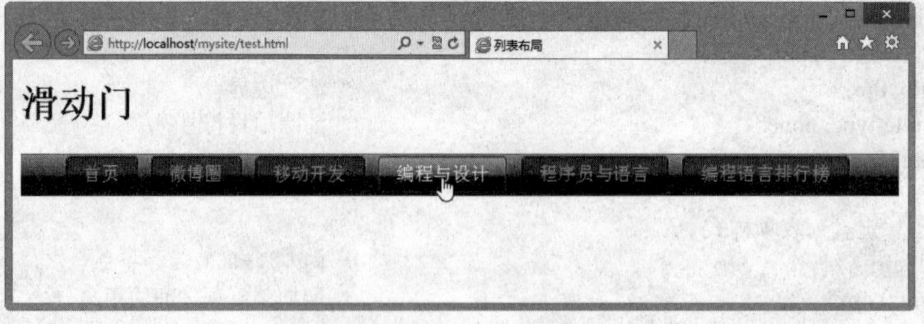

图 12.18　水平与垂直滑动菜单

提示：如果使用 CSS3 动画技术，添加如下两个样式，可以更逼真地演示垂直滑动的动画效果（test3.html），相关技术的详细讲解可以参考后面章节内容。

```
#menu span { transition: all .3s ease-in;}
#menu li a { transition: all .3s ease-in;}
```

12.4　在 线 练 习

本节通过大量案例练习 HTML5 列表和超链接的样式设计，感兴趣的同学可以扫码强化基本功训练。

在线练习 1　　在线练习 2

Note

第13章

使用CSS3美化表格和表单样式

前面章节曾经介绍了表格和表单的结构，本章主要介绍如何使用CSS控制表格和表单的显示效果，如表格的边框和背景，表单的边框和背景等样式，以及如何设计比较实用的表格和表单页面。

【学习重点】

- 定义表格基本样式。
- 能够根据需要设计复杂的表格样式。
- 定义表格基本样式。
- 能够根据页面风格设计表格样式。

13.1　设计表格样式

CSS 为表格定义了 5 个专用属性，详细说明如表 13.1 所示。

表 13.1　CSS 表格属性列表

属　性	取　值	说　明
border-collapse	separate（边分开）｜collapse（边合并）	定义表格的行和单元格的边是合并在一起还是按照标准的 HTML 样式分开
border-spacing	length	定义当表格边框独立（如当 border-collapse 属性等于 separate 时），行和单元格的边在横向和纵向上的间距，该值不可取负值
caption-side	top | bottom	定义表格的 caption 对象位于表格的顶部或底部。应与 caption 元素一起使用
empty-cells	show | hide	定义当单元格无内容时，是否显示该单元格的边框
table-layout	auto | fixed	定义表格的布局算法，可以通过该属性改善表格呈递性能，如果设置 fixed 属性值，会使 IE 浏览器以一次一行的方式呈递表格内容从而提供给信息用户更快的速度；如果设置 auto 属性值，则表格在每一单元格内所有内容读取计算之后才会显示出来

除了表 13.1 介绍的 5 个表格专用属性外，CSS 其他属性对于表格一样适用。

13.1.1　定义边框样式

视频讲解

使用 CSS3 的 border 属性可以定义表格边框。由于表格中每个单元格都是一个独立的对象，为它们定义边框线时，相互之间不是紧密连接在一起的。

使用 CSS3 的 border-collapse 属性可以把相邻单元格的边框合并起来，相当于把相邻单元格连接为一个整体。该属性取值包括 separate（单元格边框相互独立）和 collapse（单元格边框相互合并）。

【示例】下面示例在<head>标签内添加<style type="text/css">标签，定义一个内部样式表，然后编写如下样式。

```
table {/* 合并单元格边框 */
    border-collapse: collapse;
    width: 100%;
}
th, td { border: solid 1px #ff0000;} /* 定义单元格边框线为 1 像素的细线 */
```

然后借助 7.2.4 节的示例表格，在浏览器中预览，显示效果如图 13.1 所示。

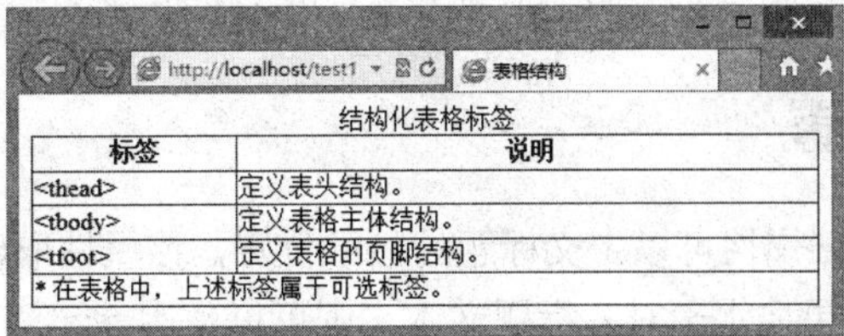

图 13.1　使用 CSS 定义单元格边框样式

视频讲解

Note

13.1.2 定义单元格间距

使用 CSS3 的 border-spacing 属性可以定义单元格间距。取值包含一或两个值。当定义一个值时，则定义单元格行间距和列间距都为该值，例如：

```
table { border-spacing:20px;}          /* 分隔单元格边框 */
```

如果分别定义行间距和列间距，就需要定义两个值，例如：

```
table { border-spacing:10px 30px;}     /* 分隔单元格边框 */
```

其中，第一个值表示单元格之间的行间距，第二个值表示单元格之间的列间距，该属性值不可以为负数。使用 cellspacing 属性定义单元格之间的距离之后，该空间由表格背景填充。

注意：使用 CSS 的 cellspacing 属性时，应确保单元格之间相互独立性，不能使用“border-collapse: collapse;”声明合并表格的单元格边框，也不能够使用 CSS 的 margin 属性来代替设计，单元格之间不能够使用 margin 属性调整间距。

早期 IE 浏览器不支持该属性，要定义相同效果的样式，还需要结合传统<table>标签的 cellspacing 属性来设置。

【示例】CSS 的 padding 属性与 HTML 的 cellpadding 属性功能相同。例如，下面样式为表格单元格定义上下 6 像素和左右 12 像素的补白空间，效果如图 13.2 所示。

```
table {/* 合并单元格边框 */
    border-collapse: collapse;
    width: 100%;
}
th, td {
    border: solid 1px #ff0000;
    padding: 6px 12px;
}
```

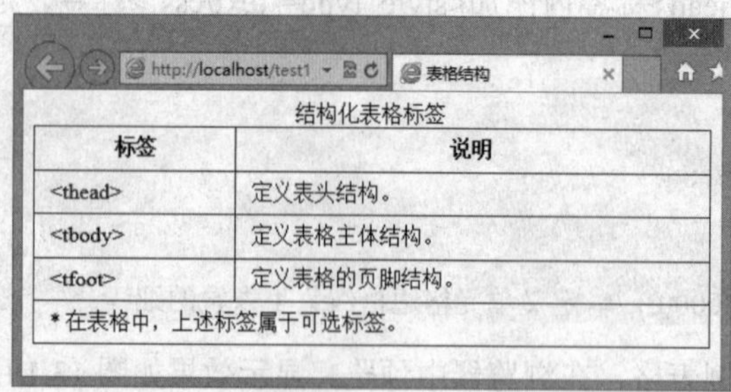

标签	说明
<thead>	定义表头结构。
<tbody>	定义表格主体结构。
<tfoot>	定义表格的页脚结构。
* 在表格中，上述标签属于可选标签。	

图 13.2 增加单元格空隙

视频讲解

13.1.3 定义标题位置

使用 CSS3 的 caption-side 属性可以定义标题的显示位置，该属性取值包括 top（位于表格上面）、bottom（位于表格底部）。如果要水平对齐标题文本，则可以使用 text-align 属性。

【示例】以 13.1.2 节示例为基础，在下面示例中定义标题在底部显示，显示如图 13.3 所示。

```
<style type="text/css">
table {/* 合并单元格边框 */
    border-collapse: collapse;
    width: 100%;
}
th, td { border: solid 1px #ff0000; }
caption {/* 定义标题样式 */
    caption-side: bottom;                /* 底部显示 */
    margin-top: 10px;                    /* 定义左右边界 */
    font-size: 18px;                     /* 定义字体大小 */
    font-weight: bold;                   /* 加粗显示 */
    color: #666;                         /* 灰色字体 */
}
</style>
```

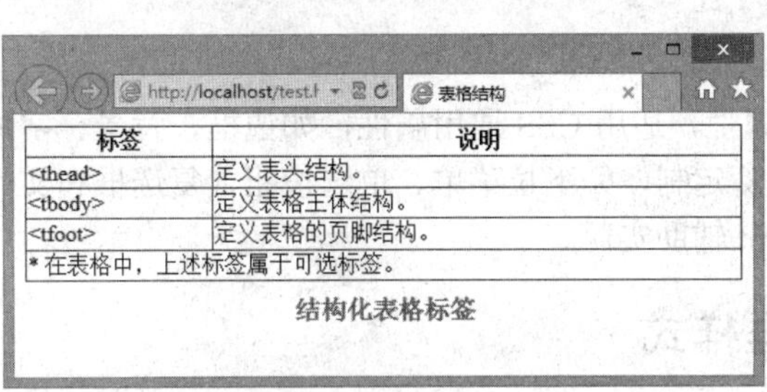

图 13.3　增加单元格空隙

13.1.4　隐藏空单元格

视频讲解

使用 CSS3 的 empty-cells 属性可以设置空白单元格是否显示，empty-cells 属性取值包括 show 和 hide。注意，该属性只有在表格单元格的边框处于分离状态时有效。

【示例】继续以 13.1.3 节示例为基础，在下面示例中隐藏页脚区域的空单元格边框线，隐藏前后比较效果如图 13.4 所示。

```
<style type="text/css">
table {/* 合并单元格边框 */
    width: 100%;
    empty-cells: hide;                   /* 隐藏空单元格 */
}
th, td { border: solid 1px #ff0000; }
caption {/* 定义标题样式 */
    caption-side: bottom;                /* 底部显示 */
    margin-top: 10px;                    /* 定义左右边界 */
    font-size: 18px;                     /* 定义字体大小 */
    font-weight: bold;                   /* 加粗显示 */
    color: #666;                         /* 灰色字体 */
}
</style>
```

提示：如果单元格的 visibility 属性为 hidden，即便单元格包含内容，也认为是无可视内容，即空单元格。可视内容还包括“ ”，以及其他空白字符。

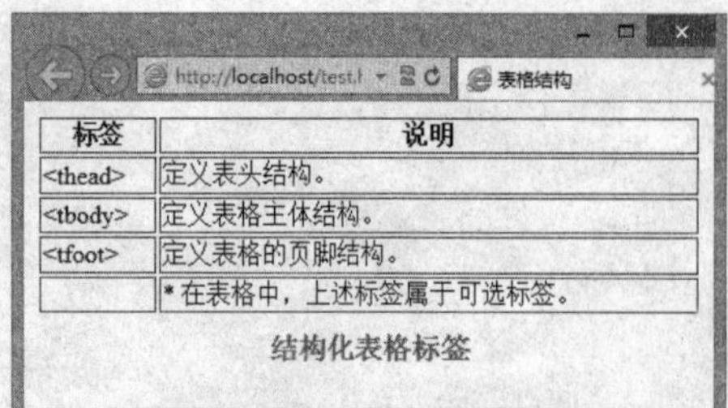

（a）隐藏前

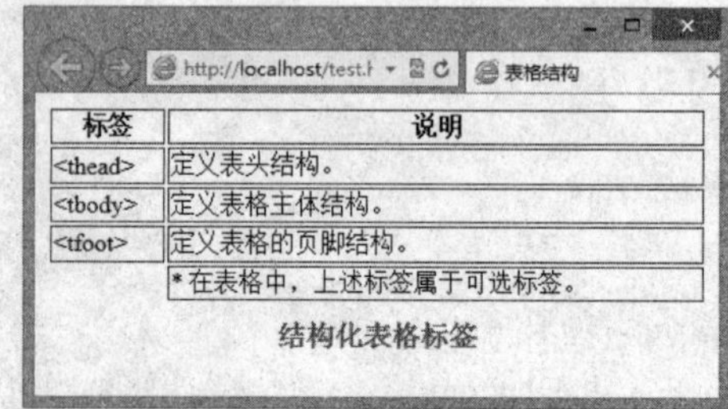

（b）隐藏后

图 13.4　隐藏空单元格效果

13.2　设计表单样式

表单没有独立的 CSS 属性，适用 CSS 通用属性，如边框、背景、字体等样式。但是个别表单控件比较特殊，不易使用 CSS 定制，如下拉菜单、单选按钮、复选框和文件域。如果完全设计个性化样式，有时还需要 JavaScript 辅助实现。

视频讲解

13.2.1　定义文本框样式

使用 CSS 可以对文本框进行全面定制，如边框、背景、补白、大小、字体样式，以及 CSS3 圆角、阴影等，本节将通过几个示例演示设计文本框样式的基本方法。

【示例 1】启动 Dreamweaver，新建一个网页，保存为 test1.html，在<body>内使用<form>标签包含一个文本框和一个文本区域。

```
<form>
    <p><label for="user">文本框：</label>
        <input type="text" value="看我的颜色"   id="user" name="user" /></p>
    <p><label for="text">文本区域：</label>
        <textarea    id="text" name="text">看我背景</textarea></p>
</form>
```

在<head>标签内添加<style type="text/css">标签，定义内部样式表，然后输入下面样式，定义表单样式，为文本框和文本区域设置不同的边框色、字体色、背景图。

```
body { font-size: 14px; }                          /*  文本大小  */
input {
    width: 300px;                                  /*  设置宽度  */
    height: 25px;                                  /*  设置高度  */
    font-size: 14px;                               /*  文本大小*/
    line-height: 25px;                             /*  设置行高  */
    border: 1px solid #339999;                     /*  设置边框属性  */
    color: #FF0000;                                /*  字体颜色  */
    background-color: #99CC66;                     /*  背景颜色  */
}
textarea {
    width: 400px;                                  /*  设置宽度  */
```

```
        height: 300px;                                        /* 设置高度 */
        line-height: 24px;                                    /* 设置行高 */
        border: none;                                         /* 清除默认边框设置 */
        border: 1px solid #ff7300;                            /* 设置边框属性 */
        background: #99CC99 url(images/1.jpg) no-repeat;      /* 设置宽度 */
        display: block;                                       /* 背景颜色*/
        margin-left: 60px;                                    /* 设置外间距 */
    }
```

在上面代码中，定义整个表单中字体大小和输入域的空间，设置宽度和高度，输入域的高度和行高应一致，即方便实现单行文字垂直居中，接着设置单行输入框的边框，在字体颜色和背景颜色的取色中，一般反差较大，突出文本内容。

设置文本区域属性。同样对其宽高设置，此处设置它的行高为 24 像素，实现行与行的间距，而不设置垂直居中。通过浏览器我们发现文本区域的边框线有凹凸的感觉，此时设置边框线为 0，并重新定义边框线的样式。文本区域前的输入内容较多，可以设置块元素换行显示使文本输入全部显示。通过浏览器发现单行文本框和文本区域左边并没有对齐，通过设置 margin-left 属性来实现上（单行文本框）下（文本区域的对齐），最后更改文本区域的背景色和背景图，即整个表单样式设置完毕。

在 IE 浏览器中预览，演示效果如图 13.5 所示。

【示例 2】使用 CSS 设计表单对象样式有不同的方法。以上面示例 1 为例，如果使用属性选择器，则可以使用如下样式来控制。

新建网页，保存为 test2.html，在<body>内使用<form>标签包含一个文本框和一个密码域。

```
<form>
    <p><label for="user">文本框：</label>
        <input type="text" value="看我的颜色"  id="user" name="user" /></p>
    <p><label for="pass">密码域：</label>
        <input type="password" value="看我的颜色" id="pass" name="pass" /></p>
</form>
```

在<head>标签内添加<style type="text/css">标签，定义内部样式表，然后输入下面样式。

```
body { font-size: 14px;                                       /* 文本大小*/ }
input {
    width: 200px;                                             /* 设置宽度 */
    height: 25px;                                             /* 设置高度 */
    border: 1px solid #339999;                                /* 设置边框 */
    background-color: #99CC66;                                /* 设置背景颜色 */
}
input[type='password'] { background-color: #F00; }            /* 设置背景颜色 */
```

在 IE 浏览器中预览，演示效果如图 13.6 所示。

也可以使用类样式控制表单样式。以上面示例为基础，简单定义一个类样式，然后添加到表单对象中即可。

```
<style type="text/css">
input.new { background-color: #F00;}
</style>
<input type="password" value="看我的颜色" id="pass" name="pass" class="new" />
```

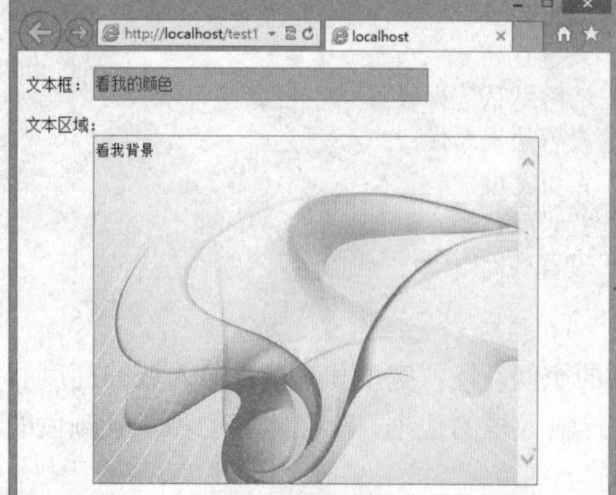

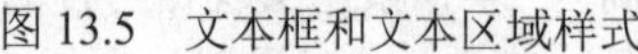

图 13.5　文本框和文本区域样式

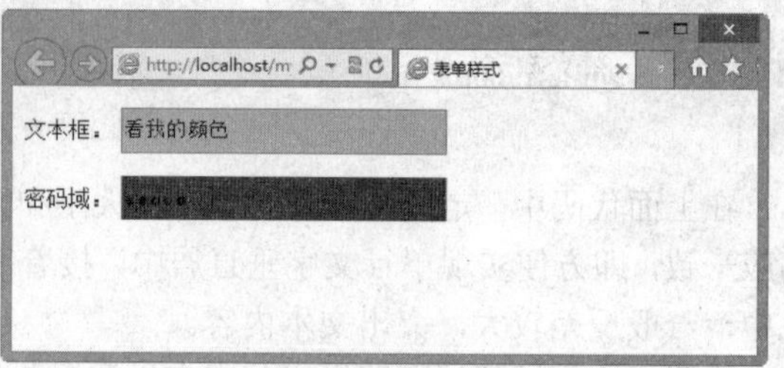

图 13.6　使用伪类样式控制表单对象

【示例 3】大部分表单对象获得焦点时，会高亮显示，提示用户当前焦点的位置，如使用 CSS 伪类:focus 可以实现输入框的背景色的改变；使用 CSS 伪类:hover 可以实现当鼠标滑过输入框时，加亮或者改变输入框的边框线，提示当前鼠标滑过输入框。

新建网页，保存为 test3.html，在<body>内使用<form>标签包含一个文本框和一个密码域。

```
<form>
    <p><label for="user">文本框：</label>
        <input type="text" value="看我的颜色"   id="user" name="user" /></p>
    <p><label for="pass">密码域：</label>
        <input type="password" value="看我的颜色" id="pass" name="pass" class="new" />
    </p>
</form>
```

在<head>标签内添加<style type="text/css">标签，定义内部样式表，输入下面样式。

```
body { font-size: 14px;                          /* 设置宽度 */ }
input {
    width: 200px;                                /* 设置宽度 */
    height: 25px;                                /* 设置高度 */
    border: 1px solid #339999;                   /* 设置边框样式 */
    background-color: #99CC66;                   /* 设置背景颜色 */
}
p span {
    display: inline-block;                       /* 定义行内块状显示 */
    width: 100px;                                /* 设置宽度 */
    text-align: right;                           /* 设置右对齐 */
}
input {
    width: 200px;                                /* 设置宽度 */
    height: 25px;
    border: 3px solid #339999;                   /* 设置边框样式 */
    background-color: #99CC66;                   /* 设置背景颜色 */
}
input:focus { background-color: #FF0000;         /* 设置背景颜色 */ }
input:hover { border: 3px dashed #99FF00;        /* 设置边框样式 */ }
```

在 IE 浏览器中预览，演示效果如图 13.7 所示。

图 13.7 使用伪类设计动态样式效果

13.2.2 定义单选按钮和复选框样式

使用 CSS 可以简单设计单选按钮和复选框的样式，如边框和背景色。如果整体改变其风格，需要通过 JavaScript 和背景图替换的方式来间接实现。下面以单选按钮为例进行演示说明，复选框的实现可以参考本节示例源代码。

设计思路如下。

（1）根据需要设计两种图片状态：选中、未选中，后期通过不同的 class 类实现背景图像的改变。

（2）通过<label>标签的 for 属性和单选按钮 id 属性值实现内容与单选按钮的关联，即单击单选按钮相对应的文字时，单选按钮被选中。

（3）借助 JavaScript 脚本实现单击时动态改变 class 类，实现背景图像的切换。

【操作步骤】

（1）在 Photoshop 中设计两个大小相等的背景图标，图标样式如图 13.8 所示。

图 13.8 设计背景图标

（2）新建网页，保存为 test1.html，在<body>内使用<form>标签包含多个单选按钮。该表单设计评选各个浏览器被认可的人数，选项有 Firefox 浏览器、IE 浏览器、谷歌浏览器等。

```
<form>
    <h3>请选择您最喜欢的浏览器</h3>
    <p>
        <input type="radio" checked="" id="radio0" value="radio" name="group"/>
        <label for="radio0" class="radio1">Internet Explorer</label> </p>
    <p>
        <input type="radio" checked="" id="radio1" value="radio" name="group"/>
        <label for="radio1" class="radio1" >Maxthon</label></p>
    <p>
        <input type="radio" checked="" id="radio2" value="radio" name="group"/>
        <label for="radio2" class="radio2" >Mozilla Firefox</label></p>
    <p>
        <input type="radio" checked="" id="radio3" value="radio" name="group"/>
        <label for="radio3" class="radio1" >谷歌浏览器</label></p>
    <p>
        <input type="radio" checked="checked" id="radio4" value="radio" name="group"/>
        <label for="radio4" class="radio1" >Opera</label></p>
    <p>
        <input type="radio" checked="" id="radio5" value="radio" name="group"/>
        <label for="radio5" class="radio1" >世界之窗</label></p>
    <p>
        <input type="radio" checked="" id="radio6" value="radio" name="group"/>
        <label for="radio6" class="radio1" >搜狗浏览器</label></p>
</form>
```

（3）在<head>标签内添加<style type="text/css">标签，定义一个内部样式表。

（4）页面进行初始化，网页内容为 16 号黑体。表单<form>元素宽度为 600 像素，为每行存放 3 个单选按钮确定空间，并使表单在浏览器居中显示。<form>元素的相对定位应去掉，此处体现子元素

视频讲解

Note

设置绝对定位时其父元素最好能设置相对定位，减少 bug 的出现。

```
/*页面基本设置及表单<form>元素初始化 */
body {font-family:"黑体"; font-size:16px;}
form {position:relative; width:600px; margin:0 auto; text-align:center;}
```

Note

（5）<p>标签宽度为 200 像素，并设置左浮动，实现表单（表单的宽度为 600 像素，600/200=3）内部横向显示 3 个单选按钮。各个浏览器名称长短不同，对其进行左对齐设置，达到视觉上的对齐。<p>标签在不同浏览器下默认间距大小不一致，此处设置内外间距为 0 像素，会发现第一行单选按钮和第二行单选按钮过于紧密，影响美观，于是设置上下外间距（margin）为 10 像素。

```
p{ width:200px; float:left; text-align:left; margin:0; padding:0; margin:10px 0px;}
```

（6）<input>标签的 ID 值和<label>标签的 for 属性值一致，实现二者关联，并将<input>标签进行隐藏操作。即<input>标签设置为绝对定位，并设置较大的 left 值，如 left:-999em；<input>标签完全移出浏览器可视区域之外，达到隐藏该标签的作用，为紧跟在它后面的文字设置背景图替代单选按钮（<input>标签）做铺垫。

```
input {position: absolute; left: -999em; }
```

（7）<label>标签添加 class 类 radio1 和 radio2，代表单选按钮未选中和选中两种状态。现在分别对 class 类 radio1 和 radio2 进行设置，二者 CSS 属性设置一致，区别在于其背景图的不同，具体方法如下。

- ☑ 设置背景图不平铺，起始位置为左上角，清除外间距设置。背景图的宽度是 33 像素，高度是 34 像素，即设置的背景图和文字的间距一定要大于 33 像素，防止文字压住背景图（文字在图片上面）。
- ☑ 设置左内间距为 40 像素（可调整大小），设置<label>标签高度为 34 像素，行高也是 34 像素，实现垂直居中，且完整显示背景图（高度值必须大于 34 像素），用背景图代替单选按钮。
- ☑ 在浏览器显示中观察页面，背景图未显示完整，此时需要将<label>标签的 CSS 属性设置为块元素，设置的高度才有效。当鼠标指针移至<label>标签时设置指针变化为手形，提示当前可以单击。最后加入 JavaScript 脚本，实现动态单击选中效果，脚本不属于本书介绍范围，读者可以直接使用（也可直接删除 JavaScript 脚本）。单选按钮可以通过背景图替代，同样如示例，使用背景图也可以替代复选框的默认按钮样式。

```
.radio1 {margin: 0px;padding-left: 40px;color: #000;line-height: 34px;height: 34px;
    background:url(img/4.jpg) no-repeat left top;cursor: pointer;display:block; }
.radio2 {background:url(img/3.jpg) no-repeat left top; }
```

（8）在 IE 浏览器中预览，演示效果如图 13.9 所示。

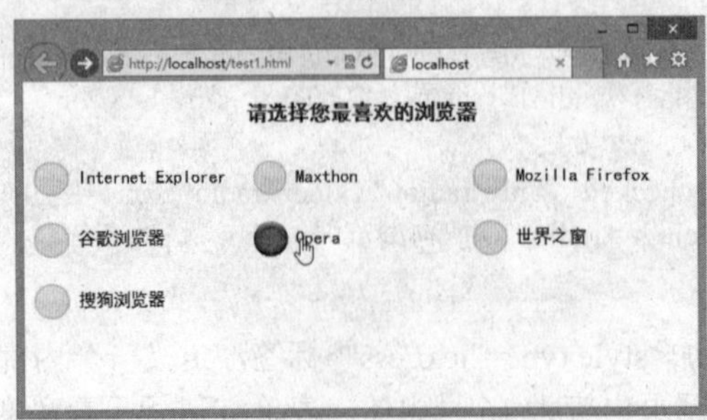

图 13.9　使用背景图设计的单选按钮样式

提示：类似的复选框设计效果如图 13.10 所示，具体示例代码请参考本节 test2.html 示例。

图 13.10　使用背景图设计的复选框样式

13.2.3　定义选择框样式

视频讲解

不同浏览器对于 CSS 控制选择框的支持不是很统一。一般情况下，通过 CSS 可以简单地设置选择框的字体和边框样式，对下拉菜单中的每个选项定义单独的背景、字体等效果，但是对于下拉箭头的外观，需要借助 JavaScript 脚本以间接方式控制。

【操作步骤】

（1）新建一个网页，保存为 test.html，在<body>内使用<form>标签包含一个下拉菜单。

```
<div class='box'>
    <select >
        <option class="bjc1">北京</option>
        <option class="bjc2">上海</option>
        <option class="bjc3">天津</option>
        <option class="bjc4">重庆</option>
    </select>
</div>
```

（2）在<head>标签内添加<style type="text/css">标签，定义一个内部样式表，输入下面样式。添加不同 class 类名实现不同<option>标签的背景颜色，最终达到七彩虹颜色的下拉菜单。

（3）为<select>标签的父元素<div>标签设置宽度为 120 像素，IE 浏览器下设置为 150 像素，超出部分隐藏，通过第二步查看超出部分隐藏是否有效。

```
.box{width:120px;width:150px\9; overflow:hidden;}
```

（4）为<select>标签设置宽度为 136 像素，它的值小于外层<div>标签的宽度，对其设置高度为 23 像素，因为背景图像为 119 像素×23 像素，最外层的<div>标签设置的宽度是背景图的宽度所定义的。背景图的设置是查看现代浏览器和 IE 浏览器对<select>标签支持情况。通过图 13.11 和图 13.12 比较可以发现，IE 浏览器超出部分没有隐藏，且 IE 浏览器中<select>标签与其子元素<option>标签的宽度为 120 像素，而现代浏览器<select>标签宽度为 136 像素，其子元素并没有与<select>标签宽度一致，而是与<div>标签宽度一致，通过为 box 设置高度 200 像素及背景色可查看。

```
select{width:136px; color: #909993; border:none;height:23px; line-height:23px;
    background:none;background:url(images/5.jpg) no-repeat left top; color:#000000; font-weight:bold;}
.box{height:200px; background-color:#3C9}
```

（5）为下拉菜单的每个选项设置不同的背景颜色，通过<option>标签的不同的clss名设置不同的背景颜色，实现七彩虹效果。<option>标签的值与<select>标签高度应一致，设置为手型，高度为23像素，更改鼠标指针样式为手形。

```
.bjc1{background-color:#0C9;}
.bjc2{background-color:#F96}
.bjc3{background-color:#0F0}
.bjc4{background-color:#C60}
option{font-weight:bold; border:none; line-height:23px; height:23px; cursor:pointer;}
```

（6）保存页面，在浏览器中预览，演示效果如图13.11和图13.12所示。

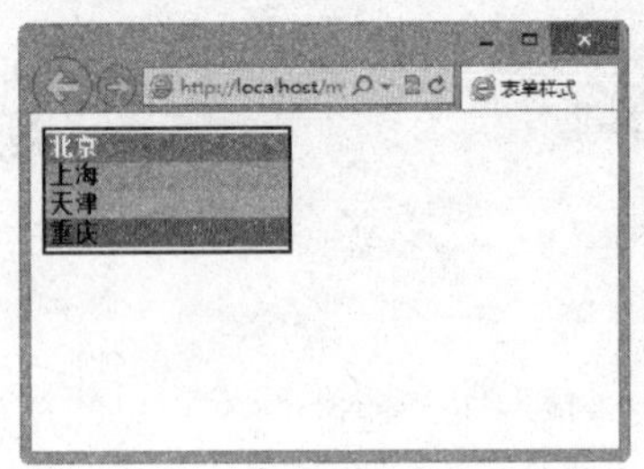
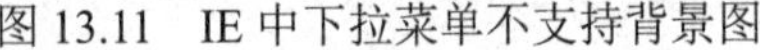

图13.11　IE中下拉菜单不支持背景图

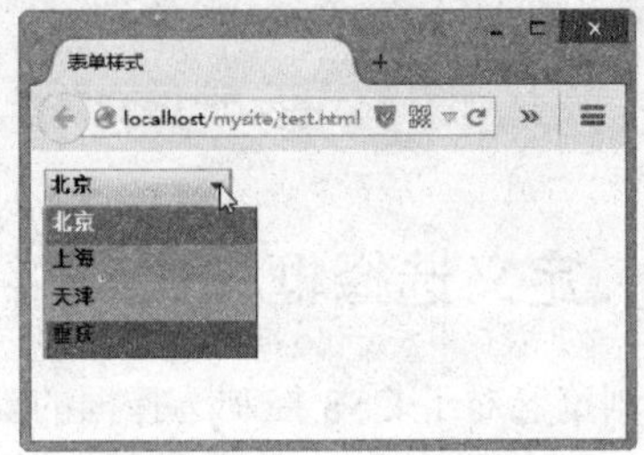

图13.12　Firefox中下拉菜单支持背景图

通过比较发现，IE浏览器不支持<select>标签的背景图设置，而Firefox浏览器则已经实现。谷歌、Opera等浏览器也不支持。通过JavaScript和CSS相结合可以模拟<select>标签。

如果下拉菜单设计简单，只有对下拉菜单的宽度、字体颜色等简单要求的效果，采用<select>标签，如果需要含有特殊的设计效果，对其背景图设置，改变下拉菜单下拉按钮形状，一般都是通过其他标签模拟实现下拉菜单的效果，而不再通过<select>标签设置。

13.3　案例实战

本节将结合几个案例详细讲解表格和表单页面的一般设计方法。

13.3.1　设计细线表格

视频讲解

本例使用CSS3的border-radius为表格定义圆角；使用box-shadow为表格添加内阴影，设计高亮边效果；使用transition定义过渡动画，让鼠标指针移过数据行，渐显浅色背景；使用linear-gradient()函数定义标题列渐变背景效果，以替换传统使用背景图像模拟渐变效果；使用text-shadow属性定义文本阴影，让标题文本看起来更富立体感，演示效果如图13.13所示。

【操作步骤】

（1）新建HTML5文档，设计表格结构。

```
<table summary="历届奥运会中国奖牌数">
    <caption>历届奥运会中国奖牌数</caption>
        <tr><th>编号</th><th>年份</th><th>城市</th><th>金牌</th><th>银牌</th><th>铜牌</th><th>总计</th></tr>
    </thead>
    <tbody>
```

```
            <tr><td>第 23 届</td><td>1984 年</td><td>洛杉矶（美国）</td><td>15</td><td>8</td><td>9</td>
<td>32</td></tr>
            <tr><td>第 24 届</td><td>1988 年</td><td>汉城（韩国）</td><td> 5</td><td>11</td><td>12</td>
<td>28</td></tr>
            <tr><td>第 25 届</td><td>1992 年</td><td>巴塞罗那（西班牙）</td><td>16</td><td>22</td><td>
16</td><td>54</td></tr>
            <tr><td>第 26 届</td><td>1996 年</td><td>亚特兰大（美国）</td><td>16</td><td>22</td><td>12
</td><td>50</td></tr>
            <tr><td>第 27 届</td><td>2000 年</td><td>悉尼（澳大利亚）</td><td>28</td><td>16</td><td>15
</td><td>59</td></tr>
            <tr><td>第 28 届</td><td>2004 年</td><td>雅典（希腊）</td><td>32</td><td>17</td><td>14</td>
<td>63</td></tr>
            <tr><td>第 29 届</td><td>2008 年</td><td>北京（中国）</td><td>51</td><td>21</td><td>28</td>
<td>100</td></tr>
            <tr><td>第 30 届</td><td>2012 年</td><td>伦敦（英国）</td><td>38</td><td>27</td><td>23</td>
<td>88</td></tr>
            <tr><td>第 31 届</td><td>2016 年</td><td>里约热内卢（巴西）</td><td>26</td><td>18</td><td>
26</td><td>70</td></tr>
        </tbody>
        <tfoot>
            <tr><th>合计</th><td colspan="4">543 枚</td></tr>
        </tfoot>
    </table>
```

历届奥运会中国奖牌数

编号	年份	城市	金牌	银牌	铜牌	总计
第23届	1984年	洛杉矶（美国）	15	8	9	32
第24届	1988年	汉城（韩国）	5	11	12	28
第25届	1992年	巴塞罗那（西班牙）	16	22	16	54
第26届	1996年	亚特兰大（美国）	16	22	12	50
第27届	2000年	悉尼（澳大利亚）	28	16	15	59
第28届	2004年	雅典（希腊）	32	17	14	63
第29届	2008年	北京（中国）	51	21	28	100
第30届	2012年	伦敦（英国）	38	27	23	88
第31届	2016年	里约热内卢（巴西）	26	18	26	70
合计	543枚					

图 13.13　设计表格样式

在这个表格中，使用的标记从上至下依次为<caption>、<thead>、<tbody>和<tfoot>，分别定义表格的标题、列标题行、数据区域、脚注行。

（2）在头部区域<head>标签中插入一个<style type="text/css">标签，在该标签中输入下面样式代码，定义表格默认样式，并定制表格外框主题类样式。

```
table {
    *border-collapse: collapse; /*兼容 IE7 及其以下版本浏览器 */
    border-spacing: 0;
```

```
    width: 100%;}
.bordered {
    border: solid #ccc 1px;
    border-radius: 6px;
    box-shadow: 0 1px 1px #ccc;}
```

Note

（3）继续输入下面样式，统一单元格样式，定义边框、空隙效果。

```
.bordered td,   .bordered th {
    border-left: 1px solid #ccc;
    border-top: 1px solid #ccc;
    padding: 10px;
    text-align: left;}
```

（4）输入下面样式代码，设计表格标题列样式，通过渐变效果设计标题列背景效果，并适当添加阴影，营造立体效果。

```
.bordered th {
    background-color: #dce9f9;
    background-image: linear-gradient(top, #ebf3fc, #dce9f9);
    box-shadow: 0 1px 0 rgba(255,255,255,.8) inset;
    border-top: none;
    text-shadow: 0 1px 0 rgba(255,255,255,.5);}
```

（5）输入下面样式代码，设计圆角效果。在制作表格圆角效果之前，有必要先完成这一步。表格的 border-collapse 默认值是 separate，将其值设置为 0，也就是“border-spacing: 0;”。

```
table {
    *border-collapse: collapse; /*  兼容 IE7 及其以下版本浏览器  */
    border-spacing: 0;
}
```

为了能兼容 IE7 以及更低的浏览器，需要加上一个特殊的属性 border-collapse，并且将其值设置为 collapse。

（6）设计圆角效果，具体代码如下。

```
/*  整个表格设置了边框，并设置了圆角  */
.bordered { border: solid #ccc 1px; border-radius: 6px;}
/*  表格头部第一个 th 需要设置一个左上角圆角  */
.bordered th:first-child { border-radius: 6px 0 0 0;}
/*  表格头部最后一个 th 需要设置一个右上角圆角  */
.bordered th:last-child { border-radius: 0 6px 0 0;}
/*  表格最后一行的第一个 td 需要设置一个左下角圆角  */
.bordered tr:last-child td:first-child {border-radius: 0 0 0 6px;}
/*  表格最后一行的最后一个 td 需要设置一个右下角圆角  */
.bordered tr:last-child td:last-child {border-radius: 0 0 6px 0;}
```

（7）由于在 table 中设置了一个边框，为了显示圆角效果，需要在表格的 4 个角的单元格上分别设置圆角效果，并且其圆角效果需要和表格的圆角值大小一样，反之，如果在 table 上没有设置边框，只需要在表格的 4 个角落的单元格设置圆角，就能实现圆角效果。

```
/* 表格头部第一个 th 需要设置一个左上角圆角  */
.bordered th:first-child { border-radius: 6px 0 0 0;}
```

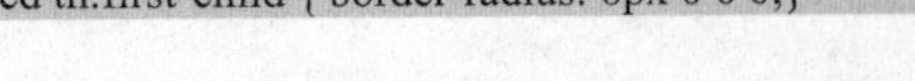

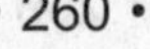

```
/* 表格头部最后一个 th 需要设置一个右上角圆角 */
.bordered th:last-child { border-radius: 0 6px 0 0;}
/* 表格最后一行的第一个 td 需要设置一个左下角圆角 */
.bordered tfoot td:first-child {border-radius: 0 0 0 6px;}
/* 表格最后一行的最后一个 td 需要设置一个右下角圆角 */
.bordered tfoot td:last-child {border-radius: 0 0 6px 0;}
```

Note

在上面的代码中，使用了许多 CSS3 的伪类选择器。

（8）除了使用了 CSS3 选择器外，本例还采用了很多 CSS3 的相关属性，这些属性将在后面章节中进行详细介绍，例如：

使用 box-shadow 制作表格的阴影。

```
.bordered { box-shadow: 0 1px 1px #ccc;}
```

使用 transition 制作 hover 过渡效果。

```
.bordered tr {transition: all 0.1s ease-in-out;}
```

使用 gradient 制作表头渐变色。

```
.bordered th {
    background-color: #dce9f9;
    background-image: linear-gradient(to top, #ebf3fc, #dce9f9);
}
```

（9）本例使用了 CSS3 的 text-shadow 来制作文字阴影效果，rgba 改变颜色透明度等。

（10）为<table>标签应用 bordered 类样式即可。

```
<table summary="历届奥运会中国奖牌数"    class="bordered">
```

13.3.2　设计斑马线表格

视频讲解

本例在前面示例的数据表格结构的基础上，使用 CSS3 技术设计一款斑马线表格，效果如图 13.14 所示。

历届奥运会中国奖牌数

编号	年份	城市	金牌	银牌	铜牌	总计
第23届	1984年	洛杉矶（美国）	15	8	9	32
第24届	1988年	汉城（韩国）	5	11	12	28
第25届	1992年	巴塞罗那（西班牙）	16	22	16	54
第26届	1996年	亚特兰大（美国）	16	22	12	50
第27届	2000年	悉尼（澳大利亚）	28	16	15	59
第28届	2004年	雅典（希腊）	32	17	14	63
第29届	2008年	北京（中国）	51	21	28	100
第30届	2012年	伦敦（英国）	38	27	23	88
第31届	2016年	里约热内卢（巴西）	26	18	26	70
合计	543枚					

图 13.14　设计单线表格效果

【操作步骤】

（1）新建 HTML5 文档，复制 13.3.1 节示例的数据表格结构。

Note

（2）在头部区域<head>标签中插入一个<style type="text/css">标签，在该标签中输入下面样式代码，定义表格默认样式，并定制表格外框主题类样式。

```
table {
    *border-collapse: collapse; /* IE7 and lower */
    border-spacing: 0;
    width: 100%;
}
```

（3）设计单元格样式以及标题单元格样式，取消标题单元格的默认加粗和居中显示。

```
.table td, .table th {
    padding: 4px;                          /* 增大单元格补白，避免拥挤 */
    border-bottom: 1px solid #f2f2f2;      /* 定义下边框线 */
    text-align: left;                      /* 文本左对齐 */
    font-weight:normal;                    /* 取消加粗显示 */
}
```

（4）为列标题行定义渐变背景，同时增加高亮内阴影效果，为标题文本增加淡淡阴影色。

```
.table thead th {
    text-shadow: 0 1px 1px rgba(0,0,0,.1);
    border-bottom: 1px solid #ccc;
    background-color: #eee;
    background-image: linear-gradient(to top, #f5f5f5, #eee);
}
```

（5）设计数据隔行换色效果。

```
.table tbody tr:nth-child(even) {
    background: #f5f5f5;
    box-shadow: 0 1px 0 rgba(255,255,255,.8) inset;
}
```

（6）设计表格圆角效果。

```
/* 左上角圆角 */
.table   thead th:first-child { border-radius: 6px 0 0 0;}
/* 右上角圆角 */
.table   thead   th:last-child {border-radius: 0 6px 0 0;}
/* 左下角圆角 */
.table tfoot td:first-child, .table tfoot th:first-child{ border-radius: 0 0 0 6px;}
/* 右下角圆角 */
.table tfoot td:last-child,.table tfoot th:last-child {border-radius: 0 0 6px 0;}
```

视频讲解

13.3.3 设计登录表单

登录页面一般比较简单，包含的结构和信息都很简单，但是要设计一个比较有新意的登录框，需要用户提前在 Photoshop 中进行设计，然后再转换为 HTML 标准布局效果。

这是一款个性的网站登录页面，从效果看登录框精致、富有立体效果，表单对象的边框色使用#fff 值进行设置，定义为白色；表单对象的阴影色使用 rgba(0,0,0,0.1)值进行设置，定义为非常透明的黑色；字体颜色使用 hsla(0,0%,100%,0.9)值进行设置，定义为轻微透明的白色，如图 13.15 所示，示例

主要代码如下所示。

```
<style type="text/css">
body{ /* 为页面添加背景图像，显示在中央顶部位置，并列完全覆盖窗口 */
    background: #eedfcc url(images/bg.jpg) no-repeat center top;
    background-size: cover;
}
.form { /* 定义表单框的样式 */
    width: 300px;                                        /* 固定表单框的宽度 */
    margin: 30px auto;                                   /* 居中显示 */
    border-radius: 5px;                                  /* 设计圆角效果 */
    box-shadow: 0 0 5px rgba(0,0,0,0.1),                 /* 设计润边效果 */
               0 3px 2px rgba(0,0,0,0.1);                /* 设计淡淡的阴影效果 */
}
.form p { /* 定义表单对象外框圆角、白边显示 */
    width: 100%;
    float: left;
    border-radius: 5px;
    border: 1px solid #fff;
}
/* 定义表单对象样式 */
.form input[type=text],
.form input[type=password] {
    /* 固定宽度和大小 */
    width: 100%;
    height: 50px;
    padding: 0;
    /* 增加修饰样式 */
    border: none;                                        /* 移出默认的边框样式*/
    background: rgba(255,255,255,0.2);                   /* 增加半透明的白色背景 */
    box-shadow: inset 0 0 10px rgba(255,255,255,0.5);    /* 为表单对象设计高亮效果 */
    /* 定义字体样式*/
    text-indent: 10px;
    font-size: 16px;
    color:hsla(0,0%,100%,0.9);
    text-shadow: 0 -1px 1px rgba(0,0,0,0.4);             /* 为文本添加阴影，设计立体效果 */
}
.form input[type=text] {                /* 设计用户名文本框底部边框样式，并设计顶部圆角 */
    border-bottom: 1px solid rgba(255,255,255,0.7);
    border-radius: 5px 5px 0 0;
}
.form input[type=password] {            /* 设计密码域文本框顶部边框样式，并设计底部圆角 */
    border-top: 1px solid rgba(0,0,0,0.1);
    border-radius: 0 0 5px 5px;
}
/* 定义表单对象被激活，或者鼠标指针经过时，增亮背景色，并清除轮廓线 */
.form input[type=text]:hover,
.form input[type=password]:hover,
.form input[type=text]:focus,
.form input[type=password]:focus {
    background: rgba(255,255,255,0.4);
```

```
        outline: none;
}
</style>
<form class="form">
    <p>
        <input type="text" id="login" name="login" placeholder="用户名">
        <input type="password" name="password" id="password" placeholder="密码">
    </p>
</form>
```

Note

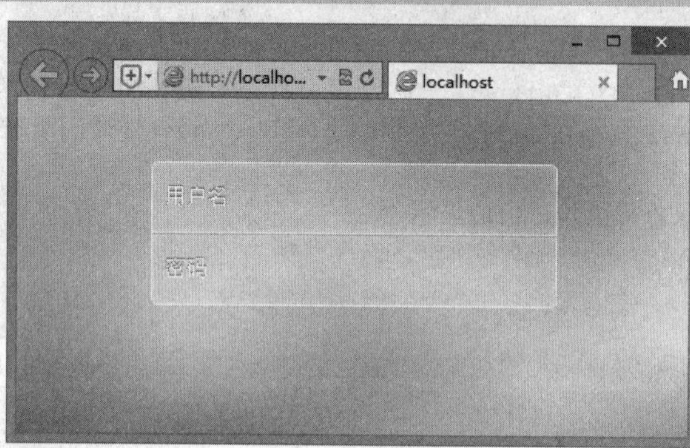

图 13.15　设计登录表单

视频讲解

13.3.4　设计搜索表单

大部分网站都会提供站内搜索，如何设计好用的搜索框是很多用户需要思考的问题。在各大站点，甚至是一些小型网站都包含大量设计风格各异的搜索框，但功能局限在其相关网站中的内容搜索。

搜索框一般包含“关键词输入框”“搜索类别”“搜索提示”“搜索按钮”，当然简单的搜索框只有“关键词输入框”和“搜索按钮”这两部分。本例将介绍如何设计附带有提示的搜索框样式，演示效果如图 13.16 所示。

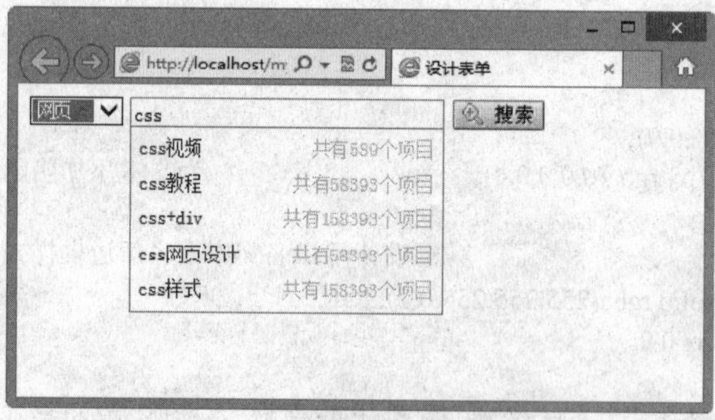

图 13.16　设计搜索框

【操作步骤】

（1）启动 Dreamweaver，新建一个网页，保存为 test.html，在<body>标签内输入如下结构代码，构建表单结构。

```
<div class="search_box">
    <h3>搜索框</h3>
    <div class="content">
```

```
<form method="post" action="">
    <select>
        <option value="1">网页</option>
        <option value="2">图片</option>
        <option value="3">新闻</option>
        <option value="4">MP3</option>
    </select>
    <input type="text" value="css" /> <button type="submit">搜索</button>
    <div class="search_tips">
        <h4>搜索提示</h4>
        <ul>
            <li><a href="#">css 视频</a><span>共有 589 个项目</span></li>
            <li><a href="#">css 教程</a><span>共有 58393 个项目</span></li>
            <li><a href="#">css+div</a><span>共有 158393 个项目</span></li>
            <li><a href="#">css 网页设计</a><span>共有 58393 个项目</span></li>
            <li><a href="#">css 样式</a><span>共有 158393 个项目</span></li>
        </ul>
    </div>
</form>
</div>
</div>
```

整个表单结构分为两个部分，将“下拉选择”“文本框”“按钮”归为一类，主要功能是用于搜索信息；“搜索提示”为当在“文本框”中输入文字时，将会出现相对应的搜索提示信息，该功能主要是由后台程序开发人员实现，前台设计师只需要将其以页面元素表现即可。

（2）在<head>标签内添加<style type="text/css">标签，定义一个内部样式表，然后逐步输入 CSS 代码，设计表单样式。

（3）通过分析最终效果可以看到，页面中并没有显示“站内搜索”和“搜索提示”这两个标题，且“搜索按钮”是以图片代替的，“搜索提示”是出现在“搜索输入框”的底部，并且宽度与输入框相等。为此，开始在内部样式表中输入下面样式，对表单结构进行初始化设计。

```
.search_box { /* 设置输入框整体宽度、相对定位，为其子级元素的定位参考 */
    position:relative;
    width:360px;}
.search_box * { /* 清除输入框内所有元素的默认样式，并且设置字体样式等 */
    margin:0;
    padding:0;
    list-style:none;
    font:normal 12px/1.5em "宋体", Verdana,Lucida, Arial, Helvetica, sans-serif;}
.search_box h3, .search_tips h4 {display:none; } /* 隐藏标题文字 */
```

（4）设置搜索框整体的宽度属性值以及其所有子元素的内补丁、边界等相关属性。为了方便将搜索提示信息框通过定位的方式显示在搜索输入框的底部，因此在.search_box 中定义 position 属性，让其成为子级元素定位的参照物。文档结构中的标题在页面中不需要显示，因此可以将其隐藏。虽然现在只是将标题文字隐藏了，后期网站开发过程如果需要显示时，可以直接通过 CSS 样式修改，而不需要再次去调整文档结构。

```
.search_box select {/* 将下拉框设置浮动，并设置其宽度值 */
    float:left;
```

Note

```
        width:60px;}
    .search_box input {/* 设置搜索输入框浮动显示，并将其与左右两边的元素添加间距 */
        float:left;
        width:196px;
        height:14px;
        padding:1px 2px;
        margin:0 5px;
        border:1px solid #619FCF;}
    .search_box button {/* 设置按钮浮动，以缩进方式隐藏按钮上的文字 */
        float:left;
        width:59px;
        height:18px;
        text-indent:-9999px;
        border:0 none;
        background:url(images/btn_search.gif) no-repeat 0 0;
        cursor:pointer;}
```

（5）“搜索类别”下拉框、“搜索关键字”输入框和“搜索按钮”这 3 个元素按照常理来理解原本就是可以并列显示的，但为了将这 3 个元素之间的默认空间缩短，因此使用“float:left;”使它们之间的距离缩短。再利用输入框 input 增加可控的边界“margin:0 5px;”调整三者之间的间距。

三者之间整体样式调整完毕后，再对其细节部分进行详细的调整修饰。美化输入框并且利用文字缩进属性隐藏按钮上的文字，使用图片代替。

（6）下拉框 select 标签只是设置了宽度属性值，并未设置其高度属性值，其中的原因就是 IE 浏览器和 FF 浏览器对其高度属性值的解析完全不一样，因此采用默认的方式而不是再次利用 CSS 样式定义其相关属性。

（7）按钮 button 标签在默认情况下不显示手形样式，因此需要特殊定义。

```
    .search_tips { /* 将搜索提示框设置的宽度与输入框相等，并绝对定位在输入框底部 */
        position:absolute;
        top:17px;
        left:65px;
        width:190px;
        padding:5px 5px 0;
        border:1px solid #619FCF;}
```

（8）“搜索提示框”使用绝对定位的方式显示在输入框的底部，其宽度属性值等于输入框的宽度属性值，可以提高视觉效果上的完美。不设置提示框的高度属性值是希望搜索框能随着内容的增加而自适应高度。

```
    .search_tips li {/* 设置搜索提示框内的列表高度和宽度值，利用浮动避免 IE 浏览器中列表上下间距增多的
bug*/
        float:left;
        width:100%;
        height:22px;
        line-height:22px;}
```

（9）在 IE 浏览器中，列表 li 标签上下间距会因为多加了几个上下间距的 bug 问题，为了避免该问题的出现，将所有列表 li 标签添加浮动 float 属性。宽度属性值设置为 100%可以避免当列表 li 标签具有浮动属性时，宽度自适应的问题。

```
.search_tips li a { /* 搜索提示中相关文字居左显示，并设置相关样式 */
    float:left;
    text-decoration:none;
    color:#333333;}
.search_tips li a:hover { /* 搜索提示中相关文字在鼠标指针悬停时显示红色文字 */
    color:#FF0000;}
.search_tips li span { /* 以灰色弱化搜索提示相关数据，并居右显示 */
    float:right;
    color:#CCCCCC;}
```

（10）将列表项<li>标签中的锚点<a>标签和<span>标签分别左右浮动，使它们靠两边显示在“搜索提示框”内，并相应的添加文字样式做细节调整。

13.4 在线练习

1．下面通过大量的上机示例，帮助初学者练习使用 HTML5 设计表格结构和样式。感兴趣的同学可以扫码练习。

在线练习 1

在线练习 2

2．下面通过大量的上机示例，帮助初学者练习使用 HTML5 设计表单结构和样式。感兴趣的同学可以扫码练习。

在线练习 3

在线练习 4

第14章 使用 CSS3 排版网页

网页版式一般通过栏目的行、列组合来设计，根据网页效果确定，而不是HTML 结构，如单行版式、两行版式、三行版式、多行版式、单列版式、两列版式、三列版式等。也可以根据栏目显示性质进行设计，如流动布局、浮动布局、定位布局、混合布局等。或者根据网页宽度进行设计，如固定宽度、弹性宽度等。本章将具体讲解 CSS3 布局的基本方法。

【学习重点】

- 了解网页布局基本概念。
- 熟悉 CSS 盒模型。
- 掌握 CSS 布局基本方法。
- 能够灵活设计常规网页布局效果。

14.1　CSS 盒模型

Note

视频讲解

盒模型是 CSS 布局的核心概念。了解 CSS 盒模型的结构、用法，对于网页布局很重要，本节将介绍 CSS 盒模型构成要素和使用技巧。

14.1.1　认识 display

在默认状态下，网页中每个元素都显示为特定的类型。例如，div 元素显示为块状，span 元素显示为内联状。

使用 CSS 的 display 属性可以改变元素的显示类型，用法如下。

```
display:none |
        inline | block | inline-block |
        list-item |
        table | inline-table | table-caption | table-cell | table-row | table-row-group |
            table-column | table-column-group | table-footer-group | table-header-group |
        run-in |
        box | inline-box | flexbox | inline-flexbox | flex | inline-flex
```

display 属性取值非常多，在上面语法中第 3、4 行取值不是很常用，第 5、6 行为 CSS3 新增类型，详细说明请读者参考 CSS3 参考手册，比较常用的属性取值说明如下。

- ☑ none：隐藏对象。与 visibility: hidden 不同，其不为被隐藏的对象保留物理空间。
- ☑ inline：指定对象为内联元素。
- ☑ block：指定对象为块元素。
- ☑ inline-block：指定对象为内联块元素。

block 以块状显示，占据一行，一行只能够显示一个块元素，它适合搭建文档框架；inline 以内联显示，可以并列显示，一行可以显示多个内联元素，它适合包裹多个对象，或者为行内信息定制样式。

如果设置 span 元素显示为块状效果，只需定义如下样式。

```
span { display:block; }                    /* 定义行内元素块状显示 */
```

如果设置 div 以行内元素显示，则可以使用如下样式进行定义：

```
div { display:inline; }                    /* 定义块状元素行内显示 */
```

14.1.2　认识 CSS 盒模型

视频讲解

CSS 盒模型定义了网页对象的基本显示结构。根据 CSS 盒模型，网页中每个元素都显示为方形，从结构上分析，它包括内容（content）、填充（padding）、边框（border）和边界（margin），CSS 盒模型基本结构如图 14.1 所示。

内容（content）就是元素包含的对象，填充（padding）就是控制所包含对象在元素中的显示位置，边框（border）就是元素的边线，边界（margin）就是控制当前元素在外部环境中的显示位置。

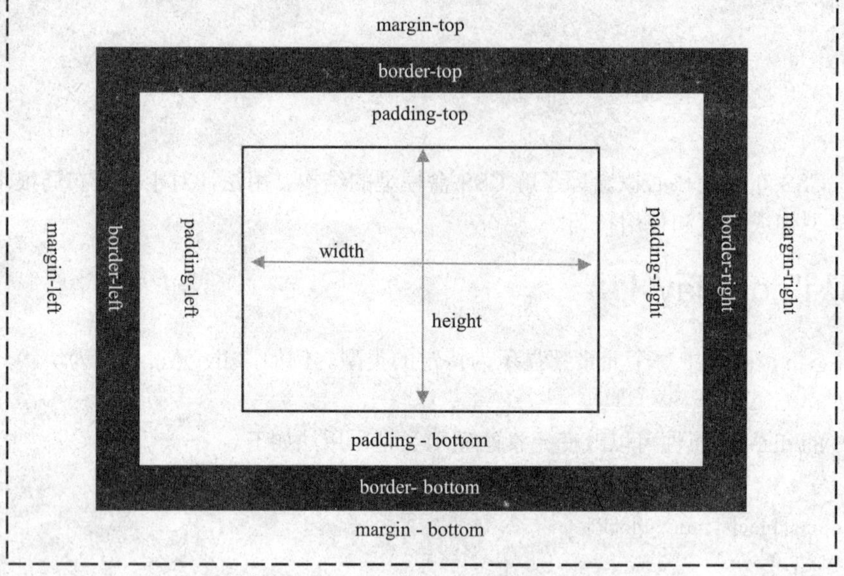

图 14.1 CSS 盒模型基本结构

视频讲解

14.1.3 定义边界

使用 CSS 的 margin 属性可以为元素定义边界。由 margin 属性又派生出 4 个子属性。

☑ margin-top（顶部边界）。

☑ marging-right（右侧边界）。

☑ marging-bottom（底部边界）。

☑ margin-left（左侧边界）。

这些属性分别控制元素在不同方位上与其他元素的间距。

【示例 1】下面示例设计 4 个盒子，通过设置不同方向上边界值，来调整它们在页面中的显示位置，如图 14.2 所示。通过本例演示，用户能够体会到边界可以自由设置，且各边边界不会相互影响。

```
<style type="text/css">
div { /* 统一 4 个盒子的默认样式 */
    display: inline-block;
    height: 80px; width:80px;                                   /* 统一大小 */
    border: solid 1px red;                                      /* 统一边框样式 */
}
#box1 {margin-top: 10px; margin-right: 8em; margin-left: 8em;}   /* 第 1 个盒子样式 */
#box2 {margin-top: 10px; margin-right: 6em; margin-left: 6em;}   /* 第 2 个盒子样式 */
#box3 {margin-top: 20px; margin-right: 4em; margin-left: 4em;}   /* 第 3 个盒子样式 */
#box4 {margin-top: 20px; margin-right: 2em; margin-left: 2em;}   /* 第 4 个盒子样式 */
</style>
<div id="box1">盒子 1</div>
<div id="box2">盒子 2</div>
<div id="box3">盒子 3</div>
<div id="box4">盒子 4</div>
```

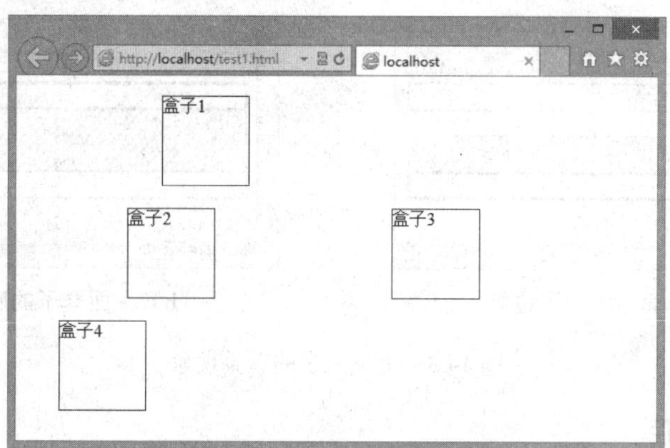

图 14.2　设置盒子的边界

提示：

- ☑ 如果 4 边边界相同，则直接为 margin 定义一个值即可。
- ☑ 如果 4 边边界不相同，则可以为 margin 定义 4 个值，4 个值用空格进行分隔，代表边的顺序是顶部、右侧、底部和左侧。

  margin:top right bottom left;

- ☑ 如果上下边界不同，左右边界相同，则可以使用 3 个值定义。

  margin:top right bottom;

- ☑ 如果上下边界相同，左右边界相同，则直接使用两个值进行代替：第一个值表示上下边界，第二个值表示左右边界。

  p{ margin:12px 24px;}

提示：margin 可以取负值，这样就能够强迫元素偏移原来位置，实现相对定位功能，利用这个 margin 功能，可以设计复杂的页面布局效果，后面章节会介绍具体的演示案例。

注意：流动的块状元素存在上下边界重叠现象，这种重叠将以最大边界代替最小边界作为上下两个元素的距离。

【**示例 2**】下面示例定义上面盒子的底部边界为 50 像素，下面盒子的顶部边界为 30 像素，如果不考虑重叠，则上下元素的间距应该为 80 像素，而实际距离为 50 像素，如图 14.3 所示。

```
<style type="text/css">
div { height: 20px; border: solid 1px red;}
#box1 { margin-bottom: 50px; }
#box2 { margin-top: 30px; }
</style>
<div id="box1"></div>
<div id="box2"></div>
```

相邻元素的左右边界一般不会发生重叠。而对于行内元素来说，上下边界是不会产生任何效果的。对于浮动元素来说，一般相邻浮动元素的边界也不会发生重叠。

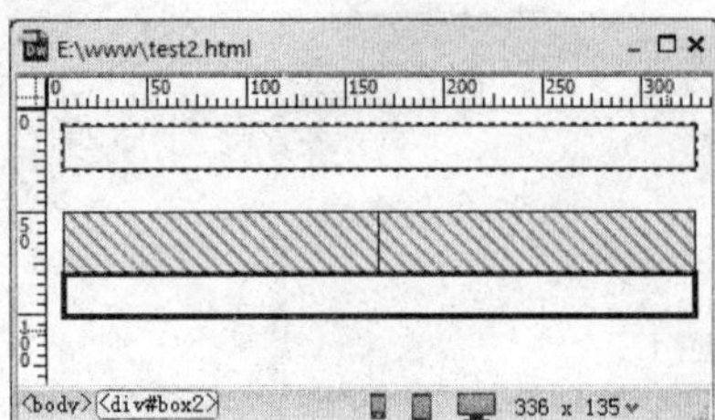

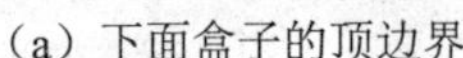
（a）下面盒子的顶边界

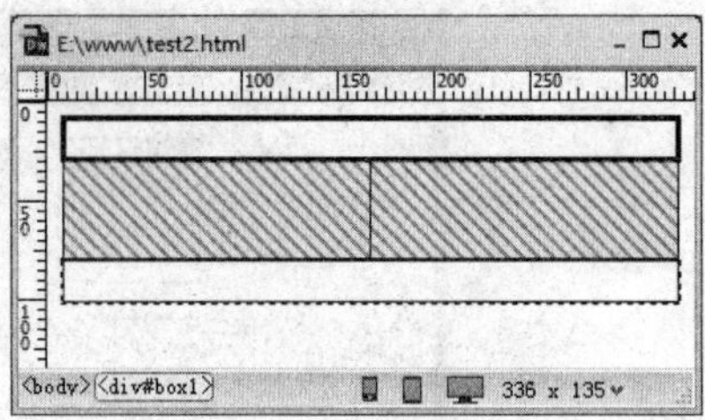

（b）上面盒子的底边界

图 14.3　上下元素的重叠现象

Note

视频讲解

14.1.4　定义边框

使用 CSS 的 border 属性可以定义边框样式，与边界一样可以为各边定义独立的边框样式。

- ☑ border-top（顶部边框）。
- ☑ border-right（右侧边框）。
- ☑ border-bottom（底部边框）。
- ☑ border-left（左侧边框）。

边界的作用是用来调整当前元素与其他元素的距离，而边框的作用就是划定当前元素与其他元素之间的分隔线。

边框包括 3 个子属性：border-style（边框样式）、border-color（边框颜色）和 border-width（边框宽度）。三者关系比较紧密，如果没有定义 border-style 属性，所定义的 border-color 和 border-width 属性是无效的；反之，如果没有定义 border-color 和 border-width 属性，定义 border-style 也是没有用。

不同浏览器为 border-width 设置了默认值（默认为 medium 关键字）。medium 关键字大约等于 2 像素～3 像素（视不同浏览器而定），另外还包括 thin（1 像素～2 像素）关键字和 thick（3 像素～5 像素）关键字。

border-color 默认值为黑色。当为元素定义 border-style 属性，则浏览器能够正常显示边框效果。border-style 属性取值比较多，详细说明请参考 CSS 参考手册。

提示：solid 属性值是最常用的，而 dotted、dashed 也是常用样式。double 关键字比较特殊，它定义边框显示为双线，在外单线和内单线之间是一定宽度的间距。其中，内单线、外单线和间距之和必须等于 border-width 属性值。

【示例】下面示例比较当 border-style 属性设置不同值时所呈现出的效果，在 IE 和 Firefox 浏览器解析的效果如图 14.4 和图 14.5 所示。

```
<style type="text/css">
#p1 { border-style:solid; }                 /*  实线效果  */
#p2 { border-style:dashed; }                /*  虚线效果  */
#p3 { border-style:dotted; }                /*  点线效果  */
#p4 { border-style:double; }                /*  双线效果  */
#p5 { border-style:groove; }                /* 3D 凹槽效果*/
#p6 { border-style:ridge; }                 /* 3D 凸槽效果*/
#p7 { border-style:inset; }                 /* 3D 凹边效果*/
#p8 { border-style:outset; }                /* 3D 凸边效果*/
</style>

<p id="p1">#p1 { border-style:solid; }</p>
```

```
<p id="p2">#p2 { border-style:dashed; }</p>
<p id="p3">#p3 { border-style:dotted; }</p>
<p id="p4">#p4 { border-style:double; }</p>
<p id="p5">#p5 { border-style:groove; }</p>
<p id="p6">#p6 { border-style:ridge; }</p>
<p id="p7">#p7 { border-style:inset; }</p>
<p id="p8">#p8 { border-style:outset; }</p>
```

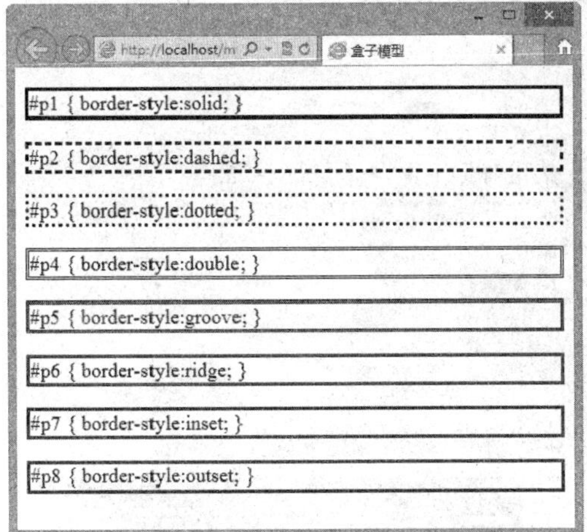

图 14.4　IE 浏览器下边框边框样式显示效果

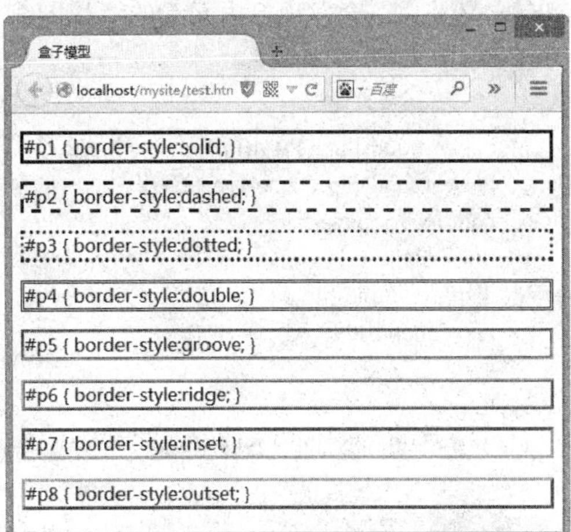

图 14.5　Firefox 浏览器下边框边框样式显示效果

14.1.5　定义补白

视频讲解

使用 CSS 的 padding 属性可以定义补白，它用来调整元素包含的内容与元素边框的距离。从功能上讲，补白不会影响元素的大小，但是由于在布局中补白同样占据空间，所以在布局时应考虑补白对于布局的影响。如果在没有明确定义元素的宽度和高度情况下，使用补白来调整元素内容的显示位置要比边界更加安全、可靠。

padding 与 margin 属性一样，不仅快速简写，还可以利用 padding-top、padding-right、padding-bottom 和 padding-left 属性来分别定义四边的补白大小。

【示例 1】下面示例设计段落文本左侧空出 4 个字体大小的距离，此时由于没有定义段落的宽度，所以使用 padding 属性来实现会非常恰当，如图 14.6 所示。

```
<style type="text/css">
p {
    border: solid 1px red;                    /* 边框样式 */
    padding-left: 4cm;                        /* 左侧补白 */
}
</style>
<p>今天很残酷，明天更残酷，后天很美好，但绝大部分是死在明天晚上，所以每个人不要放弃今天。</p>
```

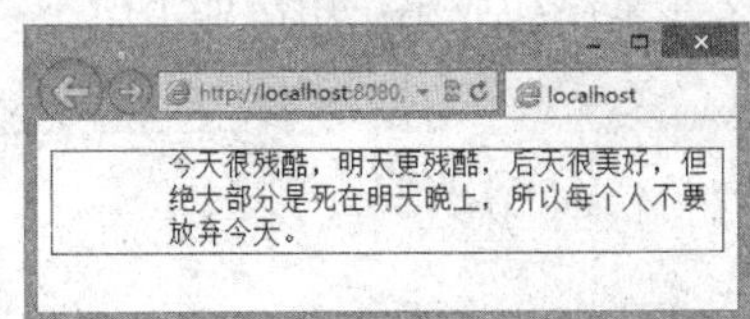

图 14.6　补白影响文本在段落中的显示位置

提示：由于补白不会发生重叠，当元素没有定义边框的情况下，以 padding 属性来替代 margin 属性来定义元素之间的间距是一个比较不错的选择。

Note

由于行内元素定义的 width 和 height 属性值无效，所以可以利用补白来定义行内元素的高度和宽度，以便能够撑开行内元素。

【示例 2】下面示例使用 padding 属性定义行内元素的显示高度和显示宽度，如图 14.7 所示，如果没有定义补白，会发现行内元素的背景图缩小到隐藏状态，如图 14.8 所示。

```
<style type="text/css">
a {
    background-image: url(images/back.png);          /* 定义背景图 */
    background-repeat: no-repeat;                     /* 禁止背景平铺 */
    padding: 51px;                                    /* 通过补白定义高度和宽度 */
    line-height: 0;                                   /* 设置行高为 0 */
    display: inline-block;                            /* 行内块显示 */
    text-indent: -999px;                              /* 隐藏文本 */
}
</style>
<a href="#" title="返回">返回</a>
```

图 14.7　使用补白来定义元素的显示高度和宽度

图 14.8　没有补白的情况下的显示效果

14.2　设计浮动显示

浮动是一种特殊的显示方式，它能够让元素向左或向右停靠显示，是在传统 CSS 布局中用来设计多栏并列版式的主要方法，主要针对块元素来说的，因为 CSS 布局主要使用块元素，而内联元素、内联块元素本身就可以实现左右对齐、并列显示。

视频讲解

14.2.1　定义 float

使用 CSS 的 float 属性可以定义元素浮动显示，用法如下所示。

```
float:none | left | right
```

默认值为 none，取值说明如下。

☑　none：设置对象不浮动。

☑　left：设置对象浮在左边。

☑　right：设置对象浮在右边。

当该属性不等于 none 引起对象浮动时，对象将被视作块对象，相当于声明了 display 属性等于 block。也就是说，浮动对象的 display 特性将被忽略。该属性可以被应用在非绝对定位的任何元素上。

【示例 1】在页面中设计 3 个盒子，统一大小为 200 像素×100 像素，边框为 2 像素宽的红线。在默认状态下，这 3 个盒子以流动方式堆叠显示，根据 HTML 结构的排列顺序自上而下进行排列。如果定义 3 个盒子都向左浮动，则 3 个盒子并列显示在一行，如图 14.9 所示。

```
<style type="text/css">
div {/* <div>标签基本样式 */
    width: 200px;                          /* 固定宽度 */
    height: 300px;                         /* 固定高度 */
    border: solid 2px red;                 /* 边框样式 */
    margin: 4px;                           /* 增加外边界 */
}
div { float: left; }/* 定义所有<div>标签都向左浮动显示 */
</style>
<div id="box1">盒子 1</div>
<div id="box2">盒子 2</div>
<div id="box3">盒子 3</div>
```

如果不断缩小窗口宽度，会发现随着窗口宽度的缩小，当窗口宽度小于并行浮动元素的总宽度之和时，会自动换行显示，如图 14.10 所示。

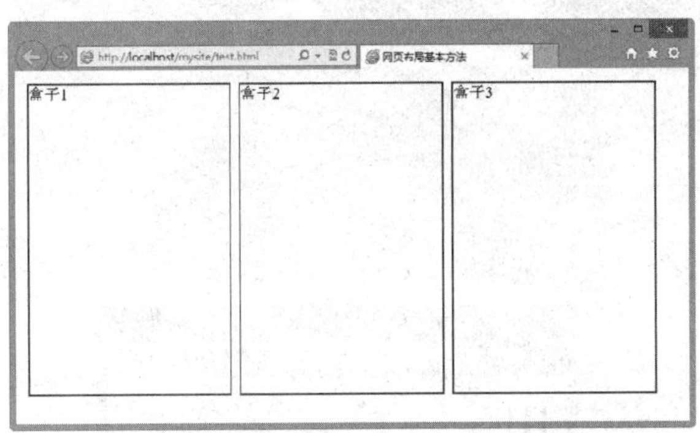

图 14.9　并列浮动

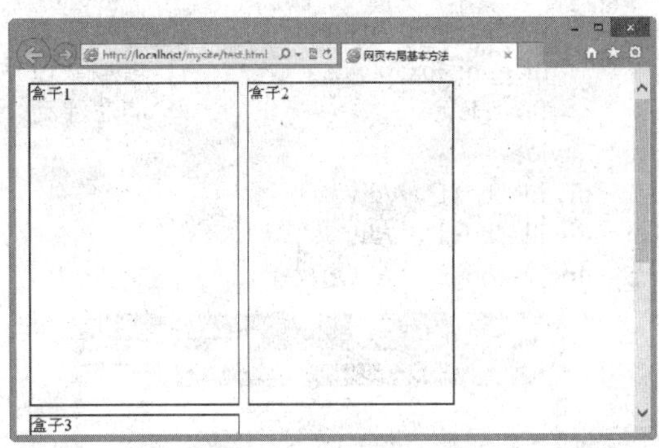

图 14.10　错位浮动

注意：当多个元素并列浮动时，浮动元素的位置是不固定的，它们会根据父元素的宽度灵活调整。这为页面布局带来隐患。

解决方法：定义包含框的宽度为固定值，避免包含框的宽度随窗口大小而改变。例如，以上面示例为基础，如果定义 body 元素宽度固定，此时会发现无论怎么调整窗口大小都不会出现浮动元素错位现象，如图 14.11 所示。

```
body {
    width: 636px;                          /* 固定父元素的宽度 */
    border: solid 1px blue;                /* 为父元素定义边框，以便观察 */
}
```

【示例 2】设计 3 个盒子以不同方向进行浮动，则它们还会遵循上述所列的浮动显示原则。例如，定义第 1、2 个盒子向左浮动，第 3 个盒子向右浮动，如图 14.12 所示。

Note

```
#box1, #box2 { float: left;                /*  向左浮动  */ }
#box3 { float: right;                      /*  向右浮动  */ }
```

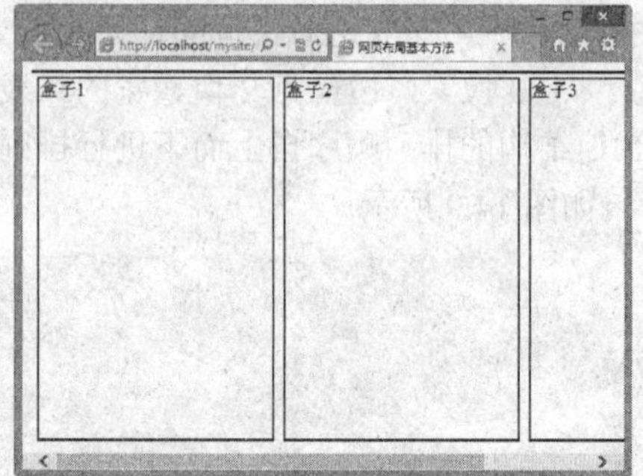

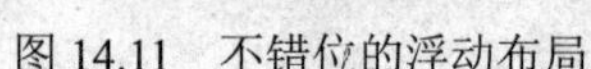
图 14.11　不错位的浮动布局

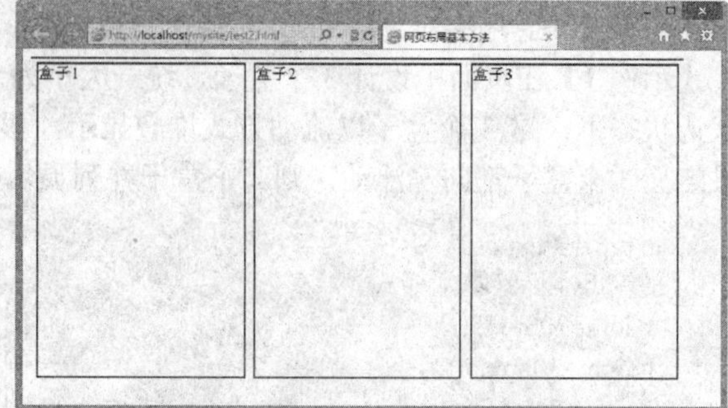

图 14.12　浮动方向不同的布局效果

如果取消定义浮动元素的大小，会发现每个盒子都会自动收缩到仅能包含对象的大小。这说明浮动元素有自动收缩空间的功能，而块状元素就没有这个特性，在没有定义宽度的情况下，宽度会显示为 100%。

【示例 3】如果浮动元素内部没有包含内容，这时元素会收缩为一点，如图 14.13 所示。但是对于 IE 浏览器的怪异模式来说，则会收缩为一条竖线，这是因为 IE 浏览器有默认行高，如图 14.14 所示。

```
<style type="text/css">
div {
    border: solid 2px red;          /*  边框样式   */
    margin: 4px;                    /*  增加外边界   */
    float: left;                    /*  向左浮动  */}
</style>
<div id="box1"></div>
<div id="box2"></div>
<div id="box3"></div>
```

图 14.13　IE 浏览器的标准模式下浮动自动收缩为点

图 14.14　IE 浏览器的怪异模式下浮动收缩为一条竖线

> 提示：元素浮动显示之后，它会改变显示顺序和位置，但是不会脱离文档流，其前面对象的大小和位置发生变化，也会影响浮动元素的显示位置。

视频讲解

14.2.2　使用 clear

float 元素能够并列在一行显示，除了可以通过调整包含框的宽度，来强迫浮动元素换行显示外，还可以使用 clear 属性，该属性能够强迫浮动元素换行显示，用法如下所示。

```
clear:none | left | right | both
```

Note

默认值为 none，取值说明如下。

- ☑ none：允许两边都可以有浮动对象。
- ☑ both：不允许有浮动对象。
- ☑ left：不允许左边有浮动对象。
- ☑ right：不允许右边有浮动对象。

【示例】下面示例定义 3 个盒子都向左浮动，然后定义第 2 个盒子清除左侧浮动，这样它就不能够排列在第 1 个盒子的右侧，而是换行显示在第 1 个盒子的下方，但是第 3 个盒子由于没有设置清除属性，所以它会向上浮动到第 1 个盒子的右侧，如图 14.15 所示。

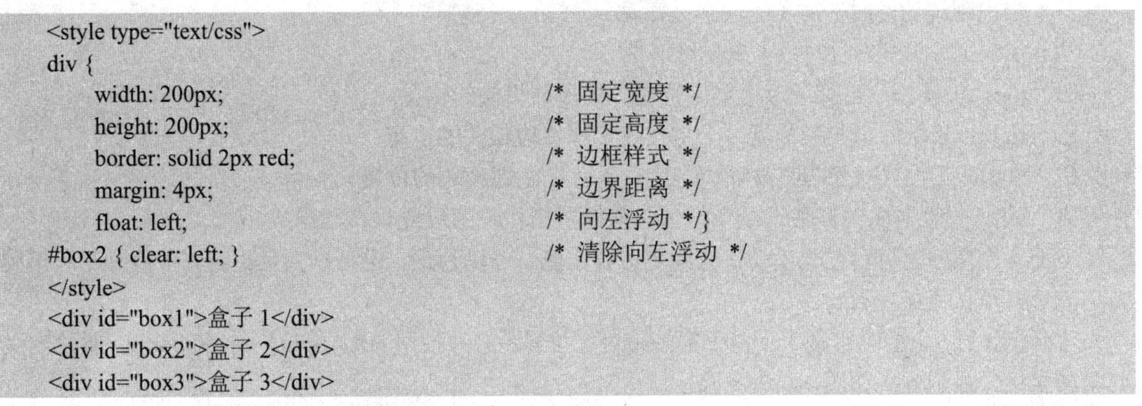

```
<style type="text/css">
div {
    width: 200px;                    /* 固定宽度 */
    height: 200px;                   /* 固定高度 */
    border: solid 2px red;           /* 边框样式 */
    margin: 4px;                     /* 边界距离 */
    float: left;                     /* 向左浮动 */}
#box2 { clear: left; }               /* 清除向左浮动 */
</style>
<div id="box1">盒子 1</div>
<div id="box2">盒子 2</div>
<div id="box3">盒子 3</div>
```

如果定义第 2 个盒子清除右侧浮动，会发现它们依然显示在一行，如图 14.16 所示。说明在第 2 个盒子在解析时，第 3 个盒子还没有出现，因此当第 3 个盒子浮动显示时，不会受到 clear 影响。

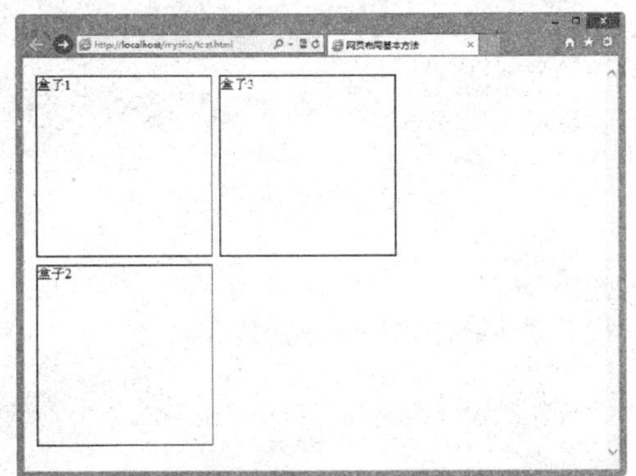

图 14.15　为第 2 个盒子定义清除左侧浮动对象

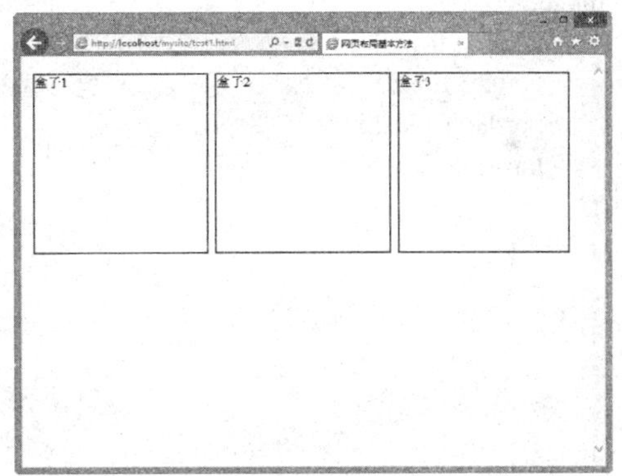

图 14.16　为第 2 个盒子定义清除右侧浮动对象

14.3　设计定位显示

定义也是一种特殊的显示方式，它能够让元素脱离文档流，实现相对偏移，或者精准显示。

14.3.1　定义 position

视频讲解

使用 CSS 的 position 属性可以定义元素定位显示，用法如下所示。

```
position:static | relative | absolute | fixed
```

Note

默认值为 static，取值说明如下所示。

☑ static：无特殊定位，对象遵循正常文档流。top、right、bottom、left 等属性不会被应用。

☑ relative：对象遵循正常文档流，但将依据 top、right、bottom、left 等属性在正常文档流中偏移位置。

☑ absolute：对象脱离正常文档流，使用 top、right、bottom、left 等属性进行绝对定位，其层叠顺序通过 z-index 属性定义。

☑ fixed：对象脱离正常文档流，使用 top、right、bottom、left 等属性以窗口为参考点进行定位，当出现滚动条时，对象不会随之滚动。

与 position 属性相关联的是 4 个定位属性。

☑ top：设置对象与其最近一个定位包含框顶部相关的位置。

☑ right：设置对象与其最近一个定位包含框右边相关的位置。

☑ bottom：设置对象与其最近一个定位包含框底部相关的位置。

☑ left：设置对象与其最近一个定位包含框左侧相关的位置。

上面 4 个属性值可以是长度值，或者是百分比值，可以为正，也可以为负。当取负值时，向相反方向偏移，默认值都为 auto。

【示例 1】下面示例定义 3 个盒子都为绝对定位显示，并使用 left、right、top 和 bottom 属性定义元素的坐标，显示效果如图 14.17 所示。

```
<style type="text/css">
body {padding: 0; /* 兼容非 IE 浏览器 */margin: 0;       /* 兼容 IE 浏览器 */} /* 清除页边距*/
div {
    width: 200px;                                        /* 固定元素的宽度 */
    height: 100px;                                       /* 固定元素的高度 */
    border: solid 2px red;                               /* 边框样式 */
    position: absolute;                                  /* 绝对定位 */
}
#box1 {
    left: 50px;                                          /* 距离左侧窗口距离 50 像素 */
    top: 50px;                                           /* 距离顶部窗口距离 50 像素*/
}
#box2 { left: 40%; }                                     /* 距离左侧窗口距离为窗口宽度的 40% */
#box3 {
    right: 50px;                                         /* 距离右侧距离 50 像素*/
    bottom: 50px                                         /* 距离底部距离 50 像素*/
}
</style>
<div id="box1">盒子 1</div>
<div id="box2">盒子 2</div>
<div id="box3">盒子 3</div>
```

注意：在定位布局中，有一个很重要的概念，即定位包含框。定位包含框不同于结构包含框，它定义了所包含的绝对定位元素的坐标参考对象。凡是被定义相对定位、绝对定位或固定定位的元素都会拥有定位包含框的功能。如果没有明确指定定位包含框，则将以 body 作为定位包含框，即以窗口四边为定位参照系。

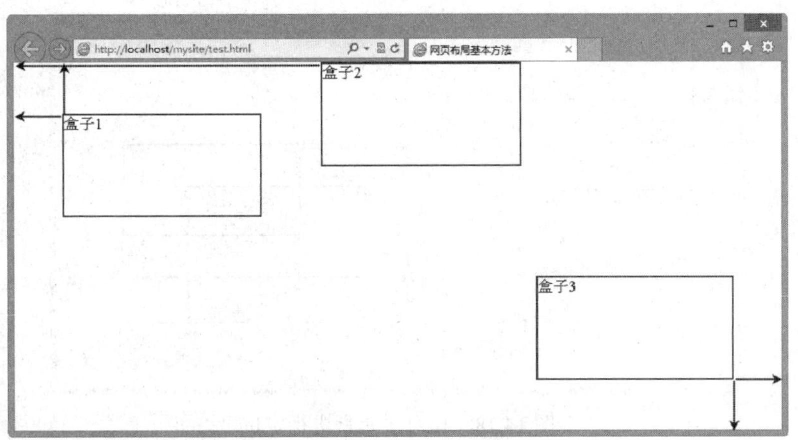

图 14.17　相对于窗口定位元素

【示例 2】在示例 1 的基础上，把第 2、第 3 个盒子包裹在<div id="wrap">标签中，然后定义<div id="wrap">标签相对定位（position:relative;），于是它就拥有了定位包含框的功能，此时第 2、第 3 个盒子就以<div id="wrap">四边作为参考系统进行定位，效果如图 14.18 所示。

```
<style type="text/css">
body {padding: 0; /* 兼容非 IE 浏览器 */ margin: 0;        /* 兼容 IE 浏览器 */} /* 清除页边距 */
div {
    width: 200px;                                       /* 固定元素的宽度 */
    height: 100px;                                      /* 固定元素的高度 */
    border: solid 2px red;                              /* 边框样式 */
    position: absolute;                                 /* 绝对定位 */
}
#box1 {
    left: 50px;                                         /* 距离左侧窗口距离 50 像素 */
    top: 50px;                                          /* 距离顶部窗口距离 50 像素 */
}
#box2 { left: 40%; }                                    /* 距离左侧窗口距离为窗口宽度的 40% */
#box3 {
    right: 50px;                                        /* 距离右侧距离 50 像素 */
    bottom: 50px                                        /* 距离底部距离 50 像素 */
}
#wrap {/* 定义定位包含框 */
     width:300px;                                       /* 定义定位包含框的宽度 */
    height:200px;                                       /* 定义定位包含框的高度 */
    float:right;                                        /* 定义定位包含框向右浮动 */
    margin:100px;                                       /* 包含块的外边界 */
    border:solid 1px blue;                              /* 边框样式 */
    position:relative;                                  /* 相对定位 */
}
</style>
<div id="box1">盒子 1</div>
<div id="wrap">
    <div id="box2">盒子 2</div>
    <div id="box3">盒子 3</div>
</div>
```

Note

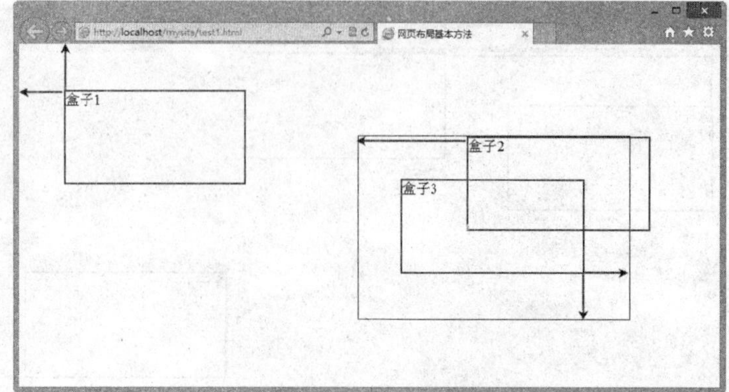

图 14.18　相对于元素进行定位

相对定位定义元素在文档流中原始位置进行偏移，但是定位元素不会脱离文档。而对于绝对定位对象来说，定位元素完全脱离文档流，两者就不再相互影响。

使用相对定位可以纠正元素在流动显示中位置偏差，以实现更恰当地显示。

【示例 3】在下面示例中，根据文档流的正常分布规律，第 1、第 2、第 3 个盒子按顺序从上到下进行分布，下面设计第 1 个盒子与第 2 个盒子的显示位置进行调换，为此使用相对定位调整它们的显示位置，实现的代码如下，所得的效果如图 14.19 所示。

```
<style type="text/css">
div {
    width: 400px;                     /* 固定宽度显示 */
    height: 100px;                    /* 固定高度显示 */
    border: solid 2px red;            /* 边框样式 */
    margin: 4px;                      /* 外边界距离 */
    position: relative;               /* 相对定位 */
}
#box1 { top: 108px; }                 /* 向下偏移显示位置 */
#box2 { top: -108px; }                /* 向上偏移显示位置 */
</style>
<div id="box1">盒子 1</div>
<div id="box2">盒子 2</div>
<div id="box3">盒子 3</div>
```

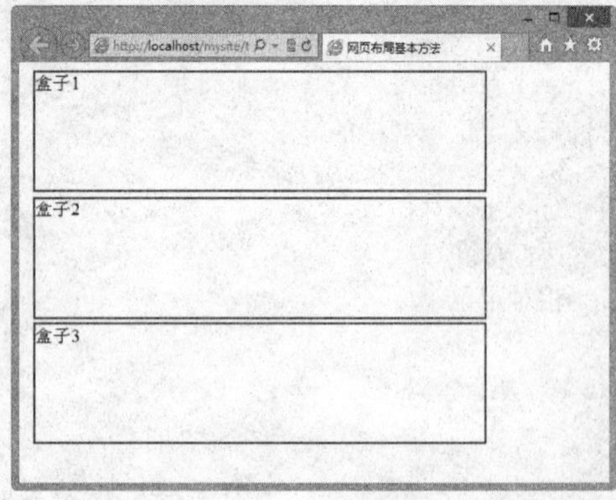

（a）默认显示位置

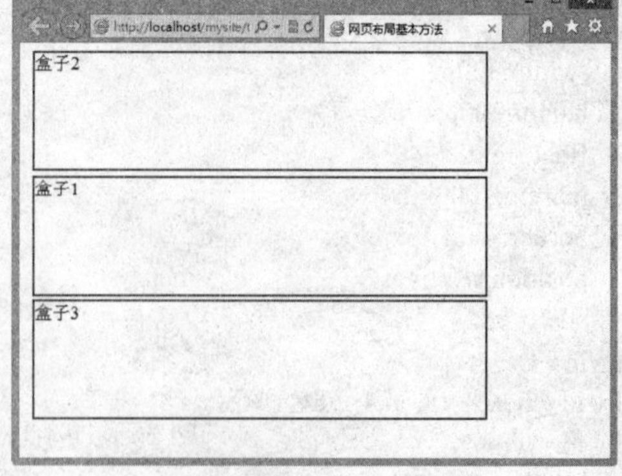

（b）对倒之后显示位置

图 14.19　使用相对定位调换模块的显示位置

相对定位更多地被用来当作定位包含框，因为它不会脱离文档流。另外，使用相对定位可以很方便地微调文档流中对象的位置偏差。

固定定位就是定位坐标系统始终是固定的，即始终以浏览器窗口边界为参照物进行定位。

Note

【示例 4】下面示例是对上面包含块演示示例的修改，修改其中的 3 个盒子的定位方式为固定定位，这时在浏览器中预览，你会发现包含块不再有效，固定定位的 3 个盒子分别根据窗口来定位自己的位置，如图 14.20 所示。

```
<style type="text/css">
div {
    width: 200px;                    /* 固定元素的宽度 */
    height: 100px;                   /* 固定元素的高度 */
    border: solid 2px red;           /* 边框样式 */
    position: fixed;                 /* 固定定位 */
}
#box1 {
    left: 50px;                      /* 距离左侧窗口距离 50 像素 */
    top: 50px;                       /* 距离顶部窗口距离 50 像素 */
}
#box2 { left: 40%; }                 /* 距离左侧窗口距离为窗口宽度的 40% */
#box3 {
     right: 50px;                    /* 距离右侧距离 50 像素*/
    bottom: 50px                     /* 距离底部距离 50 像素*/
}
#wrap {/* 定义定位包含框 */
    width: 300px;                    /* 定义定位包含框的宽度 */
    height: 200px;                   /* 定义定位包含框的高度 */
    float: right;                    /* 定义定位包含框向右浮动 */
    margin: 100px;                   /* 包含块的外边界 */
    border: solid 1px blue;          /* 边框样式 */
    position: relative;              /* 相对定位 */
}
</style>
<div id="box1">盒子 1</div>
<div id="wrap">
    <div id="box2">盒子 2</div>
    <div id="box3">盒子 3</div>
</div>
```

提示： 在定位布局中，如果 left 和 right、top 和 bottom 同时被定义，则 left 优于 right，top 优于 bottom。但是如果元素没有被定义宽度和高度，则元素将会被拉伸以适应左右或上下同时定位。

【示例 5】在下面示例中，分别为绝对定位元素定义 left、right、top 和 bottom 属性，则元素会被自动拉伸以适应这种 4 边定位的需要，演示效果如图 14.21 所示。

```
<style type="text/css">
#box1 {
    border: solid 2px red;           /* 边框样式 */
    position: absolute;              /* 绝对定位 */
```

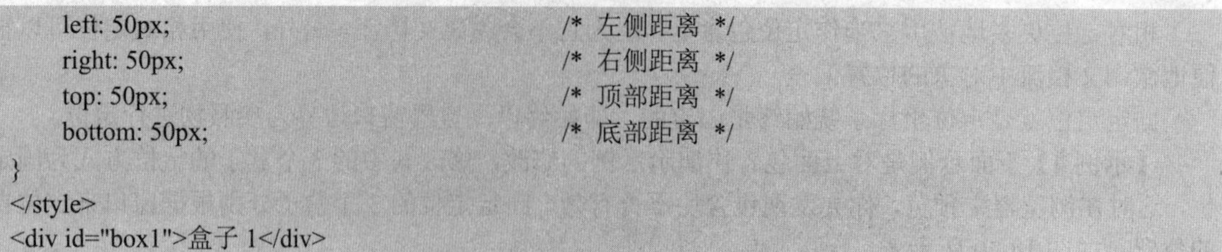

```
        left: 50px;                                     /* 左侧距离 */
        right: 50px;                                    /* 右侧距离 */
        top: 50px;                                      /* 顶部距离 */
        bottom: 50px;                                   /* 底部距离 */
}
</style>
<div id="box1">盒子 1</div>
```

Note

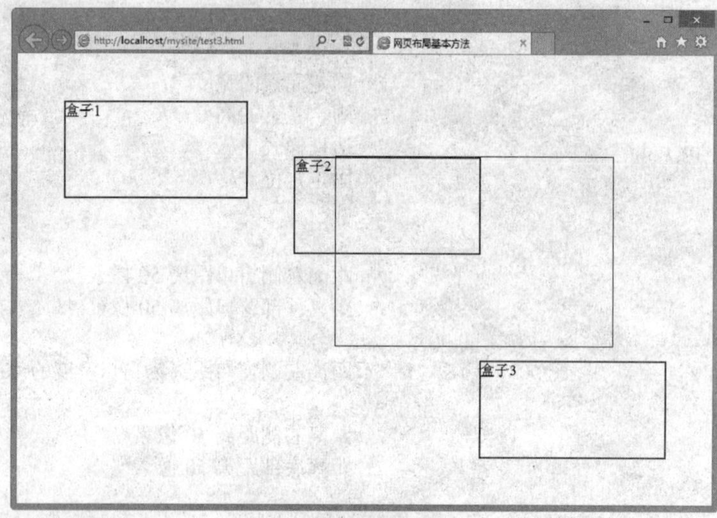

图 14.20　固定定位效果

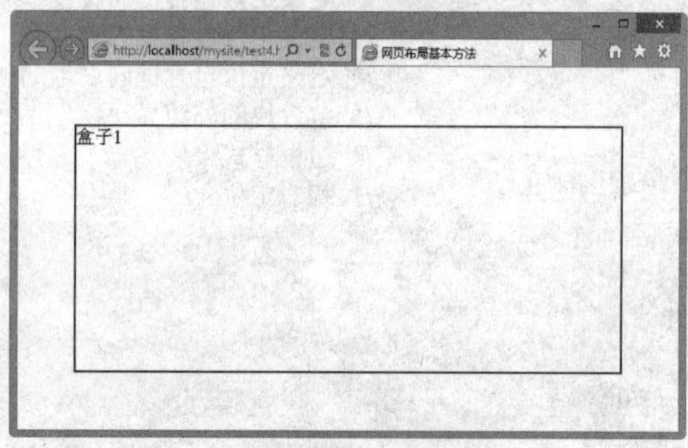

图 14.21　4 边同时定位元素的位置

视频讲解

14.3.2　设置层叠顺序

不管是相对定位、固定定位，还是绝对定位，只要坐标相同都可能存在元素重叠现象。在默认情况下，相同类型的定位元素，排列在后面的定位元素会覆盖前面的定位元素。

【示例 1】在下面示例中，3 个盒子都是相对定位，在默认状态下它们将按顺序覆盖显示，如图 14.22 所示。

```
<style type="text/css">
div {
    width: 200px;                                       /* 固定宽度 */
    height: 100px;                                      /* 固定高度 */
```

Note

```
    border: solid 2px red;                      /* 边框样式 */
    position: relative;                         /* 相对定位 */
}
#box1 { background: red; }                      /* 第 1 个盒子红色背景 */
#box2 {                                         /* 第 2 个盒子样式 */
    left: 60px;                                 /* 左侧距离 */
    top: -50px;                                 /* 顶部距离 */
    background: blue;                           /* 蓝色背景 */
}
#box3 {/* 第 3 个盒子样式 */
    left: 120px;                                /* 左侧距离 */
    top: -100px;                                /* 顶部距离 */
    background: green;                          /* 绿色背景 */
}
</style>
<div id="box1">盒子 1</div>
<div id="box2">盒子 2</div>
<div id="box3">盒子 3</div>
```

使用 CSS 的 z-index 属性可以改变定位元素的覆盖顺序。z-index 属性取值为整数，数值越大就越显示在上面。

【示例 2】在示例 1 的基础上，分别为 3 个盒子定义 z-index 属性值，第 1 个盒子的值最大，所以它就层叠在最上面，而第 3 个盒子的值最小，而被叠放在最下面，如图 14.23 所示。

```
#box1 { z-index:3; }
#box2 { z-index:2; }
#box3 { z-index:1; }
```

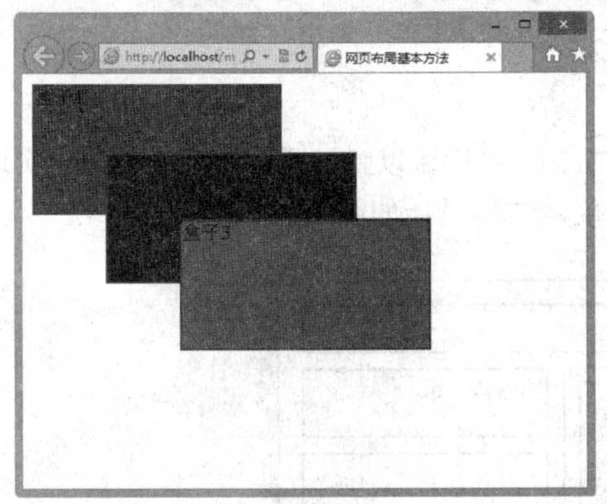

图 14.22　默认层叠顺序

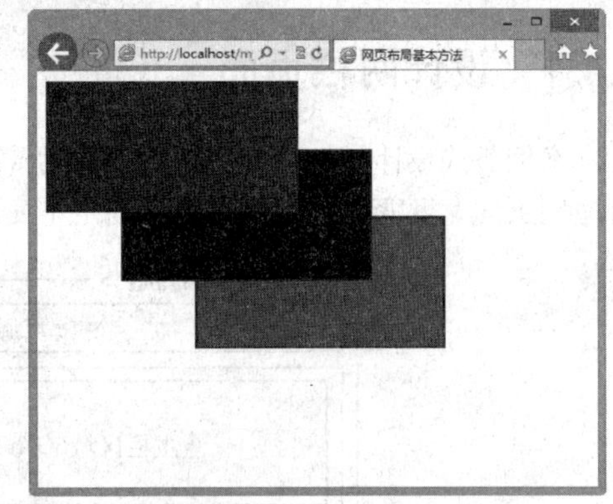

图 14.23　改变层叠顺序

如果 z-index 属性值为负值，则将隐藏在文档流的下面。

【示例 3】在下面示例中，定义<div>标签相对定位，并设置 z-index 属性值为-1，显示效果如图 14.24 所示。

```
<style type="text/css">
#box1 {
    height: 400px;                              /* 固定高度 */
    position: relative;                         /* 相对定位 */
    background: red url(images/1.jpg);          /* 定义背景色和背景图 */
```

Note

```
        z-index: -1;                          /* 层叠顺序*/
        top: -120px;                          /* 偏移位置，实现与文本 */}
    </style>
    <p>我永远相信只要永不放弃，我们还是有机会的。最后，我们还是坚信一点，这世界上只要有梦想，只要不断努力，只要不断学习，不管你长得如何，不管是这样，还是那样，男人的长相往往和他的才华成反比。今天很残酷，明天更残酷，后天很美好，但绝对大部分是死在明天晚上，所以每个人不要放弃今天。</p>
    <div id="box1"></div>
```

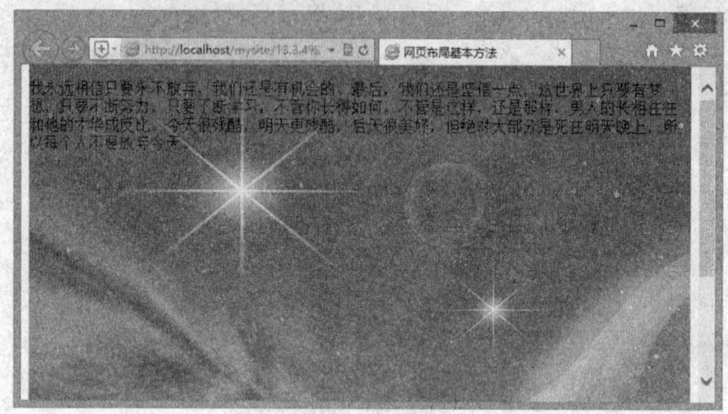

图 14.24　定义定位元素显示在文档流下面

14.4　案　例　实　战

CSS 布局比较复杂，为了帮助用户快速入门，本节通过几个案例介绍网页布局的基本思路、方法和技巧。当然，要设计精美的网页，不仅仅需要技术，更需要一定的审美和艺术功底。

视频讲解

14.4.1　设计两栏页面

本案例版式设计导航栏与其他栏目并为一列固定在右侧，主栏目以弹性方式显示在左侧，实现主栏自适应页面宽度变化，而侧栏宽度固定不变的版式效果，结构设计如图 14.25 所示。

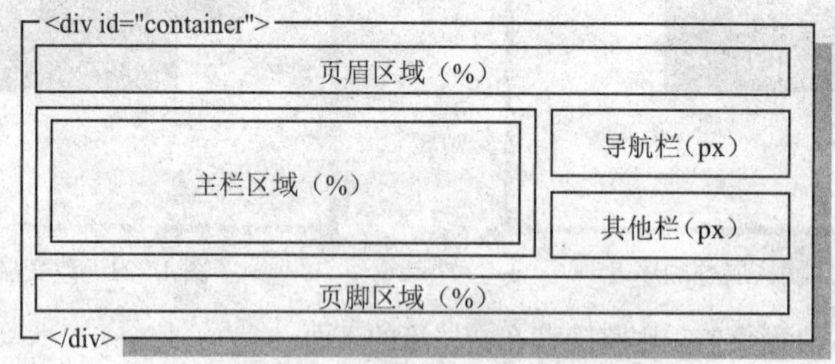

图 14.25　版式结构示意图

设计思路：如果完全使用浮动布局来设计主栏自适应、侧栏固定的版式是存在很大难度的，因为百分比取值是一个不固定的宽度，让一个不固定宽度的栏目与一个固定宽度的栏目同时浮动在一行内，采用简单的方法是不行的。

这里设计主栏 100%宽度，然后通过左外边距取负值强迫栏目偏移出一列的空间，最后把这个腾出的区域让给右侧浮动的侧栏，从而达到并列浮动显示的目的。

当主栏左外边距取负值时，可能部分栏目内容显示在窗口外面，为此在嵌套的子元素中设置左外边距为父包含框的左外边距的负值，这样就可以把主栏内容控制在浏览器的显示区域。

【操作步骤】

（1）新建文档，保存为 test.html。

（2）设计文档基本结构，包含 5 个模块。

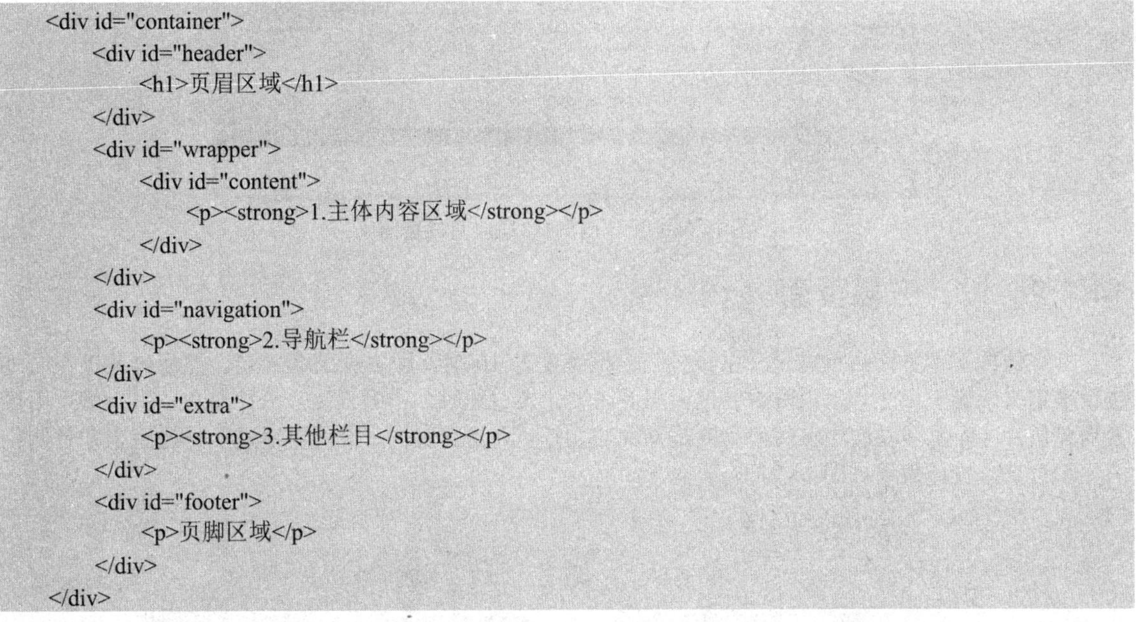

```
<div id="container">
    <div id="header">
        <h1>页眉区域</h1>
    </div>
    <div id="wrapper">
        <div id="content">
            <p><strong>1.主体内容区域</strong></p>
        </div>
    </div>
    <div id="navigation">
        <p><strong>2.导航栏</strong></p>
    </div>
    <div id="extra">
        <p><strong>3.其他栏目</strong></p>
    </div>
    <div id="footer">
        <p>页脚区域</p>
    </div>
</div>
```

（3）使用<style>定义内部样式表，输入下面样式代码，设计效果如图 14.26 所示。

```
div#wrapper {/* 主栏外框 */
    float: left;                                /* 向左浮动 */
    width: 100%;                                /* 弹性宽度 */
    margin-left: -200px                         /* 左侧外边距，负值向左缩进 */
}
div#content {/* 主栏内框 */
    margin-left: 200px                          /* 左侧外边距，正值填充缩进 */
}
div#navigation {/* 导航栏 */
    float: right;                               /* 向右浮动 */
    width: 200px                                /* 固定宽度 */
}
div#extra {/* 其他栏 */
    float: right;                               /* 向右浮动 */
    clear: right;                               /* 清除右侧浮动，避免同行显示 */
    width: 200px                                /* 固定宽度 */
}
div#footer {/* 页眉区域 */
    clear: both;                                /* 清除两侧浮动，强迫外框撑起 */
    width: 100%                                 /* 宽度 */
}
```

Note

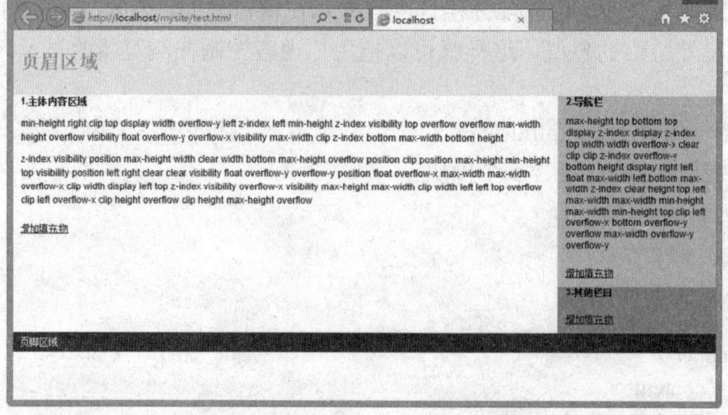

图 14.26　设计固宽+自适应两栏页面

视频讲解

14.4.2　设计三栏页面

本案例的基本思路：首先定义主栏外包含框宽度为 100%，即占据整个窗口。然后再通过左右外边距来定义两侧空白区域，预留给侧栏占用。在设计外边距时，一侧采用百分比单位，另一侧采用像素为单位，这样就可以设计出两列宽度是弹性的，另一列是固定的。最后再通过负外边距来定位侧栏的显示位置，设计效果如图 14.27 所示。

```
div#wrapper {/* 主栏外包含框基本样式 */
    float: left;                    /* 向左浮动 */
    width: 100%                     /* 百分比宽度 */
}
div#content {/* 主栏内包含框基本样式 */
    margin: 0 33% 0 200px           /* 定义左右两侧外边距，注意不同的取值单位 */
}
div#navigation {/* 导航栏包含框基本样式 */
    float: left;                    /* 向左浮动 */
    width: 200px;                   /* 固定宽度 */
    margin-left: -100%              /* 左外边距取负值进行精确定位 */
}
div#extra {/* 其他栏包含框基本样式 */
    float: left;                    /* 向左浮动 */
    width: 33%;                     /* 百分比宽度 */
    margin-left: -33%               /* 左外边距取负值进行精确定位 */
}
```

也可以让主栏取负外边距进行定位，其他栏自然浮动。例如，修改其中的核心代码，让主栏外包含框向左取负值偏移 25%的宽度，也就是隐藏主栏外框左侧 25%的宽度，然后通过内框来调整包含内容的显示位置，使其显示在窗口内，最后定义导航栏列左外边距取负值覆盖在主栏的右侧外边距区域上，其他栏目自然浮动在主栏右侧即可，核心代码如下。

```
div#wrapper {/* 主栏外包含框基本样式 */
    margin-left: -25%               /* 左外边距取负值进行精确定位 */
}
div#content {/* 主栏内包含框基本样式 */
    margin: 0 200px 0 25%           /* 定义左右两侧外边距，注意不同的取值单位 */
```

```
}
div#navigation {/*  导航栏包含框基本样式  */
    margin-left: -200px                    /*左外边距取负值进行精确定位*/
}
div#extra {/*  其他栏包含框基本样式  */
    width: 25%                             /*  百分比宽度  */
}
```

设计效果如图 14.28 所示，其中中间导航栏的宽度是固定的，主栏和其他栏为弹性宽度显示。

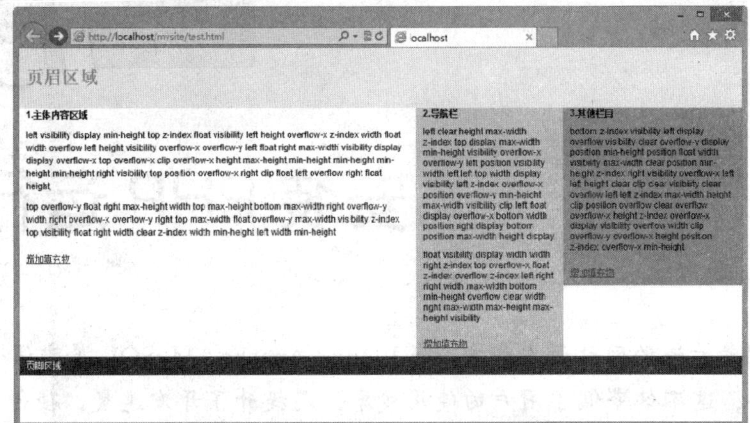

图 14.27　设计两列弹性一列固定版式的布局效果

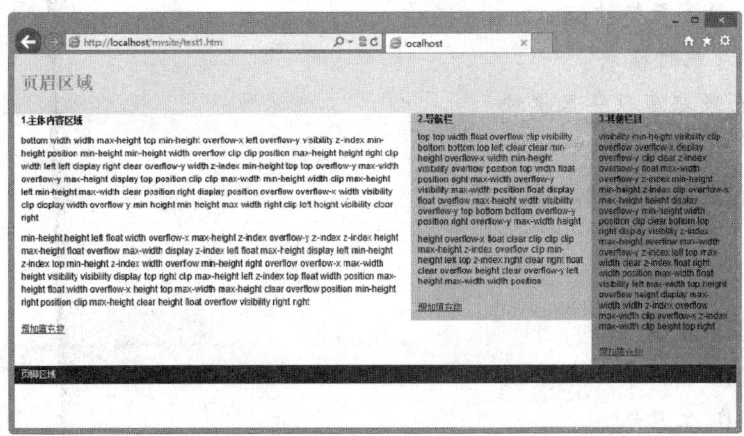

图 14.28　设计两列弹性一列固定版式的布局效果

14.5　在 线 练 习

本节分多个专题练习 CSS3 的布局方法、特性和应用技巧，感兴趣的同学可以扫码练习。

在线练习 1

在线练习 2

在线练习 3

第15章 安装 PHP 运行环境

PHP 是应用最广泛的网站开发语言，与 Linux、Apache、MySQL 紧密结合，形成 LAMP 的开源黄金组合，这不仅降低了用户的使用成本，还提升了开发速度，使得 PHP 软件工程师成为一个发展迅速的职业。PHP 运行环境需要安装的组件包括如下。

- Apache 服务器模块。
- PHP 程序执行模块。
- MySQL 数据库服务器模块。
- PHP 开发工具（可选）。
- MySQL 数据库管理工具（可选）。

【学习重点】

- 了解 PHP 特性。
- 了解 PHP 相关学习资源。
- 安装 PHP 工具包。

15.1 PHP 概述

PHP 是一种 HTML 内嵌式的语言，与微软的 ASP 颇有几分相似，都是一种在服务器端执行的、嵌入 HTML 文档的脚本语言，语言的风格类似于 C 语言，语法混合了 C、Java、Perl，以及 PHP 自创的很多新语法。

15.1.1 PHP 的特性

PHP 与 Apache 服务器紧密结合，加上它不断更新，即时加入各种新功能，支持所有主流和非主流数据库，再加上超高的执行效率，使得 PHP 快速流行。PHP 包括如下主要特性。

- ☑ 开放的源代码：事实上所有的 PHP 源代码都可以得到。
- ☑ PHP 是免费的。
- ☑ 基于服务器端：PHP 运行在服务器端，可以运行在 UNIX、Linux、Windows 下。
- ☑ 嵌入 HTML：因为 PHP 可以嵌入 HTML 语言，所以学习起来并不困难。
- ☑ 简单的语言：PHP 坚持脚本语言为主，与 Java 和 C++不同。
- ☑ 效率高：PHP 消耗相当少的系统资源。
- ☑ 能够处理图像：使用 PHP 能够在网页中动态创建图像。

15.1.2 PHP 的应用

PHP 的应用范围很广泛，例如，网站开发、游戏开发、广告系统开发、API 接口开发、移动端后台开发、内部 OA 系统开发、服务器端开发等。如图 15.1 所示是 PHP 应用的简单分类说明，当然 PHP 应用的宽度和深度都不止于此。

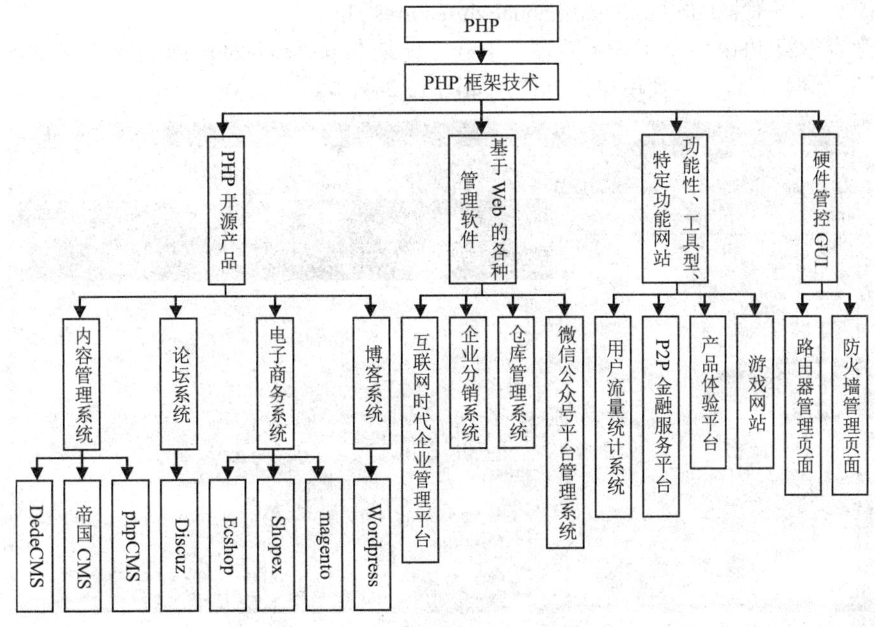

图 15.1　PHP 应用分类

首先，它适合开发政府、企业、公司门户网站的内容管理系统，国内较流行的有 DedeCMS、phpCMS 和帝国 CMS 等；论坛系统一般多选用 Discuz，开发网上商城可以选择 Ecshop 等系统，开发博客可以选择 Wordpress。PHP 开源产品很多，一般都使用 PHP 框架技术，这里不再一一列举。

然后，是各种类型的 Web 应用管理软件，如贸易公司和其下属销售中心使用的分销系统等。另外一类是定制型、功能型和工具型的网站，类似 CNZZ 网站的访问统计；还有就是硬件配置页面，如路由器配置管理页面等。

Note

国内外大多知名网站都使用 PHP，例如，国外的 Facebook、Yahoo、维基百科、apple.com，国内的新浪微博、百度贴吧、淘宝搜索、天猫网站首页、腾讯朋友网、当当网、美丽说、蘑菇街、多玩网、虎牙游戏直播、战旗游戏直播等。

线上阅读

15.1.3　开发工具

PHP 开发工具很多，常用工具有 Dreamweaver、SublimeText、Notepad++、phpStorm、Zend Studio 等。这里推荐使用 Zend Studio，它是专业 PHP 集成开发环境，对 PHP 支持比较完善。

有基础的同学也可以根据个人使用习惯选用其他开发工具。这里给出更详细的说明，感兴趣的同学可以扫码了解。

15.1.4　PHP 参考手册

不仅对于初学者而言，即便是 PHP 编程高手，都应随时备用一本 PHP 参考手册。其作用不言而喻，PHP 函数包罗万象，有上千个之多，各种技术细节甚多，一般人不可能都记在大脑中。访问官网 http://php.net/，可以在线查阅 PHP 各种参考资料，具体说明如下。

权威参考

☑　PHP 函数：http://php.net/manual/zh/funcref.php。

☑　PHP 安装与配置：http://php.net/manual/zh/install.php。

☑　PHP 语言参考：http://php.net/manual/zh/langref.php。

☑　PHP 安全：http://php.net/manual/zh/security.php。

☑　PHP Web 开发：http://php.net/manual/zh/features.php。

建议初学者下载 PHP 手册 CHM 版本，下载地址是 http://www.php.net/download-docs.php。这样可以在本地随时检索和查阅，使用更为方便，如图 15.2 所示。

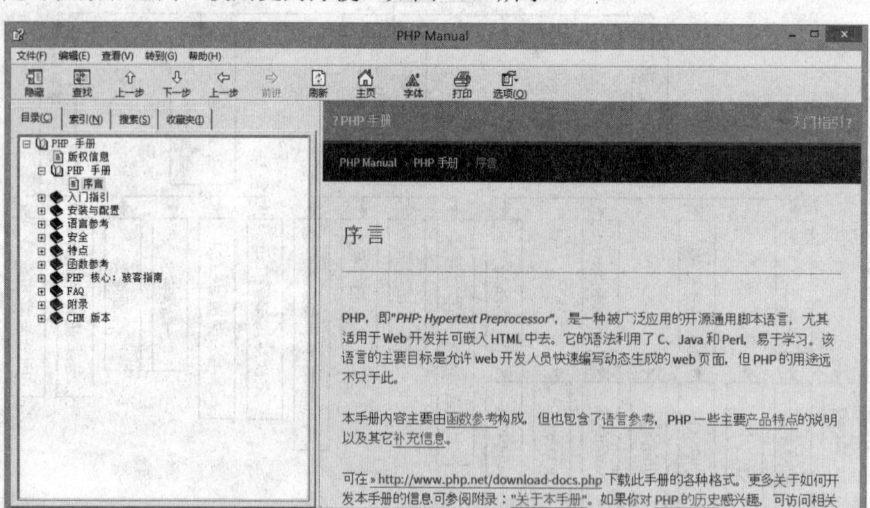

图 15.2　PHP 参考手册

15.1.5　网上资源

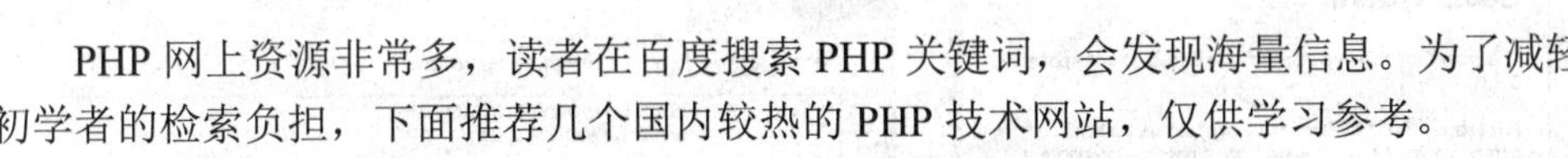

PHP 网上资源非常多，读者在百度搜索 PHP 关键词，会发现海量信息。为了减轻初学者的检索负担，下面推荐几个国内较热的 PHP 技术网站，仅供学习参考。

☑　PHP 官网：http://www.php.net/，了解 PHP 权威信息。

☑　PHP 中文社区：http://www.phpchina.com/，PHP 技术学习与交流。

☑　PHP 开源社区：https://www.oschina.net/project/lang/22/php，了解各种开源项目。

☑　A5 源码：http://down.admin5.com/php/，下载 PHP 源代码。类似还有源码之家等网站。

☑　PHP 中文网：http://www.php.cn/，提供大量 PHP 初学教程。

☑　PHP100 中文网：http://www.php100.com/，提供大量 PHP 学习资源。

当跨越初学门槛之后，读者不妨再涉猎更广、更专业的 PHP 资源，这里为大家整理一份资源清单，感兴趣的同学可以扫码参考。

15.2　安装 Apache+PHP+MySQL 工具包

安装 PHP 运行环境的最简便方法就是使用工具包。工具包将 Apache、PHP、MySQL 等模块的安装和配置打包为一个安装程序，或者一个压缩包，功能类似于克隆盘。用户只需要单击安装，或者将压缩包解压到本地即可使用，非常方便。

15.2.1　认识 PHP 工具包

目前，网上有很多 PHP 环境配置工具包，如 PHPStudy、AppServ、EasyPHP、XAMPP、Wamp Server、Vertrigo Server、PHPNow 等。AppServ、PHPStudy 和 EasyPHP 都是 Apache+PHP+MySQL 开发环境，适合初学者选用，而 XAMPP 等工具相对复杂些，适合有一定基础的用户选用。

> 提示：在安装工具包之前，建议不要单独安装 Apache、PHP 或 MySQL。如果已经安装，应先拆卸它们，避免出现各种配置冲突。

15.2.2　安装 AppServ 工具包

下面以 AppServ 工具包为例介绍如何在 Windows 中快速搭建 PHP 环境。

【操作步骤】

（1）访问 AppServ 官网，下载 AppServ 工具包（http://www.appservnetwork.com/）。这里下载的是 AppServ 8.4.0 版本，包括如下版本模块。

☑　Apache 2.4.20。

☑　PHP 5.6.22。

☑　PHP 7.0.7。

☑　MySQL 5.7.13。

☑　phpMyAdmin 4.6.2。

（2）双击下载到本地的 appserv-win32-8.4.0.exe 文件，打开如图 15.3 所示的 AppServ 启动界面。

（3）单击 Next 按钮，打开如图 15.4 所示的 AppServ 安装协议界面。

Note

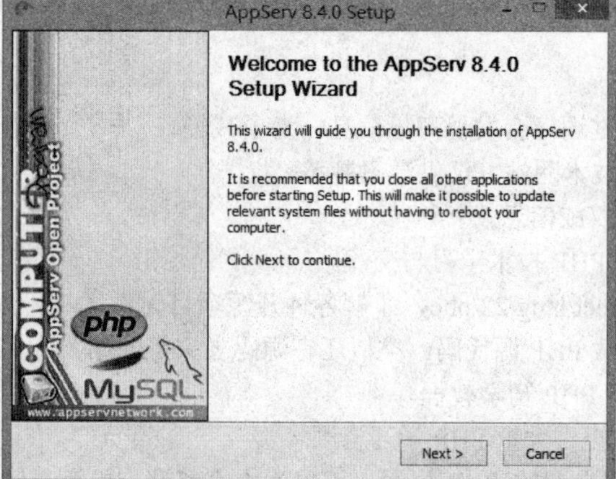

图 15.3　启动 AppServ

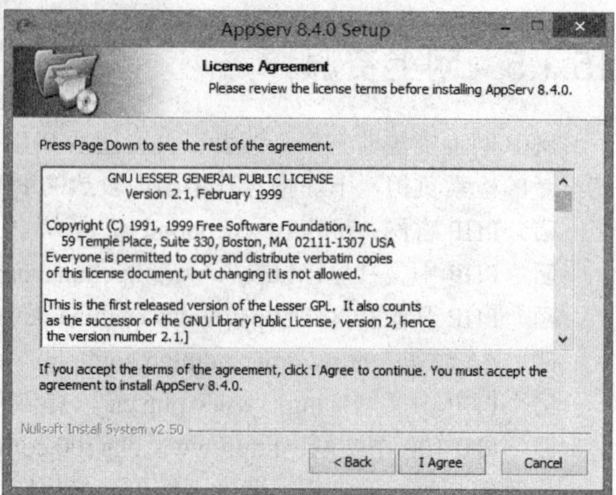

图 15.4　接受安装协议

（4）单击 I Agree 按钮，打开如图 15.5 所示的对话框，在该对话框中设置安装路径，默认路径为 C:\AppServ，AppServ 安装完毕，Apache、PHP 和 MySQL 都将以子目录的形式存储在该目录下。

（5）单击 Next 按钮，打开如图 15.6 所示的对话框，在该对话框中选择要安装的程序和组件，默认为全部选中状态。

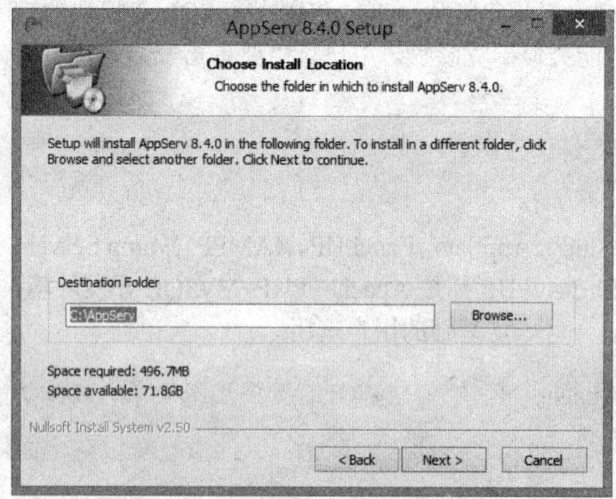

图 15.5　选择安装路径

图 15.6　选择安装的组件

（6）单击 Next 按钮，打开如图 15.7 所示的对话框，在该对话框中设置 Apache 服务的端口号，以及计算机的名称和用户邮箱。其中服务器端口号设置非常重要，只有正确设置端口号，才能够启动 Apache 服务器，默认为 80。如果 80 被 IIS 或者其他网络程序占用（如迅雷、QQ 等），则需要修改相应的端口号，或者停用相冲突的网络程序。

（7）单击 Next 按钮，打开如图 15.8 所示的对话框，在该对话框中设置 MySQL 数据库的 root 用户登录密码和数据库字符集。这里设置字符集为中文简体，这样就可以在 MySQl 数据库中采用中文简体字符集读写数据。注意，所设置的数据库登录密码一定要记牢，因为在应用程序开发中，只有使用该密码才能够访问数据库，这里设置密码为 11111111，在后面程序开发中，统一使用 11111111 为数据库访问密码。

（8）单击 Install 按钮，打开如图 15.9 所示的对话框，显示安装进度，开始安装工具包中选中的程序。

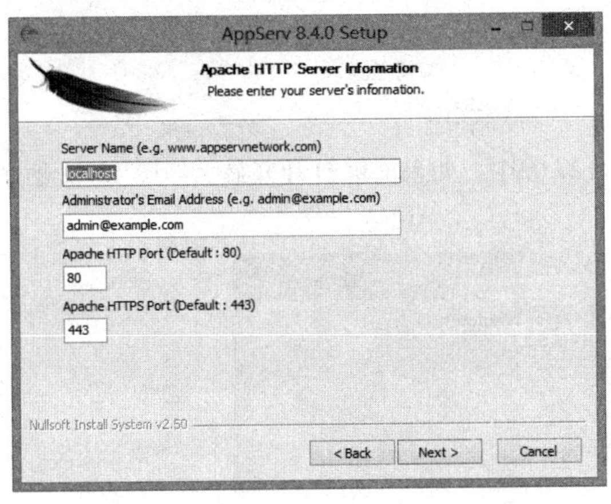

图 15.7　设置端口号

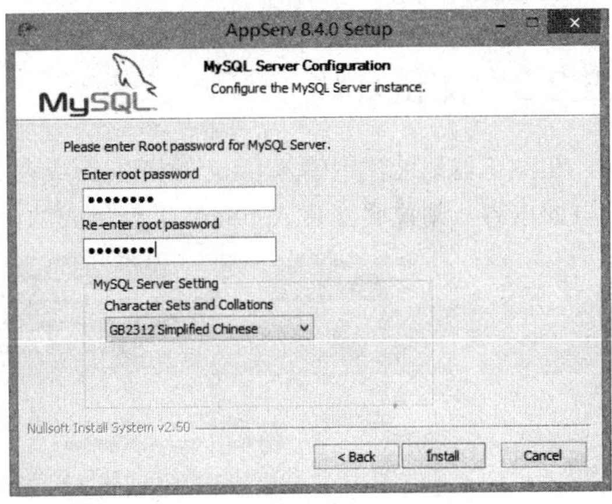

图 15.8　设置数据库登录密码

（9）安装完毕，显示如图 15.10 所示的对话框，按默认设置，单击 Next 按钮，然后按要求完成安装。

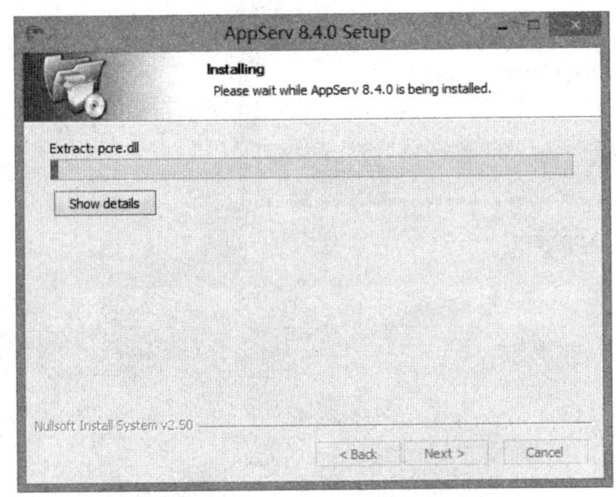

图 15.9　显示安装进度

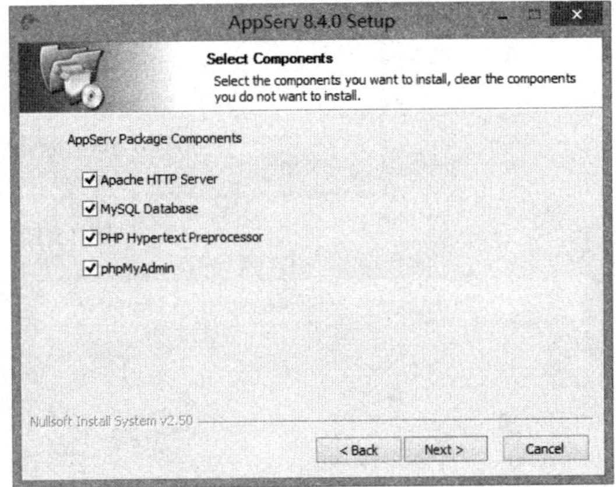

图 15.10　完成安装

（10）安装完毕，在 C:\AppServ 目录下可以看到 5 个子文件夹，它们分别对应 Apache 24、MySQL、php5、php7 和 www，如图 15.11 所示。读者可以把所有测试网页文件存储到 C:\AppServ\www 目录下。

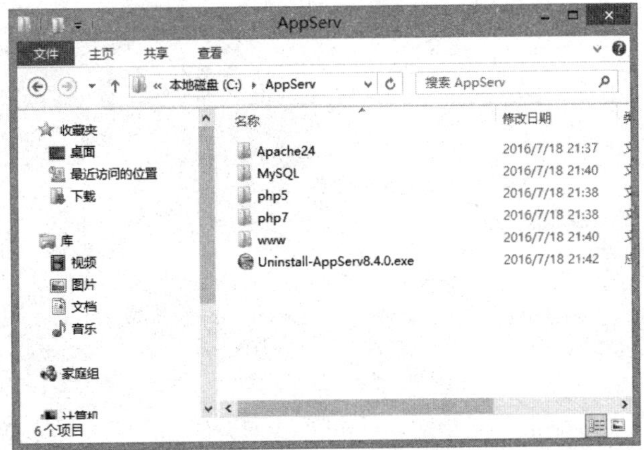

图 15.11　查看安装目录

Note

视频讲解

Note

15.2.3 测试环境

在浏览器地址栏中输入 http://localhost/或者 http://127.0.01/，如果能够打开并显示如图 15.12 所示的页面内容，则说明安装 AppServ 工具包成功。

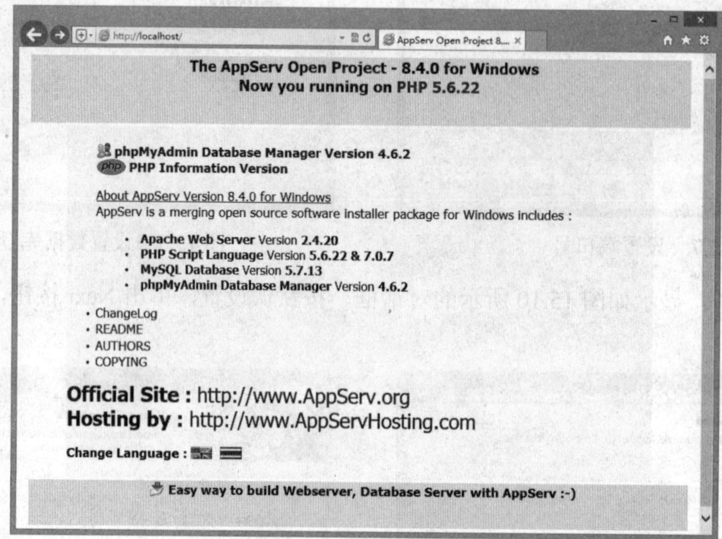

图 15.12　测试 AppServ

第16章

PHP 基础

PHP 是一种嵌入式服务器端编程语言，简单易学，快速上手，它具有强大的扩张性。随着 PHP 开发不断普及，越来越多的初学者选择 PHP 作为网站开发的首选语言。本章主要讲解 PHP 语言的基本用法和规范，为 PHP 深入编程奠定基础。

【学习重点】

- PHP 基本语法。
- PHP 数据类型、变量和常量。
- PHP 运算符和表达式。
- PHP 控制语句。
- PHP 函数。
- PHP 编码规范。

16.1　PHP 基本语法

Note

视频讲解

PHP 使用一对特殊的标记包含 PHP 代码，与 HTML 代码混在一起。当服务器解析页面时，能够自动过滤出 PHP 脚本并进行解释，最后把生成的静态网页传递给客户端。

16.1.1　PHP 标记

一般情况下，PHP 代码都被嵌入 HTML 文档中，PHP 代码在 HTML 文档有 4 种存在形式，简单说明如下。

☑　PHP 默认风格。通过"<?php"和"?>"标记分隔 PHP 代码，例如：

```
<?php
    #这里是 PHP 代码
?>
```

【示例】利用这种风格，可以在 HTML 文档中任意混合 PHP 和 HTML 代码。

```
<?php if ($expression) { ?>
<strong>$expression 变量为 true.</strong>
<?php } else { ?>
<strong>$expression 变量为 false.</strong>
<?php } ?>
```

上面代码能够正常工作，这种方法对于输出大段 HTML 字符串而言，通常比将所有 HTML 字符串使用 echo()或者 print()方法输出会更有效率。

☑　脚本风格。通过<script>标签包含 PHP 代码，然后通过 language 属性设置脚本语言为 PHP，例如：

```
<script language="php">
    #这里是 PHP 代码
</script>
```

☑　简写风格。通过在默认风格基础上去掉 PHP 关键字，以方便快速书写代码，例如：

```
<?
    #这里是 PHP 代码
?>
```

☑　ASP 风格。通过"<%"和"%>"一对标记分隔 PHP 代码，例如：

```
<%
    #这里是 PHP 代码
%>
```

注意：如果使用简写风格或者 ASP 风格，则应该在 php.ini 配置文件中修改如下配置，把这两个参数值都设置为 On。考虑到这两种风格的移植性较差，通常不推荐使用。

```
short_open_tag = On
asp_tags = On
```

视频讲解

当开发需要发行的程序或者库，或者在用户不能控制的服务器上开发 PHP 程序，因为目标服务器可能不支持短标记，为了代码的移植或发行，建议使用 PHP 默认风格。

16.1.2　PHP 注释

PHP 支持 3 种代码注释格式，简单说明如下。

☑　C++语言风格单行注释。

```
<?php
    //这里是 PHP 注释语句
?>
```

☑　C 语言风格多行注释。

```
<?php
    /*
    PHP 代码
    多行注释
    */
?>
```

多行注释语法格式是不可嵌套使用，所有被包含在“/*”和“*/”分隔符内的字符都是注释信息，将不被解释。

☑　Shell 语言风格注释。

```
<?php
    #这里是 PHP 注释语句
?>
```

在单行注释中，不要包含“?>”字符，否则服务器会误以为 PHP 代码结束，因此停止后面代码的解释。

【示例】在下面代码中，将会看到网页中会显示多余的字符，如图 16.1 所示。

```
<?php
    echo "PHP 代码!!!"     // 输出字符串?>不该显示的注释语句
?>
```

图 16.1　错误的注释语句

视频讲解

16.1.3　PHP 指令分隔符

与 C、Perl 语言一样，PHP 使用分号来结束指令，放在每个语句后面。

一段 PHP 代码的结束标记隐含表示一个分号。因此，在一个 PHP 代码段最后一行，可以不用添加分号表示结束。如果后面还有新行，则代码段的结束标记包含了结束指令，例如：

```
<?php
    echo "这是一行命令";
?>
```

或者

```
<?php echo "这是一行命令" ?>
```

提示：在文档末尾的 PHP 代码段，结束标记可以不要。在某些情况下，当使用 include()或者 require()方法时，省略结束标记会更有利。这样文档末尾多余的空格就不会显示出来，之后仍然可以输出响应标头。在使用输出缓冲时也很便利，就不会看到由包含文件生成的空格，例如：

```
<?php echo '这里省略了结束标记';
```

16.2 PHP 数据类型

PHP 支持 8 种数据类型。包括 4 种标量类型：boolean（布尔型）、integer（整型）、float（浮点型，也称为 double，即双精度）、string（字符串）；两种复合类型：array（数组）、object（对象）；两种特殊类型：resource（资源）、NULL（空值）。

注意：PHP 变量的类型不需要声明，PHP 能够根据该变量使用的上下文环境在运行时决定。

16.2.1 标量类型

线上阅读

视频讲解

标量类型是最基本的数据结构，用来存储简单的、直接的数据，PHP 标量类型包括 4 种，简单说明如表 16.1 所示。

表 16.1 标量类型

类　型	说　明
boolean（布尔型）	最简单的数据结构，仅包含两个值，如 true（真）和 false（假）
string（字符串）	就是连续的字符序列，包含计算机所能够表示的一切字符的集合
integer（整型）	只包含整数，包括正整数和负整数
float（浮点型）	包含整数和小数

1．boolean（布尔型）

布尔型是使用频率最高的数据类型，也是最简单的类型，在 PHP4 中开始引入。要指定一个布尔值，可以使用关键字 TRUE 或 FALSE，这两个值不区分大小写。设置变量的值为布尔型，则直接将 TRUE 或 FALSE 关键字赋值给变量即可，例如：

```
<?php
$foo = True; //设置变量$foo 的值为真
?>
```

【示例 1】通常利用某些运算符返回布尔值，来控制流程方向。

```
<?php
if ($action == "show_version") { // == 是一个操作符，它检测两个变量是否相等，并返回一个布尔值
```

```
    echo "The version is 1.23";
}
?>
```

提示：下面用法是没有必要的。

```
if ($show_separators == TRUE) {
    echo "<hr>\n";
```

可以使用下面这种简单的方式表示。

```
if ($show_separators) {
    echo "<hr>\n";
}
```

注意：在 PHP 中，美元符号$是变量的标识符，所有变量都以$字符开头，无论是声明变量，还是调用变量。

2．整型

整型数值只包含整数。整型值可以使用十进制、十六进制、八进制、二进制表示，前面可以加上可选的符号（-或者+）。

【示例 2】八进制表示数字前必须加上 0（零），十六进制表示数字前必须加上 0x，二进制表示数字前必须加上 0b。

```
<?php
$a = 1234;                    // 十进制数
$a = -123;                    // 负数
$a = 0123;                    // 八进制数（等于十进制 83）
$a = 0x1A;                    // 十六进制数（等于十进制 26）
$a = 0b11111111;              // 二进制数字（等于十进制 255）
?>
```

整型数值的字长与平台有关，通常最大值大约是二十亿（32 位有符号）。64 位平台下的最大值通常是大约 9E18，除了 Windows 下 PHP7 以前的版本，总是 32 位的。

可以使用常量 PHP_INT_MAX 来表示最大整数，使用 PHP_INT_MIN 表示最小整数。

注意：PHP7 以前的版本里，如果向八进制数传递了一个非法数字（即 8 或 9），则后面其余数字会被忽略。PHP7 以后，会产生 Parse Error 错误，例如：

```
<?php
var_dump(01090);              // PHP7 下抛出异常
?>
```

【示例 3】如果给定的一个数超出了整数范围，将会被解释为浮点数。同样如果执行的运算结果超出了整数范围，也会返回浮点数。下面代码演示在 64 位系统下的整数溢出情况。

```
<?php
$large_number = 2147483647;
var_dump($large_number);                  // 输出为 int(2147483647)
$million = 1000000;
$large_number = 50000000000000 * $million;
var_dump($large_number);                  // float(5.0E+19)
?>
```

3．浮点型

浮点数也称为双精度数或者实数，可以使用下面几种方法定义。

```
<?php
$a = 1.234;                                  // 标注格式定义
$b = 1.2e3;                                  // 科学记数法格式定义
$c = 7E-10;                                  // 科学记数法格式定义
?>
```

注意：浮点型的数值只是一个近似值，应避免使用浮点型数值进行大小比较，因此浮点数结果精确不到最后一位。如果确实需要更高的精度，应该使用任意精度数学函数或者 gmp 函数。

例如，floor((0.1+0.7)*10)通常会返回 7，而不是预期中的 8，类似的十进制表达式 1/3 返回值为 0.3。

提示：NAN 是一个特殊的浮点数常量，它表示任何未定义或不可表述的值，只能使用 is_nan()函数可以检查到。

感兴趣的同学可以扫描右侧二维码了解 PHP 数学函数的列表说明。

4．字符串

字符串都是由一系列的字符组成，一个字符就是一个字节。可以通过单引号、双引号、heredoc 语法结构和 nowdoc 语法结构（PHP 5.3.0 以后）定义字符串。

☑ 单引号

定义一个字符串的最简单的方法是用单引号把它包围起来。如果想要输出一个单引号，须在它的前面加个反斜线（\）。在单引号前或在字符串的结尾处想要输出反斜线，需要输入两条（\\）。注意，如果在任何其他的字符前加了反斜线，反斜线将会被直接输出。

【示例 4】下面示例演示了如何使用单引号定义字符串。

```
<?php
echo '单行字符串';
echo '多行
字符串';
echo '"I\'ll be back"';                      // 输出："I'll be back"
echo 'C:\\*.*?';                             // 输出：C:\*.*?
echo 'You deleted C:\*.*?';                  // 输出：You deleted C:\*.*?
echo 'This will not expand: \n a newline';   // 输出：This will not expand: \n a newline
echo 'Variables do not $expand $either';     // 输出：Variables do not $expand $either
?>
```

在单引号字符串中的变量和特殊含义的字符将不会被替换，按普通字符输出，但是在双引号所包含的变量会自动被替换为实际数值。

☑ 双引号

如果字符串是包围在双引号（"）中，PHP 将对一些特殊的字符进行解析，这些特殊都要通过转义符来显示，常用转义字符说明如表 16.2 所示。

表 16.2　常用转义字符

转 义 字 符	输　出
\n	换行（LF or 0x0A (10) in ASCII）
\r	回车（CR or 0x0D (13) in ASCII）

续表

转义字符	输　出
\t	水平方向的 tab（HT or 0x09 (9) in ASCII）
\v	竖直方向的 tab（VT or 0x0B (11) in ASCII）（since PHP 5.2.5）
\f	换页（FF or 0x0C (12) in ASCII）（since PHP 5.2.5）
\\	反斜线
\$	美金 dollar 标记
\"	双引号
\[0-7]{1,3}	符合该表达式顺序的字符串是一个八进制的字符
\x[0-9A-Fa-f]{1,2}	符合该表达式顺序的字符串是一个十六进制的字符

与单引号字符串一样，如果输出上述之外的字符，反斜线会被打印出来。

☑ heredoc 结构

第三种定义字符串的方法是用 heredoc 语法结构：<<<。在该提示符后面，要定义个标识符，然后是一个新行。接下来是字符串本身，最后要用前面定义的标识符作为结束标志。

结束时所引用的标识符必须在一行的开始位置，而且标识符的命名也要像其他标签一样遵守 PHP 的规则：只能包含字母、数字和下画线，并且不能用数字和下画线作为开头。

【示例 5】下面示例演示了如何使用 heredoc 结构定义字符串。

```
<?php
$str = <<<EOD
Example of string
spanning multiple lines
using heredoc syntax.
EOD;
echo $str
?>
```

注意：结束标识符这行除了可能有一个分号（;）外，绝对不能包括其他字符。这意味着标识符不能缩进，分号的前后也不能有任何空白或 Tabs 键。更重要的是，结束标识符的前面必须是个被本地操作系统认可的新行标签，如在 UNIX 和 Mac OS X 系统中是\n ，而结束标识符（可能有个分号）的后面也必须跟新行标签。

Heredoc 结构就像是没有使用双引号的双引号字符串，在 heredoc 结构中引号不用被替换，但是上文中列出的字符（\n 等）也可使用。变量将被替换，但在 heredoc 结构中字符串表达复杂变量时，要格外小心。

☑ nowdoc 结构

如果说 heredoc 结构类似于双引号字符串，那么 nowdoc 结构就是类似于单引号字符串的。nowdoc 结构很像 heredoc 结构，但是 nowdoc 不进行解析操作。这种结构很适合用在不需要进行转义的 PHP 代码和其他大段文本。

一个 nowdoc 结构也用和 heredoc 结构一样的标记<<<， 但是跟在后面的标识符要用单引号括起来，即<<<'EOD"。heredoc 结构的所有规则适用于 nowdoc 结构，尤其是结束标识符的规则。

【示例 6】下面示例演示了如何使用 nowdoc 结构定义字符串。

```
<?php
$str = <<<'EOD'
```

```
Example of string
spanning multiple lines
using nowdoc syntax.
EOD;
?>
```

Note

视频讲解

16.2.2 复合类型

复合类型包括两种数据：数组和对象，简单说明如表 16.3 所示。

表 16.3 复合类型

类　型	说　明
array（数组）	一组有序数据集合
object（对象）	对象是类的实例，使用 new 命令创建

1．数组

数组实际上是一个有序数据集合。在数组中，每个数据单元被称为元素，元素包括索引（键名）和值两部分。元素的索引可以是数字或字符串。值可以是任意数据类型。

【示例 1】定义数组的语法格式有多种，下面代码演示了 4 种基本定义方法。

```
<?php
// 格式 1：使用 array()函数
$array = array(
    "foo" => "bar",
    "bar" => "foo",
);
// 格式 2：没有键名的索引数组
$array = array("foo", "bar", "hallo", "world");
// 格式 3：数组直接量
$array = [
    "foo" => "bar",
    "bar" => "foo",
];
// 格式 4：有键名的索引数组直接量
$array = ["bar", "foo"];
var_dump($array);
?>
```

array()函数能够接受任意数量，用逗号分隔的“键（key）/值（value）”对，键值之间通过=>运算符连接。键（key）可以是一个整数或字符串，值（value）可以是任意类型的数据。

可以通过在方括号内指定键名来访问数组元素，或者给数组赋值。

```
$arr[key] = value;
```

在后面章节中我们将专题讲解数组，这里就不再详细展开说明。

2．对象

对象是面向对象编程的基础，在 PHP 中使用 new 语句实例化一个类，即可创建一个对象。

【示例2】下面示例定义一个foo类，然后使用new语句获取一个实例对象。

Note

```
<?php
class foo{                    // 创建一个类
    function do_foo() {
        echo "Doing foo.";
    }
}
$bar = new foo;               // 创建对象
$bar->do_foo();               // 调用对象包含的函数
?>
```

16.2.3　特殊类型

视频讲解

特殊数据类型包括资源和空值两种，简单说明如表16.4所示。

表16.4　特殊类型

类　型	说　明
resource（资源）	资源也称为句柄，是一种特殊的变量，保存到外部资源的一个引用。资源一般通过专门的函数来定义和使用
null（空值）	特殊的值，表示变量没有值，唯一的值是null

1．资源

资源类型从PHP4开始引进，由于资源类型变量保存有为打开文件、数据库连接、图形画布区域等的特殊句柄，因此将其他类型的值转换为资源类型没有意义。

在使用资源时，系统会自动启用垃圾回收机制，释放不再使用的资源，避免占用系统资源。因此，很少需要手工释放内存。

2．空值

空值就是表示该变量没有设置任何值，其值为一个特殊的值null，该值不区分大小写，null和NULL是等效的。当变量被赋予空值，可能有3种情况：变量还没有被赋值，或者变量被主动赋null空值，或者变量被unset()函数处理过，例如：

```
<?php
$var = NULL;
?>
```

将一个变量转换为null类型，将会删除该变量。从PHP4开始，unset()函数就不再有返回值，所以用户不要试图获取或者输出unset()。

使用is_null()函数可以判断变量是否为null，该函数返回值为布尔值，如果变量为null，则返回true，否则返回false，而unset()函数是用来销毁指定的变量。

16.2.4　类型转换

视频讲解

虽然PHP是一种弱类型语言，但是有时还是需要用到类型转换。转换的方法非常简单，只需要在变量前面加上用括号括起来的类型名称即可，具体说明如表16.5所示。

Note

表 16.5　类型强制转换

转换操作符	说　明
(bool)、(boolean)	转换为布尔型
(string)	转换为字符串
(int)、(integer)	转换为整型
(float)、(double)、(real)	转换为浮点数
(array)	转换为数组
(object)	转换为对象
(unset)	转换为 NULL
(binary)、b 前缀	转换为二进制字符串

提示：除了使用强制转换外，还可以使用 settype()函数转换数据类型，用法如下。

```
bool settype ( mixed &$var , string $type )
```

第一个参数为变量名，第二个参数值为要转换的类型字符串，包括 boolean、float、integer、string、null、array、object。

settype()函数返回值为布尔值，如果类型转换成功，则返回 true，否则返回 false。

【示例】输入下面代码，然后运行结果如图 16.2 所示。

```
<?php
$num = '3.1415926abc';                // 声明字符串变量
echo (integer)$num;                   // 把变量强制转换为整型
echo '<p>';
echo $num;                            // 输出原始变量值
echo '<p>';
echo settype($num, 'float');          // 输出把变量转换为浮点数的结果
echo '<p>';
echo $num;                            // 被转换为浮点数后的变量值
?>
```

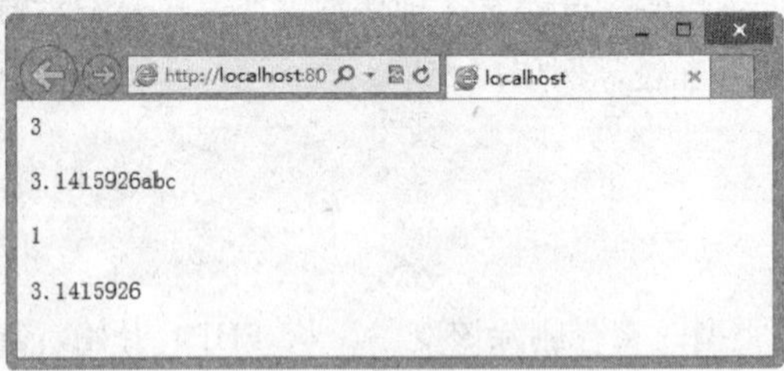

图 16.2　输出数据类型转换

1．转换为布尔值

要明确地将一个值转换成 boolean，应该使用(bool)或者(boolean)来强制转换。但是很多情况下不需要用强制转换，因为当运算符、函数或者流程控制结构需要一个 boolean 参数时，该值会被自动转换。

在 PHP 中，并不是 false 才是假的，在特定上下文中，下面 boolean 值也被认为是假的。

☑　0：整型值零。

☑　0.0：浮点型值零。

☑　"0"：字符串值零。

☑　""：空白字符串。

☑　空数组：不包括任何元素的数组。

☑　空对象：不包括任何成员变量的对象（仅 PHP 4.0 适用）。

☑　特殊类型 NULL（包括尚未设定的变量）　。

☑　从没有任何标记的 XML 文档生成的 SimpleXML 对象。

其他所有值都被认为是 true（包括任何资源）。注意，-1 和其他非零值（不论正负）一样，被认为是真，例如：

```
<?php
var_dump((bool) "");            // bool(false)
var_dump((bool) 1);             // bool(true)
var_dump((bool) "1");           // bool(true)
var_dump((bool) array());       // bool(false)
var_dump((bool) "false");       // bool(true)
?>
```

2．转换为整型

要明确地将一个值转换为整型，可以使用(int)或(integer)强制转换。不过大多数情况下都不需要强制转换，因为当运算符、函数或流程控制需要一个整型参数时，值会自动转换。还可以通过 intval()函数将一个值转换成整型。

当从布尔值转换整数值时，false 将被转换为 0，true 将被转换为 1。当从浮点数转换成整数时，将向零取整。如果浮点数超出了整数范围，则结果不确定，因为没有足够的精度把浮点数转换为确切的整数结果，在此情况下没有警告，甚至没有任何通知。

注意：不要将未知的分数强制转换为整数型，这样会导致不可预料的结果，例如：

```
<?php
echo (int) ( (0.1+0.7) * 10 );       // 显示 7
?>
```

3．转换为字符串

一个值可以通过在其前面加上(string)或用 strval()函数来转变成字符串。在一个需要字符串的表达式中，字符串会自动转变。例如，在使用 echo()或者 print()函数时，或在一个变量和一个字符串进行比较时，就会发生这种转变类型。

☑　一个布尔型的 true 值被转换成字符串"1"，而布尔型的 false 值将被转换成""（空的字符串）。这种转变可以在布尔值和字符串之间随意进行。

☑　一个整数或浮点数将被转变为数字的字面样式的字符串（包括浮点数中的指数部分），使用指数计数法的浮点数（16.1E+6）也可转变。

☑　数组转换成字符串"Array"，因此，echo()和 print()无法显示出数组的值。如果显示一个数组值，可以用 echo $arr['foo']这种结构。

☑　资源总会被转变成"Resource id #1"这种结构的字符串，其中的 1 是 PHP 分配给该资源的独特数字。

☑　NULL 总是被转变成空的字符串。

视频讲解

Note

16.2.5 检测数据类型

PHP 内置了众多检测数据类型的函数，可以根据需要对不同类型数据进行检测，判断变量是否属于某种特定的类型，如果符合则返回 true，否则返回 false。具体说明如表 16.6 所示。

表 16.6 数据类型检测函数

检 测 函 数	说 明
is_bool()	检测变量是否为布尔值类型
is_string()	检测变量是否为字符串类型
is_float()	检测变量是否为浮点数类型
is_double()	检测变量是否为浮点数类型
is_integer()	检测变量是否为整型
is_int()	检测变量是否为整型
is_null()	检测变量是否为空值类型
is_array()	检测变量是否为数组类型
is_object()	检测变量是否为对象类型
is_numeric()	检测变量是否为数字，或者是数字组成的字符串

【示例】下面示例先使用 is_float()函数检测变量是否为浮点数，然后根据检测返回值，即时进行提示。

```
<?php
$num = '3.1415926abc';
if(is_float($num))
    echo '变量$num 是浮点数！';
else
    echo '对不起，变量$num 不是浮点数！';
?>
```

16.3 PHP 变量和常量

变量包含普通变量、可变变量和预定义变量，常量包括普通常量和预定义常量。下面分别进行介绍。

视频讲解

16.3.1 使用变量

变量就是内存中一个命名单元，系统为程序中每个变量分配一个存储单元，在这些存储单元中可以存储任意类型的数据。

PHP 不要求先声明、后使用变量。只需要为变量赋值即可，但是 PHP 变量的名称必须使用$字符作为前缀，变量名称区分大小写。

注意：在 PHP4 之前是需要先声明变量的。

为变量赋值，可以使用=运算符实现，等号左侧为变量，右侧为所赋的值，例如：

```
<?php
$num = '3.1415926abc';
?>
```

变量名不能够以数字、特殊字符开头。除了直接赋值外，还可以使用如下方法为变量赋值。

☑　一是变量之间相互赋值，例如：

```
<?php
$num1 = '3.1415926';
$num2 = $num1 ;
echo   $num2;                    // 显示'3.1415926'
?>
```

注意：变量之间赋值，只是传递值，变量在内存中的存储单元还是各自独立的，互不干扰。

☑　二是引用赋值，即使用&运算符定义引用。

提示：从 PHP4 开始，PHP 引入了引用赋值的概念，就是用不同的名称访问同一个变量的内容，当改变其中一个变量的值时，另一个变量的值也跟着发生变化。

【示例】在下面示例中，$num2 引用$num1，修改$num1 变量的值，则$num2 变量的值也随之发生变化。

```
<?php
$num1 = '3.1415926';
$num2 = &$num1 ;                 // 引用变量$num1
$num1 = 'string';                // 修改变量$num1 的值
echo   $num2;                    // 显示变量$num2 的值也被更改为字符串'string'
?>
```

视频讲解

16.3.2　取消引用

当不需要引用时，可以使用 unset()函数来取消变量引用。该函数能够断开变量名与引用的内容之间的联系，而不是销毁变量内容，例如：

```
<?php
$a = 1;
$b = &$a;                        // 定义引用
echo   $b;                       // 显示 1
unset($b);                       // 取消引用
echo   $b;                       // 显示空
?>
```

视频讲解

16.3.3　可变变量

可变变量是一种特殊的变量，它允许动态改变变量的名称，也就是说，该变量的名称由另外一个变量的值来确定。定义可变变量的方法是在变量前面添加一个$符号，例如：

```
<?php
$a = "b";                        // 声明变量$a，该变量的值为字符串 b
$b = 2;                          // 声明变量$b，该变量的值为数字 2
```

```
echo $a;                    // 显示变量$a 的值
echo $$a;                   // 通过可变变量输出变量$b 的值 2
?>
```

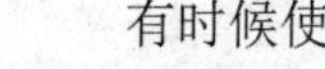

有时候使用可变变量名是很方便的，例如：

Note

```
<?php
$a = 'hello';
$$a = 'world';
echo "$a ${$a}";
echo "$a $hello";
?>
```

在上面示例中，可变变量$$a 的名称可以是变量$a 的值，可以直接使用变量$a 的值来引用可变变量，并获取它的值。其中{$a}表达式表示获取变量$a 的值，因此${$a}和$hello 所表达的意思是相同的，都表示可变变量$$a 的一个名称。

视频讲解

16.3.4 预定义变量

PHP 提供了大量的预定义变量，通过这些预定义变量可以获取用户会话、用户操作环境和本地操作系统等信息。由于许多变量依赖于运行的服务器的版本和设置及其他因素，所以并没有详细的说明文档。一些预定义变量在 PHP 以命令行形式运行时并不生效。常用预定义变量说明如表 16.7 所示。

表 16.7 PHP 常用预定义变量

预定义变量	说明
$GLOBALS	引用全局作用域中可用的全部变量
$_SERVER	服务器和执行环境信息
$_GET	HTTP GET 变量
$_POST	HTTP POST 变量
$_FILES	HTTP 文件上传变量
$_REQUEST	HTTP Request 变量
$_SESSION	Session 变量
$_ENV	环境变量
$_COOKIE	HTTP Cookies
$php_errormsg	前一个错误信息
$HTTP_RAW_POST_DATA	原生 POST 数据
$http_response_header	HTTP 响应头
$argc	传递给脚本的参数数目
$argv	传递给脚本的参数数组

视频讲解

16.3.5 声明常量

常量可以理解为值不变的量。常量值被定义后，在脚本执行期间都不能改变，或者取消定义。

常量名和其他任何 PHP 标签遵循相同的命名规则，即由英文字母、下画线和数字组成，但数字不能作为首字母出现。

在 PHP 中声明常量有如下两种方法。

1．使用 define()函数

使用 define()函数来定义常量，具体语法格式如下。

```
bool define( string $name , mixed $value [, bool $case_insensitive = false ] )
```

该函数包含 3 个参数，详细说明如下。

☑ name：常量名。

☑ value：常量的值。值的类型必须是 integer、float、string、boolean、NULL 或 array。

☑ case_insensitive：可选参数，如果设置为 true，该常量则大小写不敏感。默认是大小写敏感的。如 CONSTANT 和 Constant 代表了不同的值。

声明常量成功后，将返回 true，否则将返回 false。

【示例 1】下面示例演示如何定义一个普通常量，常量名为 CONSTANT，值为“Hello world.”。

```
<?php
define("CONSTANT", "Hello world.");
?>
```

注意：常量和变量有如下不同。

☑ 常量前面没有美元符号（$）。

☑ 常量只能用 define()函数定义，而不能通过赋值语句。

☑ 常量可以不用理会变量的作用域而在任何地方定义和访问。

☑ 常量一旦定义就不能被重新定义或者取消定义。

☑ 常量的值只能是标量。

2．使用 const 关键字

使用 const 关键字定义常量必须位于最顶端的作用区域，因为用此方法是在编译时定义的。不能在函数内、循环内或者 if 语句之内用 const 来定义常量。

【示例 2】下面示例演示使用 const 关键字定义一个普通常量，常量名为 CONSTANT，值为"Hello World"。

```
<?php
// 以下代码在 PHP 5.3.0 后可以正常工作
const CONSTANT = 'Hello World';
?>
```

16.3.6　使用常量

视频讲解

获取常量的值有以下两种方法。

☑ 使用常量名直接获取值。

☑ 使用 constant()函数获取。

constant()函数和直接使用常量名输出的效果是一样的，但函数可以获取动态的常量，在使用上要灵活方便很多。

constant()函数的语法格式如下。

```
mixed constant(string $name)
```

参数 name 为要获取常量的名称，也可以为存储常量名的变量。如果获取成功则返回常量的值，否则提示错误信息。

Note

【示例】下面示例使用 define()函数定义一个常量 MAXSIZE，然后使用两种方法读取常量的值，输出结果是相同的。

```
<?php
define("MAXSIZE", 100);
echo MAXSIZE;                    // 输出 100
echo constant("MAXSIZE");        // 输出 100
?>
```

16.3.7 预定义常量

线上阅读

视频讲解

PHP 提供了大量的预定义常量。不过很多常量都是由不同的扩展库定义的，只有在加载了这些扩展库时才会出现。

有些预定义常量的值会随着它们在代码中的位置改变而改变。例如，__LINE__的值就依赖于它在脚本中所处的行来决定，因此也被称为魔术常量。这些特殊的常量不区分大小写。

有关预定义常量的详细说明，请参考《PHP 手册》。常用预定义常量的应用演示可扫码了解。

16.4 PHP 运算符

运算符是用来对变量、常量和数据进行计算的符号，它可以通过一个或多个值（即表达式）产生另一个值。因此，任何能够返回一个值的结构都是运算符，而那些没有返回值的就不是运算符，如函数可以视为一个运算符，而 echo 命令就不是一个运算符。

PHP 提供了以下 3 种类型的运算符。

- ☑ 一元运算符：只运算一个值，如!（取反运算符）或++（递加运算符）。
- ☑ 二元运算符：PHP 支持的大多数运算符都是这种。
- ☑ 三元运算符：?:。根据一个表达式在另两个表达式中进行选择计算，是条件语句的简化应用。注意，为了避免误用，建议把整个三元表达式放在扩号里。

视频讲解

16.4.1 算术运算符

算术运算符用来处理四则运算的符号，在数学计算中应用比较多。常用算术运算符如表 16.8 所示。

表 16.8 算术运算符

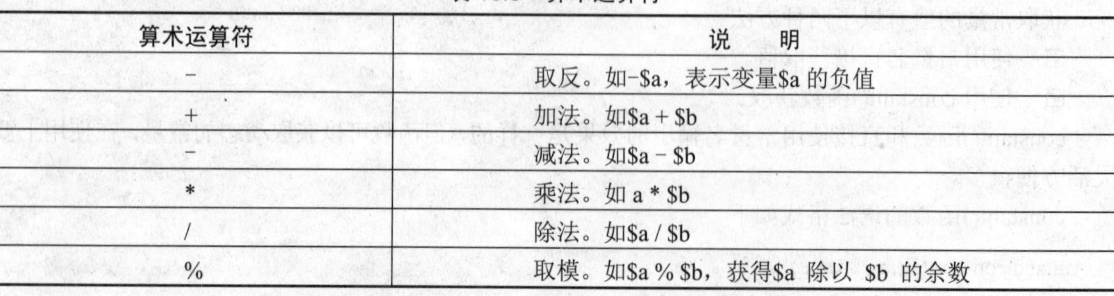

算术运算符	说　明
-	取反。如-$a，表示变量$a 的负值
+	加法。如$a + $b
-	减法。如$a - $b
*	乘法。如 a * $b
/	除法。如$a / $b
%	取模。如$a % $b，获得$a 除以 $b 的余数

16.4.2 赋值运算符

基本的赋值运算符是=，它实际上就是把右边表达式的值赋给左边的运算数。

赋值运算表达式的值也就是所赋的值。例如，$a = 3 的值是 3。因此下面写法也是正确的。

```
<?php
$a = ($b = 4) + 5;
?>
```

在上面示例中，变量$a 的值为 9，而变量$b 的值就成了 4。

在基本赋值运算符之外，还有适合于所有二元算术、数组集合和字符串运算符的组合运算符，如表 16.9 所示。

表 16.9 算术运算符

组合运算符	说　明
.=	先连接后赋值。如$a .= $b，等于$a = $a . $b
+=	先加后赋值。如$a += $b，等于$a = $a + $b
-=	先减后赋值。如$a -= $b，等于$a = $a - $b
*=	先乘后赋值。如$a*= $b，等于$a = $a * $b
/=	先除后赋值。如$a /= $b，等于$a = $a / $b

16.4.3 字符串运算符

有以下两个字符串运算符。

☑ 一个是连接运算符（.），它返回其左右参数连接后的字符串。

☑ 一个是连接赋值运算符（.=），它将右边参数附加到左边的参数后，例如：

```
<?php
$a = "Hello ";
$b = $a . "World!";        // $b ="Hello World!"
$a = "Hello ";
$a .= "World!";            // $a = "Hello World!"
?>
```

16.4.4 位运算符

位运算符允许对整型数中指定的位进行求值和操作。如果左右参数都是字符串，则位运算符将操作字符的 ASCII 值。在 PHP 中位运算符说明如表 16.10 所示。

表 16.10 位运算符

位 运 算 符	说　明
&	按位与（and）。如$a & $b，将$a 和$b 中都为 1 的位设为 1
|	按位或（or）。如$a | $b，将$a 或者$b 中为 1 的位设为 1
^	按位异或（xor）。如$a ^ $b，将$a 和$b 中不同的位设为 1

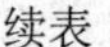

续表

Note

位运算符	说明
~	按位非（not）。如~ $a，将$a 中为 0 的位设为 1，反之亦然
<<	左移。如$a << $b，将$a 中的位向左移动$b 次（每一次移动都表示乘以 2）
>>	右移。如$a >> $b，将$a 中的位向右移动$b 次（每一次移动都表示除以 2）

【示例】在下面示例中使用位运算符对变量中的值进行位运算操作。

```
<?php
echo 12 ^ 9;                    // 输出为‘5’
echo "12" ^ "9";                // 输出退格字符（ascii 8）
echo "hallo" ^ "hello";         // 输出 ascii 值#0 #4 #0 #0 #0
echo 2 ^ "3";                   // 输出 1
echo "2" ^ 3;                   // 输出 1
?>
```

视频讲解

16.4.5 比较运算符

比较运算符允许对两个值进行比较，返回结果为布尔值，如果比较结果为真，则返回值为 true，否则返回值为 false。PHP 中的比较运算符如表 16.11 所示。

表 16.11 比较运算符

比较运算符	说明
==	等于。如$a == $b，返回值等于 true，则说明$a 等于$b
===	全等。如$a === $b，返回值等于 true，则说明$a 等于$b，并且它们的类型也相同
!=	不等。如$a !=$b，返回值等于 true，则说明$a 不等于$b
<>	不等。如$a <>$b，返回值等于 true，则说明$a 不等于$b
!==	非全等。如$a !==$b，返回值等于 true，则说明$a 不等于$b，或者它们的类型不同
<	小于。如$a <$b，返回值等于 true，则说明$a 严格小于$b
>	大于。如$a >$b，返回值等于 true，则说明$a 严格大于$b
<=	小于等于。如$a <=$b，返回值等于 true，则说明$a 小于或者等于$b
>=	大于等于。如$a >=$b，返回值等于 true，则说明$a 大于或者等于$b
<=>	太空船运算符（组合比较符）。如$a <=> $b，当$a 小于、等于、大于$b 时分别返回一个小于、等于、大于 0 的 integer 值。PHP7 开始支持
??	NULL 合并操作符。如$a ?? $b ?? $c，从左往右第一个存在且不为 NULL 的操作数。如果都没有定义且不为 NULL，则返回 NULL。PHP7 开始支持

如果比较一个整数和字符串，则字符串会被转换为整数。如果比较两个数字字符串，则作为整数比较。此规则也适用于 switch 语句，例如：

```
<?php
var_dump(0 == "a");                     // 0 == 0 -> true
var_dump("1" == "01");                  // 1 == 1 -> true
var_dump("1" == "1e0");                 // 1 == 1 -> true
?>
```

视频讲解

Note

16.4.6　逻辑运算符

逻辑运算符用来组合逻辑运算的结果，是程序设计中一组非常重要的运算符。PHP的逻辑运算符如表16.12所示。

表16.12　逻辑运算符

逻辑运算符	说　明
and	逻辑与。如果$a与$b，都为true，则$a and $b返回值等于true
&&	逻辑与。如果$a与$b，都为true，则$a && $b返回值等于true
or	逻辑或。如果$a或$b，有一个为true，则$a or $b返回值等于true
||	逻辑或。如果$a或$b，有一个为true，则$a || $b返回值等于true
xor	逻辑异或。如果$a或$b，有一个为true，另一个为false，则$a xor $b返回值等于true
!	逻辑非。如果$a，为true，则!$a返回值等于false

【示例】下面示例中foo()函数不会被调用，因为它们被运算符“短路”了。

```
<?php
$a = (false && foo());
$b = (true || foo());
$c = (false and foo());
$d = (true or foo());
?>
```

16.4.7　错误控制运算符

视频讲解

PHP支持错误控制运算符：@。当将其放置在一个PHP表达式之前，该表达式可能产生的任何错误信息都被忽略。如果激活track_errors特性，表达式所产生的任何错误信息都被存放在变量$php_errormsg中，例如：

```
<?php
$a = 1 / 0;
?>
```

运行上面代码，则会产生一个异常，并在浏览器中呈现出来。如果避免错误信息显示在浏览器中，则可以在表达式前面添加@运算符，例如：

```
<?php
$a = @(1 / 0);
?>
```

注意：@运算符只对表达式有效。简单地说，如果能从某处得到值，就能在它前面加上@运算符。例如，可以把它放在变量、函数和include()调用、常量等之前。不能把它放在函数或类的定义之前，也不能用于条件结构前。

16.4.8　运算符的优先级和结合方向

线上阅读

视频讲解

所谓运算符的优先级，是指在表达式中哪一个运算符先计算，哪一个运算符后计算，如数学四则运算中的“先乘除，后加减”，就说明乘除运算符的优先级高于加减运算符。

PHP 的运算符在运算中遵循的规则是：优先级高的操作先执行，优先级低的操作后执行，同一优先级的操作，按照从左到右的顺序执行。

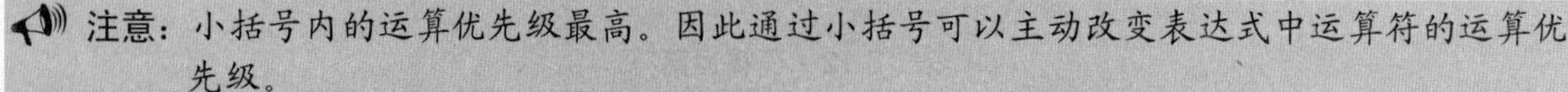

注意：小括号内的运算优先级最高。因此通过小括号可以主动改变表达式中运算符的运算优先级。

同时，运算符的结合方向决定求值的顺序。PHP 运算符的优先级和结合方向说明请扫码了解。

视频讲解

16.5 PHP 表达式

所谓表达式，简单地说就是有返回值的式子，它是由运算符和运算数组成，独立的运算数也能够自为一个表达式。

在 PHP 中，几乎所写的任何代码都可以为一个表达式。最简单的表达式是常量和变量。当输入$a=5，即将值 5 分配给变量$a。很明显，5 是一个值为 5 的表达式。稍复杂的表达式是函数，例如：

```
<?php
function foo (){
    return 5;
}
?>
```

函数也是表达式，表达式的值即为它们的返回值。既然 foo()返回 5，表达式 foo()的值也是 5。通常函数不仅仅返回一个值，还会进行计算，完成特定任务。

在一个表达式末尾加上一个分号，这时它就成为一个语句。可见表达式与语句之间的关系是非常紧密的，也能够相互转换。例如，在“$b=$a=5;”一句中，$a=5 是一个有效的表达式，它本身不是一条语句，而加上分号之后，“$b=$a=5;”就是一条有效的语句。

16.6 PHP 语句

PHP 程序都是由一系列语句组成，语句就是要执行的命令。一条语句可以是一个赋值语句，一个函数调用，一个循环流程，一个条件流程，或者是一个什么也不做的空语句。

语句以分号标记结束，可以使用大括号将一组语句封装成一个语句块。本节将重点介绍 PHP 各种流程控制语句，主要包括条件语句和循环语句。

视频讲解

16.6.1 if 语句

if 语句允许根据特定的条件执行指定的代码块。结构与 C 语言相似，其语法格式如下。

```
if (expr)
    statement
```

如果表达式 expr 的值为真，则执行语句 statement；否则，将忽略语句 statement。流程控制图如图 16.3 所示。

Note

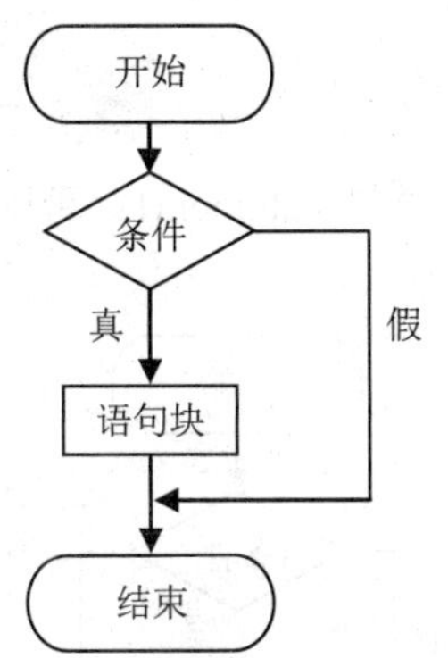

图 16.3　if 语句流程控制示意图

【示例 1】在下面示例中，如果$a 大于$b，则将显示提示信息：a 大于 b，否则将不显示。

```
<?php
$a = 15;
$b = 13;
if ($a > $b)
    echo "a 大于 b";
?>
```

如果根据条件执行的语句不止一条，可以使用逻辑分隔符{}包裹这些语句，形成一组语句块。

【示例 2】下面示例使用 PHP 内置函数 rand()随机生成一个数，然后判断该数是否能否被 2 整除，如果整除，则显示该数，并提示它是偶数。

```
<?php
$num = rand();                        // 使用 rand()函数生成一个随机数
if ($num % 2 == 0){                   // 判断变量$num 是否为偶数
    echo "\$num = $num";              // 如果为偶数，输出表达式和说明文字
    echo "<br>$num 是偶数。";
}
?>
```

提示：rand()函数可以产生一个随机整数，用法如下。

```
int rand( void )
int rand( int $min , int $max )
```

rand()函数允许不传递参数，此时将随机生成一个从 0 到最大整数的数字；如果给定两个整数，则将限定随机数的范围。例如，rand(3,5)将随机生成从 3 到 5 的随机数，即 3、4、5 中任意一个。

注意：if 语句可以嵌套使用，这样可以设计复杂的条件结构，此话题将在下面小节介绍。

16.6.2　else 语句

视频讲解

else 语句仅在 if 或 elseif 语句中的表达式的值为假时执行，其语法格式如下。

```
if (expr)
    statement1
```

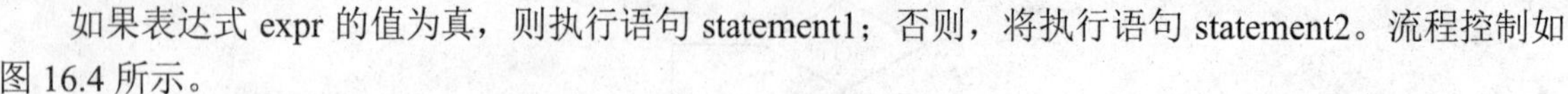

```
else
    statement2
```

如果表达式 expr 的值为真，则执行语句 statement1；否则，将执行语句 statement2。流程控制如图 16.4 所示。

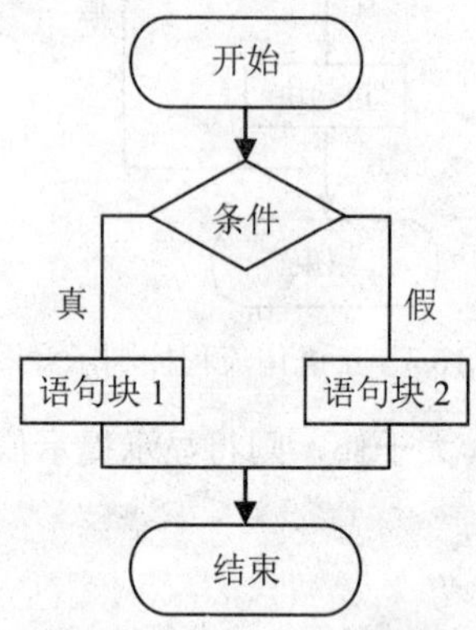

图 16.4　if 和 else 语句组合流程控制示意图

【示例】下面示例使用 rand(1,10)随机生成一个 1～10 的随机数，然后判断是否为偶数，并输出提示信息。

```
<?php
$num = rand(1,10);                    // 使用 rand()函数生成一个 1～10 的随机数
if ($num % 2 == 0){                   // 判断变量$num 是否为偶数
    echo "变量$num 是偶数。";          // 如果为偶数，输出“变量$num 是偶数”
}else {
    echo "变量$num 是奇数。";          // 如果为奇数，输出“变量$num 是奇数”
}
?>
```

视频讲解

16.6.3　elseif 语句

if 和 else 语句组合可以设计两个分支的条件结构，但是如果要设计多分支的条件结构，就需要 elseif 语句来配合设计。例如，用户登录时的身份判断：管理员、VIP 会员、会员、游客等。

elseif 是 if 和 else 的组合，也可以写为 else if，其语法格式如下。

```
if (expr1)
    statement1
elseif (expr2)
    statement2
…
elseif (exprn)
    statementn
else
    statementn+1
```

如果表达式 expr1 的值为真，则执行语句 statement1；否则，再判断表达式 expr2 的值是否为真，如果为真，则执行语句 statement2；依此类推，流程控制图如图 16.5 所示。

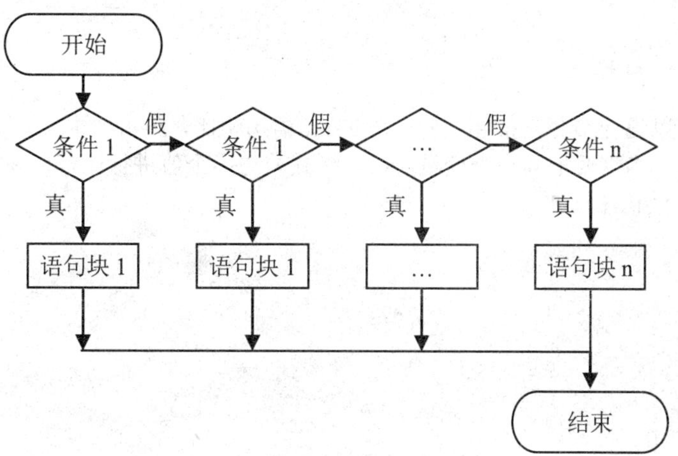

图 16.5　elseif 语句流程控制示意图

【示例】编写一个程序，对年龄进行判断，如果年龄大于 18 岁，则输出“你是成年人”；如果大于 8 岁，小于 18 岁，输出“你的年龄适合读书”；如果小于 8 岁，输出“你应该上幼儿园”。

```
<?php
$age = 5;                              // 年龄
if ($age > 18) {
    echo '你是成年人！';
} elseif ($age > 8 && $age < 18) {
    echo '你的年龄适合读书';
} elseif ($age < 8) {
    echo '你应该上幼儿园';
}
?>
```

注意：elseif 与 else if 只有在使用大括号的情况下才认为是完全相同。如果用冒号来定义 elseif 条件，那就不能用 else if，否则 PHP 会产生解析错误，例如：

```
// 正确写法
if ($a > $b) {
    echo "a 大于 b";
} else if ($a == $b) {
    echo "a 等于 b";
} else {
    echo "a 小于 b";
}
// 错误写法
if ($a > $b):
    echo "a 大于 b";
else if ($a == $b) :
    echo "a 等于 b";
else:
    echo "a 小于 b";
endif
```

因此，为了避免疏忽所导致的语法错误，一般建议都使用大括号包裹语句块。

视频讲解

Note

16.6.4 switch 语句

switch 语句也可以设计多分支条件结构。与 elseif 语句相比，switch 结构更简洁，执行效率更高。switch 语句适用语境：当需要把同一个变量（或表达式）与多个值进行比较，并根据比较结果，决定执行不同的语句块，其语法格式如下。

```
switch (expr){
    case value1:
        statement1
        break;
    case value2:
        statement2
        break;
    …
    case valuen:
        statementn
        break;
    default:
        default statementn
}
```

switch 语句根据变量或表达式 expr 的值，依次与 case 中的常量表达式的值相比较，如果相等，则执行其后的语句块，只有遇到 break 语句，或者 switch 语句结束才终止；如果不相等，继续查找下一个 case。switch 语句包含一个可选的 default 语句，如果在前面的 case 中没有找到相等的条件，则执行 default 语句，它与 else 语句类似。switch 语句流程控制图如图 16.6 所示。

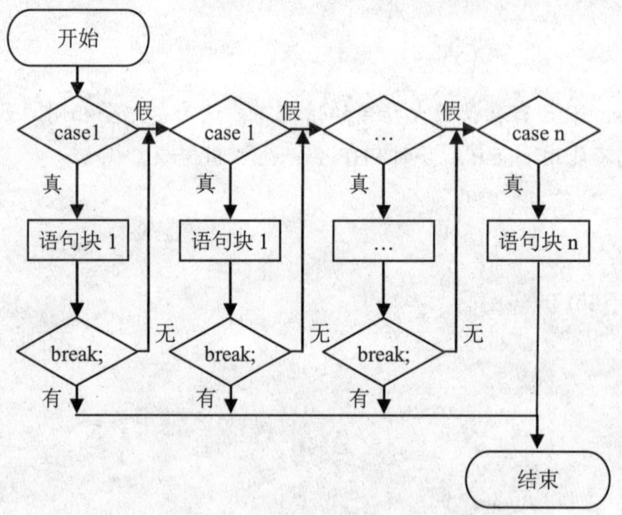

图 16.6　switch 语句流程控制示意图

【示例 1】下面示例比较变量$i 的值，是否等于 0、1、2，然后根据比较结果，分别输出显示不同的提示信息。

```
<?php
$i =0;
switch ($i) {
```

```
    case 0:
        echo "i= 0";
        break;
    case 1:
        echo "i=1";
        break;
    case 2:
        echo "i=2";
        break;
}
?>
```

上面代码输出显示：i= 0。

【示例 2】 如果在 case 语句中没有 break 语句，PHP 将继续执行下一个 case 语句，而忽略下一个 case 的比较值。

```
<?php
$i =0;
switch ($i) {
    case 0:
        echo "i=0";
    case 1:
        echo "i=1";
    case 2:
        echo "i=2";
}
?>
```

上面代码输出显示：i=0i=1i=2。

只有当$i 等于 2 时，才会得到预期的结果，仅输出显示：i=2。所以，在使用 switch 语句时，建议在每个 case 子句末尾都加上 break 语句。

【示例 3】 case 语句可以为空，这样只不过将控制转移到了下一个 case 语句。

```
<?php
$i =0;
switch ($i) {
    case 0:
    case 1:
    case 2:
        echo "i<3";
        break;
    case 3:
        echo "i=3";
}
?>
```

上面代码输出显示：i<3。

【示例 4】 default 语句比较特殊，它匹配所有 case 都不匹配的情况。

```
<?php
$i =5;
```

Note

```
switch ($i) {
    case 0:
        echo "i= 0";
        break;
    case 1:
        echo "i=1";
        break;
    case 2:
        echo "i=2";
        break;
    default:
        echo "i 不是 0、1、2";
}
?>
```

上面代码输出显示：i 不是 0、1、2。

注意：case 表达式可以是任何简单类型的求值表达式，即表达式的值为整型、浮点数、字符串，不能是数组或对象。

【示例 5】PHP 允许使用分号（;）代替 case 语句后的冒号（:）。

```
<?php
$i =5;
switch ($i) {
    case 0;
        echo "i= 0";
        break;
    case 1;
        echo "i=1";
        break;
    case 2;
        echo "i=2";
        break;
    default;
        echo "i 不是 0、1、2";
}
?>
```

视频讲解

16.6.5 while 语句

while 语句是 PHP 中最简单的循环结构，其基本格式如下。

```
while (expr)
    statement
```

当表达式 expr 的值为真时，将执行 statement 语句，执行结束后，再返回到 expr 表达式继续进行判断。直到表达式的值为假，才跳出循环，执行下面的语句。

while 循环语句的流程控制如图 16.7 所示。

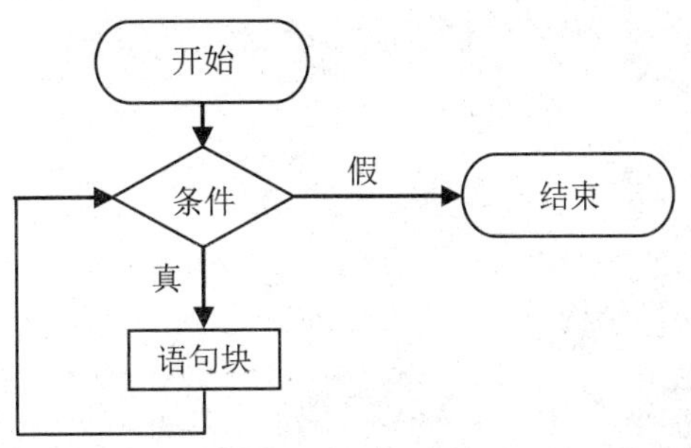

图 16.7 while 语句流程控制示意图

【示例】下面示例使用 while 语句定义一个循环结构，设计输出显示数字 1～10。

```
<?php
$i = 1;
while ($i <= 10) {
    echo $i++;
}
?>
```

16.6.6 do-while 语句

视频讲解

do-while 与 while 循环非常相似，区别在于表达式的值是在每次循环结束时检查，而不是在开始时检查。因此 do-while 循环能够保证至少执行一次循环，而 while 循环就不一定，如果表达式的值为假，则直接终止循环，不进入循环。

do-while 循环语句的流程控制如图 16.8 所示。

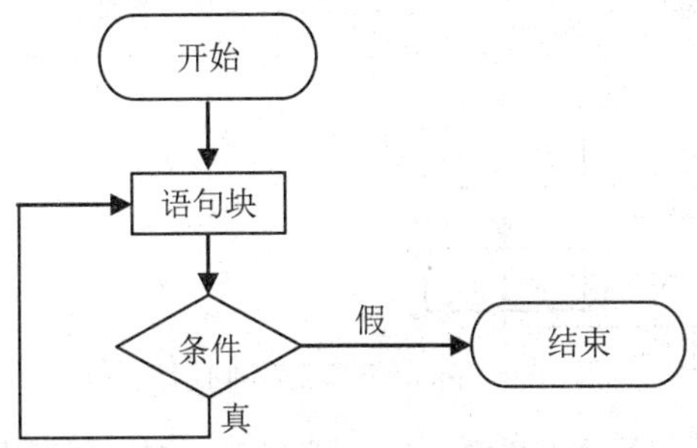

图 16.8 do-while 语句流程控制示意图

【示例】下面示例比较 while 和 do-while 语句的不同。可以看到，不管变量 num 是否为 1，do-while 语句都会执行一次输出，而在 while 语句中，是看不到输出显示的。

```
<?php
$num = 1;
while($num != 1){
    echo "不会看到";
}
do{
    echo "会看到";
```

```
}while($num != 1);
?>
```

16.6.7 for 语句

Note

视频讲解

for 语句是一种更简洁的循环结构，其语法格式如下。

```
for (expr1; expr2; expr3)
    statement
```

表达式 expr1 在循环开始前无条件地求值一次，而表达式 expr2 在每次循环开始前求值。如果表达式 expr2 的值为真，则执行循环语句，否则将终止循环，执行下面代码。表达式 expr3 在每次循环之后被求值。

注意：for 语句中 3 个表达式都可以为空，或者包括以逗号分隔的多个子表达式。在表达式 expr2 中，所有用逗号分隔的子表达式都会计算，但只取最后一个子表达式的值进行检测。expr2 为空，PHP 会认为其值为真，意味着将无限循环下去。除了使用 expr2 表达式结束循环外，也可以在循环语句中使用 break 语句结束循环。

for 循环语句的流程控制如图 16.9 所示。

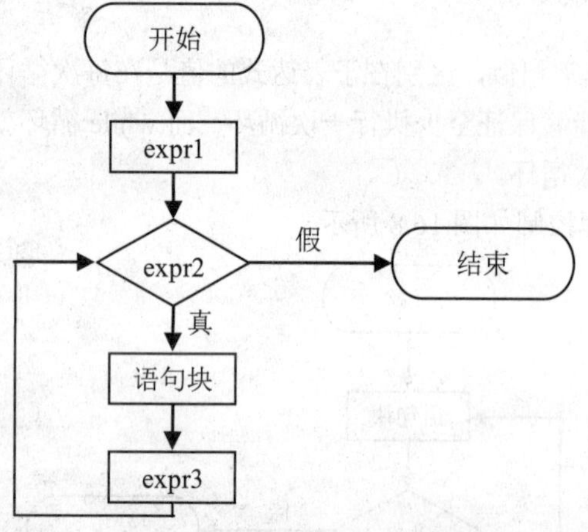

图 16.9　for 语句流程控制示意图

【示例】下面示例设计了 4 个循环结构，演示了 for 结构的灵活用法，它们都可以输出显示 1～10 的数字。

```
<?php
for ($i = 1; $i <= 10; $i++) {    /* 循环 1 */
    echo $i;
}
for ($i = 1; ; $i++) {        /* 循环 2 */
    if ($i > 10) {          // 使用条件语句控制循环，当变量 i 等于 10 时，跳出循环
        break;
    }
    echo $i;
}
```

```
$i = 1;
for (;;) {                  /*  循环 3 */
    if ($i > 10) {          // 使用条件语句控制循环，当变量 i 等于 10 时，跳出循环
        break;
    }
    echo $i;
    $i++;                   // 递增循环变量
}
/*  循环 4 */
for ($i = 1, $j = 0; $i <= 10; $j += $i, print $i, $i++);
?>
```

在上面示例中，第一种循环结构比较常用，后面 3 种循环形式在特殊情况下比较实用，建议灵活掌握它们，学会在 for 循环中灵活设计表达式，有时候会很实用。

16.6.8 foreach 语句

视频讲解

foreach 循环是在 PHP4 中开始引入，它是 for 循环的一种特殊结构形式，主要应用于数组或对象。foreach 语句的语法格式如下。

```
foreach (array_expression as $value)
    statement
```

或者

```
foreach (array_expression as $key => $value)
    statement
```

foreach 语句将遍历数组 array_expression，每次循环中，当前单元的值被赋值给变量$value，并且数组的指针会移到下一个单元，下一次循环将会得到下一个单元，依此类推，直到最后一个单元结束。在第二种语法格式中，不仅获取每个单元的值，还可以获取每个单元的键名，键名被赋给变量$key。

从 PHP5 开始，可以在$value 之前加上&运算符，允许以引用赋值，而不是复制赋值，这样可以实现对原数组的修改。

【示例】下面示例使用 foreach 语句遍历数组$arr，使用&$value 引用每个元素的值，然后在循环体内修改数组的值。

```
<?php
$arr = array(1, 2, 3, 4);
foreach ($arr as &$value) {
    $value = $value * 2;
}
var_dump($arr);
?>
```

执行上面代码，数组$arr 的值变成 array(2, 4, 6, 8)。

则输出显示为：array(4) { [0]=> int(2) [1]=> int(4) [2]=> int(6) [3]=> &int(8) }。

16.6.9 break 语句

视频讲解

break 语句能够结束当前 for、foreach、while、do-while 或者 switch 语句的执行。同时 break 可以

接受一个可选的数字参数来决定跳出几重循环，其语法格式如下。

```
break $num;
```

应用 break 语句的一般流程控制如图 16.10 所示。

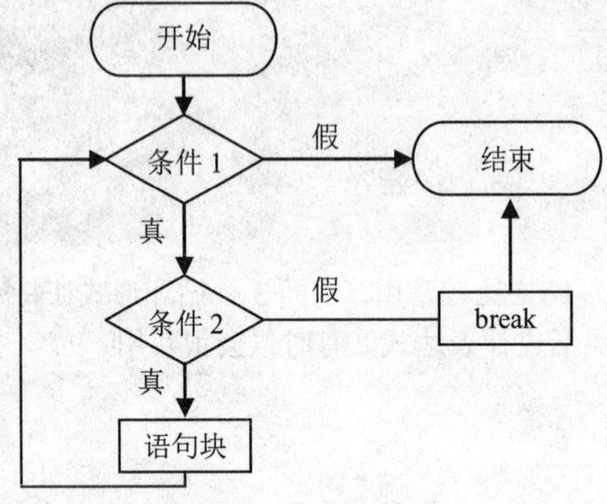

图 16.10　break 语句的应用流程控制示意图

【示例】下面示例设计在 while 循环中嵌套一个多重分支结构 switch。当变量 i 的值为 5 时，将跳出 switch，进入下一个循环；如果变量 i 的值为 10 时，则直接跳出循环。

```
<?php
$i = 0;
while (++$i) {
    switch ($i) {
    case 5:
        echo " 5<br />\n";
        break 1;                        /*  只退出 switch */
    case 10:
        echo " 10 <br />\n";
        break 2;                        /*  退出 switch 和 while 循环  */
    default:
        break;
    }
}
?>
```

视频讲解

16.6.10　continue 语句

continue 语句用在循环结构体内，主要用于跳过本次循环中剩余的代码，并在表达式的值为真时，继续执行下一次循环。它可以接受一个可选的数字参数来决定跳出几重嵌套循环结构，其语法格式如下。

```
continue $num;
```

应用 continue 语句的一般流程控制如图 16.11 所示。

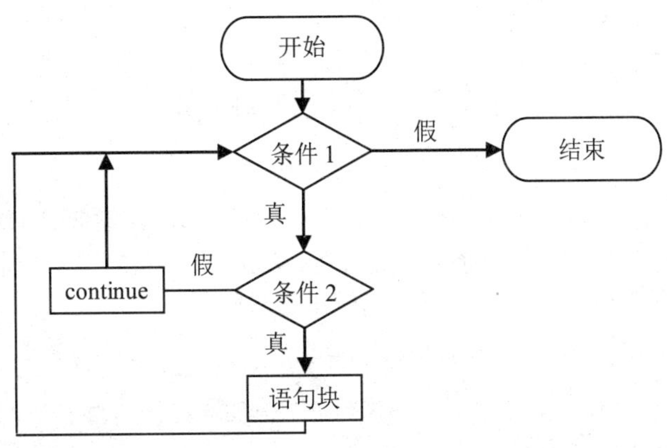

图 16.11　continue 语句的应用流程控制示意图

【示例】下面示例使用 while 语句设计了 3 层嵌套的循环结构。在内层循环结构中，设计当输出显示提示信息之后，直接跳到最外层循环。这样就相当于第 2 层和第 1 层循环结构每次仅执行一次，直到第 3 层循环结构结束。

```
<?php
$i = 0;
while ($i++ < 5) {
    echo "3 层循环<br />\n";
    while (1) {
        echo "  2 层循环<br />\n";
        while (1) {
            echo "  1 层循环<br />\n";
            continue 3;
        }
        echo "不输出该句<br />\n";
    }
    echo "不执行该句<br />\n";
}
?>
```

16.6.11　goto 语句

视频讲解

goto 语句可以用来跳转到程序中的某一指定位置。该目标位置可以用目标名称加上冒号来标记，例如：

```
<?php
goto a;
echo 1;
a:echo 2;
?>
```

在上面示例中，将输出显示 2，而不忽略输出显示 1。

注意： 在 PHP 中，goto 语句的使用有一定限制，只能在同一个文件和作用域中跳转，也就是说无法跳出一个函数或类方法，也无法跳入另一个函数。同时也无法跳入任何循环或者 switch 结构中。常见的用法是用来跳出循环或者 switch，可以代替多层的 break。

16.7 PHP 函数

Note

函数，就是将一些重复用到的功能写在一个独立的代码块中，在需要时单独调用。在开发过程中，经常需要重复某些操作，如数据查询、字符串处理等，如果每次都重复输入相同的代码，不仅执行效率低，而且后期维护也很麻烦，使用函数就可以解决这些问题。

> **提示：** PHP 函数可以分为两类：一类是内置函数，PHP 自带的预定义函数，用户只需要根据函数名调用即可。PHP 备受欢迎的一个原因就是拥有大量的内置函数；另一类就是自定义函数，就是由用户自己定义的、用来实现特定功能的函数。内置函数可以通过查询《PHP 手册》来学习，下面讲解自定义函数。

视频讲解

16.7.1 定义和调用函数

在 PHP 语言中，定义函数的语法格式如下。

```
function fun_name($arg_1, $arg_2, ..., $arg_n){
    fun_body;
}
```

具体说明如下。

- ☑ function：表示声明自定义函数时必须使用的关键字。
- ☑ fun_name：表示函数的名称。与 PHP 其他标识符命名规则相同。
- ☑ $arg_1, $arg_2, ..., $arg_n：表示函数的参数，参数之间通过逗号分隔，参数个数不限，也可以省略参数。
- ☑ fun_body：表示函数体，可以包含任意多行代码，这些代码是函数的功能主体，并由这些代码执行和完成指定的任务。

当定义好函数之后，即可调用函数，调用函数的方法比较简单，只需要引用函数名，其后使用小括号运算符包含正确的参数即可。

【示例 1】下面示例定义了一个 square()函数，计算传入的参数的平方，然后输出结果。

```
<?php
function square($num){                          /* 声明函数 */
    return "$num * $num = ".$num * $num;  /* 返回计算的结果 */
}
echo square (10);                               /* 调用函数，并传递参数值为 10 */
// 输出：10 * 10 = 100
?>
```

【示例 2】下面示例演示如何定义嵌套的函数，然后分别进行调用。

```
<?php
function foo(){
    function bar() {
        echo "直到 foo()被调用后，我才可用。\n";
    }
}
```

```
/* 现在还不能调用 bar()函数，因为它还不存在 */
foo();
/* 现在可以调用 bar()函数了，因为 foo()函数的执行使得 bar()函数变为已定义的函数 */
bar();
?>
```

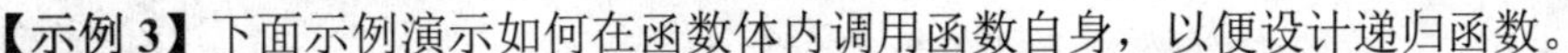

【示例 3】下面示例演示如何在函数体内调用函数自身，以便设计递归函数。

```
<?php
function recursion($a){
    if ($a < 20) {                          // 设置递归终止条件
        echo "$a\n";
        recursion($a + 1);                  // 调用函数自身
    }
}
recursion(1);                               // 启动递归函数
// 输出：
?>
```

在调用递归函数时，应该设置循环调用的条件或次数，避免死循环调用自身，耗尽系统资源。

16.7.2　函数的参数

通过参数列表可以传递信息给函数，这个信息列表是以逗号作为分隔符的表达式列表。在调用函数时，需要向函数传递参数。

提示：被传入的参数被称为实参，在定义函数时指定的参数，被称为形参。

参数传递的方式有 3 种，简单说明如下。

1．按值传递参数

将实参的值赋值到对应的形参中，在函数内部的操作针对形参进行，操作的结果不会影响到实参，即函数返回后，实参的值不会改变。

【示例 1】在下面示例中，先定义一个 fun()函数，功能是将传入的参数值做运算，然后再输出。接着在函数外部定义一个变量$m，即实参，最后调用 fun($m)函数。分别在函数体内和体外输出形参$m 和实参$m 的值。

```
<?php
function fun($m){
    $m = $m * 2 + 1;                        // 改变形参的值
    echo "在函数内：\$m = ".$m;              // 显示形参值为 11
}
$m = 5;                                     // 定义实参并赋值
fun($m);                                    // 调用函数
echo "在函数外：\$m = ".$m;                  // 显示实参值为 5
?>
```

2．按引用传递参数

按引用传递参数就是将实参的内存地址传递给形参。引用传递的方式：定义函数时，在形参前面添加&符号即可。

这时在函数内，对形参的所有操作，都会影响到实参的值，如果改变形参，调用函数后，也会发现实参的值发生变化。

【示例 2】下面示例仍然使用上例代码，唯一的不同就是在形参前添加了一个&符号。按引用传递参数，则演示结果会发现实参变量的值在函数调用后发生了变化，显示为11。

Note

```
<?php
function fun(&$m){
    $m = $m * 2 + 1;                    // 改变形参的值
    echo "在函数内：\$m = ".$m;          // 显示形参值为 11
}
$m = 5;                                 // 定义实参并赋值
fun($m);                                // 调用函数
echo "在函数外：\$m = ".$m;              // 显示实参值为 11
?>
```

3．默认参数（可选参数）

可以指定某个参数为可选参数，就是将参数放置在参数列表的末尾，并且为其指定默认值。

【示例 3】下面示例使用可选参数设计一个简单的多态函数。在调用函数时，如果仅传递一个参数值，则仅显示该参数值；如果传递两个参数值，则显示两个参数值之和。

```
<?php
function fun(&$m, $n=0){                // $m 为引用参数，$n 为可选参数
    $l = $m + $n;                       // 内部求两个参数和
    if($n == 0)                         // 如果第二个参数为 0，则仅输出第一个参数值
        echo "\$m = ".$l."<p>";
    else      // 如果第二个参数为非 0，或者没有传递参数，则输出两个参数值的和
        echo "\$m + \$n = ".$l."<p>";
}
$m = 5;
$n = 5;
fun($m);                                // 显示：$m = 5
fun($m, $n);                            // 显示：$m + $n = 10
?>
```

注意：当使用默认参数时，任何默认参数必须放在任何非默认参数的右侧；否则，函数将会出错。PHP 还允许使用数组和特殊类型 NULL 作为默认参数，但是默认值必须是常量表达式，不能是诸如变量、类成员，或者函数调用等表达式。

视频讲解

16.7.3 函数的返回值

使用 return 语句可以定义函数的返回值。

如果在函数体内调用 return 语句，将会立即结束其后所有函数代码的执行，返回 return 的参数值，并将程序控制权交给调用对象的作用域。

【示例 1】在下面示例中，先定义 values()函数，作用是输入物品的单价、税率，然后计算实际交易金额，最后使用 return 语句返回计算的值。

```
<?php
function values($price,$tax=0.45){      // 定义一个函数，函数中的一个参数有默认值
    $price=$price+($price*$tax);        // 计算实际金额
    return $price;                      // 返回金额
```

```
}
echo values(100);                          // 调用函数
?>
```

函数的返回值可以是数组、对象等任意类型的值。但是函数不能返回多个值，如果要返回多个值，可以通过返回一个数组来得到类似的效果。

【示例 2】在下面示例中，设计让 small()函数返回 3 个值。

```
<?php
function small(){
    return array (0, 1, 2);                // 以数组的形式返回 3 个值
}
list ($zero, $one, $two) = small();        // 把返回的多个值存储到 3 个变量中
echo "\$zero=". $zero;                     // 输出：$zero=0
echo "<br>\$one=". $one;                   // 输出：$one=1
echo "<br>\$two=". $two;                   // 输出：$two=2
?>
```

如果定义函数的返回值为一个引用，则必须在函数声明和指派返回值给一个变量时都使用引用运算符&。

【示例 3】在下面示例中，尽管声明函数方式是 function &test()，但我们通过$a = test()的函数调用方式，得到的其实不是函数的引用返回，只是将函数的值赋给$a 而已，而$a 做任何改变都不会影响到函数中的$b。

而通过$a = &test()方式调用函数，它的作用是将 return $b 中的$b 变量的内存地址赋值给$a 变量，也就是它们的内存地址指向了同一个地方，即相当于$a=&$b 的效果，所以改变$a 的值也同时改变了$b 的值。

```
<?php
function &test(){
    static $b = 0;                         // 声明一个静态变量
    $b = $b+1;                             // 递增$b 的值
    echo $b;                               // 输出变量$b 的值
    return $b;                             // 返回变量$b 的值
}
$a = test();                               // $b 的值为 1
$a = 5;
$a = test();                               // $b 的值为 2
$a = &test();                              // $b 的值为 3
$a = 5;
$a = test();                               // $b 的值为 6
?>
```

16.8　在线练习

扎实的语言基本功是后期 PHP 开发的前提，为了帮助同学们快速提升 PHP 编程能力，本节特意在线提供了大量小程序训练题，感兴趣的同学请扫码练习。

在线练习

第17章 字符串操作

在 Web 开发中，经常需要操作字符串，例如，替换字符串、验证字符串、提取字符串等。正确操作字符串，对于 PHP 程序员来说非常重要。本章将围绕字符串操作，讲解 PHP 处理字符串的一般方法和技巧。

【学习重点】

- 了解字符串构成。
- 正确定义字符串。
- 能够灵活处理字符串。

17.1　认识字符串

字符串是有限字符的序列，主要包括字母、数字、特殊字符（如空格符等），具体说明如下。

☑　数字，如 1、2、3 等。

☑　字母，如 a、b、c 等。

☑　特殊字符，如#、@、%、&等。

☑　不可见字符，如换行符、回车符、Tab 字符等。

不可见字符是比较特殊的一组字符，它用来控制字符串格式化显示，在浏览器上不可见，只能看到字符串输出的结果。

在程序设计中，字符串是经常使用的一种类型。字符串操作常用在表单处理、HTML 文本解析、异步响应文本解析等中，与正则表达式配合使用，以提升字符串操作的灵活性。字符串操作包括字符匹配、查找、替换、截取、编码/解码、连接等。

17.2　定义字符串

定义字符串有 4 种方法：单引号、双引号、heredoc 语法结构、nowdoc 语法结构（PHP 5.3.0 开始支持），具体介绍如下。

17.2.1　单引号

定义字符串的最简单的方法是用单引号把字符串给包围起来。

【示例】下面代码定义一条简单的字符串，然后在页面中输出显示。

```
$str = 'PHP is a popular general-purpose scripting language';
echo $str;
```

输出结果如下。

```
PHP is a popular general-purpose scripting language
```

注意：如果要在字符串中表达单引号自身，须在它的前面加个反斜线（\）来转义。如果要表达一个反斜线自身，则用两个反斜线（\\）。其他任何方式的反斜线都会被当成反斜线本身，也就是说，如果想使用其他转义序列，如\r、\n 等，并不代表任何特殊含义，就单纯是这两个字符本身。

17.2.2　双引号

如果字符串被包围在双引号（"）中，PHP 将对一些特殊的字符进行解析。与单引号字符串一样，转义任何其他字符都会导致反斜线被显示出来。

注意：双引号中的内容是经过 PHP 的语法分析器解析过的，任何变量在双引号中都会被转换为它的值进行输出；而单引号的内容是“所见即所得”的，无论有无变量，都被当作普通字符串进行原样输出。因此，在进行 SQL 查询之前，所有字符串都必须加单引号，以避免可能的注入漏洞和 SQL 错误。

Note

【示例】下面示例将两个子字符串连接在一起显示。

```
$juice = "\"床前明月光，疑是地上霜。";
echo "$juice 举头望明月，低头思故乡。\"";
```

输出结果如下。

```
"床前明月光，疑是地上霜。举头望明月，低头思故乡。"
```

视频讲解

17.2.3 heredoc 结构

heredoc 结构就是在<<<运算符之后定义一个标识符，然后换行定义字符串本身，最后换行使用前面定义的标识符作为结束标志即可。

【示例 1】下面示例将两行信息视为 heredoc 结构的字符串，最后通过变量把它显示出来。

```
$str = <<<tangshi
"床前明月光，疑是地上霜。<br>
 举头望明月，低头思故乡。"
tangshi;
echo $str;
```

输出结果如下。

```
"床前明月光，疑是地上霜。
举头望明月，低头思故乡。"
```

注意：最后一行结束标识符可能有一个分号（;）外，绝对不能包含其他字符。因此标识符不能缩进，分号的前后也不能有任何空白或制表符。

【示例 2】下面示例演示了在 heredoc 结构中显示变量信息。

```
$s1 = "\"床前明月光，疑是地上霜。";
$s2 = "举头望明月，低头思故乡。\"";
$str = <<<tangshi
$s1<br>
$s2
tangshi;
echo $str;
```

输出结果如下。

```
"床前明月光，疑是地上霜。
举头望明月，低头思故乡。"
```

注意：heredoc 结构不能用来初始化类的属性。

17.2.4　nowdoc 结构

nowdoc 结构与 heredoc 结构，但是 nowdoc 结构中不进行解析操作。如果说 heredoc 结构类似于双引号字符串，那么 nowdoc 结构就类似于单引号字符串。

nowdoc 结构适合用于嵌入 PHP 代码或其他大段文本而无须对其中的特殊字符进行转义。nowdoc 结构的标记为<<<，在后面的标识符需要用单引号括起来，如<<<'EOT'。heredoc 结构的所有规则也同样适用于 nowdoc 结构，如结束标识符的规则。

【示例】以 17.2.3 节最后一个示例为基础，把开始标识符加上单引号，可定义一个 nowdoc 结构。

```
$s1 = "\"床前明月光，疑是地上霜。";
$s2 = "举头望明月，低头思故乡。\"";
$str = <<<'tangshi'
$s1<br>
$s2
tangshi;
echo $str;
```

输出结果如下。

```
$s1
$s2
```

而不是如下所示。

```
"床前明月光，疑是地上霜。
举头望明月，低头思故乡。"
```

17.3　使用字符串

字符串操作在 PHP 编程中比较常用，几乎所有的输入、输出都需要与字符串打交道，因此了解并熟悉字符串的一般操作方法就显得很重要。

同学们可以扫描右侧二维码了解 PHP 字符串处理函数的列表说明。

17.3.1　连接字符串

连接字符串可以使用点号（.）运算符，该运算符能把两个或两个以上的字符串连接成一个字符串。

【示例 1】下面示例演示了如何连接字符串。

```
$s1 = "海内存知己，天涯若比邻。";
$s2 = "无为在歧路，儿女共沾巾。";
$str =    $s1.$s2;
echo $str;
```

输出结果如下。

```
海内存知己，天涯若比邻。无为在歧路，儿女共沾巾。
```

【示例 2】PHP 允许在双引号中直接包含字符串变量，因此可以使用这种格式实现字符串连接效果。

```
$s1 = "海内存知己，天涯若比邻。";
$s2 = "无为在歧路，儿女共沾巾。";
$str =   "$s1$s2";
echo $str;
```

输出结果如下。

```
海内存知己，天涯若比邻。无为在歧路，儿女共沾巾。
```

视频讲解

17.3.2　去除首尾空字符

当输入信息时，经常会无意输入多余的空格。当在脚本中处理这些字符信息时，是不允许出现空格和特殊字符的，此时就需要去除字符串中的空格和特殊字符。PHP 提供了 3 个函数用于处理空字符问题。

☑　trim()：去除字符串左、右两边的空格和特殊字符。

☑　ltrim()：去除字符串左边的空格和特殊字符。

☑　rtrim()：去除字符串右边的空格和特殊字符。

1．trim()函数

trim()函数用于去除字符串首尾空格和特殊字符，并返回去掉空格和特殊字符后的字符串。具体用法如下所示。

```
string trim( string $str [, string $charlist = " \t\n\r\0\x0B" ] )
```

参数说明如下。

☑　str：待处理的字符串。

☑　charlist：可选参数，列出所有希望过滤的字符，也可以使用".."列出一个字符范围。

在默认状态下，如果不指定第二个参数，trim()函数将去除下面这些字符。

☑　" "：普通空格符。

☑　"\t"：制表符。

☑　"\n"：换行符。

☑　"\r"：回车符。

☑　"\0"：空字节符。

☑　"\x0B"：垂直制表符。

【示例 1】下面示例演示了如何使用 trim()函数清除指定字符串前后空格。

```
$s1 = "      白日依山尽，黄河入海流。
";
$s2 = "      欲穷千里目，更上一层楼。                ";
$str =   trim($s1) . trim($s2);
echo $str;
```

输出结果如下。

```
白日依山尽，黄河入海流。欲穷千里目，更上一层楼。
```

2．ltrim()函数

ltrim()函数用于删除字符串开头的空白字符，或其他字符，具体用法如下所示。

```
string ltrim( string $str [, string $character_mask ] )
```

该函数包含两个参数，参数说明可以参考 trim()函数。

【示例 2】以示例 1 为基础，把 trim()函数替换为 ltrim()函数，清除指定字符串开头空格。

```
$s1 = "     白日依山尽，黄河入海流。
";
$s2 = "     欲穷千里目，更上一层楼。                    ";
$str =   ltrim($s1) . ltrim($s2);
echo "<pre>$str</pre>";
```

输出结果如下。

```
白日依山尽，黄河入海流。
欲穷千里目，更上一层楼。
```

3．rtrim()函数

rtrim()函数能够删除字符串末端的空白字符，或者其他字符，具体用法如下所示。

```
string rtrim( string $str [, string $character_mask ] )
```

该函数包含两个参数，参数说明可以参考 trim()函数。

【示例 3】以示例 1 为基础，把 trim()函数替换为 ltrim()，清除指定字符串开头空格。

```
$s1 = "     白日依山尽，黄河入海流。
";
$s2 = "     欲穷千里目，更上一层楼。                    ";
$str =   rtrim($s1) . rtrim($s2);
echo "<pre>$str</pre>";
```

输出结果如下。

```
白日依山尽，黄河入海流。     欲穷千里目，更上一层楼。
```

17.3.3　转义、还原字符串

字符串转义、还原有两种方法：手动转义、还原和自动转义、还原。下面分别进行讲解。

1．手动转义、还原

"\"是转义符，紧跟在"\"后面的第一个字符将变得没有意义，或者有特殊意义。例如，如果在字符串中显示单引号或双引号，可以在这些字符前面加"\"进行转义，转义为普通的字符，这样就会在字符串中显示它们。

【示例 1】下面示例使用转义字符"\"对字符"进行转义显示。

```
$s1 = "\"欲穷千里目，更上一层楼\"出自唐·王之涣·《登鹳雀楼》。全诗：'白日依山尽，黄河入海流。欲穷千里目，更上一层楼。'";
echo $s1;
```

输出结果如下。

```
"欲穷千里目，更上一层楼"出自唐・王之涣・《登鹳雀楼》。全诗：'白日依山尽，黄河入海流。欲穷千里目，更上一层楼。'
```

Note

提示：对于简单的字符串建议采用手动方法进行字符串转义，而对于数据量较大的字符串，建议采用自动转义函数实现字符串的转义。

2．自动转义、还原

PHP 提供多个自动转义、还原字符串的函数，方便用户使用，具体说明如下。

☑ addslashes()函数

addslashes()函数能够在某些字符前加上了反斜线，如单引号（'）、双引号（"）、反斜线（\）和NULL（NULL 字符），具体用法如下所示。

```
string addslashes( string $str )
```

☑ stripslashes()函数

stripslashes()函数能够返回反转义后的字符串，具体用法如下所示。

```
string stripslashes( string $str )
```

【示例 2】以示例 1 为基础，分别使用 addslashes()和 stripslashes()函数对变量$s1 中的字符串进行转义和还原操作。

```
$s1 = "\"欲穷千里目，更上一层楼\"出自唐・王之涣・《登鹳雀楼》。全诗：'白日依山尽，黄河入海流。欲穷千里目，更上一层楼。'";
$s1 = addslashes($s1);
echo $s1 . "<br>";
$s1 = stripslashes($s1);
echo $s1 . "<br>";
```

输出结果如下。

```
\"欲穷千里目，更上一层楼\"出自唐・王之涣・《登鹳雀楼》。全诗：\'白日依山尽，黄河入海流。欲穷千里目，更上一层楼。\'
"欲穷千里目，更上一层楼"出自唐・王之涣・《登鹳雀楼》。全诗：'白日依山尽，黄河入海流。欲穷千里目，更上一层楼。"
```

提示：当把用户提交的数据写入数据库之前，建议使用 addslashes()函数进行字符串转义，以免特殊字符未经转义而在插入数据库时出现错误，当从数据库读取数据后，也相应地使用stripslashes()函数进行还原，但数据在插入数据库之前必须再次进行转义。

3．限定转义、还原

PHP 使用 addcslashes()和 stripcslashes()函数实现对指定范围内的字符串进行自动转义、还原。

（1）addcslashes()函数

addcslashes()函数能够根据指定的字符范围，对字符串进行转义，具体用法如下所示。

```
string addcslashes( string $str , string $charlist )
```

参数说明如下。

☑ str：要转义的字符。

☑　charlist：定义转义字符列表。当定义字符序列时，需要确实知道介于设置的开始及结束范围之内的都是些什么字符。

【示例 3】下面示例使用 addcslashes()函数把所有字母进行转义显示。

```
$s1 = "abcdefg";
$s1 = addcslashes($s1,'A..z'); // 所有大小写字母均被转义
echo $s1;
```

输出结果如下。

```
\a\b\c\d\e\f\g
```

如果字符串中出现分隔符、换行符、回车符等特殊字符，也会被一并转义。

注意：当选择对字符 0、a、b、f、n、r、t 和 v 进行转义时需要小心，它们将被转换成\0、\a、\b、\f、\n、\r、\t 和\v。在 PHP 中，只有\0（NULL）、\r（回车符）、\n（换行符）和\t（制表符）是预定义的转义序列，而在 C 语言中，上述的所有转换后的字符都是预定义的转义序列。

（2）stripcslashes()函数

stripcslashes()函数反引用一个使用 addcslashes()函数转义的字符串，具体用法如下所示。

```
string stripcslashes( string $str )
```

【示例 4】在上面示例基础上，使用 stripcslashes()函数把所有转义字符反转回来。

```
$s1 = "abcdefg";
$s1 = addcslashes($s1,'A..z');
echo $s1 . "<br>";
$s1 = stripcslashes($s1);
echo $s1 . "<br>";
```

输出结果如下。

```
\a\b\c\d\e\f\g
cde g
```

通过输出结果可以看到，部分转义字符无法再反转回去，因为它们表示特殊的意义。

17.3.4　获取字符串长度

视频讲解

PHP 使用 strlen()函数获取字符串的长度，具体用法如下所示。

```
int strlen( string $string )
```

如果 string 为空，则返回 0。

【示例】下面示例使用 strlen()函数获取字符串的长度。

```
$s1 = "白日依山尽，黄河入海流。欲穷千里目，更上一层楼。";
echo strlen($s1);
```

返回结果如下。

```
72
```

提示：PHP 内置的字符串长度函数 strlen()无法正确处理中文字符串，它返回的只是字符串所占的字节数。对于 GB2312 的中文编码，strlen()函数得到的值是汉字个数的两倍，而对于 UTF-8 编码的中文，一个汉字占 3 个字节。获取中文字符长度，建议使用 mb_strlen()函数。

Note

17.3.5 截取字符串

视频讲解

在 PHP 中，使用 substr()函数可以实现截取字符串，具体用法如下所示。

```
string substr( string $string , int $start [, int $length ] )
```

参数说明如下。

- ☑ string：输入字符串。必须至少有一个字符。
- ☑ start：如果 start 是非负数，返回的字符串将从 string 的 start 位置开始，从 0 开始计算。例如，在字符串"abcdef"中，在位置 0 的字符是"a"，位置 2 的字符串是"c"等。如果 start 是负数，返回的字符串将从 string 结尾处向前数第 start 个字符开始。如果 string 的长度小于 start，将返回 false。
- ☑ length：如果提供了正数的 length，返回的字符串将从 start 处开始最多包括 length 个字符（取决于 string 的长度）。如果提供了负数的 length，那么 string 末尾处的许多字符将会被漏掉。如果 start 是负数，则从字符串尾部算起。如果 start 不在这段文本中，那么将返回一个空字符串。如果提供了值为 0，false 或 NULL 的 length，那么将返回一个空字符串。如果没有提供 length，返回的子字符串将从 start 位置开始直到字符串结尾。

【示例】下面示例演示了使用 substr()函数截取字符串，以及使用中括号语法获取单个字符的方法。

```
echo substr('abcdef', 1);          // bcdef
echo substr('abcdef', 1, 3);       // bcd
echo substr('abcdef', 0, 4);       // abcd
echo substr('abcdef', 0, 8);       // abcdef
echo substr('abcdef', -1, 1);      // f
// 访问字符串中的单个字符，也可以使用中括号
$string = 'abcdef';
echo $string[0];                   // a
echo $string[3];                   // d
echo $string[strlen($string)-1];   // f
```

提示：使用 substr()函数在截取中文字符串时，如果截取的字符串个数是奇数，那么就会导致截取的中文字符串出现乱码，因为一个中文字符由 2、3 个字节组成，所以 substr()函数适用于对英文字符串的截取，如果想要对中文字符串进行截取，而且要避免出现乱码，最好使用 mb_substr()函数。

17.3.6 比较字符串

视频讲解

一般常用==运算符来比较两个字符串是否相等。如果进行一些更复杂的比较，则建议使用 PHP 字符串比较函数：使用 strcmp()和 strcasecmp()函数按照字节顺序进行比较，使用 strnatcmp()函数按照自然排序法进行比较，使用 strncmp()函数指定长度进行比较。下面分别对这 3 种方法进行详细讲解。

1．按字节比较

按字节进行字符串比较的方法有两种，分别是利用 strcmp()和 strcasecmp()函数，其中 strcmp()函

数区分字符的大小写，而 strcasecmp()函数不区分字符的大小写。由于这两个函数的实现方法基本相同，这里只介绍 strcmp()函数。

strcmp()函数的具体用法如下所示。

```
int strcmp(string $str1 , string $str2)
```

如果 str1 小于 str2，则返回值小于 0；如果 str1 大于 str2，则返回值大于 0；如果二者相等，则返回值等于 0。

【示例 1】下面示例简单比较两个字符串是否相同。

```
$var1 = "Hello";
$var2 = "hello";
if (strcmp($var1, $var2) !== 0) {
    echo '两个字符串不相等';
}
```

输出结果如下。

```
两个字符串不相等
```

提示：在 Web 开发中，字符串比较的应用是非常广泛的。例如，使用 strcmp()函数比较在用户登录系统中输入的用户名和密码是否正确。如果在验证用户名和密码时不使用此函数，那么输入的用户名和密码无论是大写还是小写，只要正确即可登录，使用了 strcmp()函数之后就避免了这种情况，即使正确，也必须大小写匹配才可以登录，从而提高了网站的安全性。

2．按自然排序比较

自然排序法比较的是字符串中的数字部分，将字符串中的数字按照大小进行比较。PHP 通过 strnatcmp()函数来实现的，具体用法如下所示。

```
int strnatcmp(string $str1 , string $str2)
```

该函数实现了以人类习惯对数字型字符串进行排序的比较算法，这就是自然顺序。注意，该比较区分大小写。返回值与 strcmp()函数相同。

【示例 2】下面示例定义一个数组，其中包含一组图片文件名，然后使用自定义排序函数 usort()对其进行排序，排序时调用的排序函数分别为 strcmp()函数和 strnatcmp()函数。

```
$arr1 = $arr2 = array("img12.png", "img10.png", "img2.png", "img1.png");
echo "字符串标准比较：<br>";
usort($arr1, "strcmp");
print_r($arr1);
echo "<br>自然排序法：<br>";
usort($arr2, "strnatcmp");
print_r($arr2);
```

输出结果如下。

```
标准字符串比较：
Array (
    [0] => img1.png
    [1] => img10.png
    [2] => img12.png
```

```
    [3] => img2.png
)
自然排序法：
Array (
    [0] => img1.png
    [1] => img2.png
    [2] => img10.png
    [3] => img12.png
)
```

Note

3．按指定长度比较

strncmp()函数能够根据指定的长度来比较两个字符串，具体用法如下所示。

```
int strncmp(string $str1 , string $str2 , int $len)
```

参数 str1 和 str2 表示两个比较的字符串，len 表示最大比较长度。

【**示例 3**】下面示例简单比较两个文件名中名称部分字符串是否相同。

```
$var1 = "1.png";
$var2 = "1.jpg";
if (strncmp($var1, $var2, 2) !== 0) {
    echo '两个文件名不相等';
}else{
    echo '两个文件名相等';
}
```

输出结果如下。

```
两个文件名相等
```

视频讲解

17.3.7 检索字符串

PHP 提供多个检索字符串的函数，具体说明如下。

1．strstr()函数

strstr()函数能够查找字符串中的一部分，如果没有发现则返回 false，具体用法如下所示。

```
string strstr(string $haystack , mixed $needle [, bool $before_needle = false ])
```

参数说明如下。

- ☑ haystack：输入字符串。
- ☑ needle：查找的字符串，如果不是一个字符串，则将被转化为整型并且作为字符的序号使用。
- ☑ before_needle：如果为 true，则返回 needle 在 haystack 中的位置之前的部分。

【**示例 1**】下面示例演示了 strstr()函数的基本用法。

```
$email = 'zhangsan@163.com';
$domain = strstr($email, '@');
echo $domain;
echo "<br>";
$user = strstr($email, '@', true);       // 从 PHP 5.3.0 起
echo $user;
```

输出结果如下。

```
@163.com
zhangsan
```

提示：本函数区分大小写，如果想要不区分大小写，可以使用 strstr()函数。strrchr()函数与 strstr()函数正好相反，该函数是从字符串右侧的位置开始检索子字符串。

2．substr_count()函数

使用 substr_count()函数能够检索子串出现的次数，具体用法如下所示。

```
int substr_count(string $haystack , string $needle [, int $offset = 0 [, int $length ]])
```

参数说明如下。

☑ haystack：在此字符串中进行搜索。

☑ needle：要搜索的字符串。

☑ offset：开始计数的偏移位置。

☑ length：指定偏移位置之后的最大搜索长度。如果偏移量加上这个长度的和大于 haystack 的总长度，则抛出警告信息。

【示例 2】下面示例演示了 substr_count()函数比较不同参数设置的返回值。

```
$text = 'This is a test';
echo strlen($text);          // 14
echo substr_count($text, 'is');          // 2
// 字符串被简化为 's is a test'，因此输出 1
echo substr_count($text, 'is', 3);
// 字符串被简化为 's i'，所以输出 0
echo substr_count($text, 'is', 3, 3);
// 因为 5+10 > 14，所以生成警告
echo substr_count($text, 'is', 5, 10);
// 输出 1，因为该函数不计算重叠字符串
$text2 = 'gcdgcdgcd';
echo substr_count($text2, 'gcdgcd');
```

提示：检索子串出现的次数一般常用于搜索引擎中，针对子串在字符串中出现的次数进行统计，便于用户第一时间掌握子串在字符串中出现的次数。

17.3.8 替换字符串

视频讲解

字符串替换可以通过下面两个函数来实现。

1．str_ireplace()函数

str_ireplace()函数使用新的字符串（子串）替换原始字符串中被指定要替换的字符串，具体用法如下所示。

```
mixed str_ireplace(mixed $search , mixed $replace , mixed $subject [, int &$count ])
```

参数说明如下。

☑ search：要搜索的值。

☑ replace：指定替换的值。

☑ subject：要被搜索和替换的字符串或数组。

☑ count：可选参数，如果设定了，将会设置执行替换的次数。

Note

如果参数 search 和 replace 为数组，那么 str_replace()函数将对 subject 做映射替换。如果 replace 的值的个数少于 search 的个数，多余的替换将使用空字符串来进行。如果 search 是一个数组，而 replace 是一个字符串，那么 search 中每个元素的替换将始终使用这个字符串。如果 search 或 replace 是数组，它们的元素将从头到尾一个个处理。

【示例 1】下面示例使用 str_ireplace()函数替换 HTML 字符串中的 BODY 为 black。

```
$bodytag = str_ireplace("%body%", "black", "&lt;body text=%BODY%&gt;");
echo $bodytag;
```

输出结果如下。

```
<body text=black>
```

提示：str_ireplace()函数在执行替换操作时不区分大小写，如果需要对大小写加以区分，可以使用 str_replace()函数。

2．substr_replace()函数

substr_replace()函数对指定字符串中的部分字符串进行替换，具体用法如下所示。

```
mixed substr_replace(mixed $string , mixed $replacement , mixed $start [, mixed $length ])
```

参数说明如下。

☑ string：输入字符串。如果是一个数组，那么该函数也将返回一个数组。

☑ replacement：替换字符串。

☑ start：如果为正数，替换将从 string 的 start 位置开始；如果为负数，替换将从 string 的倒数第 start 个位置开始。

☑ length：如果设定了这个参数并且为正数，表示 string 中被替换的子字符串的长度。如果设定为负数，它表示待替换的子字符串结尾处距离 string 末端的字符个数。如果没有提供此参数，那么它默认为 strlen(string)，即字符串的长度。当然，如果 length 为 0，那么这个函数的功能为将 replacement 插入 string 的 start 位置处。

【示例 2】下面示例演示当 substr_replace()函数设置不同的参数时，所替换的结果，演示效果如图 17.1 所示。

```
$var = 'ABCDEFGH:/MNRPQR/';
echo "原始字符串: $var<hr />\n";
/* 这两个例子使用 "bob" 替换整个$var */
echo substr_replace($var, 'bob', 0) . "<br />\n";
echo substr_replace($var, 'bob', 0, strlen($var)) . "<br />\n";
/* 将 "bob" 插入$var 的开头处 */
echo substr_replace($var, 'bob', 0, 0) . "<br />\n";
/* 下面两个例子使用 "bob" 替换 $var 中的 "MNRPQR" */
echo substr_replace($var, 'bob', 10, -1) . "<br />\n";
echo substr_replace($var, 'bob', -7, -1) . "<br />\n";
/* 从 $var 中删除 "MNRPQR" */
echo substr_replace($var, '', 10, -1) . "<br />\n";
```

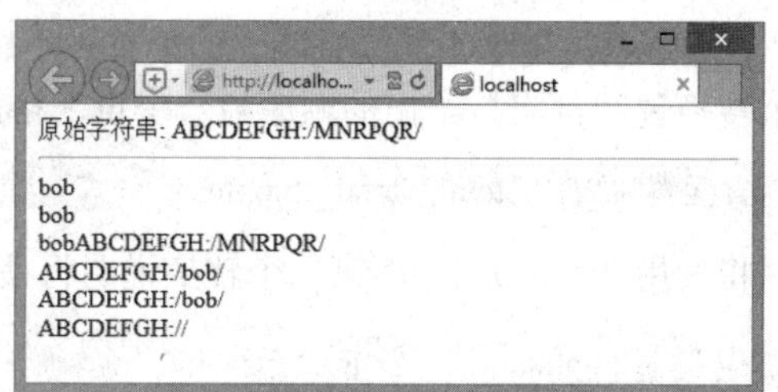

图 17.1　字符串替换操作

Note

视频讲解

17.3.9　格式化字符串

PHP 定义了一系列可供使用的函数来重新格式化字符串，下面分别进行介绍。

1．HTML 格式化

nl2br()函数将字符串作为输入参数，用 HTML 中的
标记代替字符串中的换行符。这对于将一个长字符串显示在浏览器中是非常有用的。

【示例 1】下面示例使用这个函数来格式化顾客反馈信息并将它返回浏览器中。

```
<p><?php echo nl2br($text); ?> </p>
```

提示：HTML 将忽略纯空格，所以如果不使用 nl2br()函数来过滤这个输出结果，那么它看上去就是单独的一行。

2．打印格式化

常用 echo 命令将字符串输出到浏览器。PHP 也支持 print()函数，它实现的功能与 echo 命令相同，但具有返回值，总是返回 1。

使用 printf()和 sprintf()函数还可以实现一些更复杂的格式。它们的工作方式基本相同，只是 printf()函数是将一个格式化的字符串输出到浏览器中，而 sprintf()函数是返回一个格式化了的字符串。

这两个函数的基本语法如下。

```
string sprintf(string format [, mixed args...])
int printf(string format [, mixed args...])
```

传递给这两个函数的第一个参数都是字符串格式，它们使用格式代码而不是变量来描述输出字符串的基本形状。其他参数是用来替换格式字符串的变量。

【示例 2】在使用 echo 时，把要用的变量直接打印至该行中，如下所示。

```
echo "总订单数量是：$total.";
```

要使用 printf()函数得到相同的结果，应该使用如下语句。

```
printf("总订单数量是：%s.", $total);
```

格式化字符串中的%s 是转换说明。它的意思是用一个字符串来代替。在这个例子中，它会被已解释成字符串的$total 代替。如果保存在$total 变量中的值是 12.4，这两种方法都将它打印为 12.4。

printf()函数的优点在于它可以使用更有用的转换说明来指定$total 为一个浮点数，它的小数点后面应该有两位小数，如下所示。

```
printf("总订单数量是：%.2f", $total);
```

经过这行代码的格式化处理，存储在$total 中的 12.4 将打印为 12.40。

【示例 3】可以在格式化字符串中使用多个转换说明。如果有 n 个转换说明，在格式化字符串后面就应该带有 n 个参数。每个转换说明都将按给出的顺序被一个重新格式化过的参数代替。

```
printf("总订单数量是：%.2f (含运费%.2f) ",$total, $total_shipping);
```

在这里，第一个转换说明将使用变量$total，而第二个转换说明将使用变量$total_shipping。

提示：每一个转换说明都遵循同样的格式，如下所示：

```
%['padding_character][-][width][.precision]type
```

所有转换说明都以%开始。如果想打印一个%符号，必须使用%%。参数 padding_character 是可选的。它将被用来填充变量直至所指定的宽度。该参数的作用就像使用计算器那样在数字前面加零。默认的填充字符是一个空格，如果指定了一个空格或 0，就不需要使用“'”作为前缀。对于任何其他填充字符，必须指定“'”作为前缀。

字符“-”是可选的。它指明该域中的数据应该左对齐，而不是默认的右对齐。

参数 width 告诉 printf ()函数在这里为将被替换的变量留下多少空间（按字符计算）。

参数 precision 表示必须是以一个小数点开始。它指明了小数点后面要显示的位数。

转换说明的最后一部分是一个类型码。其支持的所有类型码如表 17.1 所示。

表 17.1　转换说明的类型码

类　型	说　明
b	解释为整数并作为二进制数输出
c	解释为整数并作为字符输出
d	解释为整数并作为小数输出
f	解释为双精度并作为浮点数输出
o	解释为整数并作为八进制数输出
s	解释为字符串并作为字符串输出
u	解释为整数并作为非指定小数输出
x	解释为整数并作为带有小字母 a～f 十六进制数输出
X	解释为整数并作为带有大字母 a～f 十六进制数输出

当在类型转换代码中使用 printf()函数时，参数的顺序并不一定要与转换说明中的顺序相同。

3．字符串大小写

可以重新格式化字符串中的字母大小写。例如，如果电子邮件中的主题行字符串是以$subject 开始，可以通过几个函数来改变它的大小写。这些函数的功能说明如表 17.2 所示。

表 17.2　字符串大小写函数和它们的效果

函　数	说　明	使　用	返 回 值
strtoupper()	将字符串转换为大写	strtoupper($subject)	FEEDBACK FROM WEB SITE
strtolower()	将字符串转换为小写	strtolower($subject)	feedback from web site
ucfirst()	如果字符串的第一个字符是字母，就将该字符转换为大写	ucfirst($subject)	Feedback from web site
ucwords()	将字符串每个单词的第一个字母转换为大写	ucwords($subject)	Feedback From Web Site

4．数字格式化

数字字符串的格式化也比较常用，PHP 定义 number_format()函数专用数字的格式化显示。具体用法如下所示。

```
string number_format(float $number [, int $decimals = 0 ])
string number_format(float $number , int $decimals = 0 , string $dec_point = "." , string $thousands_sep = ",")
```

参数说明如下。

☑ number：要格式化的数字。

☑ decimals：要保留的小数位数。

☑ dec_point：指定小数点显示的字符。

☑ thousands_sep：指定千位分隔符显示的字符。

本函数可以接受 1 个、2 个或者 4 个参数。如果只提供第一个参数，number 的小数部分会被去掉，并且每个千位分隔符都是英文小写逗号","；如果提供两个参数，number 将保留小数点后的位数到设定的值，其余同上；如果提供了 4 个参数，number 将保留 decimals 个长度的小数部分，小数点被替换为 dec_point，千位分隔符替换为 thousands_sep。

【示例 4】下面示例演示了 number_format()函数的不同用法。

```
$number = 1234.56;
echo number_format($number) . "<br>";
echo number_format($number, 2, ',', ' ') . "<br>";
$number = 1234.5678;
echo number_format($number, 2, '.', '');
```

输出结果如下。

```
1,235
1 234,56
1234.57
```

17.3.10　分割字符串

视频讲解

PHP 通过 explode()函数实现字符串的分割。explode()函数能够使用一个字符串分割另一个字符串，具体用法如下所示。

```
array explode( string $delimiter, string $string [, int $limit ] )
```

参数说明如下。

☑ delimiter：边界上的分隔字符。如果 delimiter 为空字符串（""），explode()函数将返回 false。如果 delimiter 所包含的值在 string 中找不到，并且使用了负数的 limit，那么会返回空的 array，否则返回包含 string 单个元素的数组。

☑ string：输入的字符串。

☑ limit：如果设置了 limit 参数，且是正数，则返回的数组包含最多 limit 个元素，而最后那个元素将包含 string 的剩余部分。如果 limit 参数是负数，则返回除了最后的-limit 个元素外的所有元素。如果 limit 是 0，则会被当作 1。

本函数返回由字符串组成的 array，每个元素都是 string 的一个子串，它们被字符串 delimiter 作为边界点分割出来。

【示例】下面示例演示了 explode()函数的具体用法。

```
$str = 'one|two|three|four';
print_r(explode('|', $str, 2));
print_r(explode('|', $str, -1));
```

Note

输出结果如下。

```
Array (
    [0] => one
    [1] => two|three|four
)
Array (
    [0] => one
    [1] => two
    [2] => three
)
```

视频讲解

17.3.11 合成字符串

implode()函数可以将数组的内容组合成一个新字符串，具体用法如下所示。

```
string implode(string $glue , array $pieces)
string implode(array $pieces)
```

参数说明如下。

☑ glue：默认为空的字符串。

☑ pieces：想要转换的数组。

implode()函数返回一个字符串，其内容为由 glue 分割开的数组的值。

【示例】下面示例调用 implode()函数把数组$array 的内容用"|"符号连接起来。

```
$array = array('one', 'two', 'three', 'four');
$comma_separated = implode("|", $array);
echo $comma_separated;
```

输出结果如下。

```
one|two|three|four
```

17.4 案 例 实 战

下面将结合 3 个案例学习 PHP 字符串的处理技巧。

视频讲解

17.4.1 查找字符串的公共前缀

本例设计查找字符串数组中每个元素的公共字符串前缀。例如，在数组 array("abcdefg", "abcdfio", "abcdqle")中，每个元素都包含"abcd"的前缀字符。

首先，从第一个字符串元素的第一个字符开始，依次与其他元素的字符进行比较，都相等的将其

保存起来，直到有一个不相等就结束后续操作。

但是，如果数组中有的字符串的长度比第一个字符串的长度小时，就有可能出现错误。因此，在进行比较之前，需要把数组中最短的一个字符串找到，然后以它为参考进行比较。

设计的提取字符串公共前缀的函数如下。

```
function commonPrefix($arr) {
    $count = strlen ( $arr [0] );                  // 先计算第一个字符串的长度
    for($i = 0; $i < count ( $arr ); $i ++) {      // 遍历每个数组中每个字符串
        if (strlen ( $arr [$i] ) <= $count) {      // 找出最短的字符串
            $count = strlen ( $arr [$i] );         // 存储最短字符串的长度
        }
    }
    $prefix = '';                                  // 公共前缀变量
    for($i = 0; $i < $count; $i ++) {              // 以最短长度为迭代次数进行迭代
        $char = $arr [0] [$i];                     // 从左到右，逐一获取第一个字符串的每个字符
        $flag = true;                              // 标识变量，初始为真
        foreach ( $arr as $val ) {                 // 迭代每个字符串
            // 如果有个字符串的对应位置字符不同，则结束比较，并设置标识变量为假
            if ($char != $val [$i]) {
                $flag = false;
                break;
            }
        }
        if (! $flag)                               // 如果标识变量为假，则跳出
            break;
        $prefix .= $char;                          // 累积记录相同的前缀字符
    }
    return $prefix;                                // 最后返回公共前缀字符串
}
```

设计如下字符串数组。

```
$arr = array (
        'abcde',
        'abc',
        'abcrhgh',
        'abcdfg',
        'abcfg'
);
```

则调用函数 commonPrefix()，提取公共前缀字符串，输出'abc'。

```
echo commonPrefix($arr);     // abc
```

17.4.2 表单字符串的处理

视频讲解

PHP 对表单提交特殊字符的过滤和处理包含如下几种方法。

☑ htmlspecialchars()：将&、单引号、双引号、大于号和小于号转换为 HTML 格式。例如，“&转成&”“"转成"”“'转成'”“<转成<”“>转成>”。

☑ htmlentities()：将所有字符都转成 HTML 格式，除特殊字符外，还包括双字节字符显示成编

码等。

☑ addslashes()：单双引号、反斜线以及空字符，加上反斜线转义。

☑ stripslashes()：去掉字符串中的反斜线字符。

☑ quotemeta()：加入引用符号，将字符串中含有.、\\、+、*、?、[、^、]、(、$、)等字符的前面加入反斜线"\"符号。

Note

☑ nl2br()：将换行字符转成
。

☑ strip_tags()：去掉字符串中任何 HTML 标记和 PHP 标记。

☑ mysql_real_escape_string()：转义 SQL 字符串中的特殊字符。

【示例】下面示例设计一个用户反馈表，表单结构如下。

```
<form method="post" action="">
    姓名：<input type="text" name="name" value="<?php echo $name;?>">
    邮箱：<input type="text" name="email" value="<?php echo $email;?>">
    网址：<input type="text" name="website"value="<?php echo $website;?>">
    评论：<textarea name="comment" rows="5" cols="40"><?php echo $comment;?></textarea>
    性别：<input type="radio" name="gender"
<?php if (isset($gender) && $gender=="female") echo "checked";?> value="female">女性
    <input type="radio" name="gender"
<?php if (isset($gender) && $gender=="male") echo "checked";?> value="male">男性
    <input type="submit" name="submit" value="提交">
</form>
```

设计如果用户单击“提交”按钮后，在输入字段中显示值。在输入字段的 value 属性中增加一小段 PHP 脚本：name、email 和 website。在 comment 文本框字段中，把脚本放在<textarea>与</textarea>之间。这些脚本输出$name、$email、$website 和$comment 变量的值。对于单选按钮组，根据$gender 变量的值，确定哪个单选按钮设置 checked 属性，定义选中状态。

在 PHP 脚本中，定义函数 test_input()用来处理提交表单字符串，分别使用 trim()函数去掉字符串两侧的空白（多余的空格、制表符、换行），使用 stripslashes()函数删除用户输入数据中的反斜杠（\），使用 htmlspecialchars()函数转换特殊字符串。

```
function test_input($data) {
    $data = trim($data);
    $data = stripslashes($data);
    $data = htmlspecialchars($data);
    return $data;
}
```

然后，在当前页面获取用户提交的数据，并进行处理。

```
// 定义变量并设置为空值
$name = $email = $gender = $comment = $website = "";
if ($_SERVER["REQUEST_METHOD"] == "POST") {
    $name = test_input($_POST["name"]);
    $email = test_input($_POST["email"]);
    $website = test_input($_POST["website"]);
    $comment = test_input($_POST["comment"]);
    $gender = test_input($_POST["gender"]);
}
```

最后，输出显示用户提交的信息，在显示前，先使用 isset()函数检测是否存在对应信息。

```
<?php
if ( isset($name) && $name) {echo "<p>姓名=".$name;}
if ( isset($email) && $email) {echo "<p>Email=".$email;}
if ( isset($website) && $website) {echo "<p>网址=".$website;}
if (isset($gender) && $gender=="female") echo "<p>姓名=女";
if (isset($gender) && $gender=="male") echo "<p>姓名=男";
?>
```

在浏览器中预览，填写表单，然后提交，则显示效果如图 17.2 所示。

图 17.2　表单信息处理

17.5　在线练习

PHP 处理字符串的能力非常强大，方法也是多种多样，但有时需要选择一种最简单且理想的解决方法。本章介绍了 PHP 常用的字符串处理方法。当然，对于初学者来说，这仅仅是一个开始。因此，同学们应该加强对字符串处理能力的训练，感兴趣的同学可扫码练习。

在线练习

第18章

正则表达式

正则表达式是 PHP 中一个非常重要的知识点，通常用来查找和替换字符串，最常用的就是验证用户输入的信息是否正确，如电子邮件地址、电话号码等。正则表达式的功能非常强大，熟练掌握正则表达式的应用，能够帮助用户提高字符串处理的效率，编写出更加简练的 PHP 代码。

【学习重点】

- 了解正则表达式的相关概念。
- 掌握正则表达式的基本语言。
- 灵活使用 PHP 中的 PCRE 函数。
- 能够应用正则表达式解决实际问题。

18.1 认识正则表达式

正则表达式又称规则表达式（Regular Expression），在代码中常简写为regex、regexp或RE，常被用来检索、替换那些符合某个模式（规则）的文本。现代计算机编程语言都支持利用正则表达式进行字符串操作。

实际上，正则表达式是对字符串进行操作的一种逻辑公式，就是用事先定义好的一些特定字符，以及这些特定字符的组合，组成一个“规则字符串”，这个“规则字符串”用来表达对字符串的一种过滤逻辑。

给定一个正则表达式和一个被操作的字符串，可以达到如下目的。

☑ 被操作的字符串是否符合正则表达式的过滤逻辑（匹配）。

☑ 通过正则表达式，从被操作字符串中获取想要的特定部分内容。

PHP支持两种风格的正则表达式语法：POSIX和Perl。这两种风格的正则表达式是PHP编译时的默认风格。在PHP 5.3版本中，Perl风格不能被禁用。访问http://www.php.net/pcre可以了解更多关于PCRE的内容。

下面先了解与正则表达式相关的几个技术。

☑ grep：是一种强大的文本搜索工具，它能使用特定模式匹配（包括正则表达式）搜索文本，并默认输出匹配行。

☑ egrep：grep更新的速度无法与技术更新的速度同步。为此，贝尔实验室推出了egrep，即扩展的grep，这大大增强了正则表达式的能力。

☑ POSIX：在grep发展的同时，其他一些开发人员也根据自己的喜好开发出了具有独特风格的版本。但问题也随之而来，有的程序支持某个元字符，而有的程序则不支持，因此就有了POSIX。POSIX是一系列标准，确保了操作系统之间的可移植性。但POSIX和SQL一样没有成为最终的标准，而只能作为一个参考。

☑ Perl：1987年，Larry Wall发布了Perl编程语言，它汲取了多种语言精华，并内部集成了正则表达式的功能，以及巨大的第三方代码库CPAN。Perl经历了从Perl 1到现在的Perl 6的发展，最终成为POSIX之后的另一个标准。

☑ PCRE：1997年，Philip Hazel开发了PCRE库，它是能够兼容Perl正则表达式的一套正则引擎，其他开发人员可以将PCRE整合到自己的语言中，为用户提供丰富的正则功能。PHP默认支持PCRE库。

18.2 正则表达式基本语法

一个完整的正则表达式由两部分构成：元字符和普通字符。元字符就是具有特殊含义的字符，如“.”和“?”。普通字符就是仅指代自身语义的普通文本，如数字、字母等。一般情况下，正则表达式都被放在定界符中，如“/”，避免与其他字符串混淆。

18.2.1 行定界符

行定界符描述一行字符串的边界，具体说明如下。

Note

☑ ^：表示行的开始。

☑ $：表示行的结尾。

【示例】下面示例定义一个被操作字符串"html、htm"，一个正则表达式'/^htm/'，然后调用preg_match()函数执行匹配，匹配结果存储于$matches 变量中，最后输出显示匹配结果及其所在位置。

```
$subject = "html、htm";
$pattern = '/^htm/';
preg_match($pattern, $subject, $matches, PREG_OFFSET_CAPTURE);
print_r($matches);
```

输出结果如下。

```
Array (
    [0] => Array (      // 第一个匹配
        [0] => htm     // 匹配结果
        [1] => 0       // 偏移位置
))
```

上面示例将匹配到字符串中行开始位置的“htm”字符串。如果使用下面正则表达式，则可以匹配结尾的“htm”字符串。

```
$pattern = '/htm$/';
```

有关 preg_match()函数的用法请参考下面章节内容。

视频讲解

18.2.2 单词定界符

单词定界符描述一个单词的边界，具体说明如下。

☑ \b：表示单词边界。

☑ \B：表示非单词边界。

【示例】下面示例使用\b 定界符匹配一个完整的 htm 单词。

```
$subject = "html、htm";
$pattern = '/\bhtm\b/';
preg_match($pattern, $subject, $matches, PREG_OFFSET_CAPTURE);
print_r($matches);
```

输出结果如下。

```
Array ( [0] => Array ( [0] => htm [1] => 7 ) )
```

视频讲解

18.2.3 字符类

字符类就是一个字符列表，可以使用字符类指定字符列表以匹配正则表达式中的一个位置。使用方括号（[和]）定义字符类。

【示例】下面正则表达式定义了匹配 html、HTML、Html、hTmL 或 HTml 的字符类。

```
$pattern = '/[hH][tT][mM][lL]/';
```

提示：POSIX 和 PCRE 都使用了一些预定义字符类，但表示方法略有不同，POSIX 风格的预定义字符类如表 18.1 所示。

表 18.1 预定义字符类列表

预定义字符类	说　明
'[:digit:]	匹配任何十进制数字，等同于[0-9]
'[:xdigit:]'	匹配任何十六进制数字
'[:lower:]'	匹配所有小写字母，等同于[a-z]
'[:upper:]'	匹配任何大写字母，等同于[A-Z]
'[:alpha:]'	匹配字母。等同于[a-zA-Z]，或者'[:lower:]'和'[:upper:]'
'[:alnum:]'	匹配字母或数字。等同于[a-zA-Z0-9]，或者'[:alpha:]'和'[:digit:]'
'[:blank:]'	匹配空格和制表符
'[:space:]'	匹配空白符，如空格、换行符、换页符、回车符、水平制表符
'[:punct:]'	匹配任何标点符号。包括键盘上的所有特殊字符，如!@#S?等
'[:print:]'	匹配所有的可打印字符，包括空白字符
'[:graph:]'	匹配所有的可打印字符，不包括空白字符
'[:cntrl:]'	匹配控制字符

PCRE 的预定义字符类则使用反斜线来表示，反斜线的用法请参考下面小节内容。

18.2.4 选择符

选择符类似字符类，可以实现选择字符的匹配模式。使用“|”可以定义选择匹配模式，类似 PHP 运算中的逻辑或。

【示例】下面字符模式可以匹配 html，也可以匹配 Html。

```
$pattern = '/h|Html/';
```

提示：字符类一次只能匹配一个字符，而选择符“|”一次可以匹配任意长度的字符。在子表达式中，我们会举例说明。

18.2.5 范围符

使用字符类需要列举所有可选字符，当可选字符比较多时就比较麻烦。不过在字符类中可以使用连字符“-”定义字符范围。

连字符左侧字符为范围起始点，右侧字符为范围终止点。注意，字符范围都是根据字符编码表的位置关系来确定的。

【示例】下面示例定义多个字符类，匹配任意指定范围的字符。

```
$pattern = '/[a-z]/';                    // 匹配任一个小写字母
$pattern = '/[A-Z]/';                    // 匹配任一个大写字母
$pattern = '/[0-9]/';                    // 匹配任一个数字
$pattern = '/[\u4e00-\u9fa5]/';          // 匹配中文字符
$pattern = '/[\x00-\xff]/';              // 匹配单字节字符
```

视频讲解

Note

18.2.6 排除符

在字符类中，除了范围符外，还有一个元字符：排除符（^）。将“^”放到方括号内最左侧，表示排除字符列表，也就是将反转该集合的意义。类似 PHP 运算中的逻辑非。

【示例】下面示例定义多个排除字符类，匹配指定范围外的字符。

```
$pattern = '/[^0-9]/';              // 匹配任一个数字
$pattern = '/[^\x00-\xff]/';        // 匹配双字节字符
```

视频讲解

18.2.7 限定符

限定符用来指定正则表达式的一个给定字符、字符类或子表达式必须要出现多少次才能满足匹配。具体说明如表 18.2 所示。

表 18.2 限定符列表

限 定 符	说 明
*	匹配前面的字符或子表达式 0 次或多次。例如，zo*能匹配 z，以及 zoo。等价于{0,}
+	匹配前面的字符或子表达式一次或多次。例如，zo+能匹配 zo，以及 zoo，但不能匹配 z。等价于{1,}
?	匹配前面的字符或子表达式 0 次或一次。例如，do(es)?可以匹配 do 或 does 中的 do。等价于{0,1}
{n}	n 是非负整数。匹配确定的 n 次。例如，o{2}不能匹配 Bob 中的 o，但是能匹配 food 中的两个 o
{n,}	n 是非负整数。至少匹配 n 次。例如，o{2,}不能匹配 Bob 中的 o，但能匹配 fooood 中的所有 o
{n,m}	m 和 n 均为非负整数，其中 n<=m。最少匹配 n 次，且最多匹配 m 次。例如，o{1,3}将匹配 fooooood 中的前三个 o。注意，在逗号和两个数之间不能有空格

【示例 1】下面示例使用限定符匹配字符串"goooooogle"中前面 4 个字符 o。

```
$subject = "goooooogle";
$pattern = '/o{1,4}/';
preg_match($pattern, $subject, $matches, PREG_OFFSET_CAPTURE);
print_r($matches);
```

输出结果如下。

```
Array (
    [0] => Array (
        [0] => oooo
        [1] => 1
))
```

除了{n}外，所有限定符都具有贪婪性，因为它们会尽可能多地匹配字符，只有在它们的后面加上一个“?”，才可以实现非贪婪或最小匹配。

【示例 2】以示例 1 为基础，在字符模式中为{1,4}限定符补加一个“?”后缀，定义该限定符为非贪婪匹配，则最后仅匹配字符串"goooooogle"中前面一个字符 o。

```
$subject = "goooooogle";
$pattern = '/o{1,4}?/';
```

```
preg_match($pattern, $subject, $matches, PREG_OFFSET_CAPTURE);
print_r($matches);
```

输出结果如下。

```
Array (
    [0] => Array (
        [0] => o
        [1] => 1
) )
```

Note

视频讲解

18.2.8　任意字符

点号（.）能够匹配除换行符\n 之外的任何单字符。如果要匹配点号（.）自己，需要使用“\”进行转义。

【示例】下面示例使用点号元字符匹配字符串"goooooogle"中前面 6 个字符。

```
$subject = "goooooogle";
$pattern = '/.{1,6}/';
preg_match($pattern, $subject, $matches, PREG_OFFSET_CAPTURE);
print_r($matches);
```

输出结果如下。

```
Array ( [0] => Array ( [0] => gooooo [1] => 0 ) )
```

视频讲解

18.2.9　转义字符

转义字符（\）能够将特殊字符变为普通的字符，如.、*、^、$等，其功能与 PHP 字符串中的转义字符类似。

【示例】下面示例为了匹配 IP 地址，使用转义字符“\”把元字符（.）进行转义，然后配合限定符匹配 IP 字符串。

```
$subject = "127.0.0.1";
$pattern = '/([0-9]{1,3}\.?){4}/';
preg_match($pattern, $subject, $matches, PREG_OFFSET_CAPTURE);
print_r($matches);
```

输出结果如下。

```
Array( [0] => Array ( [0] => 127.0.0.1 [1] => 0 ) [1] => Array ( [0] => 1 [1] => 8 ) )
```

在上面示例中，如果不使用转义字符，则点号（.）将匹配所有字符。

视频讲解

18.2.10　反斜杠

反斜杠字符“\”除了能够转义之外，还具有其他功能，具体说明如下。

1．定义非打印字符

具体说明如表 18.3 所示。

表 18.3　非打印字符列表

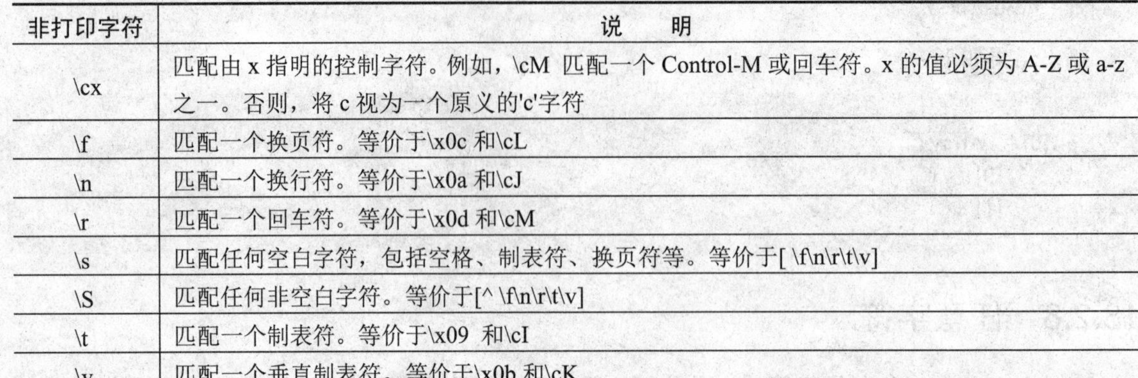

非打印字符	说　明
\cx	匹配由 x 指明的控制字符。例如，\cM 匹配一个 Control-M 或回车符。x 的值必须为 A-Z 或 a-z 之一。否则，将 c 视为一个原义的'c'字符
\f	匹配一个换页符。等价于\x0c 和\cL
\n	匹配一个换行符。等价于\x0a 和\cJ
\r	匹配一个回车符。等价于\x0d 和\cM
\s	匹配任何空白字符，包括空格、制表符、换页符等。等价于[\f\n\r\t\v]
\S	匹配任何非空白字符。等价于[^ \f\n\r\t\v]
\t	匹配一个制表符。等价于\x09 和\cI
\v	匹配一个垂直制表符。等价于\x0b 和\cK

2．预定义字符集

具体说明如表 18.4 所示。

表 18.4　预定义字符集列表

预定义字符	说　明
\d	匹配一个数字字符。等价于[0-9]
\D	匹配一个非数字字符。等价于[^0-9]
\s	匹配任何空白字符，包括空格、制表符、换页符等。等价于[\f\n\r\t\v]
\S	匹配任何非空白字符。等价于[^ \f\n\r\t\v]
\w	匹配包括下画线的任何单词字符。等价于[A-Za-z0-9_]
\W	匹配任何非单词字符。等价于[^A-Za-z0-9_]

3．定义断言的限定符

具体说明如表 18.5 所示。

表 18.5　定义断言的限定符列表

断言限定符	说　明
\b	单词定界符
\B	非单词定界符
\A	字符串开头，类似^，但不受处理多行选项的影响
\Z	字符串结尾或行尾（换行符之前的位置），不受处理多行选项的影响
\z	字符串结尾，类似$，不受处理多行选项的影响
\G	当前搜索的开头（起始位置）

视频讲解

18.2.11　小括号

在正则表达式中，小括号字符有两个作用，简单说明如下。

1．改变作用范围

【示例】下面示例显示了小括号在改变选择符和限定符的作用范围。

```
$pattern = '/(html)|(HTML)/';
$pattern = '/(goo){1,3}/';
```

在上面代码中，第一行正则表达式定义选择符为两个单词，而不是简单的一个字符；第二行正则表达式定义限定符限定的是 3 个字符，而不仅仅是其前面的一个字符。

Note

2．定义子表达式

小括号的第二个作用就是分组，即定义子表达式，子表达式相当于一个独立的正则表达式，后面要学到的反向引用与子表达式有直接的关系。子表达式具有记忆功能，能够临时存储其匹配的字符，然后可以在后面进行引用。

视频讲解

18.2.12　反向引用

反向引用就是根据子表达式的“记忆”功能来匹配连续出现的字符或子字符串。

对于一个正则表达式来说，如果在其中遇到小括号，将导致小括号内的匹配字符被存储到一个临时缓冲区中，所捕获的每个子匹配都按照在正则表达式模式中从左至右所遇到的内容存储。存储子匹配的缓冲区编号从 1 开始，连续编号直至最大 99 个子表达式。

每个缓冲区都可以使用'\n'访问，其中 n 为一个标识特定缓冲区的一位或两位十进制数。

【示例】下面示例定义一串字符，然后使用'/([ab])\1/'匹配两个重复的字母 a 或 b。

```
$subject = "abcdebbcde";
$pattern = '/([ab])\1/';
preg_match($pattern, $subject, $matches, PREG_OFFSET_CAPTURE);
print_r($matches);
```

输出结果如下。

```
Array (
    [0] => Array (        // 匹配的结果和位置
        [0] => bb
        [1] => 5
    )
    [1] => Array (        // 子表达式匹配的结果和位置
        [0] => b
        [1] => 5
    )
)
```

对于正则表达式“([ab])\1”，子表达式[ab]虽然可以匹配 a 或者 b，但是捕获组一旦匹配成功，反向引用的内容也就确定。如果捕获组匹配到 a，那么反向引用也就只能匹配 a，同理，如果捕获组匹配到的是 b，那么反向引用也就只能匹配 b。由于后面反向引用“\1”的限制，要求必须是两个相同的字符，在这里也就是 aa 或者 bb 才能匹配成功。

视频讲解

18.2.13　模式修饰符

模式修饰符也称为模式修正符，在正则表达式的定界符之外使用。主要用来调整正则表达式的解释，扩展正则表达式在匹配、替换等操作时某些功能，增强了正则表达式的能力。不同的语言都有自己的模式设置，PHP 中的主要模式修饰符说明如表 18.6 所示。

Note

表 18.6　正则表达式的修饰符

修　饰　符	说　　明
i	匹配字符时不区分大小写
m	将字符串视为多行。在默认情况下，正则表达式的元字符^和$将目标字符串作为单一的一行字符（甚至其中包括换行符也是如此）。如果在修饰符中加上 m，那么开始点和结束点将会指向字符串的每一行的开头和结束，也就是^和$将匹配每一行的开始和结束点
s	将字符串视为一行，包括换行符，换行符被视为普通的字符
x	忽略空白，除非进行转义的空白不被忽略
e	只用在 preg_replace()函数中，在替换字符串中逆向引用做正常的替换，将其（即“替换字符串”）作为 PHP 代码求值，并用其结果来替换所搜索的字符串
A	匹配字符串中的开头部分
D	如果设置该修饰符，模式中的$元字符仅匹配目标字符串的结尾。没有此选项时，如果最后一个字符是换行符的话，美元符号也会匹配此字符之前（但不会匹配任何其他换行符之前）。如果设定了 m 修饰符则忽略此选项
E	与 m 相反，如果使用该修饰符，那么$将匹配绝对字符串的结尾，而不是换行符前面，默认打开该模式
U	贪婪模式，与元字符?的作用类似，最大限度的匹配就是贪婪模式

模式修饰符既可以写在正则表达式的外面，也可以写在表达式内。例如，如果忽略大小写模式，可以写为'/html/i'、'/(?i)html(?-i)/'和'/(?i:)html/' 3 种格式。

18.3　使用 PCRE 扩展正则表达式函数

正则表达式不能独立使用，它只是一种用来定义字符串的规则模式，必须在相应的正则表达式函数中应用，才能实现对字符串的匹配、查找、替换及分割等操作。在 PHP 中有两套正则表达式的函数库，而使用与 Perl 兼容的正则表达式函数库的执行效率要略占优势，所以在本章中主要介绍以 preg_ 开头的 PCRE 扩展函数。

视频讲解

18.3.1　数组过滤

preg_grep()函数能够使用正则表达式过滤数组中的元素，具体用法如下所示。

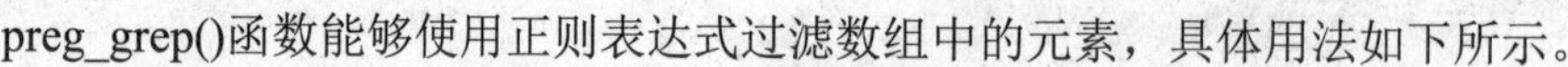

```
array preg_grep( string $pattern , array $input [, int $flags = 0 ] )
```

参数说明如下。

- ☑ pattern：要搜索的模式，字符串形式。
- ☑ input：输入数组。
- ☑ flags：如果设置为 PREG_GREP_INVERT，将返回输入数组中与给定模式 pattern 不匹配的元素组成的数组。

函数将返回给定数组 input 中与模式 pattern 相匹配的元素组成的数组。返回数组将使用 input 参数数组中 key 做索引。

【示例】下面示例使用 preg_grep()函数过滤出数组中所有的浮点数。

```
$array = array(2,3,45,"a",4.5,8.7);
$pattern = '/^(\d+)?\.\d+$/';
// 返回所有包含浮点数的元素
$fl_array = preg_grep($pattern, $array);
print_r($fl_array );
```

输出结果如下。

```
Array (
    [4] => 4.5
    [5] => 8.7
)
```

18.3.2 执行一次匹配

preg_match()函数能够执行一个正则表达式匹配，具体用法如下所示。

```
int preg_match( string $pattern , string $subject [, array &$matches [, int $flags = 0 [, int $offset = 0 ]]] )
```

参数说明如下。

- ☑ pattern：要搜索的模式，字符串类型。
- ☑ subject：输入字符串。
- ☑ matches：如果提供了参数 matches，它将被填充为搜索结果。其中，$matches[0]将包含完整模式匹配到的文本，$matches[1]将包含第一个捕获子组匹配到的文本，以此类推。
- ☑ flags：可以被设置为 PREG_OFFSET_CAPTURE 标记值，表示对于每一个匹配返回时，都会附加字符串偏移量。注意，这会改变填充到 matches 参数的数组，使其每个元素成为一个数组，数组的第 0 个元素是匹配到的字符串，第 1 个元素是该匹配字符串在目标字符串 subject 中的偏移量。
- ☑ offset：可选参数，用于指定从目标字符串的某个位置开始搜索，单位是字节。默认情况下，搜索从目标字符串的开始位置开始。

preg_match()函数将返回 pattern 的匹配次数。返回值将是 0 次（不匹配）或 1 次，因为 preg_match()函数在第一次匹配后将会停止搜索。如果发生错误，preg_match()函数返回 false。

【示例 1】下面示例使用 preg_match()函数快速检测给定字符串中是否包含 php，匹配字符不区分大小写。

```
$subject = "PHP is a popular general-purpose scripting language that is especially suited to web development.";
$pattern = "/php/i";
echo preg_match($pattern, $subject);
```

输出结果如下。

```
1
```

【示例 2】下面示例使用 preg_match()函数从 URL 字符串中匹配出域名子串。

```
$subject = "http://www.php.net/index.html";
$pattern = '/^(?:http:\/\/)?([^\/]+)/i';
// 从 URL 中获取主机名称
preg_match($pattern, $subject, $matches);
$subject = $matches[1];
```

```
$pattern = '/[^.]+\.[^.]+$/';
// 获取主机名称的后面两部分
preg_match($pattern, $subject, $matches);
echo "域名：{$matches[0]}\n";
```

Note

输出结果如下。

```
域名：php.net
```

【示例 3】下面示例使用 preg_match()函数，命名子组。

```
$subject = "abcde:12345";
$pattern = '/(?P<first>\w+):(?P<second>\d+)/';
preg_match($pattern, $subject, $matches);
print_r($matches);
```

输出结果如下。

```
Array (
    [0] => abcde:12345
    [first] => abcde
    [1] => abcde
    [second] => 12345
    [2] => 12345
)
```

提示：如果仅想要检查一个字符串是否包含另外一个字符串，不要使用 preg_match()函数，建议使用 strpos()或 strstr()函数会更快。

视频讲解

18.3.3 执行所有匹配

preg_match_all()函数能够执行一个全局正则表达式匹配，具体用法如下所示。

```
int preg_match_all( string $pattern , string $subject [, array &$matches [, int $flags = PREG_PATTERN_ORDER [, int $offset = 0 ]]] )
```

参数说明如下。

☑ pattern：要搜索的模式，字符串形式。

☑ subject：输入字符串。

☑ matches：多维数组，作为输出参数，输出所有匹配结果，数组排序通过 flags 指定。

☑ flags：可选参数，可以结合下面标记使用。如果没有给定排序标记，默认为 PREG_PATTERN_ORDER。

  - PREG_PATTERN_ORDER：结果排序为$matches[0]保存完整模式的所有匹配，$matches[1]保存第一个子组的所有匹配，以此类推。
  - PREG_SET_ORDER：结果排序为$matches[0]包含第一次匹配得到的所有匹配（包含子组），$matches[1]是包含第二次匹配到的所有匹配（包含子组）的数组，以此类推。
  - PREG_OFFSET_CAPTURE：如果设置该标记，每个发现的匹配返回时会增加它相对目标字符串的偏移量。

☑ offset：可选参数，用于从目标字符串中指定位置开始搜索（单位是字节）。查找时从目标字符串的开始位置开始。

preg_match_all()函数能够搜索 subject 中所有匹配 pattern 给定正则表达式的匹配结果，并且将它们以 flag 指定顺序输出到 matches 中。在第一个匹配找到后，子序列继续从最后一次匹配位置搜索。

【示例】下面示例使用 preg_match_all()函数找出 HTML 字符串中所有标签及其包含的文本等信息。

```
// \\2 是一个后向引用的示例
// 这会告诉 pcre 它必须匹配正则表达式中第二个圆括号（这里是([\w]+)）
// 匹配到的结果。这里使用两个反斜线是因为这里使用了双引号
$html = "<b>加粗文本</b><p>段落文本</p>";
preg_match_all("/(<([\w]+)[^>]*>)(.*?)(<\/\\2>)/", $html, $matches, PREG_SET_ORDER);
foreach ($matches as $val) {
    echo "匹配信息: " . $val[0] . "\n";
    echo "子组 1: " . $val[1] . "\n";
    echo "子组 2: " . $val[2] . "\n";
    echo "子组 3: " . $val[3] . "\n";
    echo "子组 4: " . $val[4] . "\n\n";
}
```

输出结果如下。

```
匹配信息: <b>加粗文本</b>
子组 1: <b>
子组 2: b
子组 3: 加粗文本
子组 4: </b>

匹配信息: <p>段落文本</p>
子组 1: <p>
子组 2: p
子组 3: 段落文本
子组 4: </p>
```

18.3.4　转义字符

视频讲解

preg_quote()函数能够转义正则表达式字符，具体用法如下所示。

```
string preg_quote( string $str [, string $delimiter = NULL ] )
```

参数说明如下。

☑ str：输入字符串。
☑ delimiter：可选参数，指定会被转义的字符。通常用于转义 PCRE 函数使用的分隔符，如“/”是最通用的分隔符。

preg_quote()函数在 str 中每个正则表达式语法中的特殊字符前增加一个反斜线，如 . \ + * ? [^] $ ( ) { } = ! < > | : -。

【示例】下面示例使用 preg_quote()函数对字符串进行转义，避免引发歧义。

```
$keywords = '2017/5/5 5.68$';
$keywords = preg_quote($keywords, '/');
echo $keywords;
```

输出结果如下。

```
2017\/5\/5 5\.68\$
```

18.3.5 查找替换

Note

视频讲解

preg_replace()函数能够执行一个正则表达式的搜索和替换，具体用法如下所示。

```
mixed preg_replace( mixed $pattern , mixed $replacement , mixed $subject [, int $limit = -1 [, int &$count ]] )
```

参数说明如下。

☑ pattern：要搜索的模式。可以是一个字符串或字符串数组。

☑ replacement：用于替换的字符串或字符串数组。如果这个参数是一个字符串，并且 pattern 是一个数组，那么所有的模式都使用这个字符串进行替换。如果 pattern 和 replacement 都是数组，每个 pattern 使用 replacement 中对应的元素进行替换。如果 replacement 中的元素比 pattern 中的少，多出来的 pattern 使用空字符串进行替换。

> 提示：replacement 中可以包含后向引用\\n、$n，语法上首选后者。每个这样的引用将被匹配到的第 n 个捕获子组捕获到的文本替换。n 可以是 0-99，\\0 和$0 代表完整的模式匹配文本。捕获子组的序号计数方式为：代表捕获子组的左括号从左到右，从 1 开始数。如果要在 replacement 中使用反斜线，必须使用 4 个。

☑ subject：要进行搜索和替换的字符串或字符串数组。

☑ limit：每个模式在每个 subject 上进行替换的最大次数。默认是-1（无限）。

☑ count：如果指定，将会被填充为完成的替换次数。

如果 subject 是一个数组，preg_replace()函数返回一个数组，其他情况下返回一个字符串。如果匹配被查找到，替换后的 subject 被返回，其他情况下返回没有改变的 subject。如果发生错误，返回 NULL。

【示例】下面示例使用后向引用修改字符串中的数字和显示格式。

```
$string = 'April 15, 2017';
$pattern = '/(\w+) (\d+), (\d+)/i';
$replacement = '$3-${1}-12';
echo preg_replace($pattern, $replacement, $string);
```

输出结果如下。

```
2017-April-12
```

当在替换模式下工作并且后向引用时，不能使用\\1 这样的语法来描述后向引用，可以使用\${1}1，这创建了一个独立的$1 后向引用。

视频讲解

18.3.6 高级查找替换

preg_replace_callback()函数能够执行一个正则表达式搜索，并且使用一个回调函数进行替换，具体用法如下所示。

```
mixed preg_replace_callback( mixed $pattern , callable $callback , mixed $subject [, int $limit = -1 [, int &$count ]] )
```

参数说明如下。

☑ pattern：要搜索的模式，可以是字符串或一个字符串数组。

☑ callback：一个回调函数，在每次需要替换时调用，调用时函数得到的参数是从 subject 中匹配到的结果。回调函数返回真正参与替换的字符串。

☑ subject：要搜索替换的目标字符串或字符串数组。

☑ limit：对于每个模式用于每个 subject 字符串的最大可替换次数，默认是-1（无限制）。

☑ count：如果指定，这个变量将被填充为替换执行的次数。

如果 subject 是一个数组，preg_replace_callback()函数将返回一个数组，其他情况返回字符串。错误发生时返回 NULL。如果查找到了匹配，返回替换后的目标字符串（或字符串数组），其他情况 subject 将会无变化返回。

【示例】下面示例使用 preg_replace_callback()函数将日期字符串中的年份数字加 1。

```
$pattern = "|(\d{1,2}/\d{1,2}/)(\d{4})|";
$text = "5/15/2017";
// 回调函数
function next_year($matches){
    // 通常：$matches[0]是完成的匹配
    // $matches[1]是第一个捕获子组的匹配，以此类推
    return $matches[1].($matches[2]+1);
}
echo preg_replace_callback($pattern, "next_year", $text);
```

输出结果如下。

```
5/15/2018
```

18.3.7　分隔字符串

视频讲解

preg_split()函数能够通过一个正则表达式分隔字符串，具体用法如下所示。

```
array preg_split( string $pattern , string $subject [, int $limit = -1 [, int $flags = 0 ]] )
```

参数说明如下。

☑ pattern：用于搜索的模式，字符串形式。

☑ subject：输入字符串。

☑ limit：如果指定，将限制分隔得到的子串最多只有 limit 个，返回的最后一个子串将包含所有剩余部分。limit 值为-1、0 或 null 时，都代表不限制。

☑ flags：可以是任何下面标记的组合（以位或运算符|组合）。

- ➢ PREG_SPLIT_NO_EMPTY：preg_split()函数将返回分隔后的非空部分。
- ➢ PREG_SPLIT_DELIM_CAPTURE：用于分隔的模式中的括号表达式将被捕获并返回。
- ➢ PREG_SPLIT_OFFSET_CAPTURE：对于每一个出现的匹配返回时将会附加字符串偏移量。

preg_split()函数将返回一个使用 pattern 边界分隔 subject 后得到的子串组成的数组。

【示例】下面示例使用 preg_split()函数将一个短语分隔为多个单词。

```
$pattern = "/[\s,]+/";
$text = "Hi, how are you";
// 使用逗号或空格（包含" "、\r、\t、\n、\f）分隔词语
```

```
$keywords = preg_split($pattern,$text );
print_r($keywords);
```

输出结果如下。

```
Array (
    [0] => Hi
    [1] => how
    [2] => are
    [3] => you
)
```

Note

18.4 案 例 实 战

在 PHP 中，正则表达式应用最多的场景是对表单提交的数据进行验证，判断是否合理、合法。下面结合示例进行说明。

视频讲解

18.4.1 验证电话号码

在用户注册信息时，往往要求填写座机电话号码，而座机电话号码是由 11 位或 12 位数字的组成，所以一定要对电话号码的位数和格式进行限制。本实例通过正则表达式和正则表达式函数 preg_match_all()函数实现对电话号码格式的验证，运行结果如图 18.1 所示。

图 18.1 使用正则表达式验证电话号码

【操作步骤】

（1）新建网页文档，保存为 test1.php。

（2）构建一个简单的表单结构。代码如下所示，设置<form>标签的 method 属性值为"post"，提交的服务器文件为自身，通过 PHP 脚本动态定义：<?php echo htmlspecialchars($_SERVER["PHP_SELF"]);?>。

```
<h2>PHP 正则表达式验证</h2>
<form method="post" action="<?php echo htmlspecialchars($_SERVER["PHP_SELF"]);?>">
    输入值：
    <input type ="text" name ="text" value ="输入电话号码" onfocus ="this.value="">
    <br><br>
    <input type="submit" name="submit" value="验  证">
</form>
```

设置文本框的 name 属性值为 text，默认值为"输入电话号码"，通过 onfocus ="this.value=""属性设置当文本框获取焦点时，清除提示文本。

（3）输入下面 PHP 脚本，实现对提交的信息进行验证。

```
<?php
// 定义变量并设置为空值
$text = "";
if ($_SERVER["REQUEST_METHOD"] == "POST") {
    $text = test_input($_POST["text"]);
    if( $text != "" ){
        echo "<h3>您输入的信息如下：</h3>";
        echo $text;
    }else{
        echo "<h3>您输入的信息非法。</h3>";
    }
}
function test_input($data) {
    $data = trim($data);                         // 清除首尾空格
    $data = stripslashes($data);                 // 去除转义反斜线
    $data = htmlspecialchars($data);             // 转义预定义 HTML 字符 "<"和 ">"
    if(preg_match_all("/(\d{3}-)(\d{8})$|(\d{4}-)(\d{7})$/",$data,$counts)){
        return $data;
    }else{
        return "";
    }
}
?>
```

在上面 PHP 脚本中，先定义一个变量$text，初始化为空。设计当用户提交表单时，接收用户提交的表单信息，然后声明一个函数 test_input()处理用户输入的信息。该自定义函数对信息进行简单的处理，清除首尾空白，以及各种特殊字符，然后定义如下正则表达式。

```
"/(\d{3}-)(\d{8})$|(\d{4}-)(\d{7})$/"
```

用来验证输入的值是否都是数字，且长度为 11，格式为 nnn-nnnnnnnn 或者 nnnn-nnnnnnn。

最后，调用 preg_match_all()函数验证用户输入的所有信息。

18.4.2　验证 Email 地址

在网上填写信息时，一般都需要用户提供 Email 地址，无论申请的是 126 邮箱，还是 163 邮箱，Email 地址的格式是固定的。本实例通过 preg_match()正则匹配函数和正则表达式验证 Email 地址格式是否正确，运行结果如图 18.2 所示。

【操作步骤】

（1）新建网页文档，保存为 test1.php。

（2）构建一个简单的表单结构。代码如下所示，设置<form>标签的 method 属性值为"post"，提交的服务器文件为自身，通过 PHP 脚本动态定义：<?php echo htmlspecialchars($_SERVER["PHP_SELF"]);?>。

```
<h2>PHP 正则表达式验证</h2>
<form method="post" action="<?php echo htmlspecialchars($_SERVER["PHP_SELF"]);?>">
```

```
        输入电子邮件地址：<br>
        <input name ="text" type ="text" placeholder="xxxxxx@xxx.xx" onfocus ="this.value=''" value ="">
        <br>
        <br>
        <input type="submit" name="submit" value="验  证">
</form>
```

Note

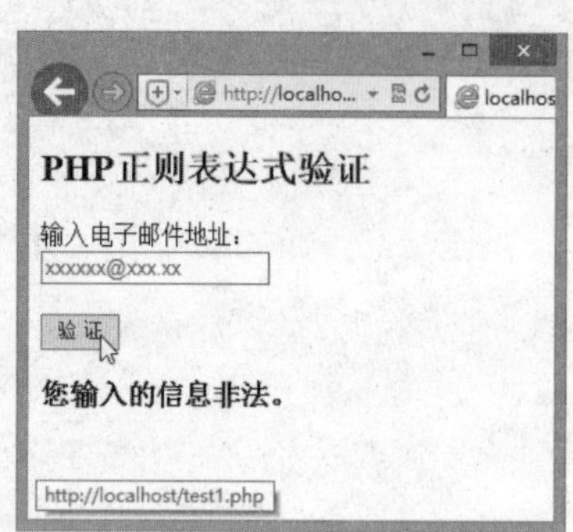

图 18.2　使用正则表达式验证 Email 地址

（3）复制 18.4.1 节示例的 PHP 脚本部分代码。修改验证函数 test_input()的代码，具体代码如下所示。

```
function test_input($data) {
    $data = trim($data);                    // 清除首尾空格
    $data = stripslashes($data);            // 去除转义反斜线
    $data = htmlspecialchars($data);        // 转义预定义 HTML 字符 "<"和 ">"
    if(preg_match("/\w+([-+.']\w+)*@\w+([-.]\w+)*\.\w+([-.]\w+)*/",$data)){
        return $data;
    }else{
        return "";
    }
}
```

在上面自定义函数中，使用 preg_match()函数执行一次正则表达式，匹配用户输入的信息是否符合 Email 格式，其中正则表达式如下。

```
"/\w+([-+.']\w+)*@\w+([-.]\w+)*\.\w+([-.]\w+)*/"
```

PHP 支持两种正则表达式函数库：一种是 POSIX 扩展；另外一种是 Perl 兼容。在性能上，Perl 兼容正则表达式速度更快一些。

18.4.3　验证 IP 地址

视频讲解

IP 地址是 Web 用户可以访问互联网的身份凭证。每一个 IP 地址相对其他用户的 IP 都是独立的。本实例通过正则表达式函数 preg_match()和正则表达式对 IP 地址进行验证，运行结果如图 18.3 所示。

【操作步骤】

（1）新建网页文档，保存为 test1.php。

（2）构建一个简单的表单结构。代码如下所示，设置<form>标签的 method 属性值为"post"，提交的服务器文件为自身，通过 PHP 脚本动态定义：<?php echo htmlspecialchars($_SERVER["PHP_SELF"]);?>。

```
<form method="post" action="<?php echo htmlspecialchars($_SERVER["PHP_SELF"]);?>">
    输入 IP 地址：<input name ="text" type ="text" placeholder="nnn.nnn.nnn.nnn" onfocus ="this.value=''" value ="">
    <br>
    <br>
    <input type="submit" name="submit" value="验  证">
</form>
```

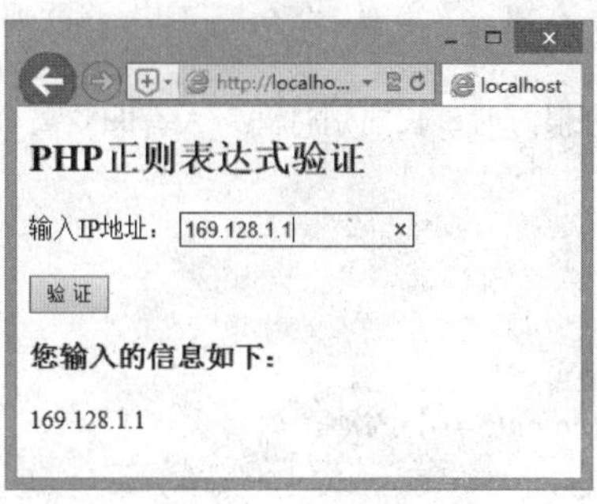

图 18.3　使用正则表达式验证 IP 地址

（3）在 18.4.2 节示例基础上，重新定义 PHP 文本验证函数 test_input()，完整代码如下所示。

```
function test_input($data) {
    $data = trim($data);                        // 清除首尾空格
    $data = stripslashes($data);                // 去除转义反斜线
    $data = htmlspecialchars($data);            // 转义预定义 HTML 字符 "<"和 ">"
    if(preg_match("/\d+\\d+\\d+\.\d+/",$data)){
        return $data;
    }else{
        return "";
    }
}
```

Internet 为每一个主机分配唯一的一个 32 位地址，该地址称为 IP 地址，也称为网际地址。IP 地址由 4 个数组成，每个数取值范围为 0～255，每两个数之间用“.”分隔。所以 IP 地址的格式是固定的，正则表达式"/\d+\\d+\\d+\.\d+/"可以验证所有 IP 地址。

18.4.4　统计关键字

【示例】统计关键字的查询结果的方法有很多，本例通过正则表达式函数 explode()和 count()实现统计关键字，运行结果如图 18.4 所示。

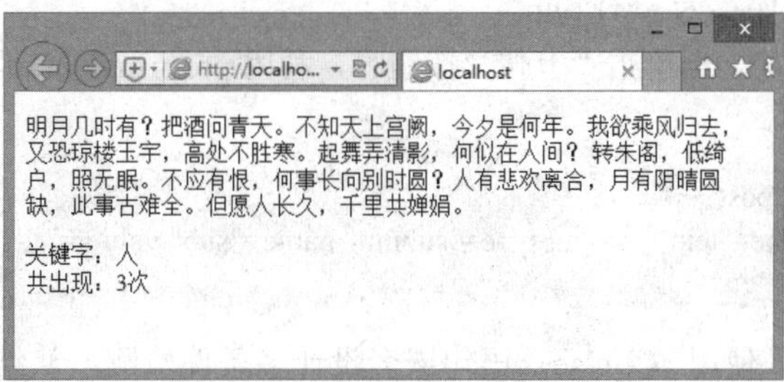

图 18.4　统计关键字结果

【操作步骤】

（1）新建网页文档，保存为 test1.php。

（2）输入 PHP 脚本。首先，定义字符串变量$str，并为$str 赋值。然后，利用 explode()函数检索字符“人”在$str 中的出现次数，并通过 count()函数输出检索的结果，具体代码如下。

```
<?php
$str = "明月几时有？把酒问青天。不知天上宫阙，今夕是何年。我欲乘风归去，又恐琼楼玉宇，高处不胜寒。起舞弄清影，何似在人间？
转朱阁，低绮户，照无眠。不应有恨，何事长向别时圆？人有悲欢离合，月有阴晴圆缺，此事古难全。但愿人长久，千里共婵娟。";
$b = explode("人",$str);
echo "<p style ='red'>";
echo $str."<br>";
echo "</p>";
echo "关键字：人<br>共出现：".(count($b)-1)."次";
?>
```

explode()函数能够将字符串分割到数组中，该函数返回一个字符串数组，然后使用 count()函数统计数组中元素的个数。

explode()函数是将字符串分割到数组中，如果字符串中有 n 个与关键字相匹配的项目，则返回的数组将包含 n+1 个单元，所以 count()函数在计算时要减 1。

该函数对分割电子邮件地址、域名或日期是非常有用的。一般而言，对于同样的功能，正则表达式函数运行效率要低于字符串函数。如果应用程序足够简单，那么就用字符串表达式。但是，对于可以通过单个正则表达式执行的任务来说，如果使用多个字符串函数，则是不对的。

视频讲解

18.4.5　检测上传文件类型

本例采用正则表达式函数 preg_match()实现判断上传文件的类型，运行结果如图 18.5 所示。

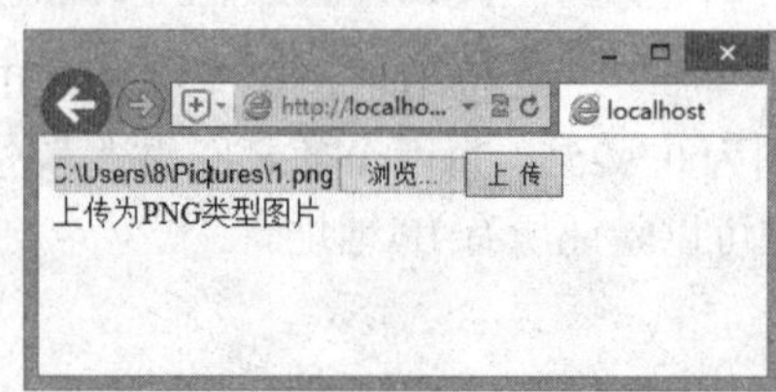

图 18.5　检测文件类型

【操作步骤】

（1）新建网页文档，保存为 test1.php。

（2）设计如下表单结构，当单击“上传”按钮时，利用 preg_match()函数将上传的数据信息进行匹配并输出结果。

```
<form action ="" method="post">
    <input type="file" name="text"><input type="submit" name="sub" value ="上 传">
</form>
```

（3）设计 PHP 脚本。使用 if…else…语句嵌套设计多条件检测。从结构上看不是很明朗，可以运用 switch 语句改写此实例，相信在系统运行效率上会有所提高。

Note

```
<?php
if($_POST && $_POST['sub']){
    if(preg_match("/.jpg/",strtolower($_POST['text']))){
        echo "上传为 JPG 类型图片";
    }else if (preg_match("/.png/",strtolower($_POST['text']))){
        echo "上传为 PNG 类型图片";
    }else if (preg_match("/.gif/",strtolower($_POST['text']))){
        echo "上传为 GIF 类型图片";
    }
    else if(preg_match("/.rar/",strtolower($_POST['text']))){
        echo "上传为压缩包类型";
    }else{
        echo "没有可上传文件，或者是其他文件类型";
    }
}
?>
```

18.5　在线练习

正则表达式是烦琐的，也是强大的，学会之后会让你非常兴奋，与字符串操作相结合，除了提高效率外，会帮助你解决很多棘手的技术问题。对于初学者来说，本章内容仅是一个开始。因此，同学们应该加强正则表达式的操作训练，感兴趣的同学可以扫码练习。

在线练习

第19章

PHP 数组

数组是PHP中最重要的数据类型之一，它在PHP中的应用非常广泛，因为PHP是弱数据类型的编程语言，所以PHP中的数组变量可以存储任意多个、任意类型的数据，并且可以实现其他强数据类型中的堆、栈、队列等数据结构的功能。使用数组的目的就是将多个相互关联的数据组织在一起形成集合，作为一个单元使用，以达到批量处理数据的目的。

【学习重点】

- 认识PHP数组。
- 能够声明一维数组和二维数据。
- 能够统计数组元素的个数、遍历和输出数组。
- 能够实现字符串与数组之间的转换。
- 能够查询数组中指定元素。
- 添加、删除和获取数组元素。

19.1 认识PHP数组

数组就是一组数据的集合，把一系列数据组织起来，形成一个可操作的整体。在 PHP 中，数组较为复杂，也更为灵活。

数组是一组有序的变量，每个变量被称为数组的一个元素。每个元素由一个特殊的标识符来区分，这个标识符称为键，也称为下标、索引或关键字。

数组的元素都包含两部分内容：键和值。通过键来获取数组中相应元素的值，键可以是数字，也可以是字符串。

如果一个变量就是一个用来存储值的命名区域，那么一个数组就是一个用来存储一系列变量值的命名区域。因此，可以使用数组组织变量。

例如，一支球队通常包含很多运动员，用户无法说出他们的名字，但是通过号码可以对号入座。这时，我们可以假设球队就是一个数组，而号码就是数组的下标，当指明号码时，就会找到了该名队员。

有了数组之后，我们可以做很多事情。例如，使用循环语句，设计针对数组中每个元素的相同操作，这样就可以节省许多工作。作为整个集合，可以把数组作为一个单元进行移动，通过这种方式，只要使用一行代码，所有的数值就可以传递给一个函数。例如，按字母顺序对产品进行排序。要完成此操作，可以将整个数组传递给 PHP 的 sort()函数。

19.2 数组类型

PHP 支持两种类型的数组：索引数组，以数字作为键；关联数组，以字符串作为键。

19.2.1 索引数组

索引表示元素在数组中的位置，它由数字组成，默认下标从 0 开始，一般不需要特别指定，PHP 会自动为索引数组的键赋一个数字，然后从这个值开始自动递增。用户也可以指定从某个位置开始保存数据。

【示例 1】下面代码将创建一个数组。

```
$products = array("a", "b", "c");
```

数组名称为$products，它包含 3 个值："a"、"b"、"c"。

用户可以使用运算符“=”简单地将一个数组复制给另一个数组。

【示例 2】下面示例使用 range()函数自动创建一个从 1～10 的数字数组。

```
$numbers = range(1, 10);
```

提示：range()函数包含 3 个参数，分别指定起始值、结束值和步长，其中第 3 个参数为可选。例如，如需建立一个 1～10 的奇数数组，可以使用如下代码。

```
$odds = range(1, 10, 2);
```

range()函数也可以对字符进行操作，如下例所示。

```
$letters = range("a", "z");
```

Note

访问数字索引数组，可以使用索引，索引值放在数组名称后面，并用方括号括起来。

【示例 3】PHP 数组不需要预先初始化或创建。在第一次使用它们时，会自动创建。下面示例展示了如何写、读数字索引数组。

```
$products[0] = 0 ;
$products[3] = 3 ;
echo "$products[0] $products[3]";
```

上面代码增加一个新的元素 3 到数组末尾，这样，可以得到一个具有 4 个元素的数组，然后再读取部分元素的值。

【示例 4】下面示例使用 for 循环语句快速为一个数组赋值，并显示数组的内容。

```
for($i = 0; $i < 10; $i++)
      $products[$i] = $i;
for($i = 0; $i < 10; $i++)
      echo "$products[$i]";
```

提示：也可以使用 foreach 循环，这个循环语句是专门为数组而设计的。针对上面示例，可以按如下所示的方式设计。

```
for($i = 0; $i < 10; $i++)
      $products[$i] = $i;
foreach($products as $current)
      echo "$current";
```

视频讲解

19.2.2 关联数组

关联数组的键是字符串，也可以混合数字和字符串，而数字索引数组的键名只能为数字。在一个数组中，只要键名中有一个不是数字，那么这个数组就是关联数组。关联数组使用字符串索引（或称为键）来访问存储在数组中各元素的值。

【示例 1】下面代码可以创建一个以产品名称作为关键字、以价格作为值的关联数组。

```
$prices = array("a" =>100, "b"=>10, "c"=>1);
```

可以通过如下方式访问保存在$prices 数组中的信息。

```
echo $prices["a"];
echo $prices["b"];
echo $prices["c"];
```

【示例 2】下面代码将创建一个与$prices 数组相同的数组。这种方法并不是创建一个具有 3 个元素的数组，而是创建一个只有一个元素的数组，然后再添加两个元素。

```
$prices = array("a" =>100);
$prices["b"] = 10;
$prices["c"] = 1;
```

与下面这段代码有些不同，但其功能与以上代码是等价的。

```
$prices["a"] = 100;
$prices["b"] = 10;
$prices["c"] = 1;
```

关联数组的索引不是数字，因此无法使用 for 循环语句对数组进行操作。用户可以使用 foreach 循环，或者 list()和 each()函数。

【示例 3】当使用 foreach 循环语句对关联数组进行操作时，可以模仿 19.2.1 节示例使用循环语句，也可以按如下方式使用关键字。

```
foreach( $prices as $key => $value)
    echo $key.'=>'.$value.'<br />';
```

【示例 4】也可以使用 each()函数打印$prices 数组的内容。

```
While ($element = each($prices)) {
    echo $element['key'];
    echo '=>';
    echo $element['value'];
    echo '<br />';
}
```

上面示例输出结果如图 19.1 所示。

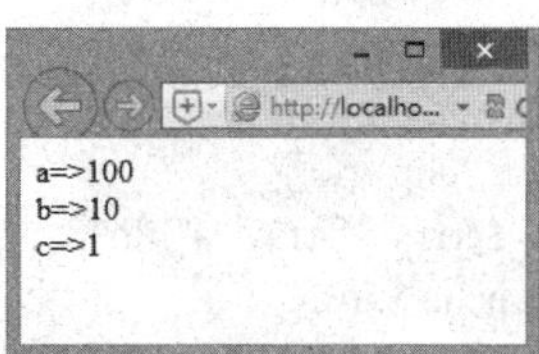

图 19.1　使用 each()函数遍历数组

each()函数能够返回数组的当前元素，并将下一个元素作为当前元素。因为在 while 循环中调用 each()函数，它将按顺序返回数组中每个元素，并且当它到达数组末尾时，循环操作将终止。

在上面这段代码中，变量$element 是一个数组。当调用 each()函数时，它将返回一个带有 4 个数值和 4 个指向数组位置的索引的数组。位置 key 和 0 包含了当前元素的关键字，而位置 value 和 1 包含了当前元素的值。

19.3　定义数组

本节将介绍如何声明 PHP 数组。

19.3.1　定义简单数组

视频讲解

在 PHP 中定义数组的方法有如下两种。

☑ 使用 array()函数声明数组。

☑ 直接为数组元素赋值。

1．使用 array()函数

array()函数的用法如下所示。

```
array array([mixed ...])
```

参数 mixed 表示 key => value，多个参数 mixed 之间使用逗号分隔，其中 key 表示键，value 表示值。键可以是字符串或数字。如果省略了键名，则会自动产生从 0 开始的整数索引；如果键名是整

Note

数，则下一个键名将是目前最大的整数索引+1；如果定义了两个完全一样的键名，则后面一个会覆盖前一个。

在数组中，每个元素的数据类型可以不同，也可以是数组类型。当 mixed 是数组类型时，可以定义二维数组。

使用 array()函数声明数组时，数组下标可以是数字索引，也可以是关联索引。下标与数组元素值之间使用“=>”符号进行连接，不同数组元素之间用逗号进行分隔。

【示例 1】使用 array()函数定义数组比较灵活，可以直接传递值，而不必传递键名。

```
<?php
$array = array("a", "b", "c");          // 定义数组
print_r($array);                        // 输出数组元素
?>
```

输出结果如下。

```
Array ( [0] => a [1] => b [2] => c )
```

提示：可以调用 array()函数，不传递任何参数，这样将创建一个空数组，然后使用方括号[]语法事后添加数组元素值。

【示例 2】创建数组之后，可以直接使用方括号[]语法读取指定下标位置的元素的值。

```
<?php
$array = array("a", "b", "c");
echo $array[ 1 ];
?>
```

输出结果如下。

```
b
```

使用 array()函数定义数组时，下标默认从 0 开始，而不是 1，然后依次递加。上面代码输出数组元素的第 2 个下标位置的值。

【示例 3】下面示例使用 array()函数定义一个数组，包含两个元素，键分别为"a"和"b"，对应值分别为"first"和"second"。

```
<?php
$array = array(
    "a" => "first",
    "b" => "second",
);
?>
```

2．直接赋值

【示例 4】定义数组的另一种方法是直接为数组元素赋值。如果在创建数组时不知道所创建数组的大小，或在实际编写程序时数组的大小可能发生改变，采用这种方法比较好。

```
<?php
$array[1] = 1;
$array[2] = 2;
var_dump($array);
?>
```

输出结果如下。

```
array(2) {
    [1]=> int(1)
    [2]=> int(2)
}
```

注意：直接为数组元素赋值时，要求同一数组元素中的数组名必须相同。

视频讲解

19.3.2 定义多维数组

当数组的元素是一个数组时，可以创建一个二维数组，如果它的元素也是一个数组时，就可以构成一个三维数组，依此类推。

【示例 1】下面示例使用一个二维数组存储产品信息，每一行代表一种产品，每列代表一个产品属性。

```
$products = array(array( 'TIR', 'Tires', 100),
                  array( 'OIL', 'oil', 10),
                  array( 'SPK', 'Spark Plugs', 4));
```

从上面示例可以看到$products 数组包含 3 个子数组。

【示例 2】可以模仿一维数组的形式，访问多维数组元素的值。

```
echo '|'.$products[0][0].'|'.$products[0][1].'|'.$products[0][2].'|<br />';
echo '|'.$products[1][0].'|'.$products[1][1].'|'.$products[1][2].'|<br />';
echo '|'.$products[2][0].'|'.$products[2][1].'|'.$products[2][2].'|<br />';
```

【示例 3】也可以使用嵌套 for 循环来访问多维数组。

```
For ($row=0 ;$row<3;$row++) {
    For ($colum=0; $colum<3; $colum++) {
        echo '|'.$products[$row][$colum];
    }
    echo '|<br />';
}
```

以上两种代码都可以在浏览器中产生相同的输出，如图 19.2 所示。

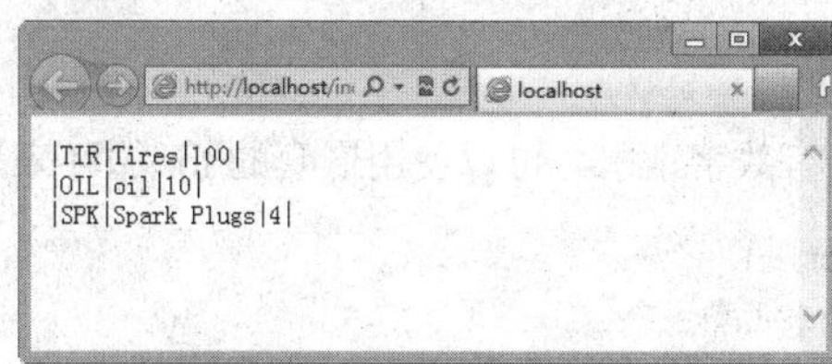

图 19.2　二维数组输出

比较上面两个示例，可以看到示例 2 的代码更简洁一些。

【示例 4】通过创建列名来保存产品信息，更容易阅读。

```
$products = array(array('Code' => 'TIR',
                        'Description' => 'Tires',
                        'Price' => 100),
```

```
                    array('Code' => 'OIL',
                            'Description' => 'oil',
                            'Price' =>10),
                    array('Code' => 'SPK',
                            'Description' => 'Spark Plugs',
                            'Price' =>4));
```

Note

【示例 5】如果检索某个值，比较容易找到。但是不能使用嵌套 for 循环按顺序遍历每一列信息。

```
for ($row = 0; $row < 3; $row++){
    echo '|'.$products[$row]['Code'].
        '|'.$products[$row]['Description'].
        '|'.$products[$row]['Price'].'|<BR>';
}
```

【示例 6】配合使用 for 循环和 while 循环可以快速访问上面示例中的二维数组。在 while 循环中使用 each()和 list()函数遍历整个内部数组。

```
for ($row = 0; $row < 3; $row++){
    while (list( $key, $value) = each($products[ $row ] )){
        echo "|$value";
    }
    echo "|<BR>";
}
```

【示例 7】下面代码定义了一个三维数组。

```
$categories = array( array ( array( "TIR", "Tires", 100 ),
                             array( "OIL", "Oil", 10 ),
                             array( "SPK", "Spark Plugs", 4 )
                         ),
                         array ( array( "TIR", "Tires", 100 ),
                             array( "OIL", "Oil", 10 ),
                             array( "SPK", "Spark Plugs", 4 )
                         ),
                         array ( array( "TIR", "Tires", 100 ),
                             array( "OIL", "Oil", 10 ),
                             array( "SPK", "Spark Plugs", 4 )
                         )
                   );
```

【示例 8】因为这个数组只有数字索引，可以使用嵌套的 for 循环来显示它的内容，代码如下所示。

```
for ($layer = 0; $layer < 3; $layer++) {
    echo "Layer $layer<BR>";
    for ($row = 0; $row < 3; $row++) {
        for ($column = 0; $column < 3; $column++) {
            echo "|".$categories[$layer][$row][$column];
        }
        echo "|<BR>";
    }
}
```

根据创建多维数组的方法，可以创建四维、五维或六维数组。在 PHP 中，并没有设置数组维数

的限制，但一般很难设想一个多于三维的数组。大多数的实际问题在逻辑上只需要使用三维或者更少维的数组结构即可。以上代码在浏览器中的输出效果如图 19.3 所示。

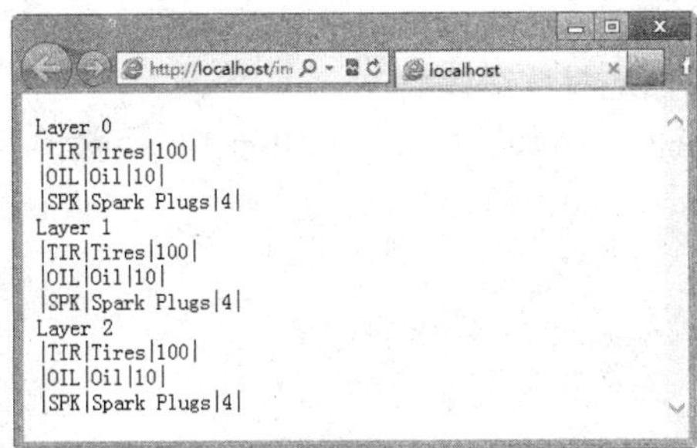

图 19.3　三维数组输出

19.4　使用数组

PHP 为方便用户操作数组，提供大量函数，灵活使用这些函数，可以更轻松地控制数组。同学们可以扫码了解 PHP 数组函数的列表说明。

视频讲解

19.4.1　输出数组

在 PHP 中输出数组有两种方式：输出元素和输出整个数组。

☑　输出元素可以使用输出语句实现，如 echo 语句、print 语句等。

☑　输出整个数组可以使用 print_r()和 var_dump()函数等。

【示例】下面示例展示了 print_r()和 var_dump()函数输出整个数组的不同形式。

```
$prices = array("a" =>100, "b"=>10, "c"=>1);
print_r($prices);
var_dump($prices);
```

输出结果如下。

```
Array (
    [a] => 100
    [b] => 10
    [c] => 1
)
array(3) {
    ["a"]=> int(100)
    ["b"]=> int(10)
    ["c"]=> int(1)
}
```

19.4.2　统计元素个数

视频讲解

使用 count()函数可以统计数组中元素的个数，具体用法如下所示。

```
int count( mixed $var [, int $mode = COUNT_NORMAL ] )
```

参数说明如下。

☑ var：数组或者对象。

☑ mode：可选参数，默认值为 0，表示识别不了无限递归。如果设置为 COUNT_RECURSIVE 或 1，count()函数将递归地对数组计数。

【示例 1】下面示例使用 count()函数统计数组 a 中元素的个数，返回值为 3。

```
$a[0] = 1;
$a[3] = 3;
$a[6] = 5;
echo count($a);
```

【示例 2】下面示例使用 count()函数统计二维数组 products 中元素的个数，返回值为 12。

```
$products = array(array( 'TIR', 'Tires', 100),
                  array( 'OIL', 'oil', 10),
                  array( 'SPK', 'Spark Plugs', 4));
echo count($products, 1);
```

注意：需要设置第 2 个参数值为 1。

视频讲解

19.4.3 遍历数组

遍历数组就是逐一访问数组中每个元素，它是一种常用的数组操作，在遍历过程中可以完成查询、更新等操作。

1．使用 foreach

foreach 是遍历数组元素最常用的方法，具体用法如下所示。

```
foreach(array_expression as $value)
    statement
foreach(array_expression as $key => $value)
    statement
```

第一种格式遍历给定的 array_expression 数组。每次循环中，当前元素的值被赋给$value，且数组内部的指针向前移一步，下一次循环中将会得到下一个元素。第二种格式不仅仅访问元素的值（$value），还将当前元素的键名赋给变量$key。

【示例 1】foreach 结构并非操作数组本身，而是操作数组的一个备份。但是用户可以通过在$value 变量之前加上&，这样可以引用赋值，而不是复制一个值，这样就可以实现修改数组的元素。

```
$arr = array(1, 2, 3, 4);
foreach ($arr as &$value) {
    $value = $value * 2;
}
var_dump($arr);
```

输出结果如下。

```
array(4) {
    [0]=> int(2)
    [1]=> int(4)
    [2]=> int(6)
```

```
    [3]=> &int(8)
}
```

2．使用 list()函数

list()函数是把数组中的值赋给一些变量。与 array()函数类似，list()函数不是真正的函数，而是一种语言结构。list()函数仅能用于数字索引，且索引值从 0 开始的数组，具体用法如下。

```
void list(mixed…)
```

参数 mixed 为被赋值的变量名称。

【示例 2】下面示例使用 list()函数将 each()函数返回的两个值分开。

```
$prices["a"] = 100;
$prices["b"] = 10;
$prices["c"] = 1;
while(list($product, $price) = each($prices))
    echo "$product => $price<br />";
```

以上代码使用 each()函数从$prices 数组中取出当前元素，并且将它作为数组返回，然后再指向下一个元素。再使用 list()函数将从 each()函数返回的数组中所包含 0、1 两个元素，变为两个名为$product 和$price 的新变量。最后使用 while 结构逐一把每个元素的值显示出来。

注意：当使用 each()函数时，数组将记录当前元素。如果希望在相同的脚本中两次使用该数组，就必须使用 reset()函数将当前元素重新设置到数组开始处。

```
reset($prices) ;
while(list($product, $price) = each($prices))
    echo "$product => $price<br />";
```

以上代码可以将当前元素重新设置到数组开始处，再次遍历数组。

19.4.4 数组与字符串的转换

PHP 使用 explode()和 implode()函数实现字符串与数组之间的相互转换。

1．explode()函数

explode()函数能够把字符串转换为数组，具体用法如下所示。

```
array explode( string $delimiter , string $string [, int $limit ] )
```

参数说明如下。

☑ delimiter：边界分隔字符。

☑ string：输入的字符串。

☑ limit：如果设置 limit 参数，且为正数，则返回的数组包含最多 limit 个元素，而最后那个元素将包含 string 的剩余部分。如果 limit 参数是负数，则返回除最后的-limit 个元素外的所有元素。如果 limit 是 0，则会被当作 1。

【示例 1】下面示例将一句话按词分割为一组数组。

```
$php = "PHP is a popular general-purpose scripting language";
$php1 = explode(" ", $php);
var_dump($php1);
```

输出结果如下。

```
array(7) { [0]=> string(3) "PHP" [1]=> string(2) "is" [2]=> string(1) "a" [3]=> string(7) "popular" [4]=> string(15) "general-purpose" [5]=> string(9) "scripting" [6]=> string(8) "language" }
```

2．implode()函数

implode()函数能够将一个一维数组的值转换为字符串，具体用法如下所示。

```
string implode( string $glue, array $pieces )
string implode( array $pieces )
```

参数 glue 为分隔的字符串，默认为空字符串。参数 pieces 表示要转换的数组。

【示例 2】下面示例把数组 array('ASP', 'PHP', 'JSP')转换为字符串表示。

```
$array = array('ASP', 'PHP', 'JSP');
$str = implode(",", $array);
echo $str;
```

输出结果如下。

```
ASP,PHP,JSP
```

视频讲解

19.4.5 数组排序

PHP 提供多个数组排序的方法，如 sort()、rsort()、asort()、arsort()、ksort()、krsort()、usort()、uksort()、uasort()，下面结合示例进行简单说明。

【示例 1】常用 sort()函数进行排序。下面代码可以将数组按字母升序进行排序。

```
$products = array( "Tires", "Oil", "Spark Plugs" );
sort($products);
print_r($products);
```

输出结果如下。

```
Array ( [0] => Oil [1] => Spark Plugs [2] => Tires )
```

【示例 2】如果数组元素的值是数字，将按数字升序进行排序。

```
$prices = array( 100, 10, 4 );
sort($prices);
print_r($prices);
```

输出结果如下。

```
Array ( [0] => 4 [1] => 10 [2] => 100 )
```

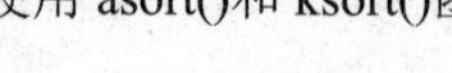

注意：sort()函数是区分字母大小写的。所有的大写字母都在小写字母的前面，所以 A 小于 Z，而 Z 小于 a。

sort()函数包含一个可选参数，设置排序方式。这个可选参数值可以为 SORT_REGULAR（默认值）、SORT_NUMERIC 或 SORT_STRING。指定排序类型的功能是非常有用的，例如，当要比较可能包含有数字 2 和 12 的字符串时。从数字角度看，2 要小于 12，但是作为字符串，"12"却要小于"2"。

使用 asort()和 ksort()函数可以对关联数组进行排序。如果使用关联数组存储各个项目和它们的价

格，就需要用不同的排序函数使关键字和值在排序时仍然保持一致。

【示例3】下面代码将创建一个包含3个产品及价格的数组，然后将它们按价格的升序进行排序。

```
$prices = array( "Tires"=>100, "Oil"=>10, "Spark Plugs"=>4 );
asort($prices);
print_r($prices);
```

输出结果如下。

```
Array ( [Spark Plugs] => 4 [Oil] => 10 [Tires] => 100 )
```

函数 asort()将根据数组的每个元素值进行排序。在这个数组中，元素值为价格，而关键字为文字说明。

【示例4】如果不是按价格排序，而要按说明排序，就可以使用 ksort()函数，它是按关键字排序而不是按值排序。

```
$prices = array( "Tires"=>100, "Oil"=>10, "Spark Plugs"=>4 );
ksort($prices);
print_r($prices);
```

输出结果如下。

```
Array ( [Oil] => 10 [Spark Plugs] => 4 [Tires] => 100 )
```

提示：sort()、asort()和 ksort()这 3 个函数都使数组按升序排序，与之对应的反向排序的函数是 rsort()、arsort()和 krsort()。反向排序函数与排序函数的用法相同。函数 rsort()将一个一维索引数组按降序排序。函数 arsort()将一个一维关联数组按每个元素值的降序排序。函数 krsort()将根据数组元素的关键字将一维数组按照降序排序。

【示例5】下面示例定义了一个二维数组。这个数组存储了3种产品的代码、说明和价格。

```
$products = array( array( "TIR", "Tires", 100 ),
            array( "OIL", "Oil", 10 ),
            array( "SPK", "Spark Plugs", 4 ) );
```

下面定义一个排序函数，然后利用这个排序函数，按字母顺序对单数组中的第二列进行排序。

```
function compare($x, $y){
    if ( $x[1] == $y[1] )
        return 0;
    else if ( $x[1] < $y[1] )
        return -1;
    else
        return 1;
}
usort($products, "compare");
print_r($products);
```

输出结果如下。

```
Array (
    [0] => Array (
          [0] => OIL
          [1] => Oil
```

Note

```
            [2] => 10 )
        [1] => Array (
            [0] => SPK
            [1] => Spark Plugs
            [2] => 4 )
        [2] => Array (
            [0] => TIR
            [1] => Tires
            [2] => 100 )
)
```

在上面示例中，排序函数被命名为 compare()，该函数有两个参数：$x、$y。该函数的作用是比较两个值的大小。$x 和$y 将是主数组中的两个子数组，分别代表一种产品。因为计数是从 0 开始的，说明字段是这个数组的第二个元素，所以为了访问数组$x 的说明字段，需要输入$x[1]和$y[1]来比较两个传递给函数的数组的说明字段。

【示例 6】如果要让数组按另一种顺序存储，只要编写一个不同的比较函数。要按价格进行排序，就必须查看数组的第三列，从而创建如下所示的比较函数。

```
function compare($x, $y){
    if ( $x[2] == $y[2] )
        return 0;
    else if ( $x[2] < $y[2] )
        return -1;
    else
        return 1;
}
```

当调用 usort($products, "compare")时，数组将按价格的升序来排序。

【示例 7】要进行反向排序，$x 小于$y 时函数需要返回 1，$x 大于$y 时函数需要返回-1，这样就做成了一个反向排序。

```
function reverseCompare($x, $y){
    if ( $x[2] == $y[2] )
        return 0;
    else if ( $x[2] < $y[2] )
        return 1;
    else
        return -1;
}
```

调用 usort($products, "reverseCompare")时，数组会按价格的降序来排序。

视频讲解

19.4.6 数组指针

在 PHP 中，每个数组内都有一个当前元素。当创建新数组时，当前元素初始化为第一个元素。

☑ 调用 current($array_name)函数，将返回当前元素。

☑ 调用 next()或 each()函数将使内部指针前移一个元素。

☑ 调用 each($array_name)函数将返回当前元素，并将内部指针前移一个元素。

☑ 调用 next($array_name)函数将内部指针前移，然后再返回新的当前元素。

☑ 使用 reset()函数将返回数组第一个元素，并把它设置为当前元素。

☑　调用 end($array_ name)可以将内部指针移到数组末尾，并返回最后一个元素。

☑　调用 prev()函数可以将当前指针往回移一个位置，然后再返回新的当前元素。

【示例】下面示例将反向显示一个数组的内容。

```
$array = array(1, 2, 3);
$value = end($array);
while ($value){
    echo "$value<br>";
    $value = prev($array);
}
```

输出结果如下。

```
3
2
1
```

使用 each()、current()、reset()、end()、next()、pos()和 prev()函数可以编写按指定顺序浏览数组的代码。

19.5　操作元素

用户可以操作数组中的元素，如添加、删除和查询元素的。

19.5.1　查询指定元素

视频讲解

使用 array_search()函数可以在数组中搜索给定的值，如果找到后则返回键名，否则返回 false。在 PHP 4.2.0 之前，该函数在失败时返回 null，而不是 false，具体用法如下所示。

```
mixed array_search( mixed $needle , array $haystack [, bool $strict = false ] )
```

参数说明如下。

☑　needle：搜索的值。如果 needle 是字符串，则比较以区分大小写的方式进行。

☑　haystack：被搜索的数组。

☑　strict：可选参数，如果值为 true，还将在数组中检查给定值的类型。

【示例】下面示例先声明一个数组，然后使用 array_search()函数检索指定的值。

```
$array = array(0 => 'blue', 1 => 'red', 2 => 'green', 3 => 'red');
echo array_search('green', $array);
echo array_search('red', $array);
```

输出结果如下。

```
2
1
```

19.5.2　获取最后一个元素

视频讲解

使用 array_pop()函数可以获取数组中的最后一个元素，并将数组的长度减 1，此过程也称为出栈。

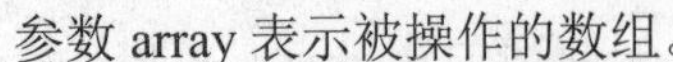

如果数组为空，或者不是数组，将返回 null，具体用法如下所示。

```
mixed array_pop( array &$array )
```

参数 array 表示被操作的数组。

【示例】下面示例应用 array_pop()函数获取数组中最后一个元素。

```
$stack = array("red", "green", "blue");
$fruit = array_pop($stack);
print_r($stack);
```

输出结果如下。

```
Array (
    [0] => red
    [1] => green
)
```

视频讲解

19.5.3 添加元素

使用 array_push()函数可以向数组中添加元素。array_push()函数将数组当成一个栈，并将传入的变量压入数组的末尾，数组的长度将根据入栈变量的数目而增加，具体用法如下所示。

```
int array_push( array &$array , mixed $var [, mixed $... ] )
```

参数 array 表示要输入的数组，var 表示要压入的值。最后返回处理之后数组的元素个数。

【示例】下面示例应用 array_push()函数向数组中添加一个元素。

```
$stack = array("red", "green", "blue");
$fruit = array_push($stack, "yellow");
print_r($stack);
```

输出结果如下。

```
Array ( [0] => red [1] => green [2] => blue [3] => yellow )
```

视频讲解

19.5.4 删除重复元素

使用 array_unique()函数可以删除数组中重复的元素。array_unique()函数先将值作为字符串排序，然后对每个值只保留第一个遇到的键名，接着忽略所有后面的键名，具体用法如下所示。

```
array array_unique( array $array [, int $sort_flags = SORT_STRING ] )
```

参数 array 表示要操作的数组，sort_flags 为可选参数，表示设置排序的行为，取值说明如下。

☑ SORT_REGULAR：按正常顺序比较项目，不改变类型。

☑ SORT_NUMERIC：比较项目数值。

☑ SORT_STRING：以字符串顺序比较项目。

☑ SORT_LOCALE_STRING：根据本地字符串顺序比较项目。

【示例】下面示例应用 array_unique()函数删除数组中重复的元素。

```
$input = array("a" => "green", "red", "b" => "green", "blue", "red");
$result = array_unique($input);
print_r($result);
```

输出结果如下。

```
Array (
    [a] => green
    [0] => red
    [1] => blue
)
```

Note

19.6 案例实战

本节将通过多个案例展示 PHP 数组操作的一般应用。

视频讲解

19.6.1 定义特殊形式的数组

【示例 1】自 PHP 5.4 起，可以使用短数组定义语法，定义方法：使用[]替代 array()。

```
<?php
$array = [
    "1" => "a",
    "2" => "b",
];
?>
```

提示：键可以为整数或字符串，值可以为任意类型数据。PHP 能够对键进行强制转换，具体说明如下。

- ☑ 如果键为合法的整型值的字符串，则会被转换为整型，如"8"实际会被储存为 8，而"08"不是合法的整型。
- ☑ 如果键为浮点数，则会被转换为整型，如 8.0 实际会被储存为 8。
- ☑ 如果键为布尔值，也会被转换成整型，如 true 实际会被储存为 1，false 会被储存为 0。
- ☑ 如果键为 Null，则会被转换为空字符串，如 null 实际会被储存为""。
- ☑ 如果键为数组或对象，则会抛出警告。

【示例 2】在定义数组时，如果多个单元都使用了同一个键名，则只使用了最后一个单元，之前的都会被覆盖。

```
<?php
$array = array(            // 定义数组
    1 => "a",
    "1" => "b",
    1.5 => "c",
    true => "d",
);
print_r($array);           // 输出数组元素
echo "<br>";
echo $array[0];            // 抛出错误
echo $array[1];            // 输出数组元素的值
?>
```

输出结果如下。

```
Array ( [1] => d )
Notice: Undefined offset: 0 in E:\www\test3.php on line 18
d
```

Note

在上面示例中，所有的键名都被强制转换为 1，则每一个新单元都会覆盖前一个的值，最后剩下的只有一个值："d"。

【示例 3】PHP 允许数组可以同时含有整型和字符串类型的键。

```
<?php
$array = array(
	"a" => "first",
	"b" => "second",
	1 => 1,
	-1 => -1,
);
var_dump($array);
?>
```

输出结果如下。

```
array(4) {
	["a"]=> string(5) "first"
	["b"]=> string(6) "second"
	[1]=> int(1)
	[-1]=> int(-1)
}
```

【示例 4】如果值没有指定键，则取当前最大的整数索引值加 1；如果指定的键已经有值，则该值会被覆盖。

```
<?php
$array = array("a", "1");
var_dump($array);
?>
```

输出结果如下。

```
array(2) {
	[0]=> string(1) "a"
	[1]=> string(1) "1"
}
```

【示例 5】也可以对部分单元指定键名。

```
<?php
$array = array("a", 5 => "1", "b");
var_dump($array);
?>
```

输出结果如下。

```
array(3) {
	[0]=> string(1) "a"
```

```
        [5]=> string(1) "1"
        [6]=> string(1) "b"
}
```

在上面示例中，可以看到最后一个值"b"被自动赋予键 6，因为之前最大的整数键是 5。

19.6.2 设计购物车

本例综合运用 PHP 各种数组函数，实现更新数组中的元素值。示例设计一个购物车，通过数组函数对数组中存储的商品数量进行修改，演示效果如图 19.4 所示。

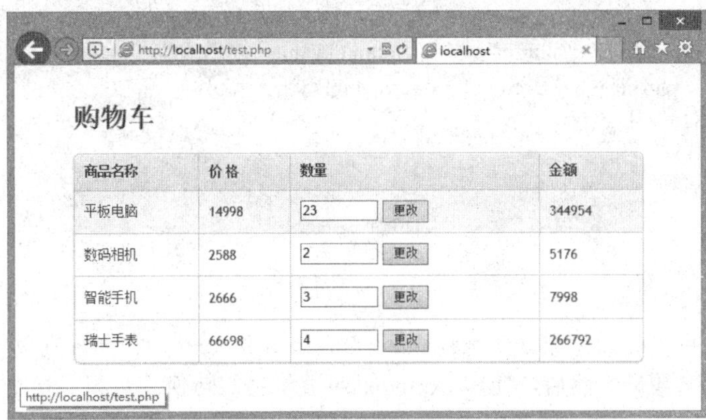

图 19.4 设计简单的购物车

示例代码如下。

```
<?php
// 初始化数据
$name = "平板电脑@数码相机@智能手机@瑞士手表";          // 定义字符串
$price ="14998@2588@2666@66698";
$counts = "23@2@3@4";
$arrayid=explode("@",$name);                          // 将商品 ID 的字符串转换到数组中
$arraynum=explode("@",$price);                        // 将商品数量的字符串转换到数组中
$arraycount=explode("@",$counts);                     // 将商品数量的字符串转换到数组中
//获取用户更新数据
if(isset($_POST["Submit"]) && $_POST["Submit"]==true){
    $id=$_POST["name"];                               // 获取要更改的元素名称
    $num=$_POST["counts"];                            // 获取更改的值
    $key=array_search($id, $arrayid);                 // 在数组中搜索给定的值，如果成功返回键名
    $arraycount[$key]=$num;                           // 更改商品数量
    $counts=implode("@",$arraycount);                 // 将更改后的商品数量添加到购物车中
}
?>
<h1>购物车</h1>
<table>
    <tr>
        <th>商品名称</th>
        <th>价 格</th>
        <th>数量</th>
```

```
            <th>金额</th>
        </tr>
<?php
for($i=0;$i<count($arrayid);$i++){                    // for 循环读取数组中的数据
?>
        <form name="form1_<?php echo $i;?>" method="post" action="">
            <tr>
                <td><?php echo $arrayid[$i]; ?></td>
                <td><?php echo $arraynum[$i]; ?></td>
                <td><input name="counts" type="text" id="counts" value="<?php echo $arraycount[$i]; ?>" size="8">
                    <input name="name" type="hidden" id="name" value="<?php echo $arrayid[$i]; ?>">
                    <input type="submit" name="Submit" value="更改"></td>
                <td><?php echo $arraycount[$i]*$arraynum[$i]; ?></td>
            </tr>
        </form>
<?php
}
?>
</table>
```

在页面脚本中，首先初始化数据变量$name、$price 和$counts，它们分别以字符串的形式存储了商品名称、价格和订购数量。然后，使用 explode()函数将它们转换为数组。接着，使用 for 语句把它们显示在页面中。

当用户修改订购数量，单击“更改”按钮提交时，则使用 array_search()函数找到用户修改的商品，然后更新其中的订购数，同时再更新显示。最后，再使用 implode()函数把数组转换为字符串进行存储。

视频讲解

19.6.3 设计多文件上传

本例综合运用数组函数，同时实现将任意多个文件上传到服务器的功能。其中，使用 move_uploaded_file()函数完成文件上传操作，关于文件操作的详细介绍，请参考后面章节内容；使用 array_push()函数向数组中添加元素；使用 array_unique()函数删除数组中重复的元素；使用 array_pop()函数获取数组中最后一个元素；使用 count()函数获取数组的元素个数，示例演示效果如图 19.5 所示。

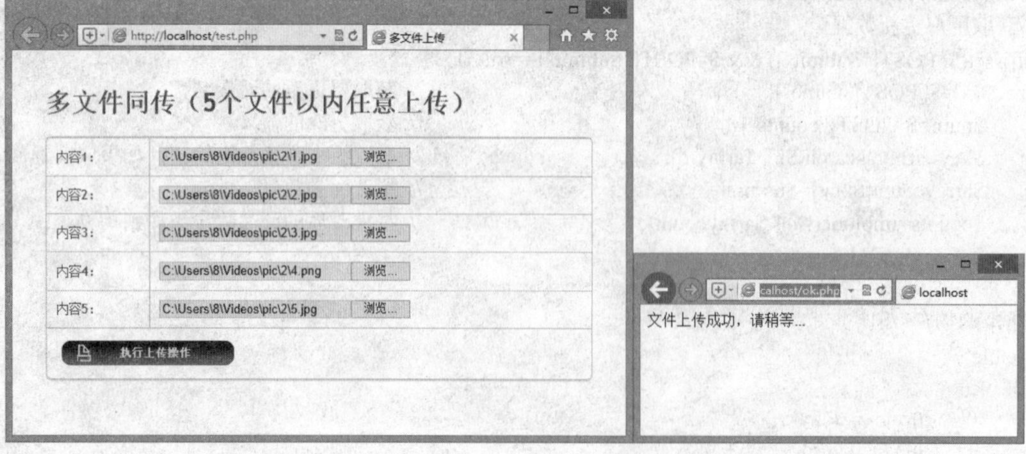

图 19.5　设计多文件同时上传

（1）在 test.php 文件中创建表单，设置 post 方式提交数据，定义 enctype="multipart/form-data" 属性，添加表单元素和 5 个文件域，完成文件的提交操作。

```
<form action="ok.php" method="post" enctype="multipart/form-data" name="form1">
    <tr>
        <td>内容 1：</td>
        <td><input name="picture[]" type="file" id="picture[]" size="30"></td>
    </tr><tr>
        <td>内容 2：</td>
        <td><input name="picture[]" type="file" id="picture[]" size="30"></td>
    </tr><tr>
        <td>内容 3：</td>
        <td><input name="picture[]" type="file" id="picture[]" size="30"></td>
    </tr><tr>
        <td>内容 4：</td>
        <td><input name="picture[]" type="file" id="picture[]" size="30"></td>
    </tr><tr>
        <td>内容 5：</td>
        <td><input name="picture[]" type="file" id="picture[]" size="30"></td>
    </tr><tr>
        <td colspan="2"><input type="image" name="imageField" src="images/btn.jpg"></td>
    </tr>
</form>
```

（2）在 ok.php 文件中，通过$_FILES 预定义变量获取表单提交的数据，通过数组函数完成对上传文件元素的计算。

（3）使用 move_uploaded_file()函数将上传的文件添加到服务器指定文件夹中。具体代码如下。

```
<?php
if(!is_dir("./upfile")){                                    // 判断服务器中是否存在指定文件夹
    mkdir("./upfile");                                      // 如果不存在，则创建文件夹
}
array_push($_FILES["picture"]["name"],"");                  // 向表单提交的数组中增加一个空元素
$array=array_unique($_FILES["picture"]["name"]);            // 删除数组中重复的值
array_pop($array);                                          // 删除数组中最后一个单元
for($i=0;$i<count($array);$i++){                            // 根据元素个数执行 for 循环
    $path="upfile/".$_FILES["picture"]["name"][$i];         // 定义上传文件存储位置
    if(move_uploaded_file($_FILES["picture"]["tmp_name"][$i],$path)){// 执行文件上传操作
        $result=true;
    }else{
        $result=false;
    }
}
if($result==true){
        echo "文件上传成功，请稍等...";
        echo "<meta http-equiv=\"refresh\" content=\"1; url=test.php\">";
    }else{
        echo "文件上传失败，请稍等...";
    echo "<meta http-equiv=\"refresh\" content=\"1; url=test.php\">";
}
?>
```

19.7 在线练习

数组是有效管理数据的工具之一，借助数组的强大功能，可以对大量类型相同的数据进行读写、排序、插入和删除等操作，从而提高程序的执行效率，优化程序代码。PHP 提供了大量数组操作函数，对于初学者来说，需要强化训练以期掌握它们的用法和应用技巧。感兴趣的同学可以扫码练习。

在线练习

第20章

在网页中使用PHP

网页与 PHP 互动，主要通过表单来实现的。浏览者可以通过表单提交数据，或者通过URL附加参数，向PHP传递信息。PHP通过预定义变量来接收这些信息。本章将详细介绍PHP是如何获取客户端的请求，以及如何响应用户的交互过程。

【学习重点】

- 了解表单结构和表单对象。
- 根据需要设计网页表单。
- 理解提交表单的内在机制。
- 设计URL查询字符串，并使用$_GET接收URL参数。
- 使用$_POST接收不同表单对象的值。
- 正确使用URL编码方法。

20.1　PHP 交互基础

Note

下面介绍 PHP 服务器与客户端页面实现数据交互的基本方法，包括表单提交数据的方式和服务器接收表单数据的方法。

视频讲解

20.1.1　定义数据传输类型

<form>标签包含一个 enctype 属性，该属性可以定义表单数据的编码类型。常用类型包括两种，说明如下，另外还可以设置 text/plain 类型，以直接字符形式进行传递，该类型不常用。

1．application/x-www-form-URLencoded

application/x-www-form-URLencoded 是默认编码类型。表单数据被编码为“名/值”对的形式（这是标准的编码格式）。

这种编码方式将空格用+代替，非字母和数字字符用以%hh 表示的该字符的 ASCII 编码代替（汉字就是这种形式），而变量和值使用=连接在一起，各个变量和值对之间使用&连接。通过这种方式把表单中输入的数据进行打包，并发送到服务器端，示意如图 20.1 所示。

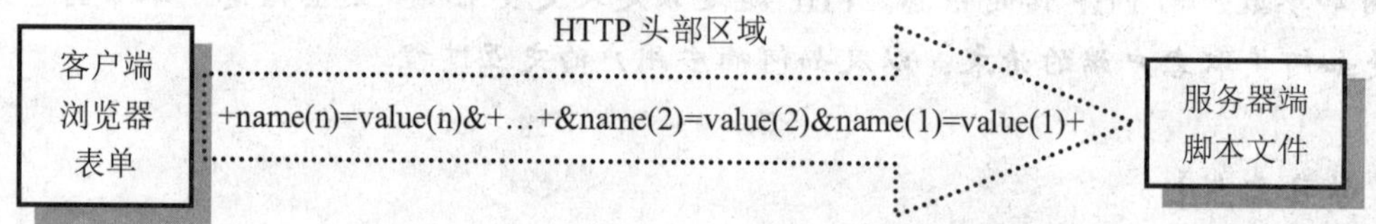

图 20.1　URLencoded 编码数据传输格式

application/x-www-form-URLencoded 编码方式不能传递二进制数据流，不适合文件上传，它只能提交符合 ASCII 编码的文本字符串。

2．multipart/form-data

multipart/form-data 编码可以把表单数据编码为多条消息，其中每个表单域对应一个消息块。这种方式传输的消息包含了一系列的数据块，每一个数据块代表表单中的一个表单域变量，并且数据块的排列顺序与页面中表单域的排列顺序是一一对应的。数据块与数据块之间使用特殊字符分隔，示意如图 20.2 所示。

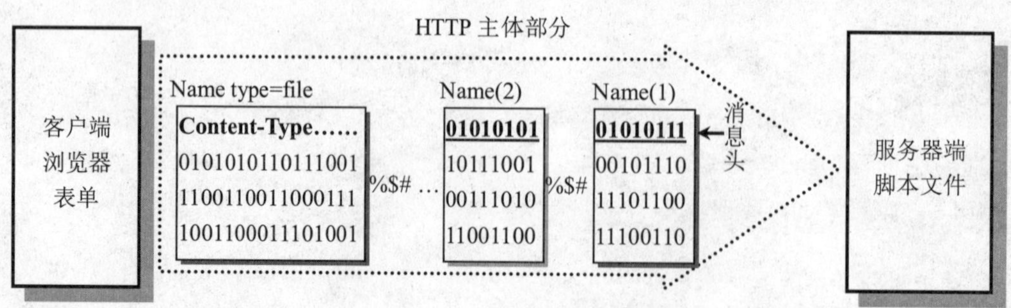

图 20.2　form-data 编码数据传输格式

multipart/form-data 编码方式可以用来传输二进制数据或者非 ASCII 字符的文本（如图片、不同

格式的文件等）。注意，只有使用 multipart/form-data 方式，才能完整地传递文件数据。但是这种编码方式在客户端和服务器端都会有很多限制。

提示：multipart/form-data 编码方式，必须使用 POST 方法，GET 方法无法处理这样的表单数据。

20.1.2　定义表单提交方法

指定表单数据的编码类型之后，还需要设置表单数据的发送方法。<form>标签通过 method 属性定义发送数据的方法。method 属性取值包括 get 和 post（默认）。这两种方法在数据传输过程中分别对应于 HTTP 协议中的 GET 和 POST 方法，简单区别如下。

- ☑ GET 方法，是将表单数据作为字符串附加到 URL 后面，用“?”符号进行区分，每个表单域（“名/值”对）之间用“&”符号隔开，然后把整个字符串发送到服务器端，例如：

```
http://www.baidu.com/s?id=1&method=get
```

提示：这些被传递的参数，也被称为查询字符串，详细说明请参考 20.1.3 节内容。

由于系统环境变量的长度，限制了输入字符串的长度，因此 GET 方法所发送的信息不能太长，一般在 4000 字符左右，而且不能含有非 ASCII 码字符。

由于 GET 方法通过在浏览器的地址栏中以显式方式传递表单数据，也带来了信息传递的安全性问题，因此使用时务必小心。一般用于传递简单的、非重要的参数信息。

- ☑ POST 方法是将表单数据进行加密，并随 HTTP 数据流一同发送到服务器。这种方法发送的数据量基本上没有什么限制，因此在表单设计中作为推荐方法进行设置。如果设计上传文件时，必须设置 POST 方法。

20.1.3　认识查询字符串

如果在<form>标签中，设置 method 属性值为 GET 方法，则表单数据将通过 URL 附加的查询字符串把数据传递给服务器。

查询字符串是由一个或多个“名/值”对的字符串组成，多个“名/值”对之间通过特殊字符（&）连接在一起，构成一长串的字符串，常被用来传递一些简单的参数，其语法格式如下。

```
name1=value1&name2=value2&...&namen=valuen
```

其中，name1=value1 就表示一个“名/值”对。在所有参数中，name 表示查询字符串的参数名称，而 value 表示查询字符串的参数值。指定其中参数的名称就可以获取该参数的值。

查询字符串附加在 URL 后面，存储在 HTTP 请求的头部区域，因此所传输的数据结构就比较简单，不能够存储大容量的信息，一般能够发送最大数量约为 2000 个字符，作为查询字符串的一部分发送的，超过这个数目的其他数据将不会被处理。

查询字符串与 URL 通过问号（?）连接在一起，这样 PHP 脚本就能够准确获取查询字符串的内容，而 URL 也能够正确定位到指定目标，例如：

```
<a href="detail.php?id=1&class=3&subclass=24&key=li">显示查询信息</a>
```

上面的超链接中就提供了 4 个参数，detail.php 页面能够通过这 4 个参数可以在数据库中查询到指定信息的记录。

查询字符串中的参数可以同名，但 HTTP 请求仍然能够把所有参数传递出去，不管这些参数名是否重复，例如：

```
<a href="detail.php?id=1&class=3&subclass=24&key=li& id=3&class=2&subclass=21&key=wang ">显示查询信息</a>
```

20.1.4 设置 PHP 处理程序

Note

视频讲解

当用户提交表单后，浏览器会把表单数据上传到服务器，这个操作实际上就是把表单数据传递给另一个脚本文件。

在设计表单时，必须明确数据提交的目标，这个目标就是准备接收表单数据的 PHP 文件。

使用<form>标签的 action 属性，可以定义要接收表单数据的页面，例如：

```
<form id="form1" name="form1" method="post" action="text.php">
    …
</form>
```

上面代码定义了表单数据传递给同一目录中的 text.php 文件。URL 可以是相对路径，也可以是绝对路径。

action 属性还可以设置电子邮件地址。采用电子邮件方式时，使用“action=mailto:邮件地址”的格式来表示，例如：

```
action="maito:zhangsan@163.com"
```

视频讲解

20.1.5 PHP 接收表单数据的方法

PHP 获取表单数据主要是通过预定义变量$_POST 和$_GET 来实现。其中，$_POST 变量是一个数据集合，负责接收表单以 POST 方法提交的数据，而$_GET 变量负责接收 URL 字符串后面附加的查询字符串参数值。

$_POST 和$_GET 的用法如下。

```
$_GET["name"]
$_POST["name"]
```

其中，name 为表单对象的 name 属性值。

注意：使用$_POST 和$_GET 方法获取表单对象的值时，为了避免异常，应该使用 isset()函数先检测$_POST 和$_GET 变量是否存在。只有存在的情况下，才可以读取$_POST 和$_GET 变量的值。

isset()函数的语法格式如下。

```
bool isset( mixed $var [, mixed $... ] )
```

如果 var 存在，并且值不是 NULL，则返回 true，否则返回 false。

提示：在 20.2 节案例实战中，将详细介绍$_POST 和$_GET 变量获取表单数据的具体应用。

视频讲解

20.1.6 在表单中嵌入 PHP 脚本

通过在表单中嵌入 PHP 脚本，可以动态设计表单对象的默认值，或者动态设计表单结构。在表单中嵌入 PHP 脚本有 3 种形式如下。

☑ 在标签中嵌入<?PHP … ?>，相当于动态设计需要显示的信息或表单对象，例如：

```
<h2>性别：
<?php
if (isset($gender) && $gender=="female") echo "女";
if (isset($gender) && $gender=="male") echo "男";
?>
</h2>
```

☑ 在属性中嵌入<?PHP … ?>，相当于动态设置属性，例如：

```
性别：<input type="radio" name="gender"
<?php if (isset($gender) && $gender=="female") echo "checked";?>
value="female">女性
    <input type="radio" name="gender"
<?php if (isset($gender) && $gender=="male") echo "checked";?>
value="male">男性
```

☑ 在属性值中嵌入<?PHP … ?>，相当于为属性动态赋值，例如：

```
姓名：<input type="text" name="name" value="<?php echo $name;?>">
```

20.2　案　例　实　战

下面将结合案例来学习 PHP 接收用户数据的基本方法，以及数据处理的相关技巧。

20.2.1　获取文本框的值

视频讲解

使用 PHP 的预定义变量$_POST 可以获取文本框的值。

> 提示：PHP 的$_POST 变量实际上是一个预定义的关联数组，键名对应表单元素的 name 属性值，键值就是 value 属性值。

【示例】在站点根目录下新建页面，保存为 index.html，设计一个表单，在其中添加一个文本框。设置 method 属性为"post"，以便$_POST 变量能够接收到数据；设置表单的 action 属性为 request.php，定义提交数据的处理程序，request.php 将接收数据并响应给用户，演示效果如图 20.3 所示。

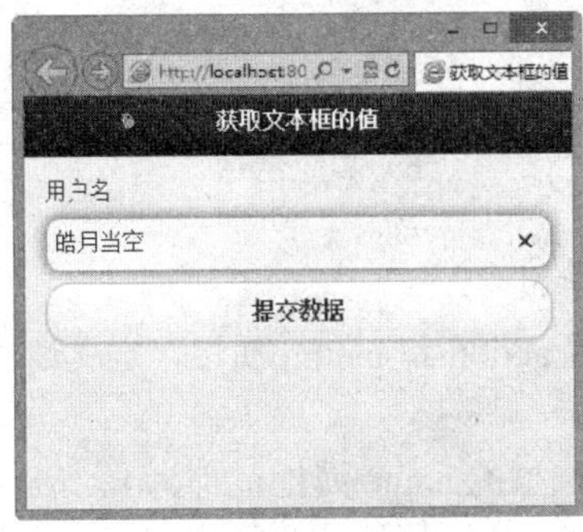

（a）提交表单

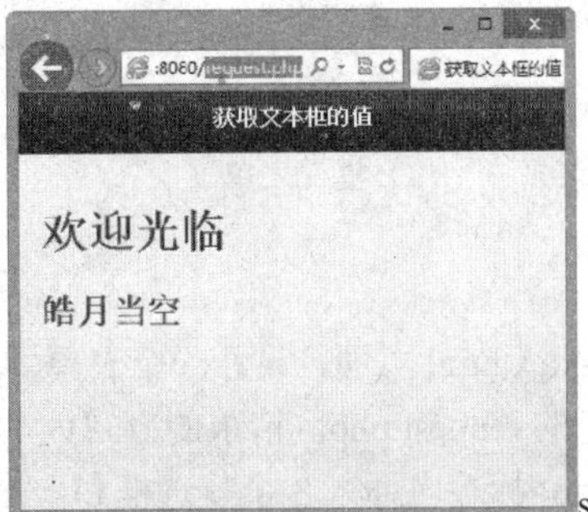

（b）响应信息

图 20.3　示例效果

设计 index.html 页面的表单结构如下。

```
<form id="form1" name="form1" method="post" action="request.php">
    <label>用户名<input name="user" type="text" id="user" /></label>
        <input type="submit" value="提交数据" />
</form>
```

创建 PHP 程序处理页面，保存为 request.php。输入如下代码，用来接收 index.html 页面提交的文本框的值。

```
<div data-role="content">
    <h1>欢迎光临</h1>
    <h2><?php if(isset($_POST["user"])) echo $_POST["user"]; ?></h2>
</div>
```

在脚本中先使用 isset()函数判断一下$_POST["user"]变量是否存在，然后再读取显示。

> 提示：获取表单数据，实际上就是获取不同表单元素的数据，<form>标签中的 name 是所有表单元素都必须要设置的属性，用来定义表单元素的名称，PHP 程序通过 name 属性来获取相应的 value 属性值。所以，在元素命名时不要重复，以免获取的数据出错。

在开发过程中，获取文本框、密码域、隐藏域、按钮、文本区域，以及其他 HTML5 不同类型的输入文本框的值的方法是相同的，都是使用 name 属性来获取相应的 value 属性值。

20.2.2 获取复选框的值

视频讲解

当多个复选框绑在一起，组成一个复选框组，获取它们的值和方法就略有不同。

【示例】下面示例将演示如何快速获取复选框组中被选中的值，演示效果如图 20.4 所示。

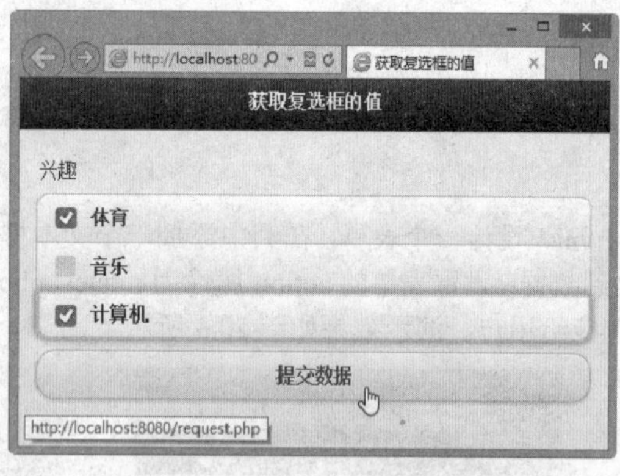

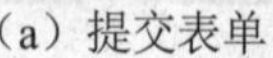

（a）提交表单

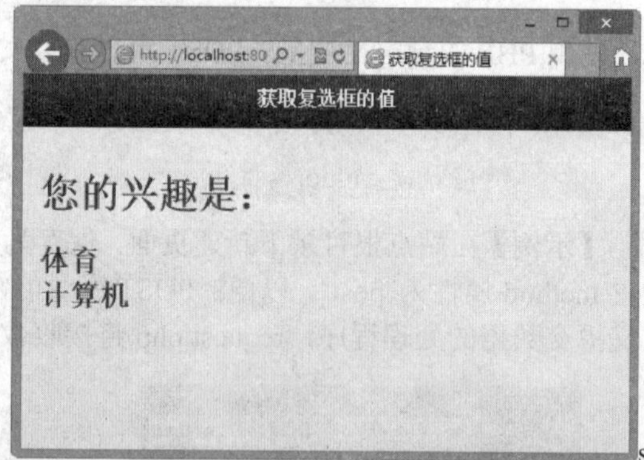

（b）响应信息

图 20.4　示例效果

新建 index.html 页面，设计一个表单。先为<form>标签设置 action 和 metho 属性，定义请求文件为同目录下的 request.php，请求的方式为 POST。

在<form>标签内插入 3 个复选框和一个提交按钮，定义复选框的 name 属性值都为 interest[]，而 value 属性值分别为"体育"、"音乐"和"计算机"；定义提交按钮的 value 属性值为"提交数据"。完整的表单结构代码如下所示。

```
<form id="form1" name="form1" method="post" action="request.php">
    <fieldset data-role="controlgroup">
        <legend>兴趣</legend>
        <label><input name="interest[]" type="checkbox" value="体育" />体育</label>
        <label><input name="interest[]" type="checkbox" value="音乐" />音乐</label>
        <label><input name="interest[]" type="checkbox" value="计算机" />计算机</label>
    </fieldset>
    <input type="submit" value="提交数据" />
</form>
```

提示：在复选框组和单选按钮组中，其 name 属性值必须定义为数组类型，即名称后面要加一个中括号，表示该变量为一个数组类型，这样才能够存储多个值。

创建 request.php 程序处理页面，输入如下代码，用来接收 index.html 页面提交的值。

```
<div data-role="content">
    <h1>您的兴趣是：</h1>
    <h2><?php
        if( isset($_POST["interest"])){                    // 先检测用户是否提交了值
            $interest = $_POST["interest"];                // 获取所有选项
            if($interest != null){                         // 检测是否选择了项目
                for($i=0;$i<count($interest);$i++)         // 循环输出显示每个选项值
                    echo    $interest[$i]."<br />" ;
            }
        }
        ?></h2>
</div>
```

提示：使用$_POST 变量获取复选框组的值时，必须设置 name 值为"interest"，而不是"interest[]"，否则将不识别复选框组的值。

然后，使用 count()函数计算$_POST["interest"]数组的元素个数，使用 for 循环语句逐一输出所有被选中的复选框的值。

20.2.3　获取下拉菜单的值

视频讲解

获取下拉菜单的值与获取文本框的值的方法完全相同。

【示例】下面示例演示了如何快速获取表单中下拉菜单的选取值，演示效果如图 20.5 所示。

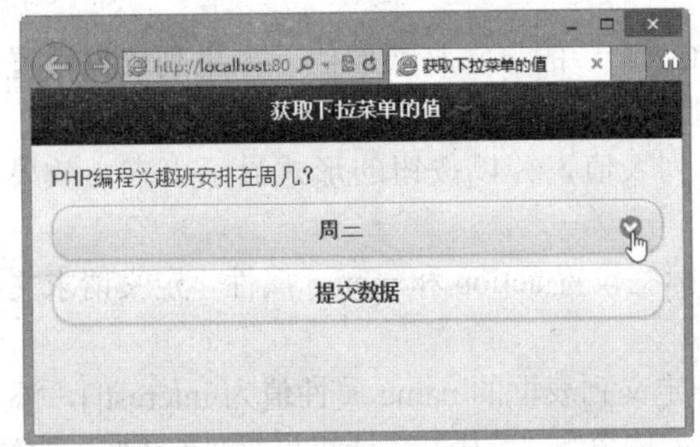

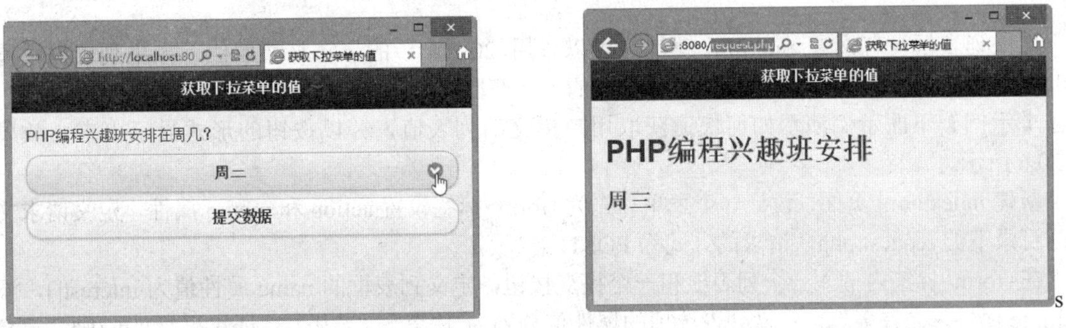

（a）提交表单

（b）响应信息

图 20.5　示例效果

新建 index.html 页面，设计一个表单。先为<form>标签设置 action 和 metho 属性，定义请求文件为同目录下的 request.php，请求的方式为 POST。

在<form>标签内插入一个下拉菜单和一个提交按钮，定义下拉菜单的 name 属性值为 interest，下拉菜单选项的 value 属性值分别为"周一"、"周二"、"周三"、"周四"、"周五"，为了避免没有安排，再添加一个空选项；定义提交按钮的 value 属性值为"提交数据"。完整的表单结构如下所示。

```
<div data-role="content">
    <form id="form1" name="form1" method="post" action="request.php">
        <label for="interest">PHP 编程兴趣班安排在周几？</label>
        <select name="interest" id="interest">
            <option value=""></option>
            <option value="周一">周一</option>
            <option value="周二">周二</option>
            <option value="周三">周三</option>
            <option value="周四">周四</option>
            <option value="周五">周五</option>
        </select>
        <input type="submit" value="提交数据" />
    </form>
</div>
```

创建 request.php 程序处理页面，输入如下脚本代码，用来接收 index.html 页面提交的值。使用 if 语句对下拉菜单的值进行判断，最后输出响应信息。

```
<?php
if(isset($_POST["interest"])){                // 先检测用户是否提交了值
    $interest = $_POST["interest"];           // 获取下拉菜单的值
    if($interest != null){                    // 如果不为空，则显示
        echo  $interest;
    }
    else{                                     // 如果为空，则特别提示
        echo "没有安排";
    }
}
?>
```

20.2.4　获取列表框的值

视频讲解

如果列表框没有设置 multiple 属性，可以采用 20.2.3 节的方法来获取值。如果列表框设置了 multiple 属性，允许多选，可以模仿复选框组的方法获取值。

【示例】下面示例演示如何快速获取用户提交的列表值，并以按钮的形式显示出来，效果如图 20.6 所示。

新建 index.html 页面，设计一个表单。先为<form>标签设置 action 和 metho 属性，定义请求文件为同目录下的 request.php，请求的方式为 POST。

在<form>标签内插入一个列表框和一个提交按钮，定义列表框的 name 属性值为 interest[]，添加 multiple 属性，允许多选。定义列表选项的属性值分别为"体育"、"音乐"、"计算机"和"英语"；定义提交按钮的 value 属性值为"提交数据"。完整的表单结构如下所示。

```
<div class="container">
    <form id="form1" name="form1" method="post" action="request.php">
        <label for="interest">兴趣</label>
        <select name="interest[]" id="interest" size="4" multiple class="form-control">
            <option value="体育">体育</option>
            <option value="音乐">音乐</option>
            <option value="计算机">计算机</option>
            <option value="英语">英语</option>
        </select><br>
        <input type="submit" value="提交数据" class="btn btn-success btn-block" />
    </form>
</div>
```

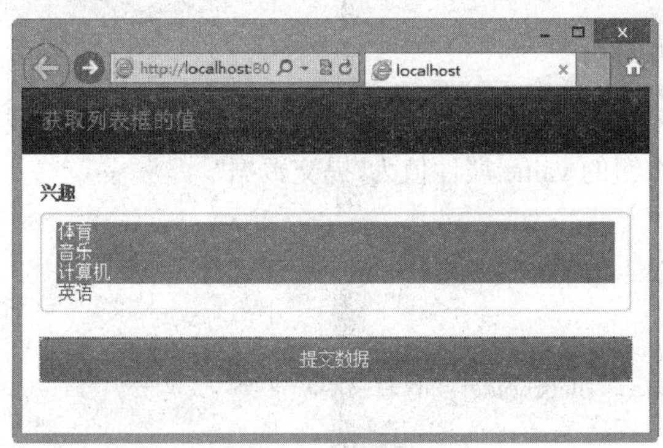

（a）提交表单

（b）响应信息

图 20.6　示例效果

创建 request.php 程序处理页面，输入如下脚本代码，用来接收 index.html 页面提交的值。使用 $_POST["interest"]读取用户选择的值，使用 for 语句循环输出所有被选中的值。

```
<?php
    if(isset($_POST["interest"])){ // 先检测用户是否提交了值
        $interest = $_POST["interest"];
        if($interest != null){        // 判断列表框的返回值是否为空
            for($i=0;$i<count($interest);$i++)        // 通过 for 循环输出选中的列表框的值
                echo '<div class="btn btn-primary">'.$interest[$i].'</div>';
        }
    }
?>
```

20.2.5　获取密码域和隐藏域的值

视频讲解

获取密码域和隐藏域的值的方法与获取文本框的值方法相同。

【示例】下面示例演示了如何获取用户提交的用户名和密码，并根据隐藏域提交的值进行适当提示，演示效果如图 20.7 所示。

新建 index.html 页面，设计一个表单。先为<form>标签设置 action 和 metho 属性，定义请求文件为同目录下的 request.php，请求的方式为 POST。

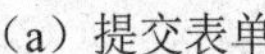
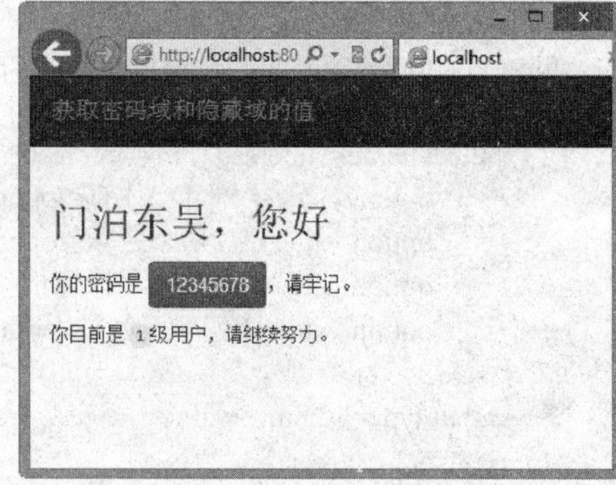

（a）提交表单　　（b）响应信息

图 20.7　示例效果

在<form>标签内，插入一个文本框、一个密码域、一个隐藏域和一个提交按钮，定义输入文本域的 name 属性值分别为 user、pass、grade；定义提交按钮的 value 属性值为"提交数据"。

```
<div class="container">
    <form id="form1" name="form1" method="post" action="request.php">
        <div class="input-group input-group-lg">
            <span class="input-group-addon"><span class="glyphicon glyphicon-user"></span></span>
        <input type="text" name="user" class="form-control" placeholder="请输入用户名">
        </div><br>
        <div class="input-group input-group-lg">
            <span class="input-group-addon"><span class="glyphicon glyphicon-lock"></span></span>
        <input type="password" name="pass" class="form-control" placeholder="请输入密码">
        </div><br>
        <input name="grade" type="hidden" value="1" />
        <input type="submit" value="提交数据" class="btn btn-success btn-block" />
    </form>
</div>
```

创建 request.php 程序处理页面，输入如下脚本代码，用来接收 index.html 页面提交的值。使用$_POST 方法在标签中嵌入从客户端获取的输入域的值。

```
<div class="container">
    <h2><?php echo $_POST["user"] ?>，您好</h2>
     <p>你的密码是 <span class="btn btn-primary"><?php if(isset($_POST["pass"])) echo $_POST["pass"] ?>
</span>，请牢记。</p>
     <p>你目前是 <code><?php if(isset($_POST["grade"]))  echo $_POST["grade"] ?></code>级用户，请继
续努力。</p>
</div>
```

20.2.6　获取单选按钮的值

视频讲解

单选按钮虽然可以以组的形式出现，有多个可供选择的值，但是在同一次操作中只能够选择一个值，所以获取单选按钮值的方法与获取文本框的值方法相同。

【示例】下面示例为用户提供一个单选操作，当用户提交不同的选项后，后台服务器将显示不同风格的图片效果，如图 20.8 所示。

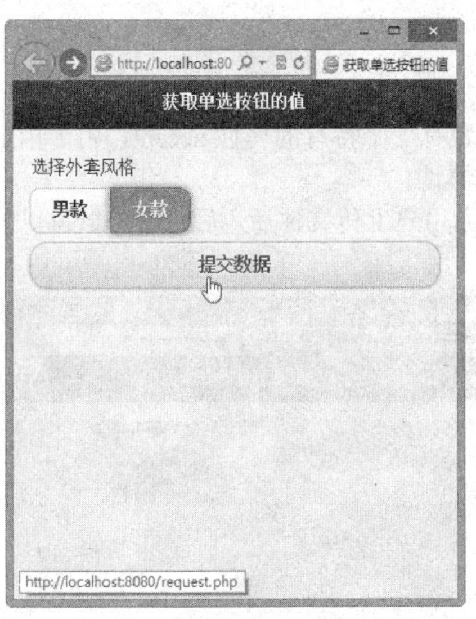

（a）提交表单

（b）响应信息

图 20.8　示例效果

新建 index.html 页面，设计一个表单。先为<form>标签设置 action 和 metho 属性，定义请求文件为同目录下的 request.php，请求的方式为 POST。

在<form>标签内，插入一个单选按钮组和一个提交按钮，定义单选按钮组的 name 属性值为 sex，选项的 value 属性值分别为"men"、"women"。完整的表单结构如下所示。

```
<div data-role="content">
    <form id="form1" name="form1" method="post" action="request.php">
        <fieldset data-role="controlgroup" data-type="horizontal">
            <legend>选择外套风格</legend>
            <label><input name="sex" type="radio" value="men" checked />男款</label>
            <label><input name="sex" type="radio" value="women" />女款</label>
        </fieldset>
        <input type="submit" value="提交数据" />
    </form>
</div>
```

创建 request.php 程序处理页面，输入如下脚本代码，用来接收 index.html 页面提交的值，并进行处理，根据选择条件，显示不同的图文信息。

```
<?php
    if(isset($_POST["sex"])){                    // 先检测用户是否提交了值
        $interest = $_POST["sex"];
        if($interest == "men"){                  // 判断用户选择的值
            echo '<h1>男款外套</h1>';
            echo '<img src="images/3.jpg" alt=""/>';
        }else{
            echo '<h1>女款外套</h1>';
            echo '<img src="images/2.jpg" alt=""/>';
        }
    }
?>
```

视频讲解

Note

20.2.7　获取文件域的值

使用文件域，可以实现本地文件上传到服务器。文件域有一个特有的属性 accept，用于指定上传文件的类型，如果要限制上传文件的类型，则可以设置该属性。

【示例】下面示例为用户提供简单的文件上传操作，当用户上传文件后，后台服务器将以响应的方式显示用户提交的文件名，如图 20.9 所示。

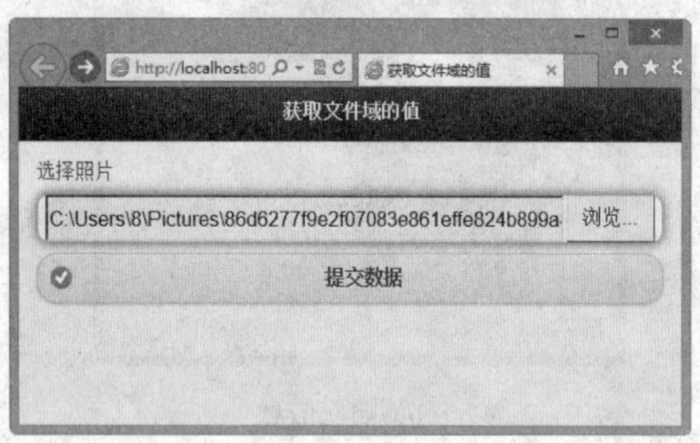

（a）提交表单

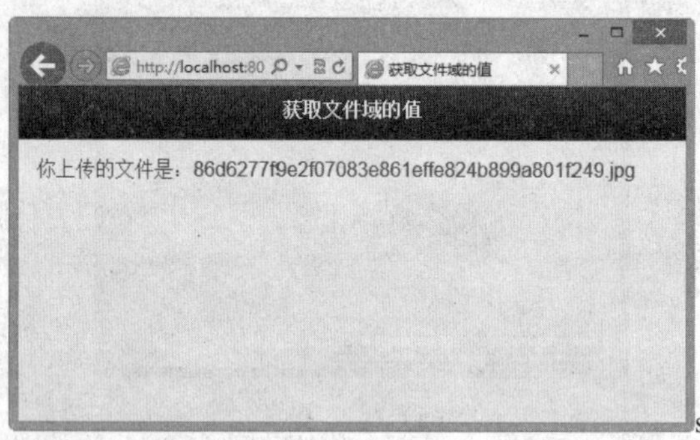

（b）响应信息

图 20.9　示例效果

新建 index.html 页面，设计一个表单。先为<form>标签设置 action 和 metho 属性，定义请求文件为同目录下的 request.php，请求的方式为 POST。

在<form>标签内，插入一个文件域和一个提交按钮，定义文件域的 name 属性值为 file，提交按钮的 value 属性值为"提交数据"。设计完整的表单结构如下所示。

```
<form action="request.php" data-ajax="false" method="post"    name="form1" id="form1">
    <label>选择照片
        <input name="file" type="file" />
    </label>
    <input type="submit" data-theme="e" data-icon="check" value="提交数据" />
</form>
```

创建 request.php 程序处理页面，输入如下脚本代码，用来接收 index.html 页面提交的值，并进行处理，显示用户提交的文件信息。

```
if(isset($_POST["file"])){                    // 先检测用户是否上传了文件
    $file = $_POST["file"];
    echo "你上传的文件是：";
    echo $file ;                              // 显示文件信息
}
```

提示：$_FILES 预定义变量是一个关键数组，包含上传文件的所有信息，具体说明如下，其中'userfile'是 name 的属性值，表示文件域的名称。

- ☑ $_FILES['userfile']['name']：文件的原名称。
- ☑ $_FILES['userfile']['type']：文件的 MIME 类型，如 image/gif。
- ☑ $_FILES['userfile']['size']：文件的大小，单位为字节。
- ☑ $_FILES['userfile']['tmp_name']：临时存储的文件名。
- ☑ $_FILES['userfile']['error']：和该文件上传相关的错误代码。

文件被上传后，默认会被储存到服务端的默认临时目录中，可以在 php.ini 中的 upload_tmp_dir 设置存储路径。当然，一般还需要读取临时存储文件，并另存到指定目录中才可以有效。

20.3　在线练习

本节为课后练习，感兴趣的同学请扫码进一步强化训练。

在线练习

第21章

Cookie 和 Session

Cookie 和 Session 是两种不同的会话机制，网站可以根据会话记录跟踪用户的行为。例如，当在某购物网站上选购商品时，需要在多个页面之间来回切换，不同页面都可以显示与用户关联的信息。这种在网站中跟踪一个用户，可以处理同一个用户在不同页面的信息，就是使用会话机制来完成的。本章将重点介绍 Cookie 和 Session 会话的使用方法和技巧。

【学习重点】

- 了解、创建 Cookie。
- 读写、删除 Cookie。
- 了解 Session。
- 启动 Session、注册 Session。
- 使用 Session、删除 Session。

21.1　使用 Cookie

Note

视频讲解

本节将介绍什么是 Cookie，为什么要使用 Cookie，以及如何使用 Cookie 等问题。

21.1.1　认识 Cookie

Cookie 是存储在客户端计算机中的一个文本文件，包含一组字符串。当用户访问网站时，PHP 会在用户的计算机上创建一个文本文件，把用户信息保存其中，作为持续跟踪用户的一种方式。

Cookie 信息一般不加密，存在泄露风险。为了防止类似的问题，Cookie 设置了一套机制只允许客户端 Cookie 被创建它的域读写，其他浏览器或网站都无法读写 Cookie 文件。例如，www.baidu.com 只能访问 baidu.com 创建的 Cookie。

所有 Cookie 都被存放在客户端临时文件夹中，存放 Cookie 的文本文件命名规则如下。

```
用户名@网站名.txt
```

例如，访问百度网站之后，就会在 Cookies 目录下发现 user_name@baidu[1].txt 的文本文件。有些文件可能会使用 IP 地址来描述网站，如 user_name@220.1518.60.111[1].txt。这些文件可以被任何文本编辑器打开，显示类似如图 21.1 所示的一长串字符串。

Cookie 文件是临时文件，在默认情况下，当用户离开网站时就被自动删除。可以通过脚本设置，让一些文件长久保存，当用户再次访问站点时，可以继续进行读取操作。

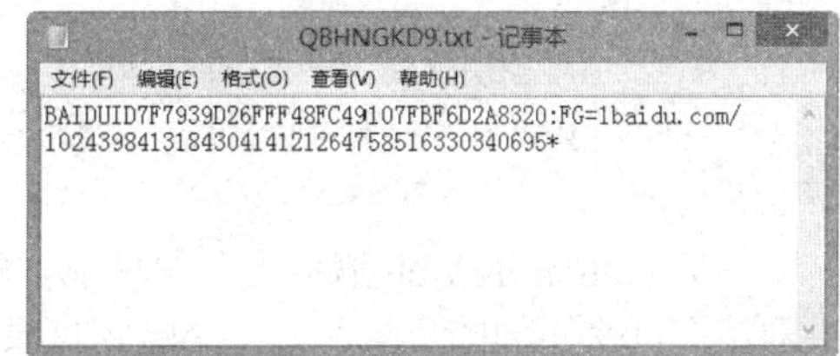

图 21.1　Cookie 文本文件

21.1.2　创建 Cookie

视频讲解

在 PHP 中可以使用 setcookie()函数创建 Cookie。使用 setcookie()函数的前提是客户端浏览器支持 Cookie，如果浏览器禁用 Cookie，setcookie()函数将返回 false，具体用法如下所示。

```
setcookie(name,value,expire,path,domain,secure)
```

setcookie()函数向客户端发送一个 HTTP cookie。如果成功，则该函数返回 true，否则返回 false，如表 21.1 所示。

表 21.1　setcookie()函数参数说明

参　数	说　明
name	必需。定义 cookie 的名称
value	必需。定义 cookie 的值
expire	可选。定义 cookie 的有效期
path	可选。定义 cookie 的服务器路径
domain	可选。定义 cookie 的域名
secure	可选。定义是否通过安全的 HTTPS 连接来传输 cookie

注意： Cookie 是 HTTP 头标的组成部分，而头标必须在页面其他内容之前发送，因此它必须最先输出。如果在 setcookie()函数前输出一个 HTML 标记、echo 语句，甚至一个空行都会导致程序出错。

Note

【示例 1】下面示例演示了如何设置并发送 cookie。

```
<?php
$value = "my cookie value";
// 发送一个简单的 cookie
setcookie("TestCookie",$value);
?>
```

在发送 cookie 时，cookie 的值会自动进行 URL 编码。接收时会进行 URL 解码。如果不需要这样，可以使用 setrawcookie()函数进行代替。

【示例 2】下面示例将设置一个 24 小时有效期的 cookie。

```
<?php
$value = "my cookie value";
// 发送一个 24 小时过期的 cookie
setcookie("TestCookie",$value, time()+3600*24);
?>
```

【示例 3】如果要把 cookie 保存为浏览器进程，即浏览器关闭后就失效。那么可以直接把 expiretime 设为 0，代码如下所示。

```
<?php
$value = "my cookie value";
// 发送一个关闭浏览器即失效的 cookie
setcookie("TestCookie",$value, 0);
?>
```

参数 path 表示 Web 服务器上的目录，默认为被调用页面所在目录，这里还有一点要说明的，如果网站有几个不同的目录，如一个购物目录、一个论坛目录等，那么如果只用不带路径的 Cookie 的话，在一个目录下的页面里设的 Cookie 在另一个目录的页面里是看不到的，也就是说，Cookie 是面向路径的。实际上，即使没有指定路径，Web 服务器也会自动传递当前的路径给浏览器，指定路径会强制服务器使用设置的路径。

解决这个问题的办法是在调用 setcookie()函数时加上路径和域名，域名的格式可以是 http://www.phpuser.com/，也可以是.phpuser.com。

参数 domain 可以使用的域名，默认为被调用页面的域名。这个域名必须包含两个"."，所以如果指定顶级域名，则必须使用".mydomain.com"。设定域名后，必须采用该域名访问网站 cookie 才有效。如果使用多个域名访问该页，那么这个地方可以为空或者访问这个 cookie 的域名都是一个域下面的。

参数 secure 如果设为"1"，表示 cookie 只能被用户的浏览器认为是安全的服务器所记住。

> 注意：value、path、domain 3 个参数可以用空字符串""代换，表示没有设置。expire 和 secure 两个参数是数值型的，可以用 0 表示。expire 参数是一个标准的 Unix 时间标记，可以用 time()或 mktime()函数取得，以秒为单位。secure 参数表示这个 Cookie 是否通过加密的 HTTPS 协议在网络上传输。

secure 参数如果设为 1，则表示 cookie 只能被 HTTPS 协议所使用，任何脚本语言都不能获取 PHP 所创建的 cookie 的，这就有效削弱了来自 XSS 的攻击。

当前设置的 Cookie 不是立即生效的，而是要等到下一个页面或刷新后才能看到。这是由于在设置的这个页面里 Cookie 由服务器传递给客户浏览器，在下一个页面或刷新后浏览器才能把 Cookie 从客户的机器里取出传回服务器的原因。

21.1.3 读取 Cookie

在 PHP 中可以使用$_COOKIE 预定义变量读取 Cookie 值。

【示例】在下面示例中，首先检测 Cookie 文件是否存在，如果不存在，则新建一个 Cookie；如果存在，则读取 Cookie 值，并显示用户上次访问时间，演示效果如图 21.2 所示。

```
<?php
if(!isset($_COOKIE["vtime"])){                          // 如果 Cookie 不存在
    setcookie("vtime",date("y-m-d H:i:s"));              // 设置一个 Cookie 变量
    echo "第一次访问"."<br>";                              // 输出字符串
}else{                  // 如果 Cookie 存在
    echo "上次访问时间为：".$_COOKIE["vtime"];              // 输出上次访问网站的时间
    echo "<br>";
    setcookie("vtime",date("y-m-d H:i:s"),time()+60);    // 设置带 Cookie 失效时间的变量
}
echo "本次访问时间为：".date("y-m-d H:i:s");              // 输出当前的访问时间
?>
```

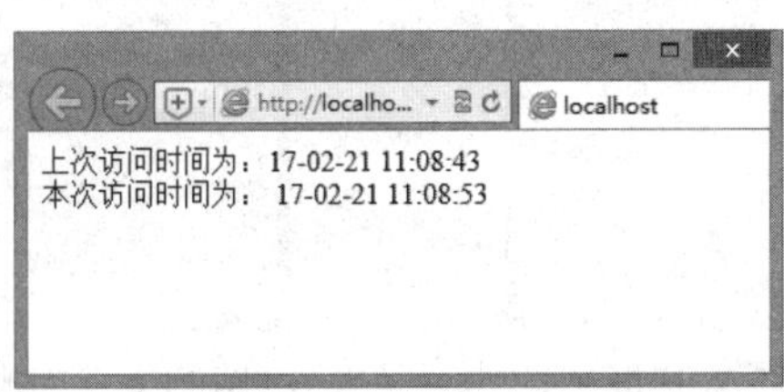

图 21.2　读取 Cookie 信息

21.1.4 删除 Cookie

创建 Cookie 之后，如果没有设置失效时间，在关闭浏览器时会被自动删除，如果在关闭浏览器之前删除 Cookie，可以有两种方法。

1．使用 setcookie()函数

使用 setcookie()函数删除，只要将该函数的第二个参数设置为空，将第三个参数设置为小于当前系统时间即可。

【示例】将 Cookie 的失效时间设置为当前时间减 1 秒。

```
setcookie("vime","",date("y-m-d H:i:s"),time()-1);
```

在上面代码中，time()函数返回以秒表示的当前时间，把当前时间减 1 秒就会得到过去的时间，从而删除 Cookie。

注意：如果把第三个参数设置为 0，则表示直接删除 Cookie 值。

2．手动清除

使用 Cookie 时，Cookie 自动生成一个文本文件存储在 IE 浏览器的 Cookies 临时文件夹中。在浏览器中删除 Cookie 文件是一种非常便捷的方法，具体操作步骤如下。

（1）启动 IE 浏览器。

（2）在菜单栏中，选择“工具”→“Internet 选项”命令，打开“Internet 选项”对话框，如

Note

图 21.3 所示。

（3）在“常规”选项卡中，单击“删除”按钮，打开“删除浏览历史记录”对话框，如图 21.4 所示。在其中选中“Cookie 和网站数据”复选框。

（4）最后，在对话框底部单击“删除”按钮即可。

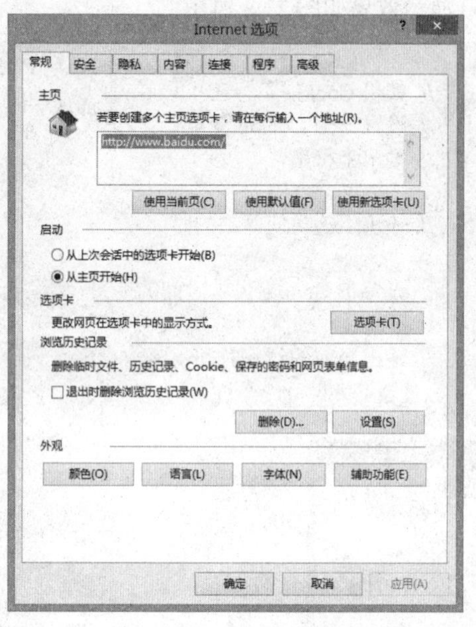

图 21.3 “Internet 选项”对话框

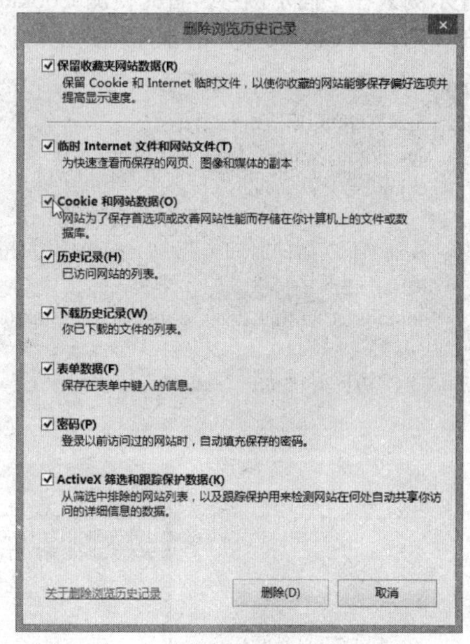

图 21.4 “删除浏览历史记录”对话框

视频讲解

21.1.5 Cookie 的生命周期

如果不设定失效时间，表示 Cookie 的生命周期就为浏览器会话期，只要关闭浏览器，Cookie 就会自动消失，这种 Cookie 被称为会话 Cookie，一般不保存在硬盘上，而是保存在内存中。

如果设置了失效时间，那么浏览器会把 Cookie 保存到硬盘中，再次打开浏览器时会依然有效，直到它的有效期超时。

虽然 Cookie 可以长期保存在客户端浏览器中，但也不是一成不变的。因为浏览器最多允许存储 300 个 Cookie 文件，而且每个 Cookie 文件支持最大容量为 4KB。每个域名最多支持 20 个 Cookie，如果达到限制时，浏览器会自动地、随机地删除 Cookie 文件。

21.2 使用 Session

Session 会话保存的数据在 PHP 中是以变量的形式存在的，创建的会话变量在生命周期中可以跨页引用。由于 Session 会话是存储在服务器端的，相对安全，也没有存储长度的限制。

视频讲解

21.2.1 认识 Session

Session 表示会话的意思，在 PHP 中 Session 代表服务器与客户端之间的一个会话。它从用户单

击进入站点开始，到用户离开网站结束。也可以使用 PHP 提前、主动结束会话，终止 Session 对象的运行。

Session 会话具有针对性，不同的用户拥有不同的会话。一旦进入网站，PHP 都会自动为每一个用户建立独立的 Session 对象，Session 对象通过 session_id 属性进行标识，每一次会话都会生成一个永不重复的随机值。用户在网站内只能访问自己的 Session，而不能访问其他用户的 Session。

Note

使用 Session 可以存储用户信息，如用户姓名、访问时间、访问页面，以及每个页面的停留时间等，通过这些基本信息能够统计出用户的浏览习惯、个人爱好等。在购物时，也可以利用 Session 作为购物车，记录已选购的每件商品及相关信息。

Session 适合存储少量信息，不能长期存储。如果要长期存储，建议把 Session 信息存储到服务器端的文件或数据库中。

视频讲解

21.2.2 启动会话

创建一个会话可以通过下面几步实现。

（1）启动会话。

（2）注册会话。

（3）使用会话。

（4）删除会话。

启动 PHP 会话的方式有两种：一种方式是使用 session_start()函数，另一种方式是使用 session_register()函数为会话创建一个变量来启动会话。通常，session_start()函数在页面开始位置调用，然后会话变量被登录到$_SESSION。

在 PHP 配置文件（php.ini）中，有一组与 Session 相关的配置选项。通过对一些选项重新设置新值，就可以对 Session 进行配置，否则使用默认的 Session 配置。

1．使用 session_start()函数

Session 的设置不同于 Cookie，必须先启动，在 PHP 中必须调用 session_start()函数，以便让 PHP 核心程序，将与 Session 相关的内建环境变量预先载入内存中。session_start()函数的语法格式如下所示。

```
Bool session_start( void )        // 创建 Session，开始一个会话，进行 Session 初始化
```

函数 Session_start()有两个作用：一是开始一个会话；二是返回已经存在的会话。这个函数没有参数且返回值均为 true。

如果使用基于 Cookie 的 Session，在使用该函数开启 Session 之前，不能有任何输出的内容。因为基于 Cookie 的 Session 是在开启时，调用 session_start()函数会生成一个唯一的 Session ID，需要保存在客户端电脑的 Cookie 中。

与 setCookie()函数一样，调用之前不能有任何的输出，空格或空行也不行。如果已经开启 Session，再次调用 session_start()函数时，不会再创建一个新的 Session ID。因为当用户再次访问服务器时，该函数会通过从客户端携带过来的 Session ID，返回已经存在的 Session。所以在会话期间，同一个用户在访问服务器上任何一个页面时，都是使用同一个 Session ID。

如果不想在每个脚本都使用 session_start()函数来开启 Session，可以在 php.ini 里设置“session.auto_start=1”，则无须每次使用 Session 之前都要调用 session_start()函数。但启用该选项也有一些限制，则不能将对象放入 Session 中，因为类定义必须在启动 Session 之前加载。所以不建议使用 php.ini 中的 session.auto_start 属性来开启 Session。

2．使用 session_register()函数

session_register()函数用来为会话创建一个变量，并启动会话，但要求设置 php.ini 文件的选项，即将 register_globals 指令设置为 on，然后重新启动 Apache 服务器即可。

使用 session_register()函数时，不需要调用 session_start()函数，PHP 会在创建变量之后调用 session_start()函数。

Note

21.2.3 注册和读取会话

视频讲解

在 PHP 中使用 Session 变量，除了必须要启动之外，还要经过注册的过程。注册和读取 Session 变量，都要通过访问$_SESSION 数组完成。

自 PHP 6.1.0 起，$_SESSION 如同$_POST、$_GET 或$_COOKIE 等一样成为超级全局数组，但必须在调用 session_start()函数开启 Session 之后才能使用。与$HTTP_SESSION_VARS 不同，$_SESSION 总是具有全局范围，因此不要对$_SESSION 使用 global 关键字。在$_SESSION 关联数组中的键名具有和 PHP 中普通变量名相同的命名规则。

【示例】注册 Session 变量代码如下所示。

```
<?php
session_start();                          // 启动 Session 并初始化
$_SESSION["username"]="skygao";           // 注册 Session 变量，赋值为一个用户的名称
$_SESSION["password"]="123456";           // 注册 Session 变量，赋值为一个用户的密码
?>
```

执行该脚本后，两个 Session 变量就会被保存在服务器端的某个文件中。该文件的位置是通过 php.ini 文件，在 session.save_path 属性指定的目录下，为这个访问用户单独创建的一个文件，用来保存注册的 Session 变量。例如，某个保存 Session 变量的文件名为 sess_040958e2514bf112d61a03ab8adc8c74，文件名中含 Session ID，所以每个访问用户在服器中都有自己的保存 Session 变量的文件，而且这个文件可以直接使用文本编辑器打开。该文件的内容结构如下所示。

```
变量名|类型:长度:值;                        // 每个变量都使用相同的结构保存
```

本例在 Session 中注册了两个变量，如果在服务器中找到为该用户保存 Session 变量的文件，打开后可以看到如下内容。

```
username|s:6:"skygao";password|s:6:"123456";        // 保存某用户 Session 中注册的两个变量内容
```

21.2.4 注销和销毁会话

视频讲解

当完成一个会话后，可以删除 Session 变量，也可以将其销毁。如果用户想退出网站，就需要提供一个注销的功能，把所有信息在服务器中销毁。

可以调用 session_destroy()函数结束当前的会话，并清空会话中的所有资源，该函数的语法格式如下所示。

```
bool session_destroy( void )                  // 销毁和当前 Session 有关的所有资料
```

相对于 session_start()函数，该函数用来关闭 Session 的运作，如果成功则传回 true，销毁 Session 资料失败则返回 false。

该函数并不会释放和当前 Session 相关的变量，也不会删除保存在客户端 Cookie 中的 Session ID。

因为$_SESSION 数组和自定义的数组在使用上是相同的，不过可以使用 unset()函数来释放在 Session 中注册的单个变量，如下所示。

```
unset($_SESSION["username"]);                    // 删除在 Session 中注册的用户名变量
unset($_SESSION["passwrod"]);                    // 删除在 Session 中注册的用户密码变量
```

提示：不要使用 unset($_SESSION)删除整个$_SESSION 数组，这样将不能再通过$_SESSION 全局数组注册变量了。但如果想把某个用户在 Session 中注册的所有变量都删除，可以直接将数组变量$_SESSION 赋上一个空数组，如下所示。

```
$_SESSION=array();                    // 将某个用户在 Session 中注册的变量全部清除
```

PHP 默认的 Session 是基于 Cookie 的，Session ID 被服务器存储在客户端的 Cookie 中，所以在注销 Session 时也需要清除 Cookie 中保存的 Session ID，而这就必须借助 setCookie()函数完成。

【示例】清除客户端 Cookie 中保存的会话信息。

在 Cookie 中，保存 Session ID 的 Cookie 标识名称就是 Session 的名称，这个名称在 php.ini 中，通过 session.name 属性指定的值。在 PHP 脚本中，可以通过调用 session_name()函数获取 Session 名称。删除保存在客户端 Cookie 中的 Session ID，代码如下所示。

```
<?php
    if (isset($_COOKIE[session_name()])) {               // 判断 Cookie 中是否保存 Session ID
        setcookie(session_name(), '', time()-3600, '/');  // 删除包含 Session ID 的 Cookie
    }
?>
```

通过前面的介绍可以总结出来，Session 的注销过程共需要 4 个步骤。在下面的脚本文件 destroy.php 中，提供完整的 4 个步骤代码，运行该脚本就可以关闭 Session 并销毁与本次会话有关的所有资源，代码如下所示。

```
<?php
// 第一步：开启 Session 并初始化
session_start();
// 第二步：删除所有 Session 的变量，也可用 unset($_SESSION[xxx])逐个删除
$_SESSION = array();
// 第三步：如果使用基于 Cookie 的 Session，使用 setCooike()删除包含 Session Id 的 Cookie
if (isset($_COOKIE[session_name()])) {
    setcookie(session_name(), '', time()-42000, '/');
}
// 第四步：最后彻底销毁 Session
session_destroy();
?>
```

21.2.5 传递会话

视频讲解

使用 Session 跟踪一个用户，是通过在各个页面之间传递唯一的 Session ID，并通过 Session ID 提取这个用户在服务器中保存的 Session 变量。常见的 Session ID 传送方法有以下两种。

- ☑ 基于 Cookie 的方式传递 Session ID，这种方法更优化，但由于不总是可用的，因为用户在客户端可以屏蔽 Cookie。
- ☑ 通过 URL 参数进行传递，直接将会话 ID 嵌入 URL 中。

Note

在 Session 的实现中通常都是采用基于 Cookie 的方式，客户端保存的 SessionID 就是一个 Cookie。当客户禁用 Cookie 时，Session ID 就不能再在 Cookie 中保存，也就不能在页面之间传递，此时 Session 失效。不过 PHP5 在 Linux 平台可以自动检查 Cookie 状态，如果客户端将它禁用，则系统自动把 Session ID 附加到 URL 上传送。而使用 Windows 系统作为 Web 服务器则无此功能。

1．通过 Cookie 传递 Session ID

如果客户端没有禁用 Cookie，则在 PHP 脚本中通过 session_start()函数进行初始化后，服务器会自动发送 HTTP 标头将 Session ID 保存到客户端电脑的 Cookie 中，类似于下面的设置方式。

```
setCookie(session_name(), session_id(), 0, '/')                // 虚拟向 Cookie 中设置 Session ID 的过程
```

在第一个参数中调用 session_name()函数，返回当前 Session 的名称作为 Cookie 的标识名称。Session 名称的默认值为 PHPSESSID，是在 php.ini 文件中由 session.name 选项指定的值，也可以在调用 session_name()函数时提供参数改变当前 Session 的名称。

在第二个参数中调用 session_id()函数，返回当前 Session ID 作为 Cookie 的值，也可以通过调用 session_id()函数时提供参数设定当前 Session ID。

第三个参数的值 0，是通过在 php.ini 文件中由 session.cookie_lifetime 选项设置的值。默认值为 0，表示 Session ID 将在客户机的 Cookie 中延续到浏览器关闭。

最后一个参数'/'，也是通过 PHP 配置文件指定的值，在 php.ini 中由 session.cookie_path 选项设置的值。默认值为'/'，表示在 Cookie 中要设置的路径在整个域内都有效。

如果服务器成功把 Session ID 保存在客户端的 Cookie 中，当用户再次请求服务器时，就会把 Session ID 发送回来。所以当在脚本中再次使用 session_start()函数时，就会根据 Cookie 中的 Session ID 返回已经存在的 Session。

2．通过 URL 传递 Session ID

如果客户浏览器支持 Cookie，就把 Session ID 作为 Cookie 保存在浏览器中。但如果客户端禁止 Cookie 的使用，浏览器中就不存在作为 Cookie 的 Session ID，因此在客户请求中不包含 Cookie 信息。如果调用 session_start()函数时，无法从客户端浏览器中取得作为 Cookie 的 Session ID，则又创建了一个新的 Session ID，也就无法跟踪客户状态。因此，每次客户请求支持 Session 的 PHP 脚本，session_start()函数在开启 Session 时都会创建一个新的 Session，这样就失去了跟踪用户状态的功能。

在 PHP 中提出了跟踪 Session 的另一种机制，如果客户浏览器不支持 Cookie，PHP 则可以重写客户请求的 URL，把 SessionID 添加到 URL 信息中。可以手动地在每个超链接的 URL 中都添加一个 Session ID，如下所示。

```
<?php
session_start();
echo '<a href="demo.php?'.session_name().'='.session_id().'">链接演示</a>';
?>
```

【示例】下例中使用两个脚本程序，演示了 Session ID 的传送方法。在第一个脚本 test1.php 中，输出链接时将 SID 常量附加到 URL 上，并将一个用户名通过 Session 传递给目标页面输出，如下所示。

```
<?php
session_start();                                    // 开启 Session
$_SESSION["username"]="admin";                      // 注册一个 Session 变量，保存用户名
echo "Session ID: ".session_id()."<br>";            // 在当前页面输出 Session ID
```

```
?>
<a href="test2.php?<?php echo SID ?>">通过 URL 传递 Session ID</a> <!-- 在 URL 中附加 SID -->
```

在脚本 test2.php 中，输出 test1.php 脚本在 Session 变量中保存的一个用户名。又在该页面中输出一次 Session ID，通过对比可以判断两个脚本是否使用同一个 Session ID。另外，在开启或关闭 Cookie 时，注意浏览器址栏中 URL 的变化，代码如下所示。

Note

```
<?php
session_start();                                        // 开启 Session
echo $_SESSION["username"]."<br>";                      // 输出 Session 变量的值
echo "Session ID: ".session_id()."<br>";                // 输出 Session ID
?>
```

如果把客户端的 Cookie 禁用，单击 test1.php 页面中的超链接会出现下面的结果，在地址栏里会把 Session ID 以 session_name=session_id 的格式添加到 URL 上。

如果客户端的 Cookie 可以使用，则会把 Session ID 保存到客户端的 Cookie 里，而 SID 就成为一个空字符串，不会在地址栏中的 URL 后面显示。启用客户端的 Cookie，重复前面的操作。

21.2.6　设置会话有效期

视频讲解

在大多数网站和应用程序中需要限制会话的时间，如 12 个小时、一个星期、一个月等，这时就需要设置 Session 会话的有效期限，过了有效期限，用户会话就被关闭。

1．客户端没有禁用 Cookie

使用 session_set_cookir_params()函数设置 Session 的失效时间，此函数是 Session 结合 Cookie 设置失效时间，如果设置 Seesion 在 1 分钟后失效，则实现的代码如下。

```
<?php
$time = 60;
session_set_cookie_params($time);
session_start();
$_SESSION["unsename"] = 'Mr';
?>
```

session_set_cookie_params()必须在 session_start()之前调用。不过不推荐使用该函数，所以一般手动设置失效时间。

【示例 1】手动设置失效时间的代码如下。

```
<?php
session_start();
$time = 60;
setcookie(session_name(),session_id(),time()+$time,"/");  // 手动设置会话失效时间
$_SESSION["unsename"] = 'Mr';
?>
```

session_name 表示 Session 的名称，session_id 表示客户端用户的标识，因为 session_id 是随机产生的唯一名称，所以 Session 是相对安全的，失效时间和 Cookie 的失效时间一样，最后一个参数为可选参数，是放置 Cookie 的路径。

2．客户端禁用 Cookie

当客户端禁用 Cookie 时，Session 页面间传递会失效，解决这个问题有 4 种方法。

☑ 在登录之前提醒用户必须开启 Cookie，这是很多论坛的做法。

☑ 设置 php.ini 文件中的 session.use_trans_sid = 1，或者编译时打开-enable-trans-sid 选项，让 PHP 自动跨页传递 session_id。

☑ 通过 GET 方法，使用隐藏域传递 session_id。

☑ 使用文件或者数据库存储 session_id，在页面传递中手动调用。

Note

第二种情况比较被动，因为普通开发者是无法修改服务器中的 php.ini 配置文件，第三种情况就是不可以使用 Cookie 设置保存时间，但是登录情况没有变化，第四种情况比较重要，特别是在企业级开发中，经常使用到。

【示例 2】下面代码演示了以第三种方法使用 GET 方式进行传递。

```
<form   method="post" action="session1.php?<?=session_name();?>=<?=session_id();?>">
     用户名：<input type="text" name="user" size="20"><br />
     密    码：<input type="password" name="password" size="20"><br />
     <input type="submit" value="提交" />
</form>
```

然后，在 session1.php 文件中设置要接收 session_id 值，并进行处理，示例代码如下。

```
<?php
$sess_name = session_name();              // 获取 Session 名称
$sess_id = $_GET[$sess_name];             // 以 GET 方式获取 session_id
session_id($sess_id);                     // 把 session_id 值存储到 Session 对象中
session_start();
$_SESSION["admin"] = "Mr";
?>
```

21.3 案例实战

本节将通过案例介绍 Cookie 和 Session 的应用。

21.3.1 控制登录时间

视频讲解

本例在创建 Cookie 时，设置 Cookie 的生命周期，实现控制登录用户的过期时间，示例演示效果如图 21.5 所示。

（a）登录

（b）提示

图 21.5 控制登录时间

Note

【操作步骤】

（1）新建网页文件，保存为 index.php，编写用户登录页面，将用户登录信息提交到 index_ok.php 文件。

```
<h2>用户登录</h2>
<form name="form1" method="post" action="index_ok.php">
    <p> 用户名：
        <input name="user" type="text" size="20">
    </p>
    <p> 密   码：
        <input name="pass" type="password" maxlength="20">
    </p>
    <p>
        <input type="submit" name="Submit" value="提交">
    </p>
</form>
```

（2）新建网页文件，保存为 index_ok.php 文件，获取表单提交的用户登录信息，并且判断登录的用户名和密码是否正确，如果正确，则将用户名和密码赋给指定的 Cookie 变量，并设置 Cookie 的过期时间，再跳转到 cookie.php 页面；否则，直接给出提示信息，并重新跳转到登录页（index.php）。

```
<?php
header( "Content-type: text/html; charset=UTF-8" ); //  设置文件编码格式
if($_POST['user']!="" && $_POST['pass']!=""){
if($_POST['user']=="admin" && $_POST['pass']=="admin"){
    setCookie("user",$_POST['user'],time()+60)or die("禁止 cookie");
    setCookie("pass",$_POST['pass'],time()+60)or die("禁止 cookie");
    echo "<script>alert('登录成功！ '); window.location.href='cookie.php';</script>";
}else{
    echo "<script>alert('用户名或者密码不正确！ '); window.location.href='index.php';</script>";
}
}else{
    echo "<script>alert('用户名或者密码不能为空！ '); window.location.href='index.php';</script>";
}
?>
```

（3）新建网页文件，保存为 cookie.php 文件，判断 Cookie 变量的值是否存在，如果存在则输出本页内容；否则，给出提示信息并跳转到登录页面（index.php）。

```
<h2>登录提示</h2>
<?php
    if($_COOKIE['user']=="admin" && $_COOKIE['pass']=="admin"){
        echo "欢迎".$_COOKIE['user']."光临！ ";
    }else{
        echo "<script>alert('COOKIE 已经过期，请重新登录'); window.location.href='index.php';</script>";
    }
?>
```

21.3.2 自动登录

视频讲解

本例设计如果用户是第一次登录，则需要填写用户名和密码。如果是再次登录，那么就不需要输

Note

入用户名和密码，因为$_COOKIE 会从 Cookie 中读取这些信息，用户直接单击登录按钮即可。登录成功后进入 main.php 页面，运行结果如图 21.6 所示。

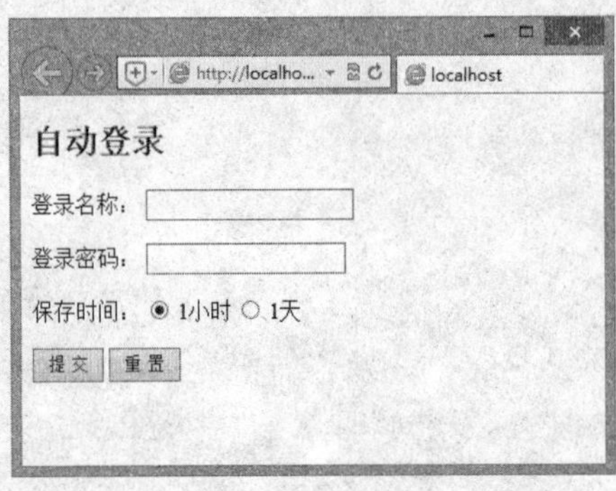

（a）第一次登录

（b）第二次进入

图 21.6 自动登录

【操作步骤】

（1）新建网页文件，保存为 index.php，编写用户登录页面，将用户登录信息提交到 index_ok.php 文件。

```
<h2>自动登录</h2>
<form id="form1" name="form1" method="post" action="index_ok.php">
    <p>登录名称：
        <input name="name" type="text" class="txt" id="lgname" value="<?php if (! empty ( $_COOKIE
['name'] )) echo $_COOKIE['name'];?>" size="20">
    </p>
    <p>登录密码：
        <input name="pwd" type="password" class="txt" id="lgpwd" value="<?php if (! empty ( $_COOKIE
['pwd'] )) echo $_COOKIE['pwd'];?>" size="20">
    </p>
    <p>保存时间：
        <input name="times" type="radio" value="3600" checked="checked">
        1 小时
        <input type="radio" name="times" value="86400">
        1 天 </p>
    <p>
        <input type="submit" name="Submit" value="提  交">
        <input type="reset" name="reset" value="重  置">
    </p>
</form>
```

（2）创建 index_ok.php 文件，通过$_POST 方法获取表单中提交的数据，验证用户输入的用户名和密码是否正确。如果正确，则通过 setcookie()函数创建 Cookie，存储用户名和密码，并根据表单提交的时间设置 Cookie 的过期时间，并跳转到 main.php 页面；如果不正确，则给出提示信息，并跳转到 index.php 页面。

```
<?php
header("Content-type: text/html; charset=UTF-8");   // 设置文件编码格式
if (! empty ( $_POST ['name'] ) and ! empty ( $_POST ['pwd'] )) { // 判断用户名和密码是否为空
```

```
        if ($_POST ['name'] == "admin" && $_POST ['pwd'] == "admin") {
            setcookie ( "name", $_POST ['name'], time () + $_POST ['times'] ); // 设置 cookie 有效时间为 1 小时
            setcookie ( "pwd", $_POST ['pwd'], time () + $_POST ['times'] ); // 设置 cookie 有效时间为 1 小时
            echo "<script>alert('succeed!');window.location.href='main.php';</script>";
        } else {
            echo "<script>alert('false!');window.location.href='index.php';</script>";
        }
    } else {
        echo "<script>alert('用户名和密码不能为空！');window.location.href='index.php';</script>";
    }
    ?>
```

（3）创建 main.php 文件，首先根据$_COOKIE 获取 Cookie 值，判断用户是否具有访问权限，如果有，则可以看到本页内容，否则将给出提示信息，并跳转到 index.php 页面。

```
<?php
if($_COOKIE['name']==""){          // 根据 Cookie 的值，判断浏览者是否具有访问该页面的权限
    echo "<script>alert('您不具有访问该页面的权限！'); window.location.href='index.php';</script>";// 如果不具有，输出请您正确登录，并跳转到登录页面
}else{                             // 如果正确，则输出主页内容
?>
<!doctype html>
<html>
<head>
<meta charset="utf-8">
<title></title>
</head>
<body>
<h2>登录提示</h2>
<p><?php echo $_COOKIE['name'] ?> 成功登录</p>
</body>
</html>
<?php
}
?>
```

21.3.3 限制访问时间

视频讲解

用户在互联网发布的网站可能有成百上千次的浏览，并且在线浏览用户数量一直增加，如果不对用户访问网站的时间进行限制，结果会造成服务器资源的消耗，网站瘫痪。本例通过设置 Cookie 限制用户访问网站的时间，运行结果如图 21.7 所示。

【操作步骤】

（1）创建 index.php 文件。首先初始化 SESSION 变量获取 SESSION ID，然后通过 setcookie() 函数创建 Cookie，并将 SESSION ID 作为 Cookie 值，同时设置 Cookie 的有效时间为 10 秒。

```
<?php
if(!isset($_SESSION)){
    session_start();
}
```

```
$session_id=session_id();                    // 获取 SessionID
setcookie("start",$session_id,time()+10);
?>
```

Note

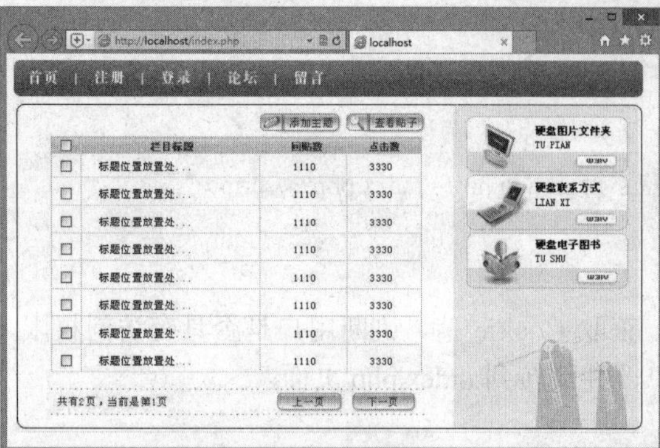

（a）有效状态

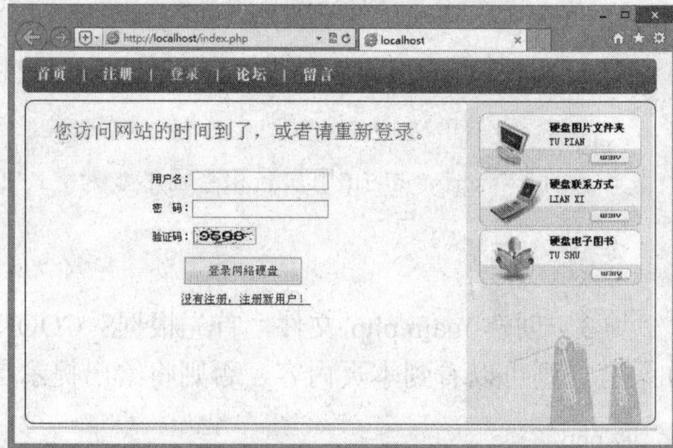

（b）失效状态

图 21.7　限制访问时间

（2）在页面中通过判断 COOKIE 变量的值是否为空来限制用户访问网站的时间，具体代码如下所示。

```
<?php
    if(isset($_COOKIE['start']) && $_COOKIE['start']==$session_id){
?>
<img src="images/index.jpg">
<?php
    }else{
?>
<img src="images/login.jpg">
<?php
}
?>
```

21.4　在线练习

本节为课后练习，感兴趣的同学请扫码进一步强化训练。

在线练习

第22章

访问 MySQL 数据库

MySQL 采用的是“客户机/服务器”体系结构，此时 PHP 就充当了 MySQL 客户机的角色。PHP 通过 API 扩展实现与 MySQL 的联系，本章将详细讲解 mysqli 扩展。

【学习重点】

- 了解 PHP 与 MySQL 通信的方式。
- 了解 PHP 与 MySQL 联系的一般过程。
- 能够使用 mysqli 扩展访问 MySQL 数据库。

Note

22.1 访问 MySQL 基础

下面简单介绍一下 PHP 与 MySQL 通信的基本方式和一般步骤。

22.1.1 访问 MySQL 的方式

视频讲解

PHP 联系 MySQL 的方式有 3 种：mysql 扩展、mysqli 扩展、PHP 数据对象（PDO）。

1．mysql 扩展

mysql 扩展是 PHP 应用与 MySQL 数据库交互的早期扩展。mysql 扩展提供了一个面向过程的接口，并且是针对 MySQL 4.1.3 或者更早版本设计的。因此这个扩展虽然可以与 MySQL 4.1.3 或更新的数据库服务端进行交互，但并不支持后期 MySQL 服务端提供的一些特性。

注意：由于 mysql 扩展太古老，又不安全，在 PHP7 中已经不再支持，因此本书也不再详细介绍。

2．mysqli 扩展

mysqli 扩展也称为 mysql 增强扩展，是 PHP5 新增加的，对 mysgl 扩展进行改进，执行速度更快，使用更方便，访问数据库更加稳定。mysqli 扩展可以使用 MySQL 4.1.3 或更新版本中新的高级特性，如调用 MySQL 的存储过程、处理 MySQL 事务等。

mysqli 扩展的特点：面向对象接口、prepared 语句支持、多语句执行支持、事务支持、增强的调试能力、嵌入式服务支持、预处理方式完全解决了 SQL 注入的问题。不过它也有缺点，就是只支持 MySQL 数据库。如果要访问其他数据库，则只能够使用 PDO 扩展。

3．PHP 的 PDO

PDO 是 PHP Data Objects 的缩写，是 PHP 应用中的一个数据库抽象层规范。PDO 提供了一个统一的 API 接口，PHP 应用不再关心连接的数据库服务器系统类型。因此，使用 PDO，可以在任何需要时，无缝切换数据库服务器，如从 Oracle 到 MySQL。其功能类似于 JDBC、ODBC、DBI 之类的接口。同时，它也解决了 SQL 注入问题，有很好的安全性。

22.1.2 访问 MySQL 一般步骤

视频讲解

使用 PHP 访问 MySQL 数据库一般需要 5 步，如图 22.1 所示。

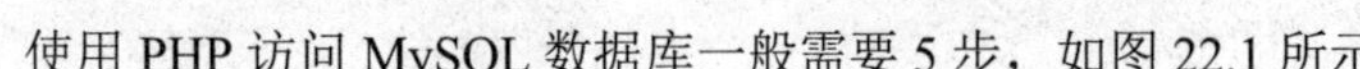

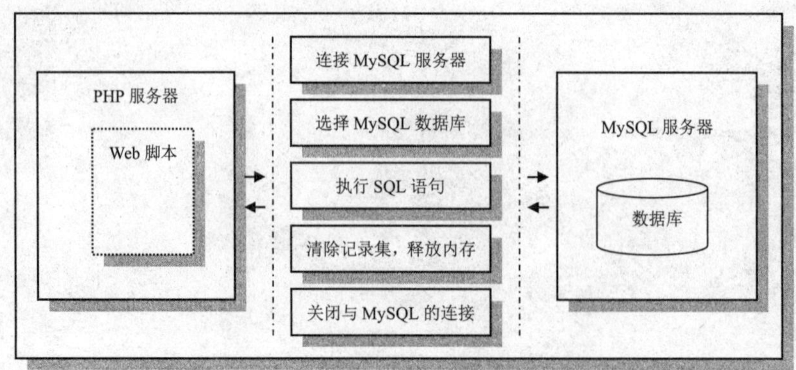

图 22.1 PHP 与 MySQL 联系

下面以 mysqli 扩展的过程式函数为例进行说明。

【操作步骤】

（1）连接 MySQL 服务器。使用 PHP 的 mysqli_connect()函数建立与 MySQL 服务器之间的连接。

（2）选择 MySQL 数据库。使用 mysqli_select_db()函数选择 MySQL 服务器中的数据库，并与数据库建立连接。

（3）执行 SQL 查询操作。选择数据库之后，就可以使用 mysqli_query()函数执行 SQL 语句，对数据库的操作主要包括 5 种方式。

☑　查询数据：使用 select 语句实现数据的查询功能。

☑　显示数据：使用 select 语句显示数据的查询结果。

☑　插入数据：使用 insert into 语句向数据库中插入数据。

☑　更新数据：使用 update 语句修改数据库中的记录。

☑　删除数据：使用 delete 语句删除数据库中的记录。

（4）清除记录集。数据库操作完成之后，需要回收记录集，以释放系统资源。

```
mysqli_free_result($result);
```

（5）关闭 MySQL 服务器。在完成数据库操作之后，应使用 mysqli_close()函数关闭与 MySQL 服务器的连接。

```
mysqli_close($link);
```

22.2　使用 mysqli 扩展

线上阅读 1

线上阅读 2

mysqli 扩展被封装在一个类中，它是一种面向对象的技术。mysqli 扩展模块包括 3 个子类。

☑　mysqli。

☑　mysqli_result。

☑　mysqli_stmt。

视频讲解

搭配使用这 3 个类，就可以连接 MySQL 数据库服务器、选择数据库、查询和获取数据，以及使用预处理语句等。

当然，习惯过程化编程的用户也不用担心，mysqli 也提供了一个传统的函数式接口，确保与 mysql 扩展的顺利过渡，只不过以 mysqli 为前缀，而不是以 mysql 为前缀，用法基本与 mysql 扩展相似。本书将重点介绍 mysqli 的面向对象的编程方法，并适当兼顾过程式编程的用户习惯。有关 PHP 的 mysqli 过程化函数，可以扫描右侧二维码了解。

提示： 如果以过程式进行操作，有些 mysqli 函数必须指定资源，如 mysqli_query（资源标识，SQL 语句），而 mysql_query（SQL 语句，'可选'）的资源标识是放在后面的，且可以不指定，默认是上一个打开的连接或资源。关于如何兼容早期的 mysql 函数应用的页面，可以扫码了解。

22.3　读写数据

线上阅读

mysqli 类主要控制 PHP 和 MySQL 数据库服务器之间的连接、选择数据库、向 MySQL 服务器发

视频讲解

送 SQL 语句，以及设置字符集等，这些任务都是通过该类中声明的构造方法、成员方法和成员属性完成的。mysqli 类声明的成员方法和成员属性可以扫码了解。

22.3.1 启用 mysqli 扩展模块

Note

如果在 Linux 平台中启用 mysqli 扩展，必须在编译 PHP 时加上 with-mysqli 选项。

如果在 Windows 平台中启用 mysqli 扩展，必须在 php.ini 文件中找到下面一行，取消前面的注释，如果没有找到就添加这样一行。

```
extension=php_mysqli.dll                                    // 在 php.ini 文件中启用这一行
```

提示：可以在 PHP 脚本中，调用 phpinfo()函数检查 PHP 版本是否支持 mysqli 接口。

22.3.2 连接 MySQL 服务器

视频讲解

PHP 程序在与 MySQL 服务器交互之前，需要成功地连接 MySQL。如果选择使用 PHP 面向对象接口与 MySQL 服务器连接，可以有如下两种选择方式。

1．快速连接

通过 mysqli 类的构造方法实例化对象。mysqli()构造函数的语法格式如下。

```
$mysqli=new mysqli( [string host [, string username [, string passwd [, string dbname
                                        [, int port [, string socket]]]]]] );
```

参数说明如下。

- ☑ host：表示 MySQL 服务器的主机名，如'localhost'。
- ☑ username：表示 MySQL 用户名。默认值是服务器进程所有者的用户名，如'root'。
- ☑ password：表示 MySQL 用户密码。默认值是空密码。
- ☑ dbname：表示要连接的数据库的名称。
- ☑ port：表示 MySQL 服务器的端口号。默认为 3306 号端口。
- ☑ socket：一个套接字文件或命名管道。

mysqli()构造函数包含 6 个可选参数，其中前 4 个参数较常用，后面两个很少使用。如果连接成功，将返回一个 mysqli 对象。

注意：通过这种方式就不用再调用 mysqli 对象的 connect()和 select_db()等方法去连接 MySQL 服务器和选择数据库。在连接成功后，可以通过 mysqli 对象的 select_db()方法改变连接的数据库。

【兼容方法】

如果使用过程式编程，可以直接调用 mysqli_connect()函数，其语法格式与 mysqli()构造函数相同，参数和返回值也相同。

```
mysqli_connect(host, username, password, dbname, port, socket);
```

如果要保持与 mysql 扩展的兼容，可以按如下写法实现。

```
$link = mysqli_connect($host, $username, $passwd);        // 建立连接
mysql_select_db($link, $dbname);                           // 选择数据库
```

Note

【示例】下面示例分别使用面向对象化和过程式两种不同方法连接本地 MySQL 服务器中的 db_book_test 数据库。

```
<?php
$host = 'localhost';                                       // 指定 MySQL 服务器
$username = 'root';                                        // 指定用户名
$password = '11111111';                                    // 指定登录密码
$dbname = 'db_book_test';                                  // 指定数据库名称

// mysqli 对象化
$db = new mysqli($host,$username,$password,$dbname);       // 连接数据库
// 或者也可以这样
$db = mysqli_connect($host,$username,$password,$dbname);   // 连接数据库
if($db){                                                   // 检测是否连接成功
    echo "MySQL 服务器连接成功！";
}

//mysqli 过程式，兼容 MySQL 习惯
$link = mysqli_connect($host,$username,$password);         // 建立连接
mysqli_select_db($link, $dbname);                          // 选择数据库
if($link){                                                 // 检测是否连接成功
    echo "MySQL 服务器连接成功！";
}
?>
```

注意：本章所有练习示例都将用到 db_book_test 数据库，请在本书源码包中复制对应章节的 db_book_test 文件夹到本地 MySQL 的 Data 目录下。或者通过 phpMyAdmin 新建数据库 db_book_test，然后把 db_book_test.sql 数据表结构和内容导入数据库中。

2．个性连接

如果在创建 mysqli 对象时，没有向构造函数传入连接参数，就需要调用 mysqli 对象的 connect()方法连接 MySQL 数据库服务器，还可以使用 select_db()方法特别指定数据库，例如：

```
$mysqli=new mysqli();                                          // 创建 mysqli 对象
$mysqli->connect("localhost", "mysql_user", "mysql_pwd");      // 连接 MySQL 数据库服务器
$mysqli->select_db("mylib");                                   // 选择特定的数据库
```

虽然使用 mysqli()构造方法建立连接是最方便的方法，但也有一个缺点：无法设置任何 MySQL 特有的连接选项。

例如，设置连接倒计时，在连接成功之后立刻执行一个 SQL 命令等，所以还可以像下面这样去创建一个连接。

```
/* 如果没有连接则使用 mysqli_init()函数创建一个连接对象 */
$mysqli = mysqli_init();
/* 下面两行设置连接选项 */
$mysqli->options(MYSQLI_INIT_COMMAND, "SET AUTOCOMMIT=0");     // 连接成功则执行
$mysqli->options(MYSQLI_OPT_CONNECT_TIMEOUT, 5);               // 设置倒计时
/* 通过 mysqli 对象中的 real_connect()方法连接 MySQL 服务器 */
$mysqli->real_connect('localhost', 'mysql_user', 'mysql_pwd', 'mylib');
```

22.3.3 处理连接错误报告

在连接过程中难免会出现错误，应该及时让用户得到通知。在连接出错时，mysqli 对象并没有创建成功，所以就不能调用 mysqli 对象的成员获取这些错误信息。

可以通过 mysqli 扩展的过程方式获取。使用 mysqli_connect_errno()函数测试在建立连接的过程中是否发生错误，相关的出错消息由 mysqli_connect_error()函数负责返回，例如：

```
$db = new mysqli($host,$username,$password,$dbname); // 连接数据库
/* 检查连接，如果连接出错输出错误信息并退出程序 */
if (mysqli_connect_errno()) {
    printf("连接失败: %s\n", mysqli_connect_error());
    exit();
}
```

22.3.4 关闭与 MySQL 服务器连接

完成数据库访问工作，如果不再需要连接，应该明确地释放有关的 mysqli 对象。虽然脚本执行结束后，所有打开的数据库连接都将自动关闭，资源被回收。但是，在执行过程中，页面可能需要多个数据库连接，各个连接要在适当的时候将其关闭。

使用 mysqli 对象的 close()方法可以关闭打开的数据库连接，关闭成功时返回 true，否则返回 false。

【示例】在下面示例中，连接 MySQL 数据库服务器、检查连接、通过 mysqli 对象中的一些成员方法和属性获取连接的详细信息，最后将打开的数据库连接关闭。

```
<?php
$host = 'localhost';                                          // 指定 MySQL 服务器
$username = 'root';                                           // 指定用户名
$password = '11111111';                                       // 指定登录密码
$dbname = 'db_book_test';                                     // 指定数据库名称
$mysqli = new mysqli($host,$username,$password,$dbname);      // 连接数据库
/* 检查连接，如果连接出错输出错误信息并退出程序 */
if (mysqli_connect_errno ()) {
    printf ( "连接失败:<br>", mysqli_connect_error () );
    exit ();
}
/* 打印当前数据库使用字符集字符串 */
printf ( "当前数据库的字符集：  %s<br>", $mysqli->character_set_name () );
/* 打印客户端版本 */
printf ( "客户端库版本：  %s<br>", $mysqli->get_client_info () );
/* 打印服务器主机信息 */
printf ( "主机信息：  %s<br>", $mysqli->host_info );
/* 打印字符串形式 MySQL 服务器版本 */
printf ( "服务器版本: %s<br>", $mysqli->server_info );
/* 打印整数形式 MySQL 服务器版本 */
printf ( "服务器版本：%d<br>", $mysqli->server_version );
/* 关闭打开的数据库连接 */
$mysqli->close();
?>
```

上面代码输出的结果如下所示。

```
当前数据库的字符集：  utf8
客户端库版本：  mysqlnd 5.0.12-dev - 20150407 - $Id: 38fea24f2847fa7519001be390c98ae0acafe387 $
主机信息：  localhost via TCP/IP
服务器版本: 5.7.13-log
服务器版本：50713
```

22.3.5　执行 SQL 命令

mysqli 类提供了几种执行 SQL 命令的方法，其中最常用的是 query()方法。对于 INSERT（插入）、UPDATE（更新）、DELETE（删除）等不会返回数据的 SQL 命令，query()方法在 SQL 命令执行成功时将返回 true。

可以通过 mysqli 对象的 affected_rows 属性获取有多少条数据记录发生了变化。使用 mysqli 对象的 insert_id()属性可以返回最后一条 INSQL 命令生成的 AUTO_INCREMENT 编号值。

【示例】下面示例向数据库 db_book_test 中的 tb_contact 数据表插入一条记录，然后返回新变动的记录数，以及插入记录的 ID 值。

```
<?php
// 省略数据库连接的 4 个初始化变量，可参考 22.3.4 节示例代码
$mysqli = new mysqli($host,$username,$password,$dbname); // 连接数据库
/* 执行 SQL 命令向表中插入一条记录，并获取改变的记录数和新 ID 值 */
if ($mysqli->query ( "insert into tb_contact(name, departmentId, address, phone, email ) values('test','D03','上海','13844448888','test@163.com')" )) {
        echo "改变的记录数：" . $mysqli->affected_rows . "<br>";
        echo "新插入的 ID 值：" . $mysqli->insert_id . "<br>";
}
$mysqli->close ();
?>
```

上面代码输出的结果如下所示。

```
改变的记录数：1
新插入的 ID 值：6
```

> 提示：如果在执行 SQL 命令时发生错误，query()方法将返回 false，此时可以通过 mysqli 对象的 errno 和 error 属性获得错误编号和错误原因。

如果执行有返回数据的 SQL 命令 SELECT（选择），执行成功后则返回一个 mysqli_result 对象，该对象属于 mysqli_result 类，将在 22.4 节详细介绍。

mysqli 对象的 query()方法每次调用只能执行一条 SQL 命令，如果想一次执行多条命令，就必须使用 mysqli 对象的 multi_query()方法。如果想以不同的参数多次执行一条 SQL 命令，最有效率的办法是先对那条命令做一些预处理，然后再执行。

22.4　显示记录集

线上阅读

mysqli_result 类的对象包含 SELECT 查询的结果，获取结果集中数据的成员方法，

视频讲解

Note

以及与查询结果有关的成员属性。mysqli_result 类包含的全部成员属性和成员方法可以扫码了解。

22.4.1 创建结果集对象

mysqli_result 类的对象，默认是通过 mysqli 对象的 query()方法执行 SELECT 语句返回的，并把所有的结果数据从 MySQL 服务器取回到客户端，保存在该对象中。

如果希望把结果暂时留在 MySQL 服务器上，在需要时才一条条地读取记录，就需要在调用 query()方法时，在第二个参数中提供一个 MYSQL_USE_RESULT 值。当处理的数据集合比较大或不适合一次全部取回到客户端时，使用这个参数比较有用。但是，要想知道本次查询到底找到了多少条记录，只能在所有的结果记录被全部读取完毕之后。

【示例 1】下面示例使用 mysqli 对象的 query()方法获取结果集，第一行代码将把数据取回到客户端，第二行代码把数据留在 MySQL 服务器上，需要时再取。

```
// 将数据取回到客户端
$result = $mysqli->query("SELECT * FROM tb_contact LIMIT 4");
// 留在 MySQL 服务器上
$result = $mysqli->query("SELECT * FROM    tb_contact", MYSQLI_USE_RESULT);
```

提示：也可以使用 mysqli 对象的 real_query()、store_result()或 use_result()方法相结合获取结果集。real_query()方法与 query()方法相同，只是无法确定所返回结果集的类型，可以使用 store_result()方法获取整个结果集。将所有记录存储在一个对象中，在合适的时候加以解析，这称为缓冲结果集。

【示例 2】可以在缓冲结果集的记录中向前和向后导航，甚至直接跳到任意一条记录上。

```
// 无法确定所返回结果集的类型
$mysqli->real_query("SELECT * FROM tb_contact LIMIT 4");
$result = $mysqli->store_result();       // 获取一个缓冲结果集
```

由于这种缓冲结果集是获取整个结果集，可能占用非常多的内存，所以一旦结果集操作结束，就要及时回收内存。

使用 mysqli 对象的 real_query()方法和 use_result()方法结合，也是从服务器获取结果集，但并不是获取整个集合，而是可以在适当的时候获取各条记录。因为这种方式只是开始结果集的获取，所以不仅无法确定集合中的记录总数，也无法向后导航或跳到某条记录。

视频讲解

22.4.2 回收查询内存

在对结果集结束操作时，应该使用 mysqli_result 对象的 close()方法回收结果集占用的内存。注意，一旦执行了这个方法，结果集就不再可用。

视频讲解

22.4.3 从结果集中解析数据

执行查询并准备了结果集之后，即可开始解析。解析的内容包括：从结果集中获取需要的记录、字段信息以及整个表的属性等。

与 mysql 扩展模块类似，mysqli 接口在结果集对象中也提供了 fetch_row()、fetch_array()、fetch_assoc()和 fetch_object() 4 个彼此很相似的方法来依次读取结果数据行。这 4 个方法只在引用字段的方式上有差别，它们的共同点是：每次调用将自动返回下一条结果记录，如果已经到达结果数据

表的末尾，则返回 false。

1．fetch_row()

fetch_row()方法能够从结果集中获取一条结果记录，将值存放在一个索引数组中。与其他 3 个方法相比，fetch_row()是最方便的方法。

各个字段需要以$row[$n]的方式访问，其中$row 是从结果集中获取的一行记录返回的数组，$n 为连续的整数下标。因为返回的是索引数组，所以可以和 list()函数结合在一起使用。

【示例 1】下面是一个简单示例，演示查询数据表 tb_contact 中 D02 部门员工的记录集，获取他们的姓名和电子邮箱地址，然后使用 fetch_row()方法逐一读取每条记录，并显示出来。

```
<?php
$host =   'localhost';                                        // 指定 MySQL 服务器
$username = 'root';                                           // 指定用户名
$password = '11111111';                                       // 指定登录密码
$dbname = 'db_book_test';                                     // 指定数据库名称
$mysqli = new mysqli($host,$username,$password,$dbname);      // 连接数据库
$mysqli->query("set names utf8" );                            // 设置结果的字符集
/* 将部门编号为 D02 的联系人姓名和电子邮件全部取出存入结果集中 */
$result = $mysqli->query ( "SELECT name, email FROM tb_contact WHERE departmentId='D02'" );
echo 'D02 部门的联系人姓名和电子邮件：';
echo '<ol>';
while ( list ( $name, $email ) = $result->fetch_row() ) {     // 从结果集中遍历每条数据
    echo '<li>' . $name . ' : ' . $email . '</li>';           // 以列表形式输出每条记录
}
echo '</ol>';
$result->close ();                                            // 关闭结果集
$mysqli->close ();                                            // 关闭与数据库的连接
?>
```

输出结果如下所示。

```
D02 部门的联系人姓名和电子邮件：
    1.李四 : lisi@163.com
    2.赵六 : zhaoliu@163.com
```

在上面示例中，也可以通过遍历数组获取同样的输出结果。但通过 list()函数和 while 循环结合使用，遇到每条记录时将字段赋给一个变量，可以简化一些步骤。

2．fetch_assoc()

fetch_assoc()方法将以一个关联数组的形式返回一条结果记录，数据表的字段名表示键，字段内容表示值。

【示例 2】下面示例演示了从数据表 tb_contact 中查询所有记录，并以表格的形式把所有数据显示出来，演示效果如图 22.2 所示。

```
<?php
// 省略数据库连接代码，请参考 22.4.2 节示例
$result = $mysqli->query ( "SELECT * FROM tb_contact" );     // 执行查询语句获取结果集
echo '<table width="90%" border="1" align="center">';         // 打印 HTML 表格
echo '<caption><h1>联系人信息表</h1></caption>';              // 输出表名
echo '<th>用户 ID</th><th>姓名</th><th>部门编号</th><th>联系地址</th><th>联系电话</th><th>电子邮件
</th>';                                                        // 输出字段名
```

```
    while ($row = $result->fetch_assoc () ) {                    // 循环从结果集中遍历记录
        echo '<tr>';                                             // 输出行标记
        echo '<td>' . $row ["id"] . '</td>';                     // 输出用户 ID
        echo '<td>' . $row ["name"] . '</td>';                   // 输出用户姓名
        echo '<td>' . $row ["departmentId"] . '</td>';           // 输出部门编号
        echo '<td>' . $row ["address"] . '</td>';                // 输出联系地址
        echo '<td>' . $row ["phone"] . '</td>';                  // 输出联系电话
        echo '<td>' . $row ["email"] . '</td>';                  // 输出电子邮件
        echo '</tr>';
    }
    echo '</table>';
    $result->close ();                                           // 关闭结果集释放内存
    $mysqli->close ();                                           // 关闭与数据库服务器的连接
?>
```

用户ID	姓名	部门编号	联系地址	联系电话	电子邮件
1	张三	D01	海淀	13522228888	zhangsan@163.com
2	李四	D02	朝阳区	13501681234	lisi@163.com
3	王五	D03	东城区	13501689876	wangwu@163.com
4	赵六	D02	西城区	13580168357	zhaoliu@163.com
5	侯七	D01	昌平区	13501682468	houqi@163.com
6	test	D03	上海	13844448888	test@163.com

图 22.2　获取结果集数据输出

3．fetch_array()

fetch_array()方法是 fetch_row()和 fetch_assoc()两个方法的结合，可以将结果集的各条记录获取为一个关联数组或数值索引数组，或者同时获取为关联数组和索引数组。

在默认情况下，会同时获取这两种数组。可以通过在该方法的参数中传入如下不同的值来修改这种默认行为。

☑ MYSQLI_ASSOC：记录被作为关联数组返回，字段名为键，字段内容为值。

☑ MYSQLI_NUM：记录被作为索引数组返回，按查询中指定的字段名顺序排序。

☑ MYSQLI_BOTH：这是默认值，记录即作为关联数组又作为索引数组返回。因此，每个字段可以根据其索引偏移引用，也可以根据字段名来引用。

注意：如果没有特殊要求，尽量不要使用 fetch_array()方法，使用 fetch_row()或 fetch_assoc()方法实现相同的功能，效率会更高一些。

4．fetch_object()

fetch_object()方法与前面 3 个方法不同，它将以一个对象的形式返回一条结果记录，而不是数组。它的各个字段需要以对象的方式进行访问，数据列的名字区分字母大小写情况。

【示例 3】以示例 2 为基础，使用 fetch_object()方法提供的结果相同。

```
<?php
// 省略数据库连接代码，请参考 22.4.3 节示例
```

```
    $result = $mysqli->query ( "SELECT * FROM tb_contact" );                    // 执行查询语句获取结果集
    echo '<table width="90%" border="1" align="center">';                       // 打印 HTML 表格
    echo '<caption><h1>联系人信息表</h1></caption>';                              // 输出表名
    echo '<th>用户 ID</th><th>姓名</th><th>部门编号</th><th>联系地址</th><th>联系电话</th><th>电子邮件
</th>';                                                                         // 输出字段名
    while ( $rowObj = $result->fetch_object () ) {                              // 循环从结果集中遍历记录
        echo '<tr align="center">';                                             // 输出行标记
        echo '<td>' . $rowObj->id . '</td>';                                    // 输出用户 ID
        echo '<td>' . $rowObj->name . '</td>';                                  // 输出用户姓名
        echo '<td>' . $rowObj->departmentId . '</td>';                          // 输出部门编号
        echo '<td>' . $rowObj->address . '</td>';                               // 输出联系地址
        echo '<td>' . $rowObj->phone . '</td>';                                 // 输出联系电话
        echo '<td>' . $rowObj->email . '</td>';                                 // 输出电子邮件
        echo '</tr>';
    }
    echo '</table>';
    $result->close ();                                                          // 关闭结果集释放内存
    $mysqli->close ();                                                          // 关闭与数据库服务器的连接
    ?>
```

提示： 以上 4 个结果集中遍历数据的方法，每次调用都将自动返回下一条结果记录。如果想改变这个读取的顺序，可以使用结果集对象的 data_seek()方法明确地改变当前记录位置。还可以使用结果集对象的 num_rows 属性，给出结果数据表里的记录个数。还可以使用结果对象的 lengths 属性返回一个组，该数组的各个元素是使用以上 4 个方法最后读取的结果记录中各字段里的字符个数。

22.4.4　从结果集中获取数据列的信息

视频讲解

在解析结果集时，不仅需要从中遍历数据，有时也需要获取数据表的属性和各个字段的信息。

用户可以通过结果集对象的 field_count 属性获取结果数据表里的数据列的个数，使用 current_field 属性获取指向当前列的位置，使用 field_seek()方法改变指向当前列的偏移位置，使用 fetch_field()方法获取当前列的信息。

【示例】 下面示例查询数据表 tb_contact 中 D02 部门员工的记录集，获取他们的姓名和电子邮箱地址，然后获取结果集中列数以及相关信息。

```
<?php
// 省略数据库连接代码，请参考前面示例
/* 把部门编号为 D02 的联系人姓名和电子邮件全部取出存入结果集中 */
$result = $mysqli->query ( "SELECT name, email FROM tb_contact WHERE departmentId='D02'" );
echo "结果集中数据列个数：" . $result->field_count . "列<br>";            // 从查询结果中获取列数
echo "默认当前列的指针位置：" . $result->current_field . "列<br>";        // 打印默认列的指针位置
echo "将指针移到第 2 列;<br>";
$result->field_seek ( 1 );                                    // 将当前列指针移至第二列（默认 0 代表第一列）
echo "当前指针位置：" . $result->current_field . "列<br>";                // 打印当前列的指针位置
echo "第 2 列的信息：<br>";
$finfo = $result->fetch_field ();                                         // 获取当前列的对象
echo "列的名称：" . $finfo->name . "<br>";                                // 打印列的名称
echo "来自数据表：" . $finfo->table . "<br>";                             // 打印本列来自哪个数据表
```

```
echo "本列最长字符串的长度" . $finfo->max_length . "<br>";          // 打印本列中最长字符串长度
$result->close ();                                                 // 关闭结果集释放内存
$mysqli->close ();                                                 // 关闭与数据库服务器的连接
?>
```

输出结果如下所示。

```
结果集中数据列个数：2 列
默认当前列的指针位置：0 列
将指针移到第 2 列;
当前指针位置：1 列
第 2 列的信息：
    列的名称：email
    来自数据表：tb_contact
    本列最长字符串的长度 15
```

注意：使用结果集对象的 fetch_field()方法，只能获取当前的列信息。有关查询结果更详细的数据信息，可以通过对 fetch_fields()方法调用的结果进行分析获得。这个方法从查询结果中返回所有列的信息，保存在一个对象数组中，其中每一个对象对应一个数据列的信息。

视频讲解

22.4.5 一次执行多条 SQL 命令

使用 mysqli 对象的 query()方法每次调用只能执行一条 SQL 命令，如果需要一次执行多条 SQL 命令，就必须使用 mysqli 对象的 multi_query()方法。

具体方法：把多条 SQL 命令写在同一个字符串里作为参数传递给 multi_query()方法，多条 SQL 之间使用分号（;）分隔。如果第一条 SQL 命令在执行时没有出错，这个方法就会返回 true，否则将返回 false。

因为 multi_query()方法能够连接执行一个或多个查询，而每条 SQL 命令都可能返回一个结果，在必要时需要获取每一个结果集。所以对该方法返回结果的处理也有了一些变化，第一条查询命令的结果要用 mysqli 对象的 use_result()或 store_result()方法来读取。当然，使用 store_result()方法将全部结果立刻取回到客户端，这种做法效率更高。

另外，可以用 mysqli 对象的 more_results()方法检查是否还有其他结果集。如果想对下一个结果集进行处理，应该调用 mysqli 对象的 next_result()方法，获取下一个结果集。这个方法返回 true（有下一个结果）或 false（没有下一个结果）。如果有下一个结果集，也需要使用 use_result()或 store_result()方法来读取。

【示例】下面示例设计了 3 条 SQL 命令，分别用于设置结果字符集，查询当前用户名，以及从 tb_contact 表中第一条开始查询两条记录。

```
<?php
// 省略数据库连接代码，请参考前面示例
/* 将 3 条 SQL 命令使用分号（;）分隔，连接成一个字符串 */
$query = "SET NAMES utf8;";                                        // 设置查询字符集为 UTF8
$query .= "SELECT CURRENT_USER();";                                // 从 MySQL 服务器获取当前用户
$query .= "SELECT name,phone FROM tb_contact LIMIT 0,2";           // 从 tb_contact 表中读取数据
if ($mysqli->multi_query ( $query )) {                             // 执行多条 SQL 命令
    do {
        if ($result = $mysqli->store_result ()) {                  // 获取第一个结果集
```

```
                while ( $row = $result->fetch_row () ) {        // 遍历结果集中每条记录
                    foreach ( $row as $data ) {                 // 从一行记录数组中获取每列数据
                        echo $data . "  ";            // 输出每列数据
                    }
                    echo "<br>";                                // 输出换行符号
                }
                $result->close ();                              // 关闭一个打开的结果集
            }
            if ($mysqli->more_results ()) {                     // 判断是否还有更多的结果集
                echo "-----------------<br>";                   // 输出一行分隔线
            }else{                                              // 如果没有更多的结果集，将跳出循环
                break;
            }
        } while ( $mysqli->next_result () );                    // 获取下一个结果集，并继续执行循环
}
$mysqli->close ();                                              // 关闭 mysqli 连接
?>
```

输出结果如下所示。

```
-----------------
root@localhost
-----------------
张三    13522228888
李四    13501681234
```

注意：在上面示例中，使用 mysqli 对象的 multi_query()方法一次执行 3 条 SQL 命令，获取多个结果集并从中遍历数据。如果在命令的处理过程中发生了错误，multi_query()和 next_result()方法就会出现问题。multi_query()方法的返回值，以及 mysqli 的属性 errno、error、info 等只与第一条 SQL 命令有关，无法判断第二条及以后的命令是否在执行时发生了错误。所以在执行 multi_query()方法的返回值是 true 时，并不意味着后续命令在执行时没有出错。

22.5　案例实战

视频讲解

本例设计一个电子公告管理模板，利用 mysqli 扩展的过程式函数进行脚本设计。电子公告栏主要功能包括动态添加、修改、删除、查询和浏览公告信息。

注意：在练习之前，请确保 db_book_test 数据库中是否已安装本节所用数据表 db_board，如果没有则使用 db_book_test.sql 导入。

22.5.1　添加公告

视频讲解

实现公告信息的添加功能，主要用到 SQL 的 INSERT 语句，使用 mysqli_query()函数执行 INSERT 语句，完成将表单中的数据添加到数据库中。

【操作步骤】

（1）在网站根目录下新建 board 文件夹，把 board 文件夹作为本例的根目录。

（2）新建 index.php 文件，在首页导航栏中为“添加公告”定义导航链接，链接到 add.php 文件。为了简化操作，读者可以直接复制本节示例源码文件。

（3）新建 add.php 文件，在该页面中添加一个表单。在表单中包含一个文本框、一个文本区域和两个操作按钮，其中一个为提交按钮，另一个为重置按钮。设置<form>标签的 action 属性值为 check_add.php，表单结构的代码如下，设计的效果如图 22.3 所示。

```
<form name="form1" method="post" action="check_add.php">
  <table> <tr>
        <td>公告主题：</td>
        <td><input name="txt_title" type="text" id="txt_title" size="40"> * </td>
    </tr><tr>
        <td>公告内容：</td>
        <td><textarea name="txt_content" cols="50" rows="8" id="txt_content"></textarea></td>
    </tr><tr>
        <td><input name="Submit" type="submit" class="btn_grey" value="保存" onClick="return check
(form1);">  
        <input type="reset" name="Submit2" value="重置"></td>
    </tr>
  </table>
</form>
```

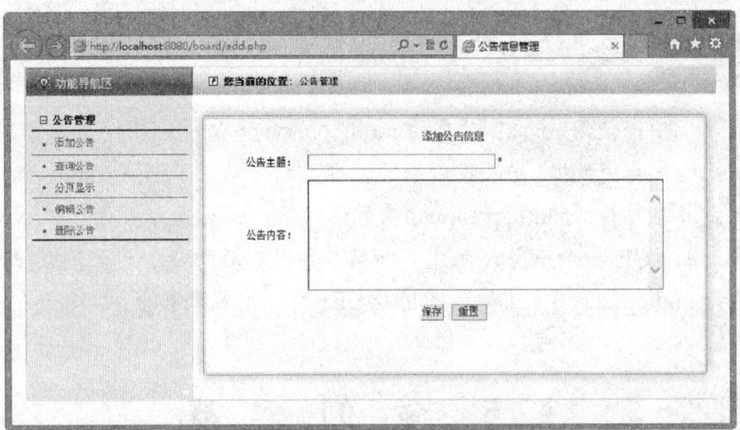

图 22.3　设计的添加公告表单

（4）新建 db_conn.php 文件，设计与数据库的连接。代码如下，在本地测试时，用户需要修改其中的用户名和密码。

```
<?php
// 用户名为 root，密码为 11111111，用户应根据本地 MySQL 数据库登录配置重新设置
$conn=mysqli_connect("localhost","root","11111111") or die("数据库服务器连接错误".mysqli_error());// 连接 MySQL
mysqli_select_db($conn,"db_book_test") or die("数据库访问错误".mysqli_error());
 // 选择数据库
mysqli_query($conn, "set names utf8");  // 设置查询结果集的字符编码
?>
```

（5）新建 check_add.php 文件，对表单提交的信息进行处理。首先，连接数据库服务器和数据库，设置数据库编码格式；然后，通过 POST 方法获取表单提交的信息；最后把表单信息编写为 SQL 字

符串，并使用 INSERT 语句把表单提交的信息写入 MySQL 数据库。

```
<?php
include_once("db_conn.php");                    // 导入数据库连接文件
$title=$_POST['txt_title'];                     // 获取标题信息
$content=$_POST['txt_content'];                 // 获取内容信息
$createtime=date("Y-m-d H:i:s");                // 设置插入时间
$sql=mysqli_query($conn, "insert into tb_board(title,content,createtime) values('$title','$content','$createtime')");
                                                // 执行插入操作
if($sql){
    echo "<script>alert('公告添加成功');window.location.href='add.php';</script>";
}
mysqli_free_result($sql);                       // 关闭记录集
mysqli_close($conn);                            // 关闭数据库连接
?>
```

在上面的代码中，date()函数用来获取系统的当前时间，内部的参数用来指定日期时间的格式，这里需要注意的是字母 H 要求大写，它代表时间采用 24 小时制计算。在公告信息添加成功后，使用 Javascript 脚本弹出提示对话框，并在 Javascript 脚本中使用 window.location.href='add.php'重新定位到公告信息添加页面。

22.5.2　查询公告

视 频 讲 解

实现添加公告信息后，下面来浏览和查询公告信息，本例使用 SELECT 语句动态检索数据库中的公告信息，使用 mysqli_query()函数执行 SELECT 查询语句，使用 mysqli_fetch_object()函数获取查询结果，通过 do…while 循环语句输出查询结果。

【操作步骤】

（1）新建 menu.php 文件，把 22.5.1 节示例中的左侧导航内容复制到 menu.php 文档中，文档内容不包含完整的 HTML 结构信息，仅包含导航结构信息。在 menu.php 文档中定义两个热点链接，分别链接到 add.php 和 search.php 文件。

```
<map name="Map">
  <area shape="rect" coords="30,45,112,63" href="add.php">
  <area shape="rect" coords="29,71,114,90" href="search.php">
</map>
```

（2）分别在 index.php、add.php 文档中使用 include()函数包含 menu.php 文件。

```
<?php include("menu.php");?>
```

（3）新建 search.php 文件，在该页面中添加一个查询表单，表单中包含一个搜索文本框和一个提交按钮，表单结构代码如下所示。

```
<form name="form1" method="post" action="">
  查询关键字  <input name="txt_keyword" type="text" id="txt_keyword" size="40">
    <input type="submit" name="Submit" value="搜索" onClick="return check(form)">
</form>
```

添加表单验证代码，防止用户随意输入字符或者空提交查询。

```
<script>
function check(form){
```

```
    if(form.txt_keyword.value==""){
        alert("请输入查询关键字!");form.txt_keyword.focus();return false;
    }
    form.submit();
}
</script>
```

Note

当单击“保存”按钮时，将调用该函数，用来检测文本框中的信息是否为空。

（4）在文档中添加如下 PHP 和 HTML 混合代码，在 PHP 脚本中连接数据库，设置数据库的编码格式为 UTF8。通过 POST 方法获取表单提交的查询关键字，通过 mysqli_query()函数获取执行模糊查询，通过 mysqli_fetch_object()函数获取查询结果，通过 do…while 循环语句把查询结果输出显示，最后关闭记录集和数据库连接。

```
<?php
if ( isset( $_POST['txt_keyword'] ) ) {
    include_once("db_conn.php");
    $keyword=$_POST['txt_keyword'];
    $sql=mysqli_query($conn,"select * from tb_board where title like '%$keyword%' or content like
'%$keyword%'");
    $row=mysqli_fetch_object($sql);
    if(!$row){
        echo "<font color='red'>您搜索的信息不存在，请使用类似的关键字进行检索!</font>";
    }else{
?>
<table class="table">
    <tr>
        <th width="221">公告标题</th>
        <th width="329">公告内容</th>
    </tr>
    <?php
    do{
    ?>
        <tr bgcolor="#FFFFFF">
            <td><?php echo $row->title;?></td>
            <td><?php echo $row->content;?></td>
        </tr>
        <?php
        }while($row=mysqli_fetch_object($sql));
        mysqli_free_result($sql);
        mysqli_close($conn);
        ?>
    </table>
    <?php
    }
}
?>
```

（5）在 IE 浏览器中输入 http://localhost/board/search.php，按 Enter 键即可看到所有的公告信息，在搜索文本框中输入关键字，然后单击“搜索”按钮，在页面底部会自动显示搜索的相关公告信息，如图 22.4 所示。

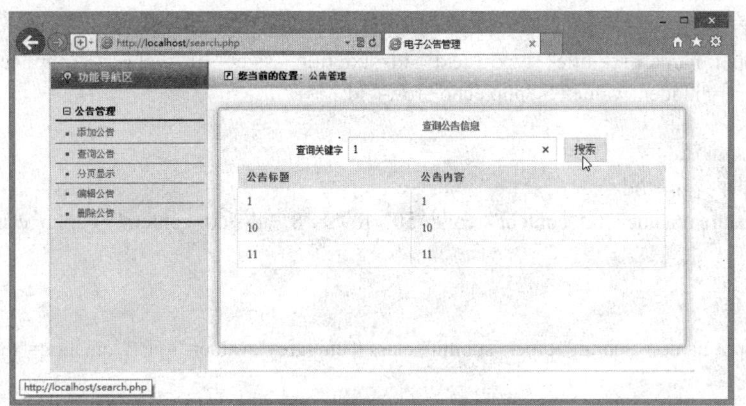

图 22.4　搜索公告信息

Note

22.5.3　更新公告

在添加公告信息之后，可能需要对公告内容进行再次编辑，为此本节讲解如何添加更新公告内容的功能。

视频讲解

【操作步骤】

（1）打开 menu.php 文档，添加如下热点链接，以便导航到 update.php 文档中。

```
<map name="Map">
    <area shape="rect" coords="27,122,113,141" href="update.php">
</map>
```

（2）新建 update.php 文件，在该页面中使用 SELECT 语句检索全部的公告信息，并通过表格结构显示出来，然后为每条记录绑定一个编辑图标，为该图标添加超链接，链接到 modify.php 文档，演示代码如下所示。

```
<a href="modify.php?id=<?php echo $row->id;?>">
    <img src="images/update.gif" width="20" height="18" border="0">
</a>
```

（3）新建 modify.php 文件，在该文档中实现对 update.php 文件传递过来的 id 值所对应的记录进行编辑。首先，完成数据库的连接，并根据超链接传递过来的 id 值，从数据库中找到对应的记录。

```
<?php
if ( ! isset( $_GET["id"] ) ){
    echo"<script>alert('你没有选择操作记录。');</script>";
}else{
    include_once("db_conn.php");
    $id=$_GET["id"];
    $sql=mysqli_query($conn,"select * from tb_board where id=$id");
    $row=mysqli_fetch_object($sql);
?>
```

（4）在页面中添加表单结构，并把对应的字段值绑定到文本框和文本区域中，同时添加一个隐藏域、提交按钮和重置按钮，设置<form>标签的 action 的属性值为 check_modify.php 文档。

```
<form name="form1" method="post" action="check_modify.php">
  <table>
    <tr>
```

```
            <td>公告主题：</td>
            <td><input name="txt_title" type="text" id="txt_title" size="40" value="<?php echo $row->title;?>">
<input name="id" type="hidden" value="<?php echo $row->id;?>"></td>
        </tr>
        <tr>
            <td>公告内容：</td>
            <td><textarea name="txt_content" cols="50" rows="8" id="txt_content"><?php echo $row->content;?>
</textarea></td>
        </tr>
        <tr>
            <td><input name="Submit" type="submit" class="btn_grey" value="修改" onClick="return check(form1);">
 
                <input type="reset" name="Submit2" value="重置"></td>
        </tr>
    </table>
</form>
```

（5）新建 check_modify.php 文档。设计在 index.php 页面单击编辑公告超链接，进入 update.php 页面，在该页面中单击其中任意一条公告信息后的编辑图标，进入 modify.php 页面，在该页面显示指定的公告信息，并被绑定到表单域中，此时用户即可对其进行编辑，编辑完毕，最后单击“修改”按钮，由 check_modify.php 文档负责把编辑后的信息重新写入数据库中，实现对数据的更新操作，运行结果图如图 22.5 所示。

```
<?php
include_once("db_conn.php");
$title=$_POST["txt_title"];
$content=$_POST["txt_content"];
$id=$_POST["id"];
$sql=mysqli_query($conn,"update tb_board set title='$title',content='$content' where id=$id");
if($sql){
    header("Location:update.php");
}else{
    echo "<script>alert('公告信息编辑失败！');history.back();window.location.href='modify.php?id=$id';</script>";
}
?>
```

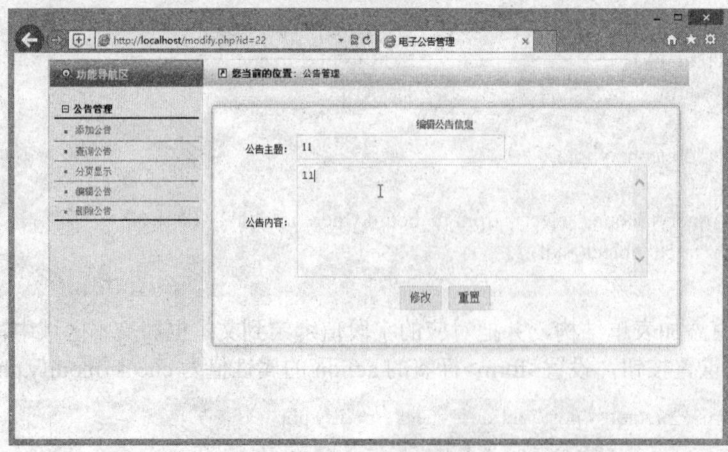

图 22.5　更新公告信息

Note

22.5.4 删除公告

如果公告信息已经不再需要，或者添加错误的公告信息，则应该把它删除掉。下面利用 DELETE 语句，根据指定的 id 值，动态删除数据库中指定的公告信息。

【操作步骤】

（1）在菜单导航中添加删除操作的热点链接，并链接到 delete.php 文件。

（2）新建 delete.php 页面，在该页面中使用 SELECT 语句检索出全部的公告信息，使用 do…while 循环语句通过表格形式输出显示，并在每条记录后面添加一个单元格，插入一个删除图标，并为图标定义超链接，链接到 check_del.php 文件，将公共信息的 id 值绑定到参数中，其关键代码如下所示。

```
<a href="check_del.php?id=<?php echo $row->id;?>">
    <img src="images/delete.gif" width="22" height="22" border="0">
</a>
```

（3）新建 check_del.php 文件，在该文档中根据超链接传递过来的 id 值，执行 DELETE 删除语句，删除数据表中指定的公告信息，具体代码如下所示。

```
<?php
include_once("db_conn.php");
$id=$_GET["id"];
$sql=mysqli_query($conn, "delete from tb_board where id=$id");
if($sql){
    echo "<script>history.back();window.location.href='delete.php?id=$id';</script>";
}else{
    echo "<script>alert('公告信息删除失败！');history.back();window.location.href='delete.php?id=$id';</script>";
}
?>
```

由于该页面是动态代码，没有指定编码格式，当在浏览器中浏览时，会出现乱码现象，为了解决这个问题，可以在页面中显式添加编码格式。

```
<meta http-equiv="Content-Type" content="text/html; charset=utf-8">
```

（4）运行示例，在 index.php 页面中单击删除公告信息超链接导航，打开 delete.php 页面，在该页面中单击每一条公共信息后的删除图标，就会弹出一个提示对话框，单击“确定”按钮，完成对指定的公告信息删除操作，如图 22.6 所示。

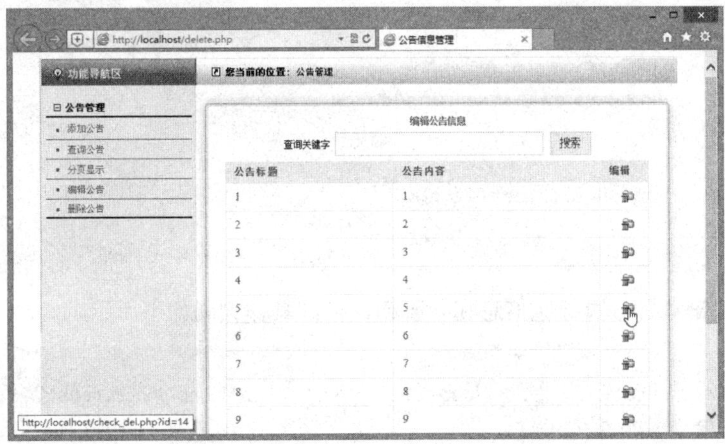

图 22.6 删除公告信息

22.5.5 分页显示

当添加的公告信息很多时，在一页中显示会影响浏览，为了方便用户快速浏览公告信息，可以把公告信息进行分页显示。

视频讲解

【操作步骤】

（1）在菜单导航中添加分页操作的热点链接，并链接到 page.php 文件。

（2）新建 page.php 页面，在该页面中使用 SELECT 语句检索出全部的公告信息，使用 do…while 循环语句通过表格形式输出显示，具体代码如下所示。

```
<?php
include_once("db_conn.php");
/*  $page 为当前页，如果$page 为空，则初始化为 1   */
if ( isset( $_GET["page"] ) )
    $page = $_GET["page"];
else
    $page = "";
if ($page==""){
    $page=1;}
    if (is_numeric($page)){
        $page_size=5;                                    // 每页显示 5 条记录
        $query="select count(*) as total from tb_board order by id desc";
        $result=mysqli_query($conn, $query);             // 查询符合条件的记录总条数
        $message_count=mysqli_fetch_array($result);  // 获取当前记录
            $message_count=$message_count[0];        // 要显示的总记录数
        // 根据记录总数除以每页显示的记录数求出所分的页数
        $page_count=ceil($message_count/$page_size);
        $offset=($page-1)*$page_size;                    // 计算下一页从第几条数据开始循环
        $sql=mysqli_query($conn, "select * from tb_board order by id desc limit $offset, $page_size");
        $row=mysqli_fetch_object($sql);
        if(!$row){
            echo "<font color='red'>暂无公告信息!</font>";
        }
        do{
        ?>
        <tr bgcolor="#FFFFFF">
            <td><?php echo $row->title;?></td>
            <td><?php echo $row->content;?></td>
        </tr>
        <?php
        }while($row=mysqli_fetch_object($sql));
    }
?>
```

（3）在页面底部添加分页导航信息和导航超链接，具体代码如下所示。

```
<!-- 翻页条 -->
<td width="37%">  页次：<?php echo $page;?>/<?php echo $page_count;?>页 记录：<?php
echo $message_count;?> 条  </td>
<td width="63%" align="right"><?php
```

```
/* 如果当前页不是首页 */
if($page!=1){
    /* 显示“首页”超链接 */
    echo "<a href=page.php?page=1>首页</a> ";
    /* 显示“上一页”超链接 */
    echo "<a href=page.php?page=".($page-1).">上一页</a> ";
}
/* 如果当前页不是尾页 */
if($page<$page_count){
    /* 显示“下一页”超链接 */
    echo "<a href=page.php?page=".($page+1).">下一页</a> ";
    /* 显示“尾页”超链接 */
    echo "<a href=page.php?page=".$page_count.">尾页</a>";
}
mysqli_free_result($sql);
mysqli_close($conn);
?>
```

（4）运行示例，在 index.php 页面中单击分页公告信息超链接导航，打开 page.php 页面，在该页面中单击底部的分页超链接文本，可以快速浏览不同页面信息，如图 22.7 所示。

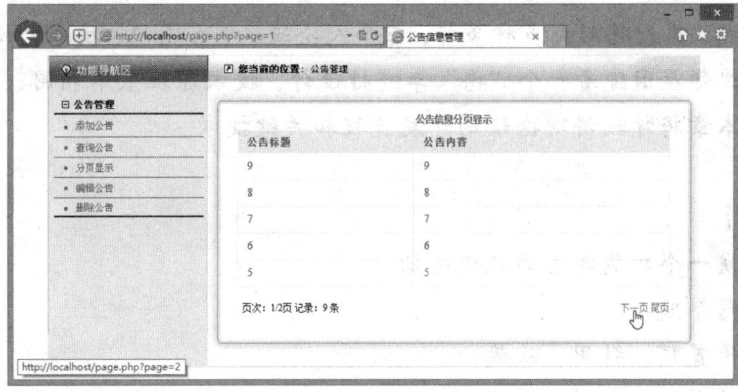

图 22.7　分页显示公告信息

22.6　在 线 练 习

22.5 节以 mysqli 扩展的过程式函数编写了一个综合案例，设计思路和代码风格采用传统模式。本节将以 mysqli 面向对象设计思维，采用 MVC 设计模式，编写了一个综合案例：商品管理系统。感兴趣的同学可以扫码系统学习，以巩固本章所学的知识。

在 线 练 习

第23章

综合案例：设计技术论坛

随着互联网的发展，网络信息不断丰富，以动态性和交互性为特征的论坛是一种比较实用的信息交流方式，其表现形式多种多样，有个人论坛、平台论坛、技术论坛和圈子论坛等，虽说名目众多，但都在围绕着一个“论”字进行设计，技术原理基本相同，允许网友发布个人意见和看法。本章将详细讲解论坛的开发流程和关键技术。

【学习重点】

- 能够开发一个功能完善的在线论坛
- 增添主题导航
- 设计帖子置顶、引用、收藏
- 设计回帖屏蔽、无刷新交流

23.1 设 计 思 路

视频讲解

下面简单分析一下本例论坛的设计思路和数据结构的构建。

23.1.1 设计流程

论坛是一个发布帖子和回复帖子的过程，为了使其更加合理、完美，本模块增加了帖子置顶、帖子引用、帖子收藏和屏蔽帖子等特殊功能，以及一些辅助的功能，包括我的信息、我的好友和我参与的帖子等。为了便于对论坛进行管理，增加了管理员管理论坛的功能，包括发布帖子、回复帖子、帖子类别和置顶帖子以及数据的备份和恢复等内容。根据上述的功能描述，整理出论坛模块的功能结构图，如图 23.1 所示。然后根据功能结构图中描述的功能，设计了一个完整的论坛模块的开发流程，如图 23.2 所示。

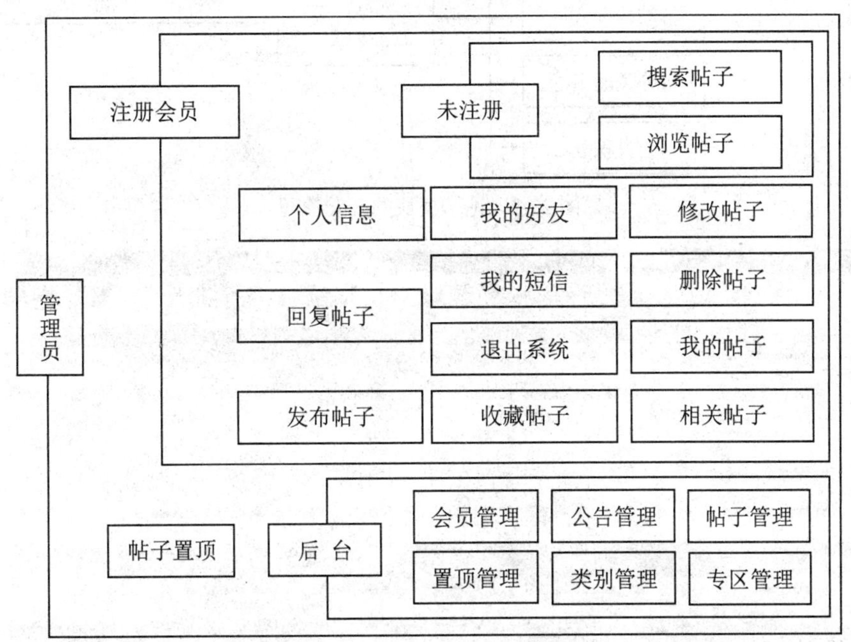

图 23.1 论坛模块的功能结构图

23.1.2 数据结构设计

视频讲解

论坛的功能完善与否，数据库的运用是一个决定性的因素。只有拥有一个强大的数据库的支持，论坛的功能才能够展现，否则它将和留言簿没什么区别。

本论坛中使用的是一个名称为 db_forum 的数据库，在该数据库中有 9 个数据表。有关数据表名称及表功能的介绍如图 23.3 所示。

下面对数据库中几个相对比较复杂的数据表的功能和结构进行介绍。

☑ tb_forum_user 数据表，用于存储用户的注册信息。其中包括 13 个字段，字段属性的说明如图 23.4 所示。

Note

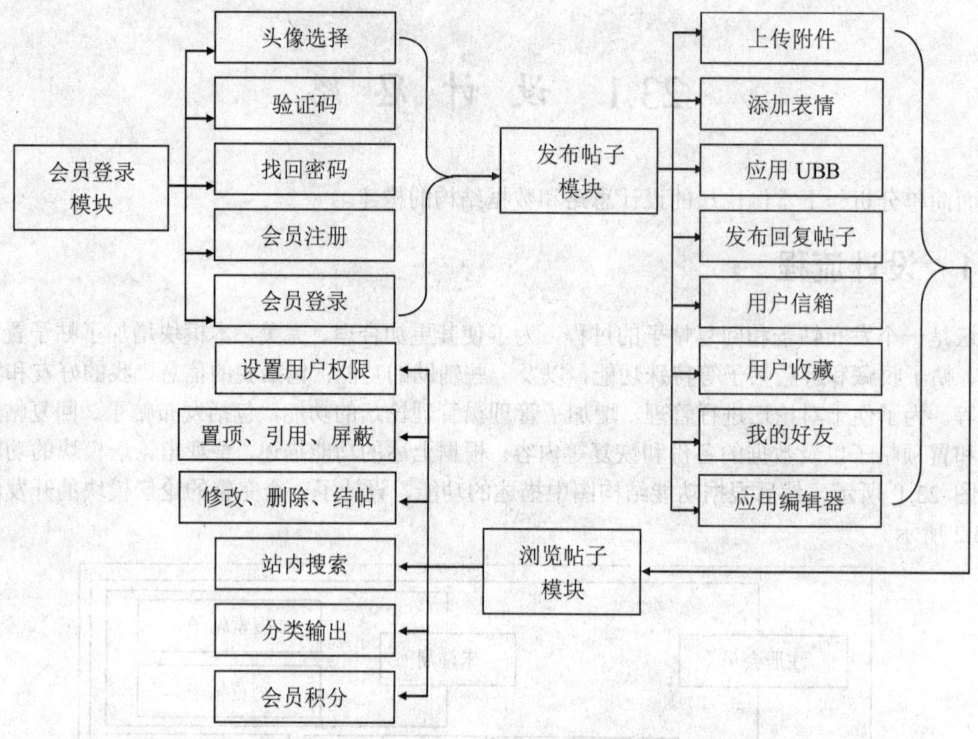

图 23.2　论坛模块的开发流程

服务器: localhost » 数据库: db_forum

结构　SQL　搜索　查询　导出　导入　操作　权限　程序　事件　触发器　设计器

表	操作	行数	类型	排序规则	大小	多余
tb_forum_affiche	浏览 结构 搜索 插入 清空 删除	1	MyISAM	gb2312_chinese_ci	2.1 KB	60 字节
tb_forum_big_type	浏览 结构 搜索 插入 清空 删除	6	MyISAM	gb2312_chinese_ci	2.1 KB	20 字节
tb_forum_restore	浏览 结构 搜索 插入 清空 删除	29	MyISAM	gb2312_chinese_ci	4 KB	132 字节
tb_forum_send	浏览 结构 搜索 插入 清空 删除	31	MyISAM	gb2312_chinese_ci	7.6 KB	684 字节
tb_forum_small_type	浏览 结构 搜索 插入 清空 删除	6	MyISAM	gb2312_chinese_ci	2.2 KB	44 字节
tb_forum_user	浏览 结构 搜索 插入 清空 删除	5	MyISAM	gb2312_chinese_ci	3 KB	292 字节
tb_mail_box	浏览 结构 搜索 插入 清空 删除	12	MyISAM	gb2312_chinese_ci	2.6 KB	-
tb_my_collection	浏览 结构 搜索 插入 清空 删除	7	MyISAM	gb2312_chinese_ci	3.5 KB	352 字节
tb_my_friend	浏览 结构 搜索 插入 清空 删除	7	MyISAM	gb2312_chinese_ci	2.2 KB	20 字节
9 张表	总计	104		gb2312_chinese_ci	29.4 KB	1.6 KB

图 23.3　设计数据库结构

☑　tb_forum_send 数据表，用于存储论坛中发布帖子的数据。其中包括 11 个字段，字段属性的说明如图 23.5 所示。

☑　tb_forum_restore 数据表，用于存储论坛中回复帖子的数据。其中包括 7 个字段，参数说明如图 23.6 所示。

☑　tb_my_collection 数据表，用于存储用户收藏的帖子。其中包括 7 个字段，各个字段属性的说明如图 23.7 所示。

在本模块中包括 9 个数据表，由于篇幅所限，这里只介绍了其中 4 个相对比较复杂的数据表，有

关其他数据表的内容和属性可以参考本书源代码。

#	名字	类型	排序规则	属性	空	默认	额外
1	tb_forum_id	int(10)			否	无	AUTO_INCREMENT
2	tb_forum_user	varchar(50)	gb2312_chinese_ci		否	无	
3	tb_forum_pass	varchar(50)	gb2312_chinese_ci		否	无	
4	tb_forum_type	varchar(50)	gb2312_chinese_ci		否	无	
5	tb_forum_email	varchar(50)	gb2312_chinese_ci		否	无	
6	tb_forum_truepass	varchar(50)	gb2312_chinese_ci		否	无	
7	tb_forum_date	datetime			否	无	
8	tb_forum_picture	varchar(80)	gb2312_chinese_ci		否	无	
9	tb_forum_grade	varchar(50)	gb2312_chinese_ci		否	无	
10	tb_forum_pass_problem	varchar(50)	gb2312_chinese_ci		否	无	
11	tb_forum_pass_result	varchar(50)	gb2312_chinese_ci		否	无	
12	tb_forum_qq	varchar(50)	gb2312_chinese_ci		否	无	
13	tb_forum_speciality	text	gb2312_chinese_ci		否	无	

图 23.4　tb_forum_user 数据表

#	名字	类型	排序规则	属性	空	默认	额外
1	tb_send_id	int(10)			否	无	AUTO_INCREMENT
2	tb_send_subject	varchar(50)	gb2312_chinese_ci		否	无	
3	tb_send_content	mediumtext	gb2312_chinese_ci		否	无	
4	tb_send_user	varchar(50)	gb2312_chinese_ci		否	无	
5	tb_send_date	datetime			否	无	
6	tb_send_picture	varchar(70)	gb2312_chinese_ci		否	无	
7	tb_send_type	varchar(50)	gb2312_chinese_ci		否	无	
8	tb_send_types	varchar(50)	gb2312_chinese_ci		否	无	
9	tb_send_small_type	varchar(50)	gb2312_chinese_ci		否	无	
10	tb_send_type_distillate	varchar(50)	gb2312_chinese_ci		是	NULL	
11	tb_send_type_hotspot	varchar(50)	gb2312_chinese_ci		是	NULL	
12	tb_send_accessories	varchar(80)	gb2312_chinese_ci		是	NULL	
13	tb_forum_end	int(10)			是	0	

图 23.5　tb_forum_send 数据表

#	名字	类型	排序规则	属性	空	默认	额外
1	tb_restore_id	int(10)			否	无	AUTO_INCREMENT
2	tb_restore_subject	varchar(50)	gb2312_chinese_ci		否	无	
3	tb_restore_content	mediumtext	gb2312_chinese_ci		否	无	
4	tb_restore_user	varchar(50)	gb2312_chinese_ci		否	无	
5	tb_send_id	int(10)			否	无	
6	tb_restore_date	datetime			否	无	
7	tb_forum_counts	varchar(50)	gb2312_chinese_ci		否	0	
8	tb_restore_accessories	varchar(80)	gb2312_chinese_ci		是	NULL	
9	tb_restore_tag	int(10)			否	0	

图 23.6　tb_forum_restore 数据表

#	名字	类型	排序规则	属性	空	默认	额外
1	tb_collection_id	int(10)			否	无	AUTO_INCREMENT
2	tb_collection_subject	varchar(50)	gb2312_chinese_ci		否	无	
3	tb_collection_address	varchar(150)	gb2312_chinese_ci		否	无	
4	tb_collection_label	varchar(50)	gb2312_chinese_ci		否	无	
5	tb_collection_summary	mediumtext	gb2312_chinese_ci		否	无	
6	tb_collection_user	varchar(50)	gb2312_chinese_ci		否	无	
7	tb_collection_date	datetime			否	无	

图 23.7　tb_my_collection 数据表

23.2　案例预览

视频讲解

在具体学习之前，用户有必要先借助本书完成源代码体验网站运行的整体效果，为具体实践奠定扎实的感性基础。

注意：本章案例涉及 PHP 文件将近有 80 多个，用户在代码阅读和上机练习时主要以源代码为准，本章内容仅简单介绍网站设计的思路，以及部分技术要点，所显示的代码仅是局部文件和片段。

【操作步骤】

（1）附加 MySQL 数据库。在本书源代码目录中，将本章实例子目录下 database 文件夹中的 db_forum 文件夹复制到 MySQL 配置文件 my.ini 中定义的数据库存储目录中，具体位置应根据同学们在安装 MySQL 时设置的位置而定。

```
#Path to the database root
datadir="C:/ProgramData/MySQL/MySQL Server 5.7/Data/"
```

Note

（2）将程序发布到 PHP 服务器站点根目录下。具体位置应根据同学们在安装 Apache 时设置而定，即在 httpd 配置文件中定义的站点文档位置。

（3）打开 IE 浏览器，在地址栏中输入 http://127.0.0.1/index.php 或者 http://localhost/index.php，即可预览本站效果。后台管理需要访问 http://127.0.0.1/admin/index.php。

提示： 在地址栏中输入的 127.0.0.1 的默认端口号为 80，在安装 Apache 服务器时如果端口号采用不是默认设置，而是用户自定义的（如 8080），那么需要在地址栏中输入 127.0.0.1:8080，即可正确运行程序。

本程序提供了两个系统模块：一个是前台会员交流模块；另一个是后台管理员管理模块。

☑ 前台主界面如 23.8 所示。首先单击“注册”按钮，注册用户名和密码，然后进行登录，即可发表帖子、回复帖子、加好友、给好友发送短信等操作。

图 23.8　程序前台主界面

所有注册的用户都是会员，会员可以发表及回复帖子，并可修改及删除自己的帖子。本论坛只有一个版主（用户名 admin，密码 admin），版主可以对论坛中所有的帖子进行删除。一个管理员（用户名 admin，密码 admin），管理员具有所有权限。读者可以在后台修改用户权限。

☑ 版主登录处和会员登录一样。管理员登录需要在前台首页地址后加 admin（http://127.0.0.1/admin/），即可进入后台登录页面，如图 23.9 所示。输入管理员用户名、密码及验证码，单击“登录”按钮，进入后台主页面。

Note

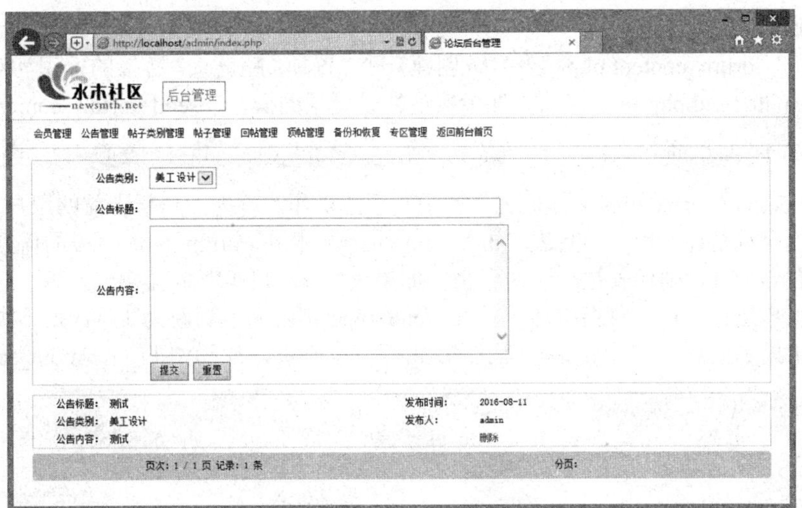

图 23.9　后台主页面

23.3　难点详解

视频讲解

在论坛模块的开发过程中，用户应该掌握关键技术，只有这样才能够完成本论坛的开发。下面就对论坛中用到的关键技术进行详细介绍。

23.3.1　置顶帖子

视频讲解

帖子置顶就是将指定的帖子在网页的最上方显示，用于突出帖子的特殊性。只有管理员拥有帖子置顶的权限，其他任何人都不具备这个权限。帖子置顶操作过程如图 23.10 所示。

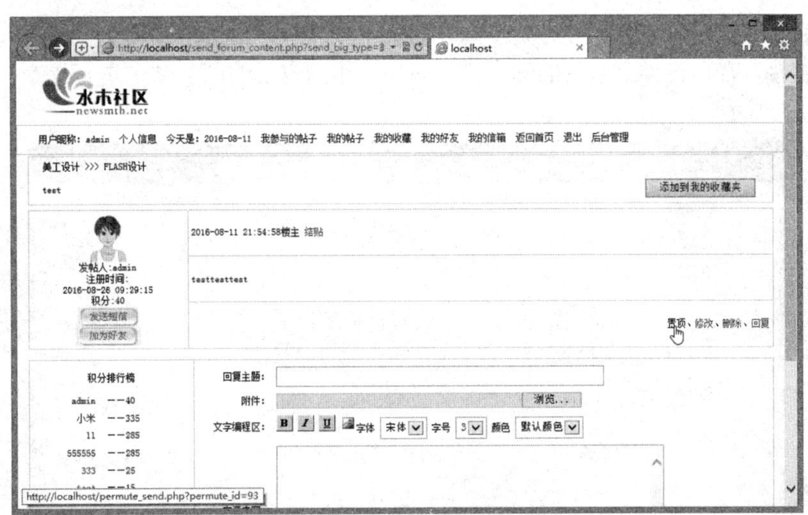

图 23.10　置顶帖子

帖子置顶的操作原理：根据帖子的 ID 设置一个超链接，在链接的 permute_send.php 文件中实现帖子置顶的操作。

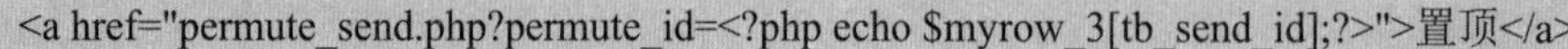

Note

【操作步骤】

（1）在 send_forum_content.php 文件中，创建一个“置顶”超链接，链接的标识为对应帖子的 ID，链接到文件 permute send.php 中，在该文件中实现帖子置顶的操作（send_forum_content.php）。

```
<a href="permute_send.php?permute_id=<?php echo $myrow_3[tb_send_id];?>">置顶</a>
```

（2）创建 permute_send.php 文件，实现帖子置顶的操作。首先，判断当前的用户是否是管理员，这里用户权限的设置是通过用户信息表（tb_forum_ user）中 tb_forum_type 字段的值来控制的，如果 tb_forum_type 的值是 1，则代表是注册的会员；如果值是 2，则代表是管理员。

如果当前用户是管理员，将指定帖子的 tb_send_type 字段的值更新为 1。否则不执行更新数据的操作，并且弹出提示信息“您不具备该权限!”，返回到上一页，代码如下（permute_send.php）。

```
<?php session_start();      include("conn/conn.php");
$query=mysql_query("select * from tb_forum_user where tb_forum_user='$_SESSION[tb_forum_user]' and tb_forum_type='2'");
if(mysql_num_rows($query)>0){
    $query=mysql_query("update tb_forum_send set tb_send_type='1' where tb_send_id='$_GET[permute_id]'");
    if($query==true){
        echo "<script> alert('帖子置顶成功!'); history.back();</script>";
    }else{
        echo "<script> alert('帖子置顶失败!'); history.back();</script>";
    }
}else{
    echo "<script> alert('您不具备该权限!'); history.back();</script>";
}
?>
```

帖子置顶技术讲解完毕，有关该技术的完整应用可以参考论坛模块中的程序。

视频讲解

23.3.2 引用帖子

帖子引用是指在浏览帖子时，针对某个回复的帖子或者自己的看法与楼上的看法相同，此时就可以单击引用超链接，直接将楼上回复的帖子进行引用，作为自己的回复帖子进行提交。帖子引用的操作流程如图 23.11 所示。

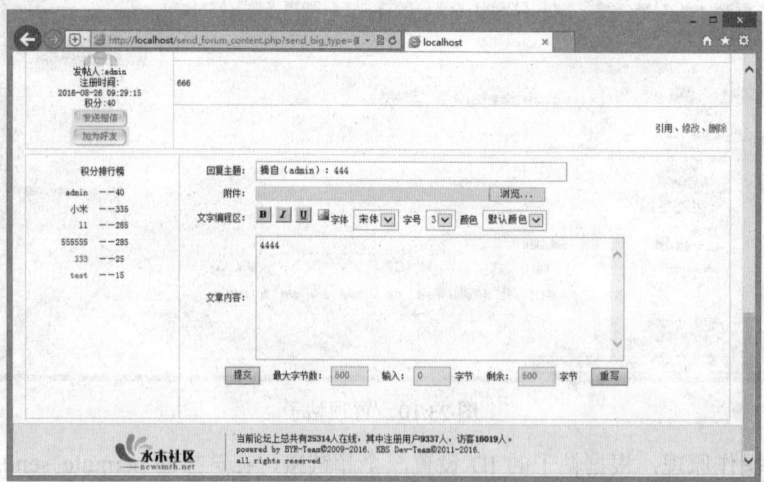

图 23.11　引用帖子

帖子引用的实现原理：首先，在帖子浏览的页面中针对每个回复的帖子设置一个“引用”超链接，这里将其链接到本页 send_forum_content.php 文件中，设置链接标识 cite 为回复帖子的 ID，添加锚点 bottom；然后，在指定输出回帖内容的表格中添加一个命名锚记，实现同一页面的引用跳转；最后，在输出引用内容的文本域中，根据超链接中传递的栏目标识，从数据库中读取到指定的回帖数据，将引用的内容进行输出。

【操作步骤】

（1）创建引用的超链接，并且设置链接的栏目标识 cite 和锚点 bottom，代码如下（send_forum_content.php）。

```
<a href="send_forum_content.php?send_big_type=<?php echo $_GET[send_big_type];?>&&send_small_type=<?php echo $_GET[send_small_type];?>&&send_id=<?php echo $_GET[send_id];?>&&cite=<?php echo $myrow_4[tb_restore_id];?>#bottom">引用</a>
```

（2）在指定的位置设置一个命名锚记。实现同一页面的跳转，代码如下。

```
<a name="bottom" id=" bottom"></a>
```

（3）在要输出引用内容的文本域中进行编辑，根据超链接栏目标识 cite 的值，从数据库中读取到对应的回复帖子的标题和内容，并且将读取的数据输出到文本域中，代码如下。

```
<?php
if($_GET[cite]==true){
    $query=mysql_query("select * from tb_forum_restore where tb_restore_id='$_GET[cite]'");
    $result=mysql_fetch_array($query);
    echo "摘自（".$result[tb_restore_user]."）：".$result[tb_restore_subject];
}
?>
<textarea name="file" cols="70" rows="10" id="file" onKeyDown="countstrbyte(this.form.file,this.form.total,this.form.used,this.form.remain);" onKeyUp="countstrbyte(this.form.file,this.form.total,this.form.used,this.form.remain);"><?php
if($_GET[cite]==true){
    $query=mysql_query("select * from tb_forum_restore where tb_restore_id='$_GET[cite]'");
    $result=mysql_fetch_array($query);
    echo $result[tb_restore_content];
}
?></textarea>
```

到此帖子引用技术讲解完毕，接着就可以将引用的内容直接进行提交，作为自己的回复帖子，有关该技术的完整应用可以参考本模块中的 send_forum_content.php 文件。

23.3.3　收藏帖子

视频讲解

帖子收藏就是将当前帖子的地址完整地保存到指定位置，为以后访问该帖子提供方便。帖子收藏的操作如图 23.12 所示。

帖子收藏实现的关键是如何获取当前页面的完整地址。获取当前页面的完整地址主要应用的是服务器变量$ -SERVER，关键代码如下（send_forum_content.php）。

```
<?php session_start(); include("conn/conn.php"); include("function.php");
$self=$_SERVER['HTTP_REFERER'];  // 获取链接到当前页面的前一页面的 URL 地址
$u=$_SERVER['HTTP_HOST'];        // 获取当前请求的 Host 头信息的内容
$r=$_SERVER['PHP_SELF'];         // 获取当前正在执行脚本的文件名
```

```
$l=$_SERVER['QUERY_STRING'];        // 获取查询（query）的字符串（URL 中第一个问号?之后的内容）
$url="http://"."$u"."$r"."?"."$l";          // 将获取的变量组成一个字符串，即完整的路径
?>
```

Note

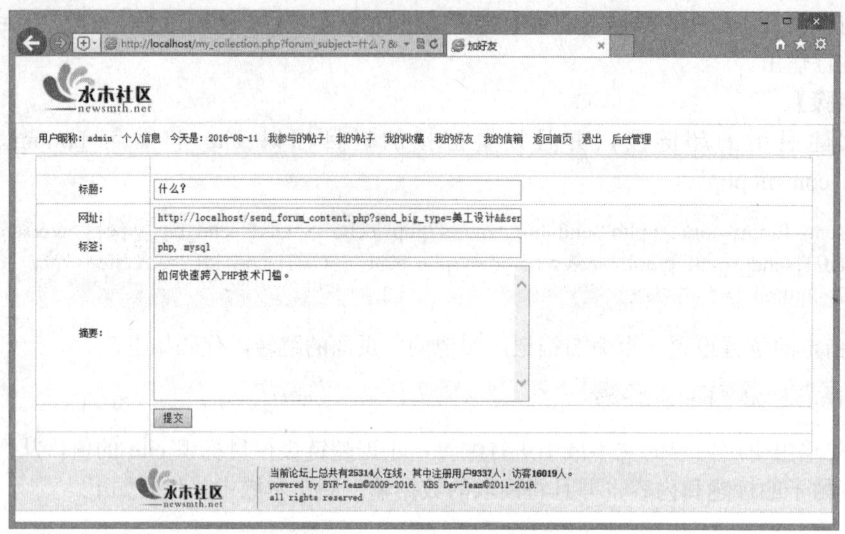

图 23.12 收藏帖子

在获取到完整的地址之后，接下来将帖子的标题、当前页面的完整路径和当前用户数据提交到 my_couection.php 页中，生成一个表单，最后将数据提交到 my_coflection_ok.php 文件中，完成帖子的收藏。提交帖子完整地址和帖子标题的程序代码如下。

```
<?php if($_SESSION[tb_forum_user]==true){ ?>
<form name="form1" method="post" action="my_collection.php?forum_subject=<?php echo
$myrow_3[tb_send_subject];?>&&collection_user=<?php echo $_SESSION[tb_forum_user];?>">
    <td width="173" height="22" align="center" valign="bottom">
    <input type="hidden" name="my_collection" value="<?php echo $url;?>">
    <input type="submit" name="Submit" value=" 添加到我的收藏夹 ">
</td>
</form>
<?php } ?>
```

创建 my_collection.php 文件，生成一个表单，为收藏的帖子添加标签和说明，最后将数据提交到 my_colleetion_ok.php 文件中，将帖子收藏的数据添加到指定的数据表中。到此帖子收藏技术讲解完毕，相关的程序代码请参考本书源代码中的内容，这里不再赘述。

视频讲解

23.3.4 屏蔽回帖

屏蔽回帖是管理员的权限，在论坛的后台管理中进行操作。回复是否被屏蔽是根据回复帖子数据表中 tb_restore_tag 字段的值来判断的，如果帖子 tb_restore_tag 字段的值为 1，则说明该帖子被屏蔽，否则帖子没有被屏蔽。因此屏蔽回帖就是将指定帖子的 tb_restore_tag 字段的值更新为 1。

屏蔽回帖主要通过两个文件来完成：一个是 message_restore.php，输出回复帖子的内容，创建执行屏蔽帖子的 form 表单；另一个是 message_store.php，根据提交的数据，实现屏蔽帖子的操作。关键代码如下（admin/message_restore_ok.php）。

```
<?php session_start(); include("conn/conn.php");
if($Submit=="屏蔽"){
    while(list($name,$value)=each($_POST)){
        $result=mysql_query("update tb_forum_restore set tb_restore_tag='1' where tb_restore_id='".$name."'");
    if($result==true){
        echo "<script>alert('屏蔽成功!'); window.location.href='index.php?title=回帖管理';</script>";}}
    }
    if($Submit2=="取消"){
        while(list($name,$value)=each($_POST)){
            $result=mysql_query("update tb_forum_restore set tb_restore_tag='0' where tb_restore_id='".$name."'");
    if($result==true){
        echo "<script>alert('取消屏蔽!'); window.location.href='index.php?title=回帖管理';</script>";}}
}
?>
```

23.3.5　短信提醒

视 频 讲 解

短信提醒的无刷新输出主要应用的是 Ajax 技术。通过 Ajax 技术调用指定的文件查询是否存在新的消息，并且将结果返回，通过 span 输出 Ajax 中返回的查询结果，运行结果如图 23.13 所示。

图 23.13　短信提醒

```
<script type="text/javascript" src="js/xmlHttpRequest.js"></script>
<script language="javascript">
function show_counts(sender){
    url='show_counts.php?sender='+sender;
    xmlHttp.open("get",url, true);
        xmlHttp.onreadystatechange = function(){
        if(xmlHttp.readyState == 4){
            tet = xmlHttp.responseText;
            show_counts11.innerHTML=tet;
            var show_counts = document.getElementById("show_counts");
            if(tet>0){ show_counts.innerHTML=tet; show_counts.style.display="inline";}
            else{show_counts.innerHTML="";show_counts.style.display="none";}
        }
    }
    xmlHttp.send(null);
```

```
}
</script>
<script language="javascript">
setInterval("show_counts('<?php echo $_SESSION["tb_forum_user"];?>')",1000);
</script>
```

Note

使用<div>标签显示最新的消息。

```
<span id="show_counts"></span>
```

23.4 页 面 开 发

本章案例网站比较复杂，涉及的文件众多，受篇幅所限，不能够逐一讲解每一个文件的设计过程，下面就几个主要页面的开发过程进行分析。

23.4.1 发布帖子

视频讲解

帖子发布是为登录的会员提供一个发布帖子的操作平台。在该平台中可以选择发布帖子的类别，自定义帖子的主题，选择表情图，选择上传附件以及通过文本编辑器对发布帖子的内容进行编辑。帖子发布的运行结果如图 23.14 所示。

图 23.14 帖子发布

帖子发布主要由两个文件构成：一个是帖子发布内容的填写文件 send_forum.php；另一个是提交数据的处理文件 send_forum_ok.php。

在 send_forum.php 文件中，可以将该文件中的内容分成 3 个部分：第 1 部分初始化 Session 变量，连接数据库以及调用 js 文件；第 2 部分输出当前登录会员的个人信息；第 3 部分构建 from 表单，实现发布帖子数据的提交。

【操作步骤】

（1）初始化 Session 变量，连接数据库以及调用指定的包含文件，并且判断当前用户是否是会员，

如果不是将不能进行帖子发布操作（send_forum.php）。

```
<?php session_start(); include("conn/conn.php");
if($_SESSION[tb_forum_user]==true){
?>
<script type="text/javascript" src="js/editor.js"></script>
```

（2）从数据库中读取出当前会员的个人信息，并且进行输出，代码如下。

```
<?php $query_1=mysql_query("select * from tb_forum_user where tb_forum_user='$_SESSION[tb_forum_user]'",
$conn);
$myrow_1=mysql_fetch_array($query_1);
echo "<img src='$myrow_1[tb_forum_picture]'>";
echo "当前用户:";
echo $myrow_1[tb_forum_user];
echo "注册时间:";
echo $myrow_1[tb_forum_date];
echo "积分:";
echo $myrow_1[tb_forum_grade];
?>
```

（3）创建 form 表单，提交发布帖子的数据，包括帖子的类别、主题、表情图、文本内容和发布人。在对帖子内容进行填写时，应用的是一个文本编辑器，通过文本编辑器可以对提交的内容进行编辑，程序关键代码如下。

```
    <td align="right" class="STYLE11">帖子主题：</td>
    <td><input name="send_subject" type="text" id="send_subject" size="60"></td>
  </tr>
  <tr>
    <td align="right" class="STYLE11">表情图：</td>
    <td><table>
    <tr>
        <td height="80" colspan="2"><div align="center">
            <table height="30" border="0" align="center" cellpadding="0" cellspacing="0">
                <tr>
                    <?php
                      for($i=1;$i<=24;$i++){// 根据文件夹中表情图的个数创建循环语句
                            if($i%6==0){ // 判断变量的值是否等于 0
                    ?>
                    <td width="40" height="30"><div align="center">
                        <!-- 输出表情图 -->
                        <img src=<?php echo("images/inchoative/face".($i-1).".gif");?> width="20" height="20">
</div></td>
                    <td width="40" height="30"><div align="center">
                        <!--创建单选按钮-->
                        <input  type="radio"  name="face"  value="<?php  echo("images/inchoative/face".
($i-1).".gif");?>">
                    </div></td>
                </tr>
                    <?php }else{ ?>
                    <td width="40" height="30"><div align="center">
                        <img src=<?php echo("images/inchoative/face".($i-1).".gif");?> width="20" height="20">
```

Note

```
</div></td>
                                    <td width="40" height="30"><div align="center">
                                        <input type="radio" name="face" value="<?php echo("images/inchoative/face".($i-1).
".gif");?>" <?php if($i==1) { echo "checked";}?>>
                                    </div></td>
                                    <?php } } ?>
                            </table>
                        </div></td>
                </tr>
            </table></td>
        <tr>
            <td width="107" align="right" class="STYLE11">文章内容：</td>
            <td width="569">
        <textarea name="menu" cols="1" rows="1" id="menu" style="position:absolute;left:0;visibility:hidden;"></textarea>
        <script type="text/javascript">
        var editor = new FtEditor("editor");
        editor.hiddenName = "menu";
        editor.editorWidth = "100%";
        editor.editorHeight = "300px";
        editor.show();
        </script>
        <input type="hidden" name="tb_forum_user" value="<?php echo $_SESSION[tb_forum_user];?>"></td></tr>
```

有关 send_forum.php 文件的讲解到此结束，完整代码请参考本书源代码中的内容。下面介绍表单处理页 send_forum_ok.php 文件。在该文件中将表单中提交的数据存储到数据库中，完成发布帖子信息的存储，程序代码如下（send_forum_ok.php）。

```
    <?php session_start(); include_once("conn/conn.php");
    $tb_send_type=0;                                        // 设置帖子是否置顶
    $tb_send_types=0;                                       // 判断帖子是否有回复
    $tb_send_small_type=$_POST[send_sort];                  // 获取表单中提交的数据
    $tb_send_subject=$_POST[send_subject];                  // 获取表单中提交的数据
    $tb_send_picture=$_POST[face];                          // 获取表单中提交的数据
    $tb_send_content=trim($_POST["menu"]);                  // 获取表单中提交的数据
    $tb_send_user=$_POST[tb_forum_user];
    $tb_send_date=date("Y-m-j H:i:s");
    if($_FILES[send_accessories][size]==0){                 // 判断是否有附件上传
    $result=mysql_query("insert  into  tb_forum_send(tb_send_subject,tb_send_content,tb_send_user,tb_send_date,
tb_send_picture,tb_send_type,tb_send_types,tb_send_small_type)  values  ('".$tb_send_subject."','".$tb_send_content."',
'".$tb_send_user."','".$tb_send_date."','".$tb_send_picture."','".$tb_send_type."','".$tb_send_types."','".$tb_send_small_type."')",
$conn);
    echo mysql_error();
        if($result){
            mysql_query("update tb_forum_user set tb_forum_grade=tb_forum_grade+5",$conn);
                echo "<script>alert('新帖发表成功!');history.back();</script>";
            mysql_close($conn);
        }else{
            echo "<script>alert('新帖发表失败!');history.back();</script>";
            mysql_close($conn);
        }
    }
```

```
    if($_FILES[send_accessories][size] > 20000000){                    // 判断上传附件是否超过指定的大小
        echo "<script>alert('上传文件超过指定大小！');history.go(-1);</script>";
        exit();
    }else{
    $path = './file/'.time().$_FILES['send_accessories']['name'];        // 定义上传文件的路径和名称
    if (move_uploaded_file($_FILES['send_accessories']['tmp_name'],$path)) {// 存储附件
        if(mysql_query("insert into tb_forum_send(tb_send_subject,tb_send_content,tb_send_user,tb_send_date,
tb_send_picture,tb_send_type,tb_send_types,tb_send_small_type,tb_send_accessories) values ('".$tb_send_subject."',
'".$tb_send_content."','".$tb_send_user."','".$tb_send_date."','".$tb_send_picture."','".$tb_send_type."','".$tb_send_types.
"','".$tb_send_small_type."','".$path."')",$conn)){
                mysql_query("update tb_forum_user set tb_forum_grade=tb_forum_grade+5",$conn);
                echo "<script>alert('新帖发表成功!');history.back();</script>";
                mysql_close($conn);
            }else{
                echo "<script>alert('新帖发表失败!');history.back();</script>";
                mysql_close($conn);
            }
        }
    }
    ?>
```

到此帖子发布功能的实现过程介绍完毕，完整代码可以参考本书源代码中的内容。

23.4.2　浏览帖子

视 频 讲 解

帖子浏览包括帖子类别和帖子内容的浏览。首先可以浏览到根据不同类别进行划分的帖子题，然后可以在相应的帖子主题中浏览到具体帖子的内容。帖子主题和帖子内容浏览的运行结果如图 23.15 所示。

图 23.15　浏览帖子

帖子浏览是从帖子类别的输出开始的，首先在网站的左侧框架中应用树状导航菜单输出帖子的类别，根据树状导航菜单中输出帖子的类别，设置超链接，将指定类别的帖子在右侧的框架中输出，即在 content.php 文件中输出帖子的内容，程序关键代码如下（left.php）。

Note

```
<td width="84%" height="24" background="images/index_5.jpg" onClick="javascript:open_close(id_a<?php echo $myrow['tb_big_type_id'];?>)" >     <a href="content.php?content=<?php echo $myrow['tb_big_type_content'];?>&&content_1=<?php echo $myrows['tb_small_type_content'];?>" target="contentFrame"><?php echo $myrow['tb_big_type_content'];?></a></td>
```

这里的 content.php 文件是在右侧的框架中输出的内容，超链接中的 target 属性获取的是右侧框架中的链接文件的名称，设置栏目标识变量 content，代表帖子的所属专区，content_1 代表帖子的类别。

```
<td height="23">  
    <a href="content.php?content=<?php echo $myrow['tb_big_type_content'];?>&&content_1=<?php echo $myrow_1['tb_small_type_content'];?>" target="contentFrame">
<?php echo $myrow_1['tb_small_type_content'];?></a></td>
```

然后，在 content.php 文件中输出对应类别帖子的内容。其中应用 switch 语句，根据获取的栏目标识变量$class 的不同值，分别调用不同的文件，输出不同类别中帖子的内容。

【操作步骤】

（1）判断论坛的所属专区和类别是否为空，如果为空则输出默认的内容，否则将输出对应专区和类别中帖子的内容（content.php）。

```
<?php if($_GET[content]=="" and $_GET[content_1]==""){ ?>
<table>
  <tr>
    <td height="10"> </td>
  </tr>
  <tr>
    <td><?php include_once("bccd.php");?></td>
  </tr>
</table>
<?php }else{?>
```

（2）创建一个搜索引擎的表单，为不同的类别和专区设置超链接，设置超链接的栏目标识变量，关键代码如下。

```
<form name="form1" method="post" action="content.php?class=搜索引擎&&content=<?php echo $_GET[content];?>&&content_1=<?php echo $_GET[content_1];?>" onSubmit="return check_submit();">
    <tr>
      <td width="10%" height="40" rowspan="2" valign="middle"><a href="content.php?class=最新帖子&&content=<?php echo $_GET[content];?>&&content_1=<?php echo $_GET[content_1];?>"><img src="images/index_7 (1).jpg" width="65" height="23" border="0"></a></td>
      <td width="10%" rowspan="2" valign="middle"><a href="content.php?class=精华区&&content=<?php echo $_GET[content];?>&&content_1=<?php echo $_GET[content_1];?>"><img src="images/index_7 (2).jpg" width="55" height="23" border="0"></a></td>
      <td width="10%" rowspan="2" valign="middle"><a href="content.php?class=热点区&&content=<?php echo $_GET[content];?>&&content_1=<?php echo $_GET[content_1];?>"><img src="images/index_7 (3).jpg" width="52" height="23" border="0"></a></td>
      <td width="10%" rowspan="2" valign="middle"><a href="content.php?class=待回复&&content=<?php echo $_GET[content];?>&&content_1=<?php echo $_GET[content_1];?>"><img src="images/index_7 (4).jpg" width=
```

```
"55" height="23" border="0"></a></td>
            <td width="25%" height="38" align="right" valign="bottom"><input name="tb_send_subject_content"
type="text" size="20" />
                  </td>
            <td width="25%" rowspan="2"><input type="image" name="imageField" src="images/index_71.jpg" /></td>
        </tr>
    </form>
```

（3）编写 switch 语句，根据栏目标识变量$class 的不同值，调用不同的文件，代码如下。

```
<?php
switch($_GET['class']){
    case "最新帖子":
        include("new_forum.php");
    break;
    case "精华区":
        include("distillate.php");
    break;
    case "热点区":
        include("hotspot.php");
    break;
    case "待回复":
        include("pending.php");
    break;
    case "搜索引擎":
        include("search.php");
    break;
    case "":
        include("new_forum.php");
    break;
}}
?>
```

根据$class 变量的不同值调用不同的文件，在被调用的这些文件中，读取数据库中数据的方法都是相同的，都是根据所属的类别从数据库中读取出符合条件的数据，进行分页显示。

这里以“最新帖子”中调用的 new_forum.php 文件为例，对被调用文件的创建方法进行讲解。在 new_forum.php 文件中，主要就是以超链接栏目标识中传递的变量$_GET[content]和$_GET [content_1]为条件，从数据库中读取出符合条件的数据。

【操作步骤】

（1）首先输出的是所属专区中公告和置顶帖子的标题信息，并且设置超链接，链接到 send_affiche.php 和 send_forum_content.php 文件，在对应的文件中输出公告和置顶帖子的详细内容，关键代码如下（new_forum.php）。

```
<?php
$query_1=mysql_query("select * from tb_forum_send where tb_send_type='1' and tb_send_small_type='".$_GET
[content_1]."'");
while($myrow_1=mysql_fetch_array($query_1)){
?>
  <tr>
    <td width="10%" align="center"><span class="STYLE4">【 置 顶 】</span></td>
```

```
        <td colspan="4" width="90%"><a href="send_forum_content.php?send_big_type=<?php echo $_GET
[content];?>&&send_small_type=<?php echo $myrow_1[tb_send_small_type];?>&&send_id=<?php echo $myrow_1
[tb_send_id];?>" target="_blank"><?php echo $myrow_1[tb_send_subject];?></a></td>
    </tr>
    <?php }?>
```

Note

（2）根据栏目标识传递的变量，从数据库中读取出对应的专区和类别中帖子的数据，并且定义变量，实现数据的分页显示；在输出帖子的标题时，设置超链接，链接到 send_fonun_content.php，在该文件中输出帖子的详细信息，程序关键代码如下。

```
    <?php
        if($_GET['page']){
         $page_size=10;                    // 定义每页输出 10 条数据
         // 按照指定的类别从数据库中读取帖子的数据
         $query="select count(*) as total from tb_forum_send where tb_send_small_type='".$_GET[content_1]."'";
         $result=mysql_query($query);
         $message_count=mysql_result($result,0,"total");
         $page_count=ceil($message_count/$page_size);
         $offset=($_GET['page']-1)*$page_size;
         // 从数据库中读取帖子的数据，按照帖子发布的 ID 值进行降幂排列输出
         $query_2=mysql_query("select * from tb_forum_send where tb_send_small_type='".$_GET[content_1]."'
order by tb_send_id desc limit $offset, $page_size");
         while($myrow_2=mysql_fetch_array($query_2)){
    ?>
      <tr>
         <td width="5%" align="center" bgcolor="#FFFFFF"><img src="<?php echo $myrow_2[tb_send_picture];?>" />
</td>
         <td width="35%" align="center" bgcolor="#FFFFFF"><a href="send_forum_content.php?send_big_type=
<?php echo $_GET[content];?>&&send_small_type=<?php echo $myrow_2[tb_send_small_type];?>&&send_id=<?php
echo $myrow_2[tb_send_id];?>" target="_blank"><?php echo $myrow_2[tb_send_subject];?></a></td>
         <td width="25%" align="center" bgcolor="#FFFFFF"><?php echo $myrow_2[tb_send_date];?></td>
         <td width="25%" align="center" bgcolor="#FFFFFF"><?php echo $myrow_2[tb_send_user];?></td>
    <td width="10%" align="center" bgcolor="#FFFFFF">
         <?php   $query_s=mysql_query("select * from tb_forum_restore where tb_send_id='$myrow_2[tb_send_id]'");
    echo mysql_num_rows($query_s);
    ?></td>
    </tr>
    <?php }}?>
```

上述讲解的是帖子主题浏览的实现方法，下面介绍帖子内容浏览功能的实现。

帖子内容的输出是通过上面提到的 send_forum_content.php 文件来完成的。在该文件中输出帖子的详细内容、发帖人的信息、回复帖子的内容和回复人的信息，并且还对登录用户进行了权限设置。普通用户只能浏览帖子的详细信息，不能进行其他任何操作。

会员登录，不但可以浏览帖子的详细信息，而且可以对帖子进行回复和引用，收藏帖子、发送短信以及加对方为好友；如果浏览的是当前会员自已发布或者回复的帖子，还可以对帖子进行修改、删除和结帖的操作。

管理员登录，可以执行上述会员具有的所有操作，并且还可以对帖子进行置顶的操作，这是会员所不具备的。

下面对 send_forum_content. php 文件进行分步讲解，看看各个部分的功能都是如何实现的。

【操作步骤】

（1）初始化 Session 变量，连接数据库，通过 include 语句调用包含文件，通过$_SERVER 预定义变量获取当前页面的完整链接地址，用于实现帖子收藏的功能，有关帖子收藏技术的讲解请参考上面章节中的内容。

（2）输出发帖人的信息和发布的帖子信息，并且为发送短信、加为好友、结帖、置顶、修改、删除和回复的操作设置超链接。

主要代码如下（send_forum_content.php）。

```
<!-- 从数据库中读取出指定帖子的发布人的信息 -->
<?php
$query_1=mysql_query("select * from tb_forum_send where tb_send_id='$_GET[send_id]'",$conn);
$myrow_1=mysql_fetch_array($query_1);
$query_2=mysql_query("select * from tb_forum_user where tb_forum_user='$myrow_1[tb_send_user]'",$conn);
$myrow_2=mysql_fetch_array($query_2);
echo "<img src='$myrow_2[tb_forum_picture]'>"."<br>";
echo "发帖人:";
echo $myrow_2[tb_forum_user]."<br>";
echo "注册时间:"."<br>";
echo $myrow_2[tb_forum_date]."<br>";
echo "积分:";
echo $myrow_2[tb_forum_grade]."<br>";
if($_SESSION[tb_forum_user]==true){
echo "<a href='send_mail.php?receiving_person=$myrow_2[tb_forum_user]&&sender=$_SESSION[tb_forum_user]' target='_blank'><img src='images/index_8.jpg' width='76' height='24' border='0'></a>"."<br>";
echo "<a href='my_friend.php?friend=$myrow_2[tb_forum_user]&&my=$_SESSION[tb_forum_user]' target='_blank'><img src='images/index_8 (1).jpg' width='82' height='24' border='0'></a>";
}
?></span></td>
    <td width="780" height="20%" bgcolor="#FFFFFF"><?php echo $myrow_3[tb_send_date]; ?> 楼主
<?php
if($myrow_1[tb_forum_end]!=1){
?>
<a href="end_forum.php?send_id=<?php echo $_GET[send_id];?>&send_user=<?php echo $myrow_3[tb_send_user];?>">结帖</a>
<?php
}else{
echo "已结帖";
}
?></td>
  </tr>
<tr>
    <td height="60%" bgcolor="#FFFFFF"><?php
echo $myrow_3[tb_send_content];
?>
<td height="20%" align="right" bgcolor="#FFFFFF"><?php if($myrow_3[tb_send_accessories]==true){echo "
<a href='download.php?accessories=$myrow_3[tb_send_accessories]'>附件</a>";}?>    
<a href="permute_send.php?permute_id=<?php echo $myrow_3[tb_send_id];?>">置顶</a>、
<a href="recompose_send.php?recompose_id=<?php echo $myrow_3[tb_send_id];?>&&recompose_user=<?php echo $myrow_3[tb_send_user];?>">修改</a>、
```

Note

```
<a href="delete_send.php?delete_id=<?php echo $myrow_3[tb_send_id];?>&&delete_send_forum=<?php echo $myrow_3[tb_send_user];?>">删除</a>、
<a href="send_forum_content.php?send_big_type=<?php echo $_GET[send_big_type];?>&&send_small_type=<?php echo $_GET[send_small_type];?>&&send_id=<?php echo $_GET[send_id];?>#bottom">回复</a></td>
```

（3）输出与该帖子相关的回复帖子的信息，以及回复人的信息，同样也为发送短信、加为好友、引用、修改和删除操作设置了超链接。其中在输出回复帖子的内容时，还对回帖内容进行判断，判断该帖子是否被管理员屏蔽。实现的方法与第（2）步相同，这里不再赘述，完整代码请参考本书源代码中的内容。

（4）积分排行，该功能的实现主要就是从会员信息表中读取会员的积分数据，并且按照降幂排列，输出积分最高的前 10 名用户，程序代码如下。

```
<?php
$sql=mysql_query("select tb_forum_user,tb_forum_grade from tb_forum_user order by tb_forum_grade desc limit 10");
while($myrow=mysql_fetch_array($sql)){
?>
        <tr>
          <td width="45%" height="19" align="right">
<a href="person_data.php?person_id=<?php echo $myrow[tb_forum_user];?>"><?php echo $myrow[tb_forum_user];?></a>
 </td>
          <td width="55%" align="left">——<?php echo $myrow[tb_forum_grade];?></td>
        </tr>
<?php }?>
```

（5）send_forum_content.php 文件第 5 部分是一个 form 表单，用于提交回复帖子的信息。

23.4.3 回复帖子

视频讲解

帖子回复实现对指定的帖子进行回复的操作，帖子回复的运行结果如图 23.16 所示。

图 23.16　回复帖子

帖子回复中提交的 form 表单存储在 23.4.2 节中介绍的 send_forum_content.php 文件中。在这个 form 表单中，将回复主题、附件、回复内容、发布帖子 ID 和回复人信息都提交到 send_forum_content_ok.php 文件中进行处理，完成帖子的回复。

在对回复内容进行编辑时还应用了 UBB 技术，实现对回复的内容进行编辑，并且还对回复内容的字节数进行了控制。

UBB 技术的实现是通过 UBBCode.js 文件来完成的，该文件存储于根目录下的 js 文件夹中。限制和统计回复内容字节数的方法是通过 text js 文件来完成的，该文件同样存储于根目录下的js 文件夹中。form 表单的关键代码如下（send_forum_content.php）。

```
<form action="send_forum_content_ok.php" method="post" enctype="multipart/form-data"  name="myform">
<tr><a name="bottom" id="bottom"></a><!--定义命名锚记-->
    <td width="103" height="30" align="right">回复主题：</td>
    <td width="617"><input name="restore_subject" type="text" id="restore_subject" size="60" value="
<?php
if($_GET[cite]==true){
    $query=mysql_query("select * from tb_forum_restore where tb_restore_id='$_GET[cite]'");
    $result=mysql_fetch_array($query);
echo "摘自（".$result[tb_restore_user]."）：".$result[tb_restore_subject];
}
?>
"><input type="hidden" name="tag" value="<?php echo $myrow_1[tb_forum_end];?>" ></td></tr>
        <tr>
          <td height="30" align="right">附件：</td>
          <td><input name="restore_accessories" type="file" size="45"></td>
        </tr>
        <tr>
          <td height="30" align="right">文字编程区：</td>
          <td width="617"><img src="images/UBB/B.gif" width="21" height="20" onClick="bold()"> 
<img src="images/UBB/I.gif" width="21" height="20" onClick="italicize()"> <img src="images/UBB/U.gif"
width="21" height="20" onClick="underline()"> <img src="images/UBB/img.gif" width="21" height="20"
onClick="img()"> 字体
              <select name="font" class="wenbenkuang" id="font" onChange="showfont(this.options[this.
selectedIndex].value)">
                  <option value="宋体" selected>宋体</option>
                  <option value="黑体">黑体</option>
                  <option value="隶书">隶书</option>
                  <option value="楷体">楷体</option>
                </select>
              字号<span class="pt9">
                <select
       name=size class="wenbenkuang" onChange="showsize(this.options[this.selectedIndex].value)">
                  <option value=1>1</option>
                  <option value=2>2</option>
                  <option value=3 selected>3</option>
                  <option value=4>4</option>
                  <option value="5">5</option>
                  <option value="6">6</option>
                  <option value="7">7</option>
                </select>
```

Note

```
                颜色
                <select  onChange="showcolor(this.options[this.selectedIndex].value)"  name="color"  size="1"
class="wenbenkuang" id="select">
                    <option selected>默认颜色</option>
                    <option style="color:#FF0000" value="#FF0000">红色热情</option>
                    <option style="color:#0000FF" value="#0000ff">蓝色开朗</option>
                    <option style="color:#ff00ff" value="#ff00ff">桃色浪漫</option>
                    <option style="color:#009900" value="#009900">绿色青春</option>
                    <option style="color:#009999" value="#009999">青色清爽</option>
                </select>
            </span></td>
        </tr>
        <tr>
            <td align="right">文章内容：</td>
            <td width="617">
    <textarea  name="file"  cols="70"  rows="10"  id="file"  onKeyDown="countstrbyte(this.form.file,this.form.total,
this.form.used,this.form.remain);" onKeyUp="countstrbyte(this.form.file,this.form.total,this.form.used,this.form.remain);"><?php
    if($_GET[cite]==true){
        $query=mysql_query("select * from tb_forum_restore where tb_restore_id='$_GET[cite]'");
        $result=mysql_fetch_array($query);
    echo $result[tb_restore_content];
    }
    ?></textarea>
    <input type="hidden" name="tb_send_id" value="<?php echo $_GET[send_id];?>">
    <input type="hidden" name="tb_restore_user" value="<?php echo $_SESSION[tb_forum_user];?>"></td>
        </tr>
        <tr>
            <td height="25" colspan="2">        
    <input name="submit" type="submit" id="submit" value="提交" onClick="return check();">
                  最大字节数：
    <input type="text" name="total" disabled="disabled" class="textbox" id="total" value="500" size="5">
                  输入：
    <input type="text" name="used" disabled="disabled" class="textbox"  id="used" value="0" size="5">
                字节   剩余：
    <input type="text" name="remain" disabled="disabled" class="textbox"  id="remain" value="500" size="5">字节
  
    <input name="reset" type="reset" id="reset" value="重写"></td>
        </tr>
        <tr>
            <td height="35" colspan="2">   </td>
        </tr>
    </form>
```

到此回复帖子的提交文件的内容讲解完毕，接下来介绍回复帖子的处理页 send_forum_content_ok.php 文件。

在该文件中实现对回复帖子中提交的数据进行存储，并且更新帖子的回复次数，以及将发布帖子数据表中的 tb_send_types 字段更新为 1，表明该帖子已经有回帖。

在 send_forum_content_ok.php 文件中，首先获取到 form 表单中提交的数据，然后判断回复的内容中是否包含附件，如果不存在附件，则直接将获取的数据添加到指定的数据表中，并且更新帖子的

回复次数和发布帖子数据表中 tb_send_types 字段的值为 1。

如果存在附件，而附件的大小超过上传文件大小的限制，则将给出提示信息“上传文件超过指定大小!”。

如果存在附件，并且在指定的范围之内，则先将该附件存储到服务器中指定的文件夹下，然后再将附件在服务器中的存储路径和其他数据一起存储到指定的数据表中，同样也更新帖子的回复次数和发布帖子数据表中 tb_send_types 字段的值为 1，程序代码如下（send_forum_content_ok.php）。

Note

```
<?php session_start(); include_once("conn/conn.php");
if($_SESSION[tb_forum_user]==true){                                    // 判断是否是正确登录
$tb_restore_subject=$_POST[restore_subject];                           // 获取回复帖子的主题
$tb_restore_content=$_POST[file];                                      // 获取上传的附件
$tb_restore_user=$_POST[tb_restore_user];                              // 获取回复人
$tb_send_id=$_POST[tb_send_id];                                        // 获取要回复帖子的 ID
$tb_restore_date=date("Y-m-d H:i:s");                                  // 定义回复时间
if($_FILES[restore_accessories][size]==0){                             // 判断是否有附件上传
if(mysql_query("insert into tb_forum_restore(tb_restore_subject,tb_restore_content,tb_restore_user,tb_send_id,
tb_restore_date) values ('".$tb_restore_subject."','".$tb_restore_content."','".$tb_restore_user."','".$tb_send_id."','
".$tb_restore_date."')",$conn)){
        mysql_query("update tb_forum_restore set tb_forum_counts=tb_forum_counts+1",$conn);
        mysql_query("update tb_forum_send set tb_send_types=1 where tb_send_id='$tb_send_id'",$conn);
        echo "<script>alert('回复成功!');history.back();</script>";
        mysql_close($conn);
}else{
     echo "<script>alert('回复失败!');history.back();</script>";
     mysql_close($conn);
}}
if($_FILES[restore_accessories][size] > 20000000){                     // 判断上传的附件是否超过规定文件大小
     echo "<script>alert('上传文件超过指定大小！');history.go(-1);</script>";
     exit();
}else{
$path = './file/'.time().$_FILES['restore_accessories']['name'];       //定义上传文件的名称和存储路径
if (move_uploaded_file($_FILES['restore_accessories']['tmp_name'],$path)) {//将附件存储到服务器指定的文件
夹下
if(mysql_query("insert into tb_forum_restore(tb_restore_subject,tb_restore_content,tb_restore_user,tb_send_id,
tb_restore_date,tb_restore_accessories) values ('".$tb_restore_subject."','".$tb_restore_content."','".$tb_restore_user."','
".$tb_send_id."','".$tb_restore_date."','".$path."')",$conn)){
  mysql_query("update tb_forum_restore set tb_forum_counts=tb_forum_counts+1",$conn);
  mysql_query("update tb_forum_send set tb_send_types=1 where tb_send_id='$tb_send_id'",$conn);
  echo "<script>alert('回复成功!');history.back();</script>";
  mysql_close($conn);
  }else{
     echo "<script>alert('回复失败!');history.back();</script>";
     mysql_close($conn);
  }
}}
}else{
     echo "<script>alert('对不起，您不可以回复帖子，请先登录到本站，谢谢!');history.back();</script>";
}
?>
```

视频讲解

到此帖子回复功能讲解完毕，详细的程序代码可以参看本书源代码中的内容。

23.4.4 结帖

结帖功能是对会员自己发布的帖子进行操作，当获取到满意的答案之后，就可以对帖子进行结帖操作，一旦结帖之后就不可以再对该帖进行回复，其运行结果如图 23.17 所示。

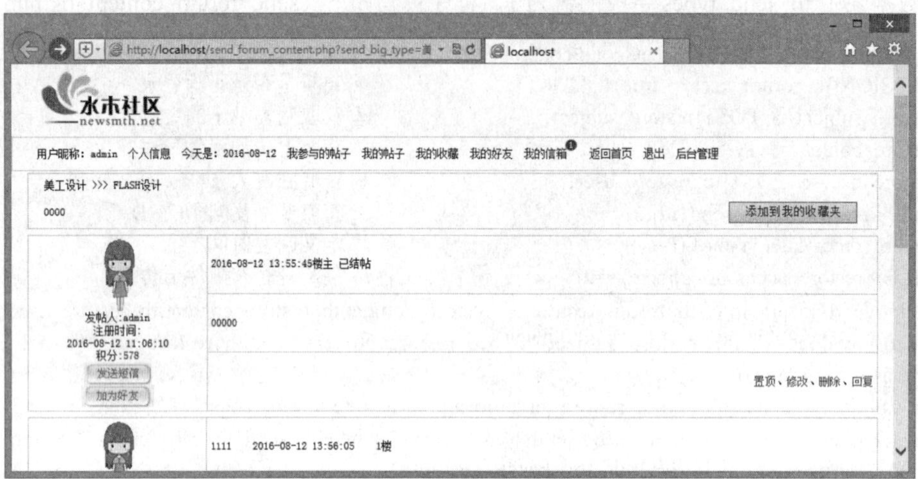

图 23.17　结帖激活

结帖功能避免了在论坛中对一个帖子无休止的回复，浪费系统资源，同时也确保了论坛中帖子的规范性。

论坛的管理员也具备这个权限，可以根据帖子的回复情况，在确定已经有满意答案的情况下，而帖子发布人又没有进行结帖操作的，可以由管理员来执行这项操作。管理员的结帖操作是在论坛后台管理的帖子管理中完成的。

帖子是否已经结帖是根据帖子在数据表中 tb_ forum_ end 字段的值来判断的，如果字段的值为 1，则说明帖子已经结帖，否则没有结帖。所以结帖操作就是将指定帖子在数据表中的 tb_forum_end 字段的值更新为 1。

在论坛模块中，结帖操作是通过在 send_forum_f content.php 文件中设置的一个“结帖”的超链接来执行的。通过“结帖”这个超链接，链接到 send_forum.php 文件，在这个文件中根据传递的 ID 值，执行更新指定帖子 tb_forum_ end 字段值的操作。

在 send_forum_content.php 文件中设置“结帖”的超链接，其中根据 tb_forum_end 字段的值来判断输出的内容，代码如下（send_forum_content.php）。

```
<?php
if($myrow_1[tb_forum_end]!=1){
?>
<a href="end_forum.php?send_id=<?php echo $_GET[send_id];?>&send_user=<?php echo $myrow_3[tb_send_user];?>">结帖</a>
<?php
}else{
echo "已结帖";
}
?>
```

在 end_forum.php 文件中执行结帖的操作，以$send_id 变量传递的帖子 ID 值为依据，程序代码如下（end_forum.php）。

```
<?php session_start(); include("conn/conn.php");
if($_GET[send_id]==true and $_GET[send_user]==$_SESSION[tb_forum_user]){
    $result=mysql_query("update tb_forum_send set tb_forum_end='1' where tb_send_id='".$_GET[send_id]."'");
    if($result==true){
        echo "<script>alert('结帖激活!'); history.back();</script>";
    }
}else{
        echo "<script>alert('您不具备该权限!'); history.back();</script>";
}
?>
```

23.4.5　搜索引擎

搜索引擎是指在站内按照指定的关键字，从论坛发布的帖子和回复的帖子中查询出符合条件的数据。搜索引擎主要应用的是 where 条件语句中的 like 运算符，通过该运算符实现模糊查询的功能。

在论坛模块中，搜索引擎从 content.php 文件中设置的站内搜索文本框开始，将要搜索的关键字提交到 search.php 文件中，在 search.php 文件中执行模糊查询，并将查询的结果输出，如图 23.18 所示。

图 23.18　搜索引擎

在 content.php 文件中，创建一个 form 表单，提交站内搜索的关键字；将关键字提交到 search.php 文件中，程序代码如下（content.php）。

```
    <form name="form1" method="post" action="content.php?class=搜索引擎&&content=<?php echo $_GET[content];?>
&&content_1=<?php echo $_GET[content_1];?>" onSubmit="return check_submit();">
        <tr>
            <td width="25%" rowspan="2"><input type="image" name="imageField" src="images/index_71.jpg" /></td>
```

```
        </tr>
    </form>
```

search.php 文件，根据表单中提交的关键字，分别在发布帖子和回复帖子中执行模糊查询，将查询的结果以分页的形式输出到页面中。模糊查询的关键代码如下（search.php）。

```
<?php session_start(); include("conn/conn.php");     // 初始化 session 变量，连接数据库
if($_GET['page']==""){ $_GET['page']=1; }            // 判断变量的值是否为空，用于分页显示
if($_GET['pages']==""){ $_GET['pages']=1; }          // 判断变量的值是否为空，用于分页显示
if($_GET[link_type]==""){ $_GET[link_type]=0; }
if($_GET['link_types']==""){ $_GET['link_types']=0; }
$content=$_GET[content];                             // 获取帖子的类型
$content_1=$_GET[content_1];                         // 获取帖子的类别
// 从发布的帖子中查询
$query_6=mysql_query("select * from tb_forum_send where tb_send_subject like '%".$_POST['tb_send_subject_content']."%' or tb_send_content like '%".$_POST['tb_send_subject_content']."%'");
// 从回复的帖子中搜索
$query_7=mysql_query("select * from tb_forum_restore where tb_restore_subject like '%".$_POST['tb_send_subject_content']."%' or tb_restore_content like '%".$_POST['tb_send_subject_content']."%'");
// 统计查询的结果
if(mysql_num_rows($query_6)>0 or mysql_num_rows($query_7)>0 ){
    if($_GET['page']){                               // 定义分页的变量
        $page_size=10;                               // 定义每页显示的数量
        $query="select count(*) as total from tb_forum_send where tb_send_subject like '%".$_POST['tb_send_subject_content']."%' or tb_send_content like '%".$_POST['tb_send_subject_content']."%'";
        $result=mysql_query($query);
        $message_count=mysql_result($result,0,"total");
        $page_count=ceil($message_count/$page_size);
        $offset=($_GET['page']-1)*$page_size;
        $query_2=mysql_query("select * from tb_forum_send where tb_send_subject like '%".$_POST['tb_send_subject_content']."%' or tb_send_content like '%".$_POST['tb_send_subject_content']."%' limit $offset, $page_size");
?>
```

到此，站内搜索功能讲解完毕，有关查询结果的分页输出，这里不做介绍，完整代码可以参考本书源代码中的内容。

视频讲解

23.4.6 帖子分类

在论坛中，根据帖子的发布时间、帖子内容的特殊性以及受关注的程度，还有帖子是否有人回复等，对帖子进行了分类处理，分为最新帖子、精华区、热点区和待回复等几个类别，其运行结果如图 23.19 所示。

☑ 最新帖子：根据帖子的 ID，按照 ID 值降序排列，输出最新的 10 条帖子信息，程序关键代码如下（new_forum.php）。

```
<?php
   if($_GET['page']){
    $page_size=10;                                   // 定义每页输出 10 条数据
    // 按照指定的类别从数据库中读取帖子的数据
    $query="select count(*) as total from tb_forum_send where tb_send_small_type='".$_GET[content_1]."'";
    $result=mysql_query($query);
```

```
        $message_count=mysql_result($result,0,"total");
        $page_count=ceil($message_count/$page_size);
        $offset=($_GET['page']-1)*$page_size;
        // 从数据库中读取帖子的数据，按照帖子发布的 ID 值进行降幂排列输出
        $query_2=mysql_query("select * from tb_forum_send where tb_send_small_type='".$_GET[content_1]."'
order by tb_send_id desc limit $offset, $page_size");
        while($myrow_2=mysql_fetch_array($query_2)){
    ?>
```

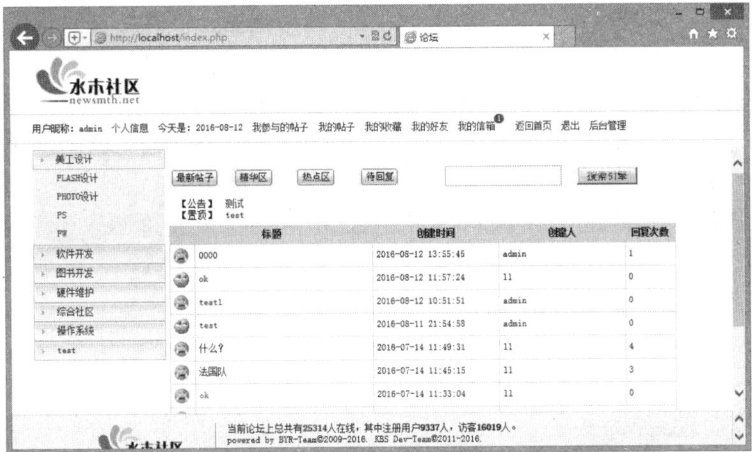

图 23.19 帖子分类

☑ 精华区、热点区和待回复：这 3 个类别的实现方法相同，都是根据数据库中帖子指定的字段值进行判断，精华区根据字段 tb_send_type_distillate 的值判断。热点区根据字段 tb_send_type_hotspot 的值判断，而待回复则根据字段 tb_send_types 的值判断。这里以精华区帖子的输出为例，其关键代码如下（distillate.php）。

```
    <?php
        if($_GET['page']){ // 实现精华区帖子的分页输出
        $page_size=10; // 每页显示 10 条记录
        // 执行查询语句，以 tb_send_type_distillate 字段的值是否为 1 为条件，如果为 1 则是精华帖子，否则不是
        $query="select count(*) as total from tb_forum_send where tb_send_small_type='$_GET[content_1]' and
tb_send_type_distillate=1";
        $result=mysql_query($query);
        $message_count=mysql_result($result,0,"total");
        $page_count=ceil($message_count/$page_size);
        $offset=($_GET['page']-1)*$page_size;
        $query_2=mysql_query("select * from tb_forum_send where tb_send_small_type='$content_1' and
tb_send_type_distillate='1' limit $offset, $page_size");
        while($myrow_2=mysql_fetch_array($query_2)){
    ?>
      <tr>
        <td width="5%" align="center" bgcolor="#FFFFFF"><img src="<?php echo $myrow_2[tb_send_picture];?>"></td>
        <td bgcolor="#FFFFFF"><a href="send_forum_content.php?send_big_type=<?php echo $_GET[content];?>
&&send_small_type=<?php echo $myrow_2[tb_send_small_type];?>&&send_id=<?php echo $myrow_2[tb_send_id];?>"
target="_blank"><?php echo $myrow_2[tb_send_subject];?></a></td>
        <td width="25%" bgcolor="#FFFFFF"><?php echo $myrow_2[tb_send_date];?></td>
```

```
        <td width="25%" bgcolor="#FFFFFF"><?php echo $myrow_2[tb_send_user];?></td>
        <td width="10%" bgcolor="#FFFFFF"><?php   $query_s=mysql_query("select * from tb_forum_restore where tb_send_id='$myrow_2[tb_send_id]'");
    echo mysql_num_rows($query_s);
    ?></td>
      </tr>
    <?php }}?>
```

上述介绍的是如何从数据库中获取到指定类的帖子，下面讲解如何设置这些帖子类别。

最新帖子不需要任何设置，只要是帖子发布之后，自动会生成一个 ID 值，根据 ID 值自动可以读取到最新的帖子。

而精华区、热点区和待回复则都需要设置。其中设置精华区和热点区帖子的方法相同，都是在论坛的后台管理中进行操作，通过 form 表单，创建复选框，将指定帖子的 tb_send_type_distillate 或者 tb_send_type_ hotspot 字段的值设置为 1，运行结果如图 23.20 所示。

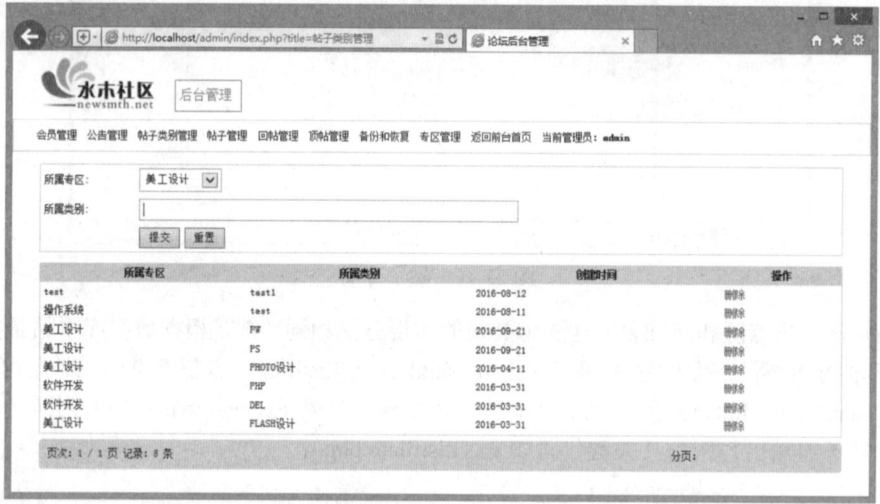

图 23.20　帖子分类管理

帖子类别的设置操作通过两个文件完成：一个是 update_ forum.php 用于提交要设置类别帖子的 ID；另一个是 update_forum_ok.php，根据提交的 ID 值执行设置帖子类别的操作。

在 update_forum.php 文件中，首先创建一个 form 表单，从数据库中读取帖子的数据，并且为每个帖子设置一个复选框，复选框的值是帖子的 ID。再分别创建精华帖子和热点帖子的“提交”按钮，同时也创建取消帖子类别的按钮。最后将数据提交到 update_ forum_ok.php 文件中。程序关键代码如下（admin/update_forum.php）。

```
<form name="form1" method="post" action="update_forum_ok.php">
  <tr>
    <td width="72" height="35" align="center"><span class="STYLE3">选项      </span></td>
    <td width="271" align="center"><span class="STYLE3">帖子主题</span></td>
    <td width="214" align="center"><span class="STYLE3">发布人</span></td>
    <td width="192" align="center"><span class="STYLE3">发布时间</span></td>
    <td width="100" align="center"><span class="STYLE3">精华区</span></td>
    <td width="77" align="center"><span class="STYLE3">热点区</span></td>
    <td width="77" align="center"><span class="STYLE3">是否结帖</span></td>
  </tr>
```

```
<?php
    if($_GET['page']){
    $page_size=10;                                          // 每页显示两条记录
    $query="select count(*) as total from tb_forum_send where tb_send_id "; // 读取数据
    $result=mysql_query($query);
    $message_count=mysql_result($result,0,"total");         // 获取总的记录数
    $page_count=ceil($message_count/$page_size);            // 获取总的页数
    $offset=($_GET['page']-1)*$page_size;
    $query=mysql_query("select * from tb_forum_send where tb_send_id order by tb_send_id desc limit $offset,
$page_size");
  while($myrow=mysql_fetch_array($query)){
  ?>
    <tr>
      <td height="25" align="center" class="STYLE1"><input name="<?php echo $myrow[tb_send_id];?>" type=
"checkbox" value="<?php echo $myrow[tb_send_id];?>"></td>
      <td align="center" class="STYLE1"><?php echo $myrow[tb_send_subject];?></td>
      <td align="center" class="STYLE1"><?php echo $myrow[tb_send_user];?></td>
      <td align="center" class="STYLE1"><?php echo $myrow[tb_send_date];?></td>
      <td align="center" class="STYLE1"><?php echo $myrow[tb_send_type_distillate];?></td>
      <td align="center" class="STYLE1"><?php echo $myrow[tb_send_type_hotspot];?></td>
      <td align="center" class="STYLE1"><?php if($myrow[tb_forum_end]==1){echo "已结帖";}else{echo "未结
帖";}?></td>
    </tr>
  <?php }}?>
    <tr>
      <td height="25" align="center"> </td>
      <td align="center"><input name="button" type=button class="buttoncss" onClick="checkAll(form1,status)"
value="全选">
  <input type=button value="反选" class="buttoncss" onClick="switchAll(form1,status)">
  <input type=button value="不选" class="buttoncss" onClick="uncheckAll(form1,status)"></td>
      <td align="center"><input type="submit" name="Submit" value="精华帖">
        <input type="submit" name="Submit3" value="取消"></td>
      <td align="center"><input type="submit" name="Submit2" value="热门帖">
        <input type="submit" name="Submit4" value="取消"></td>
      <td colspan="3" align="center"><input type="submit" name="Submit5" value="结帖">
        <input type="submit" name="Submit6" value="取消"></td>
      </tr>
   </form>
```

在 update_forum_ok.php 文件中，根据表单中提交的帖子的 ID 值，通过 while 语句和 list()函数，循环读取表单中提交的帖子的 ID 值，执行设置帖子类别和取消帖子类别的操作，关键代码如下（admin/update_forum_ok.php）。

```
  <?php session_start(); include("conn/conn.php");
  if($Submit=="精华帖"){
      while(list($name,$value)=each($_POST)){
          $result=mysql_query("update tb_forum_send set tb_send_type_distillate='1' where tb_send_id='".$name."'");
      if($result==true){
          echo "<script>alert('精华帖激活成功!'); window.location.href='index.php?title=帖子管理';</script>";}}
  }
  if($Submit3=="取消"){
```

```
    while(list($name,$value)=each($_POST)){
        $result=mysql_query("update tb_forum_send set tb_send_type_distillate='0' where tb_send_id='".$name."'");
    if($result==true){
        echo "<script>alert('精华帖取消!'); window.location.href='index.php?title=帖子管理';</script>";}}
}
?>
```

Note

在设置帖子类别的过程中，使用的是批量更新技术，其主要通过 while 循环语句和 each()、list() 函数来完成。

☑ each()函数：each()函数返回数组中当前指针位置的键名和对应的值，并向前移动数组指针。键值对被返回为 4 个单元的数组，键名为 0、1、key 和 value。单元 0 和 key 包含数组单元的键名，1 和 value 包含数据，如果内部指针越过了数组的末端，则函数返回 false，基本语法如下。

```
array each( array &$array )
```

参数 array 为输入的数组。

☑ list()函数：list()函数把数组中的值赋给一些变量。与 array()函数类似，不是真正的函数，而是语言结构。list()函数仅能用于数字索引的数组，并且数字索引从 0 开始。基本语法如下。

```
void list( mixed $varname , mixed $... )
```

参数 mixed 为被赋值的变量名称。

而待回复则是在回复帖子的操作中完成的，当回复帖子提交成功后，执行更新回复帖子中字段 tb_send_types 的值为 1，表明该帖子已经有回复，有关程序代码可以参考前面小节的内容，这里不再赘述。

视频讲解

23.4.7 顶帖管理

顶帖管理是针对管理员的帖子置顶权限而设置的，因为不可能将某个帖子永远置顶，所以创建了顶帖管理这个功能。该功能存在于论坛的后台管理中，实现帖子置顶和取消置顶的操作，运行结果如图 23.21 所示。

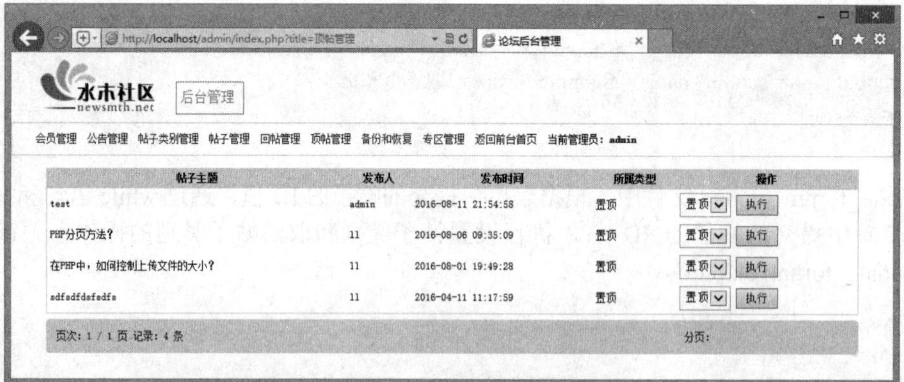

图 23.21　顶帖管理

顶帖管理功能的实现应用了两个文件：一个是 permute_admin.php；另一个是 update_permute.php。permute_admin.php 用于从数据库中读取出置顶帖子的数据，进行分页输出，并且创建 foum 表单，为每个帖子设置一个下拉列表框，实现帖子置顶和取消置顶的操作，关键代码如下（permute_admin.php）。

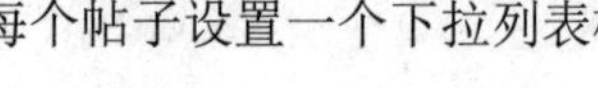

```
<?php
  if($_GET['page']){
   $page_size=5;                                          // 每页显示两条记录
   $query="select count(*) as total from tb_forum_send where tb_send_type=1";   // 从数据库中读取数据
   $result=mysql_query($query);
   $message_count=mysql_result($result,0,"total");        // 获取总的记录数
   $page_count=ceil($message_count/$page_size);           // 获取总的页数
   $offset=($_GET['page']-1)*$page_size;
   $query=mysql_query("select * from tb_forum_send where tb_send_type=1 order by tb_send_id desc limit
$offset, $page_size");
 while($myrow=mysql_fetch_array($query)){
 ?>
   <tr>
    <td height="25" align="left">  <span class="STYLE1"><?php echo $myrow[tb_send_subject];?>
</span></td>
    <td align="center"><span class="STYLE1"><?php echo $myrow[tb_send_user];?></span></td>
    <td align="center"><span class="STYLE1"><?php echo $myrow[tb_send_date];?></span></td>
    <td align="center"><span class="STYLE1"><?php echo $myrow[tb_send_type];?></span></td>
    <td align="center">
 <form action="update_permute.php?update_id=<?php echo $myrow[tb_send_id];?>" method="post" name="form1"
class="STYLE1">
    <select name="tb_send_type" id="tb_send_type">
          <option value="1">置顶</option>
          <option value="0">取消</option>
    </select>
    <input type="submit" name="Submit" value="执行">
 </form></td>
   </tr>
 <?php }}?>
```

在 update_permute.php 文件中，根据表单中提交的值和帖子 ID 的值，执行帖子置顶和取消置顶的操作，关键代码如下（update_permute.php）。

```
<?php include("../conn/conn.php");
$update_id=$_GET[update_id];      // 获取帖子的 ID 值
// 执行帖子置顶或者取消置顶的操作
$query=mysql_query("update tb_forum_send set tb_send_type='$_POST[tb_send_type]' where tb_send_id='$update_id'");
if($query==true){
    echo "<script>alert('更新成功!');history.back();</script>";
}else{
    echo "<script>alert('更新失败!');history.back();</script>";
}
?>
```

23.4.8　管理信息

用户信息包括个人信息和短信信息，在前台导航条中可以进入。个人信息在 rework.php 文件中设计，短信息模块在 send_ mail.php 文件中进行管理，在该文件中完成我的信息模块的操作，其运行结果如图 23.22 所示。

Note

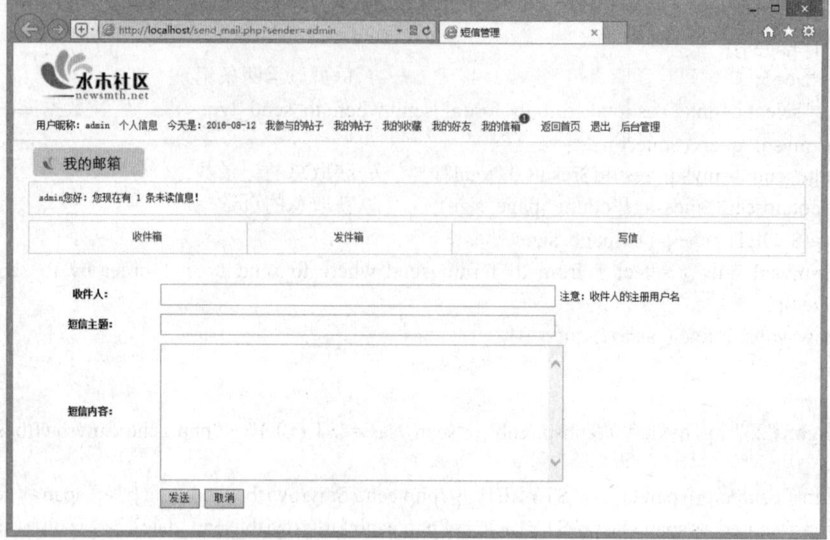

图 23.22　短信息管理

短信息模块中主要包括收件箱、发件箱和写信 3 个功能。这 3 个功能都在 send_mail.php 文件中完成。

在 send mail.php 文件中，应用 switch 语句，根据栏目标识的变量值，实现不同功能之间的切换输出，关键代码如下（send_mail.php）。

```
<table class="w950 table3 padding6" align="center">
    <tr><td><?php echo $_GET['sender'];?>您好：您现在有<?php
            $sender = $_GET['sender'];
            $query=mysql_query("select * from tb_mail_box where tb_receiving_person='$_GET[sender]' and tb_mail_type=0");
            $myrow=mysql_num_rows($query);
            echo $myrow;
    ?>条未读信息！</td>
    </tr>
</table>
<table class="w950 table" align="center">
    <tr>
        <td width="263" height="39" align="center">    <a href="send_mail.php?sender=<?php echo $_GET['sender'];?>&&mails=收件箱">收件箱</a></td>
        <td width="244" align="center"><a href="send_mail.php?sender=<?php echo $_GET['sender'];?>&&mails=发件箱">发件箱</a></td>
        <td width="425" align="center"><a href="send_mail.php?sender=<?php echo $_GET['sender'];?>&&mails=写信">写信</a></td>
    </tr>
</table>
<?php
if( isset( $_GET['mails'])){
    $mails = $_GET['mails'];
}else{
    $mails = "";
}
```

```
switch($mails){
    case "":
        include("write_mail.php"); break;
    case "写信":
        include("write_mail.php"); break;
    case "收件箱":
        include("browse_mail.php"); break;
    case "发件箱":
        include("browse_send_mail.php"); break;
}
?>
```

写信通过 write_mail.php 和 write_mail_ok.php 文件完成。通过 write_mail.php 文件来创建 form 表单，提交发送信息的内容。通过 write_mail_ok.php 文件来对表单中提交的内容进行处理，并且将发送信息存储到指定的数据表中作为发送记录。

收信通过 browse_ mail.php、browse_mail_content.php 和 delete_mail.php 这 3 个文件来完成。通过 browse_mail.php 文件从数据库中读取出收到信息的内容，将信息内容进行分页输出，并且设置超链接，链接到 browse mail_content.php 文件。在 browse_mail_content.php 文件中查看信息的详细内容。通过 delete_mail.php 文件，实现对收信箱中的信息进行管理，删除指定的信息。

发信通过 browse_send_mail.php 和 browse_send_mail_content.php 两个文件来完成。通过 browse_send_mail.php 文件输出数据库中存储的发送记录，并且根据信息的标题进行分页输出，设置超链接，链接到 browse_send_mail_content.php 文件，在该文件中输出发送信息的详细内容。限于篇幅，上述 3 个功能的完整代码这里没有给出，完整代码请参看本书源代码中的内容。

23.4.9　管理好友

视频讲解

我的好友功能也是从 send_forum_content.php 文件中设置的超链接开始。我的好友链接的是 my_friend.php 文件。在该文件中完成添加好友的操作，并且向好友发送一条信息，其运行结果如图 23.23 所示。

图 23.23　添加好友

在 my_friend.php 文件中，创建 form 表单，实现好友的提交，将数据提交到 my_friend_ok.php 文件中，在该文件中完成好友的添加，并且向好友发送一条短信。my_friend_ok.php 文件的程序代码如下。

```
<?php include("conn/conn.php");
if( !isset( $_SESSION["tb_forum_user"] ) ){
    echo "<script> alert('请先登录后再操作!'); history.back();</script>";}
$tb_my=$_POST['my'];
$tb_friend=$_POST['friend'];
$tb_date=date("Y-m-d");
$tb_receiving_person=$_POST['receiving_person'];
$tb_mail_subject=$_POST['mail_subject'];
$tb_mail_content=$_POST['mail_content'];
$tb_mail_sender=$_POST['mail_sender'];
$tb_mail_date=date("Y-m-d");
$querys=mysql_query("select * from tb_forum_user where tb_forum_user='$tb_receiving_person'");
if(mysql_num_rows($querys)>0){
    $querys=mysql_query("insert into tb_my_friend(tb_my,tb_friend,tb_date)values('$tb_my','$tb_friend','$tb_date')");
    $query=mysql_query("insert into tb_mail_box(tb_receiving_person,tb_mail_subject,tb_mail_content,tb_mail_sender,
tb_mail_date)values('$tb_receiving_person','$tb_mail_subject','$tb_mail_content','$tb_mail_sender','$tb_mail_date')");
    if($query==true){
        echo "<script>alert('完成好友添加，并向 Ta 发送一封短息!');history.back(); </script>";
    }
}else{
    echo "<script>alert('对不起，不存在该用户!');history.back();</script>";
}
?>
```

在完成好友的添加之后，在会员登录成功的页面中有一个“我的好友”的超链接，单击该链接进入 browse_friend.php 文件中，在该文件中可以查看到所有的好友。当单击好友的名称时将链接到 person_data.php 文件，通过该文件可以查看到好友的详细信息。在 browse_friend.php 文件中，还创建了一个 form 表单，将数据提交到 delete_friend.php 文件中，实现对指定好友进行删除的操作，其运行结果如图 23.24 所示。

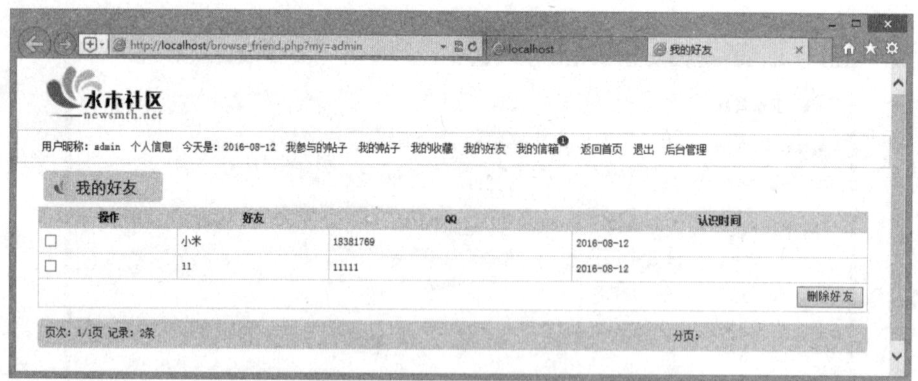

图 23.24　好友管理

视频讲解

23.4.10　数据备份和恢复

论坛中数据的备份和恢复主要应用的是 exec()函数，通过该函数执行服务器里的外部程序，实现备份数据和恢复数据的操作。数据备份和恢复的运行结果如图 23.25 所示。

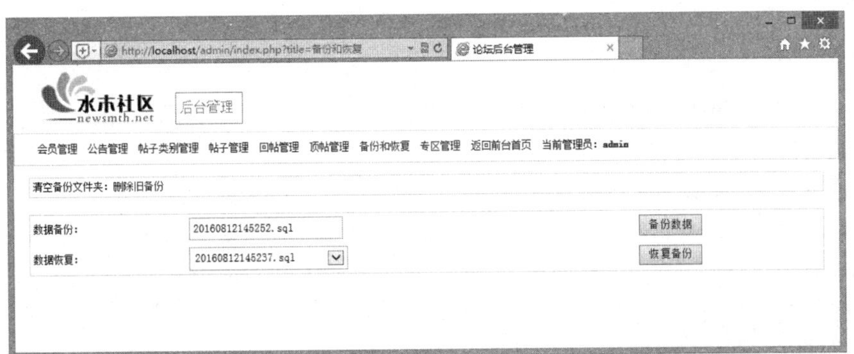

图 23.25　备份和恢复数据

exec()函数执行服务器里的外部程序，基本语法如下。

```
string exec( string $command [, array &$output [, int &$return_var ]] )
```

参数说明如下所示。

☑　command：必选参数，字符串命令。

☑　output：可选参数，数组输出。

☑　return_var：可选参数，执行命令返回来的状态变量。

在执行数据的备份和恢复操作之前，首先要确立与数据库的连接，并且要定义服务器的目录，以及 MySQL 命令执行文件的路径，程序代码如下（admin/config.php）。

```
<?php
define('PATH',$_SERVER['DOCUMENT_ROOT']);          // 服务器目录
    define('ROOT','/');                            // 论坛根目录
    define('ADMIN','admin/');                      // 后台目录
    define('BAK','sqlbak/');                       // 备份目录
    define('MYSQLPATH','D:\\www\\');               // MySQL 执行文件路径
    define('MYSQLDATA','db_forum');                // MySQL 数据库
    define('MYSQLHOST','localhost');               // MySQL 服务器 IP
    define('MYSQLUSER','root');                    // MySQL 账号
    define('MYSQLPWD','111111');                   // MySQL 密码
?>
```

在确定了与 MySQL 数据库的连接和执行文件的路径之后，接下来就可以进行备份和恢复数据的操作。

备份数据库主要应用的是 MySQL 中的 mysgldump 命令，输入 MySQL 数据库的用户名（root）、服务器（localhost）和密码（11111111），指定要备份的数据库（db_forum），确定数据库备份文件的名称和存储的位置（sglbak/），最后通过 exec()函数来执行这个命令，程序代码如下（admin/bak_chk.php）。

```
<?php
    session_start();                               // 初始化 session 变量
    include "config.php";                          // 连接数据库
    // 编写备份数据库的命令
    $mysqlstr = MYSQLPATH.'mysqldump -u'.MYSQLUSER.' -h'.MYSQLHOST.' -p'.MYSQLPWD. ' --opt -B
'.MYSQLDATA.' > '.PATH.ROOT.ADMIN.BAK.$_POST['b_name'];
    exec($mysqlstr);                               // 执行备份数据库的命令
```

```
    echo "<script>alert('备份成功');location='index.php?title=备份和恢复'</script>";
?>
```

恢复数据的操作使用的是 MySQL 命令，输入 MySQL 数据库的用户名（root）、服务器（localhost）和密码（11111111），指定要恢复的数据库（db_forum），确定数据库备份文件的名称和存储的位置（sqlbak/），通过 exec()函数来执行命令，程序代码如下（admin/rebak_chk.php）。

```
<?php
    session_start();                          // 初始化 session 变量
    include "config.php";                     // 连接数据库，指定数据库文件存储的位置
    // 编写恢复数据库的命令
    $mysqlstr = MYSQLPATH.'mysql -u'.MYSQLUSER.' -h'.MYSQLHOST.' -p'.MYSQLPWD.' '.MYSQLDATA.' <
'.PATH.ROOT.ADMIN.BAK.$_POST['r_name'];
    exec($mysqlstr);                          // 执行恢复数据库操作的命令
    echo "<script>alert('恢复成功');location='index.php?title=备份和恢复'</script>";
?>
```